EBERT · FOERSTER · V. HOLLEUFFER-KYPKE · JOCHMANN · KATSCHEMBA · PFEIFFER

Lehrbuch Geprüfte Schutz- und Sicherheitskraft

Lehrbuch Geprüfte Schutz- und Sicherheitskraft

bearbeitet von

Dr. Dr. Frank Ebert
Ministerialrat a. D., Erfurt

Dipl.-Psych. Wolfgang Foerster
Sicherheitsberater, vormals Leiter eines wissenschaftlichen Dienstes an einer Polizeischule, Wiesbaden

Dipl.-Met. Rainer von Holleuffer-Kypke
Lehrbeauftragter im Studiengang „Security & Safety Engineering“ an der Hochschule Furtwangen University, Dozent und Prüfer im Bereich Bewachung an der IHK Karlsruhe

Dr. phil. Ulrich Jochmann
Sicherheitsberater, mehr als 25 Jahre in leitenden Positionen der Sicherheitswirtschaft tätig, langjähriger IHK-Prüfer

Torsten Katschemba
Lehrbeauftragter in der Berufsausbildung für Schutz und Sicherheit und Führungskraft in der Sicherungsdienstleistung; Diplom-Wirtschaftsjurist (FH), Master of Business Law, Zweite Staatsprüfung für das Lehramt an beruflichen Schulen

Werner Pfeiffer
Sicherheitsberater, vormals Sicherheitsbevollmächtigter, Tenovis GmbH & Co KG, Frankfurt

mitbegründet von

Frank Otto
Betriebswirt (VWA), vormals Leiter Sicherungswesen, Köln

5., überarbeitete Auflage, 2019

Frank Ebert, Dr. iur., Dr. rer. publ., Ministerialrat a. D.; vormals Leiter der Polizeiabteilung und Vertreter des öffentlichen Interesses im Thüringer Innenministerium; Lehrbeauftragter für Kriminologie an der Fachhochschule des Bundes für öffentliche Verwaltung; Fachbereichsleiter Recht der Arbeitsgemeinschaft für Sicherheit in der Wirtschaft; Dozent und Prüfer für Führungskräfte des privaten Sicherheitsbereichs; Gründungspräsident der Thüringer Gesellschaft für Kriminologie; Autor zahlreicher Fachpublikationen, u. a. Mitautor des Lehrbuchs für den Werkschutz.

Wolfgang Foerster, Dipl.-Psychologe, Regierungsoberrat a. D., Sicherheitsberater, vormals Leiter eines Wissenschaftlichen Dienstes an einer Polizeischule und Lehrbeauftragter an einer Verwaltungsfachhochschule, Fachbereich Polizei; Mitglied in den Prüfungsausschüssen „Meister/-in für Schutz und Sicherheit", „Geprüfte Schutz- und Sicherheitskraft" und „Sachkundeprüfung – Bewachungsgewerbe" an der IHK Frankfurt am Main; Seminare zum Thema Sicherheit in der Wirtschaft mit Schwerpunkt Personal- und Organisationsentwicklung; Autor von Fachbüchern, u. a. Mitautor des Lehrbuchs für den Werkschutz.

Rainer von Holleuffer-Kypke, Dipl.-Met., Lehrbeauftragter im Studiengang „Security & Safety Engineering" an der Hochschule Furtwangen University, ehemals stellvertretender Sicherheitsbeauftragter Karlsruher Institut für Technologie, KIT-Sicherheitsmanagement (KSM), vormals Abteilungsleiter Werkschutz und Werkfeuerwehr Forschungszentrum Karlsruhe GmbH; Referent und Prüfer im Bereich Bewachungsgewerbe bei der IHK Karlsruhe.

Ulrich Jochmann, Dr. phil., Sicherheitsberater, mehr als 25 Jahre in leitenden Positionen der Sicherheitswirtschaft tätig; Fachbuchautor und langjähriges Mitglied der Prüfungsausschüsse „Meister/-in für Schutz und Sicherheit", „Geprüfte Schutz- und Sicherheitskraft" und „Sachkundeprüfung – Bewachungsgewerbe" an namhaften IHK.

Torsten Katschemba, Master of Business Law und zweite Staatsprüfung für das Lehramt an beruflichen Schulen; Diplom-Wirtschaftsjurist (FH). Seit 1996 in der Sicherheitswirtschaft tätig; zuvor in der behördlichen Sicherheit. Daneben seit 2002 Lehrer in der Landesfachklasse Schutz und Sicherheit (Bundesland Brandenburg) am Oberstufenzentrum MOL in Strausberg und seit 2008 Lehrbeauftragter im Fachbereich Polizei und Sicherheitsmanagement an der Hochschule für Wirtschaft und Recht Berlin. Seit 1998 Fachkraft für Arbeitssicherheit, Brand- und Strahlenschutz.

Werner Pfeiffer, Rundfunk- und Fernsehtechniker, Hauptmann d. Res., Sicherheitsberater; ehemals Leiter Werksicherheit Tenovis GmbH & Co. KG, Frankfurt am Main; Sicherheitsbevollmächtigter; Prüfer für „Geprüfte Schutz- und Sicherheitskraft" und „Sachkundeprüfung – Bewachungsgewerbe" bei der IHK-Rheinhessen in Mainz; Autor zahlreicher Fachpublikationen.

Bibliografische Information der Deutschen Nationalbibliothek | Die Deutsche Nationalbibliothek verzeichnet diese Publikation in der Deutschen Nationalbibliografie; detaillierte bibliografische Daten sind im Internet über www.dnb.de abrufbar.

5. Auflage, 2019
ISBN 978-3-415-06390-7

Anfragen gemäß EU-Verordnung über die allgemeine Produktsicherheit (EU) 2023/988 (General Product Safety Regulation – GPSR) richten Sie bitte an:
Richard Boorberg Verlag GmbH & Co KG, Produktsicherheit, Scharrstraße 2, 70563 Stuttgart;
E-Mail: produktsicherheit@boorberg.de

Titelfoto: © everythingpossible – stock.adobe.com | Satz: Claudia Wild, Otto-Adam-Straße 2, 78467 Konstanz | Druck und Bindung: CPI books GmbH, Birkstraße 10, 25917 Leck

Richard Boorberg Verlag GmbH & Co KG | Scharrstraße 2 | 70563 Stuttgart
Stuttgart | München | Hannover | Berlin | Weimar | Dresden
www.boorberg.de

Vorwort zur fünften Auflage

In Zeiten hohen **Sicherheitsbedarfs** und bei der Wahrnehmung routinemäßiger Sicherheitsaufgaben sind Schutz- und Sicherheitskräfte aktiv. Einerseits sind sie dem generellen Auftrag verpflichtet, durch Aufrechterhaltung von Sicherheit und Ordnung, Gefahren und Schäden von Menschen und Sachwerten abzuwenden. Das kann, abhängig von der jeweiligen Situation, auch „hartes Durchgreifen" bedeuten. Andererseits ist es erforderlich, professionell zu kommunizieren und auf diesem Wege jenen Service zu bieten, der von „Fachleuten in Dienstkleidung" erwartet wird. Je besser das gelingt, desto mehr werden Akzeptanz und Anerkennung der Sicherheitstätigkeit gefördert. Vor diesem Hintergrund gewinnt die **Qualifikation des Sicherheitspersonals** besonderes Gewicht. Zum einen wissen qualifizierte Mitarbeiter/-innen um die Bedeutung einer adäquaten Ausstrahlung. Zum anderen sind sie in der Lage, in jeder Situation richtig zu handeln und sich konstruktiv in die jeweilige Sicherheitsorganisation einzubringen.

Die Verfasser des vorliegenden Buches, das nunmehr in der fünften überarbeiteten Auflage vorliegt, haben dazu beigetragen, diese Fähigkeiten zu fördern. Das Lehrbuch orientiert sich am gleichnamigen Weiterbildungskonzept des **DIHK-Rahmenplans** und begleitet Sicherheitskräfte in der Prüfungsvorbereitung sowie bei der Erlangung und Weiterentwicklung der berufsspezifischen Fähigkeiten. Wichtige **Schwerpunkte** bilden die professionelle Konfliktbewältigung und die Kommunikation, weil sie wesentliche Voraussetzungen für die Akzeptanz und Anerkennung der Sicherheitstätigkeit darstellen. Die Bandbreite der Themen umfasst sowohl theoretische Grundlagen der Rechts- und Dienstkunde als auch praktische Hinweise zum Einsatz technischer und natürlicher Kommunikationsmittel sowie umfangreiche Fachinformationen, u.a. zu Brand-, Arbeits- und Gesundheitsschutz sowie Umweltschutz und Serviceorientierung.

Auch bei der Neuauflage waren die Autoren um eine übersichtliche und **anschauliche Darlegung** des Stoffes bemüht. Ein **neues**, noch lesefreundlicheres **Format** sowie eine **mehrfarbige Gestaltung** des Werkes sollen hierzu beitragen. Mit kurzen Abschnitten und zusätzlichen Gliederungspunkten sind die einzelnen Kapitel noch verständlicher gestaltet. Weiterhin sind auch sonst relevante Passagen nochmals optisch als Hinweis- oder **Merksatz** hervorgehoben. Zahlreiche **Beispiele** sowie Empfehlungen für die Prüfung runden das Werk ab.

Große Neuerungen brachte die **EU-Datenschutzgrundverordnung** (DSGVO) für das Datenschutzrecht ab dem 25.05.2018 mit sich. Die für das Sicherheitsgewerbe relevanten Änderungen sind in dieser Neuauflage berücksichtigt.

Weiterhin eingearbeitet sind die aktuellen Rechtsänderungen, die sich insbesondere im Bereich des **Gewerberechts** (Änderung der **Gewerbeordnung** vom 29.11.2018 sowie Neufassung der **Bewachungsverordnung** vom 03.05.2019) oder durch die Neugestaltung der **Normenreihe** DIN 77200 ergeben haben.

Besonderer Dank gilt Herrn Fabian Parting, Projektleiter Brandschutz Gruner GmbH, Hamburg sowie Herrn Helmut Kalbfleisch, Ausbildungsleiter WISAG Sicherheit & Service Trainings GmbH, Frankfurt a.M. für die Unterstützung bei der Erstellung dieser Neuauflage. Ihre konstruktiven Hilfen wurden aufgegriffen und an geeigneter Stelle in diesem Werk eingebracht.

An Stellen im Buch, wo geschlechtsneutrale Formulierungen aus Gründen der Lesbarkeit unterbleiben, sind ausdrücklich stets alle Geschlechter angesprochen.

Stuttgart, im Frühjahr 2019 — Der Verlag

Inhalt

Abkürzungen

AbfVerbrG	Abfallverbringungsgesetz
AbwV	Abwasserverordnung
ADR	Europäisches Übereinkommen über die internationale Beförderung Gefährlicher Güter
AEE	Alarmempfangseinrichtung
AO	Abgabenordnung
ArbSchG	Arbeitsschutzgesetz
ArbStättV	Arbeitsstättenverordnung
ASR	Technische Regeln für Arbeitsstätten
ASW	Allianz für Sicherheit in der Wirtschaft
AtG	Atomgesetz
AWAG	Automatisches Wähl- und Ansagegerät
AWUG	Automatisches Wähl- und Übertragungsgerät
BGAO	Betriebliche Gefahrenabwehrorganisation
BBiG	Berufsbildungsgesetz
BBodSchG	Bundes-Bodenschutzgesetz
BDSG	Bundesdatenschutzgesetz
BDSW	Bundesverband der Sicherheitswirtschaft
BetrSichV	Betriebssicherheitsverordnung
BetrVG	Betriebsverfassungsgesetz
BewachV	Verordnung über das Bewachungsgewerbe (Bewachungsverordnung)
BGAO	Betrieblichen Gefahrenabwehrorganisationen
BGB	Bürgerliches Gesetzbuch
BGV	Berufsgenossenschaftliche Vorschriften
BBiG	Berufsbildungsgesetz
BImSchG	Bundes-Immissionsschutzgesetz
BImSchV	Verordnung zur Durchführung des Bundes-Immissionsschutzgesetzes
BKO	Betriebliche Katastrophenschutzorganisation (vgl. Gefahrenabwehrorganisation)
BMA	Brandmeldeanlage
BMZ	Brandmeldezentrale
BNatG	Bundesnaturschutzgesetz
BOS	Behörden und Organisationen mit Sicherheitsaufgaben
BUS	Binary Unit System, Datenbus, Linienverbindung zwischen mehreren Geräten
BVerfG	Bundesverfassungsgericht
BVerfGE	Entscheidungen des Bundesverfassungsgerichts
BWaldG	Bundeswaldgesetz
CCD	Charge Coupled Devices (Kamera-Chip)
CMOS	Complementary Symmetry-Metal Oxide Semiconductor (Komplementär-symmetrischer Metall-Oxid-Halbleiter)
DA	Dienstanweisung
DGPS	Differential Global Positioning System (erweitertes satellitengestütztes Navigationssystem)
DGUV	Deutsche Gesetzliche Unfallversicherung
DIHT	Deutscher Industrie- und Handelskammertag
DIN	Deutsches Institut für Normung (DNA = Deutscher Normenausschuss)
DSGVO	Datenschutz-Grundverordnung

ELA	Elektroakustische Lautsprecheranlage nach EN 60849
EMA	Einbruchmeldeanlage
EN	Europäische Normung
ES	Einzelschlüssel
ESG	Einscheibensicherheitsglas
FBF	Feuerwehrbedienfeld
FK	Fachkraft
GefStoffV	Gefahrstoffverordnung
GewO	Gewerbeordnung
GG	Grundgesetz
Ggf.	gegebenenfalls
GGVSEB	Verordnung über die innerstaatliche und grenzüberschreitende Beförderung gefährlicher Güter auf der Straße, mit Eisenbahnen und auf Binnengewässern
GH	Generalhauptschlüssel
GHS	Generalhauptschlüssel
GMA	Gefahrenmeldeanlage
GPS	Global Positioning System (satellitengestütztes Navigationssystem)
GS	Gruppenschlüssel
GSM	Global System for Mobile Communications (D-Netz)
GVG	Gerichtsverfassungsgesetz
HBKG	Hessisches Gesetz über den Brandschutz, die Allgemeine Hilfe und den Katastrophenschutz
HF	Hochfrequenz
HGB	Handelsgesetzbuch
HGS	Hauptgruppenschlüssel
HS	Hauptschlüssel/Hauptschlüsselanlage
Hz	Hertz
IHK	Industrie- und Handelskammer
IK	Interventionskräfte
IP	Internet protocol
ISDN	Integrated services digital network (digitales Telekommunikationsnetz)
i. V. m.	in Verbindung mit
Kap.	Kapitel
KHZ	Kombinierte Hauptschlüssel-Zentralschloss-Anlage
KrWG	Kreislaufwirtschaftsgesetz
KVP	kontinuierlicher Verbesserungsprozess
LAN	Local Area Network (hausinterne Vernetzungen)
LED	Light emitting diode (Leuchtdiode)
L-NSL-FK	Leitende Notruf- und Serviceleitstellen-Fachkraft
LSN	Lokales Sicherheits-Netzwerk
LWL	Lichtwellenleiter
MPT	Standard für Handfunksprechgeräte
NSL	Notruf- und Serviceleitstelle
NStZ	Neue Zeitschrift für Strafrecht
ÖPV	Öffentlicher Personenverkehr
OGS	Obergruppenschlüssel
OWiG	Gesetz über Ordnungswidrigkeiten
PflSchG	Pflanzenschutzgesetz
PTT	Push-to-Talk (Taste, um den Sprachkanal zu nutzen)
QM	Qualitätsmanagement
QMH	Qualitäts-Management-Handbuch

RFID	Radio Frequency Identification (automatische Identifikation mit Funkübertragung)
RC	Resistance Class
SAA	Sprachalarmanlagen
SGB VII	Sozialgesetzbuch VII. Buch (Gesetzliche Unfallversicherung)
SGB IX	Sozialgesetzbuch IX. Buch (Rehabilitation und Teilhabe von Menschen mit Behinderungen)
StGB	Strafgesetzbuch
StPO	Strafprozessordnung
StrlSchV	Strahlenschutzverordnung
SVHS	Video-Signal-Verfahren (VHS = Home Video System)
TA	Technische Anleitung
TCP	Transmission control protocol (Internet-Transportprotokoll)
TETRA	Terrestrial Trunked Radio (Europäischer Funkstandard)
ÜE	Übertragungseinrichtung
TK-Anlage	Telekommunikationsanlage
UGM	Universelle Gefahrenmeldeanlage
ÜAG	Übertragungsanlage für Gefahrenmeldeanlage
ÜMA	Überfallmeldeanlage
USBV	Unkonventionelle Spreng- und Brandvorrichtungen
UVV	Unfallverhütungsvorschriften
VbF	Verordnung über brennbare Flüssigkeiten
VdS	VdS Schadenverhütung GmbH
VHS	Video Home System (Recorderaufzeichnungsformat)
VSG	Verbundsicherheitsglas
VSW	Verbände für Sicherheit in der Wirtschaft
WaffG	Waffengesetz
WAN	Wide Area Network (Verbindung zu Rechnern außerhalb des Hauses)
WHG	Wasserhaushaltsgesetz
WKG	Wassergefährdungsklasse
WLAN	Lokale Netzwerke ohne Kabelanbindung
WS	Werkschutz
ZA	Zentral-Schlossanlage
ZPO	Zivilprozessordnung
ZÜ	Zentral-Schlossanlage mit übergeordnetem Schlüssel
ZK	Zutrittskontrollanlage
ZKS	Zutrittskontrollsystem

1. Einleitung

In der Sicherheitsarchitektur der Bundesrepublik Deutschland sind Leistungen privater Sicherheitsorganisationen zu einem festen Bestandteil geworden. Betrieblicher Werkschutz aber auch der Einsatz gewerblicher Dienstleister zur Sicherung des öffentlichen Personenverkehrs, zum Schutz von Sportveranstaltungen oder anderer „Events" belegen diese Tatsache.

Die Gewährleistung der Sicherheit ist eine gesamtgesellschaftliche Aufgabe. In erster Linie ist der Staat für den Schutz seiner Bürger verantwortlich. Er räumt den Bürgern zugleich aber die Möglichkeit ein, selbst etwas für die Bewahrung von Eigentum und Besitz, ja sogar von körperlicher Unversehrtheit und Leben zu tun. Davon machen sowohl die einzelnen Menschen als auch Unternehmen und Einrichtungen zunehmend Gebrauch. Auf diese Weise hat sich in Deutschland eine **Sicherheitswirtschaft** etabliert. Herausragende Vertreter dieses Bereichs sind der Bundesverband der Sicherheitswirtschaft (BDSW) sowie auf Landesebene die Verbände Allianz für Sicherheit in der Wirtschaft (ASW). Diese arbeiten unter dem „Dach" des ASW- Bundesverbandes zusammen. Sie fungieren als Selbsthilfeorganisationen der Wirtschaft zur Beratung, Fortbildung und Information ihrer Mitglieder.

Ursprünglich existierten kaum einheitliche Standards für die Ausbildung von Sicherheitspersonal. Anfang 1980 wurde die bundeseinheitliche Prüfungsverordnung für die „IHK-geprüfte Werkschutzfachkraft" wirksam, mit der erstmals eine öffentlich-rechtlich anerkannte Fortbildungsprüfung für Sicherheitsberufe existierte. Diese fand später durch den „Werkschutzmeister" eine sinnvolle Ergänzung. Ab Mitte der 1990er Jahre wurden schrittweise die Zugangsvoraussetzungen und beruflichen Abschlüsse für sicherheitsrelevante Tätigkeiten geordnet und in entsprechenden Rechtsverordnungen niedergelegt. Daraus ergibt sich heute folgendes Bild:

Sicherheitsrelevante Studiengänge	Weiterführende Qualifikationen, z. B. für Tätigkeiten im Sicherheitsmanagement
Meister für Schutz und Sicherheit	Fortbildungsqualifikation für die Übernahme von Führungsverantwortung in der Sicherheitswirtschaft
Fachkraft für Schutz und Sicherheit	Ausbildungsberuf für die Sicherheitswirtschaft
Servicekraft für Schutz und Sicherheit	Ausbildungsberuf für die Sicherheitswirtschaft
Geprüfte Schutz- und Sicherheitskraft	Fortbildungsprüfung für „Seiteneinsteiger" in der Sicherheitswirtschaft
Sachkundeprüfung gem. § 34a GewO	Zugangsvoraussetzung für spezielle Sicherungstätigkeiten
Unterrichtungsverfahren gem. § 34a GewO	Zugangsvoraussetzung für das Bewachungsgewerbe

Tabelle 1: Berufsbilder in der Sicherheitswirtschaft.

Einige IHK führen die Prüfung zur „Geprüften Schutz- und Sicherheitskraft" als Fortbildungsprüfung, andere als Umschulungsprüfung durch. Dies weisen die einschlägigen Rechtsvorschriften der Kammern aus. Die fachlichen Inhalte sind identisch.

Weitere sicherheitsrelevante Bildungsabschlüsse sind aus der jeweiligen Tätigkeitsspezifik abgeleitet. Darunter fallen z. B. der „Luftsicherheitsassistent", die „Leitende Notruf- und Serviceleitstellenfachkraft" (L-NSL-FK), die „Notruf- und Serviceleitstellenfachkraft" (NSL-FK), Personenschutzfachkräfte und andere fachspezifische Qualifikationen. Die „Sicherheitsfachkraft" (eigentlich Fachkraft für Arbeitssicherheit) hingegen ist eine durch die Berufsgenossenschaften entwickelte Qualifikationsform, die sich auf Fragen des Arbeits- und Gesundheitsschutzes, den so genannten Safety-Bereich, bezieht.

Unter **Safety** wird die Vorsorge gegen eher „zufällige" Schadensereignisse, die z. B. durch Naturgewalten ausgelöst werden können oder ihre Ursache im Versagen der Menschen – z. B. durch fahrlässiges Verhalten – haben, verstanden. Hier werden u. a. die „Mitwirkungsaufgaben" eingeordnet, bei denen das Sicherheitspersonal Aufgaben im Brandschutz, Umweltschutz oder Arbeits- und Gesundheitsschutz erfüllt (siehe auch Kapitel 6, 7 und 8). Diese haben überwiegend vorbeugenden Charakter. Sie zielen im Ereignisfall darauf, Schäden weitgehend zu verhüten oder – soweit möglich – zu begrenzen.

Daneben steht der Begriff **Security**, der alle Sicherheitsaktivitäten zusammengefasst, die der Verhinderung vorsätzlicher Handlungen dienen. Darunter fallen – um nur einige zu nennen – das Behindern von Angriffen auf Personen, das Verhindern von Eigentumsdelikten, Sachbeschädigungen oder aber von Verletzungen des Geheimbereichs. Selbstverständlich steht hierbei stets die Prävention im Vordergrund. Zugleich muss die Befähigung zur Gefahrenabwehr gegeben sein.

Merke

Safety: Schutz vor menschlichem und technischem Versagen sowie Naturereignissen.
Security: Schutz vor vorsätzlich herbeigeführten Ereignissen und Angriffen.

Das Lehrbuch orientiert sich an der **Prüfungsverordnung für Schutz- und Sicherheitskräfte**. Die Verfasser haben – ausgehend von den für die Sicherheitswirtschaft charakteristischen Handlungsbereichen – eine Vielzahl von Fachinformationen zusammengestellt. Dazu gehören Darlegungen zur Rechts- und Dienstkunde, zum Arbeits-, Brand- und Umweltschutz sowie zur Bewältigung von Notfällen ebenso wie zur zwischenmenschlichen Kommunikation und Situationsbewältigung – bis hin zur Konfliktvorbeugung und -deeskalation. Außerdem wird speziellen Aufgabenfeldern wie der Zusammenarbeit in Teams und mit anderen Kräften sowie der Qualitätssicherung die gebotene Aufmerksamkeit gewidmet.

Auf Grund seines breiten inhaltlichen Spektrums ist der Nutzwert des Lehrbuches nach Absolvieren der Prüfung keinesfalls erschöpft. Das Werk kann durchaus als aussagekräftiges Kompendium für vielen Tätigkeitsfeldern der Sicherheitswirtschaft verstanden werden.

2. Rechtsverordnungen über die Prüfung von Schutz- und Sicherheitskräften

Mit dem Inkrafttreten der Rechtsvorschriften zur Einführung des Ausbildungsberufes „Fachkraft für Schutz und Sicherheit" endete zugleich die Gültigkeit der bundeseinheitlichen Prüfungsverordnung für die „Geprüfte Werkschutzfachkraft". Letztere hatte – als öffentlich-rechtlich anerkannte Prüfung – über viele Jahre hinweg für einheitliche Standards bei der Qualifikation von „Seiteneinsteigern" in die Sicherheitswirtschaft gesorgt. Diese ungewollt entstandene „Lücke" versuchten verschiedene Bildungsträger wieder zu schließen. Da derartige Bemühungen jedoch nicht konzertiert abliefen, entstanden in kurzer Zeit mehrere Fortbildungsmodelle, die allerdings in ihrer inhaltlichen Struktur voneinander abwichen. Das widersprach den Interessen der betrieblichen Werkschutzorganisationen und der gewerblichen Sicherheitsdienstleister, denen ein vergleichbares Ausbildungsniveau wichtig war. Daher bemühten sich ASW und BDSW um eine Lösung, die auch für den Quereinstieg in die private Sicherheit einen einheitlichen Rahmen sicherte. Auf dieser Basis wurde ein Arbeitskreis gebildet, dem Sachverständige der Sicherheitswirtschaft und der Erwachsenenbildung angehörten. Dieser setzte sich zu gleichen Teilen aus Vertretern der IHK, der ASW und des BDSW zusammen. Das Gremium erarbeitete unter dem Dach des DIHK (Deutscher Industrie- und Handelskammertag) ein fundiertes Konzept für eine ergänzende Qualifikationsstufe, die **„Geprüfte Schutz- und Sicherheitskraft"**. Die auf dieser Grundlage entwickelte Empfehlung des DIHK (nachfolgend abgedruckt) wurde inzwischen von zahlreichen IHK nach § 59 i. V. m. § 79 Abs. 4 BBiG als Prüfungsverordnung beschlossen.

Wer die Prüfung ablegen will, muss grundsätzlich folgende **Voraussetzungen** erfüllen:

a) Vorhandensein eines anerkannten Berufsabschlusses und eine mindestens zweijährige Berufspraxis in der Sicherheitswirtschaft (z. B. gewerbliches Bewachungsunternehmen, betriebliche Werkschutzeinheit) **oder**
b) eine fünfjährige Berufspraxis, von der mindestens drei Jahre in der Sicherheitswirtschaft absolviert sein müssen, **und**
c) ein Lebensalter von mindestens 24 Jahren **und**
d) nachweisliche Teilnahme an einem „aktuellen" Erste-Hilfe-Lehrgang (nicht „älter" als 24 Monate).

Eine gewisse Öffnung dieser Zugangsvoraussetzungen ergibt sich aus § 2 Abs. 3 der Prüfungsverordnung.

Die Prüfung gliedert sich in drei **Handlungsbereiche**. Diese wiederum sind in verschiedene **Qualifikationsschwerpunkte** unterteilt. Denen wurden unterschiedliche **Qualifikationsinhalte** zugeordnet. Aus der nachfolgenden Übersicht geht die detaillierte Gliederung hervor:

Handlungsbereich	Qualifikations-schwerpunkt	Qualifikationsinhalt	Buchkapitel
1. Rechts- und aufgaben-bezogenes Handeln	a) Rechtskunde	▪ Unterschied zwischen öffentlichem und privatem Recht, Abgrenzung zu hoheitlichen Aufgaben	4.1
		▪ Rechtsgrundlagen für die Aufgabenerfüllung sowie persönlich wahrzunehmende und übertragene Rechte	4.2
		▪ Erkennen von Verstößen gegen das Strafrecht und Ableiten von Maßnahmen	4.3
		▪ Grundlegende Bestimmungen des Datenschutz-, Umwelt-, Betriebsverfassungs-, Arbeits- und Waffenrechts sowie Maßnahmen bei Verstößen	4.4 4.5 4.6 8.1
	b) Dienstkunde	▪ Grundsätze der Aufgabenwahrnehmung in den Tätigkeitsfeldern der Sicherheitswirtschaft	5.1
		▪ Grundsätze der Aufgabenwahrnehmung und des Handelns in besonderen Situationen und am Ereignis-/Tatort	5.2 5.3
		▪ Grundsätze der Eigensicherung	5.4
		▪ Erstellen von Meldungen und Berichten	5.5
2. Gefahren-abwehr sowie Einsatz von Schutz- und Sicherheit-stechnik	a) Brandschutz und sonstige Notfallmaß-nahmen	▪ Grundsätze des vorbeugenden und abwehrenden Brandschutzes	6.1
		▪ Kontrollieren/Überwachen von Einrichtungen des Brandschutzes sowie der Einhaltung von Brandschutzvorschriften	6.2
		▪ Durchführen von Alarmierungsaufgaben und Mitwirken bei Räumungen, Evakuierungen sowie anderen Maßnahmen der Gefahrenabwehr	6.5 6.6
	b) Arbeits-, Gesundheits- und Umwelt-schutz	▪ Sicherheitsgerechtes Verhalten sowie Mitwirken im Arbeits- und Gesundheitsschutz	7.1 7.2 7.3
		▪ Mitwirken beim Umweltschutz	8.1 8.2
		▪ Grundkenntnisse über Gefahrenklassen und Kennzeichnung gefährlicher Stoffe und Güter	8.3 8.4
	c) Einsatz von Schutz- und Sicherheits-technik	▪ Nutzen technischer Einsatzmittel und Überwachen baulicher, mechanischer und elektronischer Schutz- und Sicherheitseinrichtungen	9.1 9.2 9.3
		▪ Nutzen von Kommunikations-, Informations- und Dokumentationsmitteln	10.
		▪ Einsetzen von Löschmitteln und Feuerlöschgeräten	6.3 6.4
		▪ Kennen der Funktionen von Feuerlöschanlagen	6.4

Handlungsbereich	Qualifikations-schwerpunkt	Qualifikationsinhalt	Buchkapitel
3. Sicherheits- und service-orientiertes Verhalten und Handeln	a) Situations-beurteilung und -bewältigung	▪ Grundlagen des menschlichen Verhaltens	11.1
		▪ Erkennen der Wirkung der eigenen Person	11.2
		▪ Einwirkungsmöglichkeiten auf das Verhalten anderer und Ableiten geeigneter Verhaltensmuster	11.3
		▪ Techniken zur Konfliktvorbeugung und Deeskalation	11.4
	b) Kommunikation	▪ Möglichkeiten der Kommunikation	12.1
		▪ Auswählen geeigneter Kommunikationsformen und -mittel	12.2 12.3
		▪ situationsbezogen kommunizieren	12.4 12.5
	c) Kunden- und Service-orientierung	▪ Anforderungen an einen qualitätsorientierten Sicherheitsservice	13.1
		▪ Berücksichtigen der Zusammenhänge von Sicherheits- und Serviceverhalten	13.2
	d) Zusammen-arbeit	▪ Grundlagen der Zusammenarbeit in Teams und mit anderen Kräften	13.3.1
		▪ Bewältigen von gemeinsamen Aufgaben durch Kommunikation und Kooperation	13.3.2

Tabelle 1: Gliederung der Prüfungsinhalte.

Mit dem oben dargestellten Konzept wurde eine moderne, den Erfordernissen der Erwachsenenbildung sowie den Anforderungen der Sicherheitswirtschaft entsprechende Grundlage für ein einheitliches Qualifikationsniveau beruflicher „Seiteneinsteiger" geschaffen.

Dem nachfolgenden Text kann der vollständige Wortlaut der Prüfungsverordnung entnommen werden. Weitere Informationen zur Prüfung sind in Kapitel 14 dargestellt.

DIHK-Empfehlung zum Erlass Besonderer Rechtsvorschriften für die Fortbildungsprüfung zur Geprüften Schutz- und Sicherheitskraft

Die Industrie- und Handelskammer (...) erlässt aufgrund des Beschlusses des Berufsbildungsausschusses vom (...) als zuständige Stelle nach § 54 i. V. m. § 79 Abs. 4 BBiG vom 23. März 2005 (BGBl. I S. 931), zuletzt geändert durch Gesetz vom 25. Juli 2013 (BGBl. I S. 2749) folgende besondere Rechtsvorschriften für die Fortbildungsprüfung zur Geprüften Schutz- und Sicherheitskraft.

§ 1 Ziel der Prüfung und Bezeichnung des Abschlusses

(1) Zum Nachweis von Kenntnissen, Fertigkeiten und Erfahrungen, die durch die berufliche Fortbildung zur Geprüften Schutz- und Sicherheitskraft erworben worden sind, kann die zuständige Stelle Prüfungen nach den §§ 2 bis 8 durchführen.

(2) Durch die Prüfung ist festzustellen, ob die Qualifikation vorhanden ist, folgende im Zusammenhang stehende Aufgaben eines zur Geprüften Schutz- und Sicherheitskraft in der Sicherheitswirtschaft (gewerbliche Sicherheitsunternehmen und betriebliche

Sicherheitseinrichtungen) insbesondere in Bewachungs-, Sicherungs- und Ordnungsdiensten, Veranstaltungs- und Verkehrsdiensten, wahrnehmen zu können:

1. Abwenden von Schäden und Gefahren;
2. Aufrechterhalten von Sicherheit und Ordnung;
3. Nutzen der zur Verfügung stehenden Schutz- und Sicherheitstechnik;
4. kundenorientiert Handeln und Kommunizieren sowie deeskalierend wirken;
5. Beurteilen der eigenen rechtlichen Stellung sowie Berücksichtigen von Gesetzen und Vorschriften.

(3) Die mit Erfolg abgelegte Prüfung führt zum anerkannten Abschluss zur Geprüften Schutz- und Sicherheitskraft.

§ 2 Zulassungsvoraussetzungen

(1) Zur Prüfung ist zuzulassen, wer Folgendes nachweist:

1. eine mit Erfolg abgelegte Abschlussprüfung in einem anerkannten Ausbildungsberuf und danach eine mindestens zweijährige Berufspraxis in der Sicherheitswirtschaft oder
2. eine mindestens fünfjährige Berufspraxis, von der mindestens drei Jahre in der Sicherheitswirtschaft abgeleistet sein müssen und
3. ein Mindestalter von 24 Jahren und
4. die Teilnahme an einem Erste-Hilfe-Lehrgang, dessen Beendigung nicht länger als 24 Monate zurückliegt.

(2) Die Berufspraxis gemäß Abs. 1 soll wesentliche Bezüge zu den Aufgaben einer Geprüften Schutz- und Sicherheitskraft entsprechend § 1 Abs. 2 beinhalten.

(3) Abweichend von den Abs. 1 und 2 kann zur Prüfung auch zugelassen werden, wer durch Vorlage von Zeugnissen oder auf andere Weise glaubhaft macht, dass er Kenntnisse, Fertigkeiten und Erfahrungen erworben hat, die die Zulassung zur Prüfung rechtfertigen.

§ 3 Gliederung und Durchführung der Prüfung

(1) Die Prüfung gliedert sich in folgende Handlungsbereiche in der Sicherheitswirtschaft:

1. Rechts- und aufgabenbezogenes Handeln,
2. Gefahrenabwehr sowie Einsatz von Schutz- und Sicherheitstechnik,
3. Sicherheits- und serviceorientiertes Verhalten und Handeln.

(2) Die Prüfung ist schriftlich und mündlich durchzuführen.

(3) Die schriftliche Prüfung ist in Form von zwei die Handlungsbereiche integrierenden Situationsaufgaben gemäß § 4 durchzuführen. Die erste Situationsaufgabe ist so zu gestalten, dass die Qualifikationsschwerpunkte des Handlungsbereichs gem. § 4 Abs. 1 den Schwerpunkt bilden. Die zweite Situationsaufgabe ist so zu gestalten, dass die Qualifikationsschwerpunkte des Handlungsbereichs gem. § 4 Abs. 2 den Schwerpunkt bilden. Die Situationsaufgaben sollen darüber hinaus jeweils Qualifikationsinhalte aus den Handlungsbereichen integrativ mit berücksichtigen, die nicht den Schwerpunkt gebildet haben.

(4) Die mündliche Prüfung ist als situationsbezogenes Fachgespräch durchzuführen. Im situationsbezogenen Fachgespräch sollen die Qualifikationsschwerpunkte des Handlungsbereichs gem. § 4 Abs. 3 den Schwerpunkt bilden. Darüber hinaus sollen Quali-

fikationsschwerpunkte der Handlungsbereiche gem. § 4 Abs. 1 und 2, die nicht schriftlich geprüft wurden, mitberücksichtigt werden.

(5) Die Prüfungsdauer der schriftlichen Situationsaufgaben beträgt jeweils mindestens zwei Stunden, insgesamt jedoch nicht mehr als fünf Stunden. Das situationsbezogene Fachgespräch soll je Prüfungsteilnehmer mindestens 30 Minuten und höchstens 40 Minuten dauern.

§ 4 Anforderungen und Inhalte der Prüfung

(1) Der Handlungsbereich „Rechts- und aufgabenbezogenes Handeln" enthält folgende Qualifikationsschwerpunkte:
- Rechtskunde
- Dienstkunde.

Im Qualifikationsschwerpunkt **„Rechtskunde"** soll die Fähigkeit nachgewiesen werden, die im Rahmen der Erfüllung der Aufgaben benötigten einschlägigen Rechtsvorschriften zu kennen und beim situationsgerechten Verhalten und Handeln zu berücksichtigen. In diesem Zusammenhang können folgende Qualifikationsinhalte geprüft werden:
1. Unterscheiden zwischen öffentlichem und privatem Recht, insbesondere in Abgrenzung zu hoheitlichen Aufgaben,
2. Berücksichtigen der Rechtsgrundlagen für die Aufgabenerfüllung sowie für die persönlich wahrzunehmenden und übertragenen Rechte in der Sicherheitswirtschaft,
3. Erkennen von Verstößen gegen das Strafrecht sowie Ableiten von Maßnahmen,
4. Beachten grundlegender Bestimmungen des Datenschutz-, Umweltschutz-, Betriebsverfassungs-, Arbeits- und Waffenrechts sowie Ableiten von Maßnahmen bei Verstößen.

Im Qualifikationsschwerpunkt „Dienstkunde" soll die Fähigkeit nachgewiesen werden, im Rahmen der Erfüllung der Aufgaben Gefahren vorzubeugen, Schäden abzuwenden und bei der Aufrechterhaltung sowie der Wiederherstellung der Sicherheit und Ordnung mitwirken zu können. In diesem Zusammenhang können folgende Qualifikationsinhalte geprüft werden:
1. Berücksichtigen der Grundsätze der Aufgabenwahrnehmung in Tätigkeitsfeldern der Sicherheitswirtschaft,
2. Berücksichtigen der Grundsätze der Aufgabenwahrnehmung und des Handelns in besonderen Situationen und am Ereignis-/Tatort,
3. Anwenden der Grundsätze der Eigensicherung,
4. Erstellen von Meldungen und Berichten.

(2) Der Handlungsbereich „Gefahrenabwehr sowie Einsatz von Schutz- und Sicherheitstechnik" enthält folgende Qualifikationsschwerpunkte:
- Brandschutz und sonstige Notfallmaßnahmen,
- Arbeits-, Gesundheits- und Umweltschutz,
- Einsatz von Schutz- und Sicherheitstechnik.

Im Qualifikationsschwerpunkt **„Brandschutz und sonstige Notfallmaßnahmen"** soll die Fähigkeit nachgewiesen werden, im vorbeugenden und abwehrenden Brandschutz sowie bei sonstigen Notfallmaßnahmen mitzuwirken. In diesem Zusammenhang können folgende Qualifikationsinhalte geprüft werden:

1. Anwenden der Grundsätze des vorbeugenden und abwehrenden Brandschutzes,
2. Kontrollieren und Überwachen von Einrichtungen des Brandschutzes sowie der Einhaltung von Brandschutzvorschriften,
3. Durchführen von Alarmierungsaufgaben und Mitwirken bei Räumungen, Evakuierungen sowie anderen Maßnahmen der Gefahrenabwehr.

Im Qualifikationsschwerpunkt **„Arbeits-, Gesundheits- und Umweltschutz"** soll die Fähigkeit nachgewiesen werden, im Rahmen der Aufgabenerfüllung einschlägige Gesetze, Vorschriften und Bestimmungen in der Tätigkeit umzusetzen sowie Gefahren zu erkennen und vorzubeugen. In diesem Zusammenhang können folgende Qualifikationsinhalte geprüft werden:

1. Sicherheitsgerechtes Verhalten sowie Mitwirken im Arbeits- und Gesundheitsschutz,
2. Mitwirken beim Umweltschutz,
3. Anwenden von Grundkenntnissen über Gefahrenklassen und Kennzeichnung gefährlicher Stoffe und Güter.

Im Qualifikationsschwerpunkt **„Einsatz von Schutz- und Sicherheitstechnik"** soll die Fähigkeit nachgewiesen werden, im Rahmen der Aufgabenerfüllung technische Einsatzmittel zu nutzen und die Funktion von technischen Schutz- und Sicherheitseinrichtungen zu überwachen. In diesem Zusammenhang können folgende Qualifikationsinhalte geprüft werden:

1. Nutzung technischer Einsatzmittel und Überwachen baulicher, mechanischer und elektronischer Schutz- und Sicherheitseinrichtungen,
2. Nutzen von Kommunikations-, Informations- und Dokumentationsmitteln,
3. Einsetzen von Löschmitteln und Feuerlöschgeräten,
4. Kennen der Funktionen von Feuerlöschanlagen.

(3) Der Handlungsbereich „Sicherheits- und serviceorientiertes Verhalten und Handeln" enthält folgende Qualifikationsschwerpunkte:

- Situationsbeurteilung und -bewältigung,
- Kommunikation,
- Kunden- und Serviceorientierung,
- Zusammenarbeit.

Im Qualifikationsschwerpunkt **„Situationsbeurteilung und -bewältigung"** soll die Fähigkeit nachgewiesen werden, im Rahmen der Aufgabenerfüllung in unterschiedlichen Situationen menschliche Verhaltensweisen einzuschätzen sowie Folgerungen für das eigene Handeln abzuleiten und umzusetzen. In diesem Zusammenhang können folgende Qualifikationsinhalte geprüft werden:

1. Kennen der Grundlagen des menschlichen Verhaltens,
2. Erkennen der Wirkung der eigenen Person,
3. Erfassen der Einwirkungsmöglichkeiten auf das Verhalten anderer und Ableiten geeigneter Verhaltensmuster,
4. Anwenden von Techniken zur Konfliktvorbeugung und Deeskalation.

Im Qualifikationsschwerpunkt **„Kommunikation"** soll die Fähigkeit nachgewiesen werden, mit Menschen situationsgerecht kommunizieren zu können. In diesem Zusammenhang können folgende Qualifikationsinhalte geprüft werden:

1. Kennen der Möglichkeiten der Kommunikation,
2. Auswählen geeigneter Kommunikationsformen und -mittel,

3. situationsbezogen kommunizieren.

Im Qualifikationsschwerpunkt **„Kunden- und Serviceorientierung“** soll die Fähigkeit nachgewiesen werden, orientiert an den Interessen, Rollen und Funktionen aller Beteiligten, zu handeln. In diesem Zusammenhang können folgende Qualifikationsinhalte geprüft werden:

1. Kennen der Anforderungen an einen qualitätsorientierten Sicherheitsservice,
2. Berücksichtigen der Zusammenhänge von Sicherheits- und Serviceverhalten.

Im Qualifikationsschwerpunkt **„Zusammenarbeit“** soll die Fähigkeit nachgewiesen werden, für die Aufgabenerfüllung die Bedeutung der Arbeit in und mit Gruppen zu kennen und persönliche Kenntnisse und Fähigkeiten in die gemeinsame Arbeit einzubringen. In diesem Zusammenhang können folgende Qualifikationsinhalte geprüft werden:

1. Kennen der Grundlagen der Zusammenarbeit in Teams und mit anderen Kräften,
2. Bewältigung von gemeinsamen Aufgaben durch Kommunikation und Kooperation.

§ 5 Ergänzungsprüfung

Wurde in nicht mehr als einer schriftlichen Situationsaufgabe gemäß § 3 Abs. 3 eine mangelhafte Prüfungsleistung erbracht, ist in diesem Qualifikationsschwerpunkt eine mündliche Ergänzungsprüfung anzubieten. Bei einer ungenügenden schriftlichen Prüfungsleistung besteht diese Möglichkeit nicht. Die Ergänzungsprüfung soll in der Regel nicht länger als 20 Minuten dauern. Die Bewertung der schriftlichen Prüfungsleistung und die der mündlichen Ergänzungsprüfung werden zu einer Prüfungsleistung zusammengefasst. Dabei wird die Bewertung der schriftlichen Prüfungsleistung doppelt gewichtet.

§ 6 Anrechnung anderer Prüfungsleistungen

Der Prüfungsteilnehmer oder die Prüfungsteilnehmerin kann auf Antrag von der Prüfung in einzelnen Handlungsbereichen von der zuständigen Stelle befreit werden, wenn in den letzten fünf Jahren vor Antragstellung vor einer zuständigen Stelle, einer öffentlichen oder staatlich anerkannten Bildungseinrichtung oder vor einem staatlichen Prüfungsausschuss eine Prüfung mit Erfolg abgelegt wurde, die den Anforderungen der entsprechenden Prüfungsinhalte nach dieser Empfehlung entsprechen. Eine vollständige Freistellung und eine Freistellung vom situationsbezogenen Fachgespräch gemäß § 3 Abs. 4 sind nicht zulässig.

§ 7 Bestehen der Prüfung

(1) Die Handlungsbereiche gemäß § 3 Abs. 1 sind gesondert nach Punkten zu bewerten.

(2) Die Prüfung ist bestanden, wenn der Prüfungsteilnehmer oder die Prüfungsteilnehmerin in jedem der drei Handlungsbereiche mindestens ausreichende Leistungen nachgewiesen hat.

(3) Über das Bestehen der Prüfung ist ein Zeugnis auszustellen, das die Punktebewertung der Prüfungsleistungen in den einzelnen Handlungsbereichen ausweist. Im Falle der Freistellung gemäß § 5 sind Ort und Datum der anderweitig abgelegten Prüfung sowie die Bezeichnung des Prüfungsgremiums anzugeben.

§ 8 Wiederholung der Prüfung

(1) Eine Prüfung, die nicht bestanden ist, kann zweimal wiederholt werden.

(2) Mit dem Antrag auf Wiederholung der Prüfung wird der Prüfungsteilnehmer von einzelnen Prüfungsleistungen befreit, wenn er darin in einer vorangegangenen Prüfung mindestens ausreichende Leistungen erzielt hat und er sich innerhalb von zwei Jahren, gerechnet vom Tage der Beendigung der nicht bestandenen Prüfung an, zur Wiederholungsprüfung anmeldet.

§ 9 Inkrafttreten

Diese Rechtsvorschrift tritt am Tage nach ihrer Veröffentlichung in Kraft.

3. Ethische Ansprüche an die Sicherungstätigkeit

Ethik als Wissenschaft fragt nach Ursprung, Wesen, Zweck und Ziel des sittlichen Wollens und Handelns der Menschen. Angesichts einer zunehmenden Bedeutung der Sicherheitswirtschaft im Allgemeinen und der durch vielfältige „menschliche Bewährungssituationen" geprägten Sicherungstätigkeiten im Besonderen ergibt sich für Sicherheitskräfte in wachsendem Maß eine Verpflichtung zu **ethischer Bildung**.

Der griechische Philosoph Aristoteles stellte „gutes Leben" und „rechtes Leben" in einen engen Zusammenhang. Als Ethik betrachtete er das „Nachdenken über gutes Leben". Dabei sei die Frage zu beantworten, wie wir „durch unser Handeln uns dem guten Leben annähern" können.

Die Gelehrten der Antike sprachen von vier „Kardinaltugenden", die auch und gerade in der Gegenwart für Sicherheitskräfte nachdenkenswert sein können:

1. **Klugheit** – als Befähigung, die Dinge in ihrem Zusammenhang zu erkennen und dadurch das Leben theoretisch wie praktisch zu meistern,
2. **Gerechtigkeit** – als Fundament jeglichen Zusammenlebens der Menschen,
3. **Tapferkeit** – als Bereitschaft, für die Umsetzung von Klugheit und Gerechtigkeit auch Opfer zu bringen,
4. **Mäßigung** – als Fähigkeit, im Umgang mit sich selbst und mit anderen Menschen Affekte zu beherrschen.

Einer der ältesten bekannten berufsethischen Ansätze wurde durch den „Eid des Hippokrates" geprägt, der noch heute als „Inbegriff" ärztlicher Ethik gilt. Auch dem Sicherheitsgewerbe sind ethische Ansprüche nicht fremd. In der Werbebroschüre eines traditionsreichen Kieler Sicherheitsunternehmens wurden 1905 unter anderem folgende Maßstäbe gesetzt:

Die Mitarbeiter hatten sich durch „gesetztes und vertrauenerweckendes Benehmen" auszuzeichnen. Sie mussten über „tadellose Zivil- und Militärpapiere" verfügen und außerdem „unbescholtene und bestens beleumundete Männer" sein. Darüber hinaus hatten sie eine „entsprechende Kaution in bar zu leisten", um dadurch eine zusätzliche „Gewähr für ihre Vertrauenswürdigkeit und Zuverlässigkeit" zu bieten.

Sicherheitskräfte agieren in einem Spannungsfeld, das gleichermaßen von der Freiheitsliebe und dem Schutzbedürfnis der Menschen geprägt ist. Da das Bemühen um Sicherheit nicht selten auf gegenläufige individuelle Vorstellungen von persönlicher Freiheit trifft, geraten die Angehörigen von Sicherheitsorganisationen oftmals „zwischen die Mühlsteine". Der Polizeibeamte, der die Weiterfahrt unterbindet, wird ebenso zur Zielscheibe angestauter Frustration wie der Feuerwehrmann, der für einen Löscheinsatz Platz schaffen will. Selbst Mitarbeitende von Rettungsdiensten sind vor Pöbeleien, Behinderungen oder gar Angriffen nicht sicher. Auch das Personal von gewerblichen Sicherheitsdiensten ist hiervon nicht ausgenommen. Darum benötigen alle in der Sicherheitswirtschaft tätigen Menschen mehr denn je **ethische Grundsätze**. Denn die Ethik trägt dazu bei, Handeln zu verantworten.

Laut DIN EN 15602, Pkt. 2.2.5, ist ein Sicherheitsmitarbeiter
eine Person, die ein Honorar, ein Gehalt oder einen Lohn erhält sowie ausgebildet und einem Screeningverfahren unterzogen worden ist und eine oder mehrere der folgenden Funktionen erfüllt:

- *Verhinderung oder Feststellung eines Eindringens, eines unbefugten Zutritts (Zugangskontrolle) oder einer unbefugten Handlung, von Vandalismus oder Übertretungen auf öffentlichem oder privatem Eigentum,*
- *Verhinderung oder Feststellung von Diebstahl, Verlust, Veruntreuung, Zweckentfremdung von oder Verschleierung hinsichtlich Waren, Geld, Wertpapieren, Aktien, Schuldscheinen/Rechnungen/Wechseln oder wertvollen Dokumenten oder Papieren,*
- *Schutz von Personen vor körperlichen Schäden,*
- *Schutz und Management der Umwelt in ländlichen und maritimen Gebieten,*
- *Durchsetzung (bei gleichzeitiger Einhaltung) der im Unternehmen geltenden Regeln, Bestimmungen, Verfahrensweisen und Praktiken zur Verbrechenseindämmung,*
- *Anzeige und Festnahme von Zuwiderhandelnden, wie durch die nationale Gesetzgebung definiert.*

Mit dem Ziel, das o.g. „Spannungsfeld" zu beherrschen, ziehen sich Sicherheitskräfte bei der Aufgabenerfüllung häufig auf ihre rechtlichen Befugnisse zurück. Die ausschließliche Orientierung am Recht ist jedoch keineswegs geeignet, die Probleme des Alltags zu lösen. Dort, wo Fachkompetenz auf das Beherrschen von Rechtsvorschriften begrenzt ist, werden mehr Konflikte heraufbeschworen als beigelegt. Das oberste Anliegen der Sicherungstätigkeit besteht darin, Gefahren vorzubeugen und mögliche Schädigungen zu erkennen, aber auch vorhandene Risiken abzuschätzen. Für einen derartigen Anspruch an die eigene Arbeit benötigt das Sicherheitspersonal Handlungskompetenz, die auf Fachkompetenz, Methodenkompetenz und Sozialkompetenz gründet. Zu Letzterem gehört auch das Einbringen persönlicher Wertmaßstäbe und Moralgrundsätze – vorausgesetzt, diese entsprechen prinzipiell den allgemein anerkannten Normen. Trifft dies zu, so existiert ein „Orientierungsgerüst", an dem die Mitarbeitenden im Sicherheitsdienst entlanghangeln können, um den konkreten Einzelfall vertretbar zu lösen.

Hinweise

Folgende ethische **Leitsätze** sollten daher die Tätigkeit und das Verhalten von Mitarbeitenden der Sicherheitswirtschaft im beruflichen Alltag prägen:

Sicherheitskräfte

- verstehen ihre Arbeit als Dienst am Kunden und tragen dazu bei, die Sicherheit der Gesellschaft zu erhöhen.
- halten Gesetze und Vorschriften strikt ein und erwecken zu keiner Zeit den Eindruck, darüber hinausgehende Vollmachten zu besitzen.
- erfüllen ihre Obhutspflicht gewissenhaft und rechtfertigen jederzeit das ihnen übertragene Vertrauen.
- bedienen sich stets unbedenklicher Arbeitsmethoden und erfüllen die gestellten Aufgaben sachkundig, umsichtig und engagiert.
- gewährleisten uneingeschränkt persönliche Zuverlässigkeit und sind immer darauf bedacht, berechtigte Geheimnisse Dritter zu wahren.

Hinweise (Fortsetzung)

- respektieren die Persönlichkeit anderer Menschen und achten darauf, deren Ehr- und Schamgefühl nicht zu verletzen.
- garantieren ein äußeres Erscheinungsbild, das Vertrauen erweckt und Korrektheit widerspiegelt.
- verhalten sich kooperativ und partnerschaftlich und wirken im Interesse der Aufgabenerfüllung konstruktiv mit allen zusammen, die im Dienste der Sicherheit tätig sind.
- eignen sich Fachwissen, Sachkunde und Kenntnisse über Handlungs- und Verhaltensweisen gründlich an, trainieren regelmäßig ihre Fähigkeiten und sind um kontinuierliche Fortbildung bemüht.
- bekennen sich zu ihrer Tätigkeit und tragen dazu bei, das Ansehen ihres Berufsstandes zu fördern.

Die Sicherheitsarchitektur kann nur dann den angestrebten Schutzzielen gerecht werden, wenn alle, die in diesem „Gefüge“ aktiv sind, auf einer ethischen Grundlage operieren, die auch in einer breiten Öffentlichkeit Zustimmung findet.

Handlungsbereich 1

Rechts- und aufgaben-bezogenes Handeln

4. Rechtskunde

4.1 Die Einordnung privater Sicherheitstätigkeit in das deutsche Recht

Der folgende Teil behandelt die Zusammenhänge zwischen der Tätigkeit von Schutz- und Sicherheitsfachkräften mit der deutschen Rechtsordnung.

4.1.1 Funktion und Struktur der Rechtsordnung

Als **Recht** wird die Gesamtheit aller Rechtssätze (Normen) in einem Land bezeichnet.

Wichtig

Das **Recht** wird in **öffentliches Recht** und **privates Recht** unterteilt:

- Das **öffentliche Recht** regelt die Rechtsbeziehungen des Bürgers zum Staat. Es ist dadurch gekennzeichnet, dass es in der Regel eine **Über- und Unterordnung** („Befehl und Gehorsam") zwischen Bürger und Staat gibt. Als Beispiel zu nennen ist ein Polizeibeamter, der die Personalien von jemandem kontrolliert oder eine Behörde, die entscheidet, dass eine Baugenehmigung erteilt wird.
- Demgegenüber regelt das **private Recht** die Rechtsbeziehungen von Personen untereinander. Es herrscht eine rechtliche **Gleichordnung** der Beteiligten (z. B. zwischen Verkäufer und Käufer einer Alarmanlage). Das private Recht wird auch Zivilrecht oder bürgerliches Recht genannt.

Eine Auswahl, welche Rechtsgebiete zum öffentlichen Recht und welche zum privaten Recht gehören, ist in folgendem Schaubild dargestellt:

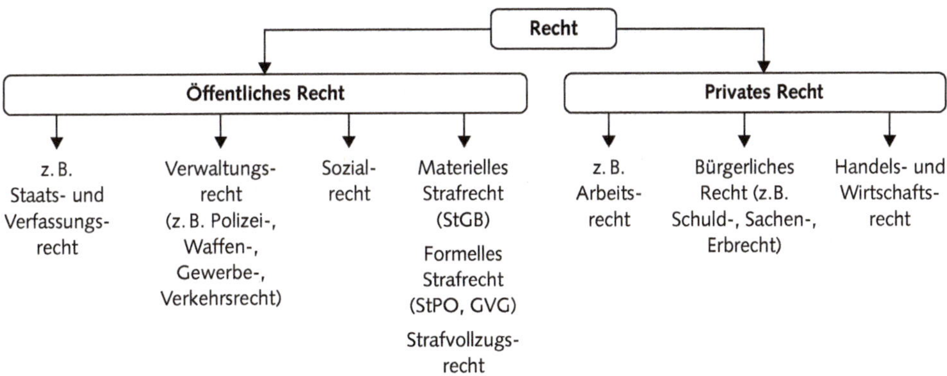

Abbildung 1: Öffentliches Recht und privates Recht [Ebert].

Das Recht erfüllt grundsätzlich drei **Funktionen**:
- es ordnet Beziehungen zwischen Personen und Sachen in rechtlicher Hinsicht, also z. B. wer Eigentümer einer Sache ist (**Ordnungsfunktion**),
- es schützt den Schwächeren (**Schutzfunktion**) und
- es trägt zur Beibehaltung und Wiederherstellung des Rechtsfriedens bei, z. B. indem jemand verpflichtet wird, Schadensersatz zu leisten (**Ausgleichsfunktion**).

4.1.2 Grundrechte und Sicherheitstätigkeit

Die Tätigkeit der Sicherheitsdienste muss mit dem geltenden Verfassungsrecht, insbesondere mit den Grundrechten, übereinstimmen.

Grundrechte

Die **Grundrechte** der Verfassung (Art. 1 bis 19 GG) gehören zum öffentlichen Recht und sind **Abwehrrechte**. Sie schützen in erster Linie den Einzelnen vor staatlichen Eingriffen.

Merke

Die **wichtigsten Grundrechte** sind:
- der Schutz der Menschenwürde (Art. 1 GG),
- das Allgemeine Persönlichkeitsrecht (Art. 2 GG),
- der Gleichheitsgrundsatz (Art. 3 GG),
- die Meinungsfreiheit (Art. 5 GG),
- die Versammlungsfreiheit (Art. 8 GG),
- das Brief-, Post- und Fernmeldegeheimnis (Art. 10 GG),
- die Unverletzlichkeit der Wohnung (Art. 13 GG) und
- das Recht auf Eigentum (Art. 14 GG).
- Art. 19 GG. Dieser lässt die Einschränkung von Grundrechten unter engen Voraussetzungen zu.

Manche, aber nicht alle Grundrechte haben die Qualität von **Menschenrechten**. Anerkannte Menschenrechte sind z. B. das Allgemeine Persönlichkeitsrecht (Art. 2 Abs. 1 GG), das Recht auf Leben und Gesundheit (Art. 2 Abs. 2 GG) und der allgemeine Gleichheitsgrundsatz (Art. 3 GG). Das Allgemeine **Persönlichkeitsrecht** bedeutet – vereinfacht gesagt –, dass jeder tun und lassen kann, was er möchte, solange er nicht die Rechte anderer verletzt. Der allgemeine **Gleichheitsgrundsatz** bestimmt, dass jede Person vor dem Gesetz gleich zu behandeln ist, unabhängig vom Geschlecht, von der Religion usw.

Mittelbare Drittwirkung von Grundrechten

Wenn Privatpersonen – und dazu zählen auch privates Sicherheitspersonal und ihre Arbeitgeber – tätig werden und dadurch in die Rechte anderer Personen eingreifen, haben die Grundrechte eine mittelbare Bedeutung. Stützt sich etwa ein **Werkschützer** auf ein Eingriffsrecht (z. B. das Festnahmerecht nach § 127 StPO), muss er dabei auch die Grundrechte beachten.

Beispiele

1. Ein Werkschützer nimmt aufgrund des Festnahmerechts nach § 127 Abs. 1 StPO wegen desselben Tatverdachts zwei Betriebsangehörige vorläufig fest – einen Deutschen und einen Ausländer. Aufgrund des Gleichheitsgrundsatzes darf er sie aber wegen ihrer unterschiedlichen Nationalitäten allein nicht unterschiedlich behandeln (Art. 3 Abs. 3 GG).
2. Ein Werkschützer führt eine zulässige Torkontrolle durch. Er darf bestimmte Arbeitnehmer aber nicht allein deswegen häufiger kontrollieren, weil sie bekanntermaßen eine kritische Einstellung zum Arbeitgeber haben oder weil er sie nicht leiden kann.
3. Ein Arbeitgeber hat den Verdacht, dass ein Arbeitnehmer sich öfter krankmeldet, als er es ist. Er darf ihn aber nur ausnahmsweise und nur unter engen Voraussetzungen von einem Privatdetektiv überwachen lassen. Grund ist das Persönlichkeitsrecht des Arbeitnehmers.
4. Ein Arbeitgeber möchte sich über die Vermögensverhältnisse seines Arbeitnehmers informieren und sich hierzu an eine Auskunftei wenden. Das darf er nur, wenn sein Interesse an der Überprüfung mehr wiegt als das Persönlichkeitsrecht des Arbeitnehmers. Der Arbeitgeber kann z. B. mit seinem Recht auf Eigentum nach Art. 14 GG oder mit seinem Recht auf Unternehmensfreiheit nach Art. 2 Abs. 1 GG argumentieren.

4.1.3 Staatliches Gewaltmonopol und private Sicherheitstätigkeiten

Das folgende Kapitel stellt das Verhältnis des staatlichen Gewaltmonopols und der Tätigkeit der privaten Sicherheitswirtschaft aus rechtlicher Sicht dar. Im Einzelnen sind die nachfolgenden Kenntnisse wichtig.

Verfassungsprinzipien

Art. 20 GG führt wichtige Verfassungsgrundsätze der Bundesrepublik Deutschland auf. Ein bedeutender Grundsatz ist die **Gewaltenteilung**. Es gibt drei Gewalten.

Merke

Die drei Staatsgewalten sind:

- **Legislative** (gesetzgebende Gewalt, also der Bundestag),
- **Judikative** (Recht sprechende Gewalt, also die Gerichte),
- **Exekutive** (ausführende Gewalt, also die Verwaltung, dazu zählt z. B. auch die Polizei).

Weiter folgt aus Art. 20 GG das sog. **Rechtsstaatsprinzip** (Art. 20 Abs. 3 GG). Dieses besagt, dass sich die drei Gewalten, also Gesetzgeber, Verwaltung und Gerichte, an das Grundgesetz bzw. die Gesetze halten müssen. Die **staatliche Gewalt** ist also **rechtlich gebunden**.

Aus dem Rechtsstaatsprinzip wird auch das **staatliche Gewaltmonopol** abgeleitet. Es bedeutet, dass die Anwendung von Gewalt – als äußerstes Mittel der Machtausübung – grundsätzlich den staatlichen Organen vorbehalten ist. Nur im Rechtsstaat können das Gewaltmonopol des Staates und die Freiheitsinteressen der Bürger in Ausgleich gebracht werden, weil im Rechtsstaat jedes staatliche Handeln rechtmäßig sein muss. **Private Gewaltanwendung** ist nur a**usnahmsweise** zulässig und regelmäßig auf Notsituationen beschränkt, in denen obrigkeitliche Hilfe (wie die Polizei) nicht oder nicht rechtzeitig zu erlangen ist (z. B. im Rahmen des Notwehrrechts und des Festnahmerechts).

Staatlicher Schutzauftrag

Der Staat ist verpflichtet, die innere Sicherheit im Staat zu gewährleisten. Die innere Sicherheit soll u. a. die individuellen Freiheiten der Bürger und Bürgerinnen schützen. Die Rechtsordnung legt gerade wegen dieser Freiheiten dem Einzelnen auch ein gewisses Maß an **Eigenverantwortlichkeit** auf. Der staatliche Schutzauftrag setzt deshalb grundsätzlich erst dann ein, wenn der Einzelne nicht (mehr) in der Lage ist, Gefährdungen abzuwehren und deshalb ein allgemeines Interesse an seinem Schutz besteht (mehr zum Grundsatz der Eigenverantwortlichkeit s. u.).

Die Grenzen zwischen individueller Eigenverantwortlichkeit und staatlicher Schutzverpflichtung sind fließend und zum Teil umstritten (z. B. in den Bereichen Sicherheit für gefährdete Personen und Betriebe – Personen- und Objektschutz, Sicherheit für Geld-, Kunst- und andere Werttransporte, Sicherheit bei Großveranstaltungen).

Wichtig

Für die **Aufgabenbegrenzung von Staat und Privaten** im Bereich der inneren Sicherheit gelten folgende **Grundsätze**:

1. Die Gewährleistung der **inneren Sicherheit**, insbesondere die Abwehr von Gefahren, ist in erster Linie eine staatliche Angelegenheit.
2. Soweit es dem Einzelnen möglich und zumutbar ist, ist er im Rahmen seiner Freiheitsrechte, aber auch wegen seiner **Eigenverantwortlichkeit** gehalten, drohenden Gefährdungen selbst zu begegnen.
3. Der Einzelne muss zur Durchsetzung seiner Rechte staatliche Hilfe in Anspruch nehmen. Falls obrigkeitliche Hilfe nicht oder nicht rechtzeitig zu erlangen ist, darf eine Privatperson **ausnahmsweise** in Rechte anderer Bürger eingreifen und dabei unter Umständen auch Gewalt ausüben. Der Einzelne muss sich hierbei an die ihm vom Staat für solche Fälle eingeräumten gesetzlichen **Ermächtigungen** halten; sonst kann er sich strafbar und schadensersatzpflichtig machen.

In Teilbereichen hat der Staat Sicherheitsaufgaben privaten Einrichtungen überlassen, z. B. bei der Flugsicherung und beim TÜV (sog. „**beliehene Unternehmer**").

Legalitätsprinzip

Um die Verfolgung von Verbrechen von Amts wegen sicherzustellen, gibt es das sog. **Legalitätsprinzip** (§ 152 Abs. 2 StPO). Es verpflichtet die Staatsanwaltschaft, unabhängig von der Person wegen aller verfolgbaren Straftaten einzuschreiten, sofern zureichende tatsächliche Anhaltspunkte vorliegen. Weiter ist die Staatsanwaltschaft verpflichtet, den Sachverhalt zu erforschen, sobald sie „durch eine Anzeige oder auf anderem Wege von dem Verdacht einer Straftat Kenntnis erhält, sog. **Verfolgungszwang** (§ 160 Abs. 1 StPO). Die Staatsanwaltschaft hat **objektiv** zu sein: Sie muss alle belastenden und alle entlastenden Umstände ermitteln und die entsprechenden Beweise beschaffen (§ 160 Abs. 2 StPO). Außerdem sollen sich die Ermittlungen auch auf die Umstände erstrecken, die für die Bestimmung der Rechtsfolgen der Tat, also die zu erwartende Strafe, bedeutsam sind (§ 160 Abs. 3 StPO).

Ermittlungspersonen

Die Staatsanwaltschaft führt ihre Ermittlungen nur in seltenen Fällen selbst. Normalerweise bedient sie sich sog. **Ermittlungspersonen** (vgl. § 152 GVG), denen sie Weisungen erteilen kann (§ 161 Abs. 1 StPO). Hauptermittlungsorgan der Staatsanwaltschaft ist die **Polizei.**

Die Angelegenheiten der **Polizei** regeln grundsätzlich die Länder (Art. 30, 70 GG, Polizeihoheit). Das heißt, jedes deutsche Land hat sein eigenes Gefahrenabwehrrecht (z.B. Polizeigesetze) erlassen. Nur für einige spezielle polizeiliche Aufgabengebiete ist der Bund zuständig (z.B. für den Grenzschutz, für die Luftsicherheit, für die Bahnpolizei und für besondere Formen der Kriminalität). Der Bund unterhält dafür die **Bundespolizei** und das **Bundeskriminalamt.**

Bezüglich der **Strafverfolgung** müssen Polizeibeamte und andere Beamte, die zu **Ermittlungspersonen** bestellt wurden (§ 152 GVG), den Anordnungen der Staatsanwaltschaft Folge leisten (Weisungsgebundenheit). Darüber hinaus haben sie bestimmte Anordnungs- und Zwangsbefugnisse. Dazu gehört beispielsweise die Entnahme einer Blutprobe (§ 81a Abs. 2 StPO), die Durchführung einer Durchsuchung (§ 105 Abs. 1 StPO) oder eine Beschlagnahme (§ 98 Abs. 1 StPO).

Dem Legalitätsprinzip unterliegen neben der Staatsanwaltschaft auch alle Behörden und Beamten des Polizeidienstes, selbst wenn sie nicht zu Ermittlungspersonen der Staatsanwaltschaft bestellt wurden. Die Polizei hat demnach Straftaten zu erforschen und alle keinen Aufschub gestattenden Anordnungen zu treffen, um die Verdunkelung der Sache zu verhüten (§ 163 Abs. 1 StPO).

Abgesehen von der Strafverfolgung ist die Polizei auch für die Abwehr von Gefahren für die öffentliche Sicherheit und Ordnung sowie die Verfolgung und Ahndung von Ordnungswidrigkeiten zuständig.

Behörden der Sicherheits- und Ordnungsverwaltung

Aufgaben der Gefahrenabwehr obliegen neben der Polizei vor allem auch den **Behörden der Sicherheits-** und **Ordnungsverwaltung**. Zahlreiche besondere Verwaltungsbehörden sind für Gefahrenabwehraufgaben in gesondert gesetzlich geregelten Bereichen zuständig (z.B. Straßenverkehrsbehörden, Gewerbeaufsichtsämter, Bauordnungsbehörden, Umweltschutzbehörden, Ausländerbehörden, Ordnungsämter, Meldebehörden, Pass- und Waffenbehörden usw.).

Aufgaben und Organisation dieser Behörden sind in den einzelnen Ländern, die für diese Aufgaben in der Regel zuständig sind, zum Teil sehr unterschiedlich geregelt. In einigen Ländern (z.B. Berlin, Nordrhein-Westfalen) sind sie organisatorisch auch in die Polizei integriert, in anderen strikt von ihr getrennt (z.B. Bayern, Thüringen). Üblicherweise ist die Polizei für die Gefahrenabwehr zuständig, wenn die anderen Behörden nicht tätig werden können (z.B. nachts oder am Wochenende).

Grundsatz der Eigenverantwortlichkeit

Der **Grundsatz der Eigenverantwortlichkeit** verlangt vom Einzelnen grundsätzlich, seine Ansprüche gegen andere Privatpersonen selbst geltend zu machen. Ein staatliches Eingreifen kommt nur in Betracht, wenn der inneren Sicherheit Gefahren drohen, wenn Straftaten zu verfolgen sind (Legalitätsprinzip) oder wenn es um eine Inanspruchnahme staatlicher Hilfe zur Durchsetzung privatrechtlicher Ansprüche geht.

Beispiel

Bei einem Verkehrsunfall ist eine Person verletzt worden. Außerdem ist Sachschaden entstanden. Polizei bzw. Staatsanwaltschaft prüfen nur, ob sich der Unfallverursacher strafbar gemacht hat (§§ 223, 229, 230 StGB) und ob die Allgemeinheit z. B. vor einer alkohol- oder drogenauffällig gewordenen Person geschützt werden muss (§ 69 StGB, § 111a StPO). Die Geltendmachung von Schadensersatz bleibt demgegenüber ausschließlich Angelegenheit der Unfallbeteiligten bzw. ihrer Versicherungen.

Private Sicherheitseinrichtungen

Vielfach ist davon die Rede, dass private Sicherheitseinrichtungen im „Gefahrenvorfeld" tätig werden. Dies ist ein Bereich, in dem staatliche Sicherheitsorgane auf Grund mangelnder Rechtsgrundlagen noch nicht tätig werden, weil noch keine Gefahr oder Störung im polizeilichen Sinne vorliegt.

Private Sicherheitskräfte spielen bei den verschiedensten Anlagen, Einrichtungen oder Behörden eine bedeutsame Rolle. Denn die Entwicklung neuer, komplizierter Techniken hat häufig zu mehr Gefährdungen geführt und dadurch auch dazu, dass das Bedürfnis an Wach- und Objektschutz gestiegen ist. Neue Informationstechniken stellen heutzutage völlig veränderte Anforderungen an Sicherheitsstandards. Als Folge dieser unterschiedlichen Anforderungen sind verschiedene **Organisationsformen** privater Sicherheitseinrichtungen entstanden. Ihre Betätigung ist durch die Grundrechte der Art. 12 GG (Berufsfreiheit) und Art. 2 Abs. 1 GG (Handlungsfreiheit) geschützt.

Hinweis

Nach Organisation und Rechtsgrundlagen kann zwischen **betriebsinternem Werkschutz, externem Wach- und Sicherheitsgewerbe** und **sonstigen** privaten Sicherheitseinrichtungen unterschieden werden.

Betrieblicher Werkschutz

Der **betriebliche Werkschutz** ist eine private Sicherheitseinrichtung einzelner Unternehmen, die den Schutz des Unternehmens und seiner Angehörigen bezweckt (z. B. durch Schutz-, Ordnungs-, Ermittlungsdienst und zahlreiche Mitwirkungsaufgaben wie etwa bei der Arbeitssicherheit). Die Bediensteten des Werkschutzes sind im Regelfall Arbeitnehmer des Betriebes. Ihre Aufgabe liegt hauptsächlich in der Aufrechterhaltung der betrieblichen Ordnung. Die Hauptarbeitspflicht von Angehörigen des Werkschutzes besteht darin, den Unternehmer in der Wahrnehmung seiner Pflichten bei der Betriebs-

Anlass für die Kontrolle:	Kontrolle von Betriebs-angehörigen:	Kontrolle von Betriebs-fremden:	Kontrolle von Sachen/ Tieren:
Routine	▪ Betriebsvereinbarung ▪ Einwilligung	▪ Hausrecht ▪ Einwilligung	▪ Betriebsvereinbarung ▪ Hausrecht ▪ Einwilligung des Inhabers
Verdacht einer Straftat	§ 127 Abs. 1 StPO	§ 127 Abs. 1 StPO	./.
Sicherung zivilrechtlicher Ansprüche	§ 229 BGB	§ 229 BGB	§ 229 BGB
Besitzschutz	./.	./.	§§ 859, 860 BGB
Unfallverhütung	Unfallverhütungsvor-schriften	Hausrecht	Unfallverhütungs-vorschriften

Tabelle 1: Rechtsgrundlagen für Kontrollen durch den Werkschutz.

führung zu unterstützen. Durch den Abschluss eines Arbeitsvertrags und die Beauftragung mit Tätigkeiten im Werkschutz wird der einzelne Werkschutzangehörige zu einer Art „verlängertem Arm" des Unternehmers. Er ist damit befugt und verpflichtet, den Weisungen der Unternehmensleitung entsprechend bestimmte einzelne Rechte und Pflichten auszuüben, die ihm von seinem Arbeitgeber übertragen worden sind.

Wach- und Sicherheitsgewerbe

Zum **Wach- und Sicherheitsgewerbe** gehören Unternehmen und Einrichtungen, die gewerbsmäßig die Bewachung von Leben und/oder Eigentum fremder Personen oder andere Dienstleistungen übernehmen wie z. B. Pforten- und Empfangsdienst, Veranstaltungsschutz, Sicherheitstransporte, Personenschutz, Sicherheitsberatung, Fluggastkontrollen.

Auftraggeber und Bewachungsunternehmer schließen einen privatrechtlichen Bewachungsvertrag, den sog. **Dienstleistungsvertrag** (§ 611 BGB). Der Bewachungsunternehmer ist für den ordnungsgemäßen **Einsatz** seines Personals verantwortlich, da er die Dienstleistungen nicht selbst, sondern mit Hilfe seiner Mitarbeiter erbringt (z. B. dürfen Bedienstete nicht unausgeschlafen zum Dienst erscheinen – **Vorsorgerisiko** des Unternehmers). Ein Unternehmer, der seinen Betrieb nicht durch Dienstpläne, Personalauswahl und Überwachung plant und unter Kontrolle hält, haftet für das **Organisationsrisiko**.

Der Unternehmer hat für ein Verschulden seiner Mitarbeiter ebenso einzustehen wie für eigenes Verschulden (**Verschuldensrisiko**). Denn seine Mitarbeiter sind **Erfüllungshilfen** (§ 278 BGB) bzw. bei deliktischem Verhalten **Verrichtungshilfen** (§ 831 BGB). Der Unternehmer muss sich z. B. auch alle Kündigungsgründe entgegenhalten lassen, die der Auftraggeber wegen Fehlverhaltens des Wachpersonals geltend machen kann.

Für Bewachungsverträge gelten weitere öffentlich-rechtliche Vorschriften, z. B. ist die Tätigkeit als Bewachungsgewerbetreibender erlaubnispflichtig (§ 34a GewO).

Die Bewachung erfordert eine **Obhutstätigkeit** für Leben oder Eigentum fremder Personen (§ 34a Abs. 1 Satz 1 GewO). Diese Tätigkeit kann mit weiteren Inhalten einhergehen wie z. B. der Überlassung von Grundstücksflächen, etwa wenn Fahrzeuge auf einem Parkplatz zu bewachen sind.

Merke

Die **Bewachung** unterscheidet sich von der Tätigkeit der **Privatdetektive** und **Auskunfteien** dadurch, dass sie den aktiven Schutz fremder Personen oder Sachen durch Personen oder technische Hilfsmittel erfordert. Eine bloße Überwachung (Beobachtung) reicht für eine Bewachung nicht aus.

Die Bewachung muss laut dem Dienstvertrag die Hauptleistungspflicht sein (z. B. die Bewachung eines Kaufhausparkplatzes). Davon sind Fälle zu unterscheiden, in denen die Bewachung nur eine Nebenpflicht ist (z. B. wenn die Hauptleistungspflicht die Verwahrung von Garderobe in einem Hotel ist).

Das Bundesministerium für Wirtschaft und Energie hat aufgrund des § 34a Abs. 2 GewO die **Bewachungsverordnung** (BewachV) erlassen.

Danach hat der Gewerbetreibende u. a. die Pflicht,

- seine Beschäftigten schriftlich zur **Wahrung der Geschäfts- und Betriebsgeheimnisse** Dritter zu verpflichten (§ 17 Abs. 3 BewachV),
- mit der Bewachung nur **zuverlässige Personen**, die das 18. Lebensjahr vollendet haben, zu beauftragen,
- diese Personen der Erlaubnisbehörde vor Beginn zu melden (§ 16 Abs. 2 BewachV),
- einen Unterrichtungsnachweis sowie weitere Unterlagen vorzulegen und
- den Wachdienst durch eine **Dienstanweisung** zu regeln, die außer Bestimmungen über das Führen von Schusswaffen den Hinweis enthalten muss, dass das Wachpersonal nicht die Eigenschaft und die Befugnisse von Polizeivollzugsbeamten oder sonstigen Bediensteten von Behörden besitzt (§ 17 Abs. 1 BewachV).

Seit 2013 ist ein Zulassungsverfahren für Bewachungsunternehmen auf **Seeschiffen** zur Verhinderung der internationalen **Piraterie** eingeführt (§ 31 GewO).

Privatdetekteien

Privatdetekteien sind im Auftrag von Privatpersonen, Unternehmen oder Institutionen tätig und beschaffen gewerbsmäßig Informationen und erteilen Auskünfte. Privatdetektive haben weder ein öffentliches Amt inne, noch sind sie Organe der Strafrechtspflege.

Ihre wesentlichen **Tätigkeitsfelder** sind insbesondere:

- Leistung von Beweishilfe in Straf- und Zivilprozessen,
- Personalkontrolle und -überwachung (z. B. Bewerberüberprüfungen),
- Wahrnehmung von Aufgaben des Werks- und Betriebsschutzes (z. B. Überprüfung von Sicherheitssystemen, Klärung von Fragen der Betriebssicherheit),
- Aufklärung von Gebrauchsmuster-, Urheber- und Patentverletzungen (z. B. Markenpiraterie, Raubkopien) sowie von Versicherungsmissbrauch.

Ihre Aufgaben nehmen Detektive grundsätzlich aufgrund eines **Dienstvertrages** (§ 611 BGB) wahr. Nur wenn der Vertrag auf die Beschaffung bestimmter Informationen gerichtet ist, handelt es sich um einen **Werkvertrag** (§ 631 BGB), da dann ein Erfolg geschuldet ist.

Detektive setzen folgende **Maßnahmen** ein:

- Beobachtung von Personen,
- Durchführung von Ermittlungen,
- Sammeln von Beweismitteln und Informationen,
- Aufspüren von Personen.

Für die **Ausübung des Detektivgewerbes** gelten die allgemeinen Bestimmungen des **Gewerberechts**.

Beachte

Kaufhausdetektive, die nicht zum Personal gehören und sich nicht auf bloße Beobachtung beschränken, sondern das Eigentum ihres Auftraggebers vor Diebstahl sichern sollen, üben ein Bewachungsgewerbe im Sinne von § 34a GewO aus.

Privatdetektive haben **keine hoheitlichen Befugnisse**, insbesondere keine Zwangsbefugnisse. Jedoch können sie von den auch für andere Privatpersonen geltenden Rechten Gebrauch machen. Es ist zulässig, dass Auftraggeber solche Rechte einem Privatdetektiv übertragen (z. B. die Ausübung des Hausrechts).

Auskunfteien verfügen vornehmlich über Daten zur Kreditwürdigkeit und -fähigkeit von Unternehmen und Einzelpersonen. Die geschäftsmäßige Übermittlung personenbezogener Daten ist keine staatliche Aufgabe. Auskunfteien werden für ihre Auftraggeber (z. B. Banken) im Rahmen von **Werkverträgen** tätig (§ 631 BGB), wenn sie bestimmte Informationen beschaffen, oder von **Dienstverträgen** (§ 611 BGB), wenn ihre Tätigkeit auf eine anhaltende Beratung gerichtet ist.

Die **Tätigkeit** von Auskunfteien besteht z. B. in der Erteilung von Auskünften im Zusammenhang mit Girokonten, Scheckverkehr, Krediten oder Zwangsvollstreckungen.

Unterscheidung von staatlichen und privaten Sicherheitsorganen

Staatliche Sicherheitsorgane (insbesondere die Polizei) und private Sicherheitseinrichtungen, können aufgrund folgender charakteristischer Merkmale voneinander unterschieden werden:

	Polizei	Private Sicherheitseinrichtung
Rechtsstatus:	Beamte	Arbeitnehmer
Verantwortlichkeit:	gegenüber vorgesetzten und weisungsbefugten Stellen (z. B. Staatsanwaltschaft, Innenministerium)	gegenüber Arbeitgeber
Organisation:	staatlich (Länder oder Bund)	innerbetrieblich oder außerbetrieblich
Tätigwerden:	hoheitlich	privatrechtlich
Rechtsgrundlagen für Maßnahmen:	öffentliches Recht (Polizeirecht, Strafverfahrensrecht)	Arbeitsrecht/Hausrecht, „Jedermannsrechte“

	Polizei	Private Sicherheitseinrichtung
Verpflichtung zur Abwehr von Gefahren:	für die öffentliche Sicherheit und Ordnung (Interessen der Allgemeinheit)	für das Unternehmen und seine Angehörigen (Interessen Einzelner)
Verpflichtung zur Verfolgung von Straftaten:	uneingeschränkt auf Grund von Gesetzen (Legalitätsprinzip)	nach Maßgabe vertraglicher Regelung
Bezeichnung der Rechtseingriffe z. B. als:	▪ Durchsuchung ▪ Sicherstellung ▪ Beschlagnahme ▪ Vernehmung	▪ Nachschau ▪ Wegnahme ▪ Aufbewahrung ▪ Befragung
Zwangsanwendung:	nach Maßgabe gesetzlicher Vorschriften zulässig	grundsätzlich unzulässig
Ausrüstung, Bewaffnung:	nach Polizeigesetzen/Polizeidienstvorschriften	nach Maßgabe BewachV, WaffG usw.

Tabelle 2: Unterscheidung von staatlichen und privaten Sicherheitsorganen.

Diese Unterschiede sind für Angehörige privater Sicherheitseinrichtungen von herausragender Bedeutung. Denn Verstöße seitens Privater können nach § 132 StGB (**Amtsanmaßung**) oder nach § 240 StGB (**Nötigung**) strafbar sein!

4.2 Rechtsgrundlagen für privates Sicherheitspersonal

Im folgenden Teil werden die **Rechtsgrundlagen**, die für die private Sicherheitswirtschaft gelten, dargestellt und näher beleuchtet. Besonders hervorgehoben sind jeweils die einzelnen Voraussetzungen.

4.2.1 Eigentum, § 903 BGB

Das Recht auf **Eigentum** ist ein Grundrecht (Art. 14 Abs. 1 Satz 1 GG). Inhalt und Schranken des Eigentums werden durch die Gesetze bestimmt (Art. 14 Abs. 1 Satz 2 GG). Das Eigentum erfüllt zugleich eine wichtige Sozialfunktion (vgl. Art. 14 Abs. 2 GG): Es verpflichtet und sein Gebrauch soll auch dem Allgemeinwohl dienen.

Die Befugnisse des Eigentümers ergeben sich aus **§ 903 BGB**. Danach kann der Eigentümer einer Sache mit ihr tun, was er möchte, und andere von jeder Einmischung ausschließen. Dies gilt nicht, wenn ein Gesetz oder Rechte Dritter dem entgegenstehen. Z. B. muss der Eigentümer eines Unternehmens dulden, dass die Gewerbeaufsicht seinen Betrieb kontrolliert (Sonderzugangsrecht).

Merke

Eigentum ist die **rechtliche Herrschaft** einer Person über eine Sache; es besagt, **wem eine Sache gehört**. **Sachen** im Sinne des BGB sind körperliche Gegenstände (§ 90 BGB). Zu unterscheiden sind **bewegliche** Sachen und **unbewegliche** Sachen (Grundstücke, Immobilien).

Tiere sind keine Sachen. Sie werden als sogenannte Mitgeschöpfe durch besondere Gesetze geschützt. Auf Tiere sind aber grundsätzlich die für Sachen geltenden Vorschriften entsprechend anzuwenden (§ 90a BGB).

Das Eigentumsrecht kann **Ansprüche** gegenüber dritten Personen begründen wie z. B. auf

- **Herausgabe** einer Sache gegen einen unrechtmäßigen Besitzer (§ 985 BGB),
- **Beseitigung** und künftige **Unterlassung** von Störungen (§ 1004 BGB) und
- **Schadensersatz** (§ 823 Abs. 1 BGB).

4.2.2 Besitz, § 854 BGB

Vom Eigentum ist der **Besitz** zu unterscheiden. Besitz ist die **tatsächliche Herrschaft** einer Person über eine Sache. Der Besitz besagt also, **wer tatsächlich Zugriff** auf eine Sache hat (§ 854 BGB).

Beispiele

Eigentümer und Besitzer können identisch sein, zwingend ist dies aber nicht:

- Vermieter (Eigentümer) und Mieter (Besitzer) eines Veranstaltungsortes,
- Verleiher (Eigentümer) und Entleiher (Besitzer) von Dienstkleidung.

Die **tatsächliche Sachherrschaft** ist gegeben bei Sachen, die man bei oder an sich trägt (z. B. Kleidung, Uhr), die verschlossen abgestellt sind (z. B. geparkter Pkw) oder die in verschlossenen Räumen oder Behältnissen aufbewahrt werden, sowie bei umfriedeten Grundstücken und abschließbaren Gebäuden. Die tatsächliche Sachherrschaft endet beispielsweise, wenn der Besitz an einer Sache willentlich aufgegeben wird oder nach dem Verlust einer Sache.

4.2.3 Besitzdiener, § 855 BGB

Ein Unterfall des Besitzers ist die **Besitzdienerschaft** (§ 855 BGB): In vielen Fällen übt jemand zwar die tatsächliche Herrschaft über eine Sache aus, ist im Umgang mit der Sache aber **abhängig von den Weisungen** einer anderen Person. Merkbeispiel ist der Arbeitnehmer im Hinblick auf die ihm zur Erfüllung seiner Arbeitsleistung zur Verfügung gestellten Sachen.

Zusammengefasst sind die **Merkmale** des Besitzdieners:

- Ausübung der tatsächlichen Herrschaft über eine Sache,
- Wille, die tatsächliche Herrschaft für eine andere Person (den Besitzherrn) auszuüben,
- soziales Abhängigkeits- und Unterordnungsverhältnis (Tätigkeit im Haushalt oder Erwerbsgeschäft des Besitzherrn),
- im Umgang mit der Sache gebunden an die Weisungen des Besitzherrn.

Beispiele

Besitzdiener sind beispielsweise:
- Chauffeure hinsichtlich des Firmenfahrzeugs,
- Lagerverwalter hinsichtlich des Lagerbestands,
- Kassenverwalter hinsichtlich des Kassenbestands,
- Kantinenpersonal hinsichtlich der Servicegegenstände,
- Werkschutzangehörige hinsichtlich ihnen überlassener Ausrüstungsgegenstände (z. B. Funkgerät),
- Wachpersonen hinsichtlich überlassener Schusswaffen (§ 28 Abs. 3 WaffG).

Wichtig

Da sich der Besitzdiener den Anweisungen des Besitzherrn unterwirft, ist rechtlich gesehen der Besitzherr Besitzer der Sache und nicht der Besitzdiener!

4.2.4 Jedermannsrechte und übertragene Rechte

Einem gefestigten Rechtsgrundsatz zufolge braucht „das Recht dem Unrecht nicht zu weichen". Obwohl die Anwendung von Zwang und Gewalt in erster Linie staatlichen Organen vorbehalten ist (z. B. Vollstreckungsbeamte, Polizei, Gerichtsvollzieher), erkennt die Rechtsordnung an, dass es Situationen gibt, in denen Privatpersonen nicht zugemutet werden kann, das Eintreffen staatlicher Hilfe abzuwarten. In solchen Situationen dürfen Privatpersonen unter ganz bestimmten Voraussetzungen auch gewaltsam etwa gegen Angreifer vorgehen. Daher können private Sicherheitskräfte ihr Handeln auf eine Reihe von **gesetzlichen Bestimmungen** stützen, die ihnen – ausnahmsweise – Eingriffe in die Rechte anderer Personen gestatten (vgl. § 34a Abs. 5 GewO). Diese werden „**Jedermannsrechte**" genannt.

Bei diesen Jedermannsrechten handelt es sich im **Überblick** um die in Abbildung 2 dargestellten Rechte.

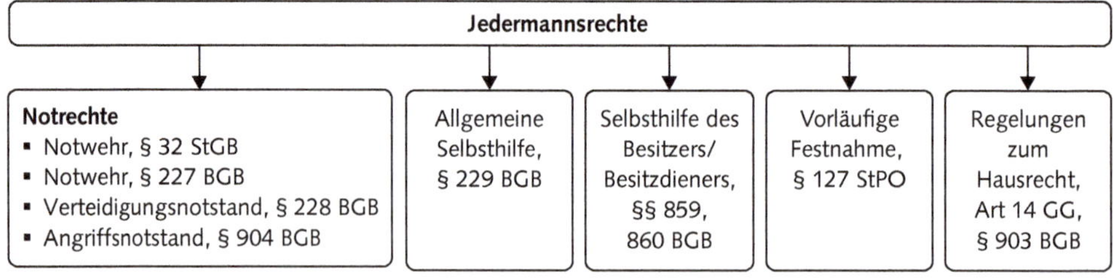

Abbildung 2: Überblick Jedermannsrechte [Ebert].

Merke

Die aufgezählten Punkte sind, bis auf das Hausrecht, **Rechtfertigungsgründe oder Entschuldigungsgründe**. D. h., wer aufgrund dieser Rechte handelt, verhält sich nicht rechtswidrig, auch wenn er mit seiner Handlung den gesetzlichen Tatbestand einer Straftat erfüllt, bzw. ist entschuldigt. In beiden Fällen bleibt er straffrei. Näheres hierzu vgl. unter Kapitel 4.3.1.2 und 4.3.1.3.

Aus diesen vom Gesetz vorgesehenen **Eingriffsmöglichkeiten** können private Sicherheitskräfte zu weiteren Maßnahmen befugt sein, z. B. zu Überwachungs- und Kontrollrechten aufgrund einer **Betriebsvereinbarung** oder **übertragenen Befugnisse** des **Hausrechtsinhabers**.

4.2.4.1 Notwehr, § 32 StGB

Eines der wichtigsten Jedermannsrechte ist die Notwehr. **Notwehr** ist diejenige Verteidigung, die erforderlich ist, um einen gegenwärtigen rechtswidrigen Angriff von sich oder einem anderen abzuwenden. Geregelt ist die Notwehr in § **32 StGB**.

Voraussetzungen

Voraussetzungen der Notwehr sind:
1. Notwehrlage (**gegenwärtiger, rechtswidriger Angriff**).
2. Verteidigungshandlung (**Erforderlichkeit** und **Gebotenheit** der Verteidigung).

(1) Notwehrlage

Die **Notwehrlage** besteht aus einem **gegenwärtigen, rechtswidrigen Angriff**.

a) **Angriff**. Unter einen Angriff versteht man jede von einem Menschen ausgehende willkürliche Handlung, die ein beliebiges fremdes Rechtsgut verletzt oder gefährdet. Alle Individual-Rechtsgüter sind notwehrfähig, also nicht nur Leben und Gesundheit, sondern auch Freiheit, Eigentum, Besitz, allgemeines Persönlichkeitsrecht usw. Der Angriff muss **von einem Menschen** ausgehen („Angriffe" von Tieren oder anderen Sachen dürfen als drohende Gefahr nur unter dem Gesichtspunkt des Notstandes nach § 228 BGB bzw. § 904 BGB abgewehrt werden, s. Kapitel 4.2.4.3 und 4.2.4.4).
b) **Gegenwärtigkeit** des Angriffs. Ein Angriff ist gegenwärtig, wenn er unmittelbar bevorsteht (z. B. wenn der Angreifer zum Schlag ausholt) oder begonnen hat, andauert und noch nicht beendet ist. (Der Angriff des Diebes auf das fremde Eigentum dauert z. B. so lange an, wie dieser bestrebt ist, die Beute zu sichern.)
c) **Rechtswidrigkeit** des Angriffs. Rechtswidrig ist jeder Angriff, der ohne Rechtfertigungsgrund erfolgt.

Beispiel

W wird von einer Sicherheitskraft vorläufig festgenommen, ohne dass hierfür die rechtlichen Voraussetzungen gegeben sind. Damit liegt ein rechtswidriger Angriff auf die Fortbewegungsfreiheit des W vor.

d) Gegenwärtigkeit des Angriffs. Ein Angriff ist gegenwärtig, wenn er unmittelbar bevorsteht (z. B. wenn der Angreifer zum Schlag ausholt) oder begonnen hat, andauert und noch nicht beendet ist. (Der Angriff des Diebes auf das fremde Eigentum dauert z. B. so lange an, wie dieser bestrebt ist, die Beute zu sichern.)

(2) Verteidigungshandlung

Gegen einen gegenwärtigen rechtswidrigen Angriff darf man sich verteidigen. Die **Verteidigungshandlung** muss **erforderlich** und **geboten** sein.

a) Erforderlich ist eine Handlung, die zur Abwehr des Angriffs **objektiv notwendig** ist. Was notwendig ist, hängt von den Umständen des Einzelfalls ab, wie z. B. von der Stärke und der Gefährlichkeit des Angriffs, von Mitteln, die der Angreifende einsetzt sowie von den Verteidigungsmöglichkeiten, die der Angegriffene hat. Der Angegriffene muss das **mildeste wirksame Mittel** zur Abwehr wählen. Er darf das für ihn erreichbare Mittel wählen, das den Angriff mit Gewissheit sofort beendet. Das kann auch eine Schusswaffe sein, sogar wenn er sie unerlaubt führt. (Eine Bestrafung wegen Verstoßes gegen das WaffG ist deshalb aber nicht ausgeschlossen!). Stehen mehrere wirksame Mittel zur Verfügung, muss der Angegriffene dasjenige Mittel wählen, das den Angreifer und Unbeteiligte am wenigsten beeinträchtigt.

Beachte

Der **Schusswaffengebrauch** ist zwar nicht von vornherein verboten, er kann aber nur das letzte Mittel der Verteidigung sein. In der Regel muss der Einsatz der Schusswaffe zunächst angedroht werden. Reicht das nicht aus, um einen Angriff zu beenden, muss die Waffe möglichst wenig gefährlich eingesetzt werden, z. B. ungezielte Warnschüsse oder Schüsse auf Arme oder Beine, um den Angreifer angriffsunfähig zu machen.

b) Geboten ist die Verteidigungshandlung, wenn dem Angegriffenen ein anderes Verhalten nicht zuzumuten ist. Nicht geboten ist die Abwehr, wenn der Angegriffene dem Angriff ausweichen kann, ohne sich etwas zu vergeben (z. B. Angriffe von Kindern, Geisteskranken oder Volltrunkenen; bloßer Unfug als „Angriff"). Die Notwehr ist auch nicht geboten, wenn der Angegriffene den Angriff **provoziert**, d. h. eine Lage herbeigeführt hat, um den Angreifer unter dem Deckmantel der Notwehr zu verletzen.

Auch ein **Rechtsmissbrauch** schließt das Notwehrrecht aus. Ein Rechtsmissbrauch liegt z. B. vor, wenn die Schädigung, die aus der Verteidigungshandlung droht, in krassem Missverhältnis zu der Rechtsgutverletzung durch den Angriff steht. (Wenn z. B. ein Landwirt ein Kind erschießt, weil es von seinem Baum einen Apfel klaut.)

4.2.4.2 Nothilfe, § 32 StGB

Nothilfe ist Notwehr gem. § 32 StGB zugunsten Dritter. Private Sicherheitskräfte, die Angriffe nicht von sich selbst, sondern etwa vom Betriebseigentum abwehren (Werkschutz) oder von einem Schutzobjekt (Bewachungsunternehmen), leisten Nothilfe.

Wichtig

Das Bürgerliche Gesetzbuch enthält in § **227 BGB** eine dem § **32 StGB** inhaltsgleiche Notwehrvorschrift, das Ordnungswidrigkeitenrecht in § 15 Abs. 1, 2 OWiG. Der Unterschied besteht bei den **Rechtsfolgen**. Die Notwehr aus § 227 BGB normiert, dass eine rechtmäßige Notwehrhandlung keine Schadensersatzpflicht des Handelnden auslöst. Die Notwehr aus § 32 StGB führt dazu, dass sich der Handelnde durch seine gerechtfertigte Verteidigungshandlung nicht strafbar gemacht hat. Die Notwehr aus § 15 OWiG bestimmt, dass eine gerechtfertigte Verteidigungshandlung auch keine Geldbuße zur Folge hat. Alle Notwehrregelungen gelten wegen der Einheit der Rechtsordnung im gesamten Recht.

4.2.4.3 Verteidigungsnotstand, § 228 BGB

Der **Verteidigungsnotstand** ist ein Rechtfertigungsgrund. Er ist in § 228 BGB geregelt und wird auch defensiver Notstand genannt.

Voraussetzungen

Der Verteidigungsnotstand setzt voraus:
- **Gefahr**, die von einer **fremden Sache** ausgeht, auch von einem Tier.
- **Absicht, die Gefahr von sich oder einem anderen abzuwenden.**

Wenn die Voraussetzungen vorliegen, ist eine Abwehrhandlung zulässig (**Beschädigung** oder **Zerstörung** der Sache). Der durch die Abwehrhandlung entstehende Schaden darf nicht außer Verhältnis zu der drohenden Gefahr stehen. Es ist eine **Interessenabwägung** zwischen geschützten und beeinträchtigten Rechtsgütern vorzunehmen.

Die Sache, von der die Gefahr ausgeht, darf beschädigt oder – falls erforderlich – auch zerstört werden. Die damit tatbestandsmäßig einhergehende Sachbeschädigung (§ 303 StGB) bleibt straffrei, da sie nicht rechtswidrig ist. Sie ist nach § 228 BGB gerechtfertigt.

Beispiel

Auf dem Betriebsgelände ist ein Gefahrguttransport abgestellt, der unvorschriftsmäßig gesichert ist. Aus ihm läuft eine hochgiftige und stark ätzende Flüssigkeit aus. Ein Verantwortlicher ist nicht zu erreichen. Die alarmierte Werksfeuerwehr bindet die Flüssigkeit ab und sorgt für ihre gefahrlose Beseitigung.

Die auslaufende Flüssigkeit ist eine fremde Sache, von der eine Gefahr ausgeht. Diese drohende Gefahr für bestimmte Rechtsgüter (z. B. Gesundheit, Betriebseigentum, Umwelt) sollte abgewendet werden. Dazu war das Unbrauchbarmachen der Flüssigkeit erforderlich. Im Verhältnis zu der drohenden Gefahr für die Rechtsgüter steht der eingetretene Schaden nicht außer Verhältnis. Die Werksfeuerwehr handelte damit rechtmäßig. Es kommt weder eine Bestrafung wegen Sachbeschädigung noch eine Verpflichtung zum Schadensersatz in Betracht.

Nach § 228 Satz 2 BGB besteht ein **Schadensersatzanspruch**, wenn der Handelnde die Gefahr verschuldet, d. h. vorsätzlich oder fahrlässig herbeigeführt hat. Ein solches Verschulden der Betriebsfeuerwehr liegt im o. g. Beispiel nicht vor.

4.2.4.4 Angriffsnotstand, § 904 BGB

Der **Angriffsnotstand** ist ein Rechtfertigungsgrund. Er ist in § 904 BGB geregelt (auch aggressiver Notstand genannt). Um eine Gefahr im Angriffsnotstand abzuwehren, muss man eine Sache einsetzen, die am Entstehen der Gefahr völlig „unbeteiligt" war. Im Unterschied zur Notwehr und zum Verteidigungsnotstand wird beim Angriffsnotstand also auf eine Sache eingewirkt, die weder als Instrument eines menschlichen Angriffs eingesetzt wurde noch von der selbst eine Gefahr ausging.

Voraussetzungen

Die Voraussetzungen des Angriffsnotstandes sind:
- **gegenwärtige Gefahr für irgendein Rechtsgut,**
- **Notwendigkeit der sofortigen Abhilfe**, um die Rechtsgutverletzung zu vermeiden,
- der Schaden, der dem gefährdeten Rechtsgut droht, ist viel größer als der Schaden, der aus der Einwirkung auf die Sache entsteht, die zur Gefahrenabwehr benutzt wird (**Interessenabwägung zugunsten des Angegriffenen**).

Der Angriffsnotstand schränkt das Recht des Eigentümers ein, andere von der Einwirkung auf seine Sachen auszuschließen (Duldungspflicht des Eigentümers).

Zum Ausgleich steht dem Eigentümer ein Anspruch auf **Schadensersatz** gegen den Handelnden zu (§ 904 Satz 2 BGB).

4.2.4.5 Allgemeine Selbsthilfe, § 229 BGB

Das Allgemeine Selbsthilferecht ist ein Rechtfertigungsgrund. Es ist in § 229 BGB genannt und bewirkt den Schutz gefährdeter privatrechtlicher Ansprüche.

Voraussetzungen

Die Voraussetzungen sind dem Gesetz nur schwer zu entnehmen:
- **Privatrechtlicher Anspruch** („zum Zwecke der Selbsthilfe"), z. B. Schadensersatzanspruch, Herausgabeanspruch.
- **Obrigkeitliche Hilfe** (z. B. von der Polizei) **ist nicht rechtzeitig zu erlangen** (ein Unfallbeteiligter will beispielsweise fliehen, bevor die Polizei eintrifft; eine andere Möglichkeit, die Personalien und die Art der Unfallbeteiligung festzustellen, als die Person festzuhalten, besteht nicht).
- Die **Verwirklichung des Anspruchs ist gefährdet**, wenn nicht **sofort** Maßnahmen zu seiner vorläufigen Sicherung ergriffen werden.

Die **Mittel** der Selbsthilfe können sich sowohl gegen Sachen als auch gegen Personen richten. Im Einzelnen ist es gestattet:
- eine Sache **wegzunehmen**, zu **zerstören** oder zu **beschädigen**,
- eine **Person** (Anspruchsgegner) bei Fluchtverdacht **festzunehmen** oder
- **Widerstand** gegen Handlungen, die sie dulden muss, zu **beseitigen**.

Der Anspruchsberechtigte darf die **Ausübung des Selbsthilferechts** auf **Dritte** übertragen, z. B. der Unternehmer auf den Werkschutz oder auf ein Bewachungsunternehmen.

Beispiel

Ein Kaufhausdetektiv stellt einen Dieb auf frischer Tat. Nachdem dem Täter zunächst die Flucht gelingt, wird er erneut gestellt. Der Kaufhauseigentümer hat gegen den Dieb einen Anspruch auf Herausgabe der Beute. Die Polizei ist nicht vor Ort, obrigkeitliche Hilfe ist also nicht rechtzeitig zu erlangen. Aufgrund der bereits einmal versuchten Flucht besteht die Gefahr, dass der Täter erneut flieht, bevor die Polizei eintrifft. Deswegen ist der Herausgabeanspruch des Kaufhauseigentümers in Gefahr.
Der Dieb darf daher festgenommen und ihm die Beute abgenommen werden (die Wegnahme wäre auch durch Notwehr gerechtfertigt).

Die Ausübung der Selbsthilfe nach § 229 BGB unterliegt dem **Grundsatz der Erforderlichkeit** (§ 230 Abs. 1 BGB i. V. m. § 34a Abs. 5 Satz 2 GewO), d. h., derjenige, der in Selbsthilfe handelt, muss das mildeste Mittel wählen, das seinen Anspruch ausreichend sichert.

Der Anspruchsinhaber oder der von ihm Beauftragte muss die staatlichen Maßnahmen, die für ihn zunächst unerreichbar waren, nachholen (§ 230 Abs. 2, 3 BGB). Dies geschieht z. B. durch Anträge auf Zwangsvollstreckung oder Beschlagnahme (sog. dinglicher Arrest, §§ 916 ff. ZPO). Wird der Arrestantrag verzögert oder abgelehnt, müssen die weggenommenen Sachen unverzüglich zurückgegeben (§ 230 Abs. 4 BGB) und festgenommene Personen freigelassen werden.

Derjenige, der die Voraussetzungen der Selbsthilfe nach § 229 BGB irrtümlich annimmt, ist unabhängig davon, ob er an seinem Irrtum schuld ist, zum **Schadensersatz** verpflichtet (§ 231 BGB).

4.2.4.6 Selbsthilfe des Besitzers/Besitzdieners, §§ 859, 860 BGB

Die Selbsthilfe des **Besitzers** ist gesondert in §§ 859, 860 BGB geregelt. Während die allgemeine Selbsthilfe die Durchsetzung oder Sicherung eines Anspruchs mit privater Gewalt zulässt, erlaubt die Selbsthilfe des Besitzers (und Besitzdieners) die Anwendung privater Gewalt zur **Abwehr von Besitzstörungen** und zur **Wiedererlangung des Besitzes**. Das Selbsthilferecht des Besitzers ist ein Rechtfertigungsgrund.

§ 859 BGB regelt den Besitzschutz. § 858 Abs. 1 BGB definiert die **Voraussetzungen** für den Besitzschutz: Es muss verbotene Eigenmacht vorliegen.

Voraussetzungen

Verbotene Eigenmacht liegt vor:

- Bei Besitzentziehung oder Besitzstörung:
  - **Besitzentziehung** ist die dauerhafte Beendigung des Besitzes (z. B. die Wegnahme einer fremden Sache, das Absperren eines fremden Grundstücksteils oder das Verhindern des Wegfahrens eines Fahrzeugs),
  - **Besitzstörung** ist eine sonstige Beeinträchtigung des Besitzes (z. B. das unberechtigte Abstellen eines Pkw auf einem privaten Parkplatz oder die Beschädigung einer Maschine),
- **ohne den Willen des Besitzers** und
- **ohne gesetzliche Gestattung**.

Besitzwehr, § 859 Abs. 1 BGB

Besitzwehr bedeutet, dass der Besitzer sich gegen die rechtswidrige Besitzstörung (= verbotene Eigenmacht) gewaltsam wehren darf (§ 859 Abs. 1 BGB). Er handelt rechtmäßig.

Beispiel

Der 12-jährige P wirft von außen Steine auf das Betriebsgelände. Dadurch stört er den Besitz am Betriebsgelände. Es liegt verbotene Eigenmacht vor. Der Werkschutz darf P daher z. B. wegjagen oder ihm die Steine abnehmen.

Besitzkehr, § 859 Abs. 2 BGB

Besitzkehr bedeutet, dass der Besitzer die rechtswidrige Besitzentziehung (= verbotene Eigenmacht) wieder umkehren darf (§ 859 Abs. 2 BGB). Für die Besitzkehr muss der Täter auf frischer Tat angetroffen oder verfolgt werden. Die Besitzkehr ist sowohl in Bezug auf bewegliche Sachen (z. B. Laptop) als auch in Bezug auf unbewegliche Sachen (z. B. Grundstück) möglich.

Beispiel

Anlässlich einer Taschenkontrolle stellt der Werkschutz fest, dass ein Betriebsangehöriger, ohne im Besitz eines Leihscheins zu sein, Fertigungsteile aus dem Betrieb bringen möchte. Der Besitz an den Fertigungsteilen (bewegliche Sachen) wurde mittels verbotener Eigenmacht entzogen. Händigt der Betroffene die Teile nicht freiwillig aus, darf sie der Werkschutz gewaltsam abnehmen.

§ 860 BGB dehnt die Besitzschutzrechte auf **Besitzdiener** aus. Auch sie dürfen also – wie ihr Besitzherr – auf verbotene Eigenmacht mit Besitzwehr oder Besitzkehr reagieren.

Über die zulässigen Gewaltmittel schweigt das Gesetz. Jedenfalls darf eine **Gewaltanwendung** aber nur so weit gehen, wie sie zur Abwendung der verbotenen Eigenmacht erforderlich ist (**Grundsatz der Erforderlichkeit**, vgl. § 34a Abs. 5 Satz 2 GewO). Auch beim Besitzschutz sind zunächst die mildesten wirksamen Mittel einzusetzen.

4.2.4.7 Rechtfertigender Notstand, § 34 StGB

Der rechtfertigende Notstand (§ 34 StGB) ist ein Rechtfertigungsgrund und einschlägig, wenn kein zivilrechtlicher Notstand (§§ 228, 904 BGB) greift. Daher sind die §§ 228, 904 BGB vorrangig zu prüfen!

Voraussetzungen

Voraussetzungen des **rechtfertigenden Notstandes** nach § 34 StGB sind:

- **Gegenwärtige**, nicht anders abwendbare **Gefahr** für irgendein Rechtsgut (Leben, Leib, Freiheit, Ehre und Eigentum sind nur Beispiele).
- **Absicht, die Gefahr von sich oder einem anderen abzuwenden.**
- **Interessenabwägung zugunsten des Angegriffenen** (das geschützte Rechtsgut muss das beeinträchtigte Rechtsgut wesentlich überwiegen).

Voraussetzungen (Fortsetzung)

- **Angemessenheit der Notwehrhandlung zur Abwendung der Gefahr** (die Notwehrhandlung ist insbesondere dann nicht geeignet, die Gefahr abzuwenden, wenn es dem Täter zuzumuten ist, die Gefahr hinzunehmen; dies ist hauptsächlich der Fall, wenn der Täter die Notsituation provoziert hat oder aufgrund seiner Stellung verpflichtet ist, die Gefahr hinzunehmen – z. B. Feuerwehrleute, Rettungsdienst, Polizeibeamte).

4.2.4.8 Entschuldigender Notstand, § 35 StGB

Der entschuldigende Notstand ist kein Rechtfertigungsgrund, sondern ein **Entschuldigungsgrund**. Dies hat zur Folge, dass die Notstandshandlung zwar rechtswidrig bleibt, gleichwohl ist der Handelnde ohne Schuld und wird deshalb nicht bestraft. Normiert ist der entschuldigende Notstand in § 35 StGB.

Voraussetzungen

Die **Voraussetzungen** des **entschuldigenden Notstandes** (§ 35 StGB) sind enger gefasst als die des rechtfertigenden Notstandes:

- **Gegenwärtige**, nicht anders abwendbare **Gefahr** nur für Leben, Leib oder Freiheit.
- **Absicht**, die Gefahr **von sich**, einem **Angehörigen** oder einer sonst **nahestehenden Person** abzuwenden.
- **Nichtvorliegen eines Rechtfertigungsgrundes.**
- Dem Handelnden ist nicht zuzumuten, die Gefahr für das bedrohte Rechtsgut hinzunehmen. Das ist – wie beim rechtfertigenden Notstand – ausgeschlossen, wenn er die Gefahr selbst verursacht oder eine besondere Rechtsposition hat.

4.2.4.9 Vorläufige Festnahme, § 127 Abs. 1 StPO

Die vorläufige Festnahme ist ein Rechtfertigungsgrund aus der Strafprozessordnung. Sie ist unter den engen Voraussetzungen des § 127 Abs. 1 StPO für jedermann zulässig. Im Detail: Wird jemand auf frischer Tat betroffen oder verfolgt, so ist, wenn er der Flucht verdächtig ist oder seine Identität nicht sofort festgestellt werden kann, **jedermann** befugt, ihn auch ohne richterliche Anordnung vorläufig festzunehmen (§ 127 Abs. 1 StPO). Dieses vorläufige Festnahmerecht dient dem **Zweck**, die Strafverfolgung einer Person sicherzustellen, die sich einer **Straftat** oder – wenn auch der Versuch der Tat unter Strafe gestellt ist (§ 23 StGB) – einer versuchten Straftat verdächtig gemacht hat.

Voraussetzungen

Die vorläufige Festnahme ist durch **jedermann** unter folgenden **Voraussetzungen** zulässig:

- Der Täter wird **auf frischer Tat betroffen** oder **verfolgt** und
- ein **Festnahmegrund** liegt vor:
  - **Fluchtverdacht** oder
  - **fehlender Identitätsnachweis.**

Auf frischer Tat wird **betroffen,** wer während oder unmittelbar nach der Tat am Tatort oder in dessen unmittelbarer Nähe bemerkt wird. Der Täter wird **auf frischer Tat verfolgt,** wenn unmittelbar nach Wahrnehmen oder Entdecken der Tat die Verfolgung aufgenommen wird.

Erfüllt die rechtswidrige Handlung keinen Straftatbestand, so ist § 127 Abs. 1 StPO nicht anwendbar.

Beispiel

Nachdem der Fahrer eines Lieferfahrzeugs beim Einparken versehentlich einen betriebseigenen Pkw angefahren hat, will er das Betriebsgelände verlassen, ohne sich weiter um den Schaden zu kümmern. Da die fahrlässige Sachbeschädigung nicht strafbar ist, liegt keine Tat im Sinne des § 127 Abs. 1 StPO vor. Auch ein unerlaubtes Entfernen von der Unfallstelle („Fahrerflucht") ist nicht gegeben, da das Betriebsgelände nicht öffentlich zugänglich ist. Ein Festnahmerecht aufgrund von § 127 StPO scheidet daher aus. Ein Festnahmerecht aufgrund der allgemeinen Selbsthilfe nach § 229 BGB bleibt allerdings möglich.

Fluchtverdacht besteht, wenn der Täter durch sein Verhalten zu erkennen gibt, dass er sich der Strafverfolgung entziehen will, z.B. durch entsprechende Äußerungen, Weglaufen oder Wegfahren.

Die **Identität** eines Verdächtigen ist sofort feststellbar, wenn er zweifelsfrei identifiziert werden kann (z.B. durch Personalpapiere).

Merke

Zusammengefasst ist die vorläufige Festnahme eines **unbekannten** Verdächtigen mit oder ohne Fluchtverdacht sowie eines **bekannten** Verdächtigen bei Fluchtverdacht zulässig.
Grundsätzlich **nicht zulässig ist es,** einen Festgenommenen auf der Grundlage des § 127 Abs. 1 StPO **zur Eigensicherung nach Waffen usw. abzutasten.**

Auch bei der vorläufigen Festnahme ist der Grundsatz der **Erforderlichkeit** zu beachten (§ 34a Abs. 5 GewO). Der Verdächtige muss möglichst geschont werden. Er muss **freigelassen** werden, sobald der Zweck der Festnahme erreicht ist. Insbesondere endet die Befugnis Privater, jemanden festzuhalten, wenn sich die Polizei des Verdächtigen annimmt. Lehnt die Polizei ein Einschreiten in Kenntnis aller Umstände ab, entfällt auch die Zulässigkeit einer privaten Festnahme.

4.2.4.10 Hausrecht

Das Hausrecht ist das Recht, in einem räumlich abgegrenzten Herrschaftsbereich frei „schalten und walten" zu können. Insbesondere umfasst es das Recht, über Zutritt und Verweilen von Personen zu bestimmen oder auch Bedingungen für den Aufenthalt festzulegen (z.B. Besucherausweise, Öffnungszeiten). Der Inhaber des Hausrechts soll sich dadurch gegen Störungen durch Unberechtigte schützen können. **Sonderzugangsrechte** gehen dem Hausrecht vor.

Hausrechtsinhaber

Hausrechtsinhaber ist, wer über den Zugang zu bestimmten Örtlichkeiten verfügen kann. Diese Verfügungsbefugnis kann sich ergeben aus **Eigentum** oder aus **Besitz.** So kann beispielsweise der Unternehmer, dem ein Betriebsgrundstück gehört, entscheiden, wer dieses Grundstück betreten darf und wer nicht.

Der Hausrechtsinhaber ist oftmals nicht mit dem Eigentümer identisch (es kann z.B. auch der Besitzer, also der Mieter eines Grundstücks/Gebäudes sein). Für das Hausrecht kommt es darauf an, wer gegenüber Außenstehenden das stärkere unmittelbare Recht an den Räumlichkeiten hat (z.B. hat der Mieter einer Wohnung mehr unmittelbare Rechte an der Wohnung als der Vermieter, der Pächter einer Kantine mehr als der Verpächter).

Hinweis

Der Hausrechtsinhaber kann die Ausübung des Hausrechts anderen Personen **überlassen**. Typischerweise nehmen Werkschutz und **private Sicherheitsdienste** das Hausrecht für ihren Arbeit- oder dessen Auftraggeber wahr.

Der Hausrechtsinhaber kann die Befugnis, den Zutritt und den Aufenthalt anderer Personen an **Bedingungen** knüpfen. Er kann insbesondere Bedingungen für den Aufenthalt festlegen (z.B. verbieten, einen bestimmten Teil des Betriebsgeländes mit Kraftfahrzeugen zu befahren). Er kann aber auch Personen den Zutritt verwehren oder ihnen den weiteren und künftigen Aufenthalt untersagen (**Hausverbot**). Für das Hausverbot ist eine besondere eindeutige Aussage notwendig (z.B. wenn der Inhaber eines Supermarktes einem Ladendieb schriftlich verbietet, den Supermarkt für ein Jahr zu betreten).

Zur Wahrnehmung des Hausrechts ist die **Videoüberwachung** zulässig (§ 4 Abs. 1 Nr. 2 BDSG).

Beachte

Bei einer **Verletzung des Hausrechts** kann der Hausrechtsinhaber bzw. sein Beauftragter, insbesondere also auch Werkschutz und privater Sicherheitsdienst, je nach Sachlage folgende Rechte ausüben:

- Selbsthilfe des Besitzers/Besitzdieners, §§ 859, 860 BGB,
- Allgemeine Selbsthilfe, § 229 BGB,
- Notwehr, § 32 StGB, § 227 BGB,
- vorläufige Festnahme, § 127 Abs. 1 StPO.

Duldungspflichten

Bei Ausübung des Hausrechts können private Sicherheitskräfte auch **Duldungspflichten** unterliegen.

Beispiele

- Arbeitnehmer haben ein Recht auf Zugang zum Arbeitsplatz und zu sonstigen auch für sie vorhandenen Betriebseinrichtungen (z. B. Kantine, Sanitäranlagen). Dieses prinzipielle Zugangsrecht kann allerdings dauernd oder vorübergehend aufgehoben sein (z. B. nach fristloser Kündigung).
- Die Inhaber bestimmter betrieblicher Funktionen müssen gewisse Handlungen vornehmen und dürfen dafür u. a. am Betreten des Betriebs nicht gehindert werden, z. B. Sicherheitsbeauftragte (§ 22 SGB VII), Betriebsärzte, Sicherheitsingenieure und Fachkräfte für Arbeitssicherheit (§ 3 Arbeitssicherheitsgesetz), Betriebsbeauftragte für Abfall (§§ 59 f. KrWG), Gewässerschutzbeauftragte (§§ 64 ff. WHG), Immissionsschutzbeauftragte (§§ 53 ff. BImSchG), Datenschutzbeauftragte (§ 38 BDSG), Betriebsratsmitglieder, Gewerkschaftsvertreter (§ 2 Abs. 2 BetrVG) und Mitglieder der Schwerbehindertenvertretung (§ 95 SGB IX).

Sonderzugangsrechte

Im Interesse der Allgemeinheit und der Betriebssicherheit überwachen die zuständigen Behörden die Einhaltung des geltenden Rechts. Zu diesem Zweck dürfen Beauftrage dieser Behörden das Betriebsgelände betreten und dort erforderliche Maßnahmen durchführen. Die rechtmäßige Ausübung dieser **Sonderzugangsrechte** ist weder verbotene Eigenmacht noch ein rechtswidriger Angriff im Sinne der Notwehr. Damit eventuell verbundene Besitzentziehungen oder -störungen sind gesetzlich gestattet. Auch das privatrechtliche Hausrecht tritt hinter dieser stärkeren öffentlich-rechtlichen Befugnis zurück.

Ein Überblick über die wichtigsten Sonderzugangsrechte ist in der nachfolgenden Tabelle dargestellt.

Rechtsvorschrift	Berechtigte	Betroffene	Zweck	Inhalt des Rechts
§ 2 Abs. 2 BetrVG	Beauftragte der im Betrieb vertretenen Gewerkschaften	Arbeitgeber bzw. dessen Vertreter	Wahrnehmung der Aufgaben und Befugnisse nach dem BetrVG	Zugang zum Betrieb ▪ nach Unterrichtung des Arbeitgebers oder eines Vertreters ▪ soweit nicht unumgängliche Notwendigkeiten des Betriebsablaufs, zwingende Sicherheitsvorschriften oder der Schutz von Betriebsgeheimnissen entgegenstehen
Polizeigesetze des Bundes und der Länder	Polizeien des Bundes und der Länder	Sogenannte polizeipflichtige Personen (d. h. Störer und Nichtstörer = Personen, die nichts mit der Störung zu tun haben, aber zur Gefahrenabwehr benötigt werden wie z. B. der Eigentümer eines Teichs, dessen Wasser zum Löschen benötigt wird)	Abwehr von Gefahren	Betreten und Durchsuchen von Wohnungen, Arbeits-, Betriebs-, Geschäftsräumen und befriedetem Besitztum

Rechts-vorschrift	Berechtigte	Betroffene	Zweck	Inhalt des Rechts
§§ 102 ff. StPO	▪ Richter ▪ Staatsanwalt ▪ Ermittlungs-personen der Staatsanwalt-schaft	▪ Verdächtige ▪ Nichtverdächtige	Verfolgung von Straftaten	Durchsuchung von Wohnungen und anderen Räumen
§ 46 OWiG i. V. m. § 53 OWiG, §§ 102 ff. StPO	▪ Verwaltungs-behörden (§§ 35 ff. OWiG) ▪ Polizeibeamte als Ermitt-lungspers. der Staats-anwaltschaft	▪ Verdächtige ▪ Nichtverdächtige	Verfolgung von Ordnungswidrig-keiten	Durchsuchung von Wohnungen und anderen Räumen
§§ 399, 404 AO	▪ Finanz-behörde ▪ Zollfahndung ▪ Steuer-fahndung	▪ Verdächtige ▪ Nichtverdächtige	Verfolgung von Steuerstraftaten	Durchsuchung von Wohnungen und anderen Räumen
§ 139b GewO	Gewerbeauf-sichtsbehörden ▪ Polizei	Gewerbetreibende Arbeit-geber	Prüfung der Beschäftigungs-verhältnisse	▪ Besichtigungen von Gewerbe-einrichtungen ▪ Prüfungen von Gewerbe-einrichtungen
§§ 19 ff. SGB VII i. V. m. DGUV-V 1	▪ Unfall-versicherungs-träger ▪ Zuständige Landes-behörden	Mitgliedsunternehmer der Berufsgenossenschaft	Verhütung von Arbeitsunfällen, Berufskrank-heiten, arbeits-bedingten Gesundheits-gefahren; wirk-same Erste Hilfe	▪ Betreten von Grund-stücken und Betriebs-räumen ▪ Besichtigungen, Prüfungen ▪ Entnahme von Proben ▪ Anordnungen zur Abwendung arbeitsbe-dingter Gefahren
§§ 21 ff. ArbSchG	▪ zuständige Behörden ▪ Träger der Unfall-versicherung	Arbeitgeber	Überwachung des Arbeits-schutzes	Ermittlungen aller Art wie z. B. Prüfung von Betriebsunterlagen, Besichtigung von Produktionsanlagen)

Tabelle 3: Sonderzugangsrechte (ausgewählte Beispiele).

4.2.5 Schadensersatz und Aufwendungsersatz

Unerlaubte Handlungen können zu **Schadensersatzansprüchen** führen. Was unerlaubt ist, kann sich aus dem Gesetz (z. B. § 823 BGB) oder einem Vertrag (z. B. § 280 BGB) ergeben.

Gesetzlicher Schadensersatzanspruch, § 823 BGB

Ein wichtiger gesetzlicher Schadensersatzanspruch für unerlaubte Handlungen ist in § 823 BGB geregelt.

Voraussetzungen

Die **Voraussetzungen** des Schadensersatzanspruchs nach § 823 BGB (**Unerlaubte Handlung**) sind:

- **Verletzung** eines Rechtsguts (Körper, Gesundheit, Freiheit, Eigentum, sonstiges Recht),
- **Rechtswidrigkeit**: Sie liegt aufgrund der Rechtsgutverletzung automatisch vor und entfällt nur, wenn ein Rechtfertigungsgrund vorliegt,
- **Verschulden** (Vorsatz oder Fahrlässigkeit).

Die von § 823 BGB geschützten Rechtsgüter können durch aktives Handeln, aber auch durch Unterlassen verletzt werden. Wie im Strafrecht ist ein Unterlassen allerdings nur dann rechtlich bedeutsam, wenn man rechtlich auch verpflichtet ist, den Schaden abzuwenden. Eine solche Pflicht nennt man **Garantenpflicht**. Sie kann sich aus dem Gesetz, einem Vertrag oder vorangegangenem Tun ergeben. Private Sicherheitskräfte übernehmen die Garantenpflicht normalerweise mit Abschluss des Arbeitsvertrags, denn danach sind sie ja gerade verpflichtet, Schäden abzuwenden.

Begehen mehrere Personen eine unerlaubte Handlung, haften sie gemeinschaftlich (§ 830 BGB).

Aus § 823 BGB hat die Rechtsprechung (= die Gerichte) die sog. **Verkehrssicherungspflicht** entwickelt: Wer eine **Gefahrenquelle** eröffnet oder unterhält, muss die notwendigen und zumutbaren Vorkehrungen treffen, um Schädigungen anderer zu verhindern. Die Vorkehrungen richten sich nach den örtlichen und zeitlichen Verhältnissen und dem Ausmaß möglicher Gefahren (z. B. Beleuchtung von Gehwegen).

Die Verkehrssicherungspflicht entfällt nicht durch Übertragung auf Dritte. Sie wandelt sich dann nur in eine **Aufsichtspflicht** um, d. h., dass derjenige, der zur Verkehrssicherung verpflichtet war, denjenigen, den er zu dieser Aufgabe verpflichtet, beaufsichtigen muss.

Verletzungen der Verkehrssicherungspflicht können bei schuldhaftem Verhalten (z. B. nicht ordnungsgemäße Beaufsichtigung der Kräfte, denen diese Aufgaben übertragen wurden) **Schadensersatzansprüche** nach sich ziehen.

Vertraglicher Schadensersatzanspruch, §§ 280 ff. BGB

Von der Haftung (Schadensersatzpflicht) wegen unerlaubter Handlung nach § 823 BGB ist die **Haftung aus Vertrag** zu unterscheiden. Verträge verpflichten die Vertragspartner, das Vereinbarte zu erfüllen. Erfüllt jemand seine vertragliche Pflicht nicht oder schlecht, so kann das ebenfalls eine Schadensersatzpflicht begründen. Anspruchsgrundlage sind dann §§ 280 ff. BGB.

Aufwendungsersatz

Zu guter Letzt gibt es noch den **Aufwendungsersatz.** Der Ersatz von Aufwendungen ist in § 677 BGB (**Geschäftsführung ohne Auftrag**) geregelt. Werden Interessen eines anderen wahrgenommen, ohne dass dieser (der sogenannte Geschäftsherr) dazu einen Auftrag erteilt hat, darf der Geschäftsführer die ihm entstandenen Aufwendungen vom Geschäftsherrn zurückverlangen.

Beispiel

Auf einem Parkplatz bricht ein Kraftfahrer ohnmächtig zusammen. Eine Sicherheitskraft, die sich auf dem Heimweg von der Arbeit befindet, versorgt diese Person (Erste Hilfe) und ruft den Notarzt. Den Kopf des Bewusstlosen bettet sie auf den eigenen Wintermantel, der dabei grob verschmutzt wird und zur Reinigung gebracht werden muss. Die Sicherheitskraft kann die Reinigungskosten vom Verletzten verlangen (§ 683 BGB).

Der Geschäftsführer ist verpflichtet, im mutmaßlichen Interesse des Geschäftsherrn zu handeln, darf also – soweit dies erkennbar ist – nicht gegen dessen Willen aktiv werden.

4.3 Strafrechtliche Aspekte privater Sicherheitstätigkeit

Hinweis

Die Kenntnis der Grundlagen des **Strafrechts** ist für die Ausübung privater Sicherheitstätigkeit unerlässlich. Zum einen dienen diese Kenntnisse der rechtssicheren Einschätzung von Straftaten, die Schutz- und Sicherheitskräfte gerade verhindern oder unterbinden sollen, zum anderen können sie private Sicherheitskräfte vor strafrechtlicher Verfolgung bewahren.

Materielles und formelles Strafrecht

Man unterscheidet **materielles Strafrecht** und **formelles Strafrecht.** Das **materielle** Strafrecht wiederrum gliedert sich in einen **Allgemeinen Teil** (§§ 1 bis 79b StGB) und in einen **Besonderen Teil** (§§ 80 bis 358 StGB). Der Allgemeine Teil enthält Regelungen, die auf alle Straftaten zutreffen können (z.B. Regelungen zu Vorsatz und Fahrlässigkeit, Unterlassen, Versuch, Rücktritt usw.). Im Besonderen Teil sind die einzelnen Straftaten aufgeführt, die zu Freiheitsstrafe oder Geldstrafe führen können. Das **formelle Strafrecht** betrifft das Strafverfahrensrecht, geregelt in der Strafprozessordnung (StPO).

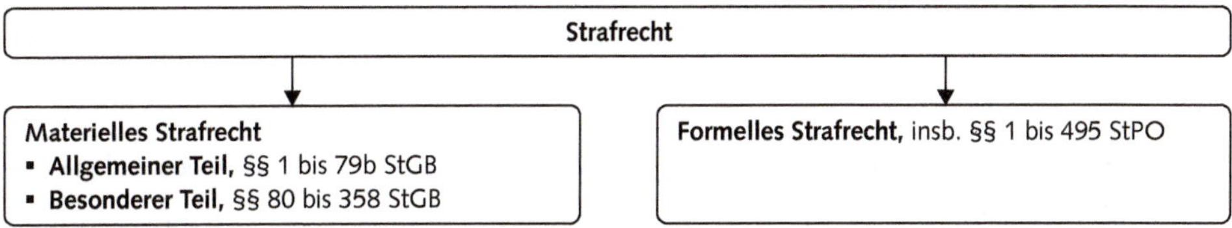

Abbildung 3: Materielles und formelles Strafrecht [Ebert].

Verbrechen und Vergehen

Je nach Schwere werden Straftaten in **Verbrechen** und **Vergehen** unterteilt (§ 12 StGB). Für **Verbrechen** liegt die Freiheitsstrafe bei mindestens einem Jahr (z. B. Raub, § 249 StGB; Brandstiftung, § 306 StGB). Für **Vergehen** liegt die Mindestfreiheitsstrafe unter einem Jahr oder das Gesetz sieht nur eine Geldstrafe vor (z. B. Körperverletzung, § 223 StGB; Diebstahl, § 242 StGB). Die Unterscheidung ist wichtig, weil der Versuch von Verbrechen immer strafbar ist, während der Versuch von Vergehen nur strafbar ist, wenn es im Straftatbestand ausdrücklich so steht (§ 23 StGB), siehe unten, Kapitel 4.3.2.

Merke

Verbrechen = Mindeststrafe liegt bei **einem Jahr** Freiheitsstrafe.
Vergehen = Mindestfreiheitsstrafe **unter einem Jahr** oder nur Geldstrafe.

Von Straftaten sind **Ordnungswidrigkeiten** zu unterscheiden (= Verstöße gegen Ordnungsvorschriften, z. B. Falschparken, die Bußgeldverfahren zur Folge haben). Den Bußgeldbescheid erlässt eine Verwaltungsbehörde, Strafen werden hingegen nur von einem Gericht verhängt.

	Straftat	Ordnungswidrigkeit	Unerlaubte Handlung
Rechtsnatur:	kriminelles Unrecht	Ordnungsrecht	Zivilrecht
Verfolgung:	zwingend (Legalitätsprinzip)	nach pflichtgemäßem Ermessen (Opportunitätsprinzip)	privatrechtlich, d. h., Privatperson kann klagen
Rechtsfolge:	Geldstrafe oder Freiheitsstrafe	Verwarnung oder Geldbuße	Schadensersatz, Schmerzensgeld
Zuständigkeit:	Strafgericht	Verwaltungsbehörde/Polizei	Zivilgericht

Tabelle 4: Unterscheidungsmerkmale Straftat, Ordnungswidrigkeit und unerlaubte Handlung.

4.3.1 Prüfung der Strafbarkeit

Ob eine Straftat vorliegt, kann mit Hilfe bestimmter Prüfungsmethoden festgestellt werden. Diese Methoden werden nachfolgend vorgestellt.

Wichtig

Jede Straftat weist folgende **Merkmale** auf:

1. **Tatbestand,**
2. **Rechtswidrigkeit,**
3. **Schuld.**

Fehlt eines dieser Merkmale, so ist eine Person nicht strafbar. Die drei Tatbestandsmerkmale sind im Folgenden näher erläutert.

4.3.1.1 Tatbestand

Im **Tatbestand** ist gesetzlich beschrieben, welches Verhalten unter Strafe gestellt ist. Beim Tatbestand sind **objektive** und **subjektive** Merkmale zu unterscheiden.

(1) Objektiver Tatbestand

Den objektiven Straftatbestand kann man durch aktives Tun verwirklichen (**Tätigkeitsdelikte**) oder durch Untätigbleiben (**Unterlassungsdelikte**).

Beispiele

Beispiele für aktives Tun bei **Tätigkeitsdelikten** sind die Wegnahme beim Diebstahl (§ 242 StGB), ein Messerstich als gefährliche Körperverletzung (§§ 223, 224 StGB) oder das Vorspiegeln falscher Tatsachen beim Betrug (§ 263 StGB).
Beispiele für **Unterlassungsdelikte** sind die Nichtanzeige geplanter Straftaten (§ 138 StGB) oder das Unterdrücken wahrer Tatsachen beim Betrug (§ 263 StGB).

Die **Unterlassungsdelikte** werden in zwei Gruppen eingeteilt:

- **Echte** Unterlassungsdelikte. Die echten Unterlassungsdelikte sind in den Straftatbeständen des Besonderen Teils des StGB (§§ 80 bis 358 StGB) zu finden, z. B. die Nichtanzeige geplanter Straftaten (§ 138 StGB), die unterlassene Hilfeleistung (§ 323c StGB) oder der Hausfriedensbruch in Form des Sich-nicht-Entfernens (§ 123 Abs. 1 StGB). Täter eines echten Unterlassungsdelikts ist **jeder**, der dem gesetzlichen Gebot (z. B. Hilfe zu leisten) nicht nachkommt.
- **Unechte** Unterlassungsdelikte sind Straftaten, die eine **bestimmte Person** nicht verhindert, obwohl sie hierzu verpflichtet ist. Die Person nennt man **Garant**, die Verpflichtung Garantenpflicht. Die unechten Unterlassungsdelikte sind in § 13 StGB beschrieben. Eine **Garantenpflicht** kann begründet werden durch die vertragliche Übernahme von Pflichten. Dies ist vor allem für private Sicherheitsdienste von Belang.

Beispiele

Beispiele für Garantenstellungen aus **Vertrag**:

- Ein Werkschutzangehöriger (W) entdeckt bei einem Kontrollgang, dass aus einem undichten Verschluss erhebliche Mengen Wasser in eine Lagerhalle laufen. W unternimmt dagegen nichts. Der Boden der Halle wird stark beschädigt Als Werkschutzangehöriger hat W aber arbeitsvertraglich die Pflicht übernommen, Schäden vom Unternehmen abzuwenden. Damit ist er Garant i. S. d. 13 StGB. In Betracht kommt daher Strafbarkeit des W wegen Sachbeschädigung durch Unterlassen (§§ 303, 13 StGB).
- Ein Personenschützer steht für die vertraglich vereinbarte Pflicht ein – nämlich die Schutzperson vor Schäden zu bewahren. Er hat eine Garantenstellung aufgrund von Pflichtenübernahme. Weil der Personenschützer nicht aufpasst, bricht jemand seiner Schutzperson die Nase. Er könnte sich wegen Körperverletzung durch Unterlassen strafbar gemacht haben.

Des Weiteren entstehen Garantenpflichten auch durch das Gesetz (z. B. Eltern gegenüber ihren Kindern), durch **tatsächliche Sachherrschaft**, durch die **Herbeiführung einer Gefahrenlage** oder durch **Lebens- oder Gefahrengemeinschaften** mit gegenseitiger enger Bindung.

Beispiele

Weitere Beispiele für Garantenstellungen:

- Eine Sicherheitskraft verwahrt ihre Dienstwaffe nicht vorschriftsmäßig. Die Waffe gelangt in die Hände eines Unbefugten, der durch einen Schuss verletzt wird. Die Sicherheitskraft hatte die **tatsächliche Sachherrschaft** über die Dienstwaffe, deswegen eine Garantenstellung und könnte sich wegen Körperverletzung durch Unterlassen strafbar gemacht haben.
- Eine Reinigungskraft reinigt eine Treppe mit ölhaltigen Materialien. Es besteht erhebliche Rutschgefahr. Sie hat eine Garantenstellung, da sie die **Gefahrenlage herbeigeführt** hat. Stürzt jemand, könnte sie sich wegen Körperverletzung durch Unterlassen strafbar machen.
- Ein Betriebsfeuerwehrmann lässt einen bewusstlosen Kameraden in einer brennenden Lagerhalle zurück. Dieser stirbt daraufhin. Feuerwehrleute haben eine Garantenstellung gegenüber ihren Kollegen, da sie eine **Gefahrengemeinschaft** bilden. Der Feuerwehrmann könnte sich daher wegen Tötung seines Kollegen durch Unterlassen strafbar gemacht haben.

Strafrechtlich bedeutsam sind nur **menschliche Willensbetätigungen**. Nicht bedeutsam sind Reflexbewegungen, Körperreaktionen im Schlaf oder in bewusstlosem Zustand, Reaktionen aufgrund unwiderstehlicher körperlicher Gewalt.

(2) Subjektiver Tatbestand

Subjektive Tatbestandsmerkmale erfassen die Frage, ob ein Täter **vorsätzlich** oder **fahrlässig** gehandelt hat:

- Jemand handelt mit **Vorsatz**, wenn er weiß, dass er den Tatbestand verwirklichen kann und das auch will.
- **Fahrlässigkeit** liegt vor, wenn der Täter die Rechtsgutverletzung nicht vorhersieht, sie aber hätte vorhersehen können. Fahrlässigkeit liegt auch vor, wenn der Täter die Rechtsgutverletzung zwar für möglich hält, aber darauf vertraut, dass sie nicht eintreten werde.

Fahrlässiges Handeln ist **nur** strafbar, **wenn** es vom Gesetz als solches **ausdrücklich** mit Strafe bedroht ist (§ 15 StGB; vgl. z. B. fahrlässige Körperverletzung – § 229 StGB, fahrlässige Tötung – § 222 StGB, fahrlässige Brandstiftung – § 306d StGB).

4.3.1.2 Rechtswidrigkeit

Weiteres Prüfungsmerkmal der Straftat ist die **Rechtswidrigkeit**. Hat jemand einen Straftatbestand erfüllt, vermutet man grundsätzlich, dass er sich damit zugleich rechtswidrig verhalten hat. Nur wenn die Rechtsordnung seine Verhaltensweise billigt, handelt der Täter nicht rechtswidrig. Z. B. erfüllt eine vorläufige Festnahme (§ 127 Abs. 1 StPO) den Tatbestand der Freiheitsberaubung (§ 239 StGB) und eine in Notwehr verübte Körperverletzung erfüllt den Tatbestand des § 223 StGB. Aufgrund des Festnahmerechts bzw. aufgrund des Notwehrrechts ist der Täter aber gerechtfertigt und daher nicht strafbar.

Merke

Die wichtigsten Rechtfertigungsgründe sind Notwehr (§ 32 StGB, § 227 BGB, § 15 OWiG), rechtfertigender Notstand (§ 34 StGB, § 16 OWiG), Notstandsfälle der §§ 228, 904 BGB und vorläufige Festnahme (§ 127 Abs. 1 StPO).

4.3.1.3 Schuld

Das dritte zu prüfende Merkmal jeder Straftat ist die **Schuld**. Die Schuld beschreibt, ob die Tat dem Täter persönlich vorwerfbar ist. Die Schuld kann fehlen, wenn der Täter beispielsweise aufgrund einer Persönlichkeitsstörung schuldunfähig ist.

Um zu beurteilen, ob jemand schuldhaft handelte, betrachtet man zwei Elemente:

1. Die **Schuldfähigkeit** des Täters zur Tatzeit:
   Kinder (Personen unter 14 Jahren) sind niemals schuldfähig (§ 19 StGB). Sie können selbst wegen noch so schwerwiegender Straftaten strafrechtlich nicht belangt werden. Erwachsene, die zum Tatzeitpunkt nicht fähig sind, das Unrecht ihrer Tat einzusehen oder entsprechend zu handeln, können schuldunfähig sein (§ 20 StGB), z.B. weil sie geisteskrank sind oder unter Drogeneinfluss standen.
2. Kein **Schuldausschließungsgrund** (Entschuldigungsgrund) des Täters: Es gibt (seltene) Fälle, in denen eine Person auf rechtswidrige Weise – also ohne Rechtfertigungsgrund – einen Straftatbestand erfüllt, schuldfähig ist und sogar vorsätzlich handelt, aber dennoch ohne Schuld ist. Beispiele sind die Überschreitung der Grenzen der Notwehr aus Verwirrung, Furcht oder Schrecken (§ 33 StGB) und der entschuldigende Notstand des § 35 StGB.

4.3.2 Beteiligung an einer Straftat und Versuch

An Straftaten können **mehrere Personen** beteiligt sein. Die verschiedenen Beteiligungsformen behandelt das folgende Kapitel.

4.3.2.1 Täter

Die einzelnen Straftatbestände richten sich nach ihrem Wortlaut („wer") stets nur an einzelne Personen: den **Täter**. Es gibt drei Formen der Täterschaft (§ 25 StGB):

- **Alleintäter** = wer alle Merkmale eines Straftatbestands selbst erfüllt (auch unmittelbare Täterschaft genannt),
- **Mittelbarer Täter** = wer alle Merkmale eines Straftatbestands durch einen anderen erfüllen lässt (also durch ein Werkzeug oder einen Tatmittler),
- **Mittäter** = wer mit mindestens einer anderen Person zusammen einen Straftatbestand verwirklicht.

4.3.2.2 Teilnehmer

Personen, die keine Täter sind, können sich als **Teilnehmer** strafbar machen. Teilnehmer sind entweder Anstifter oder Gehilfen:

- Der **Anstifter** ruft beim späteren Täter den Entschluss zur Begehung der Straftat hervor, deren Durchführung er selbst auch will (§ 26 StGB). Mittel, um in einem anderen einen Entschluss zu einer Straftat hervorzurufen, können z. B. Versprechungen, Überredung, Bitten, Wünsche, Tipps oder Geschenke sein. Findet die Tat statt oder wird sie zumindest versucht, ist der Anstifter wie der Täter selbst zu bestrafen.

- Der **Gehilfe** leistet dem Täter nur Unterstützung bei dessen Tat (§ 27 StGB). **Beihilfe** leistet, wer durch Rat oder Tat die Haupttat unterstützt oder fördert. Wie bei der Anstiftung ist eine Bestrafung des Gehilfen nur denkbar, wenn die Haupttat tatsächlich ausgeführt oder wenigstens versucht wird. Beihilfe ist auch durch Unterlassen möglich. Beihilfe kann nur geleistet werden, bis die Haupttat beendet wurde.

4.3.2.3 Versuch

Hat der Täter zur Tat angesetzt, diese letztlich aber nicht komplett verwirklicht, kann er sich wegen **Versuchs** strafbar gemacht haben. Der Versuch ist in § 22 StGB definiert:

Eine Straftat versucht, wer nach seiner Vorstellung von der Tat zur Verwirklichung des Tatbestands unmittelbar ansetzt (§ 22 StGB). Versuch ist demnach die begonnene, aber (noch) nicht vollendete Tat. Versuch ist nur bei **Vorsatztaten** möglich (§ 22 StGB: „... nach seiner Vorstellung ...“).

Ob der Versuch einer Tat auch **strafbar** ist, steht in § 23 StGB. Dies hängt davon ab, ob es sich bei der Tat, zu der angesetzt wird um ein **Verbrechen** oder um ein **Vergehen** handelt:

- Wird zu einem **Verbrechen** angesetzt, ist dies stets strafbar. Ein Verbrechen ist eine Tat, die nicht unter einem Jahr Freiheitsstrafe bestraft wird (§ 12 Abs. 1 StGB).
- Wird zu einem **Vergehen** angesetzt, ist dies nur dann strafbar, wenn es das Gesetz es ausdrücklich bestimmt (§ 23 Abs. 1 StGB). Vergehen sind Taten, die im Mindestmaß mit einer geringeren Freiheitsstrafe oder die mit Geldstrafe bedroht sind (§ 12 Abs. 2 StGB).

Beispiele

- Die versuchte Körperverletzung (Vergehen gem. § 223 StGB) ist strafbar, weil § 223 Abs. 2 StGB dies bestimmt.
- Die versuchte gefährliche Körperverletzung (Vergehen gem. § 224 StGB) ist strafbar, weil § 224 Abs. 2 StGB dies bestimmt.
- Die versuchte schwere Körperverletzung (Verbrechen gem. § 226 StGB) ist strafbar, weil ein Verbrechen vorliegt (vgl. § 23 Abs. 1 StGB).

Der Versuch kann milder bestraft werden als die vollendete Tat (§ 23 Abs. 2 StGB). Da § 22 und § 23 inhaltlich zusammen gehören, werden sie auch zusammen geprüft.

4.3.3 Ausgewählte Straftatbestände

Nachfolgend werden **einzelne Straftatbestände** vorgestellt, die für die Tätigkeit von Schutz- und Sicherheitskräften besonders bedeutsam sind und die deshalb auch einen Ausbildungs- und Prüfungsschwerpunkt bilden.

4.3.3.1 Straftaten gegen das Eigentum und Vermögen

Sachbeschädigung, § 303 StGB

Sachbeschädigung bedeutet **Beschädigen**, **Zerstören** oder **Verunstalten** einer **fremden Sache**. Der Täter muss vorsätzlich handeln. Die fahrlässig begangene Sachbeschädigung ist nicht strafbar. Sie verpflichtet aber (ebenso wie die vorsätzliche) zum Schadensersatz nach § 823 Abs. 1 BGB.

Diebstahl, § 242 StGB

Diebstahl ist die **Wegnahme** einer **fremden beweglichen Sache**. Wegnahme bedeutet Bruch fremden Gewahrsams und Begründung neuen Gewahrsams. Man muss also eine Sache entwenden und sie dann auch entsprechend sichern, um einen Diebstahl zu begehen. Die Wegnahmehandlung muss außerdem in der Absicht erfolgen, sich die Sache rechtswidrig zuzueignen. Zueignung liegt vor, wenn der Dieb über die Sache wie ein Eigentümer verfügt, obwohl er hierzu nicht berechtigt ist.

Besonders schwerer Fall des Diebstahls, § 243 StGB

§ 243 StGB ist keine eigenständige Straftat. Die Vorschrift schreibt lediglich eine härtere Bestrafung für besonders schwere Fälle des Diebstahls vor. Abs. 1 nennt **Regelbeispiele** für besonders schwere Fälle wie z. B. einen Diebstahl in einem Gebäude oder einen Diebstahl, der gewerbsmäßig begangen wird (d. h. mit dem Ziel, dadurch ein regelmäßiges Einkommen zu haben; vgl. auch Kapitel 9.1.1.2).

Zu den Begriffen in § 243 StGB im Einzelnen:

- **Abs. 1 Nr. 1**:
  - **Umschlossener Raum** ist jedes Raumgebilde, das von Hindernissen umschlossen ist, die mindestens teilweise künstlich sind. Das Raumgebilde muss von Menschen betreten werden können und die Hindernisse müssen den Zweck haben, Unbefugte abzuhalten. „Gebäude", „Wohnung", „Dienst- oder Geschäftsräume" sind Unterfälle (z. B. Bürowagen, Schiffe, Pkw, umzäunter Fabrikhof oder Lagerplatz).
  - **Gebäude** ist ein durch Wände und Dach begrenztes, mit dem Erdboden verbundenes Bauwerk, das den Eintritt von Menschen gestattet und Unbefugte abhalten soll.
  - **Einbrechen** ist das gewaltsame Öffnen der Umschließung eines umschlossenen Raumes. Ein Betreten des Raumes ist nicht erforderlich. Hineinfassen genügt (z. B. Wegdrücken eines Schrankes, der die Tür versperrt, um danach mit einer Hand Beutestücke aus dem Raum zu holen).
  - **Einsteigen** ist das Eindringen in einen umschlossenen Raum auf einem Weg, der zum ordnungsgemäßen Eintritt nicht bestimmt ist, wobei Hindernisse überwunden werden. Der Täter muss mit seinem ganzen Körper oder wenigstens so weit eingedrungen sein, dass er sich innerhalb des befriedeten Bereichs einen Stützpunkt verschafft hat (z. B. Überklettern einer Fabrikmauer).
  - **Falsche Schlüssel** sind Schlüssel, die im Tatzeitpunkt vom Berechtigten nicht oder nicht mehr zur Öffnung des Schlosses bestimmt sind. Ein Zweitschlüssel ist ein richtiger Schlüssel.

  - **Andere Werkzeuge** sind Werkzeuge, die den Mechanismus des Schlosses ordnungswidrig in Bewegung setzen. Einbruchswerkzeuge zählen nicht dazu (z. B. Dietriche, Zange zum Umdrehen eines innen steckenden Schlüssels).
  - **Sichverborgenhalten** bedeutet, dass der Täter besondere Vorkehrungen gegen seine Entdeckung trifft, sich z. B. versteckt. Es reicht aus, dass der Täter den Raum zu einer Zeit befugt betreten hat (z. B. versteckt sich ein Dieb im Kaufhaus, um nach Ladenschluss zu stehlen).
- **Abs. 1 Nr. 2**:
  - Der Täter stiehlt eine Sache, die durch **Schutzvorrichtung** besonders gesichert ist. Es kommt nicht darauf an, ob der Dieb die Schutzvorrichtung beseitigt (z. B. Diebstahl einer verschlossenen Geldkassette).
  - **Behältnis** ist ein Raumgebilde, das der Aufnahme von Sachen dient und nicht dazu bestimmt ist, von Menschen betreten zu werden.
  - **Schutzvorrichtungen** müssen speziell eine Verhinderung der Wegnahme bezwecken (z. B. Diebstahl eines versperrten Fahrrads).
- **Abs. 1 Nr. 3**:
  - **Gewerbsmäßig** bedeutet, dass sich der Täter aus wiederholter Tatbegehung eine fortlaufende Einnahmequelle von gewisser Dauer verschaffen möchte.
- **Abs. 1 Nr. 5**:
  - **Allgemein zugänglich** heißt, dass der Kreis der Benutzer nicht von vornherein auf bestimmte Personen begrenzt ist.
  - **Öffentlich ausgestellt** sind Sachen, die sich in allgemein zugänglichen Ausstellungen (z. B. Galerie) oder an öffentlich zugänglichen Orten (z. B. in einem Park) befinden.
- **Abs. 1 Nr. 6**:
  - **Hilflosigkeit** liegt vor, wenn sich jemand aus eigener Kraft nicht gegen konkret drohende Gefahr schützen kann.
  - **Ausnutzen** heißt, dass sich der Täter den in solchen Situationen verminderten Schutz zur Begehung des Diebstahls bewusst zunutze macht.

Nach § 243 Abs. 2 StGB ist ein besonders schwerer Fall ausgeschlossen, wenn sich die Tat auf eine geringwertige Sache bezieht. Die Rechtsprechung nimmt Geringwertigkeit bei einem Sachwert bis ca. 25 € an.

Unterschlagung, § 246 StGB

Unterschlagung bedeutet **Zueignung** einer **fremden beweglichen Sache**. Im Unterschied zum Diebstahl steht die Sache bei der Unterschlagung aber nicht im Gewahrsam eines anderen. Man muss also keinen Gewahrsam brechen, so dass auch keine Wegnahme stattfindet. Vielmehr besitzt der Täter die Sache bereits. Die Unterschlagung ist also Zueignung ohne Gewahrsamsbruch, z. B., wenn der Arbeitgeber einem Zeitarbeiter eine Uniform ausleiht und der Zeitarbeiter später spontan beschließt, sie nicht zurückzugeben.

Raub, § 249 StGB

Raub ist die **Wegnahme** einer **Sache mit Gewalt gegen eine Person**. Anstelle Gewalt anzuwenden, kann der Täter auch mit einer Gefahr für Leib oder Leben **drohen**. Der Täter muss in der Absicht handeln, sich die Sache zuzueignen.

Räuberischer Diebstahl, § 252 StGB

Beim räuberischen Diebstahl wird ein Dieb auf frischer Tat betroffen. Damit er die Beute behalten kann, setzt er Gewalt gegen eine Person ein oder bedroht diese mit gegenwärtiger Gefahr für Leib oder Leben. Der Täter ist dann wie ein Räuber zu bestrafen.

Betrug, § 263 StGB

Wegen Betrugs macht sich strafbar, wer einen anderen **täuscht** und dadurch einen **Irrtum** bei ihm erregt, so dass der Getäuschte über **Vermögen verfügt** und es zu einem **Vermögensschaden** kommt. Der Getäuschte kann auch über das Vermögen eines Dritten verfügen, z. B., wenn ein Kassierer einen Gegenstand nicht abrechnet, weil er in einem anderen versteckt wurde. Der Kassierer verfügt dann aufgrund der Täuschung über das Vermögen des Ladeninhabers, so dass dessen Vermögen geschädigt wird.

Derjenige, der täuscht, muss in der Absicht handeln, sich oder einem Dritten einen Vermögensvorteil zu verschaffen, der rechtswidrig ist (ihm also nicht zusteht).

Der § 263 Abs. 3 StGB enthält Regelbeispiele für besonders schwere Fälle (z.B. gewerbsmäßiger oder bandenmäßig organisierter Betrug).

Computerbetrug, § 263a StGB

Strafbare Handlungen (= **Tathandlungen**) wegen Computerbetrugs sind

- die **unrichtige Gestaltung des Programms** (Programm-Manipulation). Unrichtig ist ein Programm, wenn seine Arbeitsanweisung an den Computer inhaltlich nicht stimmt.
- die **Verwendung unrichtiger und unvollständiger Daten** (Input-Manipulation).
- die **unbefugte Verwendung** von Daten. Hierunter fällt sowohl die Datenverwendung eines Nichtberechtigten (z. B. Scheckkartendieb) als auch die eines Berechtigten, der die Grenzen seiner Berechtigung überschreitet.
- die sonstige **Beeinflussung** durch unbefugte Einwirkung auf den Computer.

Die Beeinflussung des Datenverarbeitungsvorgangs muss beim Computerbetrug einen **Vermögensschaden** zur Folge haben. Der Täter muss mit Vorsatz und in der Absicht handeln, sich zu bereichern.

Begünstigung, § 257 StGB

Voraussetzung der **Begünstigung** ist eine versuchte oder vollendete rechtswidrige Tat **eines anderen**. Es genügt jede beliebige Straftat. **Tathandlung** ist das Hilfeleisten, d. h. irgendeine Unterstützungshandlung. Der Täter muss in der Absicht handeln, dem anderen die Vorteile der Tat zu sichern, z. B. die Unterstützung eines Diebes bei Bergung der Beute, das Aufbewahren von Beutestücken für einen anderen oder die bewusste Irreführung ermittelnder Kriminalbeamter.

Hehlerei, § 259 StGB

Auch für die **Hehlerei** muss es eine Vortat gegeben haben. Vortat der Hehlerei kann entweder ein Diebstahl oder ein anderes Vermögensdelikt sein, d. h. eine rechtswidrige Tat, die sich gegen fremdes Vermögen gerichtet hat.

Der Täter (Hehler) muss durch die Vortat eine Sache erlangt haben. Diese Sache muss er

- **sich oder einem Dritten verschaffen** oder
- sie **absetzen oder dabei helfen**. Absetzen bedeutet, dass der Hehler die Sache im Einverständnis mit dem Vortäter verkauft.

Der Hehler muss

- wissen oder damit rechnen, dass die Sache aus einer rechtswidrigen Tat stammt (z. B. weil wertvolle Gegenstände zum Schleuderpreis angeboten werden),
- die rechtswidrige Lage aufrechterhalten wollen und
- die Absicht haben, sich oder einen Dritten zu bereichern (d. h., sich oder einem Dritten einen Vermögensvorteil zu verschaffen).

4.3.3.2 Straftaten gegen die persönliche Ehre

Beleidigung, § 185 StGB

Beleidigung ist die **Verletzung der Ehre** durch Nichtachtung oder Missachtung eines anderen mittels Worten, Gesten, Bildern, Schriften oder Tätlichkeiten. Der Täter fällt – im Unterschied zur üblen Nachrede bzw. zur Verleumdung – über den Beleidigten ein **Werturteil**.

Üble Nachrede, § 186 StGB

Bei der üblen Nachrede behauptet der Täter ehrenrührige **Tatsachen** gegenüber Dritten, wobei diese Tatsachen nicht beweisbar sind (z. B. A sagt zu B: „Der C schwört zehn Meineide."). Kann doch bewiesen werden, dass die behauptete Tatsache wahr ist, entfällt die Strafbarkeit.

Verleumdung, § 187 StGB

Bei der Verleumdung behauptet oder verbreitet der Täter gegenüber einem Dritten **unwahre Tatsachen**, die ehrenrührig oder kreditgefährdend sind. Der Täter muss die Unwahrheit der Tatsachen kennen.

4.3.3.3 Straftaten gegen die körperliche Unversehrtheit

Körperverletzung, § 223 StGB

§ 223 StGB soll die **Unversehrtheit von Körper und Gesundheit** schützen.

Strafbare **Tathandlungen** sind

- **körperliche Misshandlung**: Körperliche Misshandlung ist ein übles unangemessenes Behandeln, das das körperliche Wohlbefinden oder die körperliche Unversehrtheit erheblich beeinträchtigt (z. B. Schläge, nächtliche Störanrufe oder ekelerregende Handlungen, die zum Erbrechen führen).

- **Beschädigung der Gesundheit**: Beschädigung der Gesundheit bedeutet Hervorrufen oder Steigern eines krankhaften Zustandes (z. B. Verrenkung des Handgelenks, Zufügen von Prellungen oder Schürfwunden).

Gefährliche Körperverletzung, § 224 StGB

Die gefährliche Körperverletzung ist ein besonderer Fall der Körperverletzung, da spezielle Tatmittel eingesetzt werden.

Tatmittel können sein:

- **Gift** oder andere gesundheitsschädliche Stoffe.
- **Waffen** oder **andere gefährliche Werkzeuge**: Eine Waffe ist ein Unterfall des Oberbegriffs gefährliches Werkzeug. Jeder Gegenstand, der aufgrund der konkreten Art seiner Anwendung geeignet ist, erhebliche Verletzungen zuzufügen, kann ein gefährliches Werkzeug sein (z. B. Pfeffer, der in die Augen gestreut wird, oder ein Hund, der auf einen Menschen gehetzt wird).
- **Hinterlistiger Überfall**: Der Täter verdeckt seine wahre Absicht, um dem Opfer die Abwehr zu erschweren.
- **Gemeinschaftliches** Vorgehen mehrerer Täter (mindestens zwei Personen als Mittäter).
- Eine das **Leben gefährdende Behandlung**: Nach den Umständen des Einzelfalles muss die Behandlungsweise eine konkrete Lebensgefahr für das Opfer mit sich bringen.

Schwere Körperverletzung, § 226 StGB

Die schwere Körperverletzung liegt vor, wenn die Körperverletzung „schwere Folgen" hat (bleibende Schäden).

Schwere Folgen sind:

- der Verlust des Sehvermögens (auch auf einem Auge), des Gehörs (auf beiden Ohren), des Sprechvermögens oder der Fortpflanzungsfähigkeit,
- der Verlust oder die dauernde Gebrauchsunfähigkeit eines wichtigen Gliedes des Körpers,
- dauernde Entstellung in erheblicher Weise oder Verfallen in Siechtum, Lähmung oder geistige Krankheit oder Behinderung.

Fahrlässige Körperverletzung, § 229 StGB

Gemäß § 229 StGB ist eine **Körperverletzung** auch strafbar, wenn man sie nicht vorsätzlich, sondern nur **fahrlässig** begeht. Fahrlässigkeit liegt vor, wenn der Täter die Körperverletzung nicht vorhersieht, sie aber hätte vorhersehen können. Fahrlässigkeit liegt auch vor, wenn der Täter die Körperverletzung zwar für möglich hält, aber darauf vertraut, dass sie nicht eintreten werde.

4.3.3.4 Straftaten gegen die persönliche Freiheit

Freiheitsberaubung, § 239 StGB

Eine Freiheitsberaubung liegt vor, wenn man jemanden einsperrt oder seine Fortbewegungsfreiheit auf andere Weise entzieht.

- **Einsperren** bedeutet: Festhalten in einem umschlossenen Raum mithilfe von äußeren Vorrichtungen, sodass der Betroffene gehindert ist, sich von der Stelle zu bewegen.

- Die **Fortbewegungsfreiheit auf andere** Weise entziehen kann man z.B. durch Drohung oder indem man sich als Polizist ausgibt und jemanden festnimmt oder indem man so schnell mit dem Pkw fährt, dass der Beifahrer nicht aussteigen kann.

Als Rechtfertigungsgründe kommen hauptsächlich die Möglichkeiten des § 127 Abs. 1 StPO und des § 229 BGB in Betracht.

Nötigung, § 240 StGB

Das **Tatziel** der Nötigung besteht darin, den Genötigten zu einer Handlung, Duldung oder Unterlassung zu veranlassen. Der § 240 StGB schützt also die **Freiheit der Willensentschließung und -betätigung**.

Nötigungsmittel können sein:

- **Gewalt** (körperliche Kraftanwendung oder psychische Einwirkung, die den Genötigten unfähig machen soll, Widerstand zu leisten).
- **Drohung mit einem empfindlichen Übel**: Der Drohende gibt vor, auf etwas Einfluss zu haben, was für den Genötigten ein spürbarer Nachteil wäre (z.B. wenn der Kaufhausdetektiv die Jugendliche zu sexuellen Handlungen auffordert und droht, dass er sonst die Polizei einschalten wird).

Die Besonderheit der Nötigung besteht darin, dass die Tat nicht wie sonst üblich automatisch rechtswidrig ist, wenn keine Rechtfertigungsgründe vorliegen, sondern dass zusätzlich eine **besondere Verwerflichkeit** vorliegen muss. Diese ist gegeben, wenn **das eingesetzte Mittel, also die Anwendung der Gewalt oder die Androhung des empfindlichen Übels** zum angestrebten **Zweck** als nicht angemessen (verwerflich) erscheint. Die Verwerflichkeit muss also gerade in dem **Verhältnis** von eingesetztem Mittel und angestrebtem Zweck liegen. Dies wird „Zweck-Mittel-Relation" genannt und ergibt sich aus § 240 Abs. 2 StGB. Der § 240 Abs. 4 StGB enthält Regelbeispiele besonders schwerer Nötigungsfälle.

Bedrohung, § 241 StGB

Eine **Bedrohung** liegt vor, wenn jemand einem Menschen mit einem Verbrechen droht, das gegen ihn oder eine ihm nahestehende Person gerichtet ist (z.B. Bombendrohung gegen die Schutzperson).

4.3.3.5 Verletzung des persönlichen Lebens- und Geheimbereichs

Verletzung der Vertraulichkeit des Wortes, § 201 StGB

Wegen § 201 StGB macht sich strafbar, wer:

- das **nichtöffentlich** gesprochene Wort eines anderen auf einen **Tonträger aufnimmt** (auch auf Datenträger wie Handy, USB-Stick, SD-Card),
- eine solche Aufnahme gebraucht (z.B. sich selbst oder Dritten vorspielt),
- eine solchen Aufnahme Dritten zugänglich macht (z.B. ihnen den Tonträger/Datenträger überlässt),
- jemanden mit einem **Abhörgerät** abhört (als Abhörgeräte werden technische Einrichtungen bezeichnet, die das gesprochene Wort über den natürlichen Bereich hinaus hörbar machen z.B. ein Mikroabhörgerät oder versteckt angebrachtes Mikrophon) –

nicht darunter fällt die Benutzung/Ausnutzung von Zweithörern, von integrierten Lautsprechern, von Nebenstellenanlagen, des Ohrs an der Wand sowie des technischen Defekts, der zum zufälligen Mithören eines Telefongesprächs führt),
- das aufgenommene oder abgehörte, nicht öffentlich gesprochene Wort eines anderen öffentlich **mitteilt**.

Beispiel

Während der nichtöffentlichen Befragung eines Werksangehörigen läuft heimlich ein Tonband mit. Das Aufzeichnen erfüllt die Voraussetzungen des § 201 Abs. 1 Nr. 1 StGB und ist damit strafbar.

Nicht strafbar ist das Aufzeichnen von Gesprächen
- soweit es **im Geschäftsverkehr üblich** ist (z.B. Aufzeichnung telefonischer Bestellungen oder von Börseninformationen); gibt der Gesprächspartner zu erkennen, dass er das Gespräch als vertraulich behandelt wissen möchte, ist eine Aufzeichnung aber unzulässig,
- durch **Behörden**, wenn die Persönlichkeitsrechte des Sprechenden hinter dem Gesprächsinhalt zurücktreten (z.B. telefonische Mitteilung an die Polizei über einen Verkehrsunfall, vgl. § 22 BDSG),
- zum **Beweis strafbarer Äußerungen** des Gesprächspartners (z.B. bei einer telefonischen Bombendrohung oder erpresserischer Telefonanrufe).

Verletzung des Briefgeheimnisses, § 202 StGB

Dieser Straftatbestand schützt den Empfänger von verschlossenen Briefen und anderen verschlossenen Schriftstücken. Strafbar macht sich, wer verschlossene Briefe oder andere Schriftstücke unbefugt öffnet oder sich auf andere Weise Kenntnis von deren Inhalt verschafft.

Ausspähen von Daten § 202a StGB

Strafbar macht sich, wer sich oder einem anderen unbefugt Daten verschafft, die nicht für ihn bestimmt sind **und** die gegen unberechtigten Zugang besonders gesichert sind. Daten in diesem Sinne sind nur solche, die elektronisch, magnetisch oder sonst nicht unmittelbar wahrnehmbar gespeichert sind oder übermittelt werden.

4.3.3.6 Straftaten gegen die Staatsgewalt und die öffentliche Ordnung sowie sonstige Straftaten

Widerstand gegen Vollstreckungsbeamte, § 113 StGB

Der Widerstand gegen Vollstreckungsbeamte (z.B. Polizisten) ist strafbar, um deren Amtshandlungen zu schützen (§ 11 Abs. 1 Nr. 2 StGB). Strafbar ist das Widerstandleisten durch Gewalt oder durch Drohung mit Gewalt. § 113 Abs. 2 StGB zählt besonders schwere Fälle des Widerstands auf. Tätliche Angriffe auf Vollstreckungsbeamte sind nach § 114 StGB strafbar. Tätlicher Angriff bedeutet, dass der Angreifer handgreiflich wird.

Hausfriedensbruch, § 123 StGB

Wer widerrechtlich in bestimmte Örtlichkeiten eindringt, darin verweilt oder sich trotz Aufforderung nicht entfernt, kann sich wegen Hausfriedensbruchs strafbar machen.

Geschützte Örtlichkeiten sind:

- die **Wohnung**: Unter Wohnung fallen alle Räumlichkeiten, die hauptsächlich Menschen zur ständigen Benutzung dienen (z.B. Wohnräume einschließlich der Nebenräume, aber auch vermietete Hotelzimmer, Wohnanhänger oder Campingwagen),
- die **Geschäftsräume**: Geschäftsräume sind Räumlichkeiten, die für den Geschäftsbetrieb bestimmt sind, einschließlich der Nebenräume (z.B. Schankraum einer Gaststätte, Werkstatt, Marktbude, Taxi oder Fahrschulfahrzeug),
- das **befriedete Besitztum**: Befriedetes Besitztum sind Grundstücke, die in irgendeiner Form „eingehegt" sind (z.B. durch Mauer, Wall, Zaun), aber weder Wohn- noch Geschäftszwecken dienen; eine bloße Verbotstafel genügt für das „Einhegen" nicht (z.B. vor leer stehenden Wohnungen, Neubauten, eingefriedeten Äckern, Wiesen, Wäldern, Weiden oder Schonungen),
- **zum öffentlichen Dienst oder Verkehr bestimmte abgeschlossene Räume** (z.B. Straßenbahnwagen, Bahnhofshallen oder öffentliche Telefonhäuschen).

Tathandlungen sind:

- **Widerrechtliches Eindringen**: Der Täter gelangt wenigstens mit einem Teil des Körpers in die geschützte Örtlichkeit (z.B., wenn er den Fuß in die Tür stellt). Widerrechtlich ist das Eindringen, wenn der Täter dadurch das Hausrecht eines anderen gegen dessen Willen verletzt, ohne dazu ein (stärkeres) Recht zu haben, wie z.B. ein Sonderzugangsrecht. Jemand dringt z.B. dann widerrechtlich ein, wenn er in ein Geschäft nach Ladenschluss einbricht. Denn der Ladeninhaber, der das Hausrecht hat, will das nicht.
- **Unbefugtes Verweilen**: Wenn der Täter widerrechtlich in eine geschützte Örtlichkeit eingedrungen ist oder sich trotz Aufforderung nicht aus diesem Bereich entfernt, so verweilt er darin ohne Befugnis. Jemand verweilt z.B. dann unbefugt, wenn er sich vom Gelände nicht entfernt, obwohl er dazu vom Sicherheitsmitarbeiter aufgefordert wurde, weil er die Hausordnung verletzt hatte. Denn der Sicherheitsmitarbeiter nimmt in diesem Fall das Hausrecht für den Hausrechtsinhaber (z.B. Grundstückseigentümer oder -mieter) wahr.

Störung des öffentlichen Friedens durch Androhung von Straftaten, § 126 StGB

Strafbar ist das Androhen bestimmter Straftaten (z.B. Tötungsdelikte oder gemeingefährliche Straftaten). Die angedrohte Tat muss allerdings geeignet sein, den öffentlichen Frieden zu stören (z.B. Bombendrohung gegen die U-Bahn, Aufrufe zum „Schottern" von Eisenbahnstrecken).

Amtsanmaßung, § 132 StGB

Strafbar ist es, sich **unbefugt mit der Ausübung eines öffentlichen Amtes zu befassen** oder **unbefugt eine Handlung vorzunehmen**, welche nur kraft eines öffentlichen Amtes vorgenommen werden darf. Wenn ein Sicherheitsmitarbeiter also vorgibt, Polizeibeamter zu sein oder den Personalausweis kontrolliert, kann er sich wegen Amtsanmaßung strafbar machen. Der **Missbrauch von Titeln, Berufsbezeichnungen und Abzeichen** usw. ist nach § 132a StGB mit Strafe bedroht.

Nichtanzeige geplanter Straftaten, § 138 StGB

Wer geplante Straftaten, die in § 138 StGB aufgeführt sind, nicht rechtzeitig anzeigt, macht sich strafbar. Da sich diese Pflicht an jedermann richtet, handelt es sich um ein **echtes Unterlassungsdelikt** (s. Kapitel 4.3.1.1). Die Information über eine solche geplante Straftat (z. B. Tötungsdelikte, gemeingefährliche Straftaten) ist der Behörde, regelmäßig der Polizei oder dem Bedrohten, rechtzeitig mitzuteilen.

Missbrauch von Notrufen und Beeinträchtigung von Unfallverhütungs- und Nothilfemitteln § 145 StGB

Wer einen Notruf missbraucht oder Unfallverhütungs- und Nothilfemittel beeinträchtigt, macht sich nach § 145 StGB strafbar. **Notrufe** und **Notzeichen** (Abs. 1 Nr. 1) sind der Hilferuf eines Menschen bzw. alle akustischen, optischen oder sonstigen Äußerungen (z. B. Funk, SMS) über das Bestehen einer Notlage.

Missbrauch liegt vor, wenn die angebliche Notlage tatsächlich nicht besteht oder der Täter nicht berechtigt ist, das gegebene Signal zu verwenden (z. B. scherzhaftes Auslösen von Feueralarm).

4.3.3.7 Urkundenstraftaten

Urkundenfälschung, § 267 StGB

Strafbar machen kann sich auch, wer eine Urkunde fälscht. Geschützt ist das Vertrauen darauf, dass die vorliegende Urkunde tatsächlich von demjenigen stammt, der als Aussteller der Urkunde erscheint.

Eine **Urkunde** ist:

- eine sogenannte **verkörperte Gedankenerklärung**, also ein Gedanke, der auf der Urkunde zum Ausdruck gebracht wurde (z. B. der Stempel der Zulassungsbehörde auf dem Autokennzeichen, denn die Zulassungsbehörde hat damit erklärt: „Das Auto wurde zugelassen“).
- Die Gedankenerklärung soll **dazu geeignet und dazu bestimmt** sein, im Rechtsverkehr **etwas zu beweisen** (z. B. soll der Stempel der Zulassungsbehörde auf dem Nummernschild beweisen, dass das Auto für den Straßenverkehr zugelassen ist). Unter Rechtsverkehr ist alles zu verstehen, was zumindest auch eine rechtliche Aussage hat (die Aussage, dass ein Auto für den Straßenverkehr zugelassen ist, ist z. B. rechtlich relevant, daher handelt es sich um Rechtsverkehr).
- Die Gedankenerklärung muss einen bestimmten **Aussteller erkennen lassen** (z. B. der Stempel der Zulassungsbehörde auf einem Nummernschild, aus dem hervorgeht, von welcher Zulassungsbehörde er stammt).

Bloße Entwürfe, Abschriften oder Fotokopien sind hingegen keine Urkunden.

Die Tathandlungen des § 267 StGB sind:

- das **Herstellen einer unechten Urkunde**: Die Bezeichnung des Ausstellers in der Urkunde stimmt nicht mit der Person überein, von der die Urkunde tatsächlich ausgestellt ist (z. B. X unterzeichnet einen Scheck mit dem Namen Y);
- das **Verfälschen einer echten Urkunde**: Der Text der verkörperten Gedankenerklärung wird nachträglich so verändert, dass die Urkunde eine andere Beweisrichtung erhält (z. B. wenn jemand seine Zeugnisnote verändert, um bessere Chancen auf einen Job zu bekommen);
- das **Gebrauchen einer unechten oder verfälschten Urkunde** (z. B. Fahren eines Kfz mit gefälschtem Kennzeichen).

Der Täter muss den Rechtsverkehr mit seiner Handlung **täuschen wollen**. Der Täter will einerseits den Eindruck hervorrufen, dass die Urkunde echt sei, und andererseits will er den Getäuschten zu einem rechtlich bedeutsamen Verhalten bewegen.

Fälschung technischer Aufzeichnungen, § 268 StGB

§ 268 StGB bestraft Fälle, in denen technisch hergestellte Beweismittel, die keine Urkunden sind, zur Täuschung im Rechtsverkehr unecht hergestellt, verfälscht oder als solche gebraucht werden. Die Vorschrift definiert den Begriff „technische Aufzeichnungen" in Abs. 2. Beispiele für technische Aufzeichnungen sind Röntgenaufnahmen oder aufgenommene Telefongespräche.

4.3.3.8 Gemeingefährliche Straftaten

Brandstiftung, § 306 StGB

Wer ein nach § 306 StGB geschütztes Objekt in Brand setzt oder durch Brandlegung zerstört, kann sich wegen § 306 StGB strafbar machen.

Geschützte Objekte sind:

- **Gebäude** und **Hütten**, auch wenn sie nicht der Wohnung von Menschen dienen,
- **Betriebsstätten** oder technische Einrichtungen, insbesondere **Maschinen**,
- **Warenlager** oder -vorräte,
- **Kraftfahrzeuge**, Schienen-, Luft- oder Wasserfahrzeuge,
- Wälder, Heiden, Moore,
- land-, ernährungs- oder forstwirtschaftliche Anlagen oder Erzeugnisse.

Ein Inbrandsetzen anderer als der in § 306 StGB genannten Objekte kann als Sachbeschädigung oder Versicherungsbetrug bzw. Versicherungsmissbrauch strafbar sein (§ 263 Abs. 3 Nr. 5, § 265 StGB).

Strafbar macht sich auch, wer eine Brandstiftung **fahrlässig** begeht (§ 306d StGB) oder eine **Brandgefahr herbeiführt** (§ 306f StGB). **Strafbare Tathandlung** ist das vorsätzliche oder fahrlässige Verursachen einer konkreten Brandgefahr für ein Schutzobjekt durch Rauchen, offenes Feuer oder Licht, Wegwerfen brennender oder glimmender Gegenstände oder in sonstiger Weise.

Unterlassene Hilfeleistung, § 323c StGB

Wer bei
1. Unglücksfällen oder
2. gemeiner (allgemeiner) Gefahr oder Not
nicht Hilfe leistet, kann sich nach § 323c StGB strafbar machen.

Die Hilfe muss **erforderlich** (d.h. kein anderer kann die Hilfeleistung übernehmen) und **zumutbar** sein (d.h. ohne Eigengefährdung kann geholfen werden). Da sich diese Pflicht zu helfen an jedermann richtet, handelt es sich um ein **echtes Unterlassungsdelikt** (s. Kapitel 4.3.1.1).

Beispiele

1. Ein Ertrinkender ruft um Hilfe. Die Rufe werden von einem Nichtschwimmer wahrgenommen. Selbstverständlich wird nicht erwartet, dass dieser Mann ins Wasser springt. Aber er müsste z.B. mit seinem Mobiltelefon (wenn verfügbar) Hilfe herbeirufen.
2. Sicherheitskräfte, die bei strengem Frost eine stark betrunkene Person auf einer Parkbank bewusst „übersehen", könnten den Tatbestand der unterlassenen Hilfeleistung, § 323c StGB, erfüllen. Sie machen sich darüber hinaus unter Umständen nach § 221 StGB (**Aussetzung**) strafbar.
3. Eine Zugstreife des privaten Sicherheitsdienstes der Bahngesellschaft stellt in der S-Bahn einen total betrunkenen Fahrgast fest. Die Sicherheitskräfte nehmen den Mann in ihre Obhut, bringen ihn an der nächsten Station aus dem Waggon und legen ihn „zum Ausnüchtern" auf eine Bank am Bahnsteig. Es herrschen –18 °C und der Betrunkene zieht sich durch stundenlanges Liegen unter freiem Himmel erhebliche Erfrierungen zu.

Für die Frage der Strafbarkeit ist entscheidend, dass eine vorhandene Beistands- oder Obhutspflicht gegenüber einem Menschen, der sich in hilfloser Lage befindet, nicht erfüllt wird.

4.3.3.9 Straftaten gegen die Umwelt

Gewässerverunreinigung, § 324 StGB

Strafbar ist sowohl das Verunreinigen eines Gewässers als auch das sonstige nachteilige Verändern der Gewässereigenschaften. Die Tat kann vorsätzlich oder fahrlässig begangen werden.

Bodenverunreinigung, § 324a StGB

Strafbar ist das Einbringen, Eindringenlassen oder Freisetzen gefährlicher Substanzen in das Erdreich, aber nur, wenn der Täter damit verwaltungsrechtliche Pflichten verletzt.

Luftverunreinigung, § 325 StGB

Die Tat muss beim Betrieb einer Anlage (z. B. Betriebsstätte oder Maschine) verübt werden. Erforderlich ist außerdem, dass der Täter gegen verwaltungsrechtliche Pflichten verstößt.

Verursachen von Lärm, Erschütterungen und nichtionisierenden Strahlen, § 325a StGB,

Auch diese Tat muss beim Betrieb einer Anlage und unter Verletzung verwaltungsrechtlicher Pflichten erfolgen.

Unerlaubter Umgang mit Abfällen, § 326 StGB

Strafbar ist das unbefugte Behandeln, Lagern, Ablagern, Ablassen oder Beseitigen bestimmter Abfälle (z. B. giftiger, explosionsgefährlicher oder umweltverschmutzender Art, s. Kapitel 8.1).

4.4 Datenschutzrecht

Der Schutz des aus Art. 2 Abs. 1 i. V. m. Art. 1 Abs. 1 GG abgeleiteten **Rechts auf informationelle Selbstbestimmung** hat in den letzten Jahren und Jahrzehnten erhebliche rechtliche Bedeutung erlangt. Deshalb sollten Schutz- und Sicherheitskräfte zumindest die Grundlagen dieses Rechtsgebietes kennen.

4.4.1 Begriffsbestimmungen und Anwendungsbereich

Das gesamte Datenschutzrecht wurde im Jahr 2018 auf der Grundlage der europarechtlichen Datenschutz-Grundverordnung (**DSGVO**) neu geregelt. Nunmehr gelten Datenschutzgesetze des Bundes (BDSG), der Länder und die DSGVO als direkt anwendbares Recht. Die DSGVO betrifft überwiegend den automatisierten behördlichen Datenverkehr, so dass sie an dieser Stelle weitgehend vernachlässigt werden kann.

Hinweis

Datenschutz ist der Schutz des Persönlichkeitsrechts vor Missbrauch bei der Datenverarbeitung – im öffentlichen und im privaten Bereich (§ 1 BDSG, Art. 1 DSGVO). Im sog. Volkszählungsurteil von 1983 hat das BVerfG erstmals festgestellt, dass der Schutz der persönlichen Daten des Einzelnen vom allgemeinen Persönlichkeitsrecht (Art. 2 Abs. 1 i. V. m. Art. 1 Abs. 1 GG) umfasst wird (sogenanntes Recht auf informationelle Selbstbestimmung).

Datenschutzgesetze

Für die Datenverarbeitung durch Behörden und private Stellen gelten **Datenschutzgesetze** des Bundes und der Länder, soweit nicht spezielle Datenschutzvorschriften des besonderen Fachrechts vorrangig sind (§ 1 Abs. 2 BDSG; sog. bereichsspezifischer Datenschutz; z. B. gehen die Vorschriften der Strafprozessordnung dem BDSG vor). Die Datenverarbeitung in der Privatwirtschaft überwachen die Länder (§ 40 BDSG).

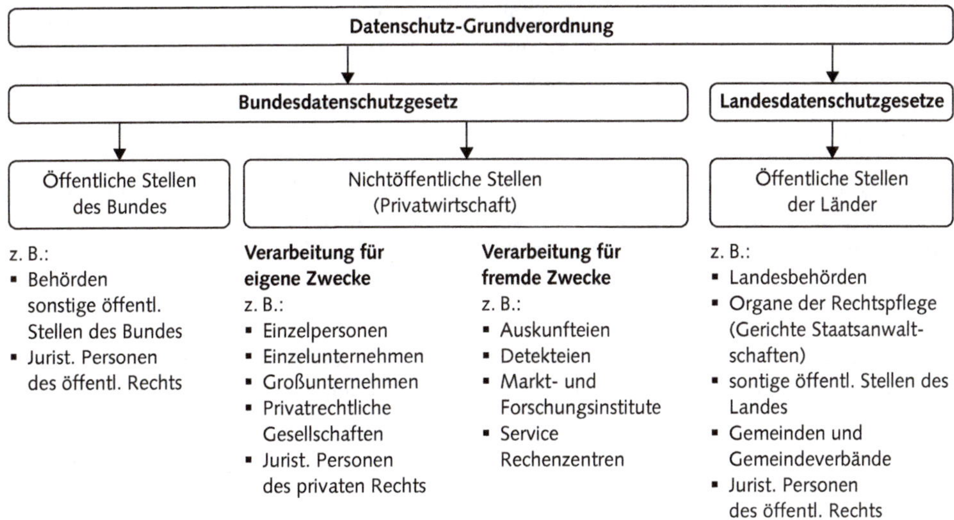

Abbildung 4: Geltungsbereich der Datenschutzgesetze [Ebert].

Personenbezogene Daten

Die Datenschutzgesetze betreffen den Schutz personenbezogener Daten. **Personenbezogene Daten** sind Einzelangaben über persönliche oder sachliche Verhältnisse einer bestimmten oder bestimmbaren natürlichen Person („Betroffener", vgl. Art. 4 Nr. 1 DSGVO), z. B. Personalien, Kfz-Kennzeichen oder Versicherungsnummern.

Eine personenbezogene Datenverarbeitung ist nur zulässig, wenn sie gesetzlich erlaubt ist oder der Betroffene zugestimmt oder wirksam eingewilligt hat (§ 4 Abs. 1, § 4a BDSG). Ohne Mitwirkung des Betroffenen dürfen personenbezogene Daten nur erhoben werden, wenn eine Rechtsvorschrift dies vorsieht oder zwingend anordnet und keine schutzwürdigen Interessen des Betroffenen beeinträchtigt werden, die gegenüber dem Interesse an der Datenerhebung überwiegen (§ 4 Abs. 2 BDSG).

Beachte

Den bei der Datenverarbeitung beschäftigten Personen ist untersagt, personenbezogene Daten außerhalb ihres Beschäftigungsverhältnisses zu erheben, zu verarbeiten oder zu nutzen (**Datengeheimnis**). Diese Personen sind, soweit sie bei nichtöffentlichen Stellen beschäftigt werden, bei der Aufnahme ihrer Tätigkeit auf das Datengeheimnis zu verpflichten. Das Datengeheimnis besteht auch nach Beendigung ihrer Tätigkeit fort (§ 5 Satz 3 BDSG).

Datenverarbeitung

Datenverarbeitung ist jeder mit oder ohne Hilfe automatisierter Verfahren ausgeführte Vorgang im Zusammenhang mit personenbezogenen Daten wie das Erheben, das Erfassen, die Organisation, das Ordnen, die Speicherung, die Anpassung oder Veränderung, das Auslesen, das Abfragen, die Verwendung, die Offenlegung durch Übermittlung, Verbreitung oder eine andere Form der Bereitstellung, den Abgleich oder die Verknüpfung, die Einschränkung, das Löschen oder die Vernichtung (Art. 4 Nr. 2 DSGVO). **Die bisherigen Unterscheidungen in Datenerhebung, Datenverarbeitung, Speicherung usw. entfallen.**

Empfänger

Empfänger ist eine natürliche oder juristische Person, Behörde, Einrichtung oder andere Stelle, denen personenbezogene Daten offengelegt werden, unabhängig davon, ob es sich bei ihr um einen Dritten handelt oder nicht (Art. 4 Nr. 9 DSGVO).

Dritter

Dritter ist jede natürliche oder juristische Person, Behörde, Einrichtung oder andere Stelle, außer der betroffenen Person, dem Verantwortlichen, dem Auftragsverarbeiter und den Personen, die unter der unmittelbaren Verantwortung des Verantwortlichen oder des Auftragsverarbeiters befugt sind, die personenbezogenen Daten zu verarbeiten (Art. 4 Nr. 10 DSGVO).

Verletzung des Schutzes personenbezogener Daten

Darunter ist eine Verletzung der Sicherheit, die zur Vernichtung, zum Verlust oder zur Veränderung, ob unbeabsichtigt oder unrechtmäßig, oder zur unbefugten Offenlegung von beziehungsweise zum unbefugten Zugang zu personenbezogenen Daten führt, die übermittelt, gespeichert oder auf sonstige Weise verarbeitet wurden, zu verstehen (Art. 4 Nr. 12 DSGVO).

Dateisystem

Ein Dateisystem ist jede strukturierte Sammlung personenbezogener Daten, die nach bestimmten Kriterien zugänglich sind, unabhängig davon, ob diese Sammlung zentral, dezentral oder nach funktionalen oder geografischen Gesichtspunkten geordnet geführt wird (Art. 4 Nr. 6 DSGVO), z. B. Magnetplatten, Festplatten, Clouds oder Karteien. Hingegen sind Bücher, Listen, Zettel, Akten oder Filme keine Dateien.

Für die nicht formatierte Verarbeitung von Daten gelten bereichsspezifische Regelungen wie z. B. das Berufs-, Brief-, Geschäfts-, Betriebs- oder Bankgeheimnis (mehr dazu s. Kapitel 4.4.3).

Datensicherheit

Vom Datenschutz ist die **Datensicherheit** zu unterscheiden: Datensicherheit sind die technischen und organisatorischen Maßnahmen, die erforderlich sind, um den Datenschutz zu gewährleisten (Art. 5 Abs. 1f) DSGVO. Der frühere § 9 BDSG, dessen Anlage 1 zum BDSG diesbezüglich acht Maßnahmen nannte (Zutrittskontrolle, Zugangskontrolle, Zugriffskontrolle, Weitergabekontrolle, Eingabekontrolle, Auftragskontrolle, Verfügbarkeitskontrolle und Trennungsgebot), wurde nunmehr durch Art. 32 DSGVO (Sicherheit der Verarbeitung) ersetzt. Die neue Vorschrift zählt keine konkreten Maßnahmen auf. Die Rede ist lediglich von einem „angemessenen Schutzniveau“.

Beachte

Art. 12 bis 23 DSGVO und §§ 32 bis 37 BDSG zählen die **Rechte der betroffenen Person** auf:
- Recht auf **transparente Information** (Art. 12 DSGVO),
- **Informationspflichten** nach Datenerhebung bei der betroffenen Person oder bei Dritten (Art. 13, 14 DSGVO, §§ 32, 33 BDSG),
- **Auskunftsrecht** der betroffenen Person (Art. 15 DSGVO, § 34 BDSG),
- Recht auf **Berichtigung** unrichtiger Daten (Art. 16 DSGVO),
- Recht auf **Löschung** („Vergessenwerden" – Art. 17 DSGVO, § 35 BDSG),
- Recht auf **Einschränkung der Verarbeitung** (Art. 18 DSGVO),
- **Mitteilungspflichten** bei Berichtigung, Löschung und eingeschränkter Verarbeitung (Art. 19 DSGVO),
- Recht auf **Datenübertragbarkeit** (Art. 20 DSGVO),
- **Widerspruch**srecht (Art. 21 DSGVO, § 36 BDSG),
- **Beschränkungen** (Art. 23 DSGVO).

4.4.2 Kontrolle des Datenschutzes

Die Einhaltung der Datenschutzbestimmungen wird mehrfach **kontrolliert**:

1. Nicht nur öffentliche Stellen, wie z.B. Behörden (§ 5 BDSG), sondern auch nichtöffentliche Stellen mit wenigstens zehn Beschäftigten müssen einen **Datenschutzbeauftragten** benennen (Art. 37 Abs. 1 DSGVO, § 38 BDSG). Dieser Beauftragte ist für die **Eigenkontrolle** im Unternehmen zuständig.
   Der Datenschutzbeauftragte wird auf der Grundlage seiner beruflichen Qualifikation und insbesondere des Fachwissens benannt, das er auf dem Gebiet des Datenschutzrechts und der Datenschutzpraxis besitzt, sowie auf der Grundlage seiner Fähigkeit zur Erfüllung bestimmter Aufgaben (Art. 37 Abs. 5 DSGVO). Der Datenschutzbeauftragte kann Beschäftigter des Verantwortlichen oder des Auftragsverarbeiters sein (interner Beauftragter) oder seine Aufgaben auf der Grundlage eines Dienstleistungsvertrags erfüllen (externer Beauftragter, Art. 37 Abs. 6 DSGVO).
   Der Datenschutzbeauftragte muss ordnungsgemäß und frühzeitig in alle mit dem Schutz personenbezogener Daten zusammenhängenden Fragen eingebunden werden (Art. 38 Abs. 1 DSGVO). Art. 38 DSGVO enthält weitere Einzelheiten zur Stellung des Datenschutzbeauftragten.
   Art. 39 DSGVO regelt die **Aufgaben des Datenschutzbeauftragten**: Unterrichtung und Beratung des Verantwortlichen und der Beschäftigten, Überwachung der Einhaltung sämtlicher Datenschutzvorschriften, Pflichten zur Beratung und Zusammenarbeit mit der Aufsichtsbehörde, deren betriebliche Anlaufstelle der Datenschutzbeauftragte ist.
2. Zum anderen kontrollieren die – nach Landesrecht zuständigen (§ 40 BDSG) – **Aufsichtsbehörden** die Einhaltung der Datenschutzvorschriften durch die **Fremdkontrolle** (Art. 51 DSGVO). Sie haben dafür ein Sonderzugangsrecht zu den Stellen, die sie überprüfen müssen (Art. 58 DSGVO).

4.4.3 Anwendbarkeit von BDSG/DSGVO im Sicherheitsgewerbe

Für Bewachungsgewerbetreibende gelten die Vorschriften der DSGVO und des BDSG bzw. des jeweiligen Landesdatenschutzgesetzes auch dann, wenn personenbezogene Daten nicht automatisiert, sondern in unstrukturierter Form in einem Dateisystem erhoben, verarbeitet oder genutzt werden (§ 1 Abs. 1 Satz 2 BDSG). Eine Ausnahme besteht lediglich, wenn die Verarbeitung durch natürliche Personen zur Ausübung ausschließlich persönlicher oder familiärer Tätigkeiten erfolgt.Gerade im Zusammenhang mit Bewachungsaufgaben können aber **Informationen aus dem persönlichen Lebensbereich** von Betroffenen erfasst werden, die unabhängig von dem eingesetzten Speichermedium verstärkt geschützt werden müssen.

4.4.4 Wichtige Datenschutz-Vorschriften

Bei der Tätigkeit im Sicherheitsgewerbe sind vor allem folgende Datenschutz-Vorschriften zu beachten.

4.4.4.1 Verarbeitung von Daten

Die Rechtsgrundlagen der Verarbeitung personenbezogener Daten durch nichtöffentliche Stellen wie **das Sicherheitsgewerbe** sind in den §§ 22 ff. BDSG geregelt.

Merke

Zwischen einzelnen Verarbeitungsschritten (z. B. Erhebung, Nutzung, Übermittlung) unterscheidet das Gesetz nicht mehr. Die Datenverarbeitung ist zur Erfüllung folgender, konkret festgelegter eigener Geschäftszwecke zulässig (§ 22 Abs. 1 Nr. 1 BDSG):

- zur Erfüllung sozialrechtlicher Pflichten oder
- zu arbeitsmedizinischen Zwecken um berechtigte Interessen der verantwortlichen Stelle zu wahren oder
- zu Zwecken der öffentlichen Gesundheitsfürsorge.

Angemessene und spezifische Maßnahmen zur Wahrung der Interessen betroffener Personen sind vorzusehen, insbesondere auf den Gebieten der Datensicherheit und der Dokumentation sowie mit der Benennung eines Datenschutzbeauftragten (§ 22 Abs. 2 BDSG).

Für andere Zwecke kann die Datenübermittlung oder -nutzung zulässig sein, z. B. zur staatlichen Gefahrenabwehr oder zur Strafverfolgung oder zur Geltendmachung, Ausübung oder Verteidigung zivilrechtlicher Ansprüche. Weitere Voraussetzung ist, dass nicht die Interessen der betroffenen Person an einem Verarbeitungsausschluss überwiegen (§ 24 Abs. 1 BDSG). Die Datenverarbeitung für das Straf- und Bußgeldverfahren richtet sich nach §§ 45 ff. BDSG.

Personenbezogene Daten aus Beschäftigungsverhältnissen dürfen nach Maßgabe von § 26 BDSG verarbeitet werden.

Betroffene und Aufsichtsbehörden haben im Fall von **Geheimhaltungspflichten** besondere Schutzmöglichkeiten (§ 29 BDSG).

4.4.4.2 Videoüberwachung

Die Beobachtung öffentlich zugänglicher Räume mit optisch-elektronischen Einrichtungen (Videoüberwachung) durch Private ist nur zulässig, soweit sie zur Wahrnehmung des **Hausrechts** oder zur Wahrnehmung berechtigter Interessen für konkret festgelegte Zwecke erforderlich ist (§ 4 Abs. 1 Satz 1 BDSG).

Bei der Videoüberwachung von öffentlich zugänglichen großflächigen Anlagen, wie insbesondere **Sport-, Versammlungs- und Vergnügungsstätten, Einkaufszentren** oder **Parkplätzen**, oder **Fahrzeugen** und öffentlich zugänglichen großflächigen Einrichtungen des öffentlichen **Schienen-, Schiffs-** und **Busverkehrs** gilt der Schutz von Leben, Gesundheit oder Freiheit von dort aufhältigen Personen bereits nach dem Wortlaut des Gesetzes als ein besonders wichtiges Interesse (§ 4 Abs. 1 Satz 2 BDSG).

Beispiel

Ein Produktionsbetrieb hat an sämtlichen Außenwänden des Betriebsgeländes Videokameras installiert, um Unbefugte am Betreten zu hindern. Die Videoüberwachung ist zur Wahrnehmung des Hausrechts zulässig. Überwiegende schutzwürdige Interessen Betroffener (z. B. von Nachbarn) sind nicht erkennbar. Der Umstand der Beobachtung und der Name und die Kontaktdaten des Verantwortlichen müssen durch geeignete Maßnahmen zum frühestmöglichen Zeitpunkt erkennbar gemacht werden (§ 4 Abs. 2 BDSG, z. B. durch Schilder mit der Aufschrift Videoüberwachung – Fa. XY, Tel.: …).

Die Speicherung (**Aufzeichnung**) oder Verwendung von rechtmäßig erhobener Videodaten ist zulässig, wenn sie zum Erreichen des verfolgten Zwecks erforderlich ist und keine Anhaltspunkte bestehen, dass schutzwürdige Interessen der Betroffenen überwiegen. Für einen anderen Zweck dürfen sie nur weiterverarbeitet werden, soweit dies zur Abwehr von Gefahren für die staatliche und öffentliche Sicherheit sowie zur Verfolgung von Straftaten erforderlich ist (§ 4 Abs. 3 BDSG).

Wenn z. B. ein Bereich überwacht wird, um Diebstähle aufzuklären, dann darf das gewonnene Videomaterial auch zu diesem Zweck ausgewertet werden. Auch hierbei dürfen aber keine Anhaltspunkte bestehen, dass schutzwürdige Interessen Betroffener gegenüber dem Aufklärungsinteresse überwiegen. Im Übrigen dürfen solche Daten nur zur staatlichen Gefahrenabwehr oder zur Strafverfolgung verarbeitet oder genutzt werden.

Werden durch Videoüberwachung erhobene Daten einer bestimmten Person zugeordnet, ist diese über eine Verarbeitung oder Nutzung entsprechend Art. 13, 14 DSGVO zu **benachrichtigen** (§ 4 Abs. 4 BDSG).

Die Daten müssen unverzüglich **gelöscht** werden, wenn sie zur Erreichung des Zwecks nicht mehr erforderlich sind oder schutzwürdige Interessen der Betroffenen einer weiteren Speicherung entgegenstehen (§ 4 Abs. 5 BDSG).

4.4.4.3 Folgen von Rechtsverletzungen

Die Rechte Betroffener sind ausführlich oben in Kapitel 4.4.1 dargestellt.

Verstöße gegen Vorschriften des Datenschutzrechts sind **Ordnungswidrigkeiten**, in bestimmten Fällen auch **Straftaten**, die mit Geldbuße bis zu 50.000 €, Freiheits- oder Geldstrafe geahndet werden können (§§ 41 bis 43 BDSG).

Schließlich besteht ein **Klagerecht** (§§ 20, 21, 44 BDSG).

4.5 Arbeits- und Betriebsverfassungsrecht

4.5.1 Arbeitsrechtliche Begriffe

Arbeitsverhältnis

Ein Arbeitsverhältnis ist ein auf Dauer angelegter Vertrag zwischen Arbeitgeber und Arbeitnehmer über den Austausch von Arbeitsleistung gegen Bezahlung (Entgelt), vgl. § 611 BGB. Der Vertrag sollte aus Beweisgründen schriftlich geschlossen werden, aber auch ein mündlich geschlossener Arbeitsvertrag ist wirksam.

Arbeitgeber

Arbeitgeber ist jede natürliche oder juristische Person, die mindestens einen Arbeitnehmer beschäftigt.

Arbeitnehmer

Arbeitnehmer ist, wer unselbstständige Arbeit leistet, die nach Art, Ort und Zeit fremdbestimmt ist. In der Regel ist abhängige Arbeit stark weisungsgebunden. Der Arbeitgeber organisiert den Arbeitsablauf und legt die betriebliche Ordnung fest, teilt die Arbeit ein und weist den Arbeitnehmern einzelne Aufgaben zu (sog. **Direktionsrecht**).

4.5.2 Rechte und Pflichten aus dem Arbeitsverhältnis

Jedes Schuldverhältnis, insbesondere gegenseitige Verträge und somit auch das Arbeitsverhältnis, begründet bestimmte Rechte und Pflichten (§ 241 BGB). Das Besondere Schuldrecht des BGB bestimmt die hauptsächlichen **Rechte und Pflichten**, die sich aus den jeweiligen Schuldverhältnissen ergeben. Die Nebenpflichten sind gesetzlich nur selten geregelt (vgl. z. B. im Arbeitsschutzrecht). Im Allgemeinen Schuldrecht des BGB, das für alle Schuldverhältnisse gilt, regelt § 242 BGB, dass der Schuldner verpflichtet ist, die Leistung so zu bewirken, „wie Treu und Glauben mit Rücksicht auf die Verkehrssitte es erfordern".

Umfang und Inhalt der Pflichten des **Arbeitsverhältnisses** können wie folgt zusammengefasst werden:

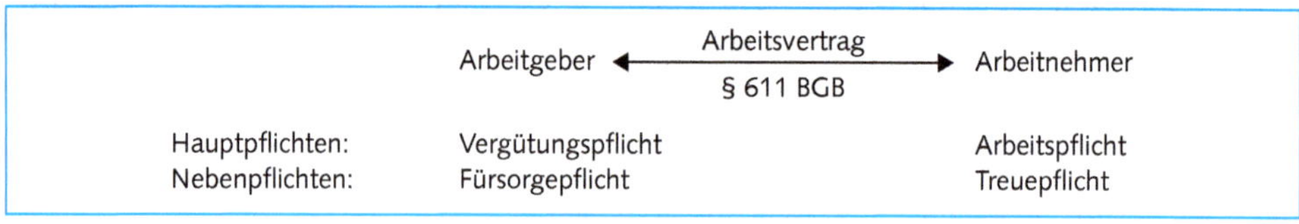

Abbildung 5: Umfang und Inhalt der Pflichten des Arbeitsverhältnisses.

Beachte

Aufgrund der **Treuepflicht** muss der Arbeitnehmer zu den vom Arbeitgeber verfolgten Zielen beitragen. Daraus folgen bestimmte Unterlassungspflichten (z. B. Wahrung der Geschäfts- und Betriebsgeheimnisse, Verbot, Schmiergelder anzunehmen) und Handlungspflichten (z. B. Meldung von Unregelmäßigkeiten im Betriebsablauf, Anzeige drohender Schäden).

Das Arbeitsschutzgesetz konkretisiert die Pflichten von Arbeitgeber und Arbeitnehmer (§§ 15 und 16 ArbSchG).

Fürsorgepflicht

Der Arbeitgeber hat eine **Fürsorgepflicht** gegenüber dem Arbeitnehmer (§ 618 BGB). Über den Wortlaut von § 618 BGB hinaus ist der Arbeitgeber verpflichtet, die Rechtsgüter zu schützen, die der Arbeitnehmer in den Betrieb einbringen muss (Kleidung, Beförderungsmittel usw.). Im Einzelfall kann der Arbeitgeber zu bestimmten Maßnahmen verpflichtet sein (z. B. Schutz der Betriebsangehörigen vor schwerwiegenden Infektionskrankheiten, Bereitstellen abschließbarer Spinde).

Hinweis

Zahlreiche gesetzliche Bestimmungen und vor allem die **Unfallverhütungsvorschriften** der Berufsgenossenschaften enthalten weitere Fürsorgeverpflichtungen des Arbeitgebers. Z. B. begründet § 12 ArbSchG die Pflicht, die Beschäftigten über Sicherheit und Gesundheitsschutz bei der Arbeit zu **unterweisen** (s. Kapitel 7).

Weitere Unterfälle der Fürsorgepflicht sind:

- **Sorgfaltspflichten** (z. B. richtige Berechnung der Lohnsteuer, Abführen von Sozialversicherungsbeiträgen),
- **Auskunftspflichten** (z. B. über die Lohnberechnung, Einsichtsgewährung in Personalakten, Zeugniserteilung gem. § 630 BGB),
- die **Gleichbehandlungspflicht** (Art. 3 GG, § 75 BetrVG) und
- die **Verkehrssicherungspflicht**.

Da der Arbeitgeber in der Regel nicht in der Lage ist, alle diese Pflichten persönlich zu erfüllen, beauftragt er hiermit einzelne Arbeitnehmer (vgl. § 13 Abs. 2 ArbSchG) oder sogar – in größeren Betrieben – eigenständige Organisationseinheiten (z. B. Personalabteilung, Lohnbuchhaltung). Zum Teil ist die Bestellung betrieblicher Beauftragter für besondere Aufgaben gesetzlich vorgeschrieben.

Pflichtverletzung

Verstöße gegen arbeitsvertragliche Pflichten haben unterschiedliche **Konsequenzen**:

- Verletzt der **Arbeitgeber** seine **Hauptpflicht** zur Lohnzahlung, kann der Arbeitnehmer seinen Lohn vor dem Arbeitsgericht einklagen und das Urteil ggf. mittels der Zwangsvollstreckung durchsetzen.

- Verletzt der **Arbeitgeber** eine **Nebenpflicht**, kann dies zur Folge haben:
  - Schadensersatz (z. B. wenn Sozialversicherungsbeiträge nicht abgeführt wurden),
  - strafrechtliches Ermittlungsverfahren oder Bußgeldverfahren,
  - Verlust des Versicherungsschutzes,
  - Recht des Arbeitnehmers zur außerordentlichen Kündigung (z. B. bei ernstlicher Bedrohung von Leben und Gesundheit).
- Verletzt der **Arbeitnehmer** seine **Hauptpflicht**, verliert er regelmäßig den Vergütungsanspruch, also seinen Anspruch auf Bezahlung. Verweigert der Arbeitnehmer grundlos die Arbeitsleistung, kann der Arbeitgeber ihm **kündigen**.
- Verletzt der **Arbeitnehmer** seine **Nebenpflichten**, kann ihm auch gekündigt werden – zumindest bei wiederholten Verstößen.

Wichtig

Bei einer „normalen" **Kündigung** (sogenannte ordentliche Kündigung) muss eine Kündigungsfrist eingehalten werden. Dies gilt sowohl für den Arbeitgeber als auch für den Arbeitnehmer. Liegen wichtige Gründe vor, kann eine sogenannte außerordentliche, d. h. fristlose Kündigung ausgesprochen werden (§ 626 BGB). Wichtige Gründe im Sinne von § 626 BGB sind z. B. der dringende Verdacht strafbarer Handlungen zum Nachteil des Arbeitgebers (z. B. Spesenbetrug oder Diebstahl geringwertiger Sachen), Tätlichkeiten oder grobe Beleidigungen gegen den Arbeitgeber oder gegen Arbeitskollegen, sexuelle Belästigung am Arbeitsplatz, Mobbing.

4.5.3 Grundsätze des Betriebsverfassungsrechts

Das Betriebsverfassungsrecht ist im Betriebsverfassungsgesetz (BetrVG) geregelt. Das BetrVG ermöglicht den Arbeitnehmern, einen Repräsentanten zu wählen: den **Betriebsrat**. Dieser kann Einfluss auf das Betriebsgeschehen nehmen.

Betriebsrat

Der Betriebsrat hat folgende **Aufgaben**:

- **Allgemeine Aufgaben** (§ 80 Abs. 1 BetrVG), z. B. Überwachung der Durchführung der geltenden Gesetze sowie Beantragung von Maßnahmen, die dem Betrieb und der Belegschaft dienen,
- **Mitbestimmung in sozialen Angelegenheiten** (§§ 87 ff. BetrVG, s. u.).

Arbeitgeber und Betriebsrat müssen zum Wohl der Arbeitnehmer und des Betriebs **vertrauensvoll zusammenarbeiten** (§ 2 Abs. 1 BetrVG). Dabei müssen sie selbstverständlich die geltenden Tarifverträge und auch alles ranghöhere Recht (z. B. die Grundrechte) beachten.

Die Grundsätze für die Zusammenarbeit von Arbeitgeber und Betriebsrat sind in § 74 BetrVG festgelegt: Arbeitgeber und Betriebsrat sollen mindestens einmal monatlich zu einer Besprechung zusammenkommen. Sie müssen über strittige Fragen mit dem ernsten Willen zur Einigung verhandeln und Vorschläge zur Beilegung von Meinungsverschiedenheiten machen (§ 74 Abs. 1 BetrVG).

Arbeitskampfmaßnahmen (Streik, Aussperrung, Boykott) zwischen Arbeitgeber und Betriebsrat sind unzulässig. Arbeitgeber und Betriebsrat dürfen den Arbeitsablauf und den Betriebsfrieden nicht beeinträchtigen.

Arbeitgeber und Betriebsrat müssen auch darüber wachen, dass alle im Betrieb tätigen Personen nach den Grundsätzen von Recht und Billigkeit behandelt werden (§ 75 Abs. 1 Satz 1 BetrVG). Danach ist insbesondere jede unterschiedliche Behandlung von Personen wegen ihrer Abstammung, Religion, Nationalität, Herkunft, ihres Geschlechts usw. zu unterlassen (vgl. auch den **Gleichheitsgrundsatz** des Art. 3 GG).

Außerdem haben sie die freie Entfaltung der Persönlichkeit der im Betrieb beschäftigten Arbeitnehmer zu schützen und zu fördern (§ 75 Abs. 2 Satz 1 BetrVG).

Gewerkschaften/Arbeitgebervereinigungen

Auch im Betrieb vertretene **Gewerkschaften** und **Arbeitgebervereinigungen** wirken an der Zusammenarbeit von Arbeitgeber und Betriebsrat mit. Die Beauftragten der im Betrieb vertretenen Gewerkschaften haben – nachdem sie den Arbeitgeber oder seinen Vertreter unterrichtet haben – ein **Sonderzugangsrecht** (§ 2 Abs. 2 BetrVG), um ihre Aufgaben und Befugnisse wahrnehmen zu können.

Dieses Recht gilt nicht, wenn überwiegende betriebliche Interessen vorliegen:

- Notwendigkeiten des Betriebsablaufs, die unumgänglich sind,
- zwingende Sicherheitsvorschriften und
- Schutz von Betriebsgeheimnissen.

4.5.4 Mitbestimmungsrechte des Betriebsrats und Betriebsvereinbarungen

Der Betriebsrat hat eine Reihe von Mitbestimmungsrechten in betrieblichen Angelegenheiten (§ 87 Abs. 1 BetrVG). § 87 Abs. 1 Nr. 1 BetrVG betrifft z. B. **allgemeine**, zur sozialen Ordnung des Betriebes gehörende **Verhaltensregeln** für die Arbeitnehmer (z. B. betriebliche Straßenverkehrsregeln).

Beachte

Alle Entscheidungen, die den **Arbeitsvorgang** betreffen, bleiben Entscheidungen des Arbeitgebers und sind nicht mitbestimmungspflichtig (z. B. die Anordnung des Arbeitgebers, das Kantinenpersonal habe eine Kopfbedeckung oder eine bestimmte Dienstkleidung zu tragen).

Nach § 87 Abs. 1 Nr. 6 BetrVG hat der Betriebsrat ein Mitbestimmungsrecht bei der **Einführung und Anwendung von technischen Einrichtungen**, die dazu bestimmt sind, das Verhalten oder die Leistung der Arbeitnehmer zu überwachen. **Technische Einrichtungen** in diesem Sinne sind Anlagen oder Geräte, die unter Verwendung nichtmenschlicher Energie mit Mitteln der Technik, insbesondere der Elektronik, eine selbstständige Leistung erbringen, z. B. eine Betriebsfernsehanlage (Videoanlage) zur verdeckten Beobachtung von Beschäftigten am Arbeitsplatz. **Bauliche und sonstige Vorrichtungen**, die der Beobachtung oder Überwachung von Personen und Vorgängen dienen, ohne selbst eine technische Leistung zu erbringen, fallen nicht unter Nr. 6 (z. B. Türspione, Spiegel, einseitig durchsichtige Scheiben, Stechuhren, Geräte zur Erfassung des E-Mail-Verkehrs).

Die **Unfallverhütung** nimmt bei der Mitbestimmung breiten Raum ein (§ 80 Abs. 1 Nr. 1, § 87 Abs. 1 Nr. 7, § 88 Nr. 1, § 89 Abs. 1 BetrVG).

Betriebsvereinbarungen

Um eine unbestimmte Vielzahl gleichgelagerter Fälle zu regeln, sieht das BetrVG den Abschluss von **Betriebsvereinbarungen** vor (§ 77 Abs. 2 BetrVG).

Voraussetzungen einer wirksamen Betriebsvereinbarung sind:

- zulässiger **Inhalt**, z.B. Sprechstunden des Betriebsrats (§ 39 Abs. 1 BetrVG), soziale Mitbestimmungsangelegenheiten (§ 87 Abs. 1 BetrVG), Maßnahmen zur Verhütung von Arbeitsunfällen und Gesundheitsschädigungen (§ 88 Nr. 1 BetrVG),
- gemeinsamer **Beschluss** von Arbeitgeber und Betriebsrat,
- **Schriftform**.

Eine danach wirksame Betriebsvereinbarung wird nicht nur deswegen unwirksam, weil der Arbeitgeber sie nicht an geeigneter Stelle im Betrieb auslegt, wie er es eigentlich müsste. Betriebsvereinbarungen werden in der Regel zum Bestandteil neu abgeschlossener Arbeitsverträge gemacht. Sie gelten aber auch ohne eine solche Einbeziehung für und gegen **alle Arbeitnehmer**, die im Zeitpunkt des Inkrafttretens dem Betrieb angehören. Ob diese Arbeitnehmer den Betriebsrat mitgewählt haben oder nicht, ist ohne Bedeutung.

Arbeitsordnung

Personen, die neu in den Betrieb eintreten, werden oftmals Exemplare der sog. **Arbeitsordnung** ausgehändigt, einer besonderen Betriebsvereinbarung, die z.B. Regelungen über Grundlagen des Arbeitsverhältnisses, der Arbeitszeit und des Arbeitsentgelts, über allgemeine Rechte und Pflichten, Ordnung und Verhalten, Gesundheitsschutz und Arbeitssicherheit sowie Regelungen bei Verstößen beinhaltet. Beispiele sind Regelungen zum Betreten und Verlassen des Betriebs, zur Behandlung von Privateigentum der Betriebsangehörigen, zur Mitnahme von Gegenständen aus dem Betrieb.

4.6 Waffenrecht

4.6.1 Begriffe und verbotene Waffen

Das Waffenrecht regelt den **Umgang mit Waffen und Munition** unter Berücksichtigung der Belange der öffentlichen Sicherheit und Ordnung (§ 1 Abs. 1 WaffG).

4.6.1.1 Waffen

Waffen sind nach § 1 Abs. 2 WaffG:

1. **Schusswaffen** oder ihnen gleichgestellte Gegenstände und
2. **tragbare Gegenstände**,
   a) die dazu bestimmt sind, die Angriffs- oder Abwehrfähigkeit von Menschen zu beseitigen oder zu beeinträchtigen, insbesondere **Hieb-** oder **Stoßwaffen**;

b) die, ohne dazu bestimmt zu sein, insbesondere wegen ihrer Beschaffenheit, Handhabung oder Wirkungsweise dazu geeignet sind, die Angriffs- oder Abwehrfähigkeit von Menschen zu beseitigen oder zu beeinträchtigen, und die im Waffengesetz genannt sind.

Die Waffen- und Munitionsbegriffe sowie die Einstufung von Gegenständen als Waffen sind im Abschnitt 1 der Anlage 1 zu § 1 Abs. 4 WaffG geregelt.

4.6.1.2 Schusswaffen

Schusswaffen sind nach Anlage Nr. 1.1 Gegenstände, bei denen Geschosse durch einen Lauf getrieben werden und die bestimmt sind
- zum Angriff oder zur Verteidigung,
- zur Signalgebung (z. B. zum Startschuss beim Sport),
- zur Jagd,
- zur Distanzinjektion (z. B. von gefährlichen Tieren),
- zur Markierung,
- zum Sport oder
- zum Spiel.

Hierzu zählen – je nach Klassifizierung:
- Lang- und Kurzwaffen (Gewehre bzw. Pistolen und Revolver),
- Selbstladewaffen,
- halbautomatische und vollautomatische Waffen,
- Repetier- und Einzelladerwaffen.

4.6.1.3 Tragbare Gegenstände

Tragbare Gegenstände sind insbesondere Hieb- und Stoßwaffen (z. B. Degen, Dolche, Seitengewehre, Säbel, Stilette, Schlagringe, Stahlruten, Schlagstöcke), Elektroimpulsgeräte, Reizstoffsprühgeräte, Flammenwerfer, Molotow-Cocktails und Präzisionsschleudern. Nicht hierunter fallen Äxte, Beile, Sensen, Sicheln und Taschenmesser. Pfefferspray, das zur Abwehr von Tierangriffen benutzt werden soll, fällt nicht unter den Waffenbegriff (§ 1 Abs. 2 Nr. 2a WaffG).

Gegenstände, die als Waffen eingestuft werden, sind Spring-, Fall-, Faust- und Butterflymesser sowie grundsätzlich auch Elektroimpulsgeräte für Tiere (§ 1 Abs. 2 Nr. 2b WaffG).

4.6.1.4 Verbotene Waffen

Verbotene Waffen sind in Abschnitt 1 der Anlage 2 zu § 2 Abs. 4 WaffG genannt. Hierzu zählen:

- **Kriegswaffen** (für sie gilt das Kriegswaffenkontrollgesetz),
- **Pump-Guns** mit Pistolengriff,
- Koppelschlosspistolen,
- Schießkugelschreiber,
- Stockgewehre,
- Taschenlampenpistolen,
- bestimmte zerlegbare Schusswaffen,
- Zielscheinwerfer, Laser oder Zielpunktprojektoren,
- Nachtsichtgeräte und Nachtzielgeräte mit Bildwandler oder elektronischer Verstärkung, Feuerzeugmesser,
- **Stahlruten**,
- **Totschläger**,
- **Schlagringe**,
- Wurfsterne,
- **Molotow-Cocktails**,
- **Reizstoffsprühgeräte** und **Elektroschocker** (jeweils ohne amtliches Prüfzeichen), **Präzisionsschleudern**,
- **Nun-Chakus**,
- bestimmte Spring- und Fallmesser,
- Faustmesser sowie
- Butterflymesser.

Keine verbotenen Gegenstände sind **Taschenlampen**, **Tactical Pens** und **Kubotane** (Schlüsselanhänger).

Ausnahmen von den genannten Verboten und weitere Einzelheiten sind in § 40 WaffG geregelt. Wer eine verbotene Waffe erbt, findet oder in ähnlicher Weise in Besitz nimmt, muss dies unverzüglich der zuständigen Behörde anzeigen (§ 40 Abs. 5 Satz 1 WaffG).

Vom Waffengesetz teilweise oder ganz ausgenommen sind Waffen-Attrappen, Unterwassersportgeräte (Harpunen) sowie Spielzeugwaffen (Erbsenpistolen), letztere jedoch nur, sofern es sich bei ihnen nicht um realistische Nachahmungen tatsächlicher Waffen handelt. Im Einzelnen gelten hier viele spezielle Regelungen.

4.6.2 Umgang mit Waffen und Führen von Waffen

4.6.2.1 Umgang mit Waffen und Munition

Der **Umgang** mit Waffen und Munition ist in § 2 WaffG geregelt. Umgang mit Waffen und Munition bedeutet nach § 3 WaffG, dass man:

- sie erwirbt,
- besitzt,
- jemandem überlässt,
- sie mit sich führt,
- verbringt (d.h., über eine Grenze bringt, um sie dort zu lassen oder zu verkaufen),
- mitnimmt (d.h., über eine Grenze bringt, um sie dort zu benutzen),
- damit schießt,
- sie herstellt,
- bearbeitet,
- instandsetzt (repariert) oder
- damit Handel treibt (sie verkauft).

Der Umgang mit Waffen und Munition ist nur Personen erlaubt, die **älter als 18 Jahre** sind (§ 2 Abs. 1 WaffG). Kinder und Jugendliche dürfen nur ausnahmsweise mit Waffen oder Munition umgehen: im Rahmen eines Ausbildungs- oder Arbeitsverhältnisses unter Aufsicht eines weisungsbefugten Waffenberechtigten nach Maßgabe von § 3 WaffG.

Der Umgang mit Waffen oder Munition bedarf der Erlaubnis: Für den Erwerb und Besitz von Waffen ist eine **Waffenbesitzkarte** erforderlich, für das Führen ein **Waffenschein** (§ 2 Abs. 2 i.V.m. § 10 Abs. 1, 4 WaffG).

Beachte

Waffenbesitzkarte und Waffenschein gelten nur für die in ihnen eingetragenen Waffen; keine Erlaubnis ersetzt die andere oder schließt sie ein.

Wer Waffen oder Munition besitzt, hat die erforderlichen **Vorkehrungen** zu treffen, um zu verhindern, dass diese Gegenstände abhandenkommen oder Dritte sie unbefugt an sich nehmen.

4.6.2.2 Aufbewahrung

Schusswaffen müssen grundsätzlich getrennt von der Munition aufbewahrt werden. Die **Aufbewahrung** hat in Behältnissen mit genau vorgeschriebenen Eigenschaften zu erfolgen (Einzelheiten siehe § 22 DGUV-V 23). Auf Verlangen der zuständigen Behörde müssen ihr die Maßnahmen, die zur sicheren Aufbewahrung getroffen wurden, nachgewiesen werden. Unter bestimmten Voraussetzungen hat die Waffenbehörde ein behördliches Sonderzugangsrecht zu den Wohn- und Geschäftsräumen des Besitzers (§ 36 WaffG).

Beachte

§ 20 Abs. 1 BewachV verpflichtet Bewachungsgewerbetreibende noch einmal speziell zur sicheren Aufbewahrung von Schusswaffen und Munition.
Der Gewerbetreibende hat die ordnungsgemäße Rückgabe der Waffen und der Munition nach Beendigung des Wachdienstes sicherzustellen.

4.6.2.3 Führen einer Waffe

Wer eine Waffe **führt** (d.h. die tatsächliche Gewalt über sie außerhalb der eigenen Wohnung, Geschäftsräume oder des eigenen befriedeten Besitztums ausübt), muss seinen **Personalausweis** oder **Pass** und die **Waffenbesitzkarte** bzw. den **Waffenschein**, ggf. auch weitere Erlaubnisscheine, mit sich führen und Polizeibeamten oder sonstigen Amtspersonen, die zur Personenkontrolle befugt sind, auf Verlangen zur Prüfung aushändigen (§ 38 WaffG).

Teilnehmer an öffentlichen Vergnügungen, Volksfesten, Sportveranstaltungen, Messen, Ausstellungen, Märkten oder ähnlichen **öffentlichen Veranstaltungen** dürfen keine Waffen führen (§ 42 Abs. 1 WaffG). Die zuständige Behörde kann hiervon **Ausnahmen** zulassen, wenn der Antragsteller:

- zuverlässig (§ 5 WaffG) und persönlich geeignet (§ 6 WaffG) ist,
- nachgewiesen hat, dass er auf Waffen bei der öffentlichen Veranstaltung nicht verzichten kann und
- keine Gefahr für die öffentliche Sicherheit oder Ordnung anzunehmen ist (§ 42 Abs. 2 WaffG).

Der Ausnahmebescheid ist mitzuführen und auf Verlangen zur Prüfung auszuhändigen (§ 42 Abs. 3 WaffG).

Dieses grundsätzliche Verbot gilt nicht für bestimmte Veranstaltungen wie z. B. Theateraufführungen oder beim Schießen in Schießstätten (§ 42 Abs. 4 WaffG).

4.6.2.4 Bewachungsunternehmer

Für **Bewachungsunternehmer** gelten besondere Vorschriften (§ 28 WaffG).

Das **Bedürfnis** zum Erwerb, Besitz und Führen von Schusswaffen (und Munition) wird bei einem Bewachungsunternehmer (§ 34a GewO) leichter anerkannt, nämlich wenn er glaubhaft macht, dass er Bewachungsaufträge wahrnimmt oder wahrnehmen möchte, die – aus Gründen der Sicherung einer gefährdeten Person (vgl. § 19 WaffG) oder eines gefährdeten Objekts – Schusswaffen erfordern (§ 28 Abs. 1 WaffG).

Dies gilt auch für Wachdienste, die Teil wirtschaftlicher Unternehmungen sind. Personen, die das Bewachungsgewerbe auf **Seeschiffen** ausüben, unterliegen den besonderen Vorschriften des § 28a WaffG i. V. m. § 31 GewO.

Schusswaffen, **Hieb**- und **Stoßwaffen** sowie **Reizstoffsprühgeräte** dürfen nur zur tatsächlichen Durchführung eines solchen konkreten Auftrags nach § 28 Abs. 1 WaffG und nur mit Zustimmung des Gewerbetreibenden geführt werden. Einzelheiten zum Führen von Schusswaffen und Mitführen von Munition sind in §§ 19, 20 DGUV-V 23 geregelt.

Jeder Gebrauch dieser Waffen ist unverzüglich der zuständigen Polizeidienststelle und dem Gewerbetreibenden anzuzeigen (§ 17 Abs. 1 Satz 3 BewachV). Eine solche **Anzeigepflicht** hat auch der Gewerbetreibende gegenüber der zuständigen (Waffen-)Behörde bzw. der Polizei (§ 20 Abs. 2 BewachV).

Beachte

Schreck- oder Gasschusswaffen dürfen bei Wach- und Sicherungsaufgaben weder bereitgehalten noch geführt werden (§ 19 Abs. 4 DGUV-V 23)!

4.6.2.5 Bewachungspersonal

Wachpersonen, die auf Grund eines Arbeitsverhältnisses Schusswaffen ihres Arbeitgebers nach dessen Weisung besitzen oder führen sollen, müssen der zuständigen Behörde, die eine Sicherheitsüberprüfung durchführt, genannt werden (§ 28 Abs. 3 WaffG).

Schusswaffen oder Munition dürfen erst nach der behördlichen **Zustimmung** überlassen werden.

Die Zustimmung wird nicht erteilt, wenn die Wachperson die Voraussetzungen für eine Erlaubnis nach § 4 Abs. 1 Nr. 1 bis 3 WaffG nicht erfüllt. Danach muss die betreffende Person:

1. mindestens 18 Jahre alt sein (§ 2 Abs. 1 WaffG),
2. persönlich zuverlässig sein (§ 5 WaffG),
3. geeignet sein (§ 6 WaffG) und
4. die erforderliche Sachkunde nachgewiesen haben (§ 7 WaffG).

§ 18 DGUV-V 23 wiederholt und präzisiert diese Anforderungen (z. B. müssen Träger von Schusswaffen regelmäßig an Schießübungen teilnehmen). Die verwendeten Schusswaffen müssen amtlich geprüft sein, ein anerkanntes deutsches Beschusszeichen haben, auf technische Mängel untersucht und ggf. instand gesetzt werden (§ 19 DGUV-Vorschrift 23). § 21 DGUV-V 23 enthält Vorschriften über die Übergabe von Schusswaffen und über Kugelfangeinrichtungen beim Laden und Entladen.

Beachte

Unzuverlässige Personen dürfen keine Waffen erhalten. Waffenrechtliche Erlaubnisse werden aufgehoben, Erlaubnisscheine und Waffen bzw. Munition eingezogen, wenn sich ein Erlaubnisinhaber als unzuverlässig erweist. Als unzuverlässig gelten insbesondere Mitglieder extremistischer Organisationen, verbotener Rockerclubs und „Reichsbürger" oder „Selbstverwalter".

Ergänzende Informationen zum Umgang mit Waffen sind in Kapitel 7.2.5 dargestellt.

5. Dienstkunde

Im Rahmenplan der „Geprüften Schutz- und Sicherheitskraft“ wird von der Sicherheitskraft im Qualifikationsschwerpunkt „**Dienstkunde**“ verlangt, dass sie die Fähigkeit nachweist, im Rahmen der Aufgabenerfüllung den Generalauftrag des Bewachungsgewerbes zu erfüllen. Die Dienstkunde ist somit der Sachbereich, der die Vorgaben, Randbedingungen und Ausführungen der **Tätigkeitsfelder** einer Sicherheitskraft beschreibt. Dabei werden die Pflichten und Rechte sowie die Fragen „Was muss ich tun“ und „Wie muss ich es tun“ behandelt.

Die **Tätigkeitsfelder** sind sehr vielfältig. Sie sind abhängig von den Anforderungen des jeweiligen Auftraggebers. Dazu gehören u.a. (Aufzählung nicht abschließend, Begriffe teilweise doppelt besetzt):

- **Alarmdienst** (z.B. Alarmauswertung, Alarmverfolgung und Ergreifen von Abhilfemaßnahmen),
- **Arbeitsschutz** (z.B. Prüfung der Gerätesicherheit sowie der Einhaltung von Unfallverhütungsvorschriften),
- **Ausweiswesen** (z.B. Erstellung, Ausgabe, Kontrolle von Ausweisen sowie Änderungsdienst, der die Zu- und Abgänge im Personalbereich erfasst),
- **Berichtswesen** (z.B. Erstellung von Sofortmeldungen sowie von Unfall-, Schadens- und Werkschutzberichten),
- **Betriebsschutz** (z.B. Wahrnehmung von Maßnahmen des Eigentumsschutzes sowie von Ordnungs- und Fürsorgefunktionen),
- **Brandschutz** (z.B. Wahrnehmung von Maßnahmen des vorbeugenden/abwehrenden Brandschutzes, Besetzung von Brandschutzeinrichtungen),
- **Datenschutz** (z.B. Informationsschutz, Schutz persönlicher Daten, Datensicherung),
- **Empfangsdienst** (z.B. Besucherempfang, Personenkontrollen),
- **Ermittlungsdienst** (z.B. Ermittlung, Auswertung, Erstellen von Berichten und Anzeigen),
- **Gefahrenabwehrorganisation** (z.B. Wahrnehmung von Maßnahmen des Katastrophenschutzes, Fluchtwege, Räumung),
- **Geheimnisschutz** (z.B. personeller und materieller Geheimnisschutz),
- **Geldbearbeitung** (z.B. Abholung, Auftragsbearbeitung, Rücklieferung),
- **Interventionsdienst** (z.B. Alarmverifizierung, Alarmverfolgung und Ergreifen von Abhilfemaßnahmen),
- **Kontrolldienst** (z.B. Personen-, Fahrzeug-, Material-, Zustands- und Verbleibkontrolle),
- **Objektschutz** (z.B. Wahrnehmung von Sicherungsmaßnahmen, Alarmverfolgung, Ausüben des Streifendienstes),
- **Personen- und Veranstaltungsschutz** (z.B. Abschirmung, Wahrnehmung von Maßnahmen des Objektschutzes, Durchführen von Kontrollen),
- **Postendienst** (z.B. Personen-, Fahrzeugkontrollen),
- **Revierstreifendienst** (z.B. Bestreifung, Kontrolle, Umfeldsicherung),
- **Schließdienst** (z.B. Verwalten von Schließanlagen, Beschließen von Türen und Toren),
- **Schwertransportbegleitung** (z.B. Einholen von Genehmigungen, Wegeerkundung, Begleitung),

- **Sicherheitsmaßnahmen** (z. B. Mithilfe bei Schadensverhütung),
- **Sicherungsberatung** (z. B. Informationsbeschaffung, -auswertung, Beratung),
- **Sicherungsüberprüfungen** (z. B. Begehungen, Überwachungen, Information des Auftraggebers),
- **Streifendienst** (z. B. Bestreifung, Kontrolle, Umfeldsicherung),
- **Tordienst** (z. B. Besucherempfang, Personen-, Fahrzeugkontrollen),
- **Umweltschutz** (z. B. Gefahrgüter-, Gefahrstoffkontrollen),
- **Unfallschutz** (z. B. Untersuchung von Unfallquellen und -ursachen),
- **Veranstaltungsdienst** (z. B. Einlasskontrolle, Parkplatzlenkung, VIP-Betreuung),
- **Verkehrsdienst** (z. B. Verkehrsüberwachung, -lenkung, Unfallaufnahme),
- **Wachdienst** (z. B. Lotsen-, Posten-, Streifen- und Transportdienste),
- **Werkschutz** (z. B. Torkontrolldienst, Verkehrsdienst, Ermittlungsdienst),
- **Werttransporte** (z. B. Durchführung von Geld- und Werttransporten sowie Belegtransporten).

Grundlage für die Aufgabenwahrnehmung durch die Sicherheitswirtschaft ist das privatrechtliche Verhältnis zwischen dem Auftraggeber und der Sicherheitsfirma, welches durch einen Dienstleistungsvertrag (§ 611 BGB) festgelegt wird. Auch wenn der Auftraggeber ein öffentlicher Auftraggeber ist, ist das Verhältnis zwischen beiden privatrechtlicher Natur (siehe hierzu § 34a Abs. 5 GewO).

Im Zuge der Beauftragung verlangt der Auftraggeber, dass die Sicherheitsfirma die Erfüllung des **Generalauftrages** zur Sicherheit garantiert.

Merke

Generalauftrag: Durch Aufrechterhaltung von Sicherheit und Ordnung, Gefahren und Schäden vom Personal, Betrieb und Betriebsmitteln abwenden oder minimieren.

Denn der **betrieblichen Sicherheit und Ordnung** drohen vielfältige Gefahren und Schäden, insbesondere von
- Personen (z. B. durch fahrlässiges oder strafbares Handeln),
- Sachen (z. B. Materialverschleiß, Materialalterung),
- Zuständen (z. B. Elementargewalten wie Erdbeben, Feuer, Hochwasser, Sturm).

Da die Sicherheitsfirma vom Auftraggeber bindende Anweisungen zur Ausführung von Tätigkeiten erhält, wird die eingesetzte Sicherheitskraft zu einem Besitzdiener (Näheres zur Besitzdienerschaft s. Kapitel 4.2.3). Und da die Ausführungen über das Vertragsverhältnis garantiert werden, hat die Sicherheitskraft eine Garantenstellung (**Garantenpflicht**). Der Besitzdiener kann deshalb bei Verletzung der Garantenpflicht (Unterlassung einer garantierten Aufgabe) strafrechtlich gemäß § 13 StGB (Begehen durch Unterlassen) belangt werden (Näheres zur Garantenstellung s. Kapitel 4.3.1.1).

Durch die Garantenstellung wird die Sicherheitskraft zur Mithilfe/Unterstützung bei der Aufrechterhaltung von Ordnung und Sicherheit verpflichtet. Je nach Tätigkeitsfeld, kann sich die **Mithilfe** dabei erstrecken auf:

- Arbeitsschutz,
- Brandschutz,
- Datenschutz,
- Diebstahlsschutz,
- Eigentumsschutz,
- Mitarbeiterschutz,
- Sabotageschutz,
- Umweltschutz,
- Unfallschutz.

Bei der Aufrechterhaltung von Ordnung und Sicherheit handelt die Sicherheitskraft stets eigenverantwortlich, allerdings unter Beachtung der vertraglichen Vorgaben, der Verhältnismäßigkeit des Handelns und der jeder Person zustehenden Rechte. Die Sicherheitskraft hat die Rechte zur Verfügung, die Jedermann bei fehlender hoheitlicher Hilfe anwenden kann (s. Kap. 4.2.4 und 4.3). Dazu können noch die vertraglich übertragenen Rechte des Besitzers kommen.

Im Einzelnen sind diese Rechte neben den Pflichten in der allgemeinen bzw. objektbezogenen **Dienstanweisung** aufgeführt, die gemäß § 17 BewachV und § 4 DGUV Vorschrift 23 gefordert wird.

Der Inhalt der Dienstanweisung wird einmal von gesetzlichen Regelwerken (BewachV, DGUV Vorschrift 23) vorgegeben, orientiert sich aber auch an den beim Auftragsgeber bestehenden Betriebsordnung, Betriebsvereinbarungen, Dienstanweisungen.

Nach gesetzlichen Vorschriften wird in einer Dienstanweisung gefordert:

- Die **Regelung** des Wachdienstes (§ 17 Abs. 1 BewachV) mit der Beschreibung von Sicherungsumfang und -ablauf einschließlich vorgesehener Nebentätigkeiten (§ 6 Abs. 2 DGUV Vorschrift 23).
- Der **Hinweis**, „eine Wachperson hat nicht die Eigenschaft und die Befugnisse eines Polizeivollzugsbeamten oder eines sonstigen Bediensteten einer Behörde“ (§ 17 Abs. 1 BewachV).
- Der **Hinweis**, „eine Wachperson darf während des Dienstes nur mit Zustimmung des Gewerbetreibenden eine Schusswaffe, Hieb- und Stoßwaffen sowie Reizstoffsprühgeräte führen und muss jeden Gebrauch dieser Waffen unverzüglich der zuständigen Polizeidienststelle und dem Gewerbetreibenden anzeigen“ (§ 17 Abs. 1 BewachV).
- Vorgaben über das **Verhalten** der Sicherheitskraft (§ 4 Abs. 1 DGUV Vorschrift 23).
- Eine **Melderegelung**: Wie sind festgestellte Mängel oder besondere Gefahren weiterzumelden? (§ 4 Abs. 1 DGUV Vorschrift 23).

Beachte

Eine Sicherheitskraft erhält die allgemeine Dienstanweisung gegen Empfangsbescheinigung ausgehändigt (§ 17 Abs. 2 BewachV) und muss in die objektbezogene Dienstanweisung **vor Tätigkeitsbeginn** eingewiesen und später regelmäßig darin unterwiesen werden. Auch das sicherheitsgerechte Verhalten bei besonderen Gefahren ist so weit wie möglich zu üben (§ 4 Abs. 2 DGUV Vorschrift 23).

Die Dienstanweisung kann folgende **Gliederung** haben:

1. Geltungsbereich,
2. Diensteinteilung und Dienstaufsicht (Funktionen und Weisungsbefugnis),
3. Pflichtgemäße Nutzung von Ausrüstung, Führungs- und Einsatzmitteln,

4. Allgemeines Verhalten (inkl. der Pflicht, sich mithilfe eines Werksausweises zu legitimieren),
5. Rechtliche Stellung sowie Anwendung von Jedermann- und Selbsthilferechten,
6. Eigensicherung,
7. Sicherungsumfang und -ablauf, Umfeldbeobachtung,
8. Einsatzbereiche, Schutzobjekte (inkl. Gefährdungs- und Gefahrenpotenziale),
9. Aufgaben (z. B. Tor-, Streifen-, Alarmverfolgungs-/Interventionsdienst),
10. Befugnisse und Kontrolltätigkeiten (inkl. Verhinderung von unbefugtem Betreten, Beachtung des Fotografier-Verbots),
11. Mithilfeaufgaben (z. B. Brandschutz, Unfallschutz, Umweltschutz u. Ä.),
12. Einsatz und Haltung von Diensthunden,
13. Berichts- und Meldewesen, Kontrollbücher,
14. Unfall- und Schadensbearbeitung,
15. Inkrafttreten, Anlagen, Verteiler.

5.1 Grundsätze der Aufgabenwahrnehmung in den Tätigkeitsfeldern der Sicherheitswirtschaft

Die Schutz- und Sicherheitstätigkeiten bestehen grundsätzlich aus Kontrolltätigkeiten. Eine Kontrolle ist ein **SOLL-IST-Vergleich**, bei dem die Sicherheitskraft durch Überprüfen feststellen muss, wie die tatsächliche Situation ist. Liegen Abweichungen vom SOLL-Zustand vor (z. B. das Fenster **soll** zu sein, es **ist** aber offen), sind die gemäß Dienstanweisung erforderlichen Maßnahmen zu treffen.

Merke

Jede Kontrolle ist ein SOLL-IST-Vergleich, d. h. IST der vorgefundene Sachverhalt/Zustand so wie es sein SOLL.
Bei NEIN liegt eine Abweichung bzw. ein Mangel oder Schaden vor, der deshalb durch eine Meldung dokumentiert werden muss.
Wie ein Sachverhalt/Zustand sein soll, ergibt sich aus den Vorgaben in der objektbezogenen Dienstanweisung.

Die Kontrolltätigkeit erstreckt sich auf:

- Personen,
- Fahrzeuge,
- Sachen oder Materialien und
- Zustände.

Kontrollen bestehen dabei hauptsächlich aus:

- **Überprüfung** (z. B. der Zutrittsberechtigung),
- **Überwachung** (z. B. eines Parkplatzes auf Betreten durch Unbefugte),
- **Beaufsichtigung** (z. B. Einhaltung der vorgegebenen Zeiten durch Reinigungsdienste).

5.1.1 Allgemeine Kontrollgrundsätze

Kontrollbefugnisse von Sicherheitskräften gegenüber zu kontrollierenden Personen bestehen nur aufgrund einer **Zustimmung** seitens der Person. Diese Zustimmung kommt in der Regel dadurch zustande, dass eine entsprechende Vereinbarung für das Firmenpersonal im Arbeitsvertrag oder in einer Betriebsordnung, für Fremdfirmenangehörige in den Allgemeinen Geschäftsbedingungen oder in einer Betriebs-/Hausordnung steht.

Für **alle Kontrollen** gelten gemeinsame **Grundsätze**:

- Sach- und situationsgerechte Durchführung,
- Einhaltung der **gesetzlichen Vorschriften** und der **Betriebsvereinbarungen** sowie von **betrieblichen Anweisungen** und **Richtlinien**,
- Orientierung an betrieblichen Vorgaben und Sicherungserfordernissen,
- Vermeiden von Verzögerungen – also nur Stichprobenkontrollen,
- Beachtung des Gleichheitsgrundsatzes und der korrekten Form,
- Beachtung der Menschenwürde und des Schikaneverbotes, keine Willkürmaßnahmen gegenüber zu Kontrollierenden,
- Einwilligung der Betroffenen,
- nicht in fremdes Eigentum eindringen,
- Anwendung von Zwang nur bei Vorliegen der rechtlichen Voraussetzungen und als letztes Mittel,
- Meldung von Schwierigkeiten und Problemen an die zuständigen Stellen,
- Beachtung der Informations- und Meldewege.

Alle Kontrollen und dadurch bedingte Feststellungen erfordern angemessene Maßnahmen.

Beispiele

Überprüfung von Begleit- und Ladepapieren und Vergleich mit der Ladung: Der Vergleich ergibt, dass die Mengenangaben differieren. Ausfahrtverweigerung! Evtl. ist eine Kontrollverwiegung zu veranlassen. Die zuständige Stelle muss Meldung zur Differenzregulierung erhalten.

Feststellung nicht ordnungsgemäßer Beladung: Bei nicht ordnungsgemäß gesicherter Ladung muss das Fahrzeug angehalten werden. Der Fahrzeugführer ist zur Ladungssicherung aufzufordern. Dies muss ggf. durchgesetzt werden. Meldung an die zuständigen betrieblichen Stellen; erst bei Erledigung kann Weiterfahrt zugelassen werden.

Je nach Zielrichtung kann die Kontrolltätigkeit eingeteilt werden in:

- Präventivkontrollen (Routinekontrollen) und
- Repressivkontrollen (Verdachtskontrollen).

5.1.1.1 Präventivkontrollen

Präventivkontrollen (Routinekontrollen) sind routinemäßige, vorbeugende und überwachende Prüfungen zum Schutz des Betriebes und zur Abwehr von Gefahren, ohne dass ein konkreter Anlass zur Kontrolle oder ein Verdacht gegeben ist.

Beispiele für Routinekontrollen sind:
- Kontrolle der Betriebsausweise,
- Kontrolle von Behältnissen der Mitarbeiter,
- Eingangs-/Einfahrtskontrolle betriebsfremder Personen,
- Kofferraumkontrollen,
- Ladungskontrollen bei Betriebs- und Fremdfahrzeugen,
- Verschlusskontrollen an Gebäuden, Anlagen und Fahrzeugen,
- Kontrollen abgestellter Fahrzeuge,
- Kontrollen auf Beachtung der Verkehrszeichen,
- Kontrolle der Sperrungen für öffentlichen Verkehr,
- Kontrolle des Betriebsgeländes auf unerlaubtes Betreten,
- Kontrolle der Benutzungsberechtigung für Betriebsfahrzeuge,
- Überprüfung der Fluchtwege und Sammelplätze.

Routinekontrollen können alle möglichen **Unregelmäßigkeiten** aufdecken, z.B.:
- Nichtübereinstimmung der Ladung mit den Begleitpapieren,
- Differenzen beim Leergewicht (Zulassung),
- zu hohes Gesamtgewicht (Überladung),
- nicht ordnungsgemäße Beladung des Fahrzeugs.

Hinweis

Die Durchführung von Routinekontrollen gegenüber Personen sollte damit beginnen, dass der Kontrollierende sich vorstellt, legitimiert (z.B. durch Vorweisen des Betriebsausweises) und seinen Kontrollwunsch äußert (z.B. Prüfung der Ladepapiere).

Bei **Verweigerung** einer Kontrolle ist der Kontrollwunsch zu wiederholen. Dabei ist ein Hinweis auf die Kontrollgrundlagen und -befugnis anzufügen. Bleibt es bei einer Weigerung, muss auf die Folgen hingewiesen und eine Meldung geschrieben werden. Zwang oder Gewaltandrohung sind nicht erlaubt.

5.1.1.2 Repressivkontrollen

Repressivkontrollen (Verdachtskontrollen) erfolgen beim Aufenthalt auf oder beim Verlassen des Betriebsgeländes. Sie sind bei **konkreten** Verdachtsmomenten zulässig z.B. § 858 BGB (Verbotene Eigenmacht), § 242 StGB (Diebstahl).

Beispiel

Aufgrund bestimmter Anhaltspunkte und Erkenntnisse besteht der Verdacht, dass ein Besucher unberechtigt Betriebseigentum an sich genommen hat und es mit seinem Auto abtransportieren will.

Ein Verdacht muss auf tatsächlichen Anhaltspunkten beruhen, die den Schluss zulassen, der Verdächtige habe unrechtmäßig gehandelt.

Beispiel

Der Meister meldet, er habe gesehen, dass der Mitarbeiter C. betriebliche Werkzeuge in seine Aktentasche gesteckt habe und nun seinen Arbeitsplatz verlasse.

Es besteht der Verdacht einer verbotenen Eigenmacht bzw. einer strafbaren Handlung. Dieser Verdacht erlaubt der Sicherheitskraft in ihrer Funktion als Besitzdiener eine Repressivkontrolle zur Ausübung der Selbsthilfe des Besitzers, der Notwehr oder sogar der vorläufigen Festnahme.

Weitere Beispiele für **Anhaltspunkte** eines Tatverdachtes:

- Einfahrt mit gefälschtem Betriebsausweis,
- Legitimationsverweigerung Unbekannter in „Closed-shop-Bereichen“,
- Abtransport von Materialien ohne Begleitpapiere,
- Unregelmäßigkeiten bei Lieferungen,
- Meldung der ungenehmigten Mitnahme von Betriebseigentum,
- Feststellung von Fahrzeugen ohne Einfahrtgenehmigung,
- Feststellung aufgebrochener Fenster, Türen, Behältnisse, Fahrzeuge,
- Befahrung gesperrter Bereiche,
- Feststellung unerlaubter Benutzung von Firmenfahrzeugen,
- Betreffen auf frischer Tat.

Bei Kontrollen festgestellte Abweichungen erfordern angemessene **Maßnahmen** z. B.:

- Ansprechen und Belehren des Betroffenen,
- Hinweis zur Abhilfe geben,
- Wiederholen des Kontrollanliegens bei Weigerung,
- Durchsetzung einer ordnungsgemäßen Beladung,
- Stillsetzung von Fahrzeugen, Geräten oder Einrichtungen,
- Nachschau, Nachsuche, Überprüfung des Umfeldes,
- Einbehaltung von Ladepapieren,
- Verweigerung der Ausfahrt bei Differenzen,
- Anwendung der Jedermannsrechte,
- Einschaltung von Behörden und/oder der Polizei,
- Meldung und/oder Bericht.

Werden Aufforderungen zur Kontrolle nicht befolgt, muss der/die zuständige Vorgesetzte/Leitung informiert werden.

Bei Betriebsangehörigen kann die Weigerung arbeitsrechtliche Konsequenzen haben, z. B. Belehrung, Ermahnung, Verweis zu den Akten, Abmahnung, im Wiederholungsfalle auch Kündigung.

Bei **Fremdfirmenmitarbeitern** (soweit gegen vertragliche Vereinbarungen verstoßen wurde) sind folgende Maßnahmen denkbar:

- Belehrung über die vertraglichen Vereinbarungen,
- Verweigerung des Zutritts oder der Zufahrt,
- Ausweisen aus dem Betriebsgelände,
- Hausverbot,
- schriftliche Mitteilung an Fremdfirmen- und Betriebsleitung.

5.1.2 Personenkontrolle

Durch Sicherheitskräfte werden **Personenkontrollen** an der Grenze zum Hausrechtsbereich ohne öffentlichen Verkehr (**Eingangskontrollen**) und in Hausrechtsbereichen mit oder ohne öffentlichen Verkehr durchgeführt (**Streifenkontrollen**). Bei der Personenkontrolle wird die Berechtigung zum Betreten des Hausrechtsbereiches (Legitimation) und die Identität überprüft bzw. festgehalten. Zusätzlich kann eine Nachschau auf mitgeführte Sachen erfolgen.

Jede Personenkontrolle hat unter Beachtung von Art. 1 GG (Würde des Menschen) und Art. 5 GG (Gleichbehandlung) zu erfolgen.

Durch **Personenkontrollen** sollen Gefahren von Betrieben, Firmen oder Veranstaltungen abgewendet und betriebliche Abläufe geschützt werden. Insbesondere soll damit verhindert werden, dass Personen:

- sich unbefugt in Hausrechtsbereiche begeben oder sich dort aufhalten,
- unerwünschte oder gefährliche Sachen einbringen,
- im Betrieb verbotene oder störende Handlungen vornehmen,
- betriebliche oder mitarbeitereigene Sachen beschädigen oder entwenden.

Eingangskontrollen sollten regelmäßig erfolgen, ob bei einem Betrieb, einer Firma, einer Veranstaltung. Der Nachweis der Zutrittsberechtigung (Legitimationspapier) kann geführt werden durch:

- einen Betriebsausweis,
- einen Besucherschein,
- einen Dienstausweis,
- eine Eintrittskarte.

Das **Legitimationspapier** sollte folgende Fakten erfüllen:

- gehört es zum Unternehmen/zur Veranstaltung?
- gehört es zur zutrittsbegehrenden Person?
- ist es gültig?
- sind Veränderungen/Manipulationen erkennbar?

Die **Identität** einer Person ist zur Wahrung des Hausrechts erforderlich bei einem Betrieb oder einer Firma. Sie kann festgestellt werden an Hand:

- eines Betriebsausweises,
- eines Dienstausweises,
- eines offiziellen Personaldokumentes (z. B. Personalausweis, Reisepass).

5.1.2.1 Betriebsausweise

Betriebsausweise dienen der Überprüfung und **Identifizierung** von Betriebsangehörigen. Mit ihnen können Personen nachweisen, dass sie berechtigt sind, den Betrieb oder einzelne Betriebsteile für einen bestimmten Zeitraum zu betreten (z. B. zu Dienstbeginn bzw. während Schichtzeiten). Dass jemand befugt ist, auch Sonderbereiche oder Sicherheitszonen zu betreten, kann zusätzlich durch einen **Sonderausweis** nachgewiesen werden.

Grundlage für die Einführung und den Gebrauch von Betriebsausweisen sind **Betriebsvereinbarungen.** Einzelheiten müssen in einer **Arbeitsanweisung** oder Betriebsordnung festgelegt werden.

Betriebsausweise haben üblicherweise folgenden **Inhalt**:

- Firmenbezeichnung und/oder Firmen-Logo,
- Lichtbild,
- Ausweisnummer,
- Name, Vorname, Geburtsdatum,
- Personalnummer,
- Bezeichnung des Betriebs oder der Abteilung,
- Ausstellungsdatum und Gültigkeitsvermerk,
- Unterschrift (des Ausstellers und des Inhabers).

Hinweis

Betriebsausweise müssen immer im Original vorgelegt werden, nicht etwa in Kopie. Sie sollten fälschungs- und nachahmungssicher in einem kleinen Format (z. B. im Scheckkartenformat) und fototechnisch erstellt oder in eine Folie (Laminat) eingeschweißt sein. Ein Änderungsdienst sollte alle Zu- und Abgänge im Personalbereich erfassen.

Um dem **Missbrauch** von Ausweisen **vorzubeugen**, empfiehlt es sich, Folgendes zu berücksichtigen:

- Neuzugänge und Abgänge müssen in einer Ausgabeliste registriert sein; diese sollte folgende Angaben enthalten:
  - Name, Vorname, Betrieb oder Abteilung,
  - Ausgabedatum, Empfangsunterschrift bzw. Rückgabevermerk mit Datum.
- Die Betriebsausweisnummern sollten fortlaufend sein.
- Kombinationen mit Buchstaben sind denkbar; auch können Kürzel der Betriebsabteilungen usw. vorangestellt werden.
- Zugehörigkeiten zu bestimmten Betrieben oder bestimmte Funktionen sollten erkennbar sein.
- Das Lichtbild kann wechselnde farbige Hintergründe haben.
- Bei Ausscheiden aus dem Betrieb (z. B. Pensionierung, Kündigung, Entlassung) ist der Betriebsausweis einzuziehen.
- Zurückgegebene Betriebsausweise werden in der Ausgabeliste mit Rückgabevermerk versehen und sollten vernichtet werden; die Vernichtung ist zu protokollieren.
- Hinweise sollten durch Laufzettel gegeben/gesichert werden.
- Die durch ihre farbliche oder nummernmäßige Gestaltung auf einen Betrieb oder eine Abteilung bezogenen Betriebsausweise sollten bei einer Versetzung des Inhabers in einen anderen Bereich eingezogen (Laufzettel) und durch einen neuen Betriebsausweis mit den entsprechenden Daten ersetzt werden.

Betriebsausweise sind nicht übertragbar, dürfen Dritten nicht überlassen werden und bleiben **Eigentum** des ausstellenden Unternehmens. Sie dürfen nur an den dargestellten Mitarbeiter ausgegeben werden und sind während des Dienstes ständig mitzuführen. Auf Verlangen müssen sie den Sicherheitskräften, einem anderen Berechtigten (Dienstvorgesetzter) oder anderen Beauftragten (z. B. Aufsichtspersonen) **vorgezeigt** werden. Bei entsprechender Anordnung müssen sie offen getragen werden.

Fehlerhafte oder beschädigte Betriebsausweise sollten alsbald ausgetauscht werden. Die Mitarbeiter müssen zu entsprechender Meldung über Fehler/Beschädigungen verpflichtet werden. Werden bei einer Kontrolle Fehler oder Beschädigungen festgestellt, ist eine entsprechende Meldung an die ausfertigende Stelle (z. B. Personalabteilung, Anmeldung) zu erstatten.

Der **Verlust** eines Betriebsausweises ist unverzüglich zu melden. Die ausfertigende Stelle hat den Verlierer über die Umstände des Verlustes zu befragen. Ein gekennzeichneter Ersatzausweis ist zu erstellen. Der Verlust und Ausgabe des Ersatzausweises sind in der Ausgabeliste zu registrieren.

Befristete Betriebsausweise können beispielsweise ausgegeben werden an:

- Praktikanten und Ferienhelfer,
- Seminarteilnehmer,
- Zeitbeschäftigte,
- Fremdfirmenmitarbeiter.

Praktikanten und **Seminarteilnehmer** können z. B. Betriebsausweise erhalten, die lediglich eine fortlaufende Nummer und einen Hinweis auf diese Personengruppe enthalten, jedoch keine persönlichen Daten. Sie werden in einer besonderen Ausgabeliste erfasst. Derartige Vorgehensweisen ermöglichen die Vorbereitung und Vorhaltung dieser Ausweise und ihre Wiederverwendung. Im täglichen Ablauf erfolgt nur noch die Ausgabe und Registrierung sowie die tägliche Rückgabe beim Verlassen des Geltungsbereiches.

Zeitbeschäftigte oder **Fremdfirmenmitarbeiter** können befristete oder dauerhafte Betriebsausweise mit besonderen Markierungen erhalten, die diese leicht von den Mitarbeiterausweisen unterscheiden. Der Durchführungsmodus entspricht dem der Ausweise für Mitarbeitende.

Betriebsausweise von Fremdfirmenmitarbeitern werden ebenfalls in einer separaten Ausgabeliste erfasst. Dieser Personenkreis hat die Ausweise täglich gegen Quittung zu empfangen und abzugeben sowie die Betriebsausweise während der Arbeitszeit im Unternehmen offen zu tragen (Plastikanhänger), u. a. wegen der besseren Kontrollmöglichkeit.

Beachte

Eine Sicherheitskraft eines Bewachungsunternehmens ist gemäß Bewachungsverordnung (§ 18 BewachV) verpflichtet bei Bewachungstätigkeiten immer den Ausweis des Bewachungsunternehmens, zusammen mit dem auf dem Ausweis benannten Identifizierungsdokument, mitzuführen und sichtbar zu tragen und bei besonderen Tätigkeiten (§ 34a Abs. 1a Satz 2 Nr. 1 und 3 bis 5) ist zusätzlich ein Schild sichtbar zu tragen.

5.1.2.2 Besucherscheine

Wenn Betriebsausweise z. B. für Fremde nicht sofort erstellt werden können, erhalten diese bis zur Fertigstellung **Besucherscheine** oder befristete Betriebsausweise, die dann zu gegebener Zeit gegen ordnungsgemäße Betriebsausweise auszutauschen sind.

(Firmenlogo) (Datum)

Besucherschein-Nr.

Name/Vorname: ______	Name des Besuchten: ______
Anschrift: ______	Abteilung: ______
Firma des Besuchers: ______	Sichtvermerk Besucher: ______
Kfz-Kennzeichen: ______	Ankunft: ______ Abgang: ______
Mitgeführte Gegenstände/Geräte: ______	Sichtvermerk WS: ______

Allgemeine Verhaltenshinweise:

Dieser Schein weist Sie als Besucher in der vorgenannten Abteilung aus. Auch in Ihrem eigenen Interesse möchten wir Sie auf einige Punkte hinweisen:

- Bitte beachten Sie die Vorschriften der Straßenverkehrsordnung, die auch auf unseren Parkflächen gilt.
- Bitte leisten Sie den Anordnungen des Sicherheitspersonals bei der Erfüllung seiner Arbeit Folge.
- Bitte erkundigen Sie sich bei der Anmeldung nach der Möglichkeit, auf dem Gelände zu fotografieren.
- Bitte wenden Sie sich an die Alarmzentrale (Tel. 3333), wenn Sie auf dem Gelände einen Unfall oder einen anderen Schaden erlitten haben.

Vielen Dank für Ihr Verständnis.

Abbildung 1: Beispiel für einen Besucherschein, Vorderseite (oben) und Rückseite (unten) [v. Holleuffer-Kypke].

5.1.3 Fahrzeugkontrollen

Durch Sicherheitskräfte werden **Fahrzeugkontrollen** an der Grenze zum Hausrechtsbereich (**Eingangskontrollen**) und in Hausrechtsbereichen durchgeführt (**Streifenkontrollen**). Die Fahrzeugkontrolle umfasst **betriebseigene und -fremde Fahrzeuge**, die auf das Betriebsgelände einfahren, sich auf ihm befinden oder es verlassen wollen. Fahrzeugkontrollen werden im Rahmen von Zufahrt-, Ausfahrt- und Verbleibskontrollen durchgeführt. Sie sollen auch die unberechtigte Mitnahme von Betriebs- und Belegschaftseigentum verhindern, sowie das mitgeführte Ladegut überprüfen (Materialkontrolle). Bei der Fahrzeugkontrolle wird neben der Personenkontrolle des Fahrzeugführers und seiner Begleitung (s. Kapitel 5.1.2) die Einfahrtberechtigung überprüft bzw. festgehalten. Zusätzlich kann eine Nachschau auf mitgeführte Sachen erfolgen.

Zu Fahrzeugkontrollen im Rahmen der Überwachung des ruhenden bzw. fließenden Verkehrs im Hausrechtsbereich s. Kapitel 5.1.5 (Zustandskontrollen).

Eine Fahrzeugkontrolle hat folgende Ziele:

1. Erfassung der in den Betrieb einfahrenden Fahrzeuge,
2. Zufahrtsverhinderung unberechtigter Fahrzeuge,
3. Einlassgewährung von Fahrern mit Sonderzugangsrechten,
4. Information von Fahrern über Betriebsordnung und Sicherheitsbestimmungen,
5. Abfertigung und Weiterleitung von Lieferungen,
6. Kontrolle der mitgeführten Ladungen,
7. Einfuhrverhinderung nicht bestellter Güter,
8. Beschränkung und Steuerung des Fahrzeugverkehrs im Betrieb,
9. Überprüfung des Verbleibs der Fahrzeuge,

10. Überprüfung der Aufenthaltszeiten im Betrieb,
11. Mithilfe beim Eigentumsschutz,
12. Ausfahrtverweigerung bei Differenzen.

Der **Verkehrs- und Betriebssicherheit** der Fahrzeuge kommt besondere Bedeutung zu, weil Fahrzeuge eine große Gefahr für den Betrieb oder betriebliche Abläufe darstellen können. Dementsprechend sind sie **besonders gründlich** zu kontrollieren, z. B. auf:

- Einhaltung des gesetzlich vorgeschriebenen Zustands, der Betriebssicherheit sowie der Ladungssicherheit,
- Vorhandensein der vorgeschriebenen Lade- und Begleitpapiere,
- Mitführen der schriftlichen Weisung (Unfallmerkblätter) und richtige Kennzeichnung des Ladegutes,
- Berechtigung der Ein- und Ausfuhr oder der Zufahrt zum Betrieb,
- Berechtigung zur Führung des Fahrzeugs.

Gegenstand von Fahrzeugkontrollen sind dabei die Fahrzeuge selbst, ihre Insassen, mitgeführte Gegenstände und Ladungen sowie die Zufahrtsberechtigung.

Weicht ein Fahrzeug von den festgelegten Anforderungen ab, sind **weitergehende Kontrollmaßnahmen** erforderlich. Dies ist z. B. der Fall bei:

- Überladung oder Gewichtsdifferenzen zwischen dem zu erwartenden Gewicht (Eigengewicht des Fahrzeugs plus Gewicht der Ladung) und dem tatsächlichen Gewicht des Fahrzeugs,
- falschen Wert- oder Ladegutangaben,
- nicht abgefertigten Begleitpapieren oder fehlender Verwiegung.

Wichtig

Entspricht ein Fahrzeug nicht den Anforderungen, ist dem Fahrer die **Zufahrt bzw. die Ausfahrt zu verweigern.**

5.1.4 Materialkontrollen

Durch Sicherheitskräfte werden **Materialkontrollen** an der Grenze zum Hausrechtsbereich (**Eingangskontrollen**) und in Hausrechtsbereichen durchgeführt (**Streifenkontrollen**). Materialkontrollen werden im Rahmen von Zufahrt-, Ausfahrt- und Verbleibskontrollen durchgeführt. Die Materialkontrolle umfasst **Güter, Material, Sachen und Waren**, die auf das Betriebsgelände eingeführt werden sollen, sich auf ihm befinden oder es verlassen soll, d. h. sie sollen die unberechtigte Mitnahme von Betriebs- und Belegschaftseigentum verhindern sowie das mitgeführte Ladegut überprüfen.

Materialkontrollen haben den Sinn,

- Güter zielgerichtet zu leiten,
- festzustellen, ob ein Ladegut überhaupt bestellt wurde und in den Betrieb eingeführt werden darf,
- die Berechtigung zur Einführung zu prüfen (nicht gegeben bei verbotenen Gegenständen u. Ä.),

- Bestellmengen und -güter auf Übereinstimmung mit den Ladepapieren zu prüfen,
- Begleitpapiere, schriftliche Weisung (Unfallmerkblätter), Kennzeichnung des Ladegutes usw. zu prüfen.

Materialkontrollen können umfassen:
- Ladungskontrollen von Betriebs- und Unternehmerfahrzeugen,
- Vergleichskontrollen des Ladeguts mit den Begleitpapieren,
- Ein- und Ausfuhrberechtigung.
- Kontrollen von Mitarbeiterbehältnissen,
- Kofferraumkontrollen,

Ist in Betrieben das Ausleihen von Gegenständen (z.B. Werkzeug) erlaubt, stellt der Betrieb über ausgeliehene Gegenstände in der Regel **Leihscheine** (auch Berechtigungs-, Ausgangs-, Durchlassscheine) aus, die beim Ausgang vorgezeigt werden müssen.

Der Leihschein enthält folgende Angaben:
- Fortlaufende Nummer,
- Datum der Ausleihe,
- Name, Vorname des Entleihers,
- Abteilung und Personalnummer des Entleihers,
- Bezeichnung der ausleihenden Stelle,
- Bezeichnung des ausgeliehenen Gegenstandes und seiner Gerätenummer,
- Stückzahl der Gegenstände,
- Rückgabetermin,
- Unterschrift des berechtigten Entleihers.

In der Regel wird beim Sicherheitsdienst am Tor eine Durchschrift des Leihscheins hinterlegt. Damit kann die Berechtigung der Mitnahme überprüft und auf die rechtzeitige Rückgabe geachtet werden.

Besteht die Möglichkeit, innerhalb des Betriebs Produkte zu erwerben, ist ein **Barverkaufsschein** erforderlich, der beim Ausgang vorzuweisen ist.

5.1.5 Zustandskontrollen

Zustandskontrollen erfolgen im Rahmen eines Streifendienstes, aber auch im Rahmen von Zufahrt-, Ausfahrt- und Verbleibskontrollen. Sie dienen der Überprüfung von vorgegebenen Sachverhalten, die gemäß der existierenden Dienstanweisung auf ihren Zustand zu kontrollieren sind.

Zustandskontrollen können bezogen sein auf:
- Einfriedigungen,
- Gebäude und Einrichtungen,
- Verschluss von Türen, Toren, Fenstern,
- betriebliche Anlagen und Geräte,
- Verkehrsflächen,
- Sicherheit von Fahrzeugen,
- Sicherheit der Ladung,
- aber auch Personen.

Fahrzeuge müssen verkehrstechnisch sicher sein und den Verkehrsvorschriften entsprechen. Fahrzeugführer von Gefahrguttransporten müssen die vorgeschriebene Fahrgenehmigung besitzen.

Ladungen (z.B. Schüttgut, Stückgut, Gebinde oder Container) müssen gesichert und mit entsprechenden Papieren ausgestattet sein. Dies gilt insbesondere für gefährliche Güter. Die Ladungen müssen auf zulässigen Inhalt, ordnungsgemäße Sicherung und auf Mängel selbst überprüft werden (z.B. Leckagen und Rutschungen).

Personen können auch auf ihr Verhalten oder ihren Zustand kontrolliert werden (z.B. auf Verstöße gegen Sicherheitsvorschriften, wie Rauchen im Rauchverbot oder bei Selbst- bzw. Gemeingefahr wie Trunkenheit eines Fahrzeugführers).

5.1.6 Aufenthalts- und Verbleibskontrollen

Aufenthalts- und Verbleibskontrollen sind eine Unterform der Zustandskontrollen und erstrecken sich auf Personen bzw. auf Fahrzeuge. Sie dienen vorwiegend der Gefahrenabwehr und der Feststellung, ob sich Personen und Fahrzeuge unberechtigt in gefährlichen oder gefährdeten Bereichen aufhalten oder von den vorgeschriebenen oder normalen Fahrtwegen abweichen.

Darüber hinaus wird kontrolliert, ob während des Aufenthalts oder am Aufenthaltsort Gebote oder Verbote (z.B. Verkehrsvorschriften oder betriebliche Ordnungsregeln) eingehalten werden. Dazu gehören auch Belade- und Entladekontrollen. Mit der Aufenthalts- oder Verbleibskontrolle werden auch der berechtigte Aufenthalt und die Aufenthaltszeit nachgeprüft. Diese Kontrollen sind nicht ortsgebunden.

Kontrolliert werden u. a:

- Anfahrt des richtigen Ortes,
- Aufsuchen der angegebenen Personen,
- Entladung am vorgegebenen Entladeort,
- Erreichen der Bestimmungsorte in angemessener Zeit,
- Abweichung von vorgeschriebenen Fahrtwegen,
- Aufenthalt in Sicherheitszonen,
- Verbleib im Betrieb.

Der betriebliche Ablauf hat grundsätzlich Vorrang und darf nicht unterbrochen werden. Kontrollumfang und -durchführung müssen in Dienstanweisungen festgelegt sein.

5.2 Grundsätze des Handelns und Tätigkeitsfelder der Sicherheitswirtschaft

5.2.1 Grundsätze des Handelns

Ein Grundsatz der Sicherung ist die Gewährleistung des Objektschutzes. **Objektschutz** ist ein militärischer bzw. polizeilicher Fachbegriff, der von der Sicherheitswirtschaft übernommen wurde. Er umfasst die Sicherung und die Gewährleistung von Sicherheit von Objekten (einschl. dort anwesender Personen) und Objektbereichen (u.U. auch Sperrbereiche, Sonderbereiche) unter Einsatz personeller, organisatorischer und sicherheitstechnischer Maßnahmen.

Objektschutz bedeutet:

- Schutz von Unternehmen/Einrichtungen, Anlagen, Gebäuden und Geräten, Wohnungen gegen störende Einwirkungen (wie Diebstahl, Sabotage oder Vandalismus),
- Aufrechterhaltung des ordnungsgemäßen Betriebes/Zustandes,
- Schutz privater Rechte.

Hinweis

Die **Objektschutzaufgaben und -maßnahmen** richten sich nach der Gefährdung der Einrichtung oder des Unternehmens bzw. seiner Betriebsstätten. Objektschutz kann sowohl durch unternehmenseigene Sicherheitskräfte (Werkschutz) als auch durch Sicherheitsdienstleister realisiert werden (Objektschutzdienst).

5.2.1.1 Analyse der Gefährdungen

Die Schutzobjekte können unterschiedlichen **Gefährdungssituationen** ausgesetzt sein. Dazu gehören:

- Raub- und Eigentumsdelikte (z.B. Diebstahl),
- Bedrohungen und Drohungen (z.B. Bombendrohungen),
- Brand- und Sprengstoffanschläge (z.B. gegen Energieversorgungsanlagen),
- Erpressungsdelikte, Körperverletzungen (z.B. Angriffe gegen Personen),
- demonstrative Aktionen (z.B. Besetzungen und Blockaden),
- Spray- und Schmieraktionen (z.B. Grafitti an Unternehmenseinrichtungen),
- Ausspähungen und Beobachtungen (z.B. Beobachtung von Betriebsbereichen),
- Sachbeschädigung (z.B. Sabotage, Vandalismus, siehe auch Spray- und Schmieraktionen),
- Werksspionage (z.B. Weitergabe von Geschäftsgeheimnissen),
- Anlagenausfall (z.B. Betriebsstörungen),
- Vorfälle aus Naturereignissen (z.B. Parkflächenabsenkung nach Unwetter),
- Sicherheitsvorfälle (z.B. Betriebsunfälle),
- Betriebsrisiken (z.B. Gefahrstoff- und Gefahrgutunfälle).

Gefährdungspotenziale unterliegen Veränderungen. Sicherheitskräfte müssen daher „mit der Zeit gehen" und stets informiert sein über:

- das Lagebild Extremismus und die Störergruppen,
- Angriffsziele, Aktionen, Vorgehensweisen,
- Bestreifungsprioritäten u.Ä.

Nicht alle Objekte sind gleichermaßen gefährdet. Abhängig von ihrer Bedeutsamkeit für die Funktion, aber auch für das Image eines Unternehmens können bestimmte Betriebsteile/Einrichtungen einer höheren Gefährdung ausgesetzt sein. Zu diesen **besonders schutzbedürftigen Objekten** zählen:

- Verwaltungsgebäude (z.B. als „Symbolwertobjekt"),
- Energieversorgungsanlagen,
- Versorgungsknotenpunkte,
- Betriebsbahnanlagen/Bahnanlagen,
- Forschungszentren/-anlagen,
- Rechenzentren/-anlagen,
- Notruf- und Sicherheitsleitstellen,
- Produktionsstätten und Fuhrparks.

5.2.1.2 Bestimmung der Schutzziele

Ausgehend von den festgestellten Gefährdungen und ihrer Bewertung müssen Schutzziele formuliert werden z. B.:

- **Gesamtschutzziele** wie:
  - Schutz des Unternehmens gegen Anschläge,
  - Schutz des Werks gegen Kriminalität,
  - Schutz einer gefährdeten Person gegen Anschläge und/oder
- **Einzelschutzziele** wie:
  - Sicherung des Datenzentrums,
  - Sicherung der Pumpstation,
  - Sicherung des Fuhrparks,
  - Sicherung des Warenweges,
  - Abschirmung eines Veranstaltungsortes,
  - Sicherheit einer Schutzperson im Wohnhaus.

5.2.1.3 Durchführung der Objekteinweisung

Die Kenntnis über ein Objekt mit allen sicherheits- und sicherungstechnischen Festlegungen und Gegebenheiten muss mithilfe der nach § 9 DGUV Vorschrift 23 vorgeschriebenen **Objekteinweisung** vermittelt werden. Die Objekteinweisung muss:

- sich auf das jeweilige zu sichernde Objekt und die spezifischen Gefahren beziehen,
- zu Zeiten durchgeführt werden, zu denen die Tätigkeit ausgeübt wird (Ausnahme: Bei ausschließlichem Nachtdienst muss die Einweisung zusätzlich auch am Tag erfolgen).

Die **Objekteinweisung** soll u. a. umfassen:

- Bezeichnung des Objektes (Schutzziele),
- Bedeutung des Objektes für den Betrieb,
- Anfälligkeit gegen „störende Handlungen" (gezielte Störmaßnahmen bisher),
- Verkehrswege, Rettungswege, Fluchtwegführung,
- Annäherungs- und Fluchtwege für Täter,
- Benachrichtigungswege,
- Alarmtechnik, Alarmpläne,
- Sicherungsmaßnahmen und -aufgaben,
- vorhandene Sicherheits- und Sicherungseinrichtungen.

Bei der Objekteinweisung muss auch auf **Objektschwachstellen** hingewiesen werden, z. B.:

- Ein- und Ausgänge, Türen, Fenster,
- starker Bewuchs im engeren Umfeld,
- Schlagschatten durch Bewuchs oder Beleuchtung,
- schadhafte Zaunanlagen,
- ungesicherte Versorgungs- und Revisionsschächte, ungesicherte Abwasserkanäle,
- nicht ausreichende Beleuchtung,
- fehlende Verschlussmöglichkeiten/desolate Schließanlage,
- ungesicherte und unüberwachte Notausgänge,
- leichte Erreichbarkeit oberer Geschosse (Feuerleitern, Fluchtbalkone, Fluchttreppen),
- fehlende Bestreifung und Überwachung.

Beachte

Eine Objekteinweisung muss sowohl für betriebseigene Sicherheitskräfte als auch für das Personal des Sicherheitsdienstleisters erfolgen.

5.2.1.4 Beachtung der Dienstanweisungen

In der Dienstanweisung müssen – angepasst an die jeweiligen Anforderungen des Objektschutzes – die wesentlichen Maßnahmen festgelegt sein.

Vorgehensweisen im Objektschutz:

- Vorfeldkontrolle, Vorfeldsicherung, (Vorfeld = Gelände außerhalb des Objektes),
- Umfeldkontrolle, Umfeldsicherung, (Umfeld = Gelände innerhalb des Objektes),
- Schwerpunktkontrollen,
- Abfolge des Anfahrens/Begehens der einzelnen Objekte beachten,
- Meldepflicht bei bestimmten Erkenntnissen (z. B. Veränderungen, Observanten und andere Normabweichungen),
- umgehende Weitermeldung an zuständige Stelle gemäß Meldewesen bzw. Alarmierungsablauf und Dokumentation (Wach- und Streifenbuch, etc.)
- von Schicht zu Schicht über festgestellte/vermutete Veränderungen informieren.

Systematischer Objektschutz soll:

- **keine Zeitbindung** beinhalten (das verhindert Wahrnehmungen, weil Zustandskontrollen u. U. dem Zeitdruck zum Opfer fallen würden),
- **keine Wege** festlegen (behindert die erforderliche Flexibilität, die für die Bestreifung erforderlich ist und die schwerpunktmäßige Objektbestreifung, da rhythmisch auf diesen Wegen verblieben würde)
- **keine Berechen-** und **Observierbarkeit** ermöglichen (erhöht das Risiko des Sicherheitspersonals),
- für potenzielle Täter das Risiko erhöhen (um abzuschrecken).

Merke

Grundsatz: „Sichtbar sichern, ständig verändern, beweglich schützen!"

Meldungen/Berichte über sicherheitsrelevante Vorgänge müssen mündlich oder schriftlich an die Zentrale gegeben werden, um deren umfassende Information zu gewährleisten. Zusätzlich sollte der Sicherheitskraft bewusst sein, dass die Meldung eine der wichtigsten Maßnahmen der Eigensicherung ist.

Meldepflichtige Feststellungen im Umfeld können z. B. sein:

- Flugblattverteilungsaktionen,
- Drohungen (z. B. Bombendrohungen),
- Feststellung von Ausspähungen,
- Auftreten von Gruppierungen (z. B. Blockaden),
- Sprüh- und Klebeaktionen,
- sonstige Sachbeschädigungen,
- sonstige Angriffe auf Schutzobjekte.

Schutz- und Sicherheitskräfte, die Aufgaben im Objektschutzdienst wahrnehmen, müssen „einen Blick“ entwickeln für vielfältigste Besonderheiten und „Feinheiten“, die ggf. auf Abweichungen vom SOLL-Zustand hindeuten könnten.

5.2.1.5 Vorgehensweisen des Sicherheitspersonals im Objektschutz

Bei der **Objektbestreifung** sollte stets eine maßvolle, zweckgebundene Bewegung zu Fuß oder mit Streifenfahrzeug erfolgen. Im Einzelnen sollte die nachfolgenden Punkte beachtet werden:

- Durchführung festgelegter Sicherungsmaßnahmen,
- Beobachtung: genau und weiträumig – auch im Umfeld,
- Annäherung: unauffällig – Erscheinen überraschend,
- Alarmprüfung (evtl. in Verbindung mit der Zentrale) am/im Objekt und Ursachenfeststellung,
- Erkennen und Handeln bei drohenden oder gegebenen Gefahren,
- Einhaltung der Kommunikationsprinzipien,
- Sofortmeldung: rechtzeitig und bei erkannten Gefahren unverzüglich,
- Verstärkungsanforderung bei Erfordernis,
- Personen- und Materialkontrollen: soweit erlaubt – gründliche Zustandskontrollen,
- Überprüfung von Gefahrenstellen,
- Erkennen verdächtiger Anzeichen am Weg und im Umfeld,
- Eigensicherung: Absicherung eigenen Eingreifens,
- Sicherheitsmaßnahmen für gefährdete Personen veranlassen,
- Dienste alarmieren: z. B. Rettungsdienste, Polizei u. Ä.,
- Einleitung erforderlicher Sicherungsmaßnahmen und
- Schadensminimierung, z. B. Benachrichtigung von Instandsetzungsabteilungen.

5.2.1.6 Beobachtungs- und Kontrollinhalte

Die nachfolgenden Auflistungen vermitteln einen Überblick über die möglichen Beobachtungs- und Kontrollinhalte.

a) Außenkontrollen:

- Abgelegte, störende Gegenstände (z. B. Pakete, Rohre, Behältnisse, evtl. „verlegte Kabel“),
- abgestellte Fahrräder und Mofas,
- Ablegespuren auf Simsen, Brüstungen,
- Arbeitsspuren an Fassaden, Fenstern, Türen,
- auffallendes Verhalten, z. B. observieren, fotografieren, Notizen fertigen,
- Auftauchen von Gruppen, Ansammlung von „Spaziergängern“ oder Joggern,
- Unversehrtheit von Fenstern, Türen, Toren etc.,
- Intaktheit der Beleuchtung (Normal- und Infrarotlampen),
- Unversehrtheit der Beschilderung (Sicherheitskennzeichnungen),
- Unversehrtheit/Manipulation von Betriebsbriefkästen,
- Zugänglichkeit von Fluchtwegen und Sammelplätzen (und deren näheres Umfeld),
- fremde Fahrzeuge mit ortsunüblichen Kennzeichen,
- Geräte- oder Kratzspuren an Außenwänden und Brüstungen (z. B. von angelegten Leitern oder Strickleitern),

- Auffälligkeiten an Glaswänden/Verglasungen/Glasfassaden,
- Auffälligkeiten an Kanaldeckeln im gesamten Betriebsbereich,
- längerer (oder wiederholter) Aufenthalt im Betriebsumfeld (z. B. erkennbares Interesse für Betriebsobjekte – evtl. mit Messgeräten, verdeckte Beobachtung, aufgebautes Zelt?),
- Laufspuren im Rasen, Trittspuren, Trampelpfade, z. B. zu Türen etc.,
- Falschparker auf Parkplätzen, Einhaltung der Parkregelung, Auffälligkeiten auf dem Besucherparkplatz,
- Funktion/Unversehrtheit der Sicherungs- und Sicherheitstechnik (z. B. Kameraanlage, Zugangskontrollsysteme, Ampelanlage),
- Vorhandensein von Sturmschäden, u. a. Witterungseinflüsse,
- Auffälligkeiten an Tanklagern, Containern, Gaslagern,
- Auffälligkeiten an Treppenabgängen, Notausgängen, Gitterrosten,
- Übersteigspuren an Gittern, Zäunen, Mauern,
- Auffälligkeiten im Umfeld; verdächtige Personen, Fremde im Umfeld (z. B. unbefugtes Fotografieren/Filmen),
- Umweltverschmutzung durch Zelter, Griller u. Ä.,
- unberechtigter Aufenthalt im Betriebsgelände,
- Unversehrtheit der Außenhaut (z. B. Kletterspuren/evtl. Manipulationen zum 1. OG),
- Veränderungen am Bewuchs/Boden im näheren Umfeld,
- Ordnungsgemäßer Verschluss der Außentüren, Hauptzugänge, Fenster, Tore,
- versteckt abgestellte Fahrzeuge (evtl. mit vorgetäuschter Panne, auch Bauwagen),
- Verteilung von Flugblättern, Anbringen von Plakaten, Sprayaktionen.

b) **Innenkontrollen**:
- Abschaltung von Elektrogeräten, Telefonkontrolle, Feuerlöscherkontrolle,
- Unversehrtheit von und kein unbefugtes Verweilen in Aufenthaltsräumen und Garderoben,
- Defekte/Verschluss der Aus- und Zugänge (z. B. Aus- und Zufahrt TG, Anlieferung),
- Unversehrtheit der Beschilderung (z. B. Fluchtwege, Rauchverbot usw.),
- Unversehrtheit der Dachausstiege, EMA-Melder, Aufzüge, Notbeleuchtung,
- Zugänglichkeit der Fluchtwege/Treppenhäuser/Nasssteigleitung,
- Funktionstüchtigkeit/Auffälligkeiten der Sprinkleranlage, Rauchmelder, Brandabschnittstüren,
- Überprüfung der Notrufeinrichtung in Aufzügen auf Funktion,
- Verplombung der Notausgänge,
- Verschluss der Sonderbereiche (z. B. Poststelle, Druckerei, Fotolabor, Kfz-Bereich usw.),
- Verschluss der Technik-/Elektroräume,
- Verschlusskontrolle der Geschäftsführungsbereiche (auch Kontrolle auf Beschädigungen/Defekte).

c) **Tiefgaragenkontrollen**:
- Abgestellte Fahrzeuge außerhalb der Parkmarkierungen,
- Gefahr aufgrund des Belags (Nässe, Glätte),
- Zugänglichkeit der Brandabschnitte/Brandabschnittstüren,

- Einhaltung der Geschwindigkeit/Fahrverhalten,
- Verfallsdatum der Feuerlöscher (auch Manipulationen an Feuerlöschern),
- fremde, unbekannte Personen,
- Mängel an parkenden Fahrzeugen (Beleuchtung, Türen/Fenster offen/Ölverlust),
- Zugänglichkeit der Notausgangstüren,
- Funktionstüchtigkeit der Schrankenanlage (Ein- und Ausfahrt),
- Funktionstüchtigkeit der Telefone,
- kein unberechtigter Zutritt durch das Tor (Aus- und Einfahrt, auch Funktion des Tores),
- Überwachung der Türen/Mechanik,
- Verschluss der Technikräume.

d) **Anlieferungskontrollen**:
- Abgestellte Waren auf der Rampe,
- Nutzung der An-/Einfahrt nur zum Be- und Entladen,
- Vermerk der Ein- und Ausfahrtzeit (Liste anfertigen),
- Prüfung der Ladung (Ladungskontrolle),
- Durchführung von Lebensmittelkontrollen (nur durch medizinisch überprüfte Berechtigte),
- Vergleich von Lieferschein mit Ladegut,
- Entfernung unberechtigter Dauerparker,
- Verbleib der Anlieferer und Fahrverhalten,
- Durchführung der Verwiegekontrolle (mit Lagerhalter).

Hinweis

Sicherheitspersonal sollte sich nicht „scheuen", Beobachtungen zu dokumentieren (z. B. Dienst-/Wachbuch) und ggf. zu melden. Dies ist wichtig, um eventuelle Schwachstellen zu erkennen und das Sicherheitssystem optimieren zu können (s. Kapitel 13.1.2.3 – KVP/Kontinuierlicher Verbesserungsprozess).

5.2.2 Die Tätigkeitsfelder der Sicherheitswirtschaft

Die Sicherheitswirtschaft bietet eine Vielzahl von Tätigkeitsfeldern, die teilweise miteinander verzahnt sind. Diese sind im Nachfolgenden detailliert vorgestellt.

Gemäß § 34a GewO wird vom Personal für die Durchführung bestimmter Tätigkeiten der Nachweis einer vor der Industrie- und Handelskammer erfolgreich abgelegten **Sachkundeprüfung** vorgeschrieben. Auf diese Qualifikation des Personals ist auch in der Dienstanweisung hinzuweisen.

Folgende Tätigkeiten werden in der GewO aufgeführt:

1. **Kontrollgänge im öffentlichen Verkehrsraum** oder in **Hausrechtsbereichen** mit **tatsächlich öffentlichem Verkehr**,
2. **Schutz vor Ladendieben**,
3. Bewachungen im **Einlassbereich** von **gastgewerblichen Diskotheken**,
4. Bewachungen von **Aufnahmeeinrichtungen** (nach § 44 des AsylG), von **Gemeinschaftsunterkünften** (nach § 53 AsylG) oder anderen Immobilien und Einrichtungen,

die der auch vorübergehenden amtlichen Unterbringung von Asylsuchenden oder Flüchtlingen dienen, **in leitender Funktion**,
5. Bewachungen von zugangsgeschützten **Großveranstaltungen** in **leitender Funktion**.

5.2.2.1 Torkontrolldienst

Der **Torkontrolldienst** (auch nur Tordienst) ist ein stationärer Dienst an der Grenze des Hausrechtsbereiches zum öffentlichen Verkehrsraum. Er genehmigt, regelt, und überwacht den Personen-, Fahrzeug- und Güterverkehr in und aus dem Hausrechtsbereich an den Zugängen zur Liegenschaft. Daneben können noch die Weiterleitung von Besuchern und Verwiegungen von Massengütern erfolgen.

Die Aufgaben (s. Kapitel 5.1.2, 5.1.3 und 5.1.4) sind in der zuständigen Dienstanweisung beschrieben, wobei klare Vorgaben für erlaubte bzw. nicht erwünschte Sachverhalte zu machen sind (wie Mitführen von Kindern, Hunden oder Waffen). Wird bei der Ausführung ein Mangel oder ein sicherheits- bzw. sicherungsrelevanter Zustand erkannt, ist dieser mittels einer Meldung unverzüglich zu dokumentieren.

Der Torkontrolldienst übt im Auftrag des Auftraggebers (Eigentümer oder Besitzer) das übertragene Hausrecht aus. Personen/Fahrzeuge dürfen die Liegenschaft nur betreten, wenn dazu eine Berechtigung vorliegt.

Bei einer ständigen Besetzung des Torkontrolldienstes können zusätzlich folgende **Aufgaben** anfallen:

- Alarmdienst und Einzelalarmierungen,
- Beobachtung auf Ereignisse im Umfeld,
- Besucherempfang und -weiterleitung,
- Kontrolltätigkeiten und Verwiegungen,
- Telefondienst und Telefonvermittlung,
- Überprüfung von Betriebsflächen im Sichtfeld,
- Lotsendienst (Einweisung sowie Weiterleitung von Einsatzkräften).

Merke

Der Torkontrolldienst übt beim „Zutritt gewähren“ im Auftrag des Eigentümers/Besitzers das Hausrecht aus. Er lässt nur die Personen/Fahrzeuge ein, denen der Zugang aus diversen Gründen gestattet werden kann.

Personen, die **Zugang** haben (außer den Mitarbeitern), können sein:

- Kunden und Lieferanten,
- Abholer und Vertreter,
- Besucher und Gäste,
- Behördenvertreter und Amtspersonen,
- externe Hilfs- und Rettungskräfte,
- ehemalige Mitarbeiter,
- Fremdfirmenmitarbeiter des eigenen Werkes,
- Unternehmensangehörige anderer Werke u. a.

5.2.2.2 Empfangsdienst

Der **Empfangsdienst** ist ein stationärer Dienst an der Grenze des Hausrechtsbereiches zum öffentlichen Verkehrsraum. Er genehmigt, regelt, und überwacht den Personen-, Fahrzeug- und Güterverkehr in und aus dem Hausrechtsbereich. Hinzukommen können der Besucherempfang, die Telefonanlage, die Überwachung der Gefahrenmeldeanlagen bzw. technischen Überwachungsanlagen, der Bereich Fundsachen und die Betreuung von Parkplätzen. Der Empfangsdienst ist nach dem Torkontrolldienst der zweithäufigste Postendienst. Er wird auch gerne als die Visitenkarte eines Betriebes bezeichnet, womit die besonders Bedeutung des Servicegedankens in dieser Position klar wird.

Die Aufgaben (s. Kapitel 5.1.2, 5.1.3 und 5.1.4) sind in der zuständigen Dienstanweisung beschrieben, wobei klare Vorgaben für erlaubte bzw. nicht erwünschte Sachverhalte zu machen sind (wie Mitführen von Kindern, Hunden oder Waffen). Wird bei der Ausführung ein Mangel oder ein sicherheits- bzw. ein sicherungsrelevanter Zustand erkannt, ist dieser mittels einer Meldung unverzüglich zu dokumentieren.

Beim Empfang und Weiterleitung von Besuchern sind folgende **Regeln** zu beachten:
- Begrüßung und Frage nach dem Wunsch,
- Information der zu besuchenden Stelle (Erfragung der Empfangsbereitschaft),
- Besucherschein ausfüllen lassen oder selbst ausfüllen,
- ggf. Legitimation erbitten (z. B. bei Behördenvertretern mit Sonderzugangsrecht),
- Hinweise auf Laufweg/Sicherheitsbestimmungen geben (ggf. auf Rückseite des Besucherscheins),
- evtl. zum Besuchsziel geleiten.

Beachte

Bei Empfangsverzögerung ist dem Besucher eine entsprechende Mitteilung zu machen und im Wartebereich Platz anzubieten.

Soll ein Besucher nicht empfangen werden, muss dem Besucher die Absage höflich übermittelt werden. Ein Einlassen auf Diskussionen ist zu vermeiden.

Besucherscheine

Die ausgestellten **Besucherscheine** (s. Kapitel 5.1.1) haben aus Sicherheitsgründen Bedeutung, denn sie dienen als:
- Berechtigungsnachweis bei Kontrollen (vorläufiger Ausweis),
- Nachweis des Ausgangs (Verlassen des Objektes),
- späterer Nachweis über Anwesenheit (im Objekt).

Mithilfe der **elektronischen Erfassung** der Besucherscheine lässt sich „aktuell“ feststellen,
- welche Besucher im Werk sind,
- wo sich die Besucher aufhalten,
- ob ein Besucher noch im Werk ist,
- welches Kennzeichen ein Besucher-Fahrzeug hat u. a.

Bei **Besuchsende** sind folgende Handlungen sinnvoll:
- Besucherschein erbitten und Ausgangszeit eintragen,
- Überprüfung der Abgangszeit beim Besuchten und Ankunftszeit beim Tordienst,
- ggf. Kopie des Besucherscheines vernichten (ortsspezifische Regelungen beachten).

Im Interesse der Aufrechterhaltung von Ordnung und Sicherheit bedarf es genauer **Festlegungen über den Zugang** betriebsfremder Personen. Diese können beinhalten:
- Zugangsregelungen (personenkreisbezogen),
- Öffnungszeiten an den Toren/Besuchszeiten,
- Anmeldung,
- Ausweisregelung/Besucherschein,
- Einweisung,
- Begleitung,
- Einfahrt- und Parkregelung,
- Sonderregelungen für Feuerwehr, Techniker, Betriebsleiter, Werksärzte u. Ä.

Fundsachen

Auch der Umgang mit **Fundsachen** ist in der Regel Aufgabe des Empfangsdienstes. Fundsachen sind verlorene – also „vorübergehend besitzlos" gewordene – Gegenstände. **Finder** ist derjenige, der eine verlorene Sache entdeckt und an sich genommen hat. Der Finder hat gegenüber dem rechtmäßigen Inhaber einen Anspruch auf Ersatz der Aufwendungen, die Verwahrung oder erforderliche Ermittlungen gekostet haben, sowie einen Anspruch auf einen Finderlohn (§§ 965–978 BGB).

Im Gegenzug legt das Fundsachenrecht dem Finder einer verlorenen Sache eine Reihe von **Pflichten** auf. Der Finder oder der Entgegennehmende einer Sache muss diese **sicher aufbewahren**. Aus dieser Pflicht ergeben sich für die Sicherheitskräfte Besonderheiten:
- Angenommene Fundsachen müssen möglichst genau **registriert** und beschrieben werden, um die Rückgabe an den rechtmäßigen Inhaber zu erleichtern und Missverständnisse zu vermeiden.
- Einem bekannten Eigentümer ist die Fundsache unmittelbar zurückzugeben.
- Verlorene Sachen, die im Betrieb gefunden werden und deren **Wert unter 10 €** liegt, dürfen im Betrieb aufbewahrt werden, nachdem eine Fundmeldung erstellt wurde und der Fund in das Fundbuch eingetragen wurde. Die **Aufbewahrungsfrist** beträgt **6 Monate**. Nach Ablauf dieser Frist wird der Finder Eigentümer der Fundsache. Diese Übernahme der Sache muss dokumentiert werden (Fundmeldung und Fundbuch).
- Übersteigt der Wert der Fundsache 10 €, muss der Fund gemeldet und der zuständigen Behörde (Fundamt) abgegeben werden. Der Vorgang ist zu registrieren (örtliche/ betriebliche Regelungen beachten).
- Es muss versucht werden, den jeweiligen rechtmäßigen Inhaber zu ermitteln (z. B. Hinweise am „Schwarzen Brett" oder Mitteilungen in den Hausnachrichten).

Bei **Fundannahme** müssen alle Fundsachen im Beisein des Finders aufgelistet und genau beschrieben werden. Bei Geldfunden ist das Geld zu zählen und nach Geldschein- und Münzart (Stückelung) aufzuführen.

Der Finder und der Annehmende müssen die ausgefüllte Fundmeldung unterschreiben; danach ist die Fundsache der zuständigen Stelle zur sicheren Aufbewahrung und Fundmeldung (siehe Abbildung 2) zu übergeben.

Vor der **Rückgabe** muss der vermeintliche Inhaber die Fundsache/deren Inhalt beschreiben. Nach der Rückgabe muss er überprüfen, ob die Fundsachen vollzählig sind und den Erhalt auf der Fundmeldung quittieren.

Fundmeldung		
Datum:	Abgabe an Behörde/Vernichtung: (Datum)	
Fundsache:	Rückgabe an rechtmäßigen Inhaber: (Datum)	
Fundort:		
Finder: (Name/Vorname)	(Name/Vorname)	
(Abt.)	(Abt.)	
(Ort/Straße)	(Ort/Straße)	
Anspruch auf die Sache: Ja ☐ Nein ☐ Anspruch auf Finderlohn: Ja ☐ Nein ☐	(Unterschrift)	
(Unterschritt)		
Annehmender:	Rückgabe an Finder: (Datum)	
(Name/Vorname)	(Unterschritt)	
(Abt.)	Erledigungsvermerk:	
(Ort/Straße)	(Datum)	(Unterschrift)
(Unterschrift)		

Abbildung 2: Vordruck Fundmeldung [v. Holleuffer-Kypke].

Sonderzugangsrechte

Eine besondere Herausforderung für den Torkontroll- bzw. Empfangsdienst ist das richtige Verhalten gegenüber Personen mit **Sonderzugangsrecht**. Anlass dafür ist grundsätzlich im Betrieb eine Nachschau durchzuführen, weil eine Beschwerde, eine Anzeige, ein Verdacht vorliegt bzw. eine Routine- oder Zufallskontrolle ansteht.

Jede Person die einen fremden Hausrechtsbereich betreten will muss einen **berechtigten Grund** dafür besitzen und sich identifizieren lassen. Beim Sonderzugangsrecht hat die Berechtigung zum Betreten des fremden Hausrechtsbereiches eine **gesetzliche Grundlage**. Die Durchführung der Identifikation darf jedoch nicht abgelehnt werden. Es muss der gültige Dienstausweis vorgelegt werden.

Die Sicherheitskraft sollte in einem solchen Fall umgehend die juristischen Vertreter (Betriebsführung und Rechtsabteilung) und die Personalabteilung informieren und um weitere Vorgaben zu erfragen. Beim Besuch von Vertretern der betrieblichen Gewerkschaft ist die Personalabteilung und der Betriebsrat einzubinden.

Ein Sonderzugangsrecht besitzen beispielsweise:

- Staatsanwaltschaft im hoheitlichen Auftrag,
- Polizei im hoheitlichen Auftrag,
- Zoll im hoheitlichen Auftrag,
- Feuerwehr im Einsatzfall,
- Rettungskräfte im Einsatzfall,
- Personal der gewerberechtlichen Behörde mit Kontrollbefugnis,
- Personal der waffenrechtlichen Behörde mit Kontrollbefugnis,
- führende Vertreter der betrieblichen Gewerkschaften.

Verhalten gegenüber Medien

Eine weitere besondere Herausforderung für den Torkontroll- bzw. Empfangsdienst ist das richtige Verhalten gegenüber **Medien.** Denn es muss u. U. damit gerechnet werden, dass die Presse erscheint. Anlass dafür kann ein betriebliches Ereignis sein, von dem die Medien Kenntnis erhalten haben (z. B. Brand, schwerer Unfall), aber auch eine Bombendrohung, die bei einer Zeitung eingegangen ist.

Der Ablauf im Umgang mit den Medien muss geregelt und als „**Anweisung**" Bestandteil der Dienstanweisung sein. Diese könnte z. B. folgendermaßen lauten:

- beim Erscheinen am Werkstor zunächst anhalten (privater Bereich),
- höflich nach Wunsch und Ziel fragen,
- Auskünfte über Ereignisse/Vorfälle gibt die Presse- und Informationsabteilung (evtl. Geschäftsleitung),
- grundsätzlich geben Sicherheitskräfte keine Auskunft an Unberechtigte/Außenstehende,
- Sofortmeldung an Presseabteilung (oder Zuständigen für Pressearbeit),
- erfragen, ob Auskunftssuchende empfangen werden sollen (ist eine Presseanlaufstelle, z. B. bei besonderen Ereignissen eingerichtet, erfragen, ob Kontakt dort erfolgen soll),
- auf Wunsch Telefonverbindung zu vorgenannten Stellen herstellen,
- bei Einlass in den Betrieb evtl. Presseausweis erbitten,
- Name und Redaktion des Journalisten in Liste/Wach-/Dienstbuch eintragen,
- bei Einlassgewährung zur Presse- und Informationsabteilung weisen/führen,
- soll kein Einlass in den Betrieb gewährt werden, Medienvertreter höflich informieren,
- Meldung/Bericht fertigen.

5.2.2.3 Streifendienst

Der **Streifendienst** ist ein mobiler Dienst im Hausrechtsbereich bzw. der Kontrolldienst für vorgegebene Objekte mit Verkehrswegen im öffentlichen Verkehrsraum. Er dient der Zustandskontrolle von Gebäuden oder Liegenschaften und deren Anlagen.

Die Aufgaben (s. Kapitel 5.1.5) sind in der zuständigen Dienstanweisung beschrieben, wobei klare Vorgaben für erlaubte bzw. nicht erwünschte Sachverhalte zu machen sind

(z. B. Fotografierverbot). Wird bei der Ausführung ein Mangel oder ein sicherheits- bzw. sicherungsrelevanter Zustand erkannt, ist dieser mittels einer Meldung unverzüglich zu dokumentieren.

Es handelt sich z. B. um:

- Abwehr und Eindämmung gefahrenträchtiger Zustände,
- Aufnahme von Schäden, Unfällen usw.,
- Beobachtung und Bewachung des Werksgeländes,
- Umfeldbeobachtung,
- Feststellung von Unbefugten und unerlaubten Handlungen,
- Kontrolltätigkeit und Verschluss von Türen und Toren,
- Mitwirkung bei der Erfüllung von Aufgaben anderer betrieblicher Organe,
- Transport- und Begleitdienste,
- Überwachung der Einhaltung von Geboten und Verboten,
- Überwachung des ruhenden und fließenden Verkehrs.

Diese Aufgaben können nur wahrgenommen werden, wenn vorgeschriebene **Objekteinweisungen** erfolgen. Denn erst diese vermitteln ausreichende **Kenntnisse** über die zu kontrollierenden Objekte. Dazu gehören Kenntnisse über:

- Alarm- und Einsatzpläne, Laufkarten,
- Alarm- und Kommunikationseinrichtungen,
- Dienstanweisung, Gefahrenquellen, Produktion,
- Nachbarfirmen und ihre Produktion,
- Objektlage, Örtlichkeit und Anfahrtswege,
- Rettungs- und Löscheinrichtungen, Flucht- und Rettungswege,
- Anzahl der Beschäftigten, Schichtdienst und -besetzung,
- Sicherheitseinrichtungen, Aufsichtspersonen, Sicherungsschwerpunkte,
- Streifenwege, Kontrollstellen,
- Werkschutzbesetzung und Ansprechpartner.

Der Streifendienst hat durch gezielte Kontrollen und Überwachungen viele Möglichkeiten, **Schäden** zu **verhindern**. An den nachfolgenden Beispielen ist erkennbar, wie der Streifendienst zur Aufrechterhaltung von Ordnung und Sicherheit beitragen kann.

1) **Zustandskontrollen**
   Kontrolle von Verkehrsflächen (z. B. auf Verschmutzungen durch Treibstoff), Waschplätzen (z. B. auf Altöl, Ausspritzen von Tankkraftwagen), Einfriedigungen, Verkehrseinrichtungen, Absperrungen, Versorgungseinrichtungen, Rohrleitungen (z. B. auf Dichtigkeit), Lager gefährlicher Stoffe und Materialien (z. B. auf ordnungsgemäßen Verschluss), Luftfilter- und Wasserkläranlagen, Sicherheits- und Sicherungseinrichtungen, Unfall- und Rettungseinrichtungen, Fahrzeugen, Ladungen u. a.
2) **Umfeldbeobachtung (Umfeldsicherung)**
   Beobachtung von fremden Fahrzeugen und Personen, Beobachtern, verdächtigen Fahrzeugen und Personen, Fotografierende/Filmende, verdächtigen Gegenständen, Vorbereitungshandlungen, wiederholtem Auftauchen von Personen oder Fahrzeugen.
3) **Wahrnehmung von Verkehrsdienstaufgaben**
   Verkehrsregelung, Verkehrsüberwachung, Verkehrssicherung, Gefahrguttransporte (z. B. Gefahrzettel, schriftliche Weisung/Unfallmerkblätter, Dichtigkeit der Ventile),

Feststellung von Unfallbrennpunkten, Verkehrsunfall- und Schadensaufnahmen, Kontrolle der Verkehrsflächen auf Beschilderung und Beschädigung, Lotsendienst, Transportbegleitung.

4) **Mithilfe bei der Unfallverhütung**
Überwachung der Einhaltung von DGUV (UVV) und Ordnungsvorschriften, Erkennen von Gefahrenstellen, Verhinderung missbräuchlicher Benutzung von Arbeitsgeräten/Fahrzeugen/Werkzeugen, Verhinderung des Missbrauchs von Rettungs-, Schutz-, Sicherungs- und Sicherheitseinrichtungen, Überwachung des Werkverkehrs, Überwachung der Einhaltung von Rauch-, Drogen- und Alkoholverbot.

5) **Mithilfe beim Brandschutz**
Überwachung der Einhaltung der Brandschutzordnung, Auslösung des Feueralarms und Ergreifen von Erstmaßnahmen, Kenntnis der Standorte der Feuerlöscheinrichtungen, Überprüfung der Brandmeldeanlagen, Kenntnis über die Einsatzmöglichkeiten der Löschgeräte, Überprüfung der Funktionsfähigkeit der Brandabschnitte in den Objekten sowie der Absperr- und Abschalteinrichtungen, Freihalten der Flucht- und Rettungswege, Kenntnis der Sammelplätze, Überprüfung sachgemäßer Lagerung brennbarer Flüssigkeiten sowie von Gasen und Giften, Überprüfung der Beschilderung der Hydranten, Kenntnis der Löschwasserstellen und Feuerwehrwege. Siehe hierzu auch Kapitel 6.1, 6.2 und 6.3.

6) **Umweltschutz**
Überprüfung auf wilde Müllablagerungen (z. B. Sondermüll, Batterien, Kühlschränke, Müllsäcke, Schutt), Abwassereinleitungen in Kanäle, Bäche (z. B. Wasserverfärbungen, tote Fische), Abluftaustritte (z. B. ungewöhnliche Gerüche, Geruchsbelästigungen), Verschmutzungen, Öle, Fette, toxische Stoffe, Überprüfung der Schornsteine und Kamine (z. B. Farbe und Intensität des Rauches) und von Lärmquellen (z. B. zu hohe Lärmbelästigung durch Arbeitsgeräte). Siehe hierzu auch Kapitel 8.

7) **Mithilfe in der betrieblichen Gefahrenabwehrorganisation**
Entgegennahme und Weiterleitung von Unfall-, Brand- und Schadensmeldungen, Alarmierung von Hilfs-, Rettungs- und Einsatzkräften, Benachrichtigung der im Alarmplan (Alarmierungsablauf) festgelegten Personen und Dienststellen, Absperrung und Sicherung von Unfall-, Schadens- und Ereignisstellen, Erste-Hilfe- und Schadensminderungsmaßnahmen an Gefahrenstellen und Ereignisorten bis zum Eintreffen von Hilfs-, Rettungs- und Einsatzkräften, Freihalten von Rettungs-, Flucht- und Feuerwehrwegen, Unterstützung von Sanitäts- und Brandschutzkräften, Räumung und Sicherung gefährdeter Objekte und Anlagen, Feststellen von Zeugen, Ermittlung und Beweissicherung.

8) **Kontrolle von Flucht- und Rettungswegen**
Vollständige und komplette Ausschilderung, funktionierende Notbeleuchtung, Zugänglichkeit und Nutzbarkeit (nicht zugestellt oder verengt), Einhaltung der vorgeschriebenen Breite, Abhilfe im Gefahrenfall (z. B. Brandbelastung!), Funktionsfähigkeit der Notausgangstüren (nicht verschlossen und leicht gängig), Funktionsfähigkeit der Panikverschlüsse, Kontrolle der Farbgebung, Sammelplatzkontrollen.

9) **Feststellung von Mängeln (DGUV Vorschrift 23) und evtl. Maßnahmen**
Allgemeine Aufgabenstellung: feststellen und ermitteln – melden und informieren – abhelfen und abstellen – verbieten und unterbinden!

Bei Feststellung von Umweltverstößen besteht die Verpflichtung, schadensbegrenzend zu handeln und die zuständigen betrieblichen Stellen umgehend zu informieren. Gleiches gilt auch für andere Feststellungen. Siehe hierzu auch Kapitel 5.5, 6.5 und 6.6.

	Checkliste für die Streifentätigkeit:	
Nr.	**Kontrollaufgabe**	☑
1.	Notausgänge frei zugänglich?	☐
2.	Notausgangstüren verplombt?	☐
3.	Brandabschnittstüren geschlossen?	☐
4.	Fluchtwege frei?	☐
5.	Beschilderung der Fluchtwege in Ordnung?	☐
6.	Feuerlöscher in Ordnung?	☐
7.	Beschilderung der Löscheinrichtungen in Ordnung?	☐
8.	Richtiger Löscher am vorgesehenen Ort?	☐
9.	Feuerwehrzufahrten/Feuerwehrwege frei?	☐
10.	Löscheinrichtungen richtig beschildert und frei zugänglich?	☐
11.	Zugänge und Fenster verschlossen?	☐
12.	Keine Beschädigungen der Außenhaut?	☐
13.	Einfriedung in Ordnung?	☐
14.	Zugangskontrollsysteme in Ordnung?	☐
15.	Schließeinrichtungen der Türen und Tore in Ordnung?	☐
16.	Sicherungseinrichtungen in Ordnung (Defekte, Manipulationen)?	☐
17.	Einhaltung der Parkordnung/Parkberechtigungen?	☐
18.	Einhaltung der Verkehrsregeln nach StVO?	☐
19.	Beschilderung nach StVO vorhanden?	☐
20.	Zustand der Straßen und Wege verkehrsgerecht?	☐
21.	Zustand der Parkflächen verkehrsgerecht?	☐
22.	Gefahrstellen erkennbar?	☐
23.	Sicherung von Schadens-, Unfall- und Gefahrstellen?	☐
24.	Einhaltung des Rauch- und Alkoholverbots?	☐
25.	Einhaltung der DGUV (UVV)?	☐
26.	Keine fremden Fahrzeuge und/oder unbefugte Personen im Betrieb?	☐
27.	Filmer/Fotografierer im oder außerhalb des Betriebes?	☐
28.	Auffällige Veränderungen am Bewuchs in Objektnähe?	☐
29.	Beleuchtung innerhalb und außerhalb des Gebäudes in Ordnung?	☐
30.	Auffällige Veränderungen im Umfeld des Betriebes?	☐
31.	Abgelegte verdächtige Gegenstände?	☐
32.	Verteiler von Flugblättern?	☐

	Checkliste für die Streifentätigkeit:	
Nr.	**Kontrollaufgabe**	☑
33.	Keine fremden Kfz-Kennzeichen im Umfeld oder versteckt abgestellt?	☐
34.	Kein verdächtiges Verhalten von Kfz-Insassen?	☐
35.	Keine Beobachtung der Betriebsbereiche durch Fremde?	☐
36.	Messtrupps/Messwagen im Umfeld?	☐
37.	Entnahme von Boden-, Luft- oder Wasserproben?	☐
38.	Keine Sprayaktionen/Plakatierungen?	☐
39.	Ansammlung von Personen und Gruppen in Betriebsnähe?	☐
40.	Verfolgung Werkschutz-Streifenwagen?	☐
41.	Veränderungen der Straßenführung (Umleitungen, Baustellen usw.)?	☐
42.	Überwachungskameraanlagen in Ordnung?	☐
43.	Keine offensichtlichen Veränderungen an abgestellten Direktionsfahrzeugen?	☐
44.	Kennzeichnung Hubschrauberlandeplatz in Ordnung?	☐
45.	Sammelplätze frei zugänglich?	☐
46.	Kennzeichnung der Durchflussstoffe in Rohrleitungen nach Vorschrift?	☐
47.	Leicht brennbare Flüssigkeiten gesichert und richtig gelagert?	☐
48.	Lagerung von Altöl und gefährlicher Stoffe vorschriftsgemäß?	☐
49.	Umweltschutzeinrichtungen in Ordnung?	☐
50.	Ggf. Verbot privater E-Geräte eingehalten?	☐
51.	Rauchabzugseinrichtungen manipuliert?	☐
52.	Rettungseinrichtungen in Ordnung/Missbrauch erkennbar?	☐
53.	Rettungsgeräte am vorgesehenen Platz?	☐
54.	Verbandkästen am vorgesehenen Ort?	☐
55.	Notrufeinrichtungen gekennzeichnet?	☐
56.	Waschen der Kfz nur auf den vorgesehenen Waschplätzen?	☐
57.	Keine Verschmutzung der Umwelt?	☐
58.	Keine Gefahrquellen im Betrieb?	☐
59.	Keine missbräuchliche Benutzung von Fahrzeugen und Arbeitsgeräten?	☐

Tabelle 1: Checkliste für die Streifentätigkeit.

5.2.2.4 Alarm- und Interventionsdienst

Alarm- und Interventionsdienst sind in der Regel bei der Bewachungsfirma oder bei großen Objekten vor Ort stationiert.

Zur Gewährleistung einer gesicherten Qualität des Alarm- und Interventionsdienstes, gibt es die **VdS**-Richtlinien für Sicherheitsdienstleistungen bzw. VdS-Richtlinien für Wach- und Sicherheitsunternehmen.

Die **VdS 3138-1** [Notruf- und Serviceleitstellen (NSL)/Teil 1: Anforderungen; 2013-12 (01)] enthält die baulichen, technischen und organisatorischen Anforderungen an eine NSL.

In der **VdS 2237** [Prüfungsordnung für Prüfung von Fachkräften von Wach- und Sicherheitsunternehmen; 2007-09 (02)] werden die Qualifikationsanforderungen für Personal in einer NSL beschrieben.

Alarmdienst

Alarmdienst ist entweder ein stationärer zusätzlicher mobiler Dienst in einer Zentrale (Alarmzentrale, Einsatzzentrale, Einsatzleitstelle, Notruf- und Serviceleitstelle) oder ein mobiler Dienst in einem Bereitschaftsraum

Nach Eingang einer verbalen oder technischen Meldung in der Zentrale aus einem aufgeschalteten Objekt oder Bereich, wird diese durch das stationäre Personal der Zentrale bewertet und erforderliche Reaktionen (Interventionen) eingeleitet, überwacht und dokumentiert. Die Kontrolle vor Ort erfolgt durch den mobilen Alarmdienst.

Die Aufgaben (s. Kapitel 5.1.5) sind in der zuständigen Dienstanweisung beschrieben, wobei klare Vorgaben für erwünschte bzw. nicht erwünschte Sachverhalte zu machen sind. Die bearbeiteten Ereignisse sind in Berichten zu dokumentieren.

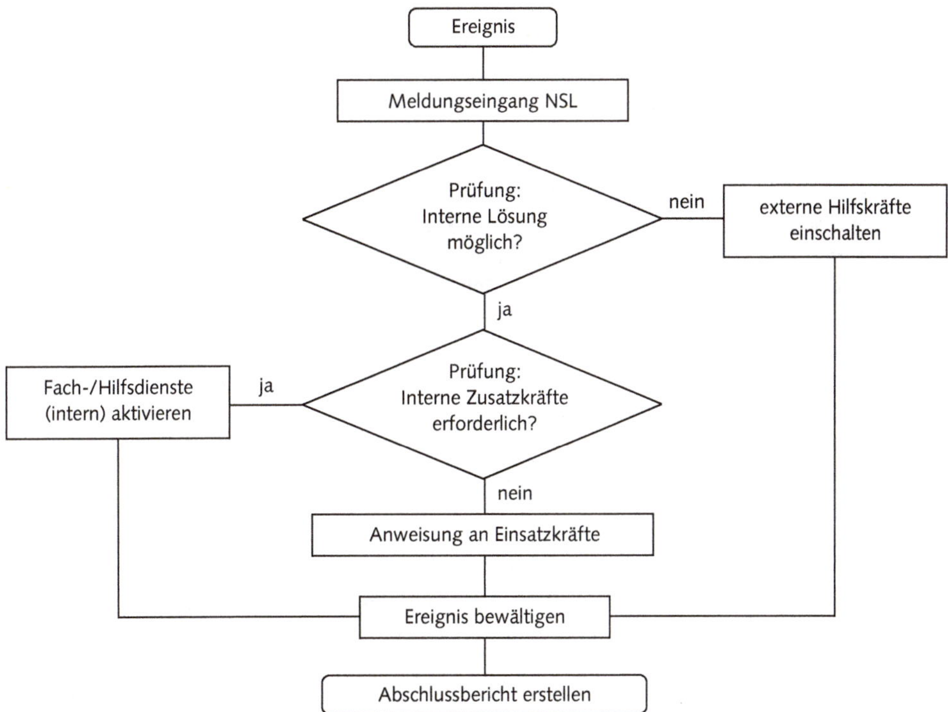

Abbildung 3: Alarmablaufplan (stark vereinfacht) [v. Holleuffer-Kypke].

Folgende Kernaufgaben fallen an (siehe vorhergehende Abbildung 3):

a) **Ereigniserfassung**, dazu gehören:
- Telefonische Notrufe (z. B. Aufzugsnotrufe, Hilfeersuchen),
- Meldungen von Einsatzkräften (z. B. Streifendienste),
- Ereignisfeststellung mittels Videoüberwachung (z. B. Übersteigen eines Zaunes),
- technische Ereignismeldungen (z. B. Alarmierungen durch Gefahrenmeldeanlagen oder Personensicherungssysteme bzw. bei Grenzwertüberschreitungen von technischen Anlagen),
- Entgegennahme von Drohanrufen (z. B. Bombendrohung, Androhung von Gewaltakten).

b) **Informationsbereitstellung**, dazu muss das Personal in den NSL:
- Aufgabenstellungen an Einsatz- und Hilfskräfte übermitteln (z. B. Aufgaben gemäß Notfallplan),
- über die Erreichbarkeit zu benachrichtigender Personen (z. B. Führungskräfte, Fachdienste) informieren bzw. diese alarmieren,
- Lagepläne (z. B. Übersicht der Anfahrtswege, Gebäudepläne) übergeben,
- externe Hilfsdienste (z. B. Polizei, Feuerwehr, Rettungsdienste) alarmieren und/oder einweisen,
- Bedienungsvorschriften für technische Anlagen (z. B. für Absperrschieber oder Löscheinrichtungen) und Hilfsmittel übermitteln/übergeben,
- Gefahreninformationen weitergegeben (z. B. örtliche Gefährdungspunkte, vorhandene Gefahrstoffe).

c) **Nachrichtenabwicklung**, hierfür müssen die Mitarbeiter der Leitstellen vor allem professionell kommunizieren. Als Gesprächspartner kommen in Betracht:
- Schutz- und Sicherheitskräfte im Einsatz (Einsatzkräfte),
- Rettungs- und Hilfskräfte (z. B. Feuerwehr),
- technische Fachdienste (z. B. Kräfte zur Störungssuche und -beseitigung),
- Personen in Not (z. B. bei Ausfall von Aufzügen),
- betroffene Personengruppen (z. B. bei Gebäuderäumungen oder Gefahrenwarnungen).
- Zum Thema „Kommunikation“ sowie zur „Zusammenarbeit mit anderen Kräften“ s. Kapitel 12 und 13.3.

d) **Dokumentation**, sie dient der Sicherung einer späteren Auswertung der Ereignisse bzw. Rückverfolgbarkeit bestimmter Vorgänge. In diesem Zusammenhang sind zu dokumentieren:
- Zeitangaben (Datum, Uhrzeit – genaueste Angaben),
- Art der jeweiligen Meldung (z. B. Notruf),
- Inhalt der jeweiligen Meldung („7-W“ beachten),
- Uhrzeit und Inhalt von Benachrichtigungen (z. B. an Einsatzkräfte),
- Zeitpunkt und Inhalt von Drohanrufen (möglichst mittels Tonträger),
- Bildaufzeichnungen von Ereignissen (z. B. Videoaufzeichnungen eines Einbruchs).

Als grundlegende organisatorische Hilfsmittel für die Bewältigung der o. g. Aufgaben finden Verwendung:

1. **Notfallpläne**
   - Definition der einzelnen Notfälle,
   - Einstufung der Notfälle (Priorität → Alarmstufen → Alarmart),
   - Notfallmaßnahmen (Handlungsabläufe).

2. **Alarmpläne**
   - Alarmierungspläne (wer, in welcher Reihenfolge?),
   - Alarmdateien/-karteien (Erreichbarkeiten, Rufnummern, Maßnahmepläne),
   - Alarmablaufpläne (was, wann, wie, womit, durch wen?).
3. **Formblätter/Vordrucke**
   - Ereignis-Dokumentation (auch Bild-/Tonaufzeichnungen),
   - Maßnahmen-Dokumentation (z. B. Alarmkalender).

Hinweis

Alle Alarm- und Notfalldokumente (Pläne, Karten, Dateien) sowie die Schlüssel/Keycards, die zur Ereignisbearbeitung an die Einsatzkräfte übergeben werden, müssen **gegen unbefugten Zugriff geschützt** werden. Dazu werden Wertbehältnisse (z. B. Panzerschränke), aber auch andere Zugriffssicherungen (z. B. Passwörter) verwendet.
Darüber hinaus sind sowohl die Vorschriften des BDSG und der Datenschutzgrundverordnung (DSGVO) z. B. über den Schutz personenbezogener Daten, als auch § 17 Abs. 3 BewachV über die Wahrung von Geschäfts- und Betriebsgeheimnissen Dritter, zu berücksichtigen.

Die Ereignismeldungen müssen geprüft und bewertet werden. Hierfür sind umfangreiche Kenntnisse erforderlich. Anderenfalls kann es zu Fehlentscheidungen (Veranlassen falscher/unzureichender Maßnahmen) kommen. Wird ein Notfallplan hingegen voreilig bearbeitet, können kostenaufwendige Abwehr- und Hilfsmaßnahmen die Folge sein – ohne dass dafür ein Erfordernis vorliegt. Aus diesem Grund werden durch die Leitstellen **Alarmvorprüfungen** durchgeführt bzw. veranlasst:

- Liegt ein „echtes“ Ereignis vor (Echtalarm/Fehlalarm)?
- Welche Wahrnehmungen sprechen für „Echtalarm“?
- Welche Erstmaßnahmen der Gefahrenabwehr/Schadensbegrenzung sind einzuleiten?
- Sind Notschalthandlungen (z. B. bei elektrischen Anlagen) erforderlich?
- Müssen Eingriffshandlungen (z. B. Verfolgung/Festnahme von Straftätern) veranlasst werden?
- Sind Ermittlungstätigkeiten (z. B. bei Sabotageversuchen an Gefahrenmeldeanlagen oder Einbruchsversuchen) durchzuführen?
- Wodurch wurde ein Fehlalarm verursacht?

Zur Rückverfolgung von Alarmen (**Alarmverfolgung**) kommen sogenannte **Interventionskräfte** (IK) zum Einsatz. Interventionskräfte sind in Bereitschaft befindliche Sicherheitskräfte, die nach einer Alarmierung innerhalb der vorgegebenen Interventionszeit am Ereignisort eintreffen sollten.

Für die überwachten Objekte muss jeweils ein Interventionsplan existieren, dessen Aktualität im Rahmen der Qualitätskontrolle zu gewährleisten ist (s. Kapitel 13.1.2.3). Nach **VdS 3138-1** (Punkt 2.1.21), sollen mindestens folgende Angaben im **Interventionsplan** enthalten sein:

- Name und Anschrift des Schutzobjektes,
- Anfahrweg,
- Gefährdungsgrad,
- schutzobjektspezifische Risiken bzw. Gefahrstellen,
- berechtigte Personen,
- Interventionsmaßnahmen.

Interventionsdienst

Der Interventionsdienst ist ein in Bereitschaft befindlicher mobiler Streifendienst, der nach dem Eingang einer Alarmmeldung im Auftrag der Zentrale eingesetzt wird, und die Alarmmeldungen zu verifizieren und gefahrenabwehrende oder schadensbegrenzende Maßnahmen einzuleiten hat.

Die Aufgaben (s. Kapitel 5.1.5) sind in der zuständigen Dienstanweisung beschrieben, wobei klare Vorgaben für erlaubte bzw. nicht erwünschte Sachverhalte zu machen sind. Die bearbeiteten Ereignisse sind in Berichten zu dokumentieren.

Beim Interventionsdienst müssen besonders folgende **Verhaltens- und Handlungsgrundsätze** beachtet werden:

a) Allgemeine Sicherheitshinweise

- Grundsatz: ein handlungsfähiger Zeuge ist wertvoller als ein „toter Held".
- Schnellstmöglich handeln (z. B. Einhaltung vorgegebener Interventionszeiten), aber nicht überhastet vorgehen.
- Risiken für die eigene Sicherheit stets abwägen.
- Rückzugs-/Fluchtmöglichkeiten immer offenhalten.

Beachte

Scheinbar „harmlose Anlässe" können auch Gewalt zur Folge haben.
Mit dem Eingreifen/Einmischen Dritter (Kumpane, Unbeteiligte) muss immer gerechnet werden.

b) Einsatzmittel

- Vollzähligkeit kontrollieren (sind alle Ausrüstungsstücke vorhanden? Fehlen Teile der Einsatzmittel?).
- Vorhandensein der erforderlichen persönlichen Schutzausrüstungen und Hilfsmittel (z. B. Warnweste, Handleuchte) prüfen.
- Einsatzbereitschaft feststellen (z. B. Ladezustand von Akkus – Funk, Handleuchte), Betankung des Einsatzfahrzeuges, Füllstand der Scheibenwaschanlage).
- Eingabe/Programmierung aller Rufnummern (z. B. Mobilfunk).
- Funktionsfähigkeit prüfen (z. B. Funk: Sprech- und Verständigungsprobe, Fahrzeug: Verkehrssicherheit, Beleuchtungsanlage).
- Sicherung gegen Verlust überprüfen (z. B. Befestigung der Waffe im Holster, Verschluss von Taschen, Sicherungskette eingehangen).

Hinweis

Diese Prüfungen sind vor **Dienstantritt**, ggf. wiederholt auch während des Dienstes durchzuführen.

c) Funkverbindung mit der Leitstelle

- Funkgerät stets mitführen.
- Kontakt zur Leitstelle aufrechterhalten.
- Vorgehen (jede Handlung) immer mit Leitstelle abstimmen.
- Ergebnisse der Handlungen (z. B. Kontrollfeststellungen) melden.
- Beobachtungen/Feststellungen/Verdacht unverzüglich melden.

d) Interventionsauftrag

- Aufgabenerhalt bestätigen (an Leitstelle).
- Uhrzeit (Erhalt und Bestätigung) dokumentieren.
- (Ggf.) Alarmanweisung, Objektkarte, Objektskizze, Objektschlüssel übernehmen.
- Interventionsobjekt anfahren (aufsuchen).

Hinweis

Witterungs- und Straßenverhältnisse berücksichtigen, StVO einhalten.

e) Annäherung an das Objekt

- Langsam an das Objekt heranfahren.
- Keine unnötigen Geräusche (z. B. Motordrehzahl, Türgeräusche) verursachen.
- Auf wegfahrende, entgegenkommende oder abgestellte Fahrzeuge achten (Details einprägen/festhalten: Ort, Zeit, Marke, Typ, Farbe, Kennzeichen, Fahrtrichtung, Insassen).
- Auf Personen achten: Details einprägen/festhalten: Ort, Zeit, Größe, Geschlecht, Gestalt (Statur), Nationalität, Alter, (falls erkennbar) Farbe von Haut, Haaren, Bart, Augen, Kopfform, Nase, Kinn.
- Fahrzeug verdeckt abstellen (z. B. entfernt, im Schatten).
- Einsatzmittel, Hilfsmittel an sich nehmen.
- Fahrzeug verschließen.
- Gedeckt (und geräuscharm) annähern.
- Umfeld- und Rundumbeobachtung durchführen.
- Allgemeine Sichtkontrolle (Außenkontrolle) durchführen.
- Alarmverifikation vornehmen.

Hinweise

Achten Sie auf **Schlüsselsicherheit**:

- Objektschlüssel sicher mitführen (z. B. Sicherungsschnur/-kette),
- Schlüssel nicht sichtbar im Einsatzfahrzeug lagern,
- Schlüssel im Einsatzfahrzeug zusätzlich in verschließbarer Kassette verwahren,
- Schlüssel so kennzeichnen, dass sie nur von Berechtigten einem bestimmten Objekt zugeordnet werden können,
- Schlüssel nie an unberechtigte Personen aushändigen,
- Schlüsselausgabe/-rücknahme stets dokumentieren.

f) Alarmverifizierung (Alarmverifikation)

- Unscharf-Schaltung mit Leitstelle abstimmen.
- Gebäude betreten (Grundsatz: sehen, hören, handeln).
- Alarmursache feststellen (z. B. unverriegeltes Fenster).
- Korrektur vornehmen (z. B. Verschlusszustand herstellen).
- „Alarm zurücksetzen“ (Meldezentrale).
- Feststellungen (ggf. auch Vorschläge zur Vermeidung von wiederholten Fehlalarmen) dokumentieren.
- Rückmeldung an Leitstelle (ggf. Abgabe Objektunterlagen/-schlüssel).

Hinweise

Falls sich ein/mehrere Täter im Raum/Gebäude aufhält/aufhalten:
- Räumlichkeit **nicht** betreten,
- Beobachtung aus sicherer Entfernung und gedeckt durchführen,
- Meldung an Leitstelle,
- weitere Maßnahmen abstimmen.

g) Personenkontakt
- Verhalten höflich und sachlich.
- Auftreten ruhig und bestimmt.
- Abstand einhalten (Faustregel: zweifache Armlänge).
- Nicht ablenken lassen.
- (Ggf.) Identität feststellen (Art und Weise des Griffs nach dem Ausweis beachten – Griff nach Waffe möglich).
- (Ggf.) Nachschau (Person, Sachen) durchführen (Sachen wegnehmen und aufbewahren).

h) Verdacht auf Straftaten
- Tatort (möglichst) weiträumig absperren.
- Keine Spuren vernichten (zur Tatortsicherung s. Kapitel 5.3.5).
- Verdächtigen nur die Schmalseite des Körpers zuwenden (aber nicht jene, an der die Einsatzmittel geführt werden).
- Festnahmen nur dann allein durchführen, wenn dies gefahrlos möglich ist.
- **Festnahmehandlung**:
  - Unauffällig annähern.
  - Person bestimmt ansprechen.
  - Aus Deckung (z. B. Schatten) heraus den Verdächtigen zu geeigneter Stelle (z. B. beleuchtet) dirigieren.
  - Gefahr durch Dirigieren (z. B. „Hände hoch, Beine auseinander!“) verringern.
  - (Ggf.) körperliche Gewalt bei Fluchtversuch androhen.
  - (Ggf.) Verdächtige mit Handleuchte blenden (Achtung: Leuchte kann ein Ziel sein – also weg vom Körper).
  - (Ggf.) Hilfsmittel anwenden (z. B. Festhaltegriff, Handfessel).
  - Hilfskräfte (z. B. Polizei) erwarten.
  - Gegenüber Hilfskräften erkennbar machen, auf Verlangen sich ausweisen.
  - Hilfskräfte einweisen/informieren, (wenn zumutbar) unterstützen.
  - Alleinige Handlungsvollmacht der Hilfskräfte beachten.
  - Name des Einsatzleiters (Polizei, Feuerwehr) sowie Tagebuchnummer des Einsatzes erfragen und notieren.
  - Schutzmaßnahmen zur Wiederherstellung der Objektsicherheit (gemeinsam mit dem Objektbesitzer/Auftraggeber) durchführen.

i) Hilfeleistung
- Erste Hilfe nur durchführen, wenn dies ohne Eigengefährdung möglich ist.
- Ruhe bewahren und nach dem Grundsatz verfahren: Erkennen – Überlegen – Entscheiden – Handeln.
- Unfallstelle sichern, Hilfe herbeirufen.

- Zusätzliche Schädigung durch Hilfeleistung vermeiden.
- Verletzte (möglichst) nicht allein lassen.
- Stabile Seitenlage herstellen.
- (Ggf.) Herz-Lunge-Wiederbelebung durchführen.
- Verletzungen versorgen.
- „Übergabe" an Hilfsdienste vorbereiten.

Zur Kontrolle von Objekten sowie zur Eigensicherung s. Kapitel 5.2.1 und 5.4.

5.2.2.5 Betrieblicher Verkehrsdienst

Der **betriebliche Verkehrsdienst** (auch nur Verkehrsdienst) ist ein stationärer aber auch mobiler Dienst im Hausrechtsbereich. Er dient der Zustandskontrolle der Verkehrswege und ihrer Ausschilderung bzw. Kennzeichnung. Er überwacht und regelt den ruhenden und fließenden Personen- und Fahrzeugverkehr. Er kann auch für die Aufnahme und Dokumentation von Verkehrsunfällen zuständig sein.

Die Aufgaben (s. Kapitel 5.1.5) sind in der zuständigen Dienstanweisung beschrieben, wobei klare Vorgaben für erlaubte bzw. nicht erwünschte Sachverhalte zu machen sind. Die bearbeiteten Sachverhalte sind in Berichten zu dokumentieren.

Eine **Hauptaufgabe** des Verkehrsdienstes ist die **Regelung** und Überwachung der **innerbetrieblichen Verkehrsströme**, d. h.:

- Verkehrssicherung – Vermeidung von Gefahren für Verkehrsteilnehmer,
- Verkehrsüberwachung – Maßnahmen zur Gewährleistung der Verkehrssicherheit,
- Verkehrsregelung – Maßnahmen für fließenden, arbeitenden und ruhenden Verkehr,
- Verkehrsunfallbearbeitung – Absicherung von Unfallstellen sowie Aufnahme und Dokumentation von Unfällen.

Über eine Hausordnung, Betriebsordnung, Arbeitsordnung, Betriebsvereinbarungen, Dienst- und Betriebsanweisungen sowie auf dem Besucherschein ist in vielen Betrieben die sinngemäße **Anwendung der StVO** auf Betriebsflächen als verbindlich erklärt. Jeder Verkehrsteilnehmer hat sich damit im Unternehmen so zu verhalten wie im öffentlichen Verkehrsraum. Jedoch sind die Zulassungspflicht für Kraftfahrzeuge und die Fahrerlaubnispflicht für Fahrzeugführer nur bedingt mit den Mitteln des Straßenverkehrsrechts durchsetzbar. Fahren ohne Fahrerlaubnis, unerlaubtes Entfernen vom Unfallort, gefährliche Eingriffe in den Straßenverkehr oder Trunkenheit im Verkehr können allerdings mit arbeitsrechtlichen Mitteln geahndet werden. Sind auf Grund solchen Fehlverhaltens Straftatbestände erfüllt, gelten die Bestimmungen des StGB.

Auf einem Grundstück hat der Hausherr die **Verkehrssicherungspflicht**. Macht es das Grundstück für den Verkehr zugänglich, muss er diese Fläche in gefahrlosem Zustand halten, d.h., Verkehrsflächen (z.B. Straßen, Parkplätze) und Verkehrsanlagen und -einrichtungen (z.B. Ampelanlagen, Absperrschranken) müssen überprüft und instand gehalten werden. Daraus ergeben sich eine Handlungs- und Meldepflicht der Sicherheitskräfte (z.B. Absperrung, Information). Durch Kontrolle und Überwachung ist ein Beitrag zur Aufrechterhaltung von Ordnung und Sicherheit zu gewährleisten.

Die Zuständigkeiten von Sicherheitskräften sind in der Regel auf „private- und tatsächlich-öffentliche Verkehrsflächen" beschränkt (weitere Erläuterungen zu den Verkehrsflächen s. Kapitel 5.2.8).

Aufgaben des Verkehrsdienstes

Folgende Aufgaben im **Verkehrsdienst** sind – je nach Dienstanweisung – zu erfüllen:
- Aufnahme und Bearbeitung von Sachschäden am ruhenden Verkehr,
- Aufnahme und Bearbeitung von Verkehrsunfällen im Betrieb,
- Kontrolle der auf werkseigenen Parkplätzen abgestellten Fahrzeuge,
- Kontrolle der Fahrzeuge auf verkehrssicheren Zustand (auch der Ladung),
- Sicherung der Unfallstelle, Erste-Hilfe-Leistung,
- Sicherungs- und Abhilfemaßnahmen (z. B. Absicherung gefährlicher Verkehrsflächen, Information an Bau- oder Instandsetzungsabteilung),
- Überprüfung von Verkehrsflächen und -zeichen (z. B. auf Beschädigungen, sichere Nutzung, Erkennbarkeit),
- Überwachung der Einhaltung allgemeiner Verkehrsregeln (wie Geschwindigkeit, Überholen, Vorfahrt, Nebeneinanderfahren, Abbiegen, Wenden, Rückwärtsfahren, Einfahren, Halten und Parken),
- Umleitung des Verkehrs (z. B. bei gesperrten Straßen),
- Verkehrsregelung bei blockierten Straßen (z. B. Unfall, Demo etc.).

Für die Wahrnehmung von Aufgaben der Verkehrsregelung wird eine entsprechende **Ausrüstung** benötigt. Dazu gehören:
- Absperrmaterial („Lübecker Hüte", Trassierband),
- Anhaltestab und Handleuchten,
- Blink- und Warnleuchten,
- Digitalkamera,
- Handfunkgerät, ggf. Mobiltelefon,
- Handlautsprecher (Megafon),
- Warnweste und Ärmelstulpen, Schutzhelm (Eigensicherung),
- Werkzeug und Unfallaufnahmegerät.

Zur Absicherung von Arbeitsstellen im betrieblichen Verkehrsbereich und zur vorübergehenden Sperrung von Verkehrsflächen werden **Verkehrseinrichtungen** genutzt. Regelungen durch Verkehrseinrichtungen gehen allgemeinen Verkehrsregeln vor.

Zu den Verkehrseinrichtungen zählen Schranken, Sperrpfosten, Parkuhren, Parkscheinautomaten, Geländer, Absperrgeräte, Leiteinrichtungen sowie Blinklicht- und Lichtzeichenanlagen.

Die betriebliche **Verkehrsregelung** erfolgt durch Aufstellung von:
- Gefahrzeichen (vor Gefahrstellen, z. B. verengte Fahrbahn),
- Vorschriftzeichen (Gebote und Verbote),
- Richtzeichen (Hinweise z. B. auf abknickende Vorfahrt, Fußgängerüberweg),
- Zusatzschilder (ergänzende Verkehrszeichen, z. B. Entfernungsangaben),
- Handsignale (z. B. Zeichen mittels Anhaltestab),
- andere Anordnungen (z. B. Lichtzeichenregelung, Winken, Zuruf).

Beachte

Schutz- und Sicherheitskräfte sollten die allgemein gebräuchlichen (Straßenverkehrs-)Zeichen verwenden. Die Zeichengebung muss **unmissverständlich** sein, vgl. Kapitel 9.3.4.

Wesentliche Voraussetzung für das Aufrechterhalten von Sicherheit und Ordnung ist das Vorhandensein einer **Parkordnung** (siehe Tabelle 2). Diese muss Benutzungsberechtigungen festlegen. Außerdem sollte sie Regelungen beinhalten zur:

- Einrichtung von Mitarbeiter-, Besucher-, Fremdfirmenmitarbeiterparkplätzen,
- Ausgabe von Parkbescheinigungen oder Parkplaketten (Zuteilung von Betriebsparkplätzen durch Betriebsleitung),
- Bestreifung und Kontrollen auf Betriebsparkplätzen (Betriebsvereinbarung),
- Gültigkeit und Einhaltung Straßenverkehrsordnung,
- Verkehrssicherungspflicht, Haftung,
- Information von Geschädigten, Polizei,
- Registrierung und Dokumentation der Parkberechtigung (Listen der Fahrzeuginhaber),
- Überwachung/Bewachung von V. I.P.-Parkplätzen (fremde und eigene V. I.P.),
- Unfall- und Schadensmeldung durch Geschädigte oder Verursacher,
- Zuständigkeit bei Unfall-/Schadensaufnahmen auf Betriebsparkplätzen,
- Verkehrssicherungspflicht.

Alle Parkflächen müssen unverwechselbar benannt und die Parkplätze nummeriert oder gekennzeichnet sein; danach erfolgt die Zuteilung für die vorgesehenen Personengruppen.

Dadurch kann auch im Schadensfall die genaue Feststellung des Schadensortes und des Halters erfolgen. Mitarbeiter erhalten eine Parkplakette, die auf der Innenseite des Fahrzeuges anzubringen ist.

Hinweis

Die ordnungsgemäße Nutzung der Parkflächen durch die berechtigten und eingeteilten Personenkreise ist durch das Sicherheitspersonal zu überwachen. Unberechtigte müssen ermittelt und vom Parkplatz verwiesen werden.

Parkordnung
Die Benutzung der Parkplätze durch Einparkende erfolgt auf eigene Gefahr (Haftungsausschluss).
Das Einparken hat genau in den Stellplatzmarkierungen zu erfolgen.
Es gilt die StVO und eine Geschwindigkeitsbegrenzung von max. 10 km/h. Halteverbote sind strikt einzuhalten (z. B. Hydranten, Feuerwehrzufahrten).
Schadensfälle sind unverzüglich zu melden (z. B. am Tor 1, Tel.: 22 44).
Das Vorfahren und Halten vor Hauptzugängen, Anlieferbereichen ist nicht gestattet.
Wiederholtes Falschparken und/oder Behinderungen (z. B. auch das Halten/Parken in den Fahrwegen) können mit Zufahrtverbot geahndet werden.

Tabelle 2: Beispiel einer Parkordnung.

Für die Benachrichtigungen der Halter (z. B. bei Vorfällen) oder Kontrollen der Berechtigung sind **Parkberechtigungslisten** erforderlich. Diese müssen aktuell gehalten werden.

Hinweis

Parkflächen in unmittelbarer Nähe der Außengrenzen des Betriebsgeländes (außerhalb der Einfriedigung) sind ebenfalls zu überwachen, da hier auch betriebsfremde Personen unbefugt einparken könnten.

Verkehrsunfallaufnahme/Schadensbearbeitung

Eine wichtige Aufgabe des betrieblichen Verkehrsdienstes besteht in der **Verkehrsunfallaufnahme** und **Schadensbearbeitung** (siehe Abbildung 4).

Der **Verkehrsunfall** ist ein durch den Straßenverkehr (z. B. auf Werkstraßen) verursachtes plötzliches Ereignis mit schädigender Wirkung auf Menschen und Sachen. Zweck der Unfall- oder Schadensaufnahme ist es, Vorgänge zu klären, Tatsachen aufzuzeigen, Beweise zu sichern und für die Schadensregulierung erforderliche Unterlagen zu erstellen.

Regelmäßig sind Sicherheitskräfte zuständig, Unfälle und Schäden im Betrieb (nichtöffentlicher Verkehrsraum) aufzunehmen und für Absicherung des Ereignisortes (Anspruchssicherung) zu sorgen. Die Einschaltung der Polizei (z. B. bei Personenschäden) oder deren Hinzuziehung (z. B. auf Besucherwunsch) muss geregelt sein (Dienstanweisung). Schwere Unfälle und Schäden (z. B. Todesfolge, Verletzungen) sind je nach Zuständigkeit an Berufsgenossenschaft, Gewerbeaufsicht, Bergamt, Polizei zu melden.

Ist im Objekt kein separater Ermittlungsdienst vorhanden, so ist der Verkehrsdienst oft auch für diese Tätigkeiten zuständig.

Hinweis

Meldepflichten des Unternehmers werden in der Regel durch eigenständige Organisationseinheiten wahrgenommen und Melde- und Anzeigepflichten in einer Betriebsanweisung geregelt.

Zur sachgerechten Sicherung von Unfall- und Schadensstellen und Aufnahme von Ursachen und Schäden muss entsprechende Ausrüstung (auch für Gefahrguttransporte) vorhanden sein und nach den **„10 Geboten für die Unfallaufnahme“** vorgegangen werden:

1. **Sichern der Unfallstelle**
   - Verhinderung weiterer Schäden an Menschen und Sachen.
   - Unfallstelle absichern, um Gefährdungen anderer Verkehrsteilnehmer auszuschließen (Hilfsmittel verwenden, z. B. Streifenwagen, Warndreieck/-blinklicht/-leuchten, Absperrband, Absperrschranken/-baken, fahrbare Absperrtafeln, Scherengitter, Leitkegel/-pfosten).
   - Hilfsmittel zur Eigensicherung benutzen (z. B. reflektierende Warnweste und Ärmelstulpen, beleuchtete Haltekelle).
   - Ggf. Information an Polizei und Feuerwehr (z. B. bei Gefahrgutunfällen).
2. **Versorgung der Verletzten**
   - Retten von Verletzten, Erste-Hilfe-Leistung.
   - Mit internen Notrufen nach Alarm- oder Notfallplänen zuständige Stellen alarmieren.

Meldung über einen Verkehrsunfall

Wann und wo ereignete sich der Unfall?	①Datum	②Uhrzeit	③Straße, Nr.	④PLZ, Ort

1. beteiligtes Fahrzeug

Fahrzeugdaten	Fahrzeugart	Hersteller des Fahrgestells	Amtl. Kennzeichen
Fahrer	Name, Vorname		Geb.-Datum
	Straße	PLZ, Ort	
	beschäftigt bei		als
Führerschein	Klasse(n)	Aushändigungsdatum	ausstellende Behörde:
Halter	Name, Vorname	Tel.:	Geb.-Datum
	Straße	PLZ, Ort	
Versicherung	Versicherungsgesellschaft		Versicherungsschein-Nr.
	Straße	PLZ, Ort	
Sachschaden			
Personenschaden (weitere siehe Rückseite)	Name, Vorname, Anschrift		
	Art der Verletzung	War der Sicherheitsgurt angelegt? ☐ ja ☐ nein	

2. beteiligtes Fahrzeug

Fahrzeugdaten	Fahrzeugart	Hersteller des Fahrgestells	Amtl. Kennzeichen
Fahrer	Name, Vorname		Geb.-Datum
	Straße	PLZ, Ort	
	beschäftigt bei		als
Führerschein	Klasse(n)	Aushändigungsdatum	ausstellende Behörde:
Halter	Name, Vorname	Tel.:	Geb.-Datum
	Straße	PLZ, Ort	
Versicherung	Versicherungsgesellschaft		Versicherungsschein-Nr.
	Straße	PLZ, Ort	
Sachschaden			
Personenschaden (weitere siehe Rückseite)	Name, Vorname, Anschrift		
	Art der Verletzung	War der Sicherheitsgurt angelegt? ☐ ja ☐ nein	

Witterungsverhältnisse	**Straßenverhältnisse**

Zeuge(n) (weitere siehe Rückseite)	Name, Vorname, Anschrift	
Polizeiaufnahme ☐ ja ☐ nein	aufnehmende Dienststelle	
	Gebührenpflichtige Verwarnung ☐ ja ☐ nein	wenn ja, wer wurde verwarnt?

Abbildung 4: Meldung über einen Verkehrsunfall [Allg. Vordruck der Versicherungsträger].

Unfallhergang

Verteiler:

Anlagen:

, den

(Unterschrift)

Abbildung 4: (Fortsetzung).

3. **Standort der Fahrzeuge markieren**
   - Standort wird mit Ölkreide (wasserfest) nach den „Außenkanten“ der Karosserie und ggf. zusätzlich nach den Radständen aller unfallbeteiligten Fahrzeuge markiert.
4. **Zeugen feststellen und befragen**
   - Zeugen umgehend feststellen, da sie als Unbeteiligte oftmals den Unfallort vorzeitig verlassen (Befragung hat objektiv, vorurteilsfrei und sachlich zu erfolgen).
   - Zeugen stets getrennt, abseits vom Unfallgeschehen befragen, Augenzeugen von „Knallzeugen“ unterscheiden, gegenseitige Beeinflussung vermeiden.
   - Feststellung umfasst, was am Unfallort gesehen, angetroffen, erfragt wird (keine Stellungnahme zur Unfallursache oder Schuldfrage).
5. **Befragung der Unfallbeteiligten**
   - Getrennte Befragung (weil unterschiedliche „Sichtverhältnisse“).
   - Datenaustausch der Unfallbeteiligten über Personalien, Fahrzeug, Art der Beteiligung am Unfall ermöglichen.
   - **Insbesondere** notieren:
     - amtliches Kennzeichen der beteiligten Fahrzeuge,
     - Namen und Anschrift der beteiligten Fahrer/Halter,
     - ggf. Führerschein und Zulassungsbescheinigung Teil I/Fahrzeugschein vorzeigen lassen,
     - Versicherung und Versicherungsscheinnummer,
     - Fabrikat, Wagentyp, Tag der ersten Zulassung (Baujahr),
     - Zeitpunkt des Unfalles/Schadens,
     - Witterungsverhältnisse und Straßenzustand,
     - Beschilderung und ggf. gefahrene Geschwindigkeit.
6. **Feststellung von sichtbaren Sachschäden**
   - Genaue Beschreibung und Darstellung – keine Schadenssumme nennen (nur durch Fachwerkstatt oder in sonstigen Schadensfällen, z. B. durch betriebliche Fachleute).
7. **Fertigen von Fotos**
   - Fotografische Unfallaufnahmen sind Entscheidungsgrundlage und müssen ein reales Bild des Geschehenen abbilden (Beweis, zeigen Sachverhalt auf).
   - Zunächst: Panoramaaufnahmen aus mehreren Richtungen fertigen (Straßenverlauf, Beschilderung usw. mit einbeziehen).
   - Weitere Aufnahmen:
     - vom Stand der Fahrzeuge und deren amtlichen Kennzeichen,
     - von Verletzten (bzw. deren markierter Lage),
     - von Anstoßstellen und herumliegenden Fahrzeugteilen,
     - von Brems- und Schleuderspuren,
     - von sichtbaren Fahrzeugspuren,
     - von beschädigten Betriebseinrichtungen.
8. **Anfertigung einer Handskizze/Unfallskizze**
   - Am Unfallort „Handskizze“ mit genauen Maßen und Daten fertigen.
   - Vorgehen nach dem sog. Dreieckmessverfahren (s. u.).
   - In die Unfallskizze sind später einzuzeichnen (handelsübliche Verkehrsunfallschablone verwenden):

- Verlauf der Straße (z. B. Straßeneinmündungen, Kreuzungen),
- Verkehrseinrichtungen (z. B. Ampeln, Verkehrsschilder),
- Festpunkte als „Vermessungspunkte" (z. B. Gebäude, Verkehrsinseln, Begrenzungssteine, Abflussgullys),
- Standorte der Unfallfahrzeuge (genaue Lage – Entfernungen von den Fahrzeugen/Markierungen zu den Festpunkten),
- Lage von Verletzten nach dem Unfall,
- Länge von Brems- und Schleuderspuren,
- Straßenbezeichnung und Angabe der Straßenbreite,
- Kennzeichen der Fahrzeuge,
- Fahrtrichtung der Fahrzeuge,
- Nordrichtungspfeil.

Das **Dreieckmessverfahren** (siehe Abbildung 5) ist ein einfaches und zugleich praktisches Verfahren:

- Man wählt im Bereich der Unfallstelle mindestens zwei Festpunkte (FP) aus und vermisst deren Abstand zueinander (z. B. FP 1 – Abflussgully; FP 2 – Hydrant oder FP 1 – Verkehrsinsel; FP 2 – Hauskante).
- Von diesen Festpunkten aus werden nun alle wichtigen Punkte – jeweils von FP 1 und FP 2 aus – eingemessen (z. B. zur Standortmarkierung des ersten Unfallfahrzeuges von FP 1 zum Kfz vorn rechts, dann von FP 2 nach hinten rechts usw.).
- Einzumessen sind auch alle in der Skizze wichtigen Punkte wie herumliegende Fahrzeugteile, Bremsspuren, Straßenverlauf, Verkehrseinrichtungen usw.
- Diese Mess-Daten ermöglichen es, eine genaue Unfallskizze zu fertigen, indem man die beiden Festpunkte einträgt und von diesen aus mit einem Stech-Zirkel den dritten Punkt bestimmt (z. B. genaue Lage der Standortmarkierung in der Skizze). Dabei ist es wichtig, dass der Maßstab eingehalten wird.

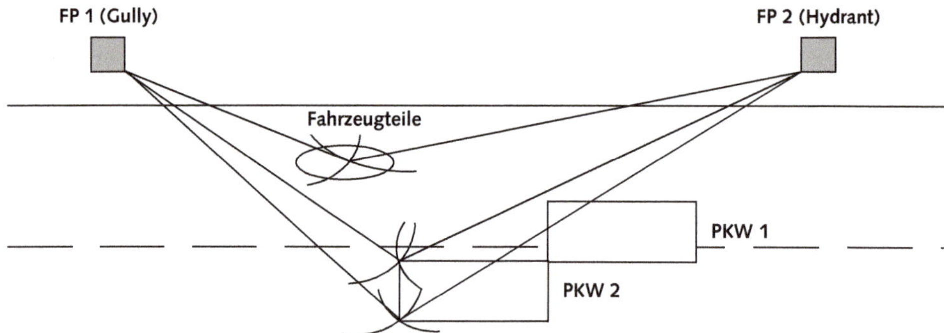

Abbildung 5: Dreieckmessverfahren [v. Holleuffer-Kypke].

9. Unfallstelle räumen
- Nach Erledigung aller erforderlichen Maßnahmen (z.B. Absprache mit zuständigen betrieblichen Stellen oder Polizei, Feuerwehr) kann die Unfallstelle geräumt, gesäubert und freigegeben werden.

10. Verkehrsunfallbericht/-meldung
- Verkehrsunfallbericht und Unfallskizze dienen Versicherungen, Sachverständigen, Unfallbeteiligten und ggf. Gerichten als Grundlage zur Bewertung des Unfallgeschehens und müssen deshalb objektiv und umfassend sein.
- Unfallmeldung erfolgt nach Vordruck (alle gestellten Fragen beantworten).
- Schadensaufnahme: Vordrucke der Versicherungsträger verwenden (sonstige Fälle – Vordruck „Meldung/Bericht").

Hinweis

Der Unfallaufnahme gleichzusetzen ist die Aufnahme von Schäden, z.B. an parkenden Fahrzeugen durch unbekannte Personen oder Fahrzeuge. Die Ermittlung der Sachverhalte soll helfen, Hinweise auf unbekannte Verursacher zu finden.

5.2.2.6 Schließwesen (Schließdienst)

Das **Schließwesen** (Schließdienst) ist ein stationärer aber auch mobiler Dienst im Hausrechtsbereich. Zu den Aufgaben gehören zum einen Organisation und Durchführung der Beschließung von Türen und Toren, zum anderen die Verwaltung der Schlüssel und eventuell auch Fundsachen.

Die Aufgaben (s. Kapitel 5.1.5) sind in der zuständigen Dienstanweisung beschrieben, wobei klare Vorgaben für erlaubte bzw. nicht erwünschte Sachverhalte zu machen sind. Wird bei der Ausführung ein Mangel oder ein sicherheits- bzw. sicherungsrelevanter Zustand erkannt, ist dieser mittels einer Meldung zu dokumentieren.

Das Schließwesen hat also die Aufgabe, den Zugang von Berechtigten zu sichern und den unberechtigten Zugang zu Gebäuden und Räumen zu verhindern, um Angriffe auf Personen und Sachen zu erschweren. Daraus ergeben sich für Sicherheitskräfte **Tätigkeiten** wie:
- Aufbewahrung von Schlüsseln in sicheren Behältnissen (Ausschluss fremden Zugriffs),
- Ausgabe von Schlüsseln nach Festlegung (Berechtigte für vorgesehene Bereiche),
- Durchführung von Verschlusskontrollen,
- Wahrnehmung von Verschlussaufgaben,
- Überprüfung der Schlüsselbenutzung,
- Verhinderung der unberechtigten Mitnahme von Schlüsseln.

Hinweis

Die heutigen Schließsysteme können mechanisch, aber auch elektronisch in ihrem funktionalen Aufbau sein. Die wesentlichen technischen Voraussetzungen der Schließanlage müssen von den Sicherheitskräften beherrscht und zweckentsprechend gehandhabt werden. Informationen hierzu s. Kapitel 9.1.

Das wesentliche Element der Verwaltung im Schließwesen ist der **Schließplan.** Er zeigt die gesamte Organisation der Schließanlage auf:

- Schlüssel, Zylinder, Anzahl, Schließungen, Schließgruppen u. a. m.,
- Gleichschließungen (Einzelschlüssel schließt gleiche Zylinder unterschiedlicher Schließbereiche, z. B. alle Waschräume),
- Schlüssel und Schlüsselnummern passend zu Räumen und Raumnummern,
- Zusammengehörigkeit von Schließzylindern (z. B. Hauptgruppen).

Ein Schlüsselverlust ist meldepflichtig. Defekte Schlüssel sind zu vernichten (nicht einfach wegwerfen; Vernichtung protokollieren).

Bei kontrolliertem Einsatz einer **Schließanlage** wird erreicht, dass ein ausschließlich aufgabenbezogener Zugang (**Schließkompetenz**) zu Gebäuden u. Ä. gewährt ist (d. h. jeder kann nur die für seine Aufgabenwahrnehmung erforderlichen Bereiche schließen/betreten). Die Art der einzusetzenden Schließanlage richtet sich nach dem Umfang der zu schließenden Bereiche, der Anzahl der benötigten Zylinder und Schlüssel sowie der Einteilung und Abgrenzung der unterschiedlichen Schließbereiche.

Die **Schließanlagenverwaltung** umfasst vor allem:

- Führung des Schließplanes (z. B. Registrierung aller Veränderungen),
- Schlüsselausgabe und Führen der Schlüsselkartei,
- Bestandskontrolle und Prüfung des vorgesehenen Schlüsselbesitzes,
- Verwahrung des Sicherungsscheines (Sicherungskarte),
- Bearbeitung und Registrierung von Schlüsselverlusten,
- Bestellung von Schlüsseln und Zylindern,
- Zylinderausgabe zum Austausch.

Liegt die Schließanlagenverwaltung (wird in der Regel über Software realisiert) beim Sicherheitsdienst, muss **ein** sachkundiger **Mitarbeiter** zuständig und verantwortlich sein. Nur dieser Beauftragte oder sein ermächtigter Vertreter darf Bestellungen durchführen, defekte Schlüssel ersetzen und vernichten, neue Schlüssel ausgeben, Vorgangsregistrierungen im Schließplan vornehmen und Bestands- und Verbleibsprüfungen (Schlüsselinventuren) durchführen.

Reserveschlüssel müssen geordnet in Schlüsselschränken untergebracht werden. Zugriff durch Unbefugte ist z. B. durch ständigen Verschluss zu verhindern. Das gilt auch für einzelne Tordienststellen, an denen Schlüssel gegen Quittung im Schlüsselbuch aus- und zurückgegeben werden müssen.

Hinweis

Die **geordnete** „Unterbringung" ist eine wichtige Grundlage einer funktionsfähigen Schlüsselverwaltung. Dabei kommen in Betracht:

- Aufhängen der Schlüssel (pro Schlüssel ein Haken),
- farbliche Unterscheidung der Schlüsselanhänger (z. B. nach Schlüsselgruppen sortiert),
- Kennzeichnung der Schlüssel (z. B. Gebäude, Raum-Nr.),
- Kennzeichnung des Aufbewahrungsortes (z. B. welcher Haken für welchen Schlüssel),
- Erstellung und permanente Aktualisierung eines Schlüsselverzeichnisses einschließlich der **Empfangsberechtigungen**.

Der Empfänger eines Schlüssels darf, vom Grundsatz her, immer nur der berechtigte Nutzer sein. Daraus ergeben sich für Sicherheitskräfte bestimmte **Pflichten**:

- Ausgabe nur an festgelegte Berechtigte,
- besondere Sorgfalt bei übergeordneten Schlüsseln (GHS, HGS, GS),
- Eintragung der Ausgabe im Schlüsselbuch mit Name, Abteilung, Datum/Uhrzeit, ggf. Grund, Unterschrift des Empfängers (später Rückgabe analog),
- Prüfvermerke ins Dienstbuch eintragen,
- Schlüsselschrank stets verschlossen halten,
- Übergabe der verwahrten Schlüssel bei Schichtübergabe,
- Verluste sofort melden und genaue Nachprüfung veranlassen,
- Vollzähligkeitsprüfung in kurzen Zeitabständen (Bestandsnachweis) durchführen.

Für einen Schließdienst bedarf es einer **Schlüsselordnung**. Diese muss über folgende Regelungen Auskunft geben:

- Aufbewahrung und Mitnahme von Schlüsseln,
- Ausgabe von Reserveschlüsseln,
- Schließ- und Schlüsselplan,
- Schlüsselaus- und -rückgabe,
- Schlüsselausgabe für Reparaturen,
- Schlüsselausgabe für Sonderbereiche,
- Schlüsselbenutzung durch das Sicherheitspersonal,
- Schlüsselverlust und Ersatz,
- Verwaltung, Zuständigkeit, PC-Programm.

Die **Schlüsselbenutzung durch Sicherheitskräfte** bezieht sich oft auf GHS und HGS. Diese werden einzeln in „Sicherheitsboxen“ verwahrt. Werden derartige Schlüssel nur in Ausnahmefällen (Notfall, Störungen) benutzt, muss die Eintragung in der Schlüsselliste/im Schlüsselbuch sowie die anschließende „Verplombung“ der übergeordneten Schlüssel (nach Gebrauch) erfolgen.

Hinweis

Übergeordnete Schlüssel sind besonders gut gegen Verlust zu schützen. Dazu gehören der gesicherte Transport (z. B. Sicherungskette) und die Dokumentation der Übergabe.

Ein Schließ- und Schlüsselplan wird z. B. für **Generalhauptschlüssel-Anlagen** erstellt. Aus ihm gehen die Gliederung der Schließanlage, aber auch die Schlüsselanforderungen hervor. Alle Schlüssel und Zylinder werden nach Art, Anzahl, Schließung, Bezeichnung und Zuordnung zu Schließgruppen und Bereichen im Schließplan zusammengefasst. Der Schließplan beinhaltet die gesamte Organisation der Schließanlage z. B.:

- Gleichschließungen,
- Gruppenzugehörigkeit,
- Räume und Raumnummern,
- Schließbereiche,
- Schließungen je Schlüssel,
- Schlüssel und -nummern,
- Typen, Größen, Längen,
- Zylinder mit Nummern.

Der Schließplan lässt die Zuteilung des Schließbereiches (z. B. Werk, Raum) zur Schließgruppe (z. B. Gruppenschlüssel) und deren Zusammengehörigkeit (z. B. Hauptgruppe) erkennen. Bei Gleichschließung schließt ein Einzelschlüssel mehrere gleiche Zylinder in gleichartigen Räumen unterschiedlicher Schließbereiche (z. B. alle Waschräume).

Hinweis

Defekte Schlüssel sind zu vernichten und zu ergänzen. Die defekten Schlüssel(-teile) sind dabei **unkenntlich** und **unbrauchbar** zu machen; sie gehören nicht in den Papierkorb!
Über den Austausch oder die Vernichtung ist ein Aktenvermerk zu den Akten zu nehmen.

Bei der **Schlüsselaus- und -rückgabe** sind zwei Schwerpunktaufgaben zu erfüllen:

- Ausgabe nur an berechtigte Personen,
- Sichern der Vollzähligkeit der Schlüssel.

Die **Berechtigung** ergibt sich z. B. aus der Zuordnung gemäß Schließplan und Schlüsselliste, der Zuständigkeit für Funktionsräume (z. B. Elektriker), der Verantwortlichkeit (z. B. Hauptbuchhalter für den Kassenraum) oder einem sonst nachgewiesenen Schlüsselbedarf (z. B. Fremdfirma hat Reparaturauftrag für Heizkörper in Zimmer 207).

Die ordnungsgemäße Dokumentation der Ausgabe (Schlüssel, Name des Empfängers, Zeit der Ausgabe, Unterschrift des Empfängers) sowie die korrekte Rückgabe (Eintragung der Rücknahmezeit, Prüfung der Anzahl – z. B. bei mehreren Schlüsseln, Unterschrift des Rücknehmenden) helfen, die **Vollzähligkeit** zu sichern.

Die **Ausgabe von Reserveschlüsseln und Schlüsseln für Sonderbereiche** erfordert gewissenhaftes Handeln. Neben der Aufbewahrung in Schlüsselschränken darf Ausgabe nur in Ausnahme- und Notfällen (z. B. Verlust, Feuer, Wasser) erfolgen. Ausgaberegistrierung, Rückgabeüberwachung und -registrierung sollten selbstverständlich sein.

Die **Mitnahme von Schlüsseln** ist grundsätzlich nicht zulässig. Alle Schlüssel sollten im Betrieb verbleiben. Wichtig dabei ist die geordnete Aufbewahrung in Schlüsselschränken.

Schlüsselverlust ist meldepflichtig. Die Meldung hat schriftlich zu erfolgen. Bei Fremdfirmen, ggf. auch bei Mitarbeitern, sind weitere Prüfungen zwecks Schadenersatzleistungen gemäß Vertragsbedingungen erforderlich.

5.2.2.7 Sicherheits- und Ordnungsdienst im ÖPV

Sicherungs- und Kontrolldienst im ÖPV ist ein vielschichtiger mobiler Dienst im öffentlichen Verkehrsraum und im Hausrechtsbereich des ÖPV. Zu den **Aufgaben** gehören die Kontrolle und Durchsetzung der Beförderungsbestimmungen, aber auch Serviceleistungen wie Auskunft und Informationen geben und ergreifen von Maßnahmen zum Schutze von Fahrgästen oder Fahrpersonal und deren Sachen. Hauptsächlich erstreckt er sich auf den **Personennahverkehr** (Busverkehr und Bahnen, etwa U-, S- und Straßenbahnen), kann aber auch den Bereich **Flugverkehr**, **Schiffsverkehr**, **Bahnverkehr** umfassen. Während im Luftfahrtbereich und Schiffsverkehr von den Sicherheitskräften erfolgreiche Abschlüsse in speziellen Ausbildungsgänge (z. B. zum Luftsicherheitsassistenten) gefordert werden, gibt es im Busverkehr vergleichsweise weniger hohe Sicherungsanforderungen.

Die Aufgaben (s. Kapitel 5.1.5) sind in der zuständigen Dienstanweisung beschrieben, wobei klare Vorgaben für erlaubte bzw. nicht erwünschte Sachverhalte zu machen sind. Wird bei der Ausführung ein Mangel oder ein sicherheits- bzw. sicherungsrelevanter Zustand erkannt, ist dieser mittels einer Meldung unverzüglich zu dokumentieren.

Setzen Bahngesellschaften oder Nahverkehrsbetriebe Sicherheitskräfte ein, geht es hauptsächlich um zwei Tätigkeiten:

1. **Überprüfung der Mitfahrberechtigung** = Überprüfung der rechtmäßigen Benutzung von Beförderungsmitteln (z. B. Kontrolle von Fahrausweisen),
2. **Sicherungs- und Kontrolldienst** = Durchführung eines Streifendienstes in Verkehrsstationen und Verkehrsmitteln (z. B. Bahnhofsstreife, Zugstreife).

Abhängig von den unterschiedlichen Aufgabengebieten bedarf es auch besonderer, aber unterschiedlicher **Qualifikationen** der eingesetzten Kräfte. Im Prüfdienst werden vor allem benötigt:

- Kenntnisse der Rechtsgrundlagen,
- Verhaltenstraining/psychologische Kenntnisse,
- Tarifkunde,
- Streckenkunde,
- Kenntnisse über das Inkasso-Wesen (z. B. zur Gebühreneinforderung).

Mitarbeiter im Sicherungs- und Kontrolldienst müssen in erster Linie auf folgenden Gebieten qualifiziert sein:

- Rechtsgrundlagen,
- Psychologie/Verhaltenstraining,
- Dienstkunde,
- Selbstverteidigung.

Diese Sonderausbildungen sollten mit einer schriftlichen Abschlussprüfung abgeschlossen werden.

Die grundlegenden **Aufgaben**, die durch Schutz- und Sicherheitskräfte im ÖPV zu bewältigen sind, bestehen aus folgendem Spektrum:

- Vorsorge gegen Belästigungen, Behinderungen, Bedrohungen und tätliche Angriffe gegenüber Reisenden/Passanten/Mitarbeitern in Verkehrsstationen und Verkehrsmitteln, ggf. Unterbindung derartiger Handlungen,
- Erbringen von Service- und Betreuungsleistungen (z. B. Auskunft, Information, Hilfeleistung) für Reisende und Kunden,
- Unterbindung von Leistungserschleichung durch Kontrolle von Fahrausweisen,
- Vorbeugung gegen und Abwehr von Sachbeschädigungen und Verunreinigungen in/an Verkehrsmitteln und Verkehrsanlagen,
- Mitwirkung an der Sicherung reibungsfreier Betriebs- bzw. Verkehrsabläufe,
- Mitwirkung an der Beseitigung von Störungen sowie der Vorbeugung gegen Unfälle und Havarien,
- Behindern des unbefugten Aufenthalts in Hausrechtsbereichen und Vorbeugung gegen unerwünschte Gruppenbildungen,
- Schutz technischer Einrichtungen und Hilfsmittel (z. B. Beförderungshilfsmittel) gegen missbräuchliche Benutzung.

Bei der Erfüllung dieser Aufgaben ist zu berücksichtigen, dass die Verkehrssysteme sehr komplex und eng verzahnt sind. Dadurch entstehen bei Abweichungen vom Betriebsablauf (z. B. Verspätungen) teilweise gravierende **Folgewirkungen**. Folgende Faktoren erschweren zudem die Sicherungstätigkeit:

- spezifische Gefahren des rollenden Verkehrs,
- Unübersichtlichkeit der Verkehrsbauwerke und Zugeinheiten,
- Personenkonzentrationen in den Hauptverkehrszeiten sowie
- Unüberschaubarkeit und Anonymität in den Menschenansammlungen, die kriminelle Handlungen begünstigen.

Deshalb müssen Sicherheitskräfte im ÖPV besonders befähigt sein, **situative Merkmale** zu erfassen:

- Hilfe suchende Person oder gelangweilter Spaziergänger?
- Auskunft wünschender Gast oder interessierter Passant?
- Eilender Reisender oder flüchtender Straftäter?
- Wesentliche Aussagen zur situativen Bewertung s. Kapitel 11.

Die Verkehrsunternehmen stellen ihre Sicherungskonzeption im Grunde auf drei Säulen:

1. Durch **Sauberkeit** soll die Basis für das Einhalten der gewünschten Ordnung gelegt werden. Auf sauberen Bahnsteigen ist die Hemmschwelle für das Wegwerfen von Unrat höher, als auf einer verschmutzen Festwiese.
2. Durch **Service** soll das Kerngeschäft (Personenbeförderung) unterstützt werden (Sicherheitskräfte sind durch ihre Dienstkleidung gut erkennbar und somit gern kontaktierte Auskunftspersonen).
3. Durch **Sicherheit** soll das subjektive Bedürfnis der Passagiere nach einem wohlbehüteten Reiseverlauf befriedigt werden (Beeinträchtigungen im subjektiven Sicherheitsempfinden führen zu rückläufigen Zahlen im Transport).

Abhängig von den personellen, räumlichen, zeitlichen und materiellen Bedingungen des Einsatzes haben sich beim Sicherungsdienst im ÖPV folgende **Einsatzgrundsätze** und taktische Prinzipien als praktikabel erwiesen:

1. Dienstdurchführung grundsätzlich in Dienstkleidung (Prüfdienst zur Einnahmensicherung meist in ziviler Kleidung).
2. Ausstattung der Sicherheitskräfte mit leistungsfähiger Kommunikationstechnik (Funkgeräte/-telefone) sowie Hilfs- und Einsatzmitteln.

Hinweis

Durch ein übertrieben martialisches Erscheinungsbild des Sicherheitsdienstes kann das subjektive Sicherheitsempfinden der Reisenden beeinträchtigt werden.

3. Konfliktvermeidung durch besonnenes, ggf. deeskalierendes Handeln.
4. Einsatz von Doppelstreifen und Einteilung eines Streifenführers (ggf. Streife mit Wachbegleithund).
5. Ständiger Informationsaustausch (Funkkommunikation) zwischen Leitstelle und Streifendienst.

6. Gemeinsame Streifendienste des Sicherungsdienstes mit Kräften der Verkehrsbetriebe (ggf. auch mit Polizei-Kräften); Zusammenarbeit mit ortsansässigen Hilfsorganisationen (z. B. DRK).
7. Verstärkung der Streifen bezogen auf bestimmte Anlässe sowie spezielle Abschnitte/Räume und Verkehrsmittel.
8. Kurzfristige Zusammenfassung von Kräften (lagebezogen) sowie Unterstützung von Aktivitäten der Verkehrsunternehmen (ggf. auch der Polizei).
9. Eigenständige Entscheidung der Streifen/Einsatzteams für gedeckte Beobachtung oder deutlich sichtbare Präsenz (Grundsatz: gehen/stehen – sehen – handeln).
10. Konsequente gegenseitige Absicherung innerhalb der Teams und Einhalten der Grundsätze der Eigensicherung.

Wichtig für den Dienst sind sowohl die tägliche **Einweisung** in die gegebene Lage und/oder Besonderheiten sowie die permanente **Auswertung** der Dienstdurchführung (und Ereignisanalyse). Außerdem ist der **Informationsaustausch** des Sicherungsdienstes mit den Leitstellen des Verkehrsträgers sowie der zuständigen Polizeidienststellen bedeutsam, um die Zusammenarbeit im Interesse des störungsfreien Betriebsablaufes sowie der Aufrechterhaltung von Sicherheit und Ordnung abzustimmen.

5.2.2.8 Parkraumdienste und City-Streifen

Parkraumdienst ist ein stationärer Dienst auf Hausrechtsbereichen mit tatsächlich öffentlichem Verkehr und City-Streifen sind mobile Dienste im öffentlichen Verkehrsraum.

Die Aufgaben (s. Kapitel 5.1.2, 5.1.3 und 5.1.4) sind in der zuständigen Dienstanweisung beschrieben, wobei klare Vorgaben für erlaubte bzw. nicht erwünschte Sachverhalte zu machen sind. Wird bei der Ausführung ein Mangel oder ein sicherheits- bzw. sicherungsrelevanter Zustand erkannt, ist dieser mittels einer Meldung unverzüglich zu dokumentieren.

Zu den Tätigkeiten im öffentlichen Raum:

Die **Kommunale City-Streife**; sie beinhaltet den Streifendienst im öffentlichen Verkehrsraum mit den Schwerpunkten Parkanlagen, städtische Parkhäuser, Haltestellen öffentlicher Verkehrsmittel u. a.

Die **Private City-Streife**; sie umfasst Streifendienste im öffentlich zugänglichen Hausrechtbereich für Handel und Gewerbe in Innenstädten und Einkaufszentren.

Die Kurzbezeichnung **HIPO** (Hilfspolizei) charakterisiert die Überwachung des ruhenden Verkehrs durch private Sicherheitskräfte in Arbeitnehmerüberlassungen bei städtischen Verwaltungen.

Die **Zuständigkeiten** für eine Tätigkeit im öffentlichen Verkehrsraum ergeben sich aus der Rechtsnatur von Verkehrsflächen/-räumen. Grundsätzlich werden unterschieden:

1. **Öffentlich-rechtliche Verkehrsflächen** (z. B. Bundesautobahn, Staatsstraße, Landstraße, Gemeindeplatz),
2. **tatsächlich öffentliche Verkehrsflächen** (z. B. Privatwege, deren Besitzer die Nutzung durch jedermann erlaubt hat, z. B. Stellfläche einer Tankstelle),
3. **private Verkehrsflächen** (z. B. befriedetes Besitztum, dessen Benutzung nur mit ausdrücklicher Erlaubnis möglich ist – etwa Werksgelände mit Zutrittsberechtigung wie Werksausweis oder Besucherschein).

Gebäude, die dem Hausrecht „unterliegen", aber für den Publikumsverkehr eingerichtet sind (z. B. Bahnhofshallen), sind sog. „Hausrechtsbereiche mit tatsächlich öffentlichem Verkehr".

Wichtig

Private Sicherheitsdienste haben auch im öffentlichen Raum keine hoheitlichen Befugnisse. Im Ausnahmefall können behördliche Befugnisse im Zuge einer Beleihung auf gewerbliche Sicherheitsdienstleister übertragen werden.

Private Sicherheitsdienste sind in erster Linie als „Helfer" bei der Aufrechterhaltung von Sicherheit und Ordnung tätig. **Kontroll-/Informationsaufgaben** können sein:
- Belegung der Parkplätze (z. B. Auslastung der Bereiche),
- Parkverhalten (z. B. Falschparken, Nichtbeachtung von Markierungen),
- Gefährdungen der Sicherheit (z. B. Zustellen von Fluchtwegen, Hydranten),
- Sachbeschädigungen (z. B. Schäden an Nachbarfahrzeugen durch falsches Einparken),
- Information an Fahrzeugführer (z. B. Fenster offen, Wertgegenstände sichtbar im Fahrzeug, Beleuchtung eingeschaltet),
- Berechtigungen (z. B. Gültigkeit der Parkkarte),
- Parkzeitüberschreitungen (z. B. Ablauf der Parkzeit gemäß Ticket oder Parkuhr).

Da bei **Parkzeitüberschreitungen** ein nachfolgender Rechtsstreit nicht ausgeschlossen werden kann, ist die fotografische Beweisführung ein praktikables Mittel. Damit diese nicht angefochten werden kann, müssen folgende „Elemente" eindeutig dokumentiert sein:
- Parkort (z. B. Zone mit Zeitbegrenzung),
- Fahrzeug (mit eindeutig erkennbarem Kennzeichen),
- Zeitüberschreitung (z. B. Einstellung der Parkscheibe),
- Radstellung (z. B. Position des Radventils unverändert – etwa bei mehreren Aufnahmen im 2-Stunden-Takt).

Nur durch korrektes Verhalten und gewissenhafte Arbeit können Sicherheitskräfte jenes Vertrauen erwerben, das die Akzeptanz ihrer Tätigkeit fördert. Nicht zuletzt tragen dazu nachfolgende **Einsatzgrundsätze** bei:
1. Dienstdurchführung generell in Dienstkleidung.
2. Tätigkeitsbezogene Ausstattung mit Hilfs- und Einsatzmitteln. Überzogene Ausrüstung mit Notwehrgeräten wirkt eher provozierend als deeskalierend!
3. Konfliktvorbeugung durch besonnenes Handeln, ggf. Konfliktdeeskalation.
4. Periodische Kontaktaufnahme mit der Leitstelle (Funk, Telefon), bei Ereignissen unverzügliche Kontaktaufnahme.
5. Eigenständige Entscheidung der Sicherheitskräfte für Beobachtung oder Einschreiten (Grundsatz: gehen – sehen – handeln).
6. Einhalten der Grundsätze der Eigensicherung bei allen „Einschreithandlungen".
7. Kontaktaufnahme/-pflege mit den zuständigen Stellen des jeweiligen Auftraggebers bzw. involvierten Behördenvertretern.
8. Informationsaustausch mit Ansprechpartnern im Tätigkeitsumfeld (z. B. Vertreter von Handelsbetrieben, Hausmeister, Sicherheitskräfte angrenzender Bereiche).

Weitere Informationen zur Gestaltung und Durchsetzung von Parkordnungen s. Kapitel 5.1.5.

5.2.2.9 Veranstaltungsdienste

Der **Veranstaltungsdienst** kann ein mobiler Dienst im öffentlichen Verkehrsraum und ein stationärer Dienst im Hausrechtsbereich der Veranstaltung sein. Zu den Aufgaben gehören die Kontrolle und Durchsetzung der Zutrittsbestimmungen, aber auch Serviceleistungen wie Auskunft und Informationen geben und ergreifen von Maßnahmen zum Schutze der Akteure, Besucher und deren Sachen sowie der Veranstaltung.

Die Aufgaben (s. Kapitel 5.1.2, 5.1.3 und 5.1.4) sind in der zuständigen Dienstanweisung beschrieben, wobei klare Vorgaben für erlaubte bzw. nicht erwünschte Sachverhalte zu machen sind (wie unerwünschte Gegenstände). Wird bei der Ausführung ein Mangel oder ein sicherheits- bzw. sicherungsrelevanter Zustand erkannt, ist dieser mittels einer Meldung unverzüglich zu dokumentieren.

Veranstaltungsdienste sind breit gefächert und haben im Wesentlichen **ordnungsdienstliche Funktionen** z. B.:

- Absperr- und Sicherungsdienst,
- Einlass- und Kontrolldienst,
- Kassen- und Transportdienst,
- Ordnungs- und Sicherheitsdienst,
- Veranstaltungs- und Personenschutz.

Von verschiedenen Seiten (z. B. BDSW) werden die Dienstleistungen bei Veranstaltungen nicht unter die Bewachungstätigkeiten eingruppiert, sondern als **Veranstaltungsordnungsdienst** (VOD) bezeichnet. Damit wird eine vorgeschriebene Qualifizierung des Personals (z. B. Unterrichtung oder Sachkundeprüfung gemäß § 34a GewO) als nicht erforderlich angesehen. Aufgaben im VOD sind z. B.:

- Kartenabriss und Platzanweisung,
- Ansprache zum Freihalten von Gängen in Stuhlreihen oder Mundlöchern,
- Kartenkontrolle an Zuschauer-Blöcken/Bereichen,
- Kontrolle von Akkreditierungen (Zutrittsberechtigung ähnlich Ticket),
- Steuerung von Menschenströmen durch Information,
- Zufahrtskontrolle auf Akkreditierung,
- Evakuierungshelfer,
- Mengenkontrolle der Bereiche,
- Bergen von hilfsbedürftigen Personen,
- Lenkung des ruhenden und fließenden Verkehrs auf dem Veranstaltungsgelände,
- Freihalten von Flucht- und Rettungswegen.

Veranstaltungsschutzmaßnahmen müssen besonders konzipiert, vorbereitet und eingeführt sein. Das beauftragte Personal soll damit vertraut und darauf trainiert sein. Die Schutzmaßnahmen sind an Aufgabenstellung und Gefährdung zu orientieren.

Hinweis

Für den Veranstaltungsschutz gelten prinzipiell Maßnahmen wie beim Objektschutz, bei Kontrolltätigkeiten und störenden Handlungen. Diese müssen objekt- und veranstaltungsbezogen modifiziert werden (s. Kapitel 5.1, 5.2.1 und 5.2.4).

Veranstaltungsschutzmaßnahmen müssen nach dem Grundsatz „regelmäßige Unregelmäßigkeit" erfolgen, um nicht „berechenbar" zu werden. Dadurch wird für potenzielle Täter die Risikoschwelle erhöht.

Die **Aufgaben** der Sicherheitskräfte orientieren sich an der vertraglichen Auftragsvorgabe. Hieraus haben sich die einzelnen Schutz- und Sicherungsmaßnahmen abzuleiten, z. B.:
- Begleitung und Einweisung,
- Einlass-, Ausweis-, Personen- und Behältniskontrollen,
- Gästelisten-Kontrollen und zeitliche Eingangserfassung,
- Identitätskontrolle und Ausstellung von Zugangsberechtigungen,
- Meldung und Behandlung von verdächtigen Gegenständen (Polizei, Feuerwehr),
- Organisation eines Asservatenraumes zur sicheren Verwahrung von Fundobjekten,
- Parkordnung, Parkeinweisung und Überwachung der VIP-Parkplätze,
- Sicherheitskontrollen (Verschluss, Fluchtwege, Erste-Hilfe-Station, Feuerwehr etc.),
- Überprüfung von Lieferfirmen und Lieferungen,
- Sicherung des Zugangs zur Einsatzzentrale und zum Standort der Polizeileitung.

In allen Fällen sind **Dienstanweisungen** erforderlich z. B. über:
- Aufgabenstellung im Einzelnen,
- Einsatz im Schichtdienst,
- Einsatz von Diensthunden,
- Führen von Schusswaffen,
- Handlungspflichten und Handlungsgrenzen,
- Meldewesen und Dokumentation,
- Mitführen von Werksausweisen, Dienstausweisen,
- Sachgerechte Bekleidung/Dienstkleidung,
- Schutz- und Notfallmaßnahmen,
- Liste der unerwünschten Gegenstände,
- Verhalten bei Gefahren.

Veranstaltungen mit **Schutzpersonen** bedürfen besonderer Sicherheitsmaßnahmen. Sie müssen zweckmäßig, begründbar und einsichtig sein. Beauftragtes Personal muss eingewiesen, damit vertraut und darauf trainiert sein. Schutzmaßnahmen orientieren sich an Auftrag und Gefährdung. Veranstaltungsschutz hat auch ordnungsdienstliche Aufgaben z. B.:
- Schutz ungestörten Ablaufs einer Veranstaltung auf Hausrechtsbasis,
- Personenschutz aus Anlass und im Verlauf einer Veranstaltung.

Der **Veranstaltungsdienst mit Schutzperson** dient der Verhinderung oder Abwehr von Angriffen auf körperliche Unversehrtheit, Leben, Willens- und Handlungsfreiheit. Die Schutzmaßnahmen stehen im engen Zusammenhang mit Objektschutz.

Für gefährdete Personen müssen Schutzmaßnahmen für geschäftliche und private Bereiche getroffen werden. Familienangehörige sind einzubeziehen. Gefährdungspotenziale entstehen z. B. bei Personen in herausragenden Stellungen. Gefährdungen gibt es auch bei Reizthemen von Protestgruppen etc., z. B. Umwelt- oder Klimaverstöße.

In die Überlegungen ist aufzunehmen, dass sich „Täter" dem „Opfer" in Vorbereitungsphasen nähern, um Lebensgewohnheiten und Wohnbereiche kennenzulernen. Wachsamkeit im Umfeld kann zu Erkenntnissen und Rückschlüssen auf geplante Aktionen führen.

Sicherheitskräfte sind gehalten, bei Veranstaltungen mit Schutzpersonen aus Politik, Wirtschaft und Industrie Schutzmaßnahmen mit Polizei und Behörden, Begleitung und Bestreifung am zu besuchenden Objekt abzustimmen und durchzuführen.

Diese **Maßnahmen** können sein:

- Bewachungsmaßnahmen,
- Innen- und Außensicherung,
- Kontaktaufnahmen und Abstimmung,
- Sicherheitsmaßnahmen,
- Überprüfungen und Kontrollen am und im Objekt,
- Umfeldbeobachtung,
- Umfeldsicherung und Distanzstreife.

Einzelschutzziele können sein z. B.:

- Begleitung einer Schutzperson,
- Bewachung abgestellter VIP-Fahrzeuge,
- Präventive Bereichsüberwachung,
- Sicherung von Transporten und Transportwegen,
- Zugangskontrolle bei Veranstaltungen/Großveranstaltungen.

Festzustellen ist u. a.:

- Ist die Abschirmung des gesicherten Bereiches lückenlos überwacht?
- Sind Lieferanten, Wartungspersonal auf Berechtigung geprüft?
- Sind Möglichkeiten unbemerkten, unberechtigten Zugangs ausgeschlossen?
- Ist das Parken von Fahrzeugen außerhalb des Schutzbereichs sichergestellt?
- Wurden Türen und Fenster geschlossen und gesichert?
- Wo sind eingesetzte Schutzkräfte postiert?
- Wo sind kritische Punkte und Bereiche?

Beachte

Absprachen mit Polizei, Feuerwehr, Erste-Hilfe-Diensten sind veranstaltungsbezogen vor Beginn einer Veranstaltung zu treffen, festzulegen und allen Beteiligten des Sicherheitsdienstes rechtzeitig bekannt zu machen. Genaue Kenntnisse hierzu sind ein wichtiges Erfordernis.

Die Sicherungsmaßnahmen und Informationen müssen festgelegt sein und sollten durch die Verantwortungsträger nach einer **Checkliste** überprüft werden, z. B.:

Checkliste Sicherungsmaßnahmen und Informationen	☑
Ablösezeiten und -orte festgelegt?	☐
Ausweiskontrolle, Ausrüstungen, Schadensbearbeitung organisiert?	☐
Berichte Presse/Medien ausgewertet?	☐
Erreichbarkeit/Standort Leiter Krisenstab geklärt?	☐
Feuerlöschercheck, Check auf verdächtige Gegenstände durchgeführt?	☐
Freihalten An- und Abfahrtwege geregelt?	☐
Hinweise auf Aktionen berücksichtigt?	☐
Karte mit Standorten und Sicherungsbereichen vorhanden?	☐
Gefährdungseinstufung von Schutzpersonen bekannt?	☐
Kontaktstellen und Standorte Polizei, Werkschutz, Feuerwehr, Arzt festgelegt?	☐
Lagebeurteilung, Schwachstellenanalyse, Gefährdungsbewertung durchgeführt?	☐
Lageplan Veranstaltungsort (Stadtplan, Autobahnanschlüsse, Flughafen etc.) vorhanden?	☐
Notfallmeldungen, Einsatzplan vorbereitet?	☐
Objektschutz – Objektkontrolle, Umfeldbeobachtung – Umfeldsicherung Sicherungsposten, Distanzstreifen organisiert?	☐
Personaldisposition, Reservepersonal, Freiwache geregelt?	☐
Problembereiche, aktuelle Reizthemen berücksichtigt?	☐
Schutzmaßnahmen, Meldewesen festgelegt?	☐
Termine Sicherungsgespräche (Werkschutzleitung, Polizei, Staatsschutz) vereinbart?	☐
Verhalten/Maßnahmen gegen Demo, Störer, Unbefugte festgelegt?	☐
Verkehrsregelung, Parkregelung, Parkeinweisung organisiert?	☐
Vorabkontaktierung Begleitschutz (Eintreff- und Verbleibszeiten, z. B. von VIP) erfolgt?	☐
Zugangskontrolle, Sicherung der Fahrzeuge und Parkbereiche geregelt?	☐

Tabelle 3: Sicherungsmaßnahmen und Informationen.

Hinweis

Für die Durchführung der Kontrollaufgaben gelten sinnentsprechend die Darstellungen zum Objektschutz sowie Wach- und Streifendienst (s. Kapitel 5.2.1). Die Sicherung von Veranstaltungen erfordert ein angemessenes Serviceverhalten (s. Kapitel 13).

5.2.2.10 Revierdienst

Der **Revierdienst** ist ein mobiler Dienst an unterschiedlichen Hausrechtsbereichen, die räumlich nicht unbedingt zusammenhängend liegen und die über den öffentlichen Verkehrsraum angefahren werden. Er dient der Zustandskontrolle von Gebäuden oder Liegenschaften und deren Anlagen.

Die Aufgaben (s. Kapitel 5.1.5) sind in der zuständigen Dienstanweisung beschrieben, wobei klare Vorgaben für erlaubte bzw. nicht erwünschte Sachverhalte zu machen sind. Wird bei der Ausführung ein Mangel oder ein sicherheits- bzw. sicherungsrelevanter Zustand erkannt, ist dieser mittels einer Meldung unverzüglich zu dokumentieren.

Die im „Revierdienst“ (Revierstreifendienst) eingesetzten Schutz- und Sicherheitskräfte haben somit die **Aufgabe**, in einem vorgegebenen Territorium (Revier) gelegene Sicherheitsobjekte in der festgelegten Häufigkeit, aber (möglichst) zu unterschiedlichen Zeiten, zu überprüfen. Die Schwerpunkte und Aufgaben innerhalb dieser Kontrollen sind in einer objektbezogenen Dienstanweisung detailliert festgelegt. In Objektlageplänen und Alarmplänen sind Besonderheiten – bezogen auf vorab definierte Ereignismuster – und dazu erforderliche Maßnahmen beschrieben.

Im Revierdienst tätiges Personal ist in der Regel mit Einsatzfahrzeugen unterwegs, die mit moderner Kommunikations- sowie Kontroll- und Leittechnik ausgestattet sind. Sie werden über eine Notruf- und Serviceleitstelle (NSL) geführt.

Mitarbeiter im Revierdienst benötigen eine solide Grundqualifikation in den einschlägigen Fachgebieten der Sicherheitswirtschaft sowie sorgfältige Einweisung in die Schutzobjekte und die darin zu erfüllenden Aufgaben, die nur mit Umsicht, Flexibilität, Sorgfalt und Verantwortungsbewusstsein bewältigt werden können.

Verhaltens- und Handlungsgrundsätze für den Revierdienst

a) **Präsenz zeigen:**
- Sicherung sichtbar durchführen,
- keine Sicherungsschwerpunkte erkennen lassen,
- gründlich/sorgfältig kontrollieren,
- keine Kontrollaufgabe auslassen (z. B. aus Zeitnot),
- Bewegungen nicht überzogen auffällig durchführen,
- potenzielle Täter sollen ihr Risiko erkennen,
- Eigensicherung beachten (zur Eigensicherung s. Kapitel 5.4.)

b) **Kontrollen überraschend durchführen:**
- Zeiten variieren (nicht immer 20 Minuten vor der vollen Stunde),
- unauffällig annähern,
- Anfahrtsrichtung verändern, unterschiedliche Wege/Straßen benutzen,
- Kontrollwiederholung ab und zu nach kurzer Frist (nicht erst Stunden später),
- „Planbarkeit“/Regelmäßigkeit ausschließen,
- Vorgehen während der Kontrolle ändern (nicht gleichförmig von Kontrollstelle a bis z).

c) **Beobachtung qualifiziert vornehmen:**
- Umfeldbeobachtung weiträumig durchführen (z. B. abgestellte Fahrzeuge),
- Barrieren (z. B. Zäune, Tore, Drehkreuze) auf Beschädigungen/Übersteigspuren prüfen,
- Gebäudeaußenhaut (inkl. Fenster, Türen) auf Verdachtsmerkmale (z. B. Angriffsspuren) prüfen,
- vergleichend beobachten (z. B. wie war es vor zwei Stunden – wie ist es jetzt? wie war es gestern – wie ist es heute?),
- Beobachtungshilfsmittel (z. B. Fernglas) verwenden,
- auffälliges Verhalten von Personen beachten.

d) Ortskenntnisse ausschöpfen:

- Gründliche Ortskenntnis erwerben,
- Veränderungen/Besonderheiten beachten (z. B. Trittspuren im Sand/Rasen, abgelegte Gegenstände),
- Ortskenntnisse zur verdeckten Annäherung nutzen,
- vorgeschriebenen Verschlusszustand prüfen,
- Fluchttüren (Notausgänge) auf mögliche Manipulationen kontrollieren,
- Verdachtsauslösende Feststellungen unverzüglich melden.

Hinweise

- Weiterbeobachtung bei Verdacht aus sicherer Deckung.
- Vorgehen mit der Leitstelle abstimmen.
- Zur weiteren Überprüfung Verstärkung anfordern.

Der Revierwachdienst wird durch einen Interventionsdienst (s. Kap. 5.2.2.4) ergänzt. Diesem obliegt die Verfolgung von

- Alarmen,
- Notmeldungen oder
- Ereignisfeststellungen.

Beim Erkennen von Situationen oder Bedingungen, die bedeutsam für die Sicherheit (z. B. des Objektes) sind, muss der Interventionsdienst:

- informieren/alarmieren (z. B. innerbetriebliche oder/und außerbetriebliche Dienste)
- sowie Erstmaßnahmen (wie vorgegeben) einleiten.

Läuft ein Alarm in der Leitstelle auf, werden die Interventionskräfte (IK) angewiesen, im betroffenen Objekt eine Alarmvorprüfung durchzuführen. Nach der Vorprüfung wird – falls erforderlich – die Polizei eingeschaltet (zum taktischen Verhalten s. Kapitel 5.3.3).

Hilfreich ist, wenn für das betroffene Objekt eine **Alarmkarte** existiert und externen Kräften zur Verfügung gestellt werden kann.

Die Alarmkarte sollte mindestens folgende **Angaben** enthalten:

- Absender (NSL, Name des Diensthabenden, Tel.-Nr.),
- Alarmobjekt (vollständige Adresse),
- Art der Meldung (z. B. Einbruch),
- Besonderheiten (z. B. bezüglich des Zugangs, möglicher Gefährdungen),
- Bereits eingeleitete Maßnahmen (z. B. zwei IK vor Ort),
- Datenschutzhinweis.

Wurden Interventionsmaßnahmen durchgeführt, sind diese durch die Interventionsstellen (IS) zu dokumentieren. In einer solchen **Dokumentation** sollten enthalten sein:

- Name der verantwortlichen Diensthabenden in der IS,
- Kundenbezeichnung (z. B. Kunden-Nr.),
- Eingang der Meldung (Datum, Uhrzeit),
- Meldungskriterium (z. B. Einbruch),
- eingesetzte Interventionskräfte,

- Uhrzeit des Eintreffens vor Ort,
- Name der vor Ort angetroffenen Personen,
- festgestellte Auslöseursache der Meldeanlage,
- festgestellte Schäden vor Ort,
- ggf. Uhrzeit der Wiederscharfschaltung der EMA,
- ggf. weitere Maßnahmen gemäß Interventionsplan,
- ggf. Sicherungsmaßnahmen vor Ort nach Schadenfällen,
- Einsatzende (Datum, Uhrzeit).

Hinweis

NSL und Interventionsdienste müssen in vielen Fällen mit der Polizei kommunizieren. Informationen zur Zusammenarbeit mit anderen Kräften s. Kapitel 13.3.

5.2.2.11 Ermittlungsdienst

Der **Ermittlungsdienst** ist ein stationärer aber auch mobiler Dienst im Hausrechtsbereich. Er ist für die Aufnahme und Dokumentation des Sachverhaltes aller Arten von Unfällen oder Sachschäden zuständig. Grundlage dafür ist die Kenntnis über die Durchführung einer Befragung von Beteiligten bzw. Zeugen. Er ist auch Ansprechpartner für die operative Zusammenarbeit mit hoheitlichen Kräften (z. B. Polizei, Zoll, Feuerwehr, etc.). Kenntnisse über die Vorgehensweise (wie Spuren- und Beweissicherung) der hoheitlichen Kräfte ist hier notwendig.

Die Aufgaben (s. Kapitel 5.1.5) sind in der zuständigen Dienstanweisung beschrieben, wobei klare Vorgaben für erlaubte bzw. nicht erwünschte Sachverhalte zu machen sind. Die bearbeiteten Sachverhalte sind in Berichten zu dokumentieren.

Da der Ermittlungsdienst nur in großen Betrieben als eigenständige Einheit eingerichtet wird, werden die anfallenden Aufgaben oft dem Verkehrsdienst oder Schließwesen übertragen.

5.3 Handeln in besonderen Situationen am Ereignis- bzw. Tatort

5.3.1 Grundsätze des Notfallmanagements/Alarm- und Einsatzpläne

Notfallsicherheits- und Sicherungssysteme werden in allen wichtigen Industrie-, Handels- und Verwaltungsbereichen eingesetzt. Besondere Bedeutung kommt dabei der zuständigen Zentrale [auch **Notruf-Service-Leitstellen (NSL)**, Zentralen Leitwarten (ZLW) oder Alarmzentralen (AZ)] zu, die diese Systeme zentral überwacht und einsatzmäßig steuert.

Beachte

Die Notfallorganisation muss zu anderen Betriebsbereichen sowie externen Stellen wie Nachbarfirmen und Behörden ausreichende Verbindungen unterhalten.
Alarmierungsabläufe, Alarm- und Einsatzpläne müssen deswegen klar strukturiert und übersichtlich aufgebaut sein, um Hilfsangebote kurzfristig erreichen zu können.

Mit den aufgrund der Vorschriften des Arbeitsschutzgesetzes errichteten **„Betrieblichen Gefahrenabwehrorganisationen"** (BGAO) sind Maßnahmen zur Ersten Hilfe, Brandbekämpfung und Evakuierung der Beschäftigten planmäßig festgelegt.

Die BGAO beziehen sich auf:

- Aufgaben des Gefahrenabwehrbeauftragten/der Einsatzleiter,
- Aufgaben der Technischen Leitung bei katastrophalen Ereignissen (z. B. Werkeinsatzleitung),
- Aufgaben der Fachdienstleiter z. B. mit:
  - Brandschutz und Chemiewehr (z. B. Werksfeuerwehr),
  - Sanitätsdienst (z. B. Werksarzt, Betriebssanitäter),
  - Arbeitssicherheit (z. B. Sicherheitsingenieur),
  - Ordnungs- und Sicherungsdienst (z. B. Sicherheitskräfte),
  - Notruf-Service-Leitstelle, Alarmzentrale, Zentrale Leitwarte (z. B. Alarmierung),
  - Instandsetzungsdienst (z. B. Betriebsinstandhaltung),
  - Räumungsdienst (z. B. Gebäude- und Betriebsräumungen),
  - Notrufsysteme (z. B. Gefahrenmelde-, Beschallungsanlagen, Aufzugsnotruf),
  - Fahrbereitschaft (z. B. Fahr- und Kurierdienste),
  - Telefonzentrale (z. B. Notrufbesetzung und Notrufweiterleitung),
  - Mitarbeiterfortbildung (z. B. Einweisungen, Übungen).

Die o. g. Beauftragten müssen gesetzlich definierte Aufgaben erfüllen und betriebliche Abläufe kennen.

Für die **Notfallvorsorge** müssen entsprechende Sicherheits- und Sicherungseinrichtungen (einschließlich EDV) geschaffen und aufrechterhalten werden. Dabei ist eine Zusammenfassung von Alarm- und Handlungsfunktionen in einem Notfall-Management-System (Gefahren-Management-System) erforderlich. Dieses System soll beinhalten:

- Abhilfemaßnahmen,
- Alarmbearbeitung,
- Alarmierungsabläufe,
  - Alarmierungsarten,
  - Ausrüstungs- und Materialplan,
  - Erreichbarkeit der Zuständigen in/außer der Dienstzeit,
  - Erste Hilfe/Sanitätsdienste,
  - externe Hilfskräfte und behördlicher Katastrophenschutz,
  - Krankenhäuser,
  - Luftrettung und Notarzt,
  - Räumungsplan (mit Sammelplätzen),
  - zuständige Ämter,
- Alarm- und Einsatzprotokollierung,
- Einsatzpläne,
- Einsatzsteuerung (Führung),
- Handlungspflicht für Sofortmaßnahmen,
- Informationen an bestimmte Empfänger (externe Kräfte),
- Meldewesen,
- Passwortschutz,
- Personal- und Materialdisposition,
- Prioritäten (Menschen- vor Sachwertschutz).

Die in das Notfall-Management-System integrierten **Meldesysteme** schützen im Alarmfall durch folgende Funktionen:

- Rechtzeitige Gefahrenerkennung mit selektiver Anzeige,
- abrufbare Alarm- und Einsatzpläne mit erforderlichen Einzelmaßnahmen,
- schnelle Information von Bereitschaftspersonal und Interventionskräften über Vorkommnisse und erforderliche Maßnahmen,
- Hinweise auf Gefahren und gefahrenspezifische Eigensicherung,
- Abarbeitung der Ereignisse nach ereignisbezogenen Checklisten,
- Vorrang der Alarmbearbeitung vor Routinepflichten,
- Dokumentation veranlasster Maßnahmen und rückfließender Informationen,
- Nutzungsmöglichkeiten von Synergieeffekten bei mehreren technischen Systemen,
- Anzeige über Objekte, Bewohner oder Besetzung, Sicherheits- und Sicherungseinrichtungen am/im Objekt (Objektschlüssel und -unterlagen, Objekteigenarten, Zufahrtswege, Fluchtwege usw.),
- Melde- und Informationssystem zur Dokumentation aller Abläufe zur späteren Auswertung.

Es ist von großer Bedeutung, **Störungen** im Betriebsablauf frühzeitig (vor Schadenseintritt) festzustellen, um gezielte Maßnahmen zur Schadenminimierung ergreifen zu können. Dementsprechend müssen Notfall-Management-Systeme durch eingewiesene und handlungssichere Mitarbeiter bedient werden.

Beachte

Notfall-Management-Systeme müssen im „Ernstfall" als Einsatzleit- und Informationssysteme eine rationelle, handlungssichere und lückenlose Bearbeitung aller eingehenden und vorhandenen Informationen sicherstellen sowie die Einleitung von Einsatz- und Abhilfemaßnahmen ohne Verzug gewährleisten.

Die **Alarm- und Einsatzpläne** sind ein zentrales Element in einem Notfall-Management-System, da hierin die Reaktionen und Interventionen bei Auftreten eines Alarm- und Gefahrenfalles verzeichnet sind. Die (über Software aufrufbaren) Alarmierungsabläufe und Einsatzpläne müssen so ausgelegt sein, dass die das jeweilige Schadenereignis betreffenden Daten dargestellt, verarbeitet und weitergeleitet werden können. In ein Notfall-Management-System können z. B. eingebunden sein:

- Alarmierungssysteme,
- Aufzugsstandsanzeigen, Aufzugssprechstellen,
- Beleuchtungssteuerungen,
- Betriebsfunksysteme und Telefonanlagen,
- Brand-, Einbruch- und Gefahrenmeldeanlagen,
- Datenfunksysteme mit Auftragsübermittlung und GPS-Ortung,
- Durchsage- und Sirenenanlagen,
- Fax- und E-Mail-Systeme,
- Haustechnikfunktionen,
- Notstromversorgung,
- Personenrufanlagen,

- Sicherheitszustandsanzeigen,
- Telefonwählsysteme,
- Torsteuerungen für Hallen und Werkstore,
- Tür- und Gegensprechanlagen,
- Videoüberwachung,
- Zugangskontroll- und Zeiterfassungssysteme.

Von Bedeutung sind hierbei die Leistungen der NSL mit qualifiziertem, eingewiesenem und kompetentem Personal (weitere Informationen s. Kapitel 5.2.2.4 sowie 5.3.2).

5.3.2 Verhalten bei Schadensereignissen

Schadensereignisse sind unterschiedlich definiert. Nachfolgende Darstellung ist auf größere Schadensereignisse bezogen. **Größere Schadensereignisse** sind gravierende Abweichungen vom Alltagsgeschehen. Sie können sich sowohl im Ausmaß/Umfang als auch hinsichtlich der Folgen wesentlich unterscheiden. Zu ihnen gehören:

- Brände,
- Explosionen,
- Havarien/Störfälle technischer Anlagen,
- Katastrophen.

Eine Katastrophe liegt vor, wenn durch ein plötzlich hereinbrechendes Ereignis große Sachschäden entstehen und Menschen bedroht oder getötet werden. Zur Bekämpfung einer Katastrophe sind besondere Maßnahmen erforderlich, die unter einheitlicher Führung von speziellen Einrichtungen/Einheiten realisiert werden müssen.

In **Arbeitsstätten** wird in der Regel eine Gefahrenabwehrorganisation (Katastrophenschutz) geschaffen. Abhängig von der Größe (vom Umfang) des Ereignisses ist festgelegt, welche Ebenen/Funktionsbereiche der Gefahrenabwehrorganisation aktiv werden. Dabei sind die jeweiligen **Bedingungen** der Arbeitsstätte von Bedeutung. Dazu gehören u. a.:

- örtliche Lage (z. B. Nähe zu Gewässern, Trinkwassereinzugsgebieten),
- spezielle Gefahrenpunkte (z. B. Lagerstätten mit Chemikalien, Gasflaschen, brennbaren Flüssigkeiten),
- betriebliche Gefährdungspotenziale (z. B. Freisetzung von Radioaktivität, giftigen Stoffen, Bakterien),
- Gefahrenpunkte der Umgebung (z. B. Tanklager, Gasspeicher).

Die Gefahrenabwehrorganisation und vergleichbare Einrichtungen sind folgenden **Zielen** verpflichtet:

- Schutz von Menschen, Begrenzung von Schädigungen für Leben und Gesundheit,
- Schutz von Sachen, Schadensbegrenzung,
- Verhindern/Begrenzen nachteiliger Wirkungen des Ereignisses auf die Umgebung, z. B. die natürliche Umwelt.

Die **Alarmabläufe** im Ereignisfall sind – abhängig von den konkreten Bedingungen der jeweiligen Arbeitsstätte – bezogen auf die Art des Vorkommnisses festzulegen.

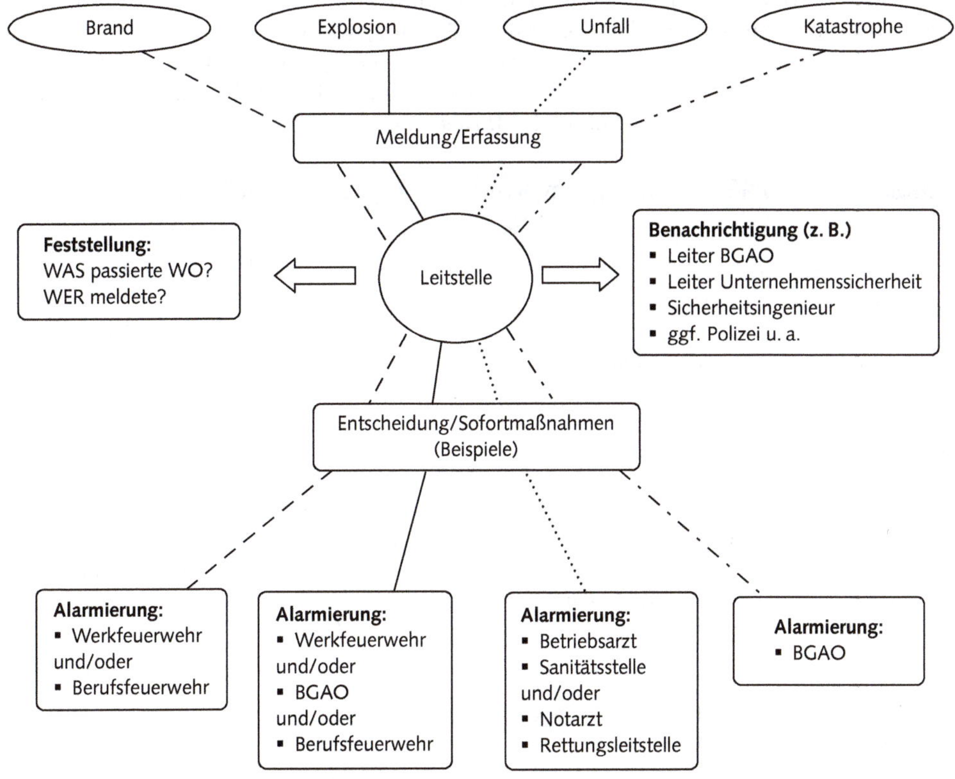

Abbildung 6: Alarmschema [v. Holleuffer-Kypke].

Hinweis

Gemäß 12. BImSchV (Störfallverordnung) können darüber hinaus Meldepflichten an die zuständigen Behörden bestehen.

Unter Berücksichtigung der jeweiligen Dienstanweisung ergeben sich für Sicherheitskräfte folgende **Aufgaben im Alarmfall**:

- Verkehrswege freimachen,
- Schaulustige von Einsatzorten fernhalten,
- Telefonate auf das Nötigste beschränken,
- Aufmerksamkeit erhöhen,
- Besucher nicht einlassen,
- Fremdfahrzeuge nicht einlassen,
- Information der alarmierten Mitarbeiter,
- ggf. Einweisen der Mitarbeiter,
- Unterstützung der Einsatzkräfte durch:
  - Lotsendienste,
  - Absperrungen,
  - Empfang von Behördenvertretern,
  - Unterstützung der Werkeinsatzleitung,
  - Mithilfe bei Ermittlungen.

Lagebezogen (z. B. bei besonderen Gefährdungen) können Verstärkungen sowie die Durchführung einer verschärften Kontrolltätigkeit angewiesen werden.

Da Sirenentöne nicht mehr einheitlich vorgegeben sind, müssen in einem Betrieb, abhängig von den möglichen Ereignissen verschiedene Alarmstufen festgelegt werden. Dabei ist auf eindeutig unterscheidbare **Alarmsignale** zu achten:

Ereignis	Akustisches Signal (z. B. Typhon)	Optisches Signal
Feueralarm	10 sec – Pause – 10 sec – Pause 10 sec …	rote Blinkleuchten
Gasalarm	3 sec – Pause – 3 sec – Pause – 3 sec …	gelbe Blinkleuchten
Entwarnung	Dauerton – 30 sec	

Tabelle 4: Beispiel für mögliche Alarmierung mittels akustischem bzw. optischem Signal.

5.3.3 Verhalten bei Bedrohung

Bedrohungsaktivitäten werden oft mit dem Ziel unternommen, den Bedrohten zu einem bestimmten Verhalten zu nötigen oder die Herausgabe beträchtlicher Werte zu erpressen. Auch wenn nicht jede Drohung (z. B. Brandanschlag) umgesetzt wird, müssen diese Ankündigungen dennoch sehr ernst genommen werden.

Hinweis

Eine Missachtung einer Bedrohung kann eventuell nach §138 StGB strafbar sein.

5.3.3.1 Bombendrohung

Ein Teil der Täter handelt bei Drohanrufen ohne die ernsthafte Absicht, tatsächlich eine Bombe zu installieren. Solchen Menschen geht es darum, jene „Mechanismen" in Gang zu setzen, die bei einer Bombendrohung erforderlich sind. Dabei verfolgen sie unterschiedliche **Ziele**: Beunruhigung der Belegschaft, der Bevölkerung und der Kunden; Störung des Betriebsablaufes; Auslösen von Absatzverlusten; Herbeiführen zusätzlicher Kosten für Sicherungsmaßnahmen; Testen der Reaktion des Betriebes; Hinweisen der Öffentlichkeit auf umweltzerstörende Produktion u. a. m. Einige Täter wollen auf sich aufmerksam machen, andere handeln unter Alkoholeinfluss (Wetten). Motive politischer und anarchistischer Gruppierungen sind zu berücksichtigen, aber auch Unzufriedenheit, Frustration Einzelner sowie Racheabsichten u. a.

Die **Hauptverantwortung** für alle Maßnahmen, die bei einer Bombendrohung durchzuführen sind, liegt beim Unternehmer. Dieser wird sich in der Regel auf eine Reihe von Fachleuten stützen und einen Krisenstab bilden. Besteht eine betriebliche Gefahrenabwehrorganisation, so werden deren Führungskräfte zusammengerufen.

Die Mitarbeiter in der Telefonzentrale oder Notrufserviceleitstelle könnten als Erste mit dem Drohanruf konfrontiert sein. Geht eine telefonische Bombendrohung ein, sind folgende **Erstmaßnahmen** erforderlich:

- sofort Uhrzeit und Wortlaut notieren,
- sehr genau zuhören,
- ausreden lassen, nicht unterbrechen,
- versuchen, Gespräch zu verlängern, z. B. durch:
  - Rückfragen (Ort und Form der Bombe, Uhrzeit der Explosion, Gründe),
  - schlechte Verständigung vortäuschen (wiederholen lassen).

Hauptzweck dieser Fragen ist es, **Informationen** zu gewinnen über:
- Drohanrufer (Geschlecht, Alter),
- Sprache (Dialekt, Akzent), Sprechart und **Hintergrundgeräusche**. Hintergrundgeräusche werden im Verlauf des Gesprächs mit übertragen (z. B. Ansage in einer Bahnhofshalle). Sie können wichtige Hinweise über den Standort des Anrufers vermitteln. Wenn vorhanden sollte dafür die Sprachaufzeichnung in Betrieb gesetzt bzw. das Merkblatt „Bombendrohung“ (Abbildung 7) genutzt werden.

Nachdem alle Eindrücke festgehalten wurden, ist nach Alarmplan zu handeln. Bestimmte **Sofortmaßnahmen** sind einzuleiten:
- Information der Sicherheitsbevollmächtigten (oder Geschäftsleitung),
- Alarmierung der BGAO,
- Information der internen Sicherheitsorganisation (z. B. Werkschutz),
- Verstärkung der Torkontrollen,
- Wachverstärkung,
- Begleitung betriebsfremder Personen,
- Information des Arztes,
- Bereitstellen von Einsatzfahrzeugen,
- Durchführung einer Sofortabsuche.

Spezielle **Aufgaben** der Sicherheitskräfte bei einer Bombendrohung können sein:
- Öffnung zusätzlicher Ausgänge, Freischalten von Drehtüren/Drehsperren (um schnelle Gebäuderäumung zu ermöglichen),
- Besetzen von Sammelplätzen und Weitergabe von Meldungen der Räumungsbeauftragten über Funk an die Einsatzleitung,
- Stilllegen von Aufzügen,
- Bereitstellung technischer Kommunikationsmittel (z. B. Funk, Megaphon),
- Teilnahme an der Absuche (aufgrund guter Ortskenntnisse sehr hilfreich).

Hinweis

Das Absuchen eines Raumes sollte in Uhrzeigerrichtung in drei „Kreisebenen" durchgeführt werden. Im ersten „Kreis" wird der Raum vom Fußboden bis zur Hüfthöhe abgesucht, im zweiten „Kreis" von der Hüft- bis zur Augenhöhe, im dritten „Kreis" von der Augenhöhe bis zur Decke.

Wenn die Entscheidung zur Räumung gefährdeter Bereiche **durch den Krisenstab** angeordnet wurde, erfolgt die Alarmierung des Betriebspersonals. Wesentliche Voraussetzungen für eine geordnete Räumung sind dabei die Eindeutigkeit des Alarmierungssignals, seine uneingeschränkte Verbreitung und Weitergabe sowie dessen Verständlichkeit (auch

Merkblatt BOMBENDROHUNG			
Ihr Verhalten			
Vereinbartes Signal für eine Bombendrohung geben			
Zuhören ______			
Nicht unterbrechen ______			
Wortlaut der Drohung notieren ______			
Gespräch verlängern, wiederholen lassen			
Rückfragen stellen	Wo befindet sich die Bombe? ______		
	Was ist es für eine Bombe? ______		
	Warum haben Sie die Bombe gelegt? (Hintergrund) ______		
Angaben zur anrufenden Person			
☐ Mann	Alter, ca. ______	☐ Frau	Alter, ca. ______
Stimmlage:	☐ hoch	☐ mittel	☐ tief
Sprache:	☐ hochdeutsch	☐ Dialekt	welcher?
	☐ Ausländer	vermutete Nationalität?	
Sprechweise:	☐ normal	☐ schnell	☐ stockend
Sonstiges:	☐ Stimme verstellt	☐ Stimme bekannt	☐ technisch abgespielt
	☐ Alkoholeinfluss	☐ Sprachfehler	
	☐ Verwendung von Fachausdrücken ______	☐ Redewendungen ______	
Angaben zum Anruf			
☐ intern	☐ extern	☐ mobil	
Anzeige im Display ______			
Drohung weitergeleitet	An ______	Datum ______	Unterschrift ______

Abbildung 7: Merkblatt Bombendrohung [Infoblatt BKA].

für ausländische Mitarbeiter). Eine Alarmierung darf nicht zu Panik führen! Weitere Ausführungen s. Kapitel 6.6 und 11.3.3.

5.3.3.2 Briefbomben

Da Schutz- und Sicherheitskräfte zum Teil auch Postdienste zu erledigen haben, müssen sie die wichtigsten Anzeichen kennen, die auf eine **Briefbombe** hindeuten. Die grundlegenden Handlungsregeln bei Briefbombenverdacht sollten ebenfalls bekannt sein.

Der Begriff „Briefbombe“ wird heute übergreifend genutzt, um Sprengsätze zu bezeichnen, die auf dem Postweg zum Adressaten gelangen sollen. Das Ziel einer Briefbombe ist normalerweise eine **bestimmte** Person. Deshalb wird durch Zusätze wie **„persönlich“** o. Ä. versucht, ein vorzeitiges Öffnen zu verhindern.

Bisher verschickte „Briefbomben“ wiesen häufig folgende **Merkmale** auf:

- Dicke zwischen 3 und 20 mm,
- Länge 150 bis 280 mm,
- Breite 50 bis 210 mm und
- Gewicht zwischen rund 40 und 150 Gramm.

Es ist ein geschultes Auge erforderlich, um Briefbomben von normalen Postsendungen zu unterscheiden. Darüber hinaus muss berücksichtigt werden, dass die Entwicklung immer kleinerer elektronischer Bauteile und Energieträger auch die Fertigung von Bomben ermöglicht, die sich in Größe und Gewicht kaum von anderen Briefsendungen unterscheiden. Brief- oder Paketbomben müssen daher nicht unbedingt verdächtig erscheinen. Das Risiko kann aber verringert werden, wenn man folgende **Verdachtsmerkmale** prüft:

a) Wahrscheinlichkeit/Erwartung

- Gab es bereits Drohungen/Anschläge?
- Welche Rolle/Bedeutung hat das Schutzobjekt/die Person in der Öffentlichkeit/Politik?
- Sind persönliche Feindschaften/Rachehandlungen o. Ä. wahrscheinlich?
- Erfolgt die Postsendung unaufgefordert/unerwartet?

b) Zustellung

- Ist die Form der Zustellung unüblich (z. B. persönliche Abgabe)?
- Kommt die Post aus dem Ausland?
- Fehlen Poststempel, Briefmarken o. Ä.?
- Wird die Sendung durch private Zustelldienste oder per Luftpost geliefert? (Bei Luftpost ist die Gefahr infolge der intensiven Kontrollen mit hochsensibler Technik meist gering)

c) Absender

- Ist die Herkunft der Sendung nicht erklärbar?
- Fehlt der Absender oder ist er unbekannt?
- Scheint der Absender fiktiv (z. B. Max Donner, Himmelreichstraße 7)?
- Ist die Postleitzahl des Absenders anders als im Poststempel? (Durch die geänderte Struktur der DP AG (z. B. Schaffung von Briefzentren) wird dieses Merkmal zunehmend hinfällig)

d) Adresse

- Ist die Adresse schlecht lesbar oder handschriftlich?
- Gibt es einen Zusatz: „Vertraulich“, „Persönlich“, „Privat“?
- Erfolgt die Titelangabe unkorrekt?
- Ist die Angabe eines Titels korrekt, aber die Namensangabe fehlt?

e) Form

- Ist die Adresse nicht am üblichen Platz?
- Werden bei Firmenpost keine Adressaufkleber verwendet?
- Ist die Schreibweise unüblich (z. B. Wortanfänge in Kleinschrift)?
- Gibt es auffallende Rechtschreibfehler bei gängigen Begriffen?
- Bestehen Unterschiede in der Schriftart zwischen Adresse und Absender?
- Ist die Aufmachung des Briefes anderweitig ungewöhnlich?

f) **Frankierung**
- Werden Briefmarken statt Firmenfreistempler (bei Firmenpost) verwendet?
- Ist eine eigenartige Frankierung feststellbar (z.B. viele Marken mit kleinem Wert)?
- Wurde die Postsendung über das notwendige Maß frankiert?

g) **Gewicht/Maße**
- Hat die Sendung ungewöhnlich hohes Gewicht im Vergleich zum Format?
- Ist die Gewichtsverteilung unregelmäßig?
- Fällt die ungewöhnliche Dicke des Umschlages auf?

h) **Verpackung**
- Wurde der Umschlag versteift?
- Ist die Verpackung ungewöhnlich stabil?
- Befindet sich eine übertriebene Sicherung an der Sendung (z.B. durch Klebestreifen, Schnur u.Ä.)?

i) **Sonstige Wahrnehmungen**
- Weist der Umschlag Verformungen oder Unebenheiten auf?
- Gibt es fühlbare Gegenstände (z.B. Metallteile, elastisches Material u.Ä.)?
- Sind ölige Flecken/Verfärbungen erkennbar?
- Gibt es herausragende Drähte/Metallfolie?
- Ist ein ungewöhnlicher Geruch (z.B. Marzipan-/Mandelaroma) wahrnehmbar?

Hinweis

Teilweise treffen mehrere dieser Merkmale zusammen. Ein einzelner Klebestreifen auf dem Umschlag muss also noch nicht auf eine Bombe hindeuten. Weder Hysterie noch Leichtfertigkeit sind angebracht.

Da die meisten Briefbomben einen Posttransport überstanden haben, lässt sich auch weiterer Schaden verhüten. Dazu dienen die folgenden Regeln:

1. **Panik verhindern!**
   - Keine unüberlegten Worte äußern, keine Hektik verursachen.
2. **Sendung ablegen!**
   - Aber keinesfalls in die Nähe von Telefonen, eingeschalteten Funkgeräten, Radios, Fax-Geräten, Mobiltelefonen o.Ä. (e-magnetische Impulse können die Zündung aktivieren); nicht in Schränke, Behältnisse; nicht in die Sonne oder die Nähe anderer Wärmequellen (z.B. Heizung); nicht ins Wasser.
3. **Gegenstand sachgemäß behandeln!**
   - Keinesfalls öffnen; nicht werfen oder stoßen; nicht heftig bewegen oder schütteln; nicht biegen oder brechen; nicht zusammendrücken; keine Schnüre, Bänder oder Drähte zerschneiden.
4. **Menschen aus der Gefahrenzone leiten!**
   - Den Raum, die Nachbarräume, ggf. das Gebäude verlassen; dabei hektisches Verhalten unterbinden.
5. **Gefahrenbereich sichern!**
   - Den Bereich absperren und jegliches Betreten verhindern. Wenn möglich, Fenster und Türen öffnen.
6. **Polizei informieren!**
   - Diese Meldung kann sehr wichtig sein – keine Angst vor „blindem Alarm".

Hinweis

Spielen Sie niemals den Helden oder „Sprengmeister". Lassen Sie nicht zu, dass andere sich zum „Sprengstoffexperten" aufschwingen.

5.3.3.3 Bioterroristische Anschläge

Der 11. September 2001 und nachfolgende Ereignisse (auch und gerade in Deutschland) haben die Sicherheitslage an jenen Orten verändert, an denen Poststücke angenommen werden. Postsendungen, die eine Gefahr von **bioterroristischen Anschlägen** in sich bergen, können eine Reihe von Verdachtsmomenten aufweisen, die denen von Briefbomben ähneln. Wesentliche **Merkmale** können sein:
- kein Absender,
- evtl. vom Ausland zugesandt,
- falsch geschriebene Worte in der Adresse/falsches Deutsch oder Englisch,
- unerwartete Zusendung,
- unsaubere oder verknickte Briefsendung,
- defekte oder fleckige Verpackung,
- besonders feste und/oder dickere Briefsendung,
- strenger Geruch,
- Entfärbungen oder Kristallbildung auf dem äußeren Papier.

Hinweis

An Arbeitsplätzen, an denen Poststücke geöffnet werden, darf nicht gegessen, getrunken und geraucht werden.

Unter Beachtung der Gefahr von bioterroristischen Anschlägen sind folgende **Empfehlungen** zu beachten:
- Alle Postsendungen sind mit erhöhter Aufmerksamkeit zu prüfen.
- Post ist – wenn angeordnet – so zu öffnen, dass darin enthaltene Stäube oder Pulver nicht aufgewirbelt oder verteilt werden. Vor Öffnung des Umschlages sollte das Gesicht abgewandt werden.
- Beim Öffnen von Poststücken sind ggf. Einweghandschuhe zu benutzen.
- Ggf. ist eine eng anliegende „partikelfiltrierende Halbmaske" vor Nase und Mund (oder Schutzkleidung) zu tragen.
- Schutzkleidung sowie Handschuhe und Masken sind vor Verlassen des Raumes in einem verschließbaren Behälter zu entsorgen.
- Nach Verlassen des Arbeitsplatzes sind die Hände mit Wasser und Seife zu waschen.

Wird beim Prüfen der Postsendungen ein **verdächtiges Stück festgestellt**, sind folgende **Maßnahmen** umzusetzen:
- Möglichst Ruhe zu bewahren, denn Aufregung schadet.
- Poststück nicht weiter berühren, nicht öffnen, sondern isolieren.
- Bei verdächtigem pulverförmigen Inhalt: nicht riechen, nicht schmecken, nicht berühren.

- Information an zuständige Aufsichtsperson/Vorgesetzte weitergeben (Polizei- bzw. Feuerwehreinsatz veranlassen).
- Personen, die das verdächtige Poststück gefunden haben, sollten sich innerhalb des Raumes bzw. im Umkreis von 5 m aufhalten und auf die Einsatzkräfte warten (zusätzlich Arzt hinzuziehen); Kontakt mit weiteren Personen vermeiden.

Hinweis

Personen, die mit verdächtigen Poststücken in Berührung gekommen sind, nicht über „Hintertüren" aus dem (ggf.) kontaminierten Raum herausführen. Sicherheitskräfte, die einen solchen „Freundschaftsdienst" leisten, gefährden sich selbst und ermöglichen die Gefährdung anderer. Außerdem verhindern sie u. U., dass den Betroffenen schnelle und professionelle Hilfe geleistet werden kann.

5.3.3.4 Geiselnahme

Den ersten Kontakt nehmen **Geiselnehmer** meist schon nach relativ kurzer Zeit (wenige Stunden oder Tage) auf. Grundsätzlich werden dabei folgende Forderungen/Postulate erhoben:
- Leistung (z. B. Geld) gegen Geisel,
- keine Polizei einschalten,
- Medien (Presse) nicht informieren,
- Aufforderung, einen Ansprechpartner (Unterhändler) zu benennen,
- präzise Erfüllung aller Ansprüche helfen (angeblich), Schaden von der Geisel abzuwenden.

Die Telefonate sind (um Rückverfolgung zu erschweren) in der Regel kurz. Deshalb müssen die Stellen, die einen solchen Anruf erhalten (z. B. NSL), möglichst viele Informationen – sowohl direkt (Angaben des Anrufers) als auch indirekt (z. B. Hintergrundgeräusche, Sprechgewohnheiten) – aufnehmen, dokumentieren und für die behördlichen Einsatzkräfte bereithalten.

Hinweis

Übermittelt werden dürfen ausschließlich „echte" Wahrnehmungen. Phantasievolle „Ergänzungen" schaden, weil sie irreführend sein können.
Beachten Sie auch die Verhaltenstipps, die zur Bombendrohung gegeben wurden.

Bei Bedrohungen können die Sicherheitskräfte – je nach Gefährdungsstufe – folgende zusätzliche **Anweisungen** erhalten:
- Aufmerksamkeit bei Streifengängen und Torkontrollen erhöhen,
- Ausweiskontrollen verschärfen,
- Besucherabfertigung mit besonderer Aufmerksamkeit durchführen,
- ggf. Besucher nicht einlassen,
- Streifentätigkeit intensivieren,
- Wachverstärkung und Bereitschaft organisieren,

- Werktore schließen, ggf. Einfahrt sperren,
- sicherheitssensible Punkte verstärkt kontrollieren,
- Fahrzeugkontrolle bei allen aus- und einfahrenden Kfz durchführen,
- Kofferraumkontrolle bei allen einfahrenden Kfz durchführen,
- Verladung/Entladung einstellen lassen.

Diese Festlegungen gehen in der Regel aus dem Gefahrenabwehrplan des Unternehmens/der Einrichtung hervor.

5.3.4 Verhalten bei demonstrativen Aktionen

Demonstrative Aktionen können z. B. im Rahmen des **Arbeitskampfes** eine Rolle spielen. Parteien des Arbeitskampfes sind Arbeitnehmer und Arbeitgeber, vertreten durch ihre jeweiligen Organisationen.

Arbeitsniederlegung (**Streik**) oder **Boykott** (Verweigerung der „Zusammenarbeit") sind Mittel des Arbeitskampfes. Das Streikrecht der Arbeitnehmer ist legitim und ein Individual- und Gruppenanspruch, um bessere Berufs- und Lebenslagen zu erwirken. Anlass eines Arbeitskampfes kann z. B. der termingemäße Ablauf eines geltenden Tarifvertrages sein und die darauf aufbauende Absicht, Vertragsbedingungen gravierend zu ändern. Die Arbeitskampfform (Streik) kann z. B. als Warnstreik, Bummelstreik (Dienst nach Vorschrift), Schwerpunktstreik oder Generalstreik eine Rolle spielen. Eine Arbeitseinstellung wird möglich, wenn sich 75 % der Gewerkschaftsmitglieder in geheimer Urabstimmung für eine Arbeitsniederlegung aussprechen.

Die **betriebliche Sicherungsorganisation**, insbesondere die Tätigkeit von Sicherheitskräften, leistet während des Streiks einen wesentlichen Beitrag für die Sicherheit des Unternehmens. Der Sicherheitsdienst zählt im Regelfall zur „Notbelegschaft" (wie auch Werkfeuerwehr und Sanitätsdienst). Diese Berufsgruppen sind aufgrund arbeitsvertraglicher Treuepflicht zum Notdienst verpflichtet. Rechtzeitige Absprachen zwischen Geschäftsleitung und Betriebsrat sowie Legitimationsmöglichkeiten des Notdienstes und Information der Belegschaft sind zweckmäßig.

Die **Tätigkeit** von Sicherheitskräften unterscheidet sich vom Grundsatz her nicht von der Aufgabenwahrnehmung im täglichen Dienstablauf. Sie orientiert sich am Generalauftrag (Sicherheit und Ordnung, Gefahrenabwehr, Schadensminimierung) und an der Aufgabenstellung nach der Dienstanweisung, z. B.:

- Tordienst,
- Streifendienst,
- Kurierdienst,
- Lotsendienst,
- Kontrolltätigkeit (z. B. Sicherheitskontrollen).

Sicherheitskräfte müssen ihre Handlungspflichten, Befugnisse und Handlungsgrenzen genauestens beachten und Objektivität und Sachkunde walten lassen, damit durch die „Notdiensttätigkeiten" keine Nachteile für Einzelne oder das Unternehmen entstehen.

Störende Handlungen (Aktionen, Demonstrationen, Drohungen) sind alle Vorkommnisse, die den ordnungsgemäßen Betriebsablauf beeinträchtigen oder die betriebliche Sicherheit gefährden. Auf den Verursacher kommt es dabei nicht an (Einzelperson, Gruppe, höhere Gewalt). Störende Handlungen müssen grundsätzlich ernst genommen werden. Sie sollen aus der Sicht der Störer auf angeblich bedrohliche Zustände oder Vorhaben aufmerksam machen, aber auch verunsichern, das Vertrauen in Unternehmungen, Sicherheitsorgane und Sicherheitsvorkehrungen erschüttern sowie den Betriebsablauf stören und Angst erzeugen.

Beispiele

Störende Handlungen können sein:
- Demonstrationen, Blockaden, Besetzungen,
- unbefugtes Eindringen, Hausfriedensbruch,
- Drohungen, Bombendrohungen, Brand,
- vorsätzliche Sachbeschädigungen, Sabotagehandlungen u. a.

Der Unternehmer ist für die Sicherheit und Ordnung im Betrieb verantwortlich. Insbesondere ist er verpflichtet, bei Ereignissen, die eine unmittelbare Gefahr für Beschäftigte oder Dritte bedeuten können, die zur Abwehr der Gefahr erforderlichen und geeigneten Maßnahmen vorzubereiten und durchzuführen. Dabei müssen die konkreten Zuständigkeiten und Verantwortlichkeiten geregelt und auf geeignete Mitarbeiter übertragen werden. Insbesondere **Alarmierungsabläufe** (Ablauf-, Alarm- und Einsatzpläne) stellen notwendige Informationsübermittlungen und Sofortmaßnahmen sicher und gewährleisten folgerichtiges Handeln.

Drohungen aller Art gehen häufig bei zentralen Stellen ein. Die zentralen Stellen (z. B. Feuerwehr, Telefonzentralen, Leitstellen) müssen über diese „Fallarten" entsprechende Alarmierungsabläufe und Ablaufpläne besitzen und auf dieser Grundlage ausgebildet/ unterwiesen sein.

Wichtige **Grundsätze** folgerichtigen und sachgerechten Handelns sind:
- Ruhe bewahren,
- Sofortmaßnahmen veranlassen,
- zuständige Stellen informieren,
- Provokationen und Konfrontationen möglichst vermeiden,
- sachliche Information, Aufklärung oder Diskussion anstreben (ggf. über vorbereitete Textansagen),
- alle Maßnahmen und Vorkommnisse nach ihrer zeitlichen Reihenfolge schriftlich und/oder fotografisch dokumentieren (Beweissicherung); s. hierzu auch Kapitel 5.3.3.

Mit Hilfe vorbereiteter **Checklisten** können im täglichen Dienstablauf (Streifendienst) bestimmte Bereiche fortlaufend kontrolliert werden, um Geländeabschnitte, Gebäudeteile, Räume und Wege schwerpunktmäßig begehen und Veränderungen besser erkennen zu können.

Zur Koordination aller erforderlichen Maßnahmen eignet sich ein **Krisenstab** (Einsatzleitung). Die Mitglieder sind:
- entscheidungsbefugter Vertreter der Geschäftsleitung,
- Leiter Unternehmenssicherheit,
- Vertreter der Presseabteilung,
- Vertreter betroffener Fachbereiche,
- Vertreter des Betriebsrates.

Dem Krisenstab obliegt insbesondere die **Anordnung** aller geeigneten und erforderlichen Maßnahmen sowie die Koordination der eingesetzten Kräfte. Der Unternehmer hat alle organisatorischen und technischen Voraussetzungen zu treffen, damit der Krisenstab seine Arbeit schnell und effektiv aufnehmen kann. Bis der Krisenstab zusammengetreten ist und Entscheidungen getroffen hat, müssen bestimmte Sofortmaßnahmen ohne ihn veranlasst werden. Nach diesem Zeitpunkt ist der **Krisenstab** für sämtliche **Entscheidungen** zuständig, wie etwa:

- Information der Unternehmens-/Geschäftsleitung und der Mitarbeiter,
- Anforderung von Hilfen und Personal,
- Information der Medien,
- Schutzersuchen an Polizei,
- Abstimmung der Vorgehensweisen,
- Anordnung von Selbsthilfemaßnahmen,
- Anweisung von Gegenmaßnahmen,
- Anweisung zur Anwendung einfacher Gewalt.

Hinweis

Mit dem Eintreffen der angeforderten Polizei geht die Leitung von Maßnahmen der Gefahrenabwehr auf diese über.

Abwehr- und Gegenmaßnahmen können zumindest „planungstechnisch" vorbereitet werden. Durch störende Handlungen gefährdete Einrichtungen sollten z.B. in einem Werklageplan, der einen ausreichend großen Ausschnitt des Umfeldes aufweist, dargestellt sein. Damit ist es möglich, Anmarschwege zum Betrieb, geeignete Plätze usw. rechtzeitig zu erkennen oder bekannt zu machen. Kritische Betriebsstellen sind in den Plänen besonders zu kennzeichnen, wobei Erreichbarkeit, Zugangsmöglichkeiten, Überwachung und betriebliche Besetzung mit bewertet werden müssen.

Im Vorlauf ist es wichtig, mögliche **Ansagetexte** an die Demonstranten, Blockierer oder Eindringlinge vorzubereiten.

Weitere Schritte der **Vorbereitung** können sein:

- Maßnahmen nach Alarm- und Einsatzplänen veranlassen,
- Bereitstellung von Absperrmaterialien,
- Verschluss von Gebäuden und Außenstellen,
- Schwerpunktobjekte sichern,
- „Reizobjekte" – wenn möglich – entfernen lassen,
- Bereitstellen von Löscheinrichtungen/-geräten,
- Vorbereitung von Zugangssperren,
- Einteilung von Beobachtungstrupps,
- Verstärkung der Eingangskontrollen und Streifentätigkeit,
- Besetzung von Lotsenstellen,
- Räumung bedrohter Bereiche.

Im Vorfeld von Aktionen soll das Sammeln von Informationen (unter Einschluss der Presseauswertung) **Erkenntnisse** liefern über:

- Ausrüstung, Sammelpunkte, Marschwege (möglicher Störer),
- Fahrzeuge und Kennzeichen,

- geplante Aktionen (Anmeldung von Demonstrationen),
- mitgeführte Plakate, Transparente,
- vorgesehene Zeiten, Objekte, Wege, Bereiche,
- Zahlen, Pläne und Ziele der Demonstranten,
- Zusammensetzung der Aktion nach Gruppen.

Über alle im Vorfeld gewonnenen Erkenntnisse ist der Krisenstab umgehend zu informieren.

Neben den üblichen Aufgaben sind bei störenden Handlungen eine Reihe von **zusätzlichen Aufgaben** zu übernehmen:

- Beobachtung, ob sich Demonstrantengruppen absondern,
- Betreuung/Begleitung von Fremdfirmenmitarbeitern und Besuchern,
- Beweissicherung und Dokumentation,
- eigene Statements (Presseabteilung) ausgeben,
- eigene Verstärkung in Lage und Situation einweisen,
- Einsammeln von Flugblättern, Stickern,
- Einschreiten bei Rechtsverstößen (Verhältnismäßigkeit der Mittel beachten; Abstimmung mit Krisenstab),
- Entfernen von Plakaten, Parolen, Schmierereien,
- Ersatzzufahrten und -ausfahrten überprüfen,
- Gegenblockaden, Absperrungen (Weisung Krisenstab!),
- Gruppensprecher der Demonstration erkennen und melden,
- Lenken der Demonstranten in ungefährliche Bereiche (nach Betreten des Betriebes),
- Lotsendienst für externe Hilfskräfte,
- Meldung von Veränderungen oder verdächtigen Anzeichen,
- Notieren von Transparenttexten und Sprüchen (besondere Reizthemen),
- Rollladen, Gitter herabsenken,
- Schlagbäume, Tore geschlossen halten,
- ständige Überprüfung der Kommunikationsmittel auf Funktionsfähigkeit,
- Umfeldbeobachtung (großräumige Überwachung des Umfeldes),
- Umfeldbestreifung und -sicherung,
- Umlenken der An- und Abfahrt von Mitarbeitern,
- Umlenkung der Mitarbeiter bei Schichtwechsel,
- Unternehmenssprecher kontaktieren (Pressebetreuung),
- verschärfte Zugangskontrolle,
- verstärkte Abschirmung/Sicherung gefährdeter Bereiche,
- Warnung an Demonstranten vor unbefugtem Betreten (nach vorbereiteten Textzetteln),
- zusätzliche Ausrüstung (Einsatzmittel) und Absperrmaterial bereithalten.

Beachte

Sicherheitskräfte dürfen nicht provozieren und dürfen sich auch nicht provozieren lassen. Drohungen und aggressive Tätlichkeiten sind zu vermeiden. Der Schutz von Leben und Gesundheit geht vor Sachwertschutz.

5.3.5 Ermittlungstätigkeiten und Verhalten am Tatort

Der betriebliche Ermittlungsdienst umfasst die Aufklärung und Bewertung von Vorgängen der **Betriebskriminalität**, die von Eigentumsdelikten bis zu Anschlägen/Sabotage (strafbare Handlungen), betrieblichen **Ordnungsverstößen** (Verstöße gegen alle innerbetrieblichen Vorschriften, z.B. Arbeitsordnung, Betriebsvereinbarungen, Unfallverhütungsvorschriften), Schadensaufnahmen aus verursachten **Sachschäden** und **Verkehrsunfällen** reicht. Diese Aufgaben übernimmt in der Regel erfahrenes und speziell qualifiziertes Personal aus der jeweiligen Sicherheitsorganisation. In der Dienstanweisung müssen **Zuständigkeit**, Handlungsgrenzen und Pflichten, z.B. **Einschaltung** der **Polizei** oder anderer Behörden, eindeutig festgelegt sein.

Bei Ereignissen ergeben sich häufig „beweiserhebliche" Tätigkeiten (z.B. Befragung von Zeugen bei Unfällen). Sicherheitskräfte sollten deshalb Grundkenntnisse im Ermittlungswesen aufweisen (Absicherung Tatort, Sicherung von Spuren gegen Zerstörung oder Wegnahme). Oftmals wird eine Streife/Interventionskraft als Erste am Tatort sein (oder dorthin gerufen werden) und muss dann mit der Arbeit am Tatort beginnen können.

Beachte

Der „**erste Angriff**" am Tatort ist von besonderer Bedeutung: „Vergessene" oder „zerstörte" Spuren sind unwiederbringlich!

Die Ermittlungstätigkeiten dienen der Beweissicherung um eine Wiederbeschaffung weggenommener Güter zu ermöglichen und der Feststellung des Verursachers um Schadensersatzansprüche zu realisieren. Ein weiteres Ziel der Ermittlungen ist die Wiederherstellung der rechtmäßigen Ordnung und der vorgeschriebenen Sicherheit im Betrieb (u.U. Beitrag zu gesundem Betriebsklima).

Die Ermittlungsarbeit beginnt mit der Arbeit am Tatort, speziell mit der Tatortbesichtigung. Der **Tatort** ist der Ort, an dem eine strafbare Handlung begonnen, fortgesetzt und beendet worden ist. Die dadurch bewusst oder unbewusst entstandenen Veränderungen am Ort der Tat und in der nächsten und nahen Umgebung sind die Spuren einer Tat, die gesichert werden müssen, damit ein Sachverhalt aufgeklärt werden kann.

Der **Tatort** ist also der Ausgangspunkt der Ermittlungen. Der Begriff Tatort ist fallbezogen enger oder weiter zu fassen:

- **Tatort im engeren Sinne** ist die Stelle, an der die Tat selbst verübt wurde.
- **Tatort im weiteren Sinne** ist jeder Ort, an dem im unmittelbaren Tatzusammenhang etwas geschehen ist (z.B. Abstellplatz des Fahrzeuges zum Abtransport des Diebesgutes).

Die am Tatort angetroffenen Verhältnisse können ein Bild der vergangenen Geschehnisse vermitteln und dadurch das Erkennen des Tatherganges ermöglichen. Voraussetzung dafür ist, dass am Tatort möglichst nichts verändert wird bzw. dass erfolgte oder notwendig werdende Veränderungen (z.B. Abtransport eines Verletzten) markiert werden.

Hinweis

Meldende eines Ereignisses sind anzuweisen, nichts zu berühren und zu verändern (Ausnahme z. B. Erste-Hilfe-Maßnahmen) und keine Unbefugten an den Tatort zu lassen. Dies sicherzustellen, ist die erste und entscheidende Maßnahme ermittelnder Sicherheitskräfte.

Die **Tatortbesichtigung** dient folgenden Zwecken:
- Überblick verschaffen,
- Abgrenzung des Tatortes (also die endgültige Tatortsicherung),
- Feststellung, was geschehen ist (z. B. Diebstahl, Sachbeschädigung u. Ä.),
- Feststellung nachträglich vorgenommener Veränderungen (z. B. durch Befahren oder Begehen, Wegwerfen oder Liegenlassen von Gegenständen),
- Weg des Täters zum und vom Tatort erkennen,
- ggf. eigene Spuren erkennen.

Hinweis

Es ist sicherzustellen, dass sich am Tatort nur Personen aufhalten, die ermittelnd tätig sind (Neugierige verweisen).

5.3.5.1 Sicherung von Beweismitteln

Die **Tatortbefundaufnahme** erfolgt von außen nach innen. Der Befund ist zu dokumentieren, z. B.:
- Fotografisch (in Übersichts- und Detailaufnahmen),
- zeichnerisch mit Spurenbild,
- mit Meldung und Bericht.

Hinweis

Vor Beginn der Tatortbefundaufnahme ist ein eigener Pfad zu legen (sog. „Trampelpfad"), der immer wieder benutzt wird und keine Spuren beschädigt.

Bei der Tatortbefundaufnahme müssen alle Einzelheiten festgehalten werden, damit bei der späteren Spurensicherung nicht in falscher Richtung ermittelt wird. Der aufgezeigte Ablauf ist einzuhalten. Abweichungen sind nur sinnvoll, wenn die Spurensicherung durch Witterungseinflüsse gefährdet erscheint.

Bei der **Beweissicherung** wird unterschieden zwischen:
- **Personenbeweisen** (z. B. Tätern, Tatverdächtigen, Zeugen, Auskunftspersonen, Sachverständigen, Opfern) und
- **Sachbeweisen** (z. B. Diebesgut, Tatwerkzeugen, Spuren).

Sogenannte **Haupttatsachen** stellen eine unmittelbare Verbindung zwischen Täter und Tat her. Dazu gehören (Beispiele):
- Aufgefundene Dokumente oder Urkunden,
- Aussagen von Augenzeugen,

- gesicherte Spuren aller Art,
- Selbstbezichtigungsschreiben nach einem Anschlag,
- sichergestelltes Diebesgut.

Daneben stehen die **Hilfstatsachen**, die nur mittelbare Zusammenhänge belegen, z. B.:
- ähnliche Vorgehensweise bei ähnlichen oder gleichen Delikten,
- Benutzung gleicher Wege und Werkzeuge,
- Handlungen unter gleichen Bedingungen (z. B. Tatort war unbeleuchtet, ungesichert, leicht erreichbar).

Zur Sicherung der **Personenbeweise** sind Personalien, ggf. auch amtliche Kennzeichen usw., festzuhalten, damit auch spätere Nachfragen und Befragungen (z. B. um weitere Tatzusammenhänge zu erkennen) möglich bleiben.

Oftmals sind **Unbeteiligte** (z. B. Entdecker) schon vor den Sicherheitskräften am Tatort. Auch dieser Personenkreis ist zu erfassen, um fragen zu können:
- Wie wurde der Tatort vorgefunden?
- Wurde etwas verändert?
- Wer hat Veränderungen warum vorgenommen? usw.

Spuren sind das fassbare Gegenständliche, das mit Sinnesleistungen oder speziellen Hilfsmitteln erkannt und aufgenommen und mit dem aufzuklärenden Vorfall in Verbindung gebracht werden kann. Die Bedeutung der Spuren liegt in ihrer **Beweiskraft**, denn die „stummen Zeugen“ sind objektiv und im Gegensatz zum „lebenden Zeugen“ nicht durch Gefühle oder Irrtümer geprägt. Spuren sind demnach zur Sachaufklärung von erheblicher Bedeutung.

Materielle Spuren können in verschiedene Gruppen eingeteilt werden:
- **Finger-/Handflächenspuren** (Papillarlinienmuster) entstehen durch Schweißabsonderung oder anhaftende Blut-, Fett-, Farb- und Schmutzteile bei Berührung von glatten Flächen oder Papier. Auf staubigen Flächen bilden sich diese Spuren durch „Abheben“ der Staubschicht an der berührten Stelle. Auf weicher Masse (Kitt, leicht angetrockneter Farbe) entstehen sie durch Eindruck und Abbildung in den Vertiefungen.
- **Schuh-/Fußspuren** entstehen durch Ab- oder Eindrücke des bekleideten oder unbekleideten Fußes. Die fortlaufende Reihe der Fußbilder ergibt das **Gangbild**. Der Abstand ist die Schrittlänge. Aus dem Gangbild erkennt man die Trittart (z. B. Fußspitzen gerade, einwärts oder auswärts gesetzt). Der Abstand der Abdrücke von der **Gehlinie**, d. h. der Richtungslinie zwischen den einzelnen Abdrücken (Gangbild), ist oftmals unterschiedlich.
- **Werkzeugspuren** können vorkommen als:
  - Formspuren (z. B. Eindrücke eines Hammers in zerschlagenen Gegenständen, Eindrücke eines Stemmeisens an aufgebrochenen Türen, Kratz- und Schartenspuren von bestimmten Werkzeugen als Muster an abgesägten Stellen, Bissstelle einer Zange),
  - Gegenstandsspuren (z. B. hinterlassene Tatwerkzeuge wie Beile, Zangen, Bolzenschneider usw.).
- **Fahrzeugspuren** werden durch alle nicht schienengebundenen Fahrzeuge (vom Lastkraftwagen bis zum Handwagen) verursacht. Die ein- oder abgedrückten Spuren kön-

nen Profile einer Gummibereifung sein. Die Fahrzeugart wird aus Radstand, Spurweite und Reifenstärke erkennbar. Sichergestellten Fahrzeugen können Materialspuren (Schmutz, Staub, Erde, Pflanzenteile usw.) anhaften.

- **Schmutz-, Staub-, Lack- und Farbspuren** (Berührungsspuren) sind kleinste Teilchen dieser Substanzen, die der Täter an den Tatort bringt (berufliche Tätigkeit des Täters bedingt z. B. Umgang mit Pulvern, Spänen, Staub, Ruß) oder vom Tatort mitnimmt (Erde, Lehm, Staub usw.). Augenfällige Berührungsspuren sind ein- oder wechselseitig übertragene Lackspuren oder -splitter bei Verkehrsunfällen.
- **Ein- und Abdrücke von Körperteilen** sind Spuren, die der Täter durch Eindrücke von Knie, Gesäß, Ellenbogen usw. verursacht. Bei solchen Spuren ist darauf zu achten, ob auch Gewebemuster eventueller Bekleidungsstücke mit abgebildet worden sind.
- **Biss-, Kratz-, Blut-, Sperma-, Sekretspuren** entstehen z. B. als Wunden oder Gebissabdrücke auf der Oberhaut oder als Ein- oder Durchbisse (Ähnliches gilt für Kratzspuren). Organische Spuren (durch Blut, Sperma, Sekret und Haare) machen eine besondere Behandlung durch Spezialisten erforderlich – DNA-Analyse.
- Weitere Spuren (Beweismittel) sind Schusswaffen- und Schussspuren sowie Spuren aus Glasbrüchen.

Wesentlich für die Ermittlungstätigkeit ist das Erkennen von **Trugspuren**, die von Unverdächtigen herrühren, also unbeabsichtigt gelegt worden sind (z. B. Fußspuren eines Entdeckers, Reifenspuren eines Schaulustigen, Blutspuren eines Helfers).

Fingierte Spuren legt der Täter absichtlich zu Täuschungszwecken (z. B. Briefkarte mit Daten eines anderen, Zurücklassung von Unterlagen mit Namen eines Kollegen).

Trugspuren, die in keinem Tatzusammenhang stehen, können zu falschen Schlüssen führen und müssen im Zuge der Ermittlungen ausgeschieden werden. Fingierte Spuren sind oftmals nicht sofort als solche zu erkennen. Auch sie sind sorgfältig zu sichern, um daraus später evtl. Rückschlüsse auf Eigenarten des Täters ziehen zu können.

Wesentlich ist, dass zwischen Spuren und Tat ein **Zusammenhang** erkannt wird. Aufklärungsmindernd kann es sein, wenn die Beweismöglichkeit einer Spur nicht erkannt wird und ihre Sicherung deswegen unterbleibt. Alle Spuren müssen ihrer Lage entsprechend am Tatort gekennzeichnet und fotografiert werden!

Hinweis

Um Beweismittel für Straftaten zu erlangen, können nachfolgende Verfahren eingesetzt werden: **Fangmittel** (z. B. Diebesfallen) sind im betrieblichen Bereich zulässig und sinnvoll, z. B. bei strafbaren Handlungen, die betriebliche Abläufe stören oder Mitarbeitern Schaden zufügen.
Diebesfallen eignen sich für die Aufklärung von Serienstraftaten in einem räumlich oder personell abgrenzbaren Bereich. In einem Bereich mit einzelnen, wenn auch ähnlichen Straftaten und starkem Personenverkehr versprechen sie kaum Erfolg. Die Betriebsleitung ist einzuschalten und hat über das Vorgehen zu entscheiden, denn vom Einsatz der Fangmittel kann ein umfangreicher Mitarbeiterkreis berührt sein. Beim Einsatz technischer Einrichtungen kann ein Mitbestimmungsrecht des Betriebsrates vorliegen. Fangmittel sind je nach Vorfall und Zweck auszuwählen.

5.3.5.2 Befragung

Die **Befragung** von Zeugen und Beschuldigten bzw. die Mitwirkung hierbei gehört ebenfalls zu den Aufgaben des Ermittlungsdienstes. Um die Zielvorstellungen zu verwirklichen, müssen bestimmte Grundprinzipien eingehalten und vor Beginn der mögliche Ablauf überlegt und skizziert werden. Die **Aussagetüchtigkeit** des Befragten muss gegeben sein.

Der **Befragende** soll höflich, sachlich, korrekt, aber bestimmt sein. Die Fragen sind so zu formulieren, dass sich der Befragte nicht als vorverurteilt vorkommt. Die Atmosphäre sollte möglichst ungezwungen sein.

Der **Befragte** ist mit dem Gegenstand seiner Befragung bekannt zu machen, muss aber im Einzelnen nicht wissen, welche Informationen, Tatsachen, Beweise vorhanden sind („die Katze nicht zu früh aus dem Sack lassen").

Hinweis

Es empfiehlt sich, das „Gespräch" zunächst mit Allgemeinem zu beginnen (z. B. Arbeitsstelle, Betriebszugehörigkeit, Familie, Nachbarschaft, Personalien, Wohnort). Damit kann Befangenheit abgebaut und erkannt werden, in welcher Weise der Betreffende am besten zugänglich ist.

Eine Befragung erfordert umfassende Kenntnisse über den zu ermittelnden Vorfall, gute Gesprächstechnik und taktisches Geschick. Der zu Befragende soll zu einer der Wahrheit entsprechenden Aussage veranlasst werden (**Aussageehrlichkeit**). Dazu ist ausreichend Informations- und Ermittlungsmaterial erforderlich, damit der Befragte ggf. widerlegt und zu einem Geständnis gebracht werden kann, um die vollwertige Aufklärung des Vorfalles zu erreichen.

Der Befragte sollte zunächst bewogen werden, selbst zur Sache zu erzählen. Dabei ist sein Redefluss möglichst nicht zu unterbrechen.

Zu beachten ist:

- keinen Zwang ausüben, um eine Befragung durchzusetzen oder bestimmte Aussagen zu erhalten,
- Befragung nicht ohne Einwilligung des Betroffenen durchführen,
- der Befragte muss Gelegenheit zu Einwänden haben,
- behauptete Unwahrheiten des Befragten widerlegen und deren Unrichtigkeit beweisen,
- bei Befragungen keine Mittel anwenden, die die Freiwilligkeit der Aussage beeinträchtigen (auch keine Beleidigungen),
- alle Zwangsmittel, ihre Androhung oder die Verabreichung enthemmender Mittel sind verboten,
- der Befragte darf nicht zur Unterzeichnung einer Befragungsniederschrift (Protokoll) gezwungen werden,
- keine amtliche Eigenschaft vortäuschen (z. B. sich als Polizeibeamter ausgeben).

Befragungen zur Sache sind für jede Person **einzeln** durchzuführen, damit z. B. ein Zeuge nicht durch die Aussagen eines anderen beeinflusst werden kann. Außerdem sind „Augenzeugen" und „Knallzeugen" unterschiedlich zu betrachten. Der **Augenzeuge** berichtet unter dem Eindruck eines erlebten Geschehens. Er soll durch geschickte Gesprächsführung zu einer wahrheitsgemäßen Ablaufdarstellung veranlasst werden (sofern er hierzu überhaupt verpflichtet ist). Der **Knallzeuge** ist erst am Ende eines Ablaufs (durch den „Knall“) auf das Geschehen aufmerksam geworden und wird für sich zunächst das Vorausgegangene rekonstruieren (wie sich der Vorgang abgespielt haben könnte). Dabei können „Denkfehler“ entstehen, die einer objektiven Ermittlung entgegenwirken.

Manche melden sich als „Zeugen“, obwohl sie nur von anderen etwas gehört haben. Sie geben in der Regel nur Gerüchte wieder.

Der Befragende muss die Befragung in einer **Niederschrift** protokollieren. Die Wiedergabe hat den tatsächlichen Aussagen des Befragten zu entsprechen. Dazu sind dessen Ausdrücke und Redewendungen festzuhalten; auch sollen Sprache und Gedanken des Befragten zum Ausdruck kommen.

Hinweis

Die Niederschrift ist so abzuschließen, dass kein Zweifel an der Freiwilligkeit der Befragung besteht. Als Abschluss sollten Formulierungen wie „Weitere Aussagen zur Sache kann ich nicht machen“ oder „Ich habe diese Aussagen freiwillig und ohne Zwang gemacht“ verwendet werden. Die Niederschrift ist abschließend vom Befragten und vom Befragenden zu unterschreiben.

5.4 Grundsätze der Eigensicherung

Die **Eigensicherung** umfasst alle Maßnahmen, die persönlich ergriffen werden sollten, um körperliche Schäden zu vermeiden. Eigensicherung ist keine Maßnahme, die nur für das Personal im Sicherheitsgewerbe gilt, sondern von allen Menschen immer und überall zu beachten ist.

Die Eigensicherung kann in mehrere Bereiche unterteilt werden. Es muss dabei auf die persönlichen Randbedingungen, die zutragende Kleidung, die mitgeführte Ausrüstung und die vorgegebenen Randbedingungen der auszuführenden Aufgabe geachtet werden. Für die beruflichen Tätigkeiten sind viele Maßnahmen der persönlichen Eigensicherung in den Unfallverhütungsvorschriften (z.B. DGUV Vorschrift 1, DGUV Vorschrift 23) beschrieben und gefordert (s. Kapitel 7 – Unfallverhütung).

5.4.1 Basismaßnahmen der Eigensicherung

Der Erfolg der persönlichen Eigensicherung hängt wesentlich davon ab, wie sich eine Sicherheitskraft grundsätzlich verhält.

Im Vorfeld sind folgende **Anforderungen** zu beachten:

- Wird auf die körperliche Fitness geachtet?
- Werden regelmäßig die zur Aufgabenerfüllung nötigen Fähigkeiten/Fertigkeiten geübt?
- Wird an Schulungen über die Aufgabenerfüllung teilgenommen?

Beim Antritt zum Dienst muss die Sicherheitskraft ihre **persönlichen Randbedingungen** einschätzen können. Über die nachfolgenden Fragen zur gesundheitlichen und psychischen Situation ist deshalb eine Aussage zu treffen:

- Bin ich fit oder schränken mich gesundheitliche Einflüsse sowie Medikamente ein?
- Bin ich ausgeschlafen und nicht übermüdet?

- Bin ich nüchtern oder habe ich noch Beeinträchtigungen von Restalkohol bzw. Drogengebrauch?
- Belastet mich ein unterschwelliger/aktueller Konflikt aus meinem privaten oder beruflichen Umfeld?

Die Sicherheitskraft muss sich auch über die erforderliche Kleidung und **Arbeitsmittel/ Ausrüstung** bewusst sein. Dabei stehen die nachfolgenden Fragen im Raum:
- Ist meine Kleidung für die Tätigkeit geeignet? – (z.B. festes Schuhwerk, berufliche Kleidung, Schutzhelm, qualifizierte Handschuhe, ...)
- Ist meine Kleidung der vorherrschenden Witterung angepasst? – (z.B. Regenfest, Kälte angepasst, ...)
- Habe ich, gemäß § 18 BewachV, meinen Dienstausweis/mein Schild sowie das zugehörige Personaldokument dabei?
- Habe ich Schreibzeug, Signalpfeife und Verbandspäckchen dabei?
- Sind die nach der allgemeinen bzw. objektbezogenen Dienstanweisung erforderlichen Einrichtungen, Ausrüstungen und Hilfsmittel im ordnungsgemäßen Zustand?
- Sind die nach der allgemeinen bzw. objektbezogenen Dienstanweisung erforderlichen Einrichtungen, Ausrüstungen und Hilfsmittel vollständig?
- Sind die nach der allgemeinen bzw. objektbezogenen Dienstanweisung erforderlichen Einrichtungen, Ausrüstungen und Hilfsmittel funktionsfähig?
- Bin ich an den erforderlichen Einrichtungen, Ausrüstungen und Hilfsmittel eingewiesen?

Die Sicherheitskraft muss sich auch über die **Aufgabenerfüllung** bei der anstehenden Tätigkeit bewusst sein. Dabei stehen die nachfolgenden Fragen im Raum:
- Ist mir das Schutzobjekt bekannt? – (erfolgte eine Einweisung gemäß § 9 DGUV Vorschrift 23)
- Wurde ich in die spezifischen Gefahren des Schutzobjektes eingewiesen? – (s. § 9 DGUV Vorschrift 23)
- Ist mir die aktuelle objektbezogene Dienstanweisung bekannt?
- Habe ich mich über die aktuelle Situation am Schutzobjekt nach dem Wachbuch/ Übergabebericht informiert?
- Sind mir die grundlegenden rechtlichen Vorschriften und Regelungen bewusst?
- Bin ich für die Tätigkeit richtig ausgebildet?

5.4.2 Eigensicherung bei der Durchführung von Bewachungsaufgaben

Bewachungsaufgaben gliedern sich in **Kontrollen** und **Hilfeleistungen**. Die Kontrollen erstrecken sich auf Personen, Fahrzeuge, Sachen oder Zustände. Hilfeleistungen sind in Unglücks- oder Schadensfällen, die Maßnahmen bei einem ersten Angriff oder unterstützende Mithilfe.

Die Sicherheitskraft hat bei der Durchführung von Bewachungsaufgaben:
- stets ein gesundes Misstrauen zu wahren (zurückhaltend und argwöhnisch bleiben),
- immer überlegt vorzugehen (was kann – was darf getan werden?),
- sich nicht ablenken zu lassen (konzentriert bleiben, die Situation vor dem Handeln abschätzen),

- zu Personen oder Sachen Abstand zu halten (etwa zwei Doppelschritte – das schafft Raum und Zeit für eigene Gegenreaktionen),
- immer den ungünstigsten Fall anzunehmen,
- jedes Eingreifen abzusichern (Beobachten – Melden – nicht allein handeln).

Beachte

Die größten „Feinde" der Eigensicherung sind Sorglosigkeit und „blinde" Routine! Immer muss der Sicherheitskraft bewusst sein, eine der wichtigsten Maßnahmen der Eigensicherung ist das Melden!

Es gelten folgende **Grundregeln der Eigensicherung:**

1. **Augen, Ohren und Nase stets offenhalten** (aufmerksam nach allen Seiten beobachten und auf Geräusche und Gerüche achten).
2. **Funkverbindung** halten und melden,
   - jede Unregelmäßigkeit,
   - jede erkannte Gefahr,
   - jedes von der Dienstanweisung abweichende Handeln mit Angabe des Grundes.
3. **Streifenwege nicht verlassen** (wenn es die Dienstanweisung sowie die Bedingungen erlauben, sollten die Kontrollzeiten/Kontrollreihenfolge laufend geändert werden, damit die Tätigkeit des Sicherheitsmitarbeiters „unberechenbar" bleibt).
4. **Nie überhastet und unüberlegt vorgehen** (Situation beachten – Lage beurteilen – handeln).
5. **Riskantes „Draufgängertum" vermeiden,**
   - in unübersichtlichen Situationen nicht allein handeln,
   - in kritischer Lage (z. B. offensichtliche eigene Unterlegenheit) zurückweichen und Verstärkung anfordern.
6. **Ortskenntnisse nutzen** (Ausnutzen vorhandener Deckungen – Bauten, Bäume, Schatten usw.).
7. **Umfeld beobachten** (z. B. abgestellte „fremde Fahrzeuge", beobachtende Personen).
8. Besondere **Vorsicht** walten lassen,
   - bei Personen (möglichst nicht den Rücken zu drehen),
   - bei Dunkelheit,
   - an unbekannten Orten,
   - bei unübersichtlicher Umgebung.
9. **Nie unüberlegt Hilfe leisten** (es könnte auch eine Falle sein), aber notwendige Hilfeleistung nicht unterlassen.

5.4.2.1 Eigensicherung bei Personenkontrollen

Für alle an einer **Personenkontrolle** beteiligten Personen muss die Durchführung verkehrssicher und störungsfrei erfolgen. Der Platz der Kontrolle muss:

- von der Sicherheitskraft vollkommen eingesehen und überblickt werden können,
- außerhalb des fließenden Kfz- bzw. Personen-Verkehrs liegen.

Zu Beginn der Kontrolle hat sich die Sicherheitskraft durch **Vorzeigen** des **Ausweises** zu legitimieren und den Anlass zur Kontrolle anzugeben. Dabei sind eventuelle Wünsche oder Forderungen seitens der Sicherheitskraft deutlich zu formulieren.

Eine Kontrolle erregt nicht nur Wohlwollen bei Betroffenen oder Dritten. Dies kann im ungünstigsten Falle zu Eskalationen führen! Dies gilt insbesondere, wenn strafbare Handlungen der Anlass zu einer Kontrolle sind.

Wichtig

Droht die Situation möglicherweise zu eskalieren ist das weitere Handeln über eine personelle Verstärkung abzusichern. Auf Situation und Stimmung achten und rechtzeitig melden und Verstärkung anfordern; niemals un(ab)gesichert im Alleingang gegen eine „Übermacht" der Verursacher, Tatverdächtigen oder Täter angehen.

Bei **Tatverdächtigen** ist stets das „Täterverhalten" zu überprüfen (z.B. Reaktionen des Gegenübers) und zu beurteilen (z.B. „nervös, weil gestellt" oder „eiskalt auf Chance lauernd"). Bei Verdachtskontrollen nicht alleine handeln (z.B. Absicherung durch Zeugen). Bei Situationen mit „Personenkontakt" (z.B. Verursacher, Verdächtige usw.) umgehend mit Notruf- und Serviceleitstelle Kontakt aufnehmen, melden und mithören lassen.

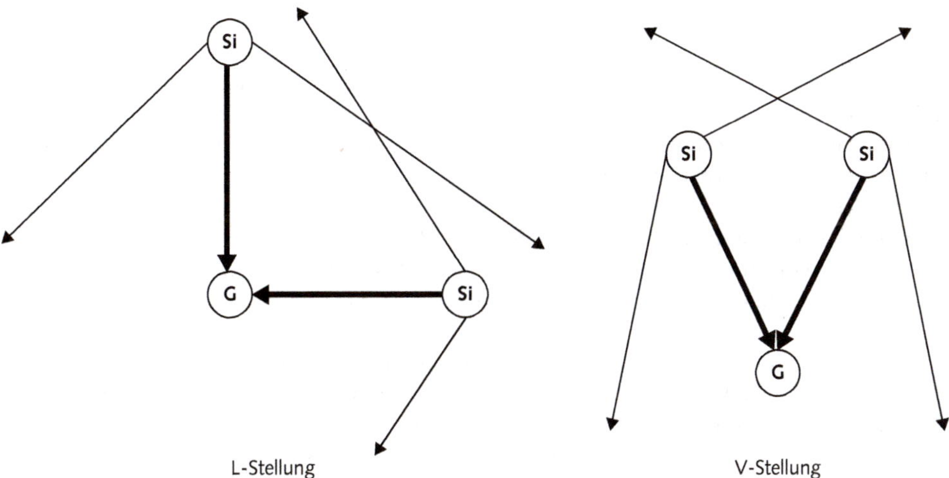

Abbildung 8: Stellung gegenüber der zu kontrollierenden Person [v. Holleuffer-Kypke].

Als Position gegenüber der zu kontrollierenden Person [G] hat sich für eine Sicherheitskraft [Si] ein Abstand von etwa zwei Armlängen von Angesicht zu Angesicht als günstig erwiesen. Sind zwei Sicherheitskräfte an der Personenkontrolle beteiligt, hat sich die L-Stellung oder V-Stellung [Abbildung 8] als am sichersten erwiesen. Es bietet sich hier ein großes Sichtfeld (zwischen den dünnen Pfeilen) und ein direktes Ansprechen und Eingreifen (schwarzer Pfeil) an, ohne den Kontakt zum Kollegen zu vernachlässigen.

Bei der Kontrolle von Personen gelten folgende **Grundregeln**:
- Kehre Verdächtigen nie den Rücken zu!
- günstigen **Standort** wählen (er sollte die Eigensicherung gewährleisten und den Einsatz von Hilfsmitteln zulassen),
- **höflich**, aber **bestimmt** auftreten (sich durchsetzen),
- **Gutgläubigkeit** vermeiden (Vorsicht, Falle möglich!),
- mit **Gewalttätigkeit** rechnen (auch bei „harmlosen“ Anlässen kann der Kontrollierte gewalttätig werden),
- **Reaktionen** beobachten (alle Personen im Auge behalten, nicht ablenken lassen),
- mit **Verdächtigen** besonders vorsichtig umgehen (den Verdächtigen zu sich heranrufen bzw. an einer übersichtlichen/beleuchteten Stelle warten lassen).

Hinweis

Sicherheitskräfte müssen deeskalierend wirken (nicht provozieren und nicht provozieren lassen), sachlich bleiben und Aussagen nur zur eigentlichen Sache tätigen (z. B. Situation erläutern: Kontrollgrund). Dazu gehören auch ruhige, gelassene (keine hektischen) Bewegungen.
Sprache, Ton, Lautstärke müssen angemessen gehalten werden (kein „Kommandoton“). Konflikte sind möglichst dadurch zu entschärfen, dass Beleidigungen zunächst „überhört“ werden (nicht aggressiv werden, nicht Gleiches mit Gleichem vergelten).

5.4.2.2 Eigensicherung bei Fahrzeugkontrollen

Die Maßnahmen zur **Eigensicherung** sind **bei** einer **Fahrzeugkontrolle** zum größten Teil übereinstimmend mit den Maßnahmen der Eigensicherung bei einer Personenkontrolle. Für alle an einer **Fahrzeugkontrolle** beteiligte Personen muss die Durchführung verkehrssicher und störungsfrei erfolgen.

Der Platz der Kontrolle muss:
- von der Sicherheitskraft vollkommen eingesehen und überblickt werden können,
- außerhalb des fließenden Kfz-Verkehrs liegen, d. h. vor oder hinter der geschlossenen Torschranke bzw. auf einer Abstellfläche neben der Fahrbahn sein.

Dem Fahrzeugführer ist deutlich die Absicht zu einer Kontrolle mittels Verkehrsregelungsstab (Polizeikelle) bzw. eine geschlossene Torschranke/ein geschlossenes Tor bei der Einfahrt anzuzeigen und anschließend ein Kontrollplatz anzuweisen.

Die Sicherheitskraft sollte am besten auf der **Beifahrerseite** an das Fahrzeug herantreten. Dabei **Abstand** zum Fahrzeug halten und nicht auf das Trittbrett steigen oder gar sich ins Fahrzeug hinein beugen. Durch Vorzeigen des **Ausweises** hat sich die Sicherheitskraft nun zu legitimieren und den Anlass zur Kontrolle anzugeben. Dabei sind eventuelle Wünsche oder Forderungen seitens der Sicherheitskraft deutlich zu formulieren.

Der Motor sollte vom Fahrer möglichst abgestellt und der Schlüssel abgezogen werden, damit eine bessere Kommunikation stattfinden kann und ein „Durchstarten“ verhindert wird. Sollten Fahrer und eventuell weitere Mitfahrer aussteigen, so haben die Personen das Fahrzeug einzeln und nacheinander zu verlassen. Bei einer nun folgenden Personenkontrolle sind die Maßnahmen **Eigensicherung bei Personenkontrolle** zu beachten (s. Kapitel 5.4.2.1).

5.4.2.3 Eigensicherung bei Zustandskontrollen

Eine der wichtigsten Maßnahmen zur **Eigensicherung bei Zustandskontrollen** ist die Durchführung mit „wachen Sinnen". Augen, Ohren und Nase sind stets offen zu halten, um Veränderungen mit sicherheits- oder sicherungsbedeutsamen Einfluss zu erkennen (z. B. flackerndes Licht, ungewöhnliche Geräusche, stechender Geruch).

Liegt der Verdacht eines sicherheits- oder sicherungsbedeutsamen Ereignisses vor, ist umgehend eine **Meldung** abzusetzen, damit die Zentrale Kenntnis erhält und weitere Maßnahmen abgesprochen werden und ggf. anlaufen können (was ist zu tun, gibt es Unterstützung durch weitere Sicherheitskräfte oder hoheitliche Kräfte?).

Räumlichkeiten sollten erst betreten werden, wenn feststeht, dass keine erhöhte Gefährdung besteht. Bei Betreten ist unverzüglich das Licht einzuschalten, damit die Sicherheitskraft sich einen schnellen Überblick über die Situation verschaffen kann. Bei Verdacht auf ein ausgebrochenes Feuer oder die Anwesenheit „unbefugter Personen" ist die Räumlichkeit nicht zu betreten.

5.4.2.4 Eigensicherung bei Sach-/Warenkontrollen

Bei **Sach-/Warenkontrollen** ist ebenfalls eine der wichtigsten Maßnahmen zur Eigensicherung die Durchführung mit aufmerksamen Sinnen (s. Ausführungen soeben). Im Einvernehmen mit der Zentrale sind von der Sicherheitskraft im Ereignisfall die weiteren Maßnahmen abzusprechen.

Besonders wichtig ist die Eigensicherung beim Auffinden/Feststellen von **verdächtigen Gegenständen** (z. B. sprengstoffverdächtige Gegenstände). Gegenstände, die entdeckt werden, nicht sofort handgreiflich untersuchen! Sie sind zunächst berührungslos in Augenschein zu nehmen! Deshalb müssen Erkennungsmerkmale sowie das Verhalten und Sicherungsmaßnahmen nach einem Fund genau bekannt sein.

Beachte

Die Einstellung „das kann nichts Weltbewegendes sein, das weiß ich aus Erfahrung" kann in diesen Situationen im wörtlichen Sinne unerwartete Folgen haben (Informationen hierzu s. Kapitel 5.3.3).

5.5 Meldungen und Berichte

Auf Grund seiner Garantenstellung (s. Kapitel 4.3.1.1) ist das Sicherheitspersonal zur Mithilfe verpflichtet in den Bereichen:

- Arbeitsschutz,
- Brandschutz,
- Datenschutz,
- Diebstahlsschutz,
- Eigentumsschutz,
- Mitarbeiterschutz,
- Sabotageschutz,
- Umweltschutz,
- Unfallschutz.

Diese Mithilfe muss auch in den Dienstanweisungen deutlich ausgeführt sein. Die Verpflichtung erstreckt sich dabei vornehmlich auf Kontrollen, also einen SOLL/IST-Vergleich (z. B. ein Mitarbeiter sollte im Lagerbereich einen Schutzhelm tragen, er trägt aber keinen; die Eingangstür sollte verschossen sein, sie ist es aber nicht). Jede Abweichung stellt einen sicherheits-, sicherungs-, ordnungswidrigen Zustand oder Mangel dar und ist zu dokumentieren. Die **Dokumentation** hat auch bei einer scheinbaren „Kleinigkeit" zu erfolgen; denn eine „versäumte/unterlassene" Meldung kann zur „Katastrophe" führen.

Für das Erstellen von Meldungen oder Berichten sind drei **Grundregeln** zu beachten:

- Chronologie einhalten (zeitliche Abfolge exakt wiedergeben),
- keine Wir-Form verwenden (Personen benennen – z.B.: „Sicherheitskraft Müller", Ich-Form usw.),
- keine Passiv-Form benutzen („aktive Darstellung" – z.B.: „Ich schloss den Hauptschieber ...").

In einer **Meldung** werden die ersten Wahrnehmungen, Feststellungen, Beobachtungen niedergelegt, sie kann mündlich (Funk, Telefon) bzw. schriftlich (z.B. Wachbuch, Fax) erfolgen. Wurde keine negative Abweichung festgestellt, so ist dies bei Abschluss der Kontrolle ebenfalls durch eine Information mit dem Inhalt „keine besonderen Vorkommnisse" zu dokumentieren. Eine Meldung ist ein Arbeitsnachweis und kann im Ernstfall entlasten.

Die primäre Dokumentation erfolgt durch die Meldung an eine zentrale Stelle (z.B. Alarmzentrale, Anmeldung, Pforte, etc.), wo sie in schriftlicher Form gesammelt werden.

Hinweis

Solange das gemeldete Ereignis nicht abgearbeitet ist, muss die Meldung als offene Meldung in einer Wiedervorlage gehalten werden. Ob aus der Meldung ein Bericht wird, hängt von der Bedeutung des sicherheits-, sicherungs-, ordnungswidrigen Zustands oder Mangels ab.

Für Meldungen und Berichte ist ein ereignisbezogener und sachgerechter „**Verteiler**" für die empfangenden Stellen der Meldung/des Berichtes festzulegen; z.B.:

- **innerbetrieblich**: Arbeitsmedizin, Betriebsleitung, Betriebsrat, Fachabteilungen, Gefahrgutbeauftragte, Personalabteilung, Rechtsabteilung, Sicherheitsabteilung, Sicherheitsbeauftragte, Technische Dienste, Werkschutzleitung, Werkfeuerwehr,
- **außerbetrieblich**: Berufsgenossenschaft, Feuerwehr, Gewerbeaufsichtsamt, Polizei, Rettungsdienste, Stadt- oder Gemeindeverwaltung (Katastrophenschutz).

5.5.1 Die Meldung

Die **Meldung** ist eine:

- Kurz- oder Erstinformation über einen Sachverhalt,
- zu einem sicherheits-, sicherungs-, ordnungswidrigen Zustand
- oder Mangel allgemeiner Art.

Die Meldung kann erfolgen von:

- einer Sicherheitskraft in Ausübung der Sicherheitstätigkeit,
- Betriebspersonal zur Bekanntgabe eines Zwischenfalls oder Ereignisses,
- Besuchern des Betriebes zur Bekanntgabe eines Zwischenfalls oder Ereignisses,
- Dritten, die etwas „Merkwürdiges" festgestellt haben.

Die Meldung ist deshalb die Grundlage für zu ergreifende (Gegen-)Maßnahmen bei Eintritt eines Zwischenfalls, (Schadens-)Ereignisses, um Schadensminimierung zu gewährleisten. Für eine Meldung sollte nach dem Schema der **„7 goldenen W"** vorgegangen werden. Deswegen ist es zweckmäßig einen Meldevordruck zu verwenden, in dem diese abgefragt werden.

- **Wann** ist etwas geschehen? (Wochentag, Datum, Uhrzeit)
- **Wo** ist etwas geschehen? (Angabe des Ereignisortes mit Ort, Straße, Hausnummer, Gebäude-/Grundstücksart, Etage)
- **Was** ist geschehen? (Beschreibung des Sachverhaltes des Ereignisses, Mangels, Schadens, Vorfalls, Vorkommnisses)
- **Wer** ist beteiligt? (Angabe der Personendaten der Geschädigten, meldenden Personen, Täter, Verursacher, Zeugen)
- **Wie** stellt sich der Vorgang dar? (Beschreibung der Ereignisse/Umstände nach Ablauf, Hergang, Verhalten, Zustand)
- **Womit** wurde das Vorkommnis ausgelöst oder begangen?
  (benutzte Gegenstände, Geräte, Sachen, Waffen, Werkzeuge, usw.)
- **Warum** ist etwas geschehen? (verursachende Fakten, Motive, Umstände, z.B. Fahrlässigkeit, Fehlverhalten, Sorglosigkeit, Vorsatz)

Zu beantworten sind aber nur die W-Fragen, zu denen Informationen vorliegen. Die Antwort hat vollständig, korrekt, sachlich, kurz und verständlich zu sein. Vermutungen oder Verdachtsmomente sind zu unterlassen; sind sie jedoch im Einzelfall erforderlich, sind diese interpretierenden Fakten auch als solche zu kennzeichnen.

Damit eine Meldung auch von einem Dritten verstanden werden kann, sollte sie folgenden formalen **Aufbau** besitzen:

1. Adressat (an wen geht die Meldung?)
2. Absender (von wem wurde die Meldung verfasst?)
3. Bezug oder Überschrift (worum geht es?)
4. Text (Inhalt)
5. Datum (wann wurde die Meldung geschrieben?)
6. Unterschrift (des Verfassers)
7. Verteiler

Beachte

Der **Merksatz** für die Gestaltung von Meldungen lautet:
WER hat WANN, WO, WAS, WIE, WOMIT, WARUM getan?

Meldungen müssen vollständig, sachlich und korrekt sein. Sie sollen ein klares, objektives Bild ohne persönliche Färbung vermitteln, denn auf ihnen beruht die weitere Vorgangsbearbeitung. Subjektiv „eingefärbte" Darstellungen können die Realität verfälschen und in eine falsche Richtung lenken.

5.5.2 Der Bericht

Der **Bericht** ist eine Dokumentation über einen sicherheits-, sicherungs-, ordnungswidrigen Zustand oder Mangel, bei dem mit Schadenersatzansprüchen zu rechnen ist; d. h. es muss ein Anspruch seitens des Auftraggebers rechtssicher belegt oder der Anspruch eines Dritten eventuell abgewehrt werden. Der Bericht dient auch dazu, betriebliche Mängel aufzuzeigen und zu deren Behebung beizutragen (s. Kapitel 13.1 Qualitätsmaßstäbe der Sicherungstätigkeit).

Der Bericht baut auf der Meldung auf, wobei der Sachverhalt detailliert beschrieben und mit Aussagen von Betroffenen, Zeugen, Fachleuten oder Fachwissen ergänzt sowie die veranlassten Maßnahmen und deren Auswirkungen dargestellt werden. Damit sollen Hintergründe und Zusammenhänge aufgezeigt werden, um möglichst ein umfassendes und übersichtliches Bild zu erstellen. Kann das Ereignis nicht innerhalb einer überschaubaren Zeitspanne abschließend beschrieben werden, kann ein **Zwischenbericht** notwendig werden, bevor der eigentliche Abschlussbericht erstellt werden kann.

Neben der Dokumentation von Schadensersatzansprüchen ist ein Bericht auch erforderlich, wenn es gesetzliche Meldeverpflichtungen für ein Ereignis gibt (z. B. Betriebsunfall, Brand, Gefahrgutunfall, etc.).

5.5.3 Das Protokoll

Das Protokoll ist eine förmliche Niederschrift, in der die wesentlichen Fakten über eine Sitzung, Versammlung oder Verhandlung festgehalten werden. Dabei gibt es folgende Varianten:

Ergebnisprotokoll

Im Ergebnisprotokoll werden während der Sitzung nur die wesentlichen Beschlüsse und Informationen dokumentiert. Die Sachverhalte der einzelnen TOPs werden dabei kurz und sachlich beschrieben.

Die Variante Ergebnisprotokoll ist zu empfehlen, wenn die Sicherheitskraft die Aufgabe des Schriftführer in einer Sitzung oder Verhandlung übernommen hat. Es bildet eine verlässliche Grundlage für alle nachfolgenden Maßnahmen, besonders wenn bei der Sitzung Personalangelegenheiten besprochen wurden.

Gedächtnisprotokoll

Das Gedächtnisprotokoll ist in der Regel ein Ergebnisprotokoll, welches nach der Sitzung erstellt wird. Die Variante ist zu wählen, wenn kein offizielles Protokoll von einer Sitzung oder Verhandlung zu erwarten ist.

Gesprächsprotokoll

Das Gesprächsprotokoll wird während der Sitzung erstellt und enthält alle Redebeiträge mit ihren Rednern. Ein Gesprächsprotokoll ist anzufertigen, wenn im Rahmen einer Ermittlung Betroffene oder Zeugen von der Sicherheitskraft befragt werden; denn hier sind die wörtlichen Aussagen der befragten Person wichtig.

5.5.4 Meldungen und Berichte bei besonderen Ereignissen

Gegenstand einer Meldung können beispielsweise folgende Feststellungen sein:
- mangelhafte Dienstanweisung, Alarm- und Einsatzpläne,
- mangelhafte Sicherungseinrichtungen oder Sicherungstechnik,
- fehlerhafte Fluchtwegkennzeichnung, mangelhafte Notbeleuchtung,
- aufgekeilte Brandabschnittstüren, Rauchabschnittstüren,
- eingeengte Flucht- und Rettungswege,
- verschlossene Notausgänge oder fehlende Panikverschlüsse,
- Manipulation an Sicherheitseinrichtungen (z. B. Feuerlöschern, Notausgängen, Rettungstragen),
- Mängel allgemeiner Art in Betriebsbereichen,
- sicherheitstechnisch nicht einwandfrei geregelte Arbeitsabläufe,
- sicherheitstechnisch nicht einwandfrei verpackt, gekennzeichnete Gefahrstoffe,
- unvorschriftsmäßige persönliche Schutzausrüstung,
- Nichteinhalten von Unfallverhütungsvorschriften,
- mangelhafte Betriebssicherheit von Fahrzeugen, Maschinen,
- Schäden an Betriebsmitteln (Arbeitsgeräten, Gebäuden, Werkstätten),
- unvorschriftsmäßige Absicherung von Unfall-, Schadens- oder Baustellen,
- nicht ordnungsgemäße/mangelhafte Sicherung (von Kassen, Lagern, Sicherheits- und Sprinklerzentrale usw.),
- mangelhafte/fehlende Reaktion auf Mängelberichte,
- Unbekannte/Unberechtigte im Betriebsgelände (z. B. Personen, Fahrzeuge),
- Mängel oder Schäden an Verkehrseinrichtungen, fehlende Beschilderung,
- unvorschriftsmäßige Kennzeichnung von Gefahrguttransporten,
- Verstöße gegen vorgegebene Auflagen (z. B. bei Ladungen),
- Verstöße gegen Verkehrsvorschriften.

Besondere Bedeutung kommt **„telefonischen" Meldungen** (Vorausmeldungen) zu bei:
- verletzten Personen, Brand, Explosionen,
- Drohungen und Bombendrohungen,
- vorsätzliche Sachbeschädigung/Vandalismus, Spray- und Klebeaktionen,
- Demonstrationen und Flugblattverteilungen,
- Aktivitäten von hoheitlichen Behörden (z. B. Polizei, Staatsanwaltschaft, Zoll),
- Feststellung von Ausspähungen,
- Medienauftritten.

Geht es um einen **Gefahrgutunfall** ist nach folgendem Schema zu melden (Gefahrgutunfallmerkblattbuch).

Name	des Meldenden
Wo	ist der Unfall passiert? (Ortsangabe, Straße von … nach/km-Angabe)
Was	ist passiert? (Verkehrsunfall, verletzte Personen, ist die Ladung frei oder droht sie, frei zu werden, Zwischenfall, z. B. undicht gewordene Verpackung)
Welche	Produkte? (Sind auf der Beförderungseinheit geladen; sind ausgetreten, sind evtl. von der Ladefläche herabgefallen – Hinweise auf Gefahrgut – Gefahrnummer, Stoffnummer, Gefahrzettel …)

Abbildung 9: Gefahrgutunfallmerkblattbuch [v. Holleuffer-Kypke].

Beispiel einer Meldung und des nachfolgenden Zwischenberichtes:

Meldung 403/14 (Schicht B) – Objektschutz – 10.03.2018	
Wann?	Montag, 10.03.2018 – 00:15
Wo?	Objekt B, Außenzaun, 80 m ostwärts Tor 1
Wer?	Eine oder mehrere unbekannte Personen
Was?	Beschädigungen des Maschendrahtzaunes; Maschendraht und Spanndraht sind niedergedrückt
Warum?	Motiv und verursachende Umstände bisher unbekannt.
	Unterschrift: Siegfried Sorgsam, Objektschutz (Schicht B) Verteiler: Firmenvorstand, Rechtsabteilung, Leiter Objektschutz Ablage: Alarmzentrale

Bericht zur Meldung 403/14 (Schicht B) – 10.03.2018 (1. Zwischenbericht)

Am Montag, den 10.03. 2018, 00:15 Uhr meldete die Streife (Siegfried Sorgsam, Objektschutz SF 2) von Objekt B, dass der Außenzaun, 80 m ostwärts Tor 1, beschädigt ist (Maschendraht und Spanndraht sind niedergedrückt).

Durch die Alarmzentrale wurde der Schichtleiter zur weiteren Ermittlung eingesetzt.

Nach der vorliegenden Spurenlage (Erdanhaftungen am Maschendraht; Fußspuren innerhalb und außerhalb, Reifenspuren außerhalb der Einfriedigung) haben unbekannte Täter vermutlich mehrere Gegenstände aus dem oder in das Firmengelände verbracht. Diverses Verpackungsmaterial (Kartonteile, Papierfetzen) konnte innerhalb und außerhalb des Geländes festgestellt werden (Anlage fotografische Aufnahme der Spuren).

Da gemäß der Spurenlage der Verdacht auf eine vorliegende Straftat besteht, wurde durch die Alarmzentrale gemäß Meldeplan der Dienstanweisung um 01:00 Uhr die Firmenleitung und die Polizei informiert.

Der Tatort wurde innerhalb des Geländes abgesperrt.

Die Ermittlung durch die Polizei (POM Müller und PM Krause) wurde um 01:45 Uhr aufgenommen (Az 1145/18).

Unterschrift: Fred Muster, Alarmzentrale (Schicht B)
Verteiler: Firmenvorstand, Rechtsabteilung, Leiter Objektschutz
Ablage: Alarmzentrale

Abbildung 10: Meldung und Zwischenbericht [v. Holleuffer-Kypke].

Meldungen und Berichte müssen erfasst, registriert und statistisch ausgewertet werden. Damit ist eine Grundlage zum Erkennen von Schwerpunkten (z. B. Tatzeit- und Tatortanalyse) und zur Festlegung von Prioritäten (z. B. zielgerichtete Abwehr- und Sicherungsmaßnahmen) gegeben. Oftmals werden in Meldungen und Berichten persönliche Daten erfasst. Somit sind im Berichts- und Meldewesen, insbesondere wenn die Datenverarbeitung softwaregestützt erfolgt, die Datenschutzbestimmungen der DSGVO und des BDSG zu beachten (s. Kapitel 4.4).

6. Brandschutz

6.1 Grundsätze des Brandschutzes

Ein ganzheitliches **Brandschutzkonzept** (vgl. Abbildung 1) ist nur dann wirksam, wenn die darin integrierten vorbeugenden, abwehrenden, baulichen, anlagentechnischen und organisatorischen Brandschutzmaßnahmen

- risikogerecht geplant und aufeinander abgestimmt,
- ordnungsgemäß ausgeführt sowie
- regelmäßig gewartet und instandgehalten werden.

Die gesetzliche Pflicht für den Brandschutz im Betrieb obliegt dem **Unternehmer**. Sie ergibt sich u. a. aus den Vorschriften des Arbeitsschutzgesetzes (ArbSchG), dem Bauordnungsrecht (z. B. Landesbauordnungen), den Unfallverhütungsvorschriften der Berufsgenossenschaften (z. B. DGUV Vorschrift 1), den Vorschriften der Schadensversicherer, den Brandverhütungsvorschriften und den Vorschriften und Richtlinien vom Deutschen Institut für Normung (DIN).

Innerhalb der betrieblichen Gesamtorganisation zum vorbeugenden und abwehrenden Brandschutz nimmt die Arbeit der **Sicherheitskräfte** einen wichtigen Platz ein. Sie erfüllen Aufgaben sowohl des **vorbeugenden** als auch des **abwehrenden** Brandschutzes.

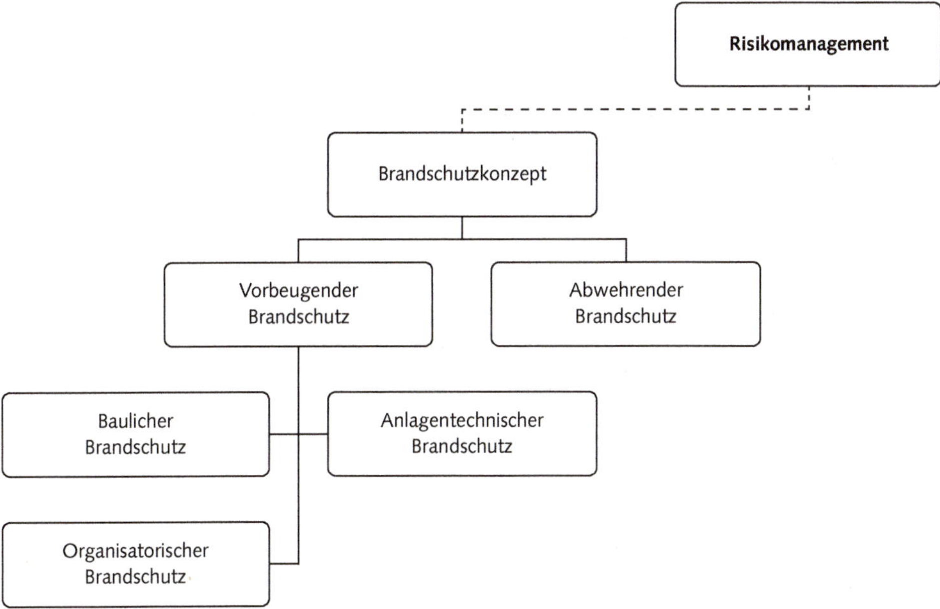

Abbildung 1: Grundaufbau eines ganzheitlichen Brandschutzkonzeptes [Pfeiffer].

6.1.1 Vorbeugender Brandschutz

Der **vorbeugende Brandschutz** erstreckt sich allgemein auf Maßnahmen:
- zur Vorbeugung eines Brandausbruches,
- zur Vorbeugung einer Brandausbreitung,
- zur Sicherung der Rettungswege sowie
- zur Ermöglichung wirksamer Löscharbeiten.

Der Sicherheitsdienst schafft darüber hinaus Voraussetzungen für einen wirkungsvollen abwehrenden Brandschutz. Der vorbeugende Brandschutz im Betrieb setzt folgende **organisatorische** Maßnahmen voraus:
- Aufstellen einer Brandschutzordnung sowie von Alarm-, Einsatz- und Räumungsplänen;
- Organisation und Überwachung von Brandschutzkontrollen (besonderes Augenmerk muss der Kontrolle von „Feuerarbeitsplätzen“, z.B. Schweißarbeiten, gelten), von ortsfesten Löscheinrichtungen sowie von Feuerlöschern,
- Ausbildung und Unterweisung des Betriebspersonals;
- Erstellen von Betriebsanweisungen, z.B. für den Umgang mit gefährlichen Stoffen;
- Erlassen von Rauchverbot für gefährdete Bereiche u.a.

Wesentliche **Aufgaben** des vorbeugenden Brandschutzes, die der Sicherheitsdienst im Rahmen seiner Tätigkeit erfüllt, sind:
- Kontrolle der **Zugänglichkeit** von baulichen und technischen Einrichtungen des Brandschutzes;
- Kontrolle der **Vollzähligkeit** und **Unversehrtheit** von Einrichtungen des Brandschutzes;
- Kontrolle der **Einhaltung von organisatorischen Festlegungen** des Brandschutzes mit dem Ziel, das Brandrisiko gering zu halten, z.B. durch die Reduzierung von Brandlasten am Arbeitsplatz (Vermüllung);
- Überprüfung der **Funktionsfähigkeit** von Einrichtungen des Brandschutzes.

Hinweis

Die Sicherheitskräfte müssen wissen, welche Funktionsüberprüfung sie durchführen dürfen, z.B.:
- die Überprüfung, ob eine Brandschutztür fest schließt, darf vom Sicherheitspersonal durchgeführt werden;
- die Überprüfung, ob in einem Feuerlöscher noch genügend Druck vorhanden ist, darf **nur** von einer dazu ausdrücklich berechtigten Person vorgenommen werden.

Während des Wach- und Streifendienstes kann das Sicherheitspersonal eine große Zahl von **Einzelaufgaben** mit Bezug zum **vorbeugenden Brandschutz** lösen. Die folgende Übersicht soll dies **beispielhaft** verdeutlichen.

Kontrollschwerpunkt/Kontrollobjekt	Kontrolle auf:
Feuerschutzabschlüsse (z. B. Brandschutztüren)	selbstständiges Schließen (dürfen nicht verkeilt, festgebunden oder beschädigt sein)
Brandwände	Geschlossenheit (dürfen keine offenen Durchbrüche aufweisen, z. B. bei Kabelführungen/Rohrleitungen)
Feuerlöscheinrichtungen	▪ gute Erkennbarkeit (z. B. durch Brandschutzzeichen) ▪ leichte Zugänglichkeit (dürfen nicht verstellt sein) ▪ sichtbare Beschädigungen (z. B. abgerissener oder poröser Löschschlauch, eingedrückter Behälter u. Ä.) ▪ unbefugte Benutzung (z. B. bei Feuerlöschern – gebrochene Plombe, Löschmittelreste usw.) ▪ Aktualität der Prüfplakette (Feuerlöscher sind alle 2 Jahre zu überprüfen – Plakette zeigt das Datum der letzten Prüfung)
Einrichtungen für die Feuerwehr	▪ Zugänglichkeit (z. B. von Hydranten – achten Sie auf Fahrzeuge, die über Unterflurhydranten parken) ▪ Passierbarkeit (z. B. Feuerwehrzufahrten und Feuerwehrstellflächen müssen freigehalten werden)
Heizeinrichtungen, Feuerstätten	▪ Brandgefahr durch falsche Lagerung (im Umkreis von 0,8 m dürfen gem. MFeuVO keine brennbaren Stoffe gelagert werden) ▪ Lagerung von Asche/Schlacke (heiße Asche/Schlacke nur in dafür vorgesehenen festen Behältnissen/Räumen – sicherer Abstand) ▪ Sicherung gegen Brandausbruch
Feuergefährdete Bereiche	▪ Einhaltung der Rauchverbote in gekennzeichneten Bereichen ▪ Nichtbenutzung von offenen Flammen
Explosionsgefährdete Bereiche	▪ Einhaltung Rauchverbot/Verbot von offenem Feuer ▪ Nichtverwendung funkenbildender Geräte/Werkzeuge ▪ Einhalten des Benutzungsverbotes für nicht-explosionsgeschützte Elektrogeräte
Orte, an denen Feuerarbeiten durchgeführt wurden (z. B. Schweißen)	▪ ungewöhnliche Wärmeentwicklung ▪ nachträgliche Entflammung ▪ allgemeine Brandgefahr
Elektrische Anlagen/Geräte	▪ Schaltzustand (nicht benötigte Anlagen/Geräte ausschalten – außer jene, die aus technischen o. a. Gründen in Betrieb bleiben müssen) ▪ Sicherheit von Kochgeräten (feuerfeste Unterlage) ▪ Betrieb von Heizstrahlern (Abstand zu Möbeln und Gardinen) ▪ Verwendung von geprüften elektrischen Geräten (nach DGUV V3)
Abfälle	▪ sichere Lagerung brennbarer Abfälle (z. B. ölige Putzlappen müssen in geschlossenen Behältnissen aufbewahrt werden) ▪ richtige „Entsorgung" gluthaltiger Abfälle (z. B. keine Zigarettenkippen in Papierkörbe werfen usw.)
Flucht- und Rettungswege	▪ Durchlässigkeit (dürfen nicht verstellt werden) ▪ Trittsicherheit (z. B. keine Öllachen o. Ä.) ▪ Beleuchtung (auch Notbeleuchtung) ▪ Kennzeichnung (Rettungswege gemäß ASR A1.3 Sicherheits- und Gesundheitsschutzkennzeichnung)

Tabelle 1: Einzelaufgaben zum vorbeugenden Brandschutz.

6.1.2 Abwehrender Brandschutz

Der **abwehrende Brandschutz** (Brandbekämpfung) umfasst alle Maßnahmen, die die Feuerwehr durchführen muss, um Gefahren abzuwehren, die durch ein Schadenfeuer hervorgerufen werden. Der abwehrende Brandschutz verfolgt ausschließlich den Zweck, Schäden durch Feuer zu verhüten.

Der Erfolg aller Maßnahmen des abwehrenden Brandschutzes ist davon abhängig, dass sie **ohne Zeitverzug** und **lagebezogen** eingeleitet werden. Das Sicherheitspersonal, das im Ereignisfall „vor Ort" ist, muss in diesem Sinne handeln. Deshalb benötigt jeder Sicherheitsmitarbeiter folgende **Kenntnisse** über:

- die Brandschutzordnung des Betriebes bzw. Objektes,
- das Auslösen und Maßnahmen des Feueralarms,
- die Standorte der Feuerlöschgeräte,
- die Standorte der Löschwasseranschlüsse (z. B. Hydranten),
- die Standorte der Meldeeinrichtungen (z. B. Fernsprechanschluss),
- die Lage der Haupt-, Absperr- und Abschaltanlagen für Gas, Wasser, Strom,
- die Brandabschnitte in Gebäuden, Brandschutztüren/-tore,
- die Rauchabzugseinrichtungen und Gaswarnanlagen,
- die Angriffswege der Feuerwehr,
- die gefangenen Räume in Gebäuden,
- die Lagerorte bzw. Rohrleitungen für brennbare Stoffe/Gefahrstoffe (einschließlich Kennzeichnung),
- die Bedienung/den Einsatz von Löschgeräten und -anlagen,
- Flucht- und Rettungswege.

Zum abwehrenden Brandschutz gehören alle **Maßnahmen**, die bei Ausbruch eines Feuers zu treffen sind. Dazu zählt:

- die Gewährleistung der schnellen (sofortigen) Brandfeststellung,
- das Ermitteln des (genauen) Brandortes,
- das Retten von Menschen und Sachwerten,
- die Brandbekämpfung.

Merke

Im **abwehrenden Brandschutz** sind durch Sicherheitskräfte zwei Schwerpunktaufgaben zu lösen:

1. Im Rahmen des Alarmdienstes sind erste Maßnahmen zu veranlassen, die geeignet sind, bei Ausbruch eines Feuers den **Schaden zu begrenzen**.
2. Bei Feststellung eines Entstehungsbrandes ist der **erste Angriff** sachkundig durchführen.

Der **Grundsatz** für den Brandfall (Regelfall) lautet: **ALARMIEREN – RETTEN – BEKÄMPFEN!**

Das richtige **Verhalten bei einem Brandausbruch** ist entscheidend für den wirksamen Schutz von Menschen und Sachwerten. Häufig wird die Feuerwehr erst nach misslungenen Löschversuchen alarmiert. Damit geht kostbare Zeit verloren. Ein ruhiges und überlegtes Vorgehen hilft, Panik zu vermeiden.

1. **Alarmieren (Melden)**
   - Zuerst Feuerwehr alarmieren: Tel.-Nr. 112 (oder interne Notruf-Nr.).
   - Gefährdete Personen und Sicherheitsleitstelle sofort benachrichtigen.
2. **Retten**
   - Menschen und Tiere retten (Personen mit brennenden Kleidern mit Handfeuerlöschern ablöschen oder in Decken oder Mäntel hüllen und auf dem Boden wälzen).
   - Fenster und Türen schließen (Vermeiden der Brandausbreitung).
   - Brandstelle über Fluchtwege (Ausgänge, Treppen, Notausstiege) verlassen, keine Aufzüge benutzen.
   - Bei verrauchten Treppenhäusern und Fluren im Zimmer bleiben, Türen abdichten und am geschlossenen Fenster auf die Feuerwehr warten.
3. **Löschen (Bekämpfen)**
   - Brand mit den vorhandenen Mitteln bekämpfen (z.B. Handfeuerlöscher, Wandhydranten).
   - Brände von Öl oder Fett mit geeigneten Handfeuerlöschern bekämpfen bzw. mit feuchtem Tuch oder Löschdecke zudecken.
   - Bei brennenden elektrischen Geräten sofort Netzstecker ausziehen/abschalten.
   - Eintreffende Feuerwehr einweisen.
   - Beim Eintreffen an der Brandstelle zuerst prüfen, ob Menschen in Gefahr sind, denn **Menschenrettung geht vor Sachwertrettung** (jedoch auch nur unter Beachtung der Eigensicherung)!

Die erforderlichen **Brandmeldungen** (Alarmierung) sollten genaue Angaben über folgende Fragen enthalten:
- **Wo** (Brandort, Gebäude, Stockwerk, Abteilung)?
- **Wie viele** (Menschen sind gefährdet)?
- **Welche** (Sachen brennen – ggf. Brandklasse)?
- **Was** (tue ich weiter – z.B. beginnen mit der Brandbekämpfung)?
- **Wer** (meldet – z.B. Name, Abteilung des Meldenden)?

Nach Meldung und Rettung muss sofort (wenn möglich) mit der **Brandbekämpfung** begonnen werden. Der Brand ist so lange zu bekämpfen bis:
- das Feuer gelöscht ist,
- die Feuerwehr eintrifft oder
- das Ausmaß des Feuers zum Rückzug zwingt.

Im Brandfall bzw. bei der **Bekämpfung eines Feuers** müssen bestimmte „Regeln" beachtet werden:
- Türen schließen (besonders in Brandwänden),
- Belüftungsanlagen abstellen,
- Treppenräume und Fluchtwege vor Verqualmung schützen,
- notfalls nasse Tücher vor Mund und Nase halten (in Bodennähe ist am ehesten noch atembare Luft und bessere Sicht vorhanden),
- Brandstelle über die sichersten Rückzugswege verlassen,
- Aufzüge nicht benutzen!,

- Menschen mit brennender Kleidung dürfen nicht laufen (am Boden wälzen, Feuerlöscher benutzen; Löschdecken besser nicht verwenden),
- **Wichtig**: Wurde ein Entstehungsbrand erfolgreich bekämpft, muss genau geprüft werden, ob die Gefahr der Rückzündung vollständig ausgeschlossen ist!

Beim wirksamen **Einsatz von Feuerlöschern** sind die nachfolgend abgebildeten Hinweise zu beachten.

falsch

richtig

Abbildung 2: Richtiger Einsatz von Feuerlöschgeräten [Gloria].

6.2 Einrichtungen des vorbeugenden Brandschutzes

Das Anliegen des vorbeugenden Brandschutzes kann durch **technische, organisatorische** und **bauliche Maßnahmen** erreicht werden. Typische Maßnahmen sind in der nachfolgenden Tabelle im Überblick dargestellt.

Technische Maßnahmen	▪ Löschwasserversorgung bzw. -rückhaltung und -entsorgung, ▪ Brandmeldeanlagen und Alarmeinrichtungen, ▪ Löschanlagen sowie ▪ Rauchabzugsanlagen.
Organisatorische Maßnahmen	▪ Bereitstellung einer Werkfeuerwehr, ▪ Erstellen und Pflegen einer Brandschutzordnung, ▪ Erstellen von Alarmplänen, ▪ Erstellen von Feuerwehreinsatzplänen, ▪ Erstellen von Räumungs- und Gefahrenabwehrplänen, ▪ Organisation der betrieblichen Brandschutzkontrollen (z. B. Funktionskontrolle von Feuerlöscheinrichtungen).
Bauliche Maßnahmen	▪ Standortwahl von Gebäuden, ▪ Bauartenbestimmung, ▪ Brandabschnittsbildung, ▪ Brandschutztüren sowie ▪ Rettungswege und Notausgänge.

Tabelle 2: Typische Maßnahmen des vorbeugenden Brandschutzes.

6.2.1 Bauliche Maßnahmen des vorbeugenden Brandschutzes

Bauliche Maßnahmen des vorbeugenden Brandschutzes zielen auf die Vorsorge gegen Brände mittels geeigneter Architektur sowie der Verwendung von widerstandsfähigen Baustoffen, Bauteilen und Bauarten. Für alle Baumaßnahmen gelten die jeweilige Landesbauordnung und die hierzu erlassenen Sonderbauordnungen. Weiter wichtig sind die Vorgaben den einschlägigen DIN-Normen.

Brandverhalten von Bauteilen

Zur Einteilung von Baustoffen bzw. Bauprodukten nach ihrem Brandverhalten in Klassen (**Baustoffklassen**) müssen diese entweder nach deutscher Norm **DIN 4102-1** oder alternativ nach der europäischen Norm **DIN EN 13501-1** geprüft werden. Da das Brandverhalten nicht nur von der Art des Stoffes, sondern auch von der Gestalt, der spezifischen Oberfläche und Masse, dem Verbund mit anderen Stoffen, den Verbindungsmitteln und der Verarbeitungstechnik beeinflusst wird, müssen solche Faktoren bei den Prüfungsvorbereitungen, bei der Auswahl von Proben, bei der Interpretation der Prüfergebnisse sowie bei der Kennzeichnung von Baustoffen berücksichtigt werden.

Nach der deutschen Norm **DIN 4102-1** werden „nichtbrennbare“ Baustoffe in die Baustoffklasse **A** mit der Unterteilung in die Klassen A1 und A2 eingeordnet. Brennbare Baustoffe gehören demnach zur Baustoffklasse **B** mit den Klassen B1, B2 und B3, wie in der folgenden Tabelle angegeben. In dieser Tabelle sind die Baustoffklassen nach DIN 4102-1 bzw. nach DIN EN 13501-1 direkt gegenübergestellt. Die europäische Einstufung des Brandverhaltens erfolgt gem. **DIN EN 13501-1** über die Klassen **F** bis **A1** von leichtentflammbar bis nichtbrennbar. Das Kurzzeichen s1 bis s3 steht dabei für eine geringe oder begrenzte Rauchentwicklung. Die Zusätze d0 bis d2 beschreiben die Neigung eines Stoffs, brennend abzutropfen.

Eine Verwendung von leichtentflammbaren Baustoffen ist gemäß § 26 Abs. 1 Satz 2 MBO in Gebäuden prinzipiell unzulässig. Leichtentflammbare Baustoffe dürfen nur verwendet werden, wenn sie in Verbindung mit anderen Baustoffen nicht leichtentflammbar sind (z. B. in Verbindung mit mineralischem Putz).

Bauaufsichtliche Anforderung	Zusatzanforderungen		Europäische Klasse nach DIN EN 13501-1	Deutsche Klasse nach DIN 4102-1
	Geringe Rauchentwicklung	Kein brennendes Abfallen/Abtropfen		
nichtbrennbar	x	x	A1	A1
	x	x	A2 s1, d0	A2
schwerentflammbar	x	x	B, C s1, d0	B1
		x	A2, B, C s2, d0 A2, B, C s3, d0	
	x		A2, B, C s1, d1 A2, B, C s1, d2	
			A2, B, C s3, d2	
normalentflammbar		x	D s1/s2/s3, d0 E	B2
			D s1/s2/s3, d1 D s1/s2/s3, d2 E d2	
leichtentflammbar			F	B3

Tabelle 3: Zuordnung der Klassen zum Brandverhalten von Baustoffen/Bauprodukten (ohne Bodenbeläge) [gemäß DIN 4102-1 bzw. DIN EN 13501-1].

Die **Zuordnung** der **Feuerwiderstandsklassen** nach DIN 4102-2 zu den **bauaufsichtlichen Anforderungen** ist in der nachfolgenden Tabelle 4 dargestellt. So bedeutet die Bezeichnung „F 90“ beispielsweise, dass dieses Bauteil einem Feuer 90 Minuten Widerstand bietet (F = Feuerwiderstandsklasse, Zahl = Zeitangabe in Minuten).

Bau- bzw. Sonderbauteile sind mit gesonderten Buchstaben gekennzeichnet. Diese **Kurzzeichen** sind in Tabelle 5 dargestellt.

Die europäische Klassifizierung ist grundsätzlich anders aufgebaut. Es werden Kriterien definiert, die für mehrere Bauteile gelten können. So kann beispielsweise das Kriterium „Raumabschluss“ für eine Wand, aber auch für die darin verbaute Tür maßgebend sein. Die dahinterstehende Zahl beschreibt den Zeitraum, über den das jeweilige Bauteil die Prüfkriterien für den Raumabschluss erfüllt hat. In Tabelle 6 sind die **europäischen Kriterien** zusammengefasst, die ein Bauprodukt aufweisen kann.

Bauaufsichtliche Anforderung	Feuerwiderstandsklasse nach DIN 4102-2	Kurzbezeichnung nach DIN 4102-2
feuerhemmend	Feuerwiderstandsklasse F 30	F 30-B
	Feuerwiderstandsklasse F30 und in den wesentlichen Teilen aus „nicht brennbaren" Baustoffen	F 30-AB
feuerhemmend und aus „nicht brennbaren" Baustoffen	Feuerwiderstandsklasse F30 und aus „nicht brennbaren" Baustoffen	F 30-A
hochfeuerhemmend	Feuerwiderstandsklasse F60 und in den wesentlichen Teilen aus „nicht brennbaren" Baustoffen	F 60-AB
	Feuerwiderstandsklasse F60 und aus „nicht brennbaren" Baustoffen	F 60-A
feuerbeständig	Feuerwiderstandsklasse F90 und in den wesentlichen Teilen aus „nicht brennbaren" Baustoffen	F 90-AB
feuerbeständig und aus „nicht brennbaren" Baustoffen	Feuerwiderstandsklasse F30 und aus „nicht brennbaren" Baustoffen	F 90-A
	Feuerwiderstandsklasse F120 und aus „nicht brennbaren" Baustoffen	F 120-A
	Feuerwiderstandsklasse F180 und aus „nicht brennbaren" Baustoffen	F 180-A

Tabelle 4: Feuerwiderstandsklassen von Bauteilen nach DIN 4102-2 und ihre Zuordnung zu den bauaufsichtlichen Anforderungen [Auszug aus DIN 4102-2, Tab. 2].

Kurzzeichen für Bau-/Sonderbauteile nach DIN 4102	
Brandwände	**F**
Wände, Decken, Stützen	**F**
Nichttragende Außenwände	**W**
Feuerschutzabschlüsse wie Türen, Tore, Klappen[1]	**T**
Lüftungsleitungen	**L**
Brandschutzklappen[2]	**K**
Kabelabschottungen	**S**
Rohrabschottungen	**R**
Installationsschächte und Kanäle	**I**
Funktionserhalt elektrischer Leitungen	**E**
Brandschutzverglasungen ▪ strahlungsdurchgängig ▪ strahlungsundurchlässig	 **G** **F**

Tabelle 5: Kurzzeichen für Bau-/Sonderbauteile [nach DIN 4102].

1 Feuerschutzabschlüsse werden ab September 2019 nur noch europäisch klassifiziert (Bauproduktenrecht).

2 Brandschutzklappen werden seit September 2012 nur noch europäisch klassifiziert (Bauproduktenrecht).

Europäische Klassifizierungskriterien		
Herleitung des Kurzzeichens	**Kriterium**	**Anwendungsbereich**
R (Résistance)	Tragfähigkeit	Zur Beschreibung der Feuerwiderstandsfähigkeit
E (Étanchéité)	Raumabschluss	
I (Isolation)	Wärmedämmung (unter Brandeinwirkung)	
W (Radiation)	Begrenzung des Strahlungsdurchtritts	
M (Mechanical)	Mechanische Einwirkung auf Wände (Stoßbeanspruchung)	
$\mathbf{S_a}$ (Smoke)	Begrenzung der Rauchdurchlässigkeit (Dichtheit, Leckrate), erfüllt die Anforderungen bei Umgebungstemperatur	Dichtschließende Abschlüsse
$\mathbf{S_{200}}$ (Smoke$_{\text{max. leakage rate}}$)	Begrenzung der Rauchdurchlässigkeit (Dichtheit, Leckrate), erfüllt die Anforderungen sowohl bei Umgebungstemperatur als auch bei 200 °C	Rauchschutzabschlüsse (als Zusatzanforderung auch bei Feuerschutzabschlüssen
S (Smoke)	Rauchdichtheit (Begrenzung der Rauchdurchlässigkeit)	Entrauchungsleitungen, Entrauchungsklappen, Brandschutzklappen
C … (Closing)	Selbstschließende Eigenschaft (ggf. mit Anzahl der Lastspiele) einschl. Dauerfunktion	Rauchschutztüren, Feuerschutzabschlüsse (einschließlich Abschlüsse für Förderanlagen)
$\mathbf{C_{xx}}$	Dauerhaftigkeit der Betriebssicherheit (Anzahl der Öffnungs- und Schließzyklen)	Entrauchungsklappen
P	Aufrechterhaltung der Energieversorgung und/oder Signalübermittlung	Elektrische Kabelanlagen allgemein
G	Rußbrandbeständigkeit	Schornsteine
K1, K2	Brandschutzvermögen	Wand- und Deckenbekleidung (Brandschutzbekleidungen)
$\mathbf{I_1, I_2}$	Unterschiedliche Wärmedämmungskriterien	Feuerschutzabschlüsse (einschließlich Abschlüsse für Förderanlagen)
i→o **i←o** **i↔o** (in – out)	Richtung der klassifizierten Feuerwiderstandsdauer	Nichttragende Außenwände, Installationsschächte/-kanäle, Lüftungsanlagen/-klappen
a↔b (above – below)	Richtung der klassifizierten Feuerwiderstandsdauer	Unterdecken
$\mathbf{v_e, h_o}$ (vertical, horizontal)	Für vertikalen/horizontalen Einbau klassifiziert	Lüftungsleitungen, Brandschutzklappen, Entrauchungsleitungen
$\mathbf{v_{ew}, h_{ow}}$	Für vertikalen/horizontalen Einbau in Wände klassifiziert	Entrauchungsklappen
$\mathbf{v_{ed}, h_{od}}$	für vertikalen/horizontalen Einbau in Leitungen klassifiziert	Entrauchungsklappen
$\mathbf{v_{edw}, h_{odw}}$	Für vertikalen/horizontalen Einbau in Wände und Leitungen klassifiziert	Entrauchungsklappen
U/U (uncapped/uncapped)	Rohrende offen innerhalb des Prüfofens/ Rohrende offen außerhalb des Prüfofens	Rohrabschottungen

Herleitung des Kurzzeichens	Kriterium	Anwendungsbereich
C/U (capped/uncapped)	Rohrende geschlossen innerhalb des Prüfofens/ Rohrende offen außerhalb des Prüfofens	Rohrabschottungen
U/C	Rohrende offen innerhalb des Prüfofens/ Rohrende geschlossen außerhalb des Prüfofens	Rohrabschottungen
MA	Manuelle Auslösung (auch automatische Auslösung mit manueller Übersteuerung)	Entrauchungsklappen
multi	Eignung, einen oder mehrere feuerwiderstandsfähige Bauteile zu durchdringen bzw. darin einzubauen	Entrauchungsleitungen, Entrauchungsklappen

Tabelle 6: Europäische Klassifizierungskriterien [Anlage 0.1.2 Tabelle 3, Bauregelliste A, B und C, Ausgabe 2015/2].

Das Kriterium „**E**" beschreibt die grundlegende Eigenschaft des Raumabschlusses. Dem Kriterium nach widersteht ein Bauteil eine einseitige Brandbeanspruchung, sodass Flammen und heiße Gase über die Prüfdauer nicht durchtreten und zu einer Entzündung auf der brandabgewandten Seite führen. Das Kriterium „**I**" beschreibt die Wärmedämmungsfähigkeit im Brandfall und sagt aus, dass über den geprüften Zeitraum keine Temperaturerhöhung auf der brandabgewandten Seite eintritt, die ein Entzünden brennbarer Materialien auf der Bauteiloberfläche zur Folge hätte.

Beispiel

Ein feuerhemmender, dicht- und selbstschließender Feuerschutzabschluss wird als „EI2-C5-Sa" beschrieben. Das „C" steht hierbei für die selbstschließende Eigenschaft und gibt über die Zahl „5" an, dass der Abschluss für 200.000 Schließzyklen ausgelegt ist.

Brandabschnitte

Gebäude werden aus Feuerschutzgründen in **Brandabschnitte** unterteilt, die im Brandfall das Ausweiten des Feuers zeitlich verzögern sollen. Dies kann mittels feuerbeständiger **Geschossdecken** und **Brandwände** (Brandmauern) geschehen. Unvermeidbare Öffnungen sind mit feuerhemmenden bzw. feuerbeständigen, selbsttätig schließenden Türen oder anderen Abschlüssen auszustatten.

Feuerschutzabschlüsse

Feuerschutzabschlüsse sind in Brandwänden u. Ä. eingebaute selbstschließende Türen (**Brandschutztüren**) oder andere selbstschließende Vorrichtungen (z. B. Tore, Rollladen, Klappen), die dem Zweck dienen, das „Durchgehen" von Feuer und Rauch durch Öffnungen (in Wänden oder Decken) zu verhindern.

Beispiel

Zwischen Werkstatt und Lackiererei ist eine Brandwand, in der sich die Tür zur Werkstatt befindet. Diese muss als Feuerschutzabschluss ausgelegt sein, d.h. selbsttätig schließen und Feuerwiderstand leisten.

Rettungswege

Rettungswege müssen in ausreichender Anzahl vorhanden sein. Anordnung, Abmessung und Ausführung der Rettungswege richten sich nach der Nutzung, Einrichtung und den Grundflächen der Räume sowie nach der Anzahl der in den Räumen vorhandenen Personen. Rettungswege müssen auf kurzem Weg ins Freie oder in einen gesicherten Raum führen. Das gilt auch für **Notausgänge**. Notausgangstüren müssen **jederzeit** durch **jedermann** und ohne fremde Hilfsmittel **in Fluchtrichtung** zu öffnen sein.

Rettungswege und Notausgänge sind zu kennzeichnen. Diese **Kennzeichnung** muss auch bei Dunkelheit zu erkennen sein (vgl. die Technische Regel ASR A1.3).

Rettungswege sind raucharm bzw. rauchfrei zu halten. Unter **Entrauchung** versteht man sämtliche technischen Maßnahmen/Mittel, die dazu dienen, Aufenthaltsbereiche für Personen, vor allem Rettungswege, im Falle eines Brandes rauchfrei zu halten.

Das **Sicherheitspersonal** muss im Streifendienst kontrollieren, ob Feuerschutztüren schließen (also nicht verkeilt sind) sowie Rettungswege und Notausgänge passierbar sind.

6.2.2 Technische Maßnahmen des vorbeugenden Brandschutzes

Die **technischen Maßnahmen** des vorbeugenden Brandschutzes schaffen die notwendigen Voraussetzungen, die bei einem entstandenen Brand gefährdete Personen warnen, die Feuerwehr alarmieren sowie den Brand bekämpfen. Dazu sind Geräte, technische Einrichtungen und Anlagen erforderlich, die dem Brandschutz bzw. der Brandbekämpfung dienen und in baulichen Anlagen vorbeugend bereitgehalten, angebracht oder eingebaut werden.

Steigleitungen

Steigleitungen sind festverlegte Rohrleitungen für **Löschwasser** (Löschwasserleitungen). Sie sind mit Feuerlöschventilen ausgerüstet, die im Bedarfsfall geöffnet werden können. Dabei werden unterschieden:

a) Nasse Steigleitungen
- Löschwasserleitungen, die mit Löschwasser befüllt und ständig unter Druck stehen,
- sind Teil des vorbeugenden Brandschutzes,
- dienen dem Selbstangriff von unterwiesenen Personen,
- sind zu finden in Etagen und Treppenabsätzen (Schlauch oder Haspelkästen).

b) Trockene Steigleitungen
- sind ausschließlich für den Einsatz der Feuerwehr installiert,
- sind Löschwasserleitungen, in die im Brandfall Löschwasser durch die Feuerwehr eingespeist wird,
- sind in Treppenhäusern oder Außenwänden als Ventile in Verbindung mit Kupplungsanschlüssen für Feuerwehrschläuche zu finden.

Steigleitungen „nass/trocken" können im Bedarfsfall durch Fernbetätigung aus dem Trinkwassernetz gespeist werden.

Warn- und Alarmierungsanlagen

Warn- und Alarmierungsanlagen (auch bezeichnet als Alarmeinrichtung, Alarmanlage, Warneinrichtung) sind Einrichtungen oder Anlagen innerhalb von Gebäuden oder auf Grundstücken, mit denen Personen vor einer drohenden Gefahr **gewarnt** oder Personen zur Abwehr von Gefahren aufgerufen werden. Der Alarm erfolgt durch akustische oder optische Signale. Diese Gefahrensignale (vgl. DIN 33404-3 – Akustische Gefahrensignale) werden unterschieden in Warnsignale und Notsignale:

- Das **Warnsignal** macht auf eine entstehende Gefahr aufmerksam und enthält die Aufforderung, Maßnahmen zur Verringerung der Gefahr zu treffen.
- Das **Notsignal** macht auf einen beginnenden oder vorhandenen Notzustand aufmerksam und fordert Personen auf, den Notzustand zu beseitigen oder den Gefahrenbereich zu verlassen.

Rauch- und Wärmeabzugsanlagen

Rauch- und Wärmeabzugsanlagen sind in Gebäuden als maschinelle Anlage oder als Öffnungen im Dach oder im oberen Drittel der Raumhöhe angeordnet. Sie dienen der maschinellen oder natürlichen **Ableitung von Rauch und Brandgasen** sowie zur Ausbildung einer raucharmen Schicht. Die Inbetriebnahme erfolgt im Brandfall entweder automatisch oder manuell. Hierbei gilt zu beachten, dass eine wirksame Rauchableitung nur in Verbindung mit rechnerisch abgestimmten Zuluftflächen im unteren Raumdrittel funktioniert. Zuluftflächen werden teilweise automatisch geöffnet oder müssen manuell geöffnet werden.

Sie tragen im Brandfall dazu bei, dass:

- Rettungswege gegen Verqualmung gesichert werden,
- die Feuerwehr einen schnellen und gezielten Löschangriff durchführen kann,
- die Gebäudekonstruktion, die Einrichtung und der Inhalt (z. B. durch Verhinderung des Feuerübersprunges) geschützt werden,
- weniger Brandfolgeschäden durch Brandgase und thermische Zersetzungsprodukte entstehen.

Abbildung 3: Symbol für Rauch- und Wärmeabzugsanlagen [nach DIN 14034-6].

Informationen zu Brandmeldeanlagen s. Kapitel 9.2.2.2, zu Feuerlöscheinrichtungen und -geräten s. Kapitel 6.4.

6.3 Grundlagen der Brandbekämpfung

6.3.1 Verbrennungsvorgang

Die **Verbrennung** ist ein chemischer Vorgang (Oxidation), bei dem sich ein Stoff mit Sauerstoff verbindet. Infolge dieser chemischen Reaktion kommt es in den meisten Fällen zu einer Licht- und Wärmeentwicklung.

Das **Feuer** ist eine sichtbare Begleiterscheinung bei Verbrennungsvorgängen. Je nach Beschaffenheit des brennbaren Stoffes tritt es als **Flamme** oder in Form von **Glut** auf (vgl. Tabelle 7).

Nur mit Flammen brennen	Mit Flammen und Glut brennen	Nur mit Glut brennen
gasförmige Stoffe (Gase und Dämpfe), flüssige Stoffe nach Übergang in Dampfform (z. B. Benzin, Benzol), feste Stoffe, die beim Erwärmen flüssig werden oder sich zersetzen und dabei brennbare Dämpfe oder Gase bilden (z. B. Wachs, Fett, Harz).	feste Stoffe, die sich bei starker Erwärmung in gasförmige Bestandteile und festen Kohlenstoff zersetzen (z. B. Holz, Papier, Kohlen), wobei die gasförmigen Stoffe die Flammen bilden und der feste Kohlenstoff die Glut.	feste Stoffe, die künstlich entgast sind (z. B. Koks und Holzkohle), sowie brennbare Metalle.

Tabelle 7: Begleiterscheinung bei Verbrennungsvorgängen.

Der Verbrennungsvorgang ist an **vier Voraussetzungen** gebunden, die gleichzeitig zusammentreffen müssen. Diese Voraussetzungen eines Feuers sind:

- brennbarer Stoff,
- Sauerstoff (Luft),
- richtiges Mischungsverhältnis von Sauerstoff und brennbarem Stoff,
- Zündenergie, z. B. in Form von Wärme, Elektrizität oder Oxidation.

Um einen **Löscherfolg** zu erzielen, muss mindestens eine der Voraussetzungen gestört werden, d. h. Wegnahme eines der drei Elemente bzw. Veränderung des Mischungsverhältnisses von brennbarem Stoff zu Sauerstoff. Grundsätzlich wird dies erreicht durch den richtigen Einsatz und die richtige Wahl des Löschmittels.

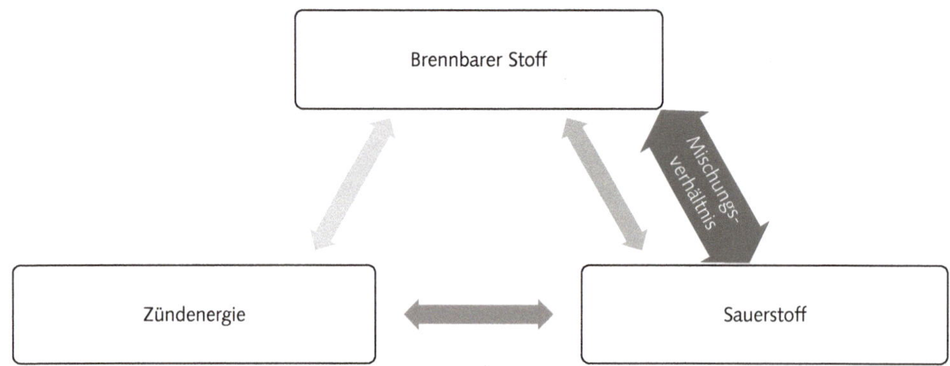

Abbildung 4: Voraussetzungen für einen Verbrennungsvorgang [Pfeiffer].

Brennbare Stoffe können gasförmig, flüssig oder fest sein (einschließlich Dämpfe und Stäube). Brennbare Stoffe werden unterteilt nach:

- Brennbarkeit (leichtbrennbar, normalbrennbar, schwerbrennbar, entflammbar),
- Entzündbarkeit (leichtentzündlich, normalentzündlich, schwerentzündlich, selbstentzündlich),
- Verbrennungswärme (Heizwert), die bei vollständiger Verbrennung eines Stoffes frei wird (gemessen in Joule oder Kalorien) und einen Hinweis auf die Geschwindigkeit der Brandausbreitung gibt.

Sauerstoff ist das verbreitetste Element der Erde. 21 % Sauerstoff ist in der Luft enthalten, 88 % im Wasser und 50 % in der Erdkruste (chemisch gebunden). Sauerstoff ist bei fast allen chemischen Vorgängen des täglichen Lebens beteiligt. Er gehört zu den **nichtbrennbaren** Stoffen, ist aber für jede Verbrennung unerlässlich. Die Verbrennung verläuft je nach Sauerstoffzufuhr langsamer oder schneller ab. Ist zu wenig Sauerstoff vorhanden, hört die Verbrennung auf.

Die **Zündung** eines brennbaren Stoffes erfolgt, wenn die chemische Vereinigung mit Sauerstoff so beschleunigt wird, dass sie unter Feuererscheinung weiterläuft, d.h. bei Erwärmung auf die **Zündtemperatur** (Zündenergie). Bei festen und flüssigen brennbaren Stoffen muss die Zündtemperatur über einen längeren Zeitraum vorhanden sein. Erst dann kann bei flüssigen Stoffen eine Verdampfung einsetzen. Die Gase oder Dämpfe vermischen sich mit Luft – der Verbrennungsvorgang kann ablaufen. Eine Zündung durch äußere Ursachen wird als Fremdentzündung bezeichnet, eine Zündung durch innere Ursachen als Selbstentzündung.

- Bei einer **Fremdentzündung** wird die zum Erwärmen des Stoffes auf die Zündtemperatur nötige Wärme von außen zugeführt (z. B. durch die Flamme einer Kerze).
- Bei der **Selbstentzündung** wird sie durch die vorhergehende langsame Oxidation (durch mikrobiologische Prozesse) des brennbaren Stoffes selbst entwickelt (z. B. ölgetränkte Faserstoffe, Braunkohle, feuchtes Heu, Phosphor).

Bedeutend tiefer als die Zündtemperatur liegt die **Glimmtemperatur**. Aus Glimmbränden können aber Flammenbrände werden. Wird einem Stoff erheblich mehr Wärme zugeführt, als abgeleitet werden kann, so ist es möglich, dass diese **Wärmestauung** zur Entzündung führt.

Hinweise

Wegen der Gefahr einer Selbstentzündung sind Kontrollen von Materialablagerungen im Rahmen des vorbeugenden Brandschutzes besonders wichtig. Abgelagerte Stäube (z. B. Kohlenstaub, Mehl, Leder, Holz u. v. m.) können brennen oder explodieren. Die Zündgrenze liegt umso niedriger, je feiner der Staub in der Luft verteilt ist. Für den vorbeugenden Brandschutz ist es ebenfalls wichtig, auf welche Weise die Zündenergie auf einen brennbaren Stoff übertragen werden kann. Dies kann durch **Wärmeleitung** geschehen (z. B. von einem Schornstein wird Wärme auf die Dachsparren übertragen). Auch durch **Wärmestrahlung** ist dies möglich (z. B. Strahlen einer „Heizsonne" oder Herdplatte entzünden einen Vorhang).

6.3.2 Brandklassen

Die brennbaren Stoffe werden in **Brandklassen** eingeteilt. Durch diese Einteilung ist es möglich, dem jeweils brennenden Stoff das entsprechende Löschmittel zuzuordnen. Die nachfolgende Übersicht (Tabelle 8) gibt hierzu umfassend Auskunft.

Brandklasse	Definition	Beispiele	Geeignete Löschmittel
A	Brände fester Stoffe; verbrennen i. d. R. unter Glutbildung	Holz, Kohle, Stroh, Autoreifen, Textilien u. a.	Wasser, Schaum, Speziallöschpulver (ABC-Pulver)
B	Brände flüssiger oder flüssig werdender Stoffe	Öle, Fette, Benzin, Lacke, Teer, Harze, Wachse u. a.	Schaum, Pulver, CO_2
C	Brände von Gasen	Wasserstoff, Acetylen, Propan, Stadtgas u. a.	Pulver, CO_2, Inerte Gase, z. B. Stickstoff, Inergen, Argon, Novec 1230
D	Brände von Metallen	Alkalimetalle, wie z. B. Aluminium, Magnesium, Lithium u. a. sowie deren Legierungen	Sonderlöschpulver (D-Pulver)
F[3]	Fettbrände	Speiseöle/-fette in Frittier- und Fettbackgeräten	Spezialöschmittel, CO_2

Tabelle 8: Brandklasseneinteilung.

Die **brennbaren Flüssigkeiten** bedürfen einer gesonderten Betrachtung, da von ihnen eine starke Gefährdung ausgeht. Die Einstufung nach Gefahrstoffrecht erfolgt durch das global harmonisierte System zur Einstufung und Kennzeichnung von Chemikalien (**GHS**) der vereinten Nationen und in Europa leicht abgewandelt durch die Verordnung (EG) Nr. 1272/2008 (auch CLP-Verordnung). Die Einteilung von brennbaren Flüssigkeiten ist demnach wie folgt:

- **Kategorie 1:** Flüssigkeiten und Dampf extrem entzündbar (H224) – Flammpunkt < 23 °C und Siedebeginn ≤ 35 °C,
- **Kategorie 2:** Flüssigkeiten und Dampf leicht entzündbar (H225) – Flammpunkt < 23 °C und Siedebeginn > 35 °C,
- **Kategorie 3:** Flüssigkeiten und Dampf entzündbar (H226) – Flammpunkt ≥ 23 °C und ≤ 60 °C (auch Gasöle, Diesel und leichte Heizöle mit einem Flammpunkt zwischen 55 °C und 75 °C).

Unter einem **Flammpunkt** versteht man die Temperatur, bei der sich von der brennbaren Flüssigkeit so viele Dämpfe bilden, dass ein zündfähiges Dampf-Luft-Gemisch entsteht. Der **Brennpunkt** einer Flüssigkeit ist die Temperatur, bei der die Flüssigkeit auch nach Entfernen der Zündquelle allein weiterbrennt (z. B. Dieselöl: Flammpunkt 36 °C, Brennpunkt 58 °C).

3 Anmerkung zur Brandklasse F: Hier werden von verschiedenen Herstellern unterschiedliche Löschmittel unter dem Begriff „Speziallöschmittel" angeboten. Pulver ist bei Frittier- und Fettbackgeräten, also in Küchen, wegen des großen Sanierungsbedarfs nicht verwendbar.

Die **Lagerung** brennbarer Flüssigkeiten wird durch die die Betriebssicherheitsverordnung (BetrSichV) ergänzenden Technischen Regeln für die Betriebssicherheit (TRBS) sowie in ortsfesten Behältern in der TRGS 509 und in ortsbeweglichen Behältern in der TRGS 510 geregelt.

Hinweise

Bei brennbaren Stoffen mit einem Flammpunkt unter 21 °C muss **immer** mit Explosionsgefahr gerechnet werden.
Der Begriff „**Brandklasse**" darf nicht verwechselt werden mit dem Begriff der „**Baustoffklasse**" (siehe Kapitel 6.2.1).

Aufgrund der von brennbaren Flüssigkeiten ausgehenden Brandgefahren ist beim **Umgang** mit diesen besondere Vorsicht geboten! Die GefStoffV legt für den Anwender dieser gefährlichen Stoffe bestimmte **Schutzpflichten** fest. Im Rahmen der Kontroll- und Streifentätigkeit des Werkschutzes lassen sich dabei nachfolgende **Kontrollschwerpunkte** ableiten:

- brennbare Flüssigkeiten dürfen nur in sicheren, entsprechend gekennzeichneten Behältnissen aufbewahrt werden;
- in Betriebsräumen dürfen brennbare Flüssigkeiten nur in solchen Mengen gelagert werden, wie es für den Produktionsvorgang zwingend erforderlich ist (maximal ½ Tagesbedarf);
- mögliche Zündquellen (Schweißarbeiten, funkenbildende Werkzeuge u. Ä.) sind fernzuhalten;
- Verbot des Rauchens sowie des Umgangs mit Feuer und offenem Licht;
- brennbare Flüssigkeiten dürfen nicht in Abwasserleitungen geschüttet werden;
- an den Lagerplätzen ist ein hohes Maß an Ordnung durchzusetzen;
- Feuerlöscheinrichtungen müssen vorhanden und einsatzbereit sein.

Brennbare Gase befinden sich im Normalklima stets in einer Gasphase und gehen daher bei Zutritt von Luft ohne äußeren Energieaufwand eine „innige" Vermischung ein. Daher bedarf es nur einer Wärmezufuhr bis zum Zündpunkt, um das Gemisch schlagartig zu zünden. So genügt z. B. in einem Raum, in dem sich ein zündfähiges Gas-Luft-Gemisch gebildet hat, der überspringende elektrische Strom beim Betätigen des Lichtschalters, um die Zündung einzuleiten (vgl. auch Zündfunke der Zündkerze in einem Verbrennungsmotor mit Benzin).

Das Löschen von **Fettbränden** erfordert besondere Umsicht. Keinesfalls darf mit Wasser gelöscht werden! Die Folgen wären verheerend. Das Wasser würde wegen des größeren Gewichtes ins heiße Fett/Öl eintauchen und auf Grund der hohen Fett-/Öltemperatur sofort explosionsartig verdampfen, da durch die Dampfentwicklung eine Volumenvergrößerung von etwa 1:1.500 entsteht. Das bedeutet, aus einem Liter Wasser würden schlagartig etwa 1.500 Liter Wasserdampf gebildet. Dieser Wasserdampf kann dann heißes, evtl. brennendes Fett/Öl aus dem Becken herausschleudern und Personen verletzen bzw. weitere Gegenstände entzünden.

Als **Löschmittel** werden vor allem Speziallöschmittel und spezielle Löschgase für die Brandklasse F eingesetzt. Gelegentlich wird auch Kohlendioxid in stationären Löschanlagen oder Handfeuerlöschern eingesetzt, hier ist jedoch die erhöhte Gefährdung von Personen (Vergiftungsgefahr) zu berücksichtigen (s. Kapitel 6.3.3.3).

6.3.3 Löschmittel

6.3.3.1 Wasser

Die Hauptlöschwirkung von **Wasser** besteht in der Abkühlung, d.h. dem Entzug von Wärme aus dem Verbrennungsprozess. Durch die Erwärmung des Wassers, insbesondere jedoch das Überwinden der Aggregatzustände von Eis zur Flüssigkeit bzw. der Flüssigkeit durch Verdampfen zum Wasserdampf wird dem Verbrennungsvorgang in erheblichem Maße Wärmeenergie entzogen. Wasser ist das wirksamste Löschmittel für Brände der **Brandklasse A**.

Vorteile von Wasser als Löschmittel:

- günstig, leicht zu beschaffen,
- Transport über große Entfernungen über Pumpen und Schläuche möglich,
- Bevorratung in Tanklöschfahrzeugen,
- chemisch neutral,

Nachteile von Wasser als Löschmittel:

- Gefrierpunkt bei 0 °C schränkt die Verwendung bei Kälte ein,
- zerstörende Wirkung durch mögliche chemische Reaktionen,
- Aufweichen, Auflösen, „Wasserschäden",
- nicht einsetzbar bei brennenden Flüssigkeiten, brennenden Leichtmetallen, elektrischen Anlagen (Sicherheitsabstände beachten),
- Umweltbeeinträchtigungen durch abfließendes verunreinigtes Löschwasser.

6.3.3.2 Schaum

Schaum besteht aus den Komponenten Wasser, Schaummittel (Waschmittelzusätze) und Füllgas (meist Luft). Je nach Anteil der Luft wird im Einsatz unterschieden in **Schwerschaum** (für Flüssigkeitsbrände aller Art), **Mittelschaum** (für Brände fester Stoffe), **Leichtschaum** (für Lagerhäuser, Bunker).

Schaum ist für die **Brandklassen A und B** geeignet. Sein Haupteffekt – Stick-/Trenneffekt – resultiert aus der Bedeckung des brennbaren Stoffes (Schaum ist leichter als brennbare Flüssigkeiten.) Brennbare Gase können nicht mehr aufsteigen und sich mit Sauerstoff verbinden. Aufgrund des Wassergehaltes tritt als Nebeneffekt der Kühleffekt ein.

Das sog. **„Lightwater"** ist ein filmbildendes synthetisches Schaumlöschmittel – ein Gemisch aus Wasser und Netzmitteln. Es ist geeignet für den Einsatz in den Brandklassen A und B. Sehr bekannt im Bereich PFOS-haltiger AFFF-Feuerlöschschäume war lange Jahre das Produkt „Lightwater", das aufgrund der kritischen Eigenschaften für Mensch und Umwelt aber im Jahr 2000 vom Markt genommen wurde (PFOS = Perfluoroctansulfonsäure).

6,3.3.3 Sauerstoffverdrängende Löschmittel

Löschgase werden dort eingesetzt, wo durch andere Löschmittel erhebliche Nachfolgeschäden entstehen würden. So können z. B. in Rechenzentren oder anderen EDV-Anlagen durch Löschwasser oder Pulverrückstände auf den Festplatten und elektrischen Baulementen Schäden entstehen. Auch Gefahren aus der Anwendung von Wasser in Hochspannungsanlagen sind zu berücksichtigen.

Das Löschgas **Kohlendioxid** ist ein geruch- und farbloses Gas, das bei der Verbrennung von Kohlenstoff entsteht. Seine Löschwirkung beruht auf Ersticken (Verdrängen des Sauerstoffgehaltes der Luft). CO_2 ist nur gegen Flammenbrände der **Brandklasse B und C** wirksam. Da sich das CO_2 schnell verflüchtigt, ist die Löschwirkung im Freien relativ gering.

Beachte

Das Löschmittel Kohlendioxid ist toxisch und in löschwirksamer Konzentration grundsätzlich lebensgefährlich! Daher ist nach dem Einsatz von CO_2-Löschern für eine ausreichende Lüftung der Räumlichkeiten zu sorgen.

Inergen ist ein Gasgemisch aus 40 % des Edelgases Argon (engl. **Iner**tgas) und 52 % Stickstoff (engl. Nitro**gen).** Hinzu kommen 8 % Kohlendioxid. Inergen wird ausschließlich bei stationären Löschanlagen verwendet. Inergen ist ein umweltfreundliches Löschmittel, da seine Bestandteile sich bereits als natürliche Elemente in der Atmosphäre befinden. Es ist als sauerstoffverdrängendes Gas für alle Brände einzusetzen und löscht sauber, rückstands- und korrosionsfrei, wirkt jedoch auf die während des Löschvorgangs im Raum anwesenden Personen erstickend. Inergen ist ein Markenname der Firma Tyco. Andere Hersteller haben ähnliche Verfahren unter anderen Bezeichnungen, z. B. Argonite.

6.3.3.4 Löschpulver

Löschpulver ist ein Gemisch aus staubförmig gemahlenen Salzen. Es hat bei Flammenbränden eine fast schlagartige Löschwirkung. Nach der Zusammensetzung des Löschpulvers und der Löschwirkung in den Brandklassen unterscheidet man **BC-Pulver** (Normallöschpulver für Flüssigkeiten und Gase), **ABC-Pulver** (Glutbrandlöschpulver für alle Brände, außer Metall) und **D-Pulver** (Metallbrandlöschpulver für Metallbrände).

Die Löschwirkung bei BC- und ABC-Pulver wird durch den Stickeffekt (Veränderung des Mischungsverhältnisses Sauerstoff – Brennstoff) und durch den Inhibitionseffekt (antikatalytische Wirkung, d. h. Eingriff in den Reaktionsverlauf des Brandes) erreicht.

Bei Glut- und Metallbrandpulver entsteht durch Schmelzen des Löschpulvers und der damit verbundenen Imprägnierung der Oberfläche des Brandgutes ein zusätzlicher Dämm- und Stickeffekt.

Beachte

Metallbrandlöschpulver darf nur **drucklos** mit Pulverbrause aufgebracht werden!

6.3.3.5 Sonstige Löschmittel (Sonderlöschmittel)

Graugussspäne, Sand, Erde, Salz sind zum Abdecken von Glut- und Metallbränden geeignet, sollten jedoch zum Löschen von Metallbränden nur eingesetzt werden, wenn sie völlig trocken sind (Knallgas-Reaktion). Die Löschwirkung beruht auf dem Trenn-/Stick-Effekt.

Weiterhin geeignet für die Bekämpfung von Metallbränden ist ein Brandschutzmittel mit dem Markennamen PyroBubbles®. Hierbei handelt es sich um eine spezielle Glasmischung mit dem Hauptbestandteil SiO_2 als mikroporöse Partikel mit Durchmessern von 2 bis 5 mm in Form von Granulat/Schüttgut. Die Verwendung als Brandschutzmittel und Zuordnung in die Baustoffklasse A 1 ist freigegeben in den Brandklassen A, B, D und F.

Löschwirkungen: Ersticken, Kühlen, Inertisierung.

In einer weiteren Anwendung bietet dieses Löschmittel eine Sicherheitslösung für **bengalische Feuer**. Bengalos brennen selbst mit Temperaturen von über 2.000 °C unter Wasser weiter, da der für die Oxidation benötigte Sauerstoff in der Fackel selbst chemisch gebunden ist. Ein Löschen von bengalischen Feuern ist mit Wasser nicht möglich und Sand ist wegen möglicher Brandgasentwicklung völlig ungeeignet. Zuschauer und Sicherheitskräfte sind nicht unerheblichen Gefahren ausgesetzt, denn obwohl der Abbrand von bengalischen Feuern in den allermeisten europäischen Stadien zu Recht verboten ist, sorgen bestimmte Fangruppen regelmäßig für beeindruckende, aber gefährliche Szenen in den Zuschauerbereichen sowie auf den Spielflächen. Ein sogenannter PyroBubbles–BengaloSafe bietet dazu eine sichere und schnelle Möglichkeit der umfassenden Gefahrenabwehr, da sehr leicht zu transportieren und temperaturbeständig bis über 2000 °C.

6.4 Feuerlöscheinrichtungen

In jedem Unternehmen müssen **Feuerlöscheinrichtungen** vorhanden sein. In der Arbeitsstättenverordnung wird hierzu u. a. ausgeführt, dass der Arbeitgeber Sicherheitseinrichtungen zur Verhütung oder Beseitigung von Gefahren bereitzustellen hat und diese in regelmäßigen Abständen sachgerecht warten und auf Funktion prüfen lassen muss. Hierbei handelt es sich insbesondere um:

- Sicherheitsbeleuchtungen,
- Feuerlöschgeräte,
- Feuerlöschanlagen,
- Signalanlagen,
- Notaggregate und Notschalter sowie
- raumlufttechnische Anlagen.

Zum Schutz vor Entstehungsbränden müssen Arbeitsstätten mit einer ausreichenden **Anzahl** geeigneter Feuerlöscheinrichtungen und erforderlichenfalls Brandmeldern und Alarmanlagen ausgerüstet sein. Wichtige Kriterien hierfür sind:

- Abmessung und Nutzung der Räumlichkeiten,
- Brandgefährdung vorhandener Einrichtungen und Materialien,
- größtmögliche Anzahl anwesender Personen.

Feuerlöscheinrichtungen werden **unterschieden** nach

- nicht selbsttätige Feuerlöscheinrichtungen und
- selbsttätige Feuerlöscheinrichtungen.

Nicht selbsttätige Feuerlöscheinrichtungen müssen als solche dauerhaft gekennzeichnet, leicht zu erreichen und zu handhaben sein. Hierbei handelt es sich um tragbare und fahrbare Feuerlöscher, Löschfahrzeuge, Löschwasserbehälter, Löschdecken, Wandhydranten.

Selbsttätige Feuerlöscheinrichtungen sind Anlagen, die Löschmittel bevorraten und nach manueller oder automatischer Auslösung zur Brandbekämpfung freisetzen, z. B.: Sprinkleranlagen, Sprühwasserlöschanlagen, Schaumlöschanlagen, Pulverlöschanlagen oder Gaslöschanlagen (mit Löschmitteln wie Kohlendioxid [CO_2], INERGEN oder FM 2000). Anlagen, die aufgrund der Reduzierung von Sauerstoff in der Umgebungsatmosphäre eine Brandentstehung verhindern können (z. B. OxiReduct-Löschanlagen), werden ebenfalls dazugerechnet. Selbsttätig wirkende Feuerlöscheinrichtungen müssen mit Warneinrichtungen ausgerüstet sein, wenn bei ihrem Einsatz Gefahren für die Beschäftigten auftreten können.

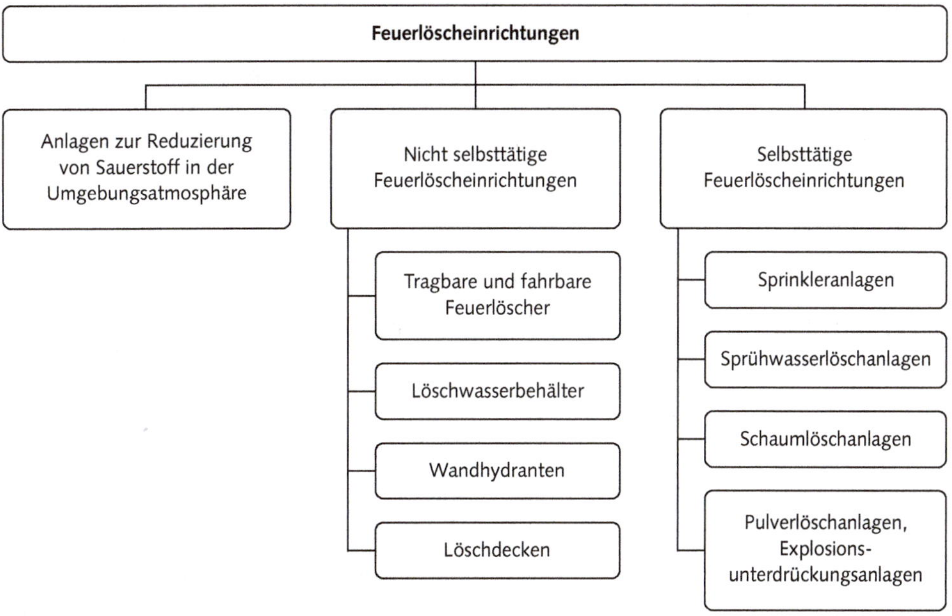

Abbildung 5: Überblick Feuerlöscheinrichtungen [Pfeiffer].

6.4.1 Feuerlöscher

In jedem Unternehmen sind entsprechend der potentiellen Brandgefahren geeignete **Feuerlöschgeräte** in **ausreichender Anzahl** bereitzuhalten, damit ein sofortiger Einsatz gegen Entstehungsbrände möglich ist. Die Anforderungen an ihre **Beschaffenheit** sowie die **Prüfanforderungen** wurden für **tragbare Feuerlöscher** in der **DIN EN 3** festgelegt. Feuerlöscher, die nach DIN EN 3 geprüft und hergestellt werden, werden mit einer **Registriernummer** der Baumusterprüfung gekennzeichnet und gelten gemäß ASR A2.2 als Feuerlöscheinrichtungen, die für die Grundausstattung geeignet sind. Für **fahrbare Feuerlöscher** enthält die Normenreihe **DIN EN 1866** Festlegungen zu den Eigenschaften, zur Löschleistung sowie zu deren Prüfungen.

6.4.1.1 Aufbau und Beschriftung

Grundsätzlich werden anhand ihrer **Funktionsweise** zwei Arten von Feuerlöschern unterschieden,

- der Dauerdrucklöscher, sowie
- der Aufladungslöscher.

Dauerdrucklöscher enthalten in einem Behälter sowohl das Löschmittel als auch das Treibgas. Dadurch steht das Löschmittel ständig unter Druck, d. h., der Löscher ist sofort einsatzbereit. Dagegen bedingt die stabilere Bauweise ein relativ hohes Gewicht.

Aufladungslöscher sind die gebräuchlichsten Handfeuerlöscher. In zwei voneinander getrennten Behältern befinden sich Löschmittel und Treibmittel. Bei Inbetriebnahme wird über eine Verbindung das Treibmittel in den Löschmittelbehälter geführt und unter Druck gesetzt – der Löscher wird sozusagen aufgeladen. Dieser Vorgang muss in maximal 5 Sekunden abgeschlossen sein. Der Treibmittelbehälter kann sowohl innerhalb des Löschmittelbehälters (innen liegender Treibgasbehälter) als auch außerhalb (außenliegender Treibgasbehälter) angebracht sein.

Der grundsätzliche **Aufbau** sowie die **Beschriftung** eines Feuerlöschers ist in der nachfolgenden Tabelle dargestellt.

Aufbau	Beschriftung
Löschmittelbehälter, Treibgasbehälter, sofern kein Dauerdrucklöscher, Löschmittelfüllung, Aufhängevorrichtung, Steigrohr, Betätigungs- und Sicherungseinrichtungen, Löschschlauch und -düse.	DIN-Feuerlöscher, Löschmittel und Füllmenge, Betriebsanleitung, zugelassene Brandklassen (A, B, C, D, F), Warnhinweise (z. B. „nicht für elektrische Anlagen“), Name und Anschrift des Herstellers, Herstellertypenbezeichnung, Zulassungskennzeichen des Löschers, Zulassungskennzeichen des Löschmittels, feuerroter Farbanstrich nach RAL 3000.

Tabelle 9: Aufbau und Beschriftung von Feuerlöschern.

Anhand des verwendeten **Löschmittels** werden folgende Feuerlöscher unterschieden:

- Wasserlöscher,
- Schaumlöscher,
- Pulverlöscher für verschiedene Einsatzgebiete wie z. B. Normallöschpulver, Glutbrandpulver, Metallbrandpulver,
- Kohlendioxid-(CO_2-)Löscher,
- Löscher für Fettbrände in Frittier- und Fettbackgeräten und anderen Kücheneinrichtungen und -geräten.

Die Feuerlöscher sind entsprechend der Art des enthaltenen **Löschmittels** für die in der nachfolgenden Abbildung 6 genannten **Einsatzzwecke** geeignet. Eine gute Schulung im Umgang mit dem Handfeuerlöscher ist ebenso wichtig wie die Kenntnis über die Wirkung des verwendeten Löschmittels und dessen Einsatzmöglichkeit in der entsprechenden Brandklasse (s. Kapitel 6.1.2, Abbildung 2).

Brandklasseneinteilung

nach EN 2

Zeichenerklärung: ● geeignet und zugelassen

	Brandklasse	A	B	C	D	F
		Brände fester Stoffe, hauptsächlich organischer Natur, die normalerweise unter Glutbildung verbrennen, z.B. Autoreifen, Heu, Holz, Kohle, Papier, Stroh, Textilien	**Brände von flüssigen oder flüssig werdenden Stoffen,** z.B. Äther, Alkohol, Benzin, Benzol, Fette, Harz, Kunststoffe, Lacke, Öle, Paraffin, Stearin, Teer, Wachs	**Brände von Gasen,** z.B. Acetylen, Butan, Erdgas, Methan, Propan, Stadtgas Wasserstoff	**Brände von Metallen,** z.B. Aluminium, Kalium und deren Legierungen, Lithium, Magnesium, Natrium	**Brände von Speiseölen und Speisefetten** (siehe DIN V 14406-5)
Pulverlöscher mit Glutbrandpulver	**PG**	●	●	●		
Pulverlöscher mit Metallbrandpulver	**PM**				●	
Pulverlöscher mit Spezialpulver	**P**		●	●		
Kohlendioxid-Löscher (CO_2)	**K**		●			
Wasserlöscher	**W**	●				
Fettbrandlöscher mit Spezial-Flüssiglöschmittel	**F**	●	●			●
Schaumlöscher	**S**	●	●			

Abbildung 6: Eignung von Feuerlöschern bei verschiedenen Brandklassen [Gloria].

Feuerlöscher	Löschwirkung
Wasserlöscher	Beinhalten das Löschmittel Wasser, dem Frostschutz- und Netzmittel zugesetzt werden. Die Löschwirkung beruht auf dem Entzug von Wärmeenergie, der **Abkühlung**. Wasser ist vorwiegend verwendbar in der Brandklasse A.
Schaumlöscher	Erzeugen durch die Verschäumung eines Wasser-Schaummittel-Gemischs mit Luft einen Löschschaum. Der Löscheffekt beruht hauptsächlich auf dem **Trenn- und Stickeffekt**. Durch den relativ hohen Wasseranteil tritt ebenfalls noch ein **Kühleffekt** auf. Daher sind Schaumlöscher sowohl für Brände der Brandklasse A als auch der Brandklasse B verwendbar.
Pulverlöscher	Eignen sich gut bei Bränden mit Flammenbildung. Die Löschwirkung entsteht hauptsächlich durch einen **antikatalytischen (Inhibitions-)Effekt** in der Flammenzone. Daher sind Löscher mit BC-Pulver besonders geeignet für Brände von Flüssigkeiten oder Gasen. Bei der Verwendung von ABC-Pulver wird zusätzlich bei Glutbränden ein **Stickeffekt** erreicht, was den Einsatz in der Brandklasse A ermöglicht.
Metallbrand-pulverlöscher	Enthalten ein Löschpulver, das über einen Brausekopf drucklos ausgebracht wird, um die Verteilung des Brandgutes zu verhindern. Der Löscheffekt ist mit dem des Pulverlöschers vergleichbar.
Kohlendioxid-löscher	Beinhalten Kohlendioxid (CO_2) in flüssiger Form, das erst bei der Freisetzung in den gasförmigen Zustand übergeht. Dabei tritt im unmittelbaren Austrittsbereich eine Verdrängung des Luftsauerstoffs ein. Der sich bildende Schnee (Trockeneis) verfügt über keine kühlende Wirkung, die einen Löscheffekt wesentlich beeinflusst. Kohlendioxidlöscher sind besonders geeignet für eine rückstandsfreie Löschung und kommen daher in Laboren bei Bränden der Brandklasse B oder in technischen (elektrischen) Anlagen zum Einsatz. Die Anwendung im Freien ist nicht zweckmäßig.
Löscher für Fettbrände	Das darin enthaltene Löschmittel löscht bei Speiseöl und sonstigen Fettbränden zuverlässig durch Verseifung der brennenden Flüssigkeit. Es bildet sich eine Sperrschicht über dem Brandherd, der Zutritt von Sauerstoff wird unterbunden. Gleichzeitig kühlt das Löschmittel das Öl oder Fett unter die Selbstentzündungstemperatur herunter und verhindert damit ein erneutes Aufflammen des Brandes.

Tabelle 10: Löschwirkung von Feuerlöschern.

6.4.1.2 Tragbare Feuerlöscher

In den ersten Minuten nach der Entstehung eines Brandes ist die Brandausbreitung meist noch gering, und es ist oft möglich, den Brand mit vorhandenen, **tragbaren Feuerlöschern (Handfeuerlöschern)** rechtzeitig abzulöschen. Handfeuerlöscher sind für die Bekämpfung von **Klein- und Entstehungsbränden** bestimmt.

Tragbare Feuerlöscher werden nach den Festlegungen der **DIN EN 3–1** klassifiziert und dürfen bis zu 20 kg wiegen. Sie enthalten bis zu 12 kg Löschmittel. Für die **Zulassungsprüfung** der Löscher wird eine Mindestfunktionsdauer (Spritzzeit) gefordert, die je nach Füllmenge des Löschmittels zwischen 6 und 15 Sekunden beträgt. Für die Handhabung im Löscheinsatz ist dies insofern von großer Bedeutung, da dem Anwender bewusst sein sollte, welche geringen Mittel ihm zur Verfügung stehen, um einen Brand mit dem verfügbaren Löschgerät wirkungsvoll bekämpfen zu können.

Hinweis

Nach DIN EN 3 ist für die Einstufung der Feuerlöscher das Löschvermögen, das durch die Leistungsklasse, einer Zahlen-Buchstabenkombination (z. B. 43 A), ausgedrückt wird, maßgeblich. Jedem Feuerlöscher ist nach der **Technischen Regel für Arbeitsstätten – Maßnahmen gegen Brände ASR A2.2** (in der jeweils gültigen Fassung, z. Zt. Ausgabe Mai 2018) eine bestimmte Anzahl von „Löschmitteleinheiten" (LE) zugeordnet. Damit lässt sich der Bereitstellungsbedarf für eine bestimmte Raum-/Objektgröße ermitteln.

Die **Löschmitteleinheit (LE)** ist eine eingeführte Hilfsgröße, die es ermöglichen soll, die Leistungsfähigkeit von Feuerlöschern unterschiedlicher Bauarten zu vergleichen und das Löschvermögen der Feuerlöscher zu addieren.

Wird ein Feuerlöscher für die Brandklassen A und B eingesetzt und ist dem Löschvermögen für die jeweilige Brandklasse eine unterschiedliche Anzahl von Löschmitteleinheiten zugeordnet, so ist der niedrigere Wert der Löschmitteleinheiten anzusetzen, z. B. 43A und 113B ergeben 6 LE.

In Abhängigkeit von der **Brandgefährdung** und der **Grundfläche** können die benötigten Löschmitteleinheiten (LE) ermittelt werden. Somit kann dann die entsprechende Art, Anzahl und Größe der Feuerlöscher bestimmt werden.

- **Geringe Brandgefährdung** liegt vor, wenn Stoffe mit geringer Entzündbarkeit vorhanden sind und die örtlichen und betrieblichen Verhältnisse nur geringe Möglichkeiten für eine Brandentstehung bieten und wenn im Falle eines Brandes mit geringer Brandausbreitung zu rechnen ist.
- **Mittlere Brandgefährdung** liegt vor, wenn Stoffe mit hoher Entzündbarkeit vorhanden sind und die örtlichen und betrieblichen Verhältnisse für die Brandentstehung günstig sind, jedoch keine große Brandausbreitung in der Anfangsphase zu erwarten ist.
- **Große Brandgefährdung** liegt vor, wenn durch Stoffe mit hoher Entzündbarkeit und durch die örtlichen und betrieblichen Verhältnisse große Möglichkeiten für eine Brandentstehung gegeben sind und in der Anfangsphase mit großer Brandausbreitung zu rechnen oder eine Zuordnung in mittlere oder geringe Brandgefährdung nicht möglich ist.

Für die **Grundausstattung** dürfen nur Feuerlöscher angerechnet werden, die jeweils über mindestens 6 Löschmitteleinheiten (LE) verfügen. Demnach verfügt beispielsweise ein ABC-Pulverlöscher mit einer Löschmittelmenge von 6 kg über 15 Löschmitteleinheiten (LE) bei einem Rating 55A 233 BC. Damit könnte eine Fläche von 300 m^2 ausgestattet werden, sofern dieser Löscher von allen Bereichen innerhalb einer Lauflänge von 20 m erreicht werden kann.

Tragbare Feuerlöscher sind regelmäßig, mindestens jedoch alle **zwei Jahre** durch Sachkundige, z. B. der Lieferfirma oder der Werkfeuerwehr, **überprüfen** zu lassen (§ 14 Abs. 4 BetrSichV). Bei hohen Brandrisiken oder starker Beanspruchung können kürzere Zeitabstände erforderlich sein. Ein Vermerk über die letzte Prüfung ist fest oder plombiert am Löscher zu befestigen. Beim Nachfüllen und Instandsetzen müssen die Leistungswerte und technischen Merkmale, die der jeweiligen Typen-Zulassung zugrunde lagen, gewährleistet werden (Original-Ersatzteile und -Füllungen).

Grundfläche bis ... m²	Löschmitteleinheiten [LE]
50	6
100	9
200	12
300	15
400	18
500	21
600	24
700	27
800	30
900	33
1000	36
Je weitere 250	6

Tabelle 11: Ermittlung von benötigten Löschmitteleinheiten in Abhängigkeit von der Grundfläche der Arbeitsstätte nach ASR A2.2.

Löschmitteleinheiten (LE) nach ASR A2.2	Löschvermögen von Feuerlöschern (Rating gemäß DIN EN 3-7:2007-10)	
LE	Brandklasse A	Brandklasse B
1	5A	21B
2	8A	34B
3		55B
4	13A	70B
5		89B
6	21A	113B
9	27A	144B
10	34A	
12	43A	183B
15	55A	233B

Tabelle 12: Zuordnung des Löschvermögens zu Löschmitteleinheiten.

Eine **ausreichende Zahl** von Betriebsangehörigen, **Brandschutzhelfer** gem. ASR A2.2, ist in der Handhabung der Löscher zur Bekämpfung von Entstehungsbränden zu **unterweisen**. Die Anzahl der Brandschutzhelfer ergibt sich aus der Gefährdungsbeurteilung. Der Anteil von **ca. 5 % der Beschäftigten** in einem Betrieb wird in der Regel als angemessen angenommen. Es wird empfohlen, diese praktischen Unterweisungen mit Übungen in Abständen von 3 bis 5 Jahren zu wiederholen. Die grundlegende Anforderung für die Bestellung ergibt sich aus dem Arbeitsschutzgesetz (§ 10 ArbSchG), wonach der Unternehmer verpflichtet wird entsprechendes Personal auszubilden und auszurüsten.

In besonders feuergefährdeten Betrieben empfiehlt es sich, außer tragbaren Feuerlöschern entweder größere fahrbare Löschgeräte der zugehörigen Brandklasse bereitzustellen oder ortsfeste Feuerlöschanlagen einzubauen.

Feuerlöscher sind an gut sichtbaren und im Brandfall leicht zugänglichen Stellen anzubringen. Der **Standort von Feuerlöschern** muss durch das Brandschutzzeichen F001 „Feuerlöscher" nach ASR A1.3 (Abbildung 7) gekennzeichnet sein, sofern die Feuerlöscher nicht für jedermann sichtbar angebracht oder aufgestellt sind.

Weitere Löschgeräte und Hilfsmittel der Brandbekämpfung sind fahrbare Feuerlöscher, Löschfahrzeuge und -anhänger, Löschwasserbehälter, Löschdecken, Wandhydranten.

Abbildung 7:
Sicherheitskennzeichnung Feuerlöscher F001 [nach ASR A1.3].

Abbildung 8:
Fahrbarer Feuerlöscher [Gloria].

Abbildung 9:
Feuerlöschdecke, Typ GLD120 [Gloria].

6.4.1.3 Fahrbare Feuerlöscher

Bei **fahrbaren Löschern** handelt es sich um analoge Ausführungen von Handfeuerlöschgeräten, die aufgrund des größeren Löschmittelvorrates, z. B. 50 kg Löschpulver, nicht mehr von Hand transportiert werden können. Für fahrbare Feuerlöscher enthält die Normenreihe **DIN EN 1866** Festlegungen zu den Eigenschaften, zur Löschleistung sowie zu deren Prüfungen.

6.4.1.4 Weitere Löschgeräte

Löschfahrzeuge oder **-anhänger** gehören grundsätzlich zur Ausstattung von Feuerwehren. Die Ausrüstung der Löschfahrzeuge richtet sich nach dem jeweiligen Einsatzzweck (Löschfahrzeug, Tanklöschfahrzeug, Rüstwagen u. a.) und ist in den entsprechenden Feuerwehrnormen geregelt. Für kleinere Einsatzeinheiten (z. B. Brandschutz im Katastrophenschutz) werden auch Tragkraftspritzen auf Anhängern verwendet. Für den Einsatz von Spezialgeräten kommen zunehmend auch Container zur Anwendung.

Löschwasserbehälter dienen der Bevorratung mit Wasser, wenn z. B. eine ausreichende Wasserversorgung nicht gesichert werden kann.

Löschdecken bestehen aus schwer entflammbarem Gewebe und dienen zum Ersticken von Flammen. Sie ist bei einem Personenbrand nicht geeignet. Sie birgt sogar zusätzliche Gefahren. Beim Andrücken der Decke werden brennende oder glühende Stoffteile intensiv auf die Haut gepresst. Das führt zu zusätzlichen schweren Brandverletzungen. Deshalb hat der Fachnormenausschuss Feuerwehrwesen (FNFW) bereits 2002 die bestehende DIN-Norm für Löschdecken DIN 14155 zurückgezogen.

6.4.2 Feuerlöschanlagen

6.4.2.1 Sprinkleranlagen

Sprinkleranlagen sind automatische Feuerlöschanlagen, die zum Brandschutz, z. B. in Hochhäusern, Geschäftshäusern, Kaufhäusern, Industrieanlagen, Versammlungsstätten und Tiefgaragen eingesetzt werden können.

An der Raumdecke oder im oberen Bereich der Seitenwände werden mehrere Wasseraustrittsdüsen (sog. **Sprinklerköpfe**) angebracht, die mit einem Wasserrohrnetz verbunden sind. Die Wasseraustrittsdüsen wiederum sind mit einem kleinen Glaskolben verschlossen, der mit einer gefärbten Spezialflüssigkeit gefüllt ist. Innerhalb eines Sprinklersystems herrscht ein konstanter Wasserdruck, der in der Sprinklerzentrale kontrolliert wird.

Bei einem Feuer dehnt sich die erwärmte Spezialflüssigkeit in den Glaskolben aus, die Glaskolben zerplatzen, so dass die Düsen geöffnet werden und Wasser aus dem Sprinklerrohrnetz austritt. Hierbei kennzeichnet die Farbe der Spezialflüssigkeit die Temperatur, bei der die Glaskolben platzen (sog. Auslösetemperatur). Der daraus resultierende Druckabfall wird erkannt und führt zum Öffnen spezieller Ventile und dem Starten von Pumpen (anlagenspezifisch). Wasser wird sofort aus dafür vorgesehenen Tanks oder über einen dafür dimensionierten Wasseranschluss mit hohem Druck in das Sprinklersystem gepumpt.

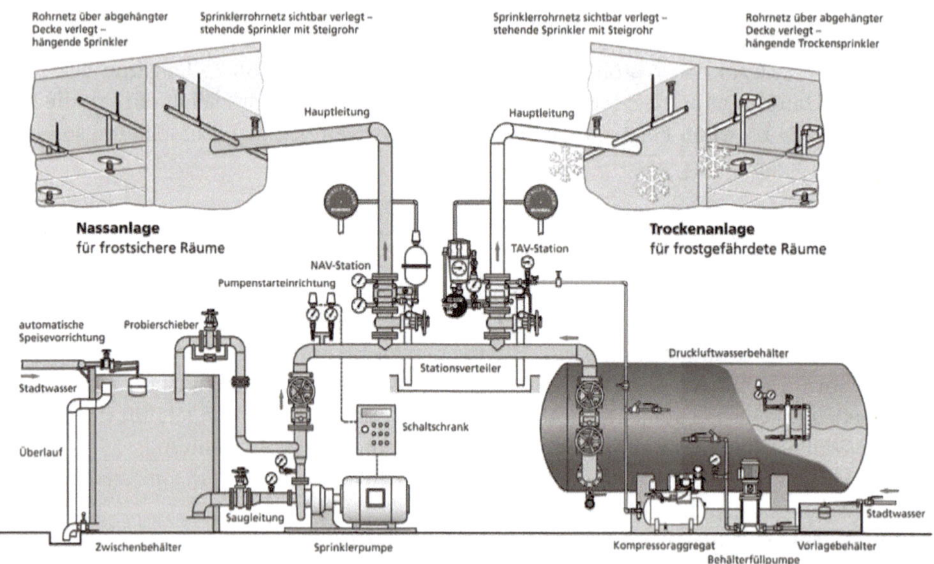

Abbildung 10: Systembild einer Sprinkleranlage [Minimax].

Sprinkleranlagen gibt es als Nassanlagen für frostgeschützte Räume und als Trockenanlagen für frostgefährdete Räume.

Bei **Trockensprinkleranlagen** ist das Rohrleitungssystem ständig mit Druckluft bzw. inerten Gasen gefüllt. Das Alarmventil öffnet die Wasserzufuhr erst, wenn der Druck im System schnell abfällt.

Vorgesteuerte Sprinkleranlagen sind ähnlich aufgebaut. Hier wird die Wasserzufuhr über eine Detektion durch ein Brandmeldesystem gesteuert.

6.4.2.2 Kohlendioxid-Feuerlöschanlagen

Kohlendioxid-Feuerlöschanlagen eignen sich zum Löschen brennbarer Flüssigkeiten und Gase. Ihr Anwendungsbereich richtet sich nach Art und Nutzung der gefährdeten Bereiche und Räume und der eingesetzten Maschinen und Produktionseinrichtungen. Das Kohlendioxid wird in Gasflaschen oder ortsfesten Behältern unter Druck gelagert und nach Auslösen durch die gespeicherte Energie über das Leitungssystem zu den Austrittsöffnungen geführt.

Kohlendioxid erstickt das Feuer durch Reduzierung des Luftsauerstoffes auf höchstens fünfzehn Volumenprozent. Rechtzeitig – mindestens 10 sec – vor der CO_2-Flutung sind die im Gefährdungsbereich befindlichen **Personen** durch akustische und ggf. optische Alarmierungseinrichtungen **zu warnen**.

Kohlendioxid-Feuerlöschanlagen werden auch als „Objektschutzanlagen" eingesetzt und können neben dem Raumschutz auch als Maschinenschutz dienen. Eingesetzt werden solche Löschanlagen in Bereichen, in denen selbst geringe Löschmittelrückstände unerwünscht sind (z.B. in EDV-Räumen, Lagerräumen, Pulverbeschichtungsanlagen, Schaltschrankräumen, Motorprüfständen oder bei Schleif- und Druckmaschinen).

6.4.2.3 Pulverlöschanlagen

Je nach Brandrisiko wird die **Pulverlöschanlage** z.B. mit ABC-, BC- oder Metallbrandpulver gefüllt. Die schlagartige Löschwirkung resultiert im Wesentlichen aus dem antikatalytischen Effekt, einem chemischen Eingriff in den Verbrennungsprozess. Wegen der hohen Löschleistung werden Pulverlöschanlagen als Raum- oder Objektschutz bevorzugt in Chemieanlagen, Prozessanlagen, Triebwerksprüfständen, Lagerräumen, Ölkellern, Behältergruben, Füllstationen, Hafenanlegern, Gastankern und Flugzeughangars eingesetzt.

6.4.2.4 Sprühwasserlöschanlagen

Im Gegensatz zu Sprinkleranlagen sind die Sprinklerköpfe der Sprühwasserlöschanlage **nicht** verschlossen. Im Brandfall wird aus allen Öffnungen gleichzeitig gesprüht. Das bedeutet schnelle und umfassende Brandbekämpfung, kann aber den Nachteil eines erheblichen Wasserschadens haben.

6.4.2.5 Wassernebel-Löschanlagen

„Wassernebel" wird im internationalen Sprachgebrauch als „water mist" und in Deutschland auch als Feinsprühtechnik bezeichnet. Als Wassernebel bezeichnet man Löschwasser, das in **Tropfendurchmesser kleiner** als **1 mm** ausgebracht wird. Mit der Erzeugung von kleinen Wassertropfen werden unter Ausnutzung der physikalischen Eigenschaften des Wassers einerseits eine höhere Kühlwirkung und andererseits eine lokale Verdampfung an der Flamme mit der Folge einer lokalen Sauerstoffreduzierung erreicht. Hierdurch kann die benötigte Löschwassermenge reduziert werden.

Um Wassernebel zu erzeugen, gibt es unterschiedliche technische Möglichkeiten:

- **Einstoff-Systeme** verwenden Wasser ohne Zusätze.
- Bei **Zweistoff-Systemen** wird das Löschmedium Wasser mithilfe von Druckluft/Gas an der Düse vernebelt.
- **Zylinder-Systeme** sind Druckbehälter mit begrenzter Wassermenge, bei denen das Löschwasser durch ein Treibgas unter Druck ausgebracht wird.
- Bei **Pumpensystemen** wird der Druck mittels Pumpe(n) erzeugt. Die Pumpen werden z. B. durch Elektro- oder Dieselmotoren angetrieben.

6.4.2.6 INERGEN®-Löschanlagen

INERGEN®-Löschanlagen schützen EDV- und elektrische Schalträume, Telekommunikationsbereiche, Archivroboter, Archive und Depots in Museen mit wertvollen Dokumenten und Kunstwerken, Gasturbinenhauben, lackiertechnische Anlagen sowie Produktions- und Lagerräume für brennbare Flüssigkeiten vor Brandschäden.

INERGEN® ist ein Löschmittel, das aus den drei Naturgasen Stickstoff (52 Vol. %), Argon (40 Vol. %) und Kohlendioxid (8 Vol. %) hergestellt wird. Bei einer Flutung gehen diese unverändert wieder in die Atmosphäre über. Einen Ozonzerstörungsfaktor gibt es nicht, damit trägt dieses Löschmittel nicht zur Erwärmung der Erdatmosphäre bei. INERGEN® löscht korrosions- und rückstandsfrei.

Die Löschwirkung beruht auf einer Sauerstoffreduzierung, die im Brandfall durch seine drei Bestandteile verursacht wird. Der 8-Vol.%-ige CO_2-Anteil im Löschmittel ergibt im gefluteten Raum eine Konzentration von 2,5–5,0-Vol.%, je nach Brandrisiko und Löschmittelmenge.

Hinweis

Dieser geringe Prozentsatz beeinflusst die Atmungssteuerung im menschlichen Körper, sodass das Mindersauerstoffangebot im Löschbereich – zur Feuerlöschung reduziert auf 14-Vol.% bis 10-Vol.% – durch eine automatische Erhöhung des Atmungstaktes (Volumens) ausgeglichen werden muss (s. Kapitel 6.3.3.3).

6.4.2.7 OxiReduct-Löschanlagen

Durch die Veränderung der Voraussetzungen für den Brandprozess, in dem Fall die Reduzierung des Luftsauerstoffs unter 15 Volumenanteile, wird die Entstehung eines Feuers verhindert, gleichzeitig jedoch der Aufenthalt von Personen unter diesen Bedingungen ermöglicht.

Das OxyReduct®-System ermöglicht eine **kontrollierte Sauerstoffreduktion** in Räumen. Durch Einleitung von Stickstoff wird die Sauerstoffkonzentration exakt auf den eingestellten Wert abgesenkt und dort gehalten. In dieser Atmosphäre kann die Entstehung eines offenen Brandes ausgeschlossen werden, da der vorhandene Sauerstoff nicht mehr ausreicht, um ein Feuer aufrechtzuerhalten.

6.5 Durchführung von Alarmierungsaufgaben

Alarmierungen dienen zur schnellen Information in Notfallsituationen. Sie sollen helfen, Personen- und Sachschäden zu verhindern bzw. zu begrenzen. Um dies zu ermöglichen, bedarf es klar strukturierter Handlungsabläufe, die bekannt und geübt sein müssen.

6.5.1 Brandschutzordnung

Für die Koordinierung der Alarmierungsmaßnahmen kann es bei entsprechender Betriebsgröße erforderlich sein, eine **Brandschutzordnung** zu erstellen. Die Brandschutzordnung beschreibt das Verhalten im Brandfall. Die Brandbekämpfung durch Betriebsangehörige wird ebenso geregelt wie Maßnahmen zum Schutz von Personen.

Die grundsätzliche Struktur der Brandschutzordnung ist in der **DIN 14096** vorgeschrieben. Demnach besteht eine Brandschutzordnung aus **drei Teilen**:

- **Teil A** richtet sich als Aushang an alle Personen, die sich in der Betriebsstätte aufhalten (auch Besucher, Kunden ...) und befasst sich mit dem Verhalten im Brandfall.
- **Teil B** richtet sich an die Mitarbeiter bzw. Fremdfirmenangehörige und befasst sich mit der Verhinderung der Brand- und Rauchausbreitung und Regelungen zum Freihalten der Fluchtwege. Sie muss schriftlich ausgegeben werden und Thema in Unterweisungen sein. Sie ist oftmals Bestandteil der Arbeitsordnung und der Fremdfirmenvorschriften.
- **Teil C** richtet sich an Mitarbeiter mit besonderen Brandschutzaufgaben (Brandschutzhelfer, Brandschutzbeauftragte, Sicherheitsbeauftragte ...) und beschreibt deren Aufgaben und Funktionen.

Die Brandschutzordnung wird im Unternehmen an geeigneter Stelle sichtbar ausgehängt. Sie ist ständig auf dem **neuesten Stand** zu halten, insbesondere sind dabei Änderungen zu berücksichtigen, die sich aus den baulichen Anlagen und betrieblichen Einrichtungen ergeben. Im Rahmen von Kontrolltätigkeiten müssen Veränderungen und Abweichungen festgestellt und gemeldet werden. Die regelmäßige Prüfung durch fachkundiges Personal erfolgt im Zyklus von zwei Jahren.

Mit der Brandschutzordnung können weitere Punkte geregelt werden:

- Maßnahmen zur Brandverhütung,
- Melde- und Löscheinrichtungen,
- Alarmsignale und Verhalten nach Signalauslösung,
- Evakuierung von Gebäuden,
- Brandbekämpfung/Löschversuche.

Wichtige organisatorische Hinweise und Anregungen für die Beschäftigten können in einem Merkblatt oder einem entsprechenden Aushang über die Brandschutzordnung nach DIN 14096 enthalten sein. Werden Signale (Sirene, Hupe, Lautsprecheranlage, Megaphon) für die Information der Personen im Schadensobjekt eingesetzt, so sind diese ebenfalls in der Brandschutzordnung bekannt zu geben.

Abbildung 11:
Beispiel für eine Brandschutzordnung Teil A (Aushang) [FeuerTRUTZNetwork GmbH].

6.5.2 Alarmplan

Der **Alarmplan** soll die Beschäftigten, z.B. durch Aushang am Empfang oder Pforte, in Kurzform über die im Brandfall notwendigen Maßnahmen und Verhaltensweisen informieren, bzw. für die Sicherheitskräfte (Pforte oder Leitstelle) Vorgaben für die Bearbeitung von Schadenmeldungen geben. Dabei spielt es keine Rolle, ob der Alarmplan in Papierform (Aushang) oder als Bestandteil eines Sicherheitsmanagementsystems als IT-Anwendung bereitgestellt wird.

Der Alarmplan unterscheidet zwischen:

- Maßnahmen, die bei der Entdeckung des Brandes zu treffen sind, und
- Maßnahmen, die der Brandmeldungsempfänger zu veranlassen hat.

Alarmpläne beinhalten darüber hinaus Hinweise zum vorbeugenden Brandschutz. Sehr gut haben sich sog. **Alarmierungspläne** bewährt, die kurz und einprägsam die wichtigsten Hinweise enthalten. Diese Alarmierungspläne können im Betrieb ausgehängt werden. Ergänzt werden diese zweckmäßigerweise durch Hinweise zum vorbeugenden Brandschutz, die ebenfalls als allgemeine Information ausgehängt werden können oder bei Unterweisungen vermittelt werden (s. Kapitel 5.3.1, Grundsätze des Notfallmanagements).

Betriebsfremde Personen (Besucher, Gäste, Fremdfirmenangehörige usw.) müssen über die Brandschutzvorschriften informiert werden.

Zu den **Aufgaben**, die im Rahmen einer Alarmierung erfüllt werden müssen, gehören:

- das Einweisen der herbeigerufenen Feuerwehr,
- das Einschalten der Notbeleuchtung (sofern dies nicht automatisch erfolgt),
- das Einschalten von vorhandenen Notstromaggregaten (sofern dies nicht automatisch erfolgt) und
- das Öffnen der Zufahrten für Hilfskräfte.
- vgl. zum Ganzen auch Kapitel 5.3.3 und 5.4.2.

6.5.3 Alarmierungseinrichtungen

Alarmierungseinrichtungen nach der Normenreihe **DIN VDE 0833** dienen als elektroakustische Alarmierungseinrichtungen der Warnung von Personen und/oder dem Herbeirufen von Hilfe zur Gefahrenabwehr. Es sind Einrichtungen, die die Personen im Objekt zentral ansprechen und ggf. eine schnelle Evakuierung erleichtern. Einfachste und günstigste Alarmvorrichtung ist die Alarmglocke in jedem Flur, die von einer zentralen Stelle bedient wird. Eine sinnvolle Ergänzung dazu ist ein batteriegespeistes Megaphon, mit dessen Hilfe die Mitarbeiter über die Verhaltensregeln informiert werden können, nachdem die Glocke gerufen hat. Sirenen oder Hupen können ebenfalls für die Alarmierung verwendet werden.

In Gebäuden mit hohem Personenverkehr sollten **Sprachalarmanlagen (SAA)** eingesetzt werden. SAA waren bisher als ELA-Anlagen bekannt. Sofern diese Anlagen direkt von einer Brandmeldeanlage angesteuert werden, gehören sie zu den Gefahrenmeldeanlagen nach der DIN VDE 0833-1 und müssen nach den Anforderungen dieser Norm, wie andere GMA, funktionssicher ausgeführt und überwacht werden.

Das akustische Gefahrensignal muss mindestens **30 Sekunden** lang abgestrahlt werden. Es darf jedoch durch Sprachdurchsagen einer Sicherheits-Auslösestelle (Feuerwehr-Sprechstelle) unterbrochen werden. Sprachdurchsagen können als direkte Durchsage oder als gespeicherter Text übertragen werden.

Die **Auslösung** von akustischen Gefahrensignalen und/oder Sprachdurchsagen erfolgt:

- automatisch durch Brandmelde- oder Gefahrenmeldeanlagen,
- manuell durch Steuereinrichtungen (manuelle Auslösestellen oder Sprechstellen).

6.6 Mitwirkung bei Räumungen und Evakuierungen

Für das sichere Verlassen von Betriebsstätten und Gebäuden sind **Fluchtwege** und **Notausgänge** nach den Bauvorschriften vorzusehen. Dabei soll für jeden Beschäftigten die Möglichkeit bestehen, einen Raum im Schadensfall auf zwei unabhängigen Fluchtwegen verlassen zu können.

Nach § 10 Abs. 1 ArbSchG hat der **Arbeitgeber** entsprechend der Art der Arbeitsstätte und der Tätigkeit sowie Zahl der Beschäftigten die Maßnahmen zu treffen, die zur Brandbekämpfung und Evakuierung der Beschäftigten erforderlich sind. Aus den einschlägigen Vorschriften ergeben sich folgende **Forderungen**:

- Bei Gefahr muss sichergestellt sein, dass die Personen die Räume **schnell** und **sicher** verlassen und von außen gerettet werden können.
- Fluchtwege sowie Notausgänge müssen **frei von Hindernissen** sein und auf kürzestem Weg ins Freie oder in einen gesicherten Bereich führen.
- Türen im Verlauf von Fluchtwegen müssen sich **in Fluchtrichtung** ohne Hilfsmittel jederzeit durch jedermann leicht öffnen lassen. Türen von Notausgängen müssen sich nach außen (Fluchtrichtung) öffnen. Handbetriebene Dreh- und Schiebetüren sind als Notausgänge nicht zulässig.
- Fluchtwege sowie Notausgänge sind mit einer **Sicherheitsbeleuchtung** auszurüsten, wenn bei Ausfall der allgemeinen Beleuchtung das gefahrlose Verlassen der Arbeitsstätte nicht gewährleistet ist.
- Fluchtwege, Notausgänge und Türen im Verlauf von Flucht- und Rettungswegen müssen **gekennzeichnet** sein. Für die Kennzeichnung sind die Sicherheits- und Gesundheitsschutzkennzeichen nach der Arbeitsstättenverordnung ASR-A1.3 Sicherheits- und Gesundheitsschutzkennzeichnung zu verwenden.

6.6.1 Flucht- und Rettungspläne

Flucht- und Rettungspläne sind für Arbeitsstätten in Gebäuden aufzustellen, bei denen gerechnet werden muss mit:

- unübersichtlicher Flucht- und Rettungswegführung oder
- hohem Fremdpersonenanteil.

Ebenso ist ein Flucht- und Rettungsplan aufzustellen, wenn sich aus benachbarten Arbeitsstätten Gefährdungsmöglichkeiten (z. B. durch explosions- bzw. brandgefährdete Anlagen oder Stofffreisetzung) ergeben.

Flucht- und Rettungspläne müssen aktuell, übersichtlich, ausreichend groß und farblich unter Verwendung von **Sicherheitsfarben** und **Sicherheitskennzeichen** gestaltet sein (s. Tabelle 13).

Die Flucht- und Rettungspläne haben **graphische Darstellungen** zu enthalten über:

- den Gebäudegrundriss oder Teile davon,
- den Verlauf der Flucht- und Rettungswege,
- die Lage der Erste-Hilfe-Einrichtungen,
- die Lage der brandschutztechnischen Einrichtungen,
- die Lage der Sammelstelle.

Soweit auf einem Flucht- und Rettungsplan nur ein Teil aller Grundrisse des Gebäudes dargestellt ist, muss eine Übersichtsskizze die Lage im Gesamtkomplex verdeutlichen. Der Grundriss in Flucht- und Rettungsplänen ist im Maßstab 1:100 oder größer darzustellen. Die Größe des Flucht- und Rettungsplanes sollte das **Format A3** nicht unterschreiten. Die Flucht- und Rettungspläne sind in der Arbeitsstätte auszuhängen. Sie müssen auf den jeweiligen Standort des Betrachters bezogen lagerichtig dargestellt werden.

Geometrische Form	Bedeutung	Sicherheitsfarbe	Kontrastfarbe zur Sicherheitsfarbe	Farbe des graphischen Symbols	Anwendungsbeispiele
Kreis mit Diagonalbalken	Verbot	Rot	Weiß*	Schwarz	▪ Rauchen verboten ▪ Kein Trinkwasser ▪ Berühren verboten
Kreis	Gebot	Blau	Weiß*	Weiß*	▪ Augenschutz benutzen ▪ Schutzkleidung benutzen ▪ Hände waschen
Gleichseitiges Dreieck mit gerundeten Ecken	Warnung	Gelb	Schwarz	Schwarz	▪ Warnung vor heißer Oberfläche ▪ Warnung vor Biogefährdung ▪ Warnung vor elektrischer Spannung
Quadrat	Gefahrlosigkeit	Grün	Weiß*	Weiß*	▪ Erste Hilfe ▪ Notausgang ▪ Sammelstelle
Quadrat	Brandschutz	Rot	Weiß*	Weiß*	▪ Brandmeldetelefon ▪ Mittel und Geräte zur Brandbekämpfung ▪ Feuerlöscher

*Die Farbe Weiß schließt die Farbe für langnachleuchtende Materialien unter Tageslichtbedingungen, wie in ISO 3864-4, Ausgabe März 2011 beschrieben, ein. Die in den Spalten 3, 4 und 5 bezeichneten Farben müssen den Spezifikationen von ISO 3864-4, Ausgabe März 2011 entsprechen. Es ist wichtig, einen Leuchtdichtekontrast sowohl zwischen dem Sicherheitszeichen und seinem Hintergrund als auch zwischen dem Zusatzzeichen und seinem Hintergrund zu erzielen (z. B. Lichtkante).

Tabelle 13: Sicherheitsfarben und geometrische Form nach ASR-A1.3.

Hinweis

Der Arbeitgeber hat die Beschäftigten über den Inhalt der Flucht- und Rettungspläne sowie über das Verhalten bei Gefahrenfällen regelmäßig, mindestens einmal jährlich, in einer für diese verständlichen Form und Sprache zu **informieren**.

Flucht- und Rettungspläne sind mit entsprechenden Plänen nach anderen Rechtsvorschriften (z. B. den Alarm- und Gefahrenabwehrplänen nach § 10 Störfall-Verordnung) abzustimmen oder mit diesen zu verbinden.

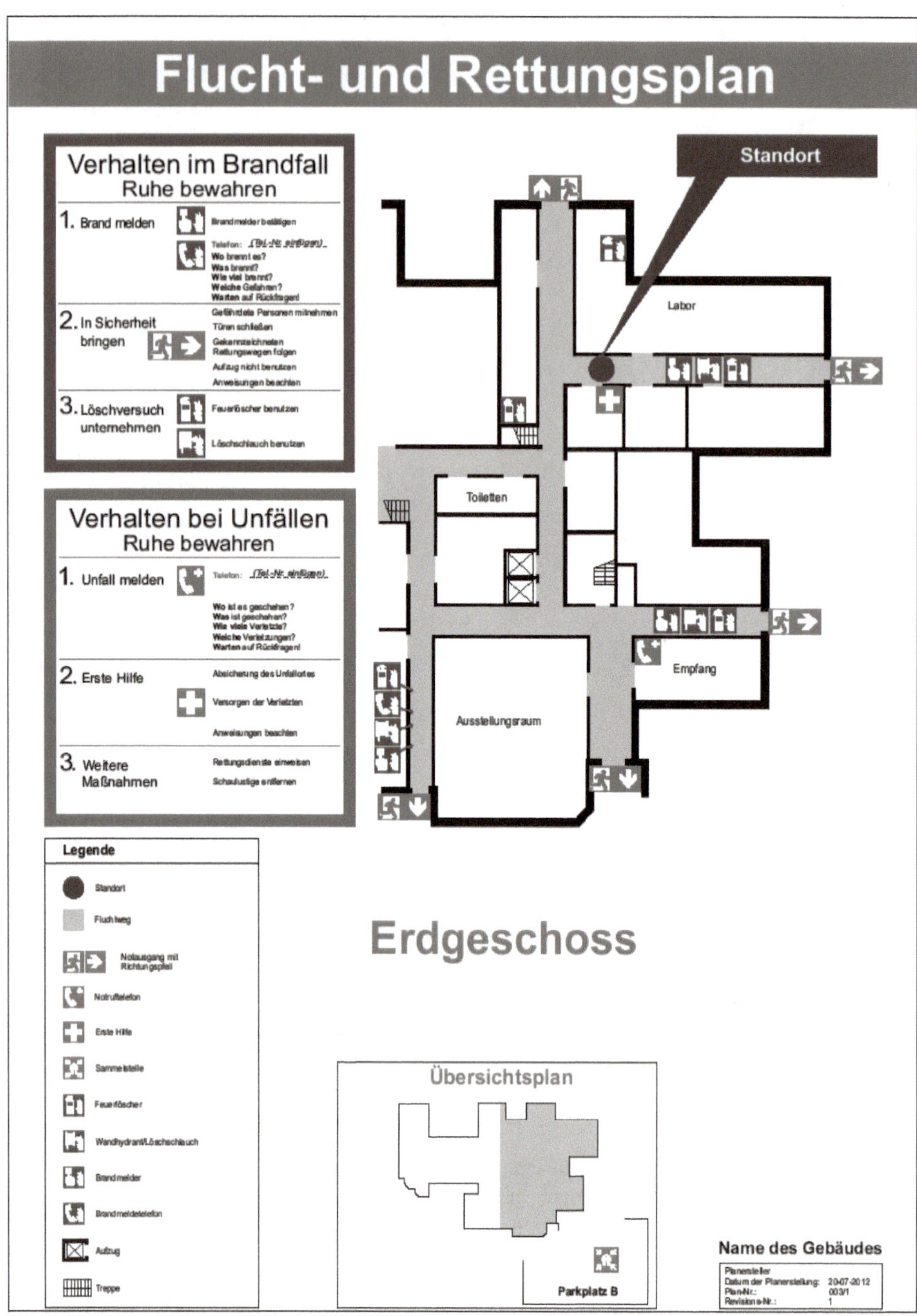

Abbildung 12: Beispiel eines Flucht- und Rettungsplanes [gemäß ASR-A1.3, Anhang 3].

6.6.2 Brandschutz- bzw. Räumungshelfer

Brandschutz- bzw. **Räumungshelfer** werden in unmittelbarer Nähe des jeweiligen Arbeitsplatzes benötigt. Dafür bietet sich zwangsläufig eine Organisation, die sich auf den Brandabschnitt, den Gebäudeflur oder ein kleineres Gebäude beschränkt, an. Die Anzahl der Brandschutzhelfer ergibt sich aus der Gefährdungsbeurteilung. Der Anteil von **ca. 5 % der Beschäftigten** in einem Betrieb wird in der Regel als angemessen angenommen. In der betrieblichen Praxis kann davon ausgegangen werden, dass bei Bürogebäuden die zulässige Brandabschnittsgröße von max. zulässigen 1.600 m^2 (40 × 40 m) pro Gebäudeflur nicht immer erreicht wird und sich vielleicht zwanzig bis vierzig Mitarbeiter in einem Flurbereich befinden. Geht man jedoch von 1.600 m^2 aus, so können (bei einer Belegung von ca. 16 bis 20 m^2 pro Arbeitsplatz) 80 bis 100 Personen in diesem Brandabschnitt anwesend sein. Dies erfordert je zwei Brandschutzhelfer und Räumungshelfer.

Aufgaben der Räumungshelfer:

- Sie **unterstützen** bei Räumungsalarm aktiv den **Räumungsvorgang** in dem ihnen zugeteilten Bereich. Sie **durchsuchen** diese Flächen auf noch anwesende Personen und fordern diese zum Verlassen des Bereiches auf.
- Sie **veranlassen Hilfeleistung** durch Einsatzkräfte, soweit erforderlich.
- Sie verhindern durch besonnenes Verhalten und durch **klare Verhaltensanweisungen** das Entstehen von Panikverhalten bei den Anwesenden.
- Sie **melden** den **Vollzug** der Räumung in ihrem Bereich an den zuständigen Räumungsleiter oder Krisenstab.
- In besonderen Ausnahmefällen, auf Bitten der Einsatzleitung, übernehmen sie **zusätzliche Sicherungsaufgaben**, z. B. Absperrposten oder Nachschau im zugeteilten Sicherungsbereich nach verdächtigen Gegenständen (Spreng- oder Brandsätze) noch während der Anwesenheit aller Mitarbeiter am Arbeitsplatz (also **vor** einer eventuellen Räumung).

Hinweis

Häufigkeit und Umfang der **praktischen Übungen** (auf der Grundlage der Flucht- und Rettungspläne) richten sich insbesondere nach der räumlichen Ausdehnung der Arbeitsstätte, der Zusammensetzung der Beschäftigten und der Gefährdungsbeurteilung (nach § 5 ArbSchG). Hieraus sind die Erfordernisse von Räumungsübungen abzuleiten.

Die Einrichtung von **Sammelstellen** ist Bestandteil von Flucht- und Rettungsplänen. Sie ermöglicht, nach erfolgter Evakuierung Vollzähligkeit und Unversehrtheit von Personen zu erfassen und an die Sicherheitsleitstelle oder den zuständigen Leiter (z. B. BKO-Beauftragter) weiterzumelden.

Maßnahmen der Ersten-Hilfe oder Betreuungsmaßnahmen können am Sammelplatz vorgenommen oder eingeleitet werden.

Die evakuierten Personen verbleiben so lange an der Sammelstelle, bis das Gebäude wieder zum Betreten freigegeben ist bzw. weitere Maßnahmen durch die Leitung angeordnet wurden.

Abbildung 13:
Kennzeichnung Sammelstelle [gemäß ASR A1.3].

Sonstige Maßnahmen zur Gefahrenabwehr können z. B. sein:

- Notrufbearbeitung und Hilfeleistung,
- Suche nach Personen und Sachen,
- Vornahme von Absperrmaßnahmen,
- Bearbeitung bei Meldungen über Betriebsstörungen oder
- Mitwirkung bei der Suche nach USBV,
- zum Ganzen siehe auch Kapitel 5.4.2.

Handlungsbereich 2

Gefahrenabwehr sowie Einsatz von Schutz- und Sicherheitstechnik

7. Arbeits- und Gesundheitsschutz

7.1 Sicherheitsgerechtes Verhalten bei der Aufgabenerfüllung

7.1.1 Grundlagen des Arbeits- und Gesundheitsschutzes

Ziel des **Arbeits- und Gesundheitsschutzes** ist es, Arbeitsunfälle und arbeitsbedingte Gesundheitsgefahren zu vermeiden. Es gilt, die Mitarbeiter vor den beruflich bedingten Gefahren zu schützen. Seit über einhundert Jahren stützt sich der Arbeits- und Gesundheitsschutz in Deutschland auf ein **duales System**. Zum einen dienen staatliche Arbeitsschutzorganisationen und zum anderen Berufsgenossenschaften als tragende Säulen dieses Systems.[1]

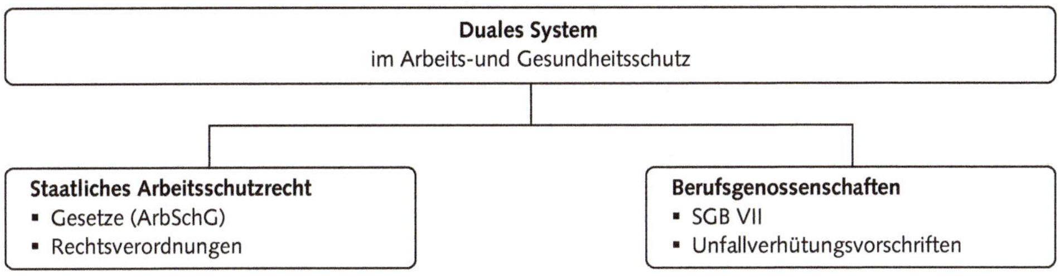

Abbildung 1: Aufbau des dualen Systems [Bell et. al].

Die Realisierung Arbeits- und Gesundheitsschutz erfolgt über eine Reihe von **Rechtsvorschriften**, so zum Beispiel das Arbeitsschutzgesetz, die Gewerbeordnung, das Bürgerliche Gesetzbuch, das Handelsgesetzbuch sowie die Arbeitsstättenverordnung.

Die Verpflichtung zur Umsetzung der hier genannten Maßnahmen obliegt in erster Linie jedem Unternehmer, der einen oder mehrere Mitarbeiter beschäftigt. Solche **Maßnahmen** sind unter anderem:

- die Einrichtung sicherer Arbeitsplätze,
- der Einsatz sicherer Betriebsmittel,
- die Gewährleistung sicherer Arbeitsabläufe,
- die Sorge für einen sicheren Umgang mit Werkstoffen,
- die Einhaltung von Ordnung und Sauberkeit sowie
- die Mitarbeiter zu einem sicherheitsbewussten Verhalten zu führen.

Das Aufgabengebiet beschränkt sich aber nicht nur auf diese Dinge, sondern schließt die Sicherheit bei der Arbeitsdurchführung, den Schutz vor Verletzungen, die Verhütung von Unfällen, den Schutz vor dauerhaften Körperschaden sowie Berufskrankheiten sowie sozialer Nachteile ein.

---

1 Bell et. al.: Fachkraft/Servicekraft für Schutz und Sicherheit, Band 2, Stuttgart 2017, S. 71.

Jedem Unternehmer obliegt die Pflicht, Einrichtungen zu schaffen sowie Anordnungen und Maßnahmen zu treffen, die der Verhütung von Arbeitsunfällen dienen. Dies bedeutet:

- **sichere Arbeitsplätze** einzurichten,
- **sichere Betriebsmittel** einzusetzen,
- **sichere Arbeitsabläufe** zu gewährleisten,
- für einen **sicheren Umgang mit Werkstoffen** zu sorgen,
- **Ordnung und Sauberkeit** einzuhalten und
- die Mitarbeiter zu einem **sicherheitsbewussten Verhalten** zu führen.

Merke

Wichtige gesetzliche Regelungen zum Arbeits- und Gesundheitsschutz sind im Arbeitsschutzgesetz (**ArbSchG**) und dem Siebten Buch des Sozialgesetzes (**SGB VII**) enthalten. Ziel der auf Prävention gerichteten Gesetze ist die menschengerechte Gestaltung von Arbeitsbedingungen sowie die Verhütung von Unfällen und arbeitsbedingten Gesundheitsgefährdungen.

7.1.2 Aufgaben, Zuständigkeiten und Befugnisse der gesetzlichen Unfallversicherung

Sobald ein Unternehmen betrieben wird, ist die **Zuständigkeit** einer **Berufsgenossenschaft** für dieses Unternehmen **kraft Gesetzes** (§ 121 SGB VII) gegeben. Die Zuständigkeit eines Unfallversicherungsträgers besteht ohne Rücksicht darauf, ob das Unternehmen bei der BG angemeldet wurde, ob Beitragszahlungen erfolgen oder versicherte Personen tätig sind. Die Zuständigkeit für ein Unternehmen endet, wenn das Unternehmen nicht mehr existiert, zum Beispiel bei Entlassung aller Arbeitnehmer und Verkauf aller Betriebsgeräte.

Die gewerblichen Berufsgenossenschaften sind für alle Unternehmen zuständig, soweit sich nicht die Zuständigkeit der Sozialversicherung für Landwirtschaft, Forsten und Gartenbau (SVLFG) oder eines Unfallversicherungsträgers der öffentlichen Hand ergibt. Zwischen der Einwirkung und dem Gesundheitsschaden ist ein sog. Ursachenzusammenhang

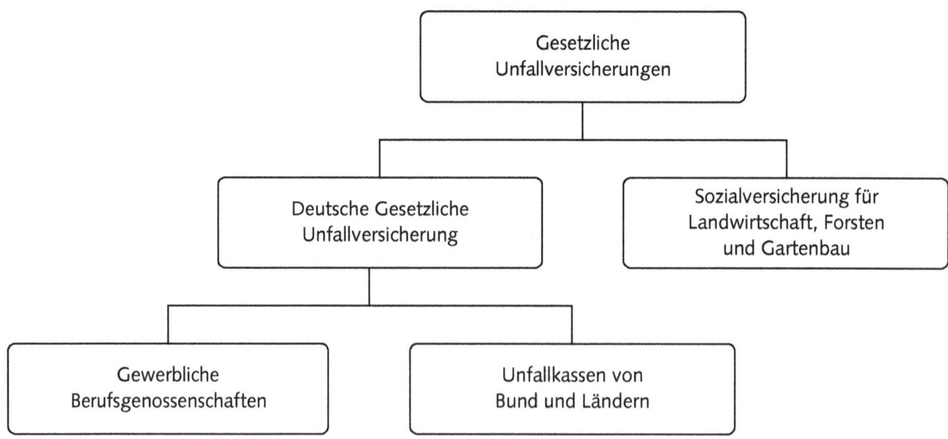

Abbildung 2: Unfallversicherungsträger [Katschemba].

(Kausalität) erforderlich. Es sollen demnach nur solche Schäden als Arbeitsunfälle anerkannt und von der Unfallversicherung übernommen werden, die durch die versicherte Tätigkeit und Einwirkung verursacht wurden.

Die **sachliche Zuständigkeit** richtet sich nach Art und Gegenstand des Unternehmens. **Art** des Unternehmens bedeutet hier die Besonderheit der einzelnen Tätigkeiten. Unter **Gegenstand** wird der Unternehmenszweck, zum Beispiel die Fertigung eines Produktes oder die Erbringung einer Dienstleistung, verstanden. Unternehmen mit verschiedenen Bestandteilen müssen dabei unfallversicherungsrechtlich als Einheit aller bestehenden Teile betrachtet werden. So kann es vorkommen, dass für ein solches Unternehmen verschiedene Unfallversicherungsträger ihre Zuständigkeit begründen. Aus diesem Grund hat der Gesetzgeber die Möglichkeit der Bildung eines sogenannten **Gesamtunternehmens** geschaffen. Voraussetzungen für ein Gesamtunternehmen sind dabei ein personeller, wirtschaftlicher und betriebstechnischer Zusammenhang. Die Zuständigkeit ergibt sich bei Gesamtunternehmen nach dem Unternehmensteil, welches den Schwerpunkt der Tätigkeiten bildet. Maßgebliches Kriterium ist in der Regel die Anzahl der Beschäftigten in den Unternehmensteilen.

Die **Deutsche gesetzliche Unfallversicherung (DGUV)** ist der Spitzenverband und vertritt die gewerblichen Berufsgenossenschaften, Sozialversicherung für Landwirtschaft, Forsten und Gartenbau und die Unfallversicherungsträger der öffentlichen Hand.[2] Die bisherigen landwirtschaftlichen Berufsgenossenschaften wurden in den neuen Träger eingegliedert.

Eine wesentliche **Aufgabe** der Unfallversicherungsträger ist die Prävention mit allen geeigneten Mitteln. Dazu gehören in erster Linie die Verhütung von Arbeitsunfällen, Berufskrankheiten und arbeitsbedingten Gesundheitsgefahren. Dazu werden Beratungen, Schulungen, Informationen, Forschungen und auch Erste-Hilfe-Kurse durchgeführt. Zur Überwachung der Betriebe haben die Unfallversicherungsträger nach § 18 SGB VII **Technische Aufsichtspersonen** (vormals TAB – Technische Aufsichtsbeamte) zu beschäftigen. Die Aufgaben der Technischen Aufsichtspersonen bestehen unter anderem in der Überwachung der Maßnahmen zur Verhütung von Arbeitsunfällen, Berufskrankheiten, arbeitsbedingten Gesundheitsgefahren und für eine wirksame Erste Hilfe. Die Aufsichtspersonen sind mit umfangreichen **Befugnissen** ausgestattet, so dürfen sie zum Beispiel:

- zur Betriebs- und Geschäftszeit Grundstücke und Betriebsstätten betreten, besichtigen und prüfen,
- vom Unternehmer Auskünfte und Einsichtnahme in Unterlagen verlangen,
- Arbeitsmittel und persönliche Schutzausrüstungen (PSA) prüfen.

Dazu können sie sowohl eigene Untersuchungen durchführen oder Sachverständige beauftragen. Proben dürfen entnommen werden. Maßnahmen der Unfalluntersuchung sind ein weiteres Feld der Tätigkeit einer Technischen Aufsichtsperson, die sich bei allen Handlungen durch den Unternehmer oder seinen Beauftragten begleiten lassen kann.

2 DGUV (Hrsg.): http://www.dguv.de/de/Wir-über-uns/index.jsp (letzter Zugriff 24.06.2018).

Merke

Jeder Beschäftigte steht unter dem Schutz einer gesetzlichen Unfallversicherung. Sie kann verbindliche Regelwerke erlassen, die verpflichtend einzuhalten sind. Die Unfallversicherungen haben Kontrollrechte, dazu bedienen sie sich ihrer Aufsichtspersonen.

7.1.3 Organisation der ersten Hilfe und arbeitsmedizinische Vorsorge

Der Unternehmer ist nach dem Arbeitsschutzgesetz und dem SGB VII verpflichtet, die notwendigen Voraussetzungen für eine wirksame erste Hilfe sowie zur Rettung aus Gefahr für Leben und Gesundheit sicherzustellen. Zu seinen Aufgaben zählt daher die Sicherstellung der personellen, organisatorischen und materiellen Voraussetzungen.

In Unternehmen sind je nach Mitarbeiterzahl **Ersthelfer** und **Betriebssanitäter** einzusetzen. Zum Beispiel ist in Unternehmen von 2–20 anwesenden Versicherten ein Ersthelfer zu bestellen, darüber je nach Betriebsart 5 bis 10 Prozent der Anwesenden. Bei Betriebsstätten mit 1.500 Versicherten oder bei besonderen Gefahren ab 250 Versicherten oder auf Baustellen ab 100 Versicherten ist ein Betriebssanitäter erforderlich.[3] Die Ersthelfer und Sanitäter sind durch bestätigte Bildungseinrichtungen auszubilden. Eine **Ersthelferausbildung** umfasst seit dem 1. April 2015 eine eintägige Ausbildung (8 Unterrichtseinheiten) und eine Fortbildung nach zwei Jahren über einen Tag (9 Unterrichtseinheiten).[4]

Organisatorisch ist ein wirksames **Melde- und Informationswesen** im Unternehmen zu installieren. Dazu gehören Pläne, Informationstafeln und die Führung von Aufzeichnungen. Als materielle Voraussetzungen sind Sanitätsräume, Verbandskästen sowie technische Mittel je nach Unternehmensart denkbar.

Weiterhin ist die arbeitsmedizinische Vorsorge zu betrachten, die in der Verordnung zur arbeitsmedizinischen Vorsorge – **ArbMedVV** mit Stand von April 2014 – geregelt ist. Grundsätzlich wird unterschieden zwischen:

- Eignungsuntersuchungen und
- Vorsorgeuntersuchungen.

Eignungs- bzw. Tauglichkeitsuntersuchungen sind medizinische Untersuchungen, die vor Begründung eines Arbeitsverhältnisses oder im laufenden Beschäftigungsverhältnis stattfinden. Die Notwendigkeit dafür kann sich aus staatlichem Recht, zum Beispiel dem Jugendarbeitsschutzgesetz, dem Infektionsschutzgesetz oder der Fahrerlaubnisordnung ableiten. Es kann aber auch das berechtigte Interesse des Arbeitgebers bestehen festzustellen, ob Bewerber oder Beschäftigte den Arbeitsplatzanforderungen gerecht werden. Eignungsuntersuchungen sind daher vorrangig ein arbeitsrechtliches Thema.[5]

Arbeitsmedizinische Vorsorgeuntersuchungen sollen die Frage beantworten, ob die Belastungen am Arbeitsplatz des Mitarbeiters/der Mitarbeiterin zu gesundheitlichen Beeinträchtigungen führen. Es wird dabei zwischen Pflicht-, Angebots- und Wunsch-

3 DGUV (Hrsg.): Grundsätze der Prävention- Unfallverhütungsvorschrift vom November 2013, S. 17 ff.
4 DGUV (Hrsg.): http://www.dguv.de/medien/fb-erstehilfe/de/documents/revision.pdf.
5 BMAS (Hrsg): http://www.bmas.de/SharedDocs/Downloads/DE/Thema Arbeitsschutz/.

untersuchung unterschieden.[6] **Pflichtvorsorge** ist arbeitsmedizinische Vorsorge, die der Arbeitgeber bei bestimmten besonders gefährdenden Tätigkeiten zu veranlassen hat. **Angebotsvorsorge** ist arbeitsmedizinische Vorsorge, die der Arbeitgeber den Beschäftigten bei bestimmten gefährdenden Tätigkeiten anzubieten hat. Diese Tätigkeiten sind im Anhang der Verordnung zur arbeitsmedizinischen Vorsorge konkret aufgeführt. **Wunschvorsorge** ist arbeitsmedizinische Vorsorge, die der Arbeitgeber dem Beschäftigten über den Anhang der Verordnung zur arbeitsmedizinischen Vorsorge hinaus bei allen Tätigkeiten zu gewähren hat. Dieser Anspruch besteht nur dann nicht, wenn nicht mit einem Gesundheitsschaden zu rechnen ist.[7]

Für die Untersuchungen gibt es Grundsätze der deutschen gesetzlichen Unfallversicherung und sie dürfen nur von einem dazu ermächtigten Arzt durchgeführt werden. Ein Betriebsarzt kann sich vom Landesamt für Arbeitssicherheit oder dem Unfallversicherungsträger ermächtigen lassen, die entsprechenden Untersuchungen durchzuführen. Eine solche Untersuchung ist zum Beispiel die arbeitsmedizinische Vorsorgeuntersuchung für Fahr-Steuer- und Überwachungstätigkeiten (G 25). Sie ist eine der häufigsten Untersuchungen in der Arbeitsmedizin.

Merke

Arbeitsmedizinische Vorsorgeuntersuchungen prüfen mögliche gesundheitliche Beeinträchtigungen der Beschäftigten am Arbeitsplatz. Sie unterscheiden sich in Pflichtvorsorge, Angebotsvorsorge und Wunschvorsorge. **Eignungs- bzw. Tauglichkeitsuntersuchungen** dagegen sollen herausfinden, ob die Bewerber den zu erwartenden Anforderungen am Arbeitsplatz gerecht werden.

7.1.4 Systematik des DGUV – Regelwerkes

Das Sozialgesetzbuch VII gibt nach § 15 den Unfallversicherungsträger als autonomes Recht die Möglichkeit, **Unfallverhütungsvorschriften** zu erlassen. Weiterhin gibt der Gesetzgeber die Regelungsbereiche darin klar vor. Die berufsgenossenschaftlichen Unfallverhütungsvorschriften benennen **Schutzziele** sowie branchen- oder verfahrensspezifische **Anforderungen** an die Sicherheit und den Gefahrenschutz. Diese Vorschriften werden von der Vertreterversammlung der Berufsgenossenschaft beschlossen und haben **rechtsverbindlichen Charakter**. Die Berufsgenossenschaften erlassen unter anderem Unfallverhütungsvorschriften über Einrichtungen, Anordnungen und Maßnahmen, welche zur Verhütung von Arbeitsunfällen, Berufskrankheiten und arbeitsbedingte Gesundheitsgefahren zu treffen sind, zu veranlassende arbeitsmedizinische Untersuchungen sowie die Sicherstellung einer wirksamen Ersten Hilfe im Unternehmen.[8]

Durchgängig werden die Schriften in **vier Kategorien** eingeteilt: DGUV-Vorschriften, DGUV-Regeln, DGUV-Informationen und DGUV-Grundsätze. Jede Publikation des „Vor-

6 DGUV (Hrsg.): http://publikationen.dguv.de/dguv/pdf/10002/leitfaden-untersuchungen.pdf.

7 http://www.bmas.de/SharedDocs/Downloads/DE/Thema-Arbeitsschutz/Fragen-und-Antworten-ArbMedVV.

8 Bell et.al, S. 75.

schriften und Regelwerks der DGUV“ erhält eine eigene, in der Regel sechsstellige Kennzahl; nur die Unfallverhütungsvorschriften haben ein- bis zweistellige Ziffern.[9] Die Berufsgenossenschaftlichen Vorschriften sind wie folgt geordnet:[10]

Bezeichnung	Beispiel	Titel
DGUV-Vorschrift	V 23	Wach-und Sicherungsdienste
DGUV-Regel	R 115-001	Sicherheitsregeln für Geldtransportfahrzeuge
DGUV-Information	I 205-003	Aufgaben, Qualifikation, Ausbildung Brandschutzbeauftragter
DGUV-Grundsatz	G 304-002	Ausbildung betrieblicher Sanitätsdienst

Tabelle 1: Gliederung der DGUV Publikationen.

Die **DGUV-Vorschriften** haben rechtsverbindlichen Charakter und gelten für Arbeitgeber und Arbeitnehmer gleichzeitig. Ihre Verletzung ist als Ordnungswidrigkeit strafbewehrt.

Die **DGUV-Regeln** sind keine rechtverbindlichen Normen, bezeichnen aber allgemein anerkannte Regeln für Sicherheit und Gesundheitsschutz. Sie beschreiben den Stand des Arbeitsschutzes und dienen der praktischen Umsetzung von Forderungen aus den Vorschriften. Die Regeln sind Zusammenstellungen bzw. Konkretisierungen von Inhalten unter anderem aus staatlichen Arbeitsschutzvorschriften, berufsgenossenschaftlichen Vorschriften, technischen Spezifikationen und Erfahrungen aus der Präventionsarbeit.

Die **DGUV-Informationen** enthalten spezielle Veröffentlichungen für bestimmte Branchen, Tätigkeiten, Arbeitsmittel und Zielgruppen. Sie haben ebenfalls keinen rechtsverbindlichen Charakter. Informationen enthalten Hinweise und Empfehlungen, die die praktische Anwendung von Regelungen zu einem bestimmten Sachgebiet oder Sachverhalt erleichtern sollen.

Die **DGUV-Grundsätze** sind Maßstäbe für bestimmte Verfahrensfragen, z. B. hinsichtlich der Durchführung von Prüfungen.

7.1.5 Verantwortung von Unternehmern, Führungskräften und anderen Personen

Verantwortlich für die Arbeitssicherheit im Unternehmen ist grundsätzlich der Unternehmer bzw. der gesetzliche Vertreter. **Unternehmer** ist derjenige, dem das Ergebnis des Unternehmens unmittelbar zum Vor- oder Nachteil gereicht.[11] Voraussetzung dabei ist, dass diese Person oder Personengruppe über die betrieblichen und finanziellen Mittel verfügt, die betriebliche Organisation und Produktion beeinflusst, Inhaber des Direktionsrechts ist und Entscheidungen trifft bzw. treffen kann.

In § 3 des Arbeitsschutzgesetzes (ArbSchG) ist geregelt, welche **Aufgaben** zu erfüllen sind. So sind Maßnahmen für Sicherheit und Gesundheit der Beschäftigten bei der Arbeit

9 DGUV (Hrsg.): http://publikationen.dguv.de/dguv/udt_dguv_main (letzter Zugriff 24.06.2018).

10 DGUV (Hrsg.): Vorschriften und Regelwerk. https:/www.dguv.de/de/praevention/vorschriften_regeln/index.jsp (letzter Zugriff 18.11.2018).

11 SGB VII § 136 Absatz 1 Satz 1.

zu treffen und auf Wirksamkeit zu prüfen und bei Änderung der Gegebenheiten anzupassen. Die stetige Verbesserung von Sicherheit und Gesundheitsschutz ist anzustreben. Dazu ist eine geeignete Organisation zu schaffen und es sind ausreichend Mittel bereitzustellen.

Merke

Die Verantwortung für den Arbeits- und Gesundheitsschutz liegt immer beim Unternehmer (Ausnahme ist eine wirksame Pflichtenübertragung). In jedem Unternehmen ab einem Beschäftigten sind eine Fachkraft für Arbeitssicherheit und ein Betriebsarzt zu bestellen. Weitere Funktionsträger ergeben sich aus der Anzahl der Beschäftigten (z. B. Sicherheitsbeauftragte) oder deren Vorhandensein (z. B. Betriebsrat).

7.1.5.1 Mitarbeitervertretung

Soweit im Unternehmen eine **Mitarbeitervertretung** vorhanden ist, ist auch diese in die Maßnahme einzubeziehen. Die Mitarbeitervertretung hat dabei insbesondere Mitspracherecht bei betrieblichen Regelungen zum Arbeits- und Gesundheitsschutz. Sie unterstützt alle Beteiligten und Verantwortlichen und arbeitet im Arbeitsschutzausschuss mit. Sie nimmt an Betriebsbegehungen und Unfalluntersuchungen teil, unterschreibt die Unfallmeldung und ist bei der Bestellung und Abberufung von Fachkräften für Arbeitssicherheit, Betriebsärzten und Sicherheitsbeauftragten zu beteiligen.

In jedem Unternehmen mit mindestens einem Beschäftigten ist eine **Fachkraft für Arbeitssicherheit** und ein Betriebsarzt zu bestellen. Der Unternehmer hat Betriebsärzte und Fachkräfte für Arbeitssicherheit zur Wahrnehmung der in den §§ 3 und 6 des Arbeitssicherheitsgesetzes (ASiG)[12] bezeichneten Aufgaben schriftlich zu bestellen. Wenn er aktiv in das Betriebsgeschehen eingebunden ist und die Zahl der Beschäftigten je nach Unternehmensart 10, 20 oder bis zu 50 nicht überschreitet, kann er ein alternatives Betreuungsmodell wählen.[13]

7.1.5.2 Fachkraft für Arbeitssicherheit

Die **Fachkräfte für Arbeitssicherheit** haben die Aufgabe, den Arbeitgeber beim Arbeitsschutz und bei der Unfallverhütung in allen Fragen der Arbeitssicherheit einschließlich der menschengerechten Gestaltung der Arbeit zu unterstützen. Sie haben insbesondere den Arbeitgeber und die sonst für den Arbeitsschutz und die Unfallverhütung verantwortlichen Personen zu beraten. Die **Beratung** betrifft unter anderem:

- die Planung, Ausführung und Unterhaltung von Betriebsanlagen und von sozialen und sanitären Einrichtungen,
- die Beschaffung von technischen Arbeitsmitteln und der Einführung von Arbeitsverfahren und Arbeitsstoffen,
- die Auswahl, Erprobung und Benutzung von Körperschutzmitteln,
- die Gestaltung der Arbeitsplätze, des Arbeitsablaufs, der Arbeitsumgebung und sonstige Fragen der Ergonomie.

---

12 Gesetz über Betriebsärzte, Sicherheitsingenieure und andere Fachkräfte für Arbeitssicherheit (ASiG).

13 DGUV (Hrsg.): Vorschrift 2 Fachkräfte für Arbeitssicherheit und Betriebsärzte, 2011, S. 3.

Des Weiteren haben sie die Einhaltung des Arbeitsschutzes und der Unfallverhütung zu beobachten und im Zusammenhang damit die Arbeitsstätten in regelmäßigen Abständen zu begehen, auf die Benutzung der Körperschutzmittel zu achten, Ursachen von Arbeitsunfällen zu untersuchen und dem Arbeitgeber Maßnahmen zur Verhütung dieser Arbeitsunfälle vorzuschlagen.

7.1.5.3 Betriebsärzte

Betriebsärzte haben die Aufgabe, den Arbeitsgeber in allen Fragen des Gesundheitsschutzes zu unterstützen. Sie haben dazu analoge Aufgaben wie die Fachkräfte, die sie mit ihrem spezifischen Sachverstand lösen. Ihre Beratungskompetenz betrifft daher vor allem arbeitsphysiologische, arbeitspsychologische und sonstigen ergonomische sowie arbeitshygienische Fragen, insbesondere:

- des Arbeitsrhythmuses, der Arbeitszeit und der Pausenregelung,
- der Gestaltung der Arbeitsplätze, des Arbeitsablaufs und der Arbeitsumgebung,
- die Organisation der „Ersten Hilfe" im Betrieb,
- Fragen des Arbeitsplatzwechsels sowie
- der Eingliederung und Wiedereingliederung Behinderter in den Arbeitsprozess,
- die Beurteilung der Arbeitsbedingungen.

Weiterhin ist es ihre Aufgabe, die **Arbeitnehmer** zu **untersuchen**, arbeitsmedizinisch zu beurteilen und zu beraten. Die Ursachen von arbeitsbedingten Erkrankungen sind zu untersuchen, die Untersuchungsergebnisse zu erfassen und auszuwerten und dem Arbeitgeber Maßnahmen zur Verhütung dieser Erkrankungen vorzuschlagen. Zu den Aufgaben gehören die Belehrung über Unfall- und Gesundheitsgefahren, denen sie bei der Arbeit ausgesetzt sind, sowie über die Einrichtungen und Maßnahmen zur Abwendung dieser Gefahren und bei der Einsatzplanung und Schulung der Helfer in „Erster Hilfe" und des medizinischen Hilfspersonals mitzuwirken.

7.1.5.4 Sicherheitsbeauftragte

In Unternehmen mit regelmäßig mehr als zwanzig Beschäftigten hat der Unternehmer **Sicherheitsbeauftragte** unter Berücksichtigung der im Unternehmen für die Beschäftigten bestehenden Unfall- und Gesundheitsgefahren und der Zahl der Beschäftigten zu bestellen. Die Sicherheitsbeauftragten haben den Unternehmer bei der Durchführung der Maßnahmen zur Verhütung von Arbeitsunfällen und Berufskrankheiten zu unterstützen, insbesondere:

- sich von dem Vorhandensein und der ordnungsgemäßen Benutzung der vorgeschriebenen Schutzeinrichtungen und persönlichen Schutzausrüstungen zu überzeugen;
- auf Unfall- und Gesundheitsgefahren für die Versicherten aufmerksam zu machen.

Die Sicherheitsbeauftragten dürfen wegen der Erfüllung der ihnen übertragenen Aufgaben nicht benachteiligt werden (§ 22 SGB VII).[14]

---

14 BMJV (Hrsg): http://www.gesetze-im-internet.de/sgb_7/__22.html (letzter Zugriff 24.06.2018).

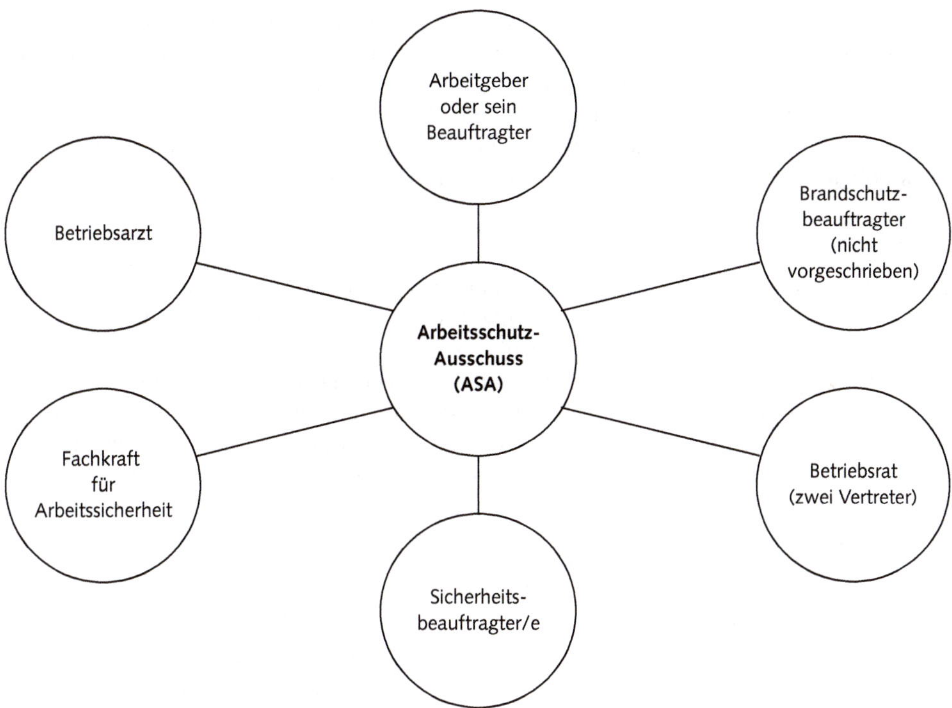

Abbildung 3: Zusammensetzung eines Arbeitsschutzausschusses [Katschemba].

7.1.5.5 Arbeitsschutzausschuss

Der Arbeitgeber in Betrieben mit mehr als zwanzig Beschäftigten hat zudem einen **Arbeitsschutzausschuss (ASA)** zu bilden. Dieser Ausschuss setzt sich zusammen aus:

- dem Arbeitgeber oder einem von ihm Beauftragten,
- zwei vom Betriebsrat bestimmten Betriebsratsmitgliedern,
- dem Betriebsarzt,
- der Fachkraft für Arbeitssicherheit und
- den oder dem Sicherheitsbeauftragten.

Der Arbeitsschutzausschuss (Abbildung 3) hat die **Aufgabe**, Anliegen des Arbeitsschutzes und der Unfallverhütung zu beraten. Der Arbeitsschutzausschuss tritt mindestens einmal vierteljährlich zusammen.

7.1.5.6 Verantwortung von Beschäftigten

Die **Beschäftigten** werden oft vergessen, doch auch an sie werden Anforderungen gestellt, das heißt sie haben Rechte und Pflichten. Die **Rechte** ergeben sich unter anderem aus § 17 ArbSchG und § 81 BetrVG, so sind zu nennen das Vorschlagsrecht zu allen Fragen des Arbeitsschutzes; das Recht, sicherheitswidrige Weisungen nicht zu befolgen, bei groben Mängeln die Arbeitsleistung zu verweigern, arbeitsmedizinische Vorsorgeuntersuchungen wahrzunehmen sowie das Recht auf Gehör.

Als **Pflichten** der Beschäftigten nach §§ 15 u. 16 ArbSchG sind zu nennen, dass sie alle übertragenen Aufgaben so auszuführen haben, dass sie sich und andere nicht gefährden. Dazu haben sie Weisungen zu befolgen, persönliche Schutzausrüstung zu benutzen, Einrichtungen bestimmungsgemäß zu verwenden, Mängel zu beseitigen oder zu melden und alle Maßnahmen zum Arbeitsschutz zu unterstützen. Sie können aber auch zur aktiven Mitarbeit als Erst-, Lösch- und Katastrophenschutzhelfer herangezogen werden.[15]

7.1.5.7 Verantwortung des Unternehmers

Der **Unternehmer** hat eine Menge von Pflichten zu erfüllen. Nicht immer ist er in der Lage, die Gesamtheit dieser Pflichten zu überblicken. Grundsätzlich kann der Unternehmer alle Pflichten an jeden Mitarbeiter übertragen; zu berücksichtigen ist dabei immer die **Aufsichtspflicht** des Unternehmers. Dabei muss er die Aufsichtspersonen sorgfältig auswählen, bestellen und überwachen. Die vorsätzliche oder fahrlässige Verletzung der Aufsichtspflicht in Betrieben und Unternehmen stellt eine Ordnungswidrigkeit dar.[16] Eine wirksame **Pflichtenübertragung** an Mitarbeiter im Betrieb ist nur **schriftlich** und mit deren **Einverständnis** möglich. Wer die Pflichten übernommen hat, tritt an die Stelle des bisherigen Verantwortlichen und ist somit auch straf- und zivilrechtlich zu belangen.

Unwirksam ist eine Pflichtenübertragung, wenn die Erfüllung der übertragenden Pflichten durch Kompetenzbeschränkung nicht möglich ist. Die DGUV-Vorschrift 1 „Grundsätze der Prävention“ trifft in § 13 zur Pflichtenübertragung folgende Aussagen: Der Unternehmer kann zuverlässige und fachkundige Personen schriftlich damit beauftragen, die nach den Unfallverhütungs-vorschriften obliegende Aufgaben in eigener Verantwortung wahrzunehmen. Die Beauftragung muss den Verantwortungsbereich und die Befugnisse festlegen und ist vom Beauftragten zu unterzeichnen. Eine Ausfertigung der Beauftragung ist ihm auszuhändigen.[17]

7.1.6 Versicherte Personen

Das Siebte Buch der Sozialversicherung regelt in § 2 den Kreis der **versicherten Personen**. Dabei wird unterschieden zwischen Pflichtversicherten und freiwillig Versicherten.

Die **freiwillige Versicherung** erfolgt grundsätzlich kraft Antrages.

Bei den **Pflichtversicherten** gibt es solche, die kraft Gesetzes und solche, die kraft Satzung versichert sind. Zu den kraft Gesetzes Pflichtversicherten zählen unter anderem:

- Beschäftigte, Lernende während der beruflichen Aus- und Fortbildung in Betriebsstätten, Lehrwerkstätten, Schulungskursen und ähnlichen Einrichtungen,
- Kinder während des Besuchs von Tageseinrichtungen, Schüler während des Besuchs von allgemein- oder berufsbildenden Schulen und während der Teilnahme an Betreuungsmaßnahmen und
- Studierende während der Aus- und Fortbildung an Hochschulen.

---

15 Karl/Poltier: Handbuch Werkschutz – Arbeitssicherheitsorganisation, Berlin 2002, S. 302.

16 Göhler: Ordnungswidrigkeitsgesetz (OWiG) – Kommentar zu § 130, München 2017, S. 1106.

17 DGUV (Hrsg.): Grundsätze der Prävention- Unfallverhütungsvorschrift vom November 2013, S. 9.

Unentgeltlich Beschäftigte

Personen, die in Unternehmen zur Hilfe bei Unglücksfällen oder im Zivilschutz **unentgeltlich**, insbesondere ehrenamtlich tätig sind oder an dortigen Ausbildungsveranstaltungen teilnehmen sind ebenso versichert, wie Personen, die bei Unglücksfällen oder gemeiner Gefahr oder Not Hilfe leisten oder einen anderen aus erheblicher gegenwärtiger Gefahr für seine Gesundheit retten. Es kommt hierbei nicht auf das tatsächliche Ausmaß des eingetretenen oder drohenden Unglücksfalles an, wenn nur der Helfende seinen Beistand berechtigterweise für notwendig erachten durfte. Kein Versicherungsschutz besteht jedoch, wenn der Unglücksfall mit seinen Schadensfolgen schon beendet ist. Versicherungsschutz besteht daher auch, wenn noch Hilfe bei Versorgung der Insassen oder bei Beseitigung der Gefahr für andere geleistet wird. Versichert ist, wer Blut oder körpereigene Organe, Organteile oder Gewebe spendet.

Unter den Schutz fällt auch, wer sich bei der Verfolgung oder Festnahme einer Person, die einer Straftat verdächtig ist, oder zum Schutz eines widerrechtlich Angegriffenen persönlich einsetzt.

Meldepflichtige

Auch **Meldepflichtige** sind versichert. Hierunter fallen Personen, die nach den Vorschriften des Arbeitsförderungsrechts der Meldepflicht unterliegen mit einer besonderen, an sie im Einzelfall, gerichteten Aufforderung. Entscheidend ist hierbei die Voraussetzung, dass der Weg, auf dem sich der Unfall ereignete, durch eine auf diesen konkreten Einzelfall gerichtete Aufforderung veranlasst wurde. Nicht jede Vorsprache bei der Agentur für Arbeit, dem JobCenter oder einer Arbeitsgemeinschaft steht unter Versicherungsschutz.[18]

Beschäftigte

Beschäftigter ist, wer im Betrieb eingegliedert ist, für den Beiträge zur Sozialversicherung geleistet werden oder zu leisten sind, wer einen Urlaubsanspruch hat und weisungsgebunden ist. Wie-Beschäftigter ist, wer eine ernstliche Tätigkeit von wirtschaftlichem Wert, keine bloße Gefälligkeitshandlung, vollzieht, die einem fremden Unternehmen (auch Privatperson) dienen soll. Die Tätigkeit muss dem wirklichen oder mutmaßlichen Willen des Unternehmers entsprechen. Sie erfolgt unter Umständen, die einer Tätigkeit in einem Beschäftigungsverhältnis ähnlich sind und nicht aber aufgrund einer Sonderbeziehung (zum Beispiel mitgliedschaftlicher, gesellschaftsrechtlicher oder familiärer Bindungen).[19]

Ferner sind Personen versichert, die **wie Beschäftigte** tätig werden. Das gilt auch für Personen, die während einer aufgrund eines Gesetzes angeordneten Freiheitsentziehung oder aufgrund einer strafrichterlichen, staatsanwaltlichen oder jugendbehördlichen Anordnung wie im Unternehmen Beschäftigte tätig werden.

---

18 Dirkmann (Hrsg.): www.sozialrechtler.de – http://www.sozialrechtler.de/fileadmin/user_upload/Unfallversicherung.pdf (letzter Zugriff 24.06.2018).

19 http://www.sozialrechtler.de/fileadmin/user_upload/Unfallversicherung.pdf (letzter Zugriff 24.06.2018).

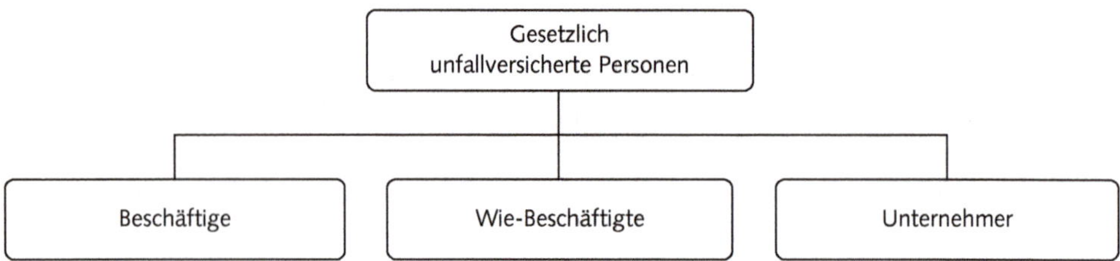

Abbildung 4: Personenarten in der gesetzlichen Unfallversicherung [Katschemba].

Versicherungsfrei Beschäftigte

Es gibt weiterhin Personen, die **versicherungsfrei** sind. Hierunter fallen vor allem Personen, die durch andere vergleichbare Regelungen gegen die Folgen von Arbeitsunfällen und Berufskrankheiten geschützt sind oder nicht als entsprechend schutzbedürftig angesehen werden. Hierzu zählen (gemäß § 4 SGB VII):

- Personen, soweit für sie die beamtenrechtlichen Unfallfürsorgevorschriften oder entsprechende Grundsätze gelten, also vor allem (hauptamtliche, nicht ehrenamtliche) Beamte, Richter usw. (es gilt das Bundesversorgungsgesetz),
- Personen, die nach dem Bundesversorgungsgesetz oder Gesetzen, die auf dieses verweisen, versorgt werden, zum Beispiel Soldaten (§§ 27, 81 Soldatenversorgungsgesetz), Zivildienstleistende (§ 47 Abs. 2 Zivildienstgesetz),
- Mitglieder geistlicher Genossenschaften, Diakonissen und Angehörige ähnlicher Gemeinschaften, z. B. Schwestern des DRK, selbstständige Ärzte, Zahnärzte, Tierärzte, Psychotherapeuten, Heilpraktiker und Apotheker
- und weiterhin wer in einem Haushalt als Verwandter oder Verschwägerter bis zum zweiten Grad oder als Pflegekind der Haushaltsführenden, der Ehegatten oder der Lebenspartner unentgeltlich tätig ist, mit Ausnahme der Haushalte, die zu einem landwirtschaftlichen Unternehmen gehören.

Dagegen abzugrenzen ist, wer **nicht versicherbar** ist, das heißt weder über die Satzung, noch über eine freiwillige Versicherung. Das sind gemäß § 3 Abs. 2, § 6 Abs. 1 Nr. 1 SGB VII diejenigen, die ihren eigenen Haushalt führen, Unternehmer von nicht gewerbsmäßig betriebenen Binnenfischereien, Imkereien, einschließlich deren Ehegatten und Lebenspartner. Weiterhin betrifft die nicht Versicherbarkeit Fischerei- und Jagdgäste.

7.1.7 Versicherte Tätigkeiten

Der Gesetzgeber unterscheidet als Versicherungsfälle der Unfallversicherung zwischen Arbeitsunfällen und Berufskrankheiten.

7.1.7.1 Arbeitsunfall

Ein **Unfall** ist nach § 8 Abs. 1 S. 2 SGB VII ein zeitlich begrenztes, von außen auf den Körper einwirkendes Ereignis, das zu einem Gesundheitsschaden oder zum Tod führt. Zeitlich begrenzt bedeutet nicht länger als in einer Arbeitsschicht. Diese Voraussetzung dient der Abgrenzung zu Gesundheitsschäden aufgrund innerer Ursachen, wie zum Bei-

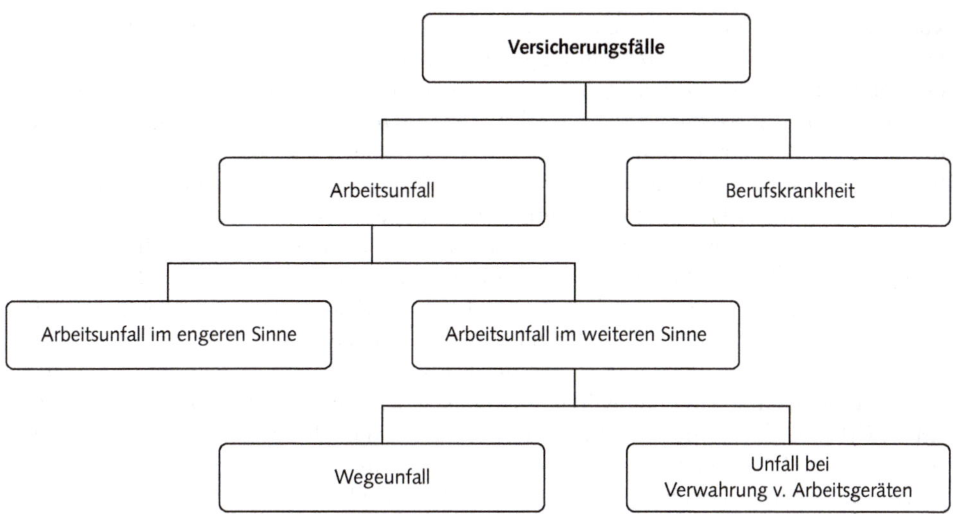

Abbildung 5: Übersicht Versicherungsfälle [Katschemba].

spiel einem Herzinfarkt, Kreislaufversagen u.a., wenn diese während der versicherten Tätigkeit auftreten. Große Anforderungen an das Unfallgeschehen werden jedoch nicht gestellt; so reichen alltägliche Vorgänge wie Stolpern, Verbrennen oder Einklemmen aus. Durch das Unfallereignis muss es zu einem **Gesundheitsschaden** beim Versicherten gekommen sein. Eine bloße Einwirkung auf den Körper ohne einen Gesundheitsschaden reicht daher für Ansprüche aus der Unfallversicherung nicht aus. Ausreichend sind hingegen auch sogenannte „stumpfe Verletzungen/Schäden", das heißt Blut muss nicht fließen. Daher kommen auch psychische Gesundheitsschäden in Betracht.

Zwischen der Einwirkung und dem Gesundheitsschaden ist ein sog. Ursachenzusammenhang (**Kausalität**) erforderlich. Es sollen demnach nur solche Schäden als Arbeitsunfälle anerkannt und von der Unfallversicherung übernommen werden, die durch die versicherte Tätigkeit und Einwirkung verursacht wurden.

Merke

Demnach sind zwei Voraussetzungen zur Annahme eines Arbeitsunfalls notwendig:[20]

- Erstens ein Versicherungsfall, wenn eine versicherte Person infolge einer versicherten Tätigkeit einen Unfall erleidet.
- Zweitens ein Leistungsfall, wenn es infolge dieses Unfalls zu einem Gesundheitsschaden beim Versicherten gekommen ist (Ursachenzusammenhang).

Die Voraussetzungen eines Arbeits- und Wegeunfalles sind auch nochmals grafisch dargestellt in Tabelle 3 am Ende des Kapitels 7.

20 Schieke/Braunsteffer: Kurzinformation über Arbeits-, Wegeunfälle, Berufskrankheiten, Berlin 2016, S. 23.

Versicherte Tätigkeiten sind nach § 8 Absatz 2 SGB VII auch das **Zurücklegen des mit der versicherten Tätigkeit zusammenhängenden** unmittelbaren **Weges** nach und von dem Ort der Tätigkeit, das Zurücklegen des von einem unmittelbaren Weg nach und von dem Ort der Tätigkeit abweichenden Weges der Kinder von Personen (§ 56 des Ersten Buches), die mit ihnen in einen gemeinsamen Haushalt leben, wenn die Abweichung darauf beruht, dass die Kinder wegen der beruflichen Tätigkeit dieser Personen oder deren Ehegatten oder deren Lebenspartner fremder Obhut anvertraut werden.

Die **Grenzpunkte** des täglichen Weges zu und von der Arbeit sind zum einen die Wohnung des Versicherten (häuslicher Bereich) und zum anderen der Ort der Tätigkeit. Der Versicherungsschutz beginnt daher erst mit dem Verlassen des häuslichen Lebensbereichs. Maßgeblich ist hierbei die Außentür des Wohngebäudes.

Beginnt der Hinweg zur oder endet der Rückweg von der versicherten Tätigkeit an einem anderen Ort als dem häuslichen Bereich, so tritt dieser andere Ort als sogenannter dritter Ort an die Stelle des häuslichen Bereichs. Der Versicherte muss sich an diesem Ort für eine erhebliche Dauer aufhalten, mindestens 2 Stunden.

Weiterhin sind sogenannte Um- und Abwege sowie Unterbrechungen des Weges von Bedeutung. Ein **Umweg** liegt vor bei einer Verlängerung und Abweichung vom üblichen Weg unter Beibehaltung des Ziels und der Richtung. Ein **Abweg** liegt vor, wenn ein Weg zu einem anderen Ziel, in eine andere Richtung eingeschlagen wird. Ein solcher ist grundsätzlich nicht versichert. Eine andere Beurteilung ist nur möglich, wenn es sich um einen Weg zu einem sog. Dritten gehandelt hat. Eine **Unterbrechung** liegt vor beim Innehalten in der Fortbewegung auf das Ziel zu mit der Absicht, diese fortzusetzen und bei Abweichungen von dem direkten Weg auf diesen wieder zurückzukehren. Hat der Versicherte den Weg nach oder von der Tätigkeit unterbrochen, so lebt der Versicherungsschutz beim Fortsetzen des Weges wieder auf, wenn dies innerhalb von zwei Stunden geschieht Der Versicherungsschutz geht in zwei Fällen auch bei Umwegen oder Unterbrechungen nicht verloren. Dies ist der Fall, wenn der Versicherte eine Fahrgemeinschaft bildet (§ 8 Abs. 2 Nr. 2b SGB VII) oder ein in seinem Haushalt lebendes Kind wegen Berufstätigkeit in fremde Obhut bringt bzw. davon abholt (§ 8 Abs. 2 Nr. 2a SGB VII).

7.1.7.2 Berufskrankheiten

Nach § 9 Abs. 1 S. 1 SGB VII sind **Berufskrankheiten** die Krankheiten, welche durch Rechtsverordnung als solche bezeichnet werden und die ein Versicherter infolge einer den Versicherungsschutz nach §§ 2, 3 und 6 SGB VII begründenden Tätigkeit erleidet.

Hinweis

Voraussetzungen für das Vorliegen einer Berufskrankheit sind denen des Arbeitsunfalls sehr ähnlich. Gegenüber dem Arbeitsunfall treten Berufskrankheiten erst infolge längerer und wiederholter Einwirkungen auf den Körper ein, entstehen also nicht plötzlich.

Die **Berufskrankheiten-Verordnung (BKV)** der gesetzlichen Unfallversicherung teilt die Erkrankungen in sechs Gruppen ein:

- durch chemische Einwirkungen verursachte Krankheiten,
- durch physikalische Einwirkungen verursachte Krankheiten,
- durch Infektionserreger oder Parasiten verursachte Krankheiten,

- Erkrankungen der Atemwege und der Lunge, des Rippenfells und Bauchfells,
- Hautkrankheiten,
- Krankheiten sonstiger Ursache.

Gemäß § 9 Abs. 1 S. 2 SGB VII sind Voraussetzungen für die Aufnahme einer Krankheit in die Berufskrankheiten-Liste. Eine versicherte Tätigkeit, durch die bestimmte Personengruppen in erheblich höherem Grad als die übrige Bevölkerung Einwirkungen ausgesetzt sind, die zur Verursachung und nach den Erkenntnissen der medizinischen Wissenschaft zu einer Krankheit führen.

Die Grundvoraussetzung für Leistungen der gesetzlichen Unfallversicherung ist das Vorliegen eines Versicherungsfalles. Nun könnte davon ausgegangen werden, dass das Vorliegen eines solchen Falles für den Betroffenen einen großen Segen darstellt. Die Kehrseite der Medaille ist allerdings, dass mit dem gesetzlichen versicherten Unfall weitere Haftungsansprüche gegen den Arbeitgeber ausgeschlossen sind. Es ist dann zum Beispiel nicht mehr möglich, vom Arbeitsgeber darüber hinaus Schadenersatz und/oder Schmerzensgeld zu fordern.

Merke

Beschäftigte stehen bei der Ausführung der versicherten Tätigkeiten unter dem Schutz der gesetzlichen Unfallversicherung (Arbeitsunfälle/Berufskrankheiten). Des Weiteren sind sie auf dem Weg von und zur versicherten Tätigkeit abgesichert (Wegeunfälle).

7.1.8 Sicherheitskennzeichnung am Arbeitsplatz

Im Zuge der internationalen Abstimmung von Sicherheitszeichen existieren in Deutschland mittlerweile neue Normen und Regelwerke (z. B. ASR A1.3), die bei der Neuausstattung von Gebäuden/Bereichen anzuwenden sind. Eine Mischung alter und neuer Kennzeichen ist nicht zulässig.

Bei der **Sicherheitskennzeichnung** werden fünf Arten von Sicherheitszeichen verwendet:

- Verbotszeichen,
- Warnzeichen,
- Gebotszeichen,
- Rettungszeichen,
- Brandschutzzeichen.

Sinn und Zweck der Sicherheitskennzeichnung bestehen darin, die Aufmerksamkeit schnell und leicht verständlich auf Sachverhalte oder Gegenstände zu lenken, die Gefahren verursachen können. Die Zeichen sollen durch das Kombinieren von **geometrischer Form**, **Farbe** und entsprechender **Symbole** (Bildzeichen) eine **Schutzaussage** ermöglichen (vgl. nachfolgende Tabelle 2).

Bezeichnung	Beispielsymbol	Gestaltung	Praxisbeispiel
Verbotszeichen		Sicherheitsfarbe: rot Kontrastfarbe: weiß	Rauchen verboten Feuer verboten Betreten verboten
Warnzeichen		Sicherheitsfarbe: gelb Kontrastfarbe: schwarz	Warnung vor Spannung Warnung vor Gefährdung
Gebotszeichen		Sicherheitsfarbe: blau Kontrastfarbe: weiß	Augenschutz beachten Schutzkleidung tragen
Rettungszeichen		Sicherheitsfarbe: grün Kontrastfarbe: weiß	▪ Erste Hilfe ▪ Notausgänge ▪ Sammelstelle
Brandschutzzeichen		Sicherheitsfarbe: rot Kontrastfarbe: weiß	Brandmelder Feuerlöscher Brandtelefon
Ständige Gefahrenstellen		**gelb-schwarze** Streifen	Betonsockel (Stolpergefahr)
Zeitlich begrenzte Gefahrenstellen		**rot-weiße** Streifen	Baugerüst (Kopfstoßgefahr)

Tabelle 2: Sicherheitskennzeichen am Arbeitsplatz.

7.2 Anforderungen an das sicherheitsgerechte Verhalten im Dienst

7.2.1 Mitwirkungs- und Unterlassungspflichten der Versicherten

Die **Versicherten** sind verpflichtet, zum Arbeits- und Gesundheitsschutz beizutragen. Danach haben sie:

- Weisungen des Unternehmers zur Unfallverhütung zu befolgen und alle Maßnahmen, die der Arbeitssicherheit dienen, zu unterstützen,
- die zur Verfügung gestellten persönlichen Schutzausrüstungen (PSA) zu benutzen,
- Einrichtungen bestimmungsgemäß zu verwenden,
- sicherheitstechnische Mängel unverzüglich zu beseitigen oder – wenn nicht möglich (z.B. weil Sachkunde fehlt) – dem Vorgesetzten unverzüglich zu melden,
- Arbeitsstoffe und Einrichtungen nicht unbefugt zu benutzen bzw. zu betreten.

Den Versicherten ist es demgemäß verboten:

- sicherheitswidrige Weisungen zu befolgen,
- Kleidung, Schmuck/Uhren oder Gegenstände in der Kleidung zu tragen, wenn diese Gefährdungen hervorrufen können,
- sich durch Alkoholgenuss in einen Zustand zu versetzen, durch den sie sich oder andere gefährden, sowie Versicherte in diesem Zustand mit Arbeiten zu beschäftigen,

- Bereiche, in denen gesundheitsgefährliche Stoffe auftreten können, ohne Befugnis und ohne Anwendung der erforderlichen Sicherungsmaßnahmen zu betreten/befahren.

Die Versicherten müssen in diesem Zusammenhang:
- Maßnahmen, die der Ersten Hilfe dienen, unterstützen,
- wenn sie einen Unfall erlitten haben, ihre Arbeit mindestens so lange unterbrechen, bis Erste Hilfe geleistet ist,
- sofern keine persönlichen Gründe entgegenstehen, bereit sein, sich zum Ersthelfer ausbilden zu lassen,
- jeden Unfall unverzüglich an die zuständige betriebliche Stelle melden (ist der Verunfallte nicht selbst in der Lage, liegt die Meldepflicht bei dem Betriebsangehörigen, der vom Unfall zuerst erfährt).

Sicherheitskräfte haben sich besonders gründlich an der DGUV-Vorschrift 23 (Wach- und Sicherungsdienste) zu orientieren.

7.2.2 Eignung, Befähigung, Dienstanweisung, Unterweisung

Der Unternehmer darf für Wach- und Sicherungstätigkeiten nur Versicherte einsetzen, die das 18. Lebensjahr vollendet haben, persönlich zuverlässig sind und sich für die Aufgabe eignen (physisch wie psychisch) sowie besonders ausgebildet und eingewiesen sind.

Zu einer besonderen **Ausbildung** gehören „allgemeine" Inhalte (z.B. Dienstkunde, Rechtskunde, Eigensicherung, Brandschutz, Erste Hilfe) und spezielle Befähigungen (z.B. Alarmverfolgung, Hundeführer, Umgang mit Schusswaffen).

Kriterien für die **Eignung** sind an der jeweiligen Tätigkeit zu messen. Hierzu können gehören: körperliche/geistige Leistungsfähigkeit, Einfühlungsvermögen, Verantwortungsgefühl, Stressstabilität, Handlungsfähigkeit, Deeskalationsvermögen bei Konflikten u.a.m.

Für bestimmte Sicherungstätigkeiten sind arbeitsmedizinische oder Vorsorgeuntersuchungen erforderlich (s. Kapitel 7.1.3).

Der Unternehmer muss über Eignung, Ausbildung und besondere Befähigungen **personenbezogene** Aufzeichnungen führen.

Mit der **Dienstanweisung (DA)** hat der Unternehmer die sichere Durchführung von Aufträgen zu regeln. In der **allgemeinen** DA sollten z.B. folgende Punkte berücksichtigt werden:
- Rechte und Pflichten,
- Eigensicherung,
- Verhalten bei Konfrontationen,
- Verbot von Schreck-, Reizstoff- oder Signalschusswaffen sowie von schusswaffenähnlichen Gegenständen,
- Anweisung über zu führende Notwehrgeräte,
- Organisations- und Kommunikationsfestlegungen,
- Verbot der Anmaßung hoheitlicher Befugnisse u.a.m.

In der **besonderen** DA sind alle aufgaben- und objektbezogenen Regelungen zu erfassen und ggf. besondere Tätigkeiten/Handlungsabläufe festzulegen.

Eine **Einweisung** in die Aufgaben hat **vor** Aufnahme der Tätigkeit zu erfolgen. Diese muss zu jenen Zeiten stattfinden, in denen die Versicherten ihren Dienst versehen. „Nachtdienste“ sind **zusätzlich** bei Tageslicht (wegen ausreichender Ortskenntnis) einzuweisen.

Unterweisungen müssen bei Bedarf (z. B. bei geänderten Aufgaben) sowie regelmäßig in angemessenen Abständen (z. B. vierteljährlich) durchgeführt werden. Einweisungen und Unterweisungen sind objekt- und personenbezogen durchzuführen.

7.2.3 Überwachung, Ausrüstung und Mitwirkung der Versicherten

Der Unternehmer hat für die **Überwachung** der Versicherten bei ihrer Tätigkeit sowie bei den Einsatzbedingungen zu sorgen. Im Hinblick auf die **Versicherten** müssen überwacht werden:

- deren sicherheitsgerechtes Verhalten,
- Zustand/Funktionsfähigkeit der Ausrüstungen bzw. Einrichtungen,
- die bestimmungsgemäße Verwendung von Ausrüstungen bzw. Einrichtungen.

Überwachungsmöglichkeiten sind z. B. manuelle Kontrollen, Einsatz von Kommunikationsmitteln (Telefon, Funk), automatische, willensunabhängige Signalgeber („Totmannschaltung“), Fahrtenschreiber.

Die **Einsatzbedingungen** sind tätigkeits-, auftrags- und objektbezogen zu überprüfen. Bei Veränderungen der örtlichen Gegebenheiten (z. B. Einrichtung einer Baustelle), des Auftrages (z. B. neue Streifenwege/-zeiten) oder anderen Anlässen (z. B. Unfälle, Störungen) sind jeweils „neue“ Überprüfungen erforderlich. Überwachungen, Prüfungen und getroffene Maßnahmen sind **schriftlich** nachzuweisen.

Ausrüstungen/Hilfsmittel/Einrichtungen zum Schutze der Versicherten (z. B. wetterfeste Kleidung, leistungsfähige Handleuchten) müssen in ausreichender **Anzahl** und einwandfreiem (betriebssicheren) **Zustand** zur Verfügung gestellt werden. Die Versicherten müssen **geeignetes** Schuhwerk (rutschfeste, trittsichere Sohle, festes, widerstandsfähiges Material, ggf. Knöchelschutz) benutzen. Die Versicherten sind in der Handhabung/Benutzung von Ausrüstungen/Hilfsmitteln/Einrichtungen zu **unterweisen**.

Zur **Mitwirkung** der Versicherten an der Unfallverhütung gehört:

- die Dienstanweisung und sonstige Anweisungen des Unternehmers sind zu befolgen (Anweisungen, die dem Gesundheitsschutz/der Arbeitssicherheit offensichtlich entgegenstehen, dürfen nicht ausgeführt werden);
- Maßnahmen, die der Sicherheit dienen (z. B. Helmpflicht), sind zu unterstützen;
- Tätigkeiten, die über den Umfang der speziellen Dienstanweisung hinausgehen, sind nicht durchzuführen;
- zur Verfügung gestellte Ausrüstungen/Hilfsmittel/Einrichtungen (z. B. Gehörschutz beim Schießen) müssen bestimmungsgemäß benutzt werden;
- festgestellte Gefahren/Mängel sind zu melden; derartige Meldungen sind grundsätzlich schriftlich festzuhalten und den betroffenen Personen umgehend bekannt zu geben.

Brillenträger/-innen müssen ihre Brille gegen Verlust schützen (z. B. Halteband) oder eine Ersatzbrille mitführen. Kontaktlinsenträger/-innen müssen generell eine Ersatzbrille griffbereit haben.

Darüber hinaus ist den Versicherten **verboten, berauschende Mittel** (z. B. Alkohol, andere Drogen, Medikamente) während des Dienstes einzunehmen. Der Dienst muss „nüchtern" angetreten werden.

Merke

Beschäftigte müssen geeignet sein, befähigt werden und vor Beginn ihrer Tätigkeit unterwiesen werden. Während der Tätigkeit sind sie zu überwachen, dazu gehören auch Kontrollen. Beschäftigte haben bei der Umsetzung der Unfallverhütung Mitwirkungs- und Unterlassungspflichten.

7.2.4 Führung/Haltung/Transport von Diensthunden

Als **Diensthunde** dürfen ausschließlich Hunde zugelassener Rassen eingesetzt werden, die für die vorgesehenen Aufgaben ausgebildet sind, eine entsprechende Prüfung (z. B. Schutzhundeprüfung A, Diensthundeprüfung der Bundeswehr) mit Erfolg abgelegt haben und deren Eignung bei Bedarf (mindestens jedoch einmal jährlich) überprüft wird.

Als **Hundeführer** dürfen Versicherte nur dann eingesetzt werden, wenn sie entsprechend ausgebildet sind und dem Unternehmer oder einem von ihm beauftragten Sachkundigen (z. B. Hundeführerausbilder mit Qualifikationsnachweis) ihre Befähigung regelmäßig (mindestens einmal jährlich) nachweisen. Hundeführer müssen ruhig, besonnen und fähig sein, eindeutig auf den Hund einzuwirken. Sie benötigen Verständnis und Einfühlungsvermögen für das Tier.

Ein „Team" (Hundeführer mit Hund), das seine Befähigung nicht gemeinsam nachgewiesen hat, darf erst eingesetzt werden, wenn der Hundeführer „seinen" Hund unter Kontrolle (Unterordnung und Schutzdienst, z. B. Personenkontrolle, Abwehr eines Überfalles) hat.

Hunde, die sich „ihrem" Führer nicht eindeutig unterordnen, dürfen nicht eingesetzt werden.

Für die **Hundehaltung** sind geeignete Zwinger erforderlich, die eine Einzelhaltung der Hunde ermöglichen. Die Einfriedungen müssen gegen Durchbeißen sicher sein und eine Überwindung durch die Tiere ausschließen. Füttern und Tränken sollen **von außen** gefahrlos möglich sein.

Zwingeranlagen sind mit einem „Zutrittsverbot" zu kennzeichnen. Belegte Zwinger dürfen nur von Personen betreten werden, die mit dem Hund vertraut sind. Säuberungs-/Instandhaltungsarbeiten dürfen nur ausgeführt werden, wenn der jeweilige Zwinger nicht belegt ist.

Bei der **Hundeführung** gelten folgende **Sicherheitsregeln**:

- eine Übernahme und Abgabe des Hundes, einschließlich seines An- und Ableinens, sind im Zwinger bei geschlossener Tür vorzunehmen;
- die Übergabe des Hundes von Person zu Person darf ausschließlich dann erfolgen, wenn beide Hundeführer mit dem Hund vertraut sind und hierbei keine Gefährdung zu befürchten ist;
- vor jeder **Kontaktaufnahme** mit einem Hund (Ansprechen mit dem Namen, Gelegenheit zur Geruchswahrnehmung geben) haben sich die Versicherten davon zu überzeugen, dass der Hund folgsam und **nicht aggressiv** ist; trifft dies nicht zu (z. B. Knurren,

„gefletschte“ Zähne, gesträubte Nackenhaare, steife Rute), ist der Direktkontakt zu unterlassen und der Hund nicht einzusetzen;

- ohne Führleine dürfen Hunde nur in eingefriedeten Bereichen geführt werden, wenn eine Begegnung mit Dritten oder anderen Hunden nicht erwartet werden muss;
- bei Begegnungen mit Dritten ist der Hund fest (fester Halt und ausreichender Sicherheitsabstand) zu führen, damit er jene nicht erreichen kann;
- werden Hunde mit verschiedenen Hundeführern eingesetzt, so ist eine **einheitliche Kommandosprache** festzulegen und anzuwenden (mit ruhiger Sprechstimme, außer bei Ausnahmesituationen);
- Führleinen dürfen nicht am Körper des Hundeführers oder am Fahrrad befestigt werden (Gefährdung der Person).

Der **Hundetransport** in Fahrzeugen ist nur erlaubt, wenn eine Abtrennung zwischen Transportraum und Fahrgastbereich vorhanden ist. Sollen mehrere Hunde transportiert werden, ist eine Trennung der Hunde voneinander vorzunehmen (außer, wenn das Verhalten der Tiere ihren Transport in einem Raum zulässt).

Merke

Nur gemeinsam geprüfte Diensthundeführer und Diensthunde sind einzusetzen, auf Leihunde ist zu verzichten. Mindestens einmal im Jahr ist die Eignung von Führer und Hund zu überprüfen.

7.2.5 Schusswaffen (Ausrüstung/Aufbewahrung/Führen)

Die **Ausrüstung** mit Schusswaffen ist auf das zwingend notwendige Maß zu beschränken und hat durch den Unternehmer nach den waffenrechtlichen Bestimmungen zu erfolgen. Schusswaffen dürfen nur bereitgehalten und geführt werden, wenn sie amtlich geprüft sind und ein in der Bundesrepublik Deutschland anerkanntes Beschusszeichen tragen.

Schreck-, Reizstoff- oder Signalschusswaffen sowie schusswaffenähnliche Gegenstände dürfen im Dienst nicht bereitgehalten oder geführt werden, weil sie ein trügerisches Sicherheitsgefühl vermitteln und bei Konfrontationen mit schusswaffentragenden Tätern zu einer extremen Gefährdung ohne ausreichende Selbstverteidigungsmöglichkeit führen können.

Versicherte, die mit Schusswaffen ausgerüstet werden, müssen **zuverlässig** und **geeignet** sein sowie über einen ausreichenden **Sachkunde-** und **Ausbildungsstand** an der Waffe verfügen.

- **Unzuverlässig** sind z.B. Menschen, denen ein missbräuchlicher Umgang mit Waffen nachgewiesen wurde.
- **Ungeeignet** sind z.B. Personen, bei denen körperliche Unzulänglichkeiten (z.B. Sehschwäche) oder andere Einschränkungen (z.B. begrenzte Reaktionsfähigkeit) bestehen.
- Als **sachkundig** gilt, wer die erforderlichen Fähigkeiten und Kenntnisse über den Umgang mit Schusswaffen und Munition, die Reichweite und Wirkungsweise der Geschosse, die waffenrechtlichen Vorschriften sowie insbesondere die Bestimmungen über Notwehr und Notstand nachgewiesen hat. Der Nachweis erfolgt durch die Ablegung der **Waffensachkundeprüfung nach § 7 des Waffengesetzes**.

Versicherte, die mit Schusswaffen ausgerüstet sind, müssen ihren **Sachkundestand** (mindestens einmal jährlich) und ihre **Schießfertigkeiten** (viermal jährlich im Abstand von drei Monaten) regelmäßig **nachweisen**. Diese Nachweise sind aufzuzeichnen (zu dokumentieren).

Schusswaffen müssen bei Verdacht auf **Mängel** (aber mindestens einmal jährlich) durch Sachkundige auf Handhabungssicherheit geprüft und erforderlichenfalls durch hierfür zugelassene Personen (Fachwerkstatt) in Stand gesetzt werden.

Beim **Führen** von Schusswaffen sind folgende Sicherheitsregeln zu beachten:

- Schusswaffen dürfen nur in geeigneten Trageeinrichtungen geführt werden;
- Munition darf nicht lose mitgeführt werden;
- mit einer Sicherungseinrichtung ausgestattete Schusswaffen sind zu sichern (außer bei ihrem Einsatz);
- Schusswaffen dürfen nur in entladenem und entspanntem Zustand übergeben werden; Der Übernehmende hat sich sofort vom Zustand der Schusswaffe zu überzeugen und diese auf augenfällige Mängel zu kontrollieren;
- bei Feststellung von Mängeln darf die Schusswaffe nicht geführt werden (vor Wiederverwendung – sachkundige Instandsetzung);
- das Laden und Entladen von Schusswaffen darf nur an einem geeigneten Ort (vorzugsweise mit einer geeigneten Kugelfangeinrichtung) erfolgen, sodass Personen nicht verletzt werden können.

Zur **Aufbewahrung** von Schusswaffen und Munition dürfen ausschließlich Einrichtungen verwendet werden, die eine getrennte Lagerung von Schusswaffen und Munition ermöglichen und hinreichenden Schutz gegen unbefugten Zugriff bieten. Schusswaffen dürfen nur in entladenem Zustand und unter Verschluss aufbewahrt werden.

Von den Festlegungen zum Führen, zur Übergabe sowie Aufbewahrung von Schusswaffen und Munition darf abgewichen werden, wenn besondere behördliche oder militärische Regelungen bestehen, die eine Abweichung erforderlich machen und die Sicherheit auf andere Weise gewährleisten.

Merke

Erwerb, Besitz und Führen von Schusswaffen und Munition durch Bewachungsunternehmer und ihr Bewachungspersonal sind in § 28ff. des Waffengesetzes geregelt. Erforderlich ist:

- die regelmäßige Teilnahme an Schießübungen (mindestens aller drei Monate),
- die Überprüfung des Sachkundestandes (mindestens einmal jährlich).

Schusswaffen sind mindestens einmal jährlich auf Handhabungssicherheit und Mängel prüfen zu lassen. Die als Sportschütze erworbene Sachkunde ist nicht geeignet, die Sachkunde für das Bewachungsgewerbe zu vermitteln (WaffVwV zu § 7).

Weitere Informationen zum Umgang mit Waffen sind in Kapitel 4.6.2 dargestellt.

7.2.6 Notruf- und Serviceleitstellen (NSL)

Notruf- und Serviceleitstellen (**NSL**) sind durch ihre Aufgabenstellung (z.B. Aufschaltung von Einbruchmeldeanlagen, Organisation der Alarmverfolgung) einer erhöhten Überfallgefahr ausgesetzt. Sie müssen ausreichend gesichert werden. Zu einer ausreichenden **Sicherung** zählen:

- durchschuss- und durchbruchhemmende Fenster, die den gültigen Normen gerecht werden,
- Fensterbeschläge und -rahmen (einschließlich umgebende Gebäudeteile wie Mauerwerk), die dem Widerstandswert der Verglasung entsprechen,
- selbstschließende Außentüren mit einer normgerechten Widerstandsklasse, die sich von außen nur mit Sicherheitsschlüssel o.Ä. öffnen lassen,
- Schlösser und Beschläge, die der Widerstandsklasse der Tür entsprechen,
- Sichtmöglichkeit von innen nach außen, nicht aber umgekehrt,
- normgerechte Überfallmeldeanlage mit Weiterschaltung zu einer „unabhängigen" (vom Überfall) Hilfe leistenden Stelle (z.B. Polizei).

7.2.7 Werttransportdienste

Botendienste

Werttransporttätigkeiten (z.B. Ver-/Entsorgung von Geld-/Fahrschein- o.a. Automaten, Beschickung von Nachttresoren), die von **Boten zu Fuß** ausgeführt werden, sind durch mindestens zwei Versicherte durchzuführen, von denen einer die Sicherung zu übernehmen hat. Ausnahmen davon sind möglich, wenn:

- ausschließlich Münzen transportiert werden und dies auch für Außenstehende erkennbar ist,
- durch geeignete (technische) Transportsicherungen, die für Außenstehende deutlich erkennbar sind, der Anreiz zu Überfällen deutlich verringert wird,
- (im Ausnahmefall) bei einmaligem (für Außenstehende nicht erkennbaren) Transport die Werte unauffällig in „bürgerlicher Kleidung" befördert werden.

Technische Transportsicherungen dürfen mit dem Boten **nicht fest** verbunden sein.

Werttransportfahrzeuge

Zum Werttransport mit Fahrzeugen sind spezielle **Werttransportfahrzeuge** einzusetzen. Diese verfügen u.a. über:

- angriffshemmende (durchschuss- und durchbruchhemmende) Aufbauten (einschließlich Dächer, Fenster und Radkästen),
- Zugangs- und Verschlusssysteme nach dem „Schleusenprinzip" sowie Notausstiege,
- Einrichtungen zur Umfeldbeobachtung (z.B. Videosysteme, zusätzliche Spiegel),
- Heizungs- und Lüftungseinrichtungen bzw. Kühlluft-/Klimaanlagen,
- Kommunikationseinrichtungen, die eine ständige Erreichbarkeit anderer Stellen ermöglichen,
- Überfallmeldeanlagen und Dachkennzeichnungen,
- (ggf.) zusätzliche Laderaumsicherungen (z.B. fest mit dem Fahrzeug verbundene Tresorbehältnisse, Farbrauch- oder Nebelsysteme).

Der Einsatz von Werttransportfahrzeugen ist **nicht erforderlich**, wenn:
- ausschließlich Münzen transportiert werden und dies auch für Außenstehende erkennbar ist,
- (im Ausnahmefall) ein einmaliger Transport (für Außenstehende als Werttransport nicht erkennbar) durchgeführt wird,
- ausschließlich Belege transportiert werden und dies nicht mit einem Werttransport verwechselbar ist.

Werttransportfahrzeuge **müssen** während des gesamten Transportes in öffentlich zugänglichen Bereichen ständig mit mindestens einem Versicherten **besetzt** sein. (Dabei sind die Türen des besetzten Fahrzeugbereiches stets verriegelt zu halten.) Mit dieser „ständigen Besetzung“ soll gewährleistet werden, dass:
- den außerhalb des Fahrzeugs tätigen Boten der Zugang zum Fahrzeug (von innen) freigegeben werden muss, damit diese nicht erpressbar ist,
- eine Kommunikation mit dem Boten erfolgen kann,
- eine Umfeldbeobachtung aus dem Fahrzeug durchgeführt wird,
- aus dem Fahrzeug heraus Notrufe/Alarme unverzüglich abgesetzt werden können.

Beobachten die Versicherten während der Fahrt Umstände, die auf eine **erhöhte Gefährdung** schließen lassen (z. B. Unfälle, Verkehrskontrollen, Fahrbahnblockaden, Umleitungen, Baustellen, Bauzelte, auffällige Fahrzeuge/Personen), ist das weitere Vorgehen mit anderen Stellen (z. B. Einsatzleitstelle, Polizei) abzustimmen.

Akustische/optische Alarmeinrichtungen des Werttransportfahrzeuges sind bei **Überfällen** nur zu betätigen, wenn dadurch keine zusätzliche Gefährdung erwartet werden muss. Risiken sollen nicht eingegangen werden, aber eine Meldung an die Leitstelle ist in jedem Fall sinnvoll.

Einrichtungen/Räume für die Bearbeitung, Kommissionierung und/oder Lagerung von Geld oder sonstigen Valoren (Wertsachen) sind gegen Überfälle sowie unbefugten oder unbemerkten Zugang zu sichern. Darüber hinaus müssen im Interesse der Arbeitssicherheit/des Gesundheitsschutzes Gefährdungen (z. B. Quetsch- und Scherstellen der Türen von Geldschränken, große Münzgeldlasten, Lärmbelastung durch Geldzählmaschinen u. a.) ausgeschlossen werden.

7.3 Aufgaben im Arbeits- und Gesundheitsschutz

7.3.1 Überwachung und Einhaltung der Unfallverhütungsvorschriften

Abhängig von der jeweiligen betrieblichen Organisation und der Qualifikation der eingesetzten Sicherheitskräfte kann die **Mitwirkung im Arbeits- und Gesundheitsschutz** auf vielfältige Weise erfolgen, z. B. durch:
- Überwachung des Werksverkehrs, Kontrolle des allgemeinen Personen- und Fahrzeugverkehrs (s. Kapitel 5.2),
- Unfallursachenforschung (z. B. Problemstellung: Warum häufen sich Unfälle mit Fahrzeugen an bestimmten Stellen des Betriebes?),
- Maßnahmen gegen Geschwindigkeitsüberschreitungen im Betriebsbereich,
- Überwachung der Unfallverhütungsvorschriften,

- Sicherung gefährlicher Güter und Arbeitsmittel (s. Kapitel 8.4),
- Überwachung von Gefahrguttransporten (s. Kapitel 8.4),
- Überwachung von Rettungsgeräten, Schutz-, Sicherheits- und Löscheinrichtungen (s. Kapitel 6),
- Feststellen und entsprechende Absicherung von Gefahrenstellen im Betrieb (s. Kapitel 5.2),
- Unfallaufnahme (meist in der Form der Mithilfe, s. Kapitel 5.2.2.5) u.Ä.

Zur Überwachung von Unfallverhütungsvorschriften ist es erforderlich, **Kontrollaufgaben** aus den für die jeweiligen Betriebsarten, Tätigkeiten, Arbeitsverfahren oder Einwirkungen (z.B. Lärm) erlassenen Unfallverhütungsvorschriften abzuleiten.

Beispiele

Kontrollaufgaben zur Überwachung von Unfallverhütungsvorschriften können sein:

a) **Ausfahrtkontrolle (Sichtkontrolle) gemäß DGUV Vorschrift 70 (Fahrzeuge):**
   - Betriebssicherheit des Fahrzeuges, z.B.:
     - Beleuchtungseinrichtung funktionsfähig,
     - Bremsleuchten in Ordnung,
     - Fahrtrichtungsanzeiger intakt,
     - allgemeiner Zustand ohne sichtbare Mängel,
   - Ladungssicherheit, z.B.
     - Befestigung der Ladung ordnungsgemäß,
     - Kennzeichnung von Überlängen vorhanden,
     - keine Überbreiten festzustellen;
   - Begleitpapiere in Ordnung (vollzählig und richtig),
   - Befindlichkeit des Fahrers ohne Beanstandungen (z.B. „Alkoholfahne", Müdigkeit).

b) **Kontrolle im Betriebsgelände gemäß DGUV Vorschrift 70 (Fahrzeuge), z.B.:**
   - bestimmungsgemäße Benutzung von Fahrzeugen (z.B. verbotene Verwendung von Fahrzeugen als „Steighilfen"),
   - Besteigen/Verlassen/Begehen von Fahrzeugen nur durch Berechtigte,
   - Aufenthalt im Gefahrenbereich bei Ladetätigkeiten,
   - Kuppeln (Anhängerzüge …) ohne Helfer (z.B. Einweiser)

c) **Kontrolle gemäß DGUV Vorschrift 68 (Flurförderzeuge), z.B.:**
   - Berechtigung/unbefugte Benutzung der Flurförderfahrzeuge (z.B. Gabelstapler),
   - Sicherung der Flurförderzeuge gegen unbeabsichtigte Bewegung,
   - bestimmungsgemäße Verwendung,
   - Fahrweise/Rücksichtnahme der Fahrer/Bediener,
   - Sicht des Fahrers (darf nicht durch Ladung verdeckt sein),
   - Ladungssicherheit (Befestigung, Höhe, Breite, Gewicht – soweit erkennbar) der Ladung,
   - Mitnahme von Personen (bes. Herabhängen der Beine),
   - unzulässige Benutzung als Hebeplattform (z.B. ohne Absturzsicherung).

d) **Kontrolle gemäß DGUV Information 208 016 (Handlungsanleitung für den Umgang mit Leitern und Tritten), z.B.:**
   - Standsicherheit (fester, ebener Untergrund oder einstellbare Holme),
   - Anlegewinkel (60° bis 70° Stufen- bzw. 65° bis 75° Sprossenleiter),
   - Begehbarkeit der Leitern (z.B. vereiste Sprossen),

Beispiele (Fortsetzung)

- Schadhaftigkeit (z. B. defekte Holme, geknickte Sprossen),
- Größe (Leiter muss mindestens 1 m über die Steighöhe hinausragen),
- bestimmungsgemäße Verwendung,
- (ggf.) Absturzsicherung der Benutzer,
- Aufbewahrung (Schutz vor schädigenden Einflüssen).

In Bezug auf die **Mitwirkung bei der Ersten Hilfe** besteht zunächst eine grundsätzliche Unterstützungspflicht der Versicherten. Dazu gehören: die Teilnahme an der Ausbildung zum Ersthelfer, die Meldepflicht bei Unfällen sowie die Bereitschaft, Erste Hilfe zu leisten/leisten zu lassen.

Kontrollaufgaben (Sichtkontrolle) können gerichtet sein auf:

- Vorhandensein von Erste-Hilfe-Material,
- Kennzeichnung des Erste-Hilfe-Materials,
- Erreichbarkeit/Zugänglichkeit des Erste-Hilfe-Materials,
- allgemeiner Zustand des Erste-Hilfe-Materials (z. B. Feuchtigkeit, Überalterung),
- keine zweckentfremdete Benutzung (z. B. Trage als „Pausenliege").

7.3.2 Prüfung von Sicherungsobjekten auf Gefahren und auf Sicherheitskennzeichnungen

Der Unternehmer hat durch die Beurteilung der für die Versicherten mit ihrer Arbeit verbundenen Gefährdungen zu ermitteln, welche Maßnahmen erforderlich sind. Er hat Gefährdungsbeurteilungen immer dann zu überprüfen, wenn sich betriebliche Gegebenheiten hinsichtlich Sicherheit und Gesundheitsschutz verändert haben. Die Gefährdungsbeurteilung selbst, die von ihm festgelegten Maßnahmen und das Ergebnis ihrer Überprüfung hat er zu **dokumentieren.**[21]

Merke

Eine **Gefährdung** ist der Zustand infolge eines Sicherheitsdefizits mit augenblicklicher Möglichkeit einer Schädigung. Ist die letztgenannte Möglichkeit nicht gegeben, spricht man von einer **Gefahr.**[22]

Eine **Gefährdung** kann zum Beispiel eintreten, wenn der Mensch in einen Gefahrenbereich kommt. Es können verschiedene Gefährdungsarten auftreten. Zu diesen Gefährdungen treten in vielen Fällen zusätzliche Beeinträchtigungen in Form von Arbeitsumgebungsfaktoren (z. B. erschwerte Zugangs- und Fluchtmöglichkeiten oder schlechte Beleuchtung), physiologischen (z. B. Schichtarbeit, Nachtarbeit) und psychomentalen Faktoren (z. B. Kommunikation, Information) auf.

21 VBG (Hrsg.): Grundsätze der Prävention, Unfallverhütungsvorschrift, Hamburg 2010, S. 4.
22 Skiba/Lehder: Taschenbuch Arbeitssicherheit, Bielefeld 2011, S. 576.

Mit der Revision des Arbeitsschutzgesetzes im Jahre 1996 wurde die Erstellung einer **Gefährdungsbeurteilung** als unternehmerische Pflicht ausgewiesen. Betriebe mit mehr als 10 Beschäftigten haben schriftlich zu dokumentieren, welche Gefahren und Belastungen für Arbeitnehmer am Arbeitsplatz bestehen, wie diese Risiken zu bewerten sind und wie sie vermindert werden sollen.[23] Mit der 2015 in Kraft getretenen Neufassung der Betriebssicherheitsverordnung (BetrSichV) soll sich der Schutz für alle Beschäftigten verbessern, so etwa durch die Berücksichtigung der ergonomischen und psychischen Belastungen bei der Arbeit. Daneben rückt die BetrSichV die Gefährdungsbeurteilung deutlich in den Vordergrund und enthält besondere Vorgaben zur alters- und alternsgerechten Gestaltung.[24]

Zur **Erstellung** der **Gefährdungsbeurteilung** kann man sich eines Regelkreises bzw. eines bestimmten Arbeitsablaufes bedienen, der sich aus folgenden Schritten zusammensetzt:

- analysieren,
- beurteilen,
- Ziele setzen,
- Lösungsalternativen entwickeln,
- Lösung auswählen,
- Problemlösung durchsetzen bzw. umsetzen und
- eine Wirkungskontrolle durchführen.

Die Prüfung der Sicherungsobjekte ist eine wesentliche Grundlage der Analyse. Nach der **DGUV-Vorschrift 23, § 6 Übernahme von Wach- und Sicherungsaufgaben**, hat der Unternehmer mögliche Gefahren und Gefahrstellen objekt- und tätigkeitsbezogen zu ermitteln und zu beurteilen. Des Weiteren sind die sich daraus ergebenen Maßnahmen im Einvernehmen mit dem Auftraggeber zu treffen und durchzuführen. Eine schriftliche Festlegung des Sicherungsumfanges und der Tätigkeiten muss vorhanden sein.

So ist bei der Prüfung in Objektbereichen z. B. auf eine sichere Begehbarkeit und ausreichende Beleuchtung aller vorgegebenen Wege zu achten.

Nach der **DGUV-Vorschrift 23, § 8 Überprüfung von zu sichernden Objekten**, ist der Unternehmer weiterhin zur regelmäßigen Überprüfung der Wachobjekte verpflichtet.

7.3.3 Handeln bei Arbeitsunfällen

Zur Mitwirkung gehört auch das Handeln bei Arbeitsunfällen. **Arbeitsunfälle** sind Gesundheitsschädigungen oder körperliche Verletzungen, die im Betrieb oder bei einer Tätigkeit für das Unternehmen entstehen. Die Voraussetzungen für die Annahme eines Arbeits- bzw. Wegeunfalles sind in der nachfolgenden Tabelle 3 dargestellt.

23 Siegesmund: Schnittstelle Arbeitssicherheit. In: Ohder (Hrsg.) Unternehmensschutz, 2013, S. 7.

24 BMAS (Hrsg.): BetriebssicherheitsVO 2015. http://www.bmas.de/DE/Service/Gesetze/betrsichv.html.

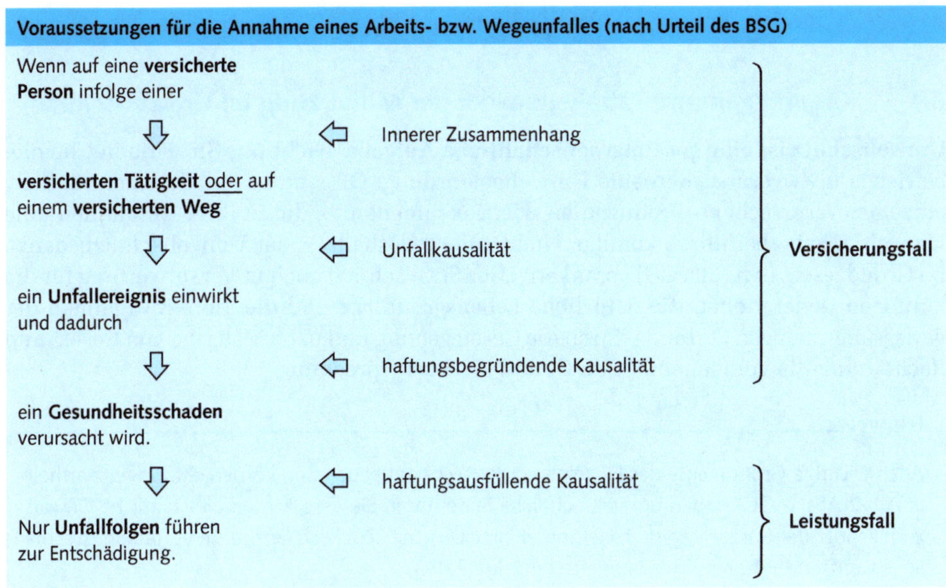

Voraussetzungen für die Annahme eines Arbeits- bzw. Wegeunfalles (nach Urteil des BSG)		
Wenn auf eine **versicherte Person** infolge einer		Versicherungsfall
⇩	⇦ Innerer Zusammenhang	
versicherten Tätigkeit oder auf einem **versicherten Weg**		
⇩	⇦ Unfallkausalität	
ein **Unfallereignis** einwirkt und dadurch		
⇩	⇦ haftungsbegründende Kausalität	
ein **Gesundheitsschaden** verursacht wird.		
⇩	⇦ haftungsausfüllende Kausalität	Leistungsfall
Nur **Unfallfolgen** führen zur Entschädigung.		

Tabelle 3: Darstellung Arbeits- und Wegeunfall.

Arbeitsunfälle müssen dem Unfallversicherungsträger sofort **angezeigt** werden, wenn ein Versicherter getötet oder schwer verletzt wurde. Wenn ein Versicherter voraussichtlich mehr als drei Tage arbeitsunfähig bleibt, hat die Anzeige binnen **drei Tagen** zu erfolgen – gerechnet von dem Zeitpunkt, an dem der Unternehmer vom Ereignis Kenntnis erhalten hat (§ 193 Abs. 4 SGB VII).

Die grundsätzlichen Handlungsschritte bei Arbeitsunfällen sind:

- Unfallstelle absichern (ggf. absperren),
- Gefahrenquelle beseitigen (z. B. laufende Maschine abstellen),
- Hilfskräfte alarmieren (z. B. Betriebsarzt),
- Erste Hilfe leisten (z. B. Verletzten versorgen),
- Hilfskräfte (wenn erforderlich) einweisen/informieren,
- Ereignismeldung erstellen.

Für Unfallmeldungen gibt es **Vordrucke**, die über die BG zu beziehen sind (z. B. Internet). Die Ereignismeldung muss gemäß Dienstanweisung erfolgen (s. Kapitel 5.5.4).

Merke

Ein meldepflichtiger Arbeitsunfall ist schriftlich anzuzeigen:

- der eigenen Berufsgenossenschaft und
- der für den Unfallort zuständigem staatlichen Arbeitsschutzbehörde.

Es empfiehlt sich auch Beinaheunfälle im Betrieb zu melden, damit etwaige Gefahrquellen erkannt und beseitigt werden können.

8. Mitwirkung im Umweltschutz

8.1 Grundlagen und Tätigkeitsfelder der Mitwirkung im Umweltschutz

Umweltschutz ist eine **gesamtgesellschaftliche Aufgabe**. Nicht nur Störfälle in Chemiebetrieben u. Ä. verursachen eine Umweltgefährdung. Oft sind es die „kleinen Sünden" einzelner Verursacher – Produzenten wie Konsumenten –, die in ihrer Gesamtheit eine Umweltkrise herbeiführen können. Nicht zuletzt deshalb ist der Umweltschutzgedanke im Grundgesetz (Art. 20a GG) verankert: „Der Staat schützt auch in Verantwortung für die künftigen Generationen die natürliche Lebensgrundlage und die Tiere im Rahmen der verfassungsmäßigen Ordnung durch die Gesetzgebung und nach Maßgabe von Gesetz und Recht durch die vollziehende Gewalt und die Rechtsprechung."

Hinweis

Auch wichtige Grundrechte des Einzelnen (z. B. Recht auf Leben und körperliche Unversehrtheit in Art. 2 Abs. 2 GG) haben umweltrechtliche Bedeutung. Sie verpflichten die staatliche Gewalt zum Schutz der Bürger gegen Belastungen ihrer Umwelt. Zugleich setzen sie verfassungsrechtliche Grenzen für hoheitliche Umweltschutzaktivitäten.

8.1.1 Ziele, Prinzipien und Vorschriften des Umweltschutzes

Das **Ziel des Umweltschutzes** besteht darin, die natürlichen Lebensgrundlagen sowie die Gesundheit der Menschen sowie deren Umwelt zu schützen. Dabei bestehen wesentliche Schwerpunkte durch:

- Luftreinhaltung,
- Wasserreinhaltung,
- Bodenreinhaltung,
- Verwertung von Abfällen (Recycling),
- Immissionsschutz (z. B. Lärm, Erschütterungen, ionisierende Strahlen),
- Naturschutz,
- Strahlenschutz,
- Umweltverträglichkeitsprüfungen.

Vorschriften, die den **Schutz der Umwelt** regeln, sind im öffentlichen Recht und im Privatrecht enthalten:

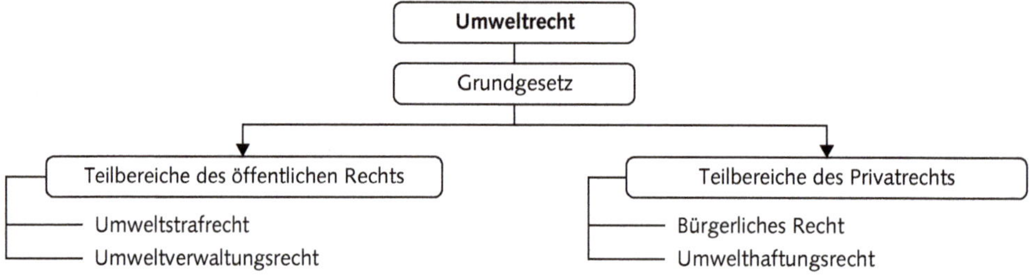

Abbildung 1: Regelungsbereiche Schutz der Umwelt [Katschemba].

Der Umweltschutz ist vorrangig als Staatsaufgabe definiert. Deshalb sind umfangreiche Teile des Umweltrechts dem Verwaltungsrecht zuzuordnen. Die öffentlichen Verwaltungen (Behörden) dürfen nur in die Rechte der Bürger oder Unternehmer eingreifen, wenn dafür eine gesetzliche Grundlage existiert. Rechtsvorschriften des Umweltverwaltungsrechts sind Grundlagen für Verwaltungsverfahren (z. B. Genehmigung, Erlaubnis) mit Umweltbezug.

Dabei kommen folgende **Prinzipien** zur Anwendung (Abbildung 2):

- **Vorsorgeprinzip**
  Umweltbelastungen sollen verhindert werden, **bevor** eine Gefahrenschwelle erreicht ist. Das Vorsorgeprinzip wird u. a. umgesetzt durch
  - die Genehmigungspflicht,
  - die Festlegung von Emissionsgrenzwerten,
  - Verbote.

- **Verursacherprinzip**
  Kosten, die zur Vermeidung oder Beseitigung von Umweltbelastungen entstehen, muss derjenige tragen, der für die Entstehung verantwortlich ist (z. B. der Betreiber einer Produktionsanlage).

- **Gemeinlastenprinzip**
  Ergänzend zum Verursacherprinzip können Kosten des Umweltschutzes unter bestimmten Voraussetzungen auf die Allgemeinheit verteilt werden (das sogenannte Gemeinlastenprinzip). Beispiele hierfür sind:
  - Umweltabgaben,
  - Ökosteuern,
  - Kraftfahrzeugsteuern,
  - Gebühren.

- **Kooperationsprinzip**
  Im Prozess der Willensbildung und Entscheidungsfindung sowie bei der Realisierung umweltpolitischer Ziele sind alle staatlichen und gesellschaftlichen Kräfte zum Zusammenwirken (Kooperation) aufgefordert. Beispiele hierfür können sein:
  - die Anhörung Beteiligter,
  - die Bildung von Arbeitskreisen,
  - Beteiligung der Öffentlichkeit.

Die **Umweltpolitik der Europäischen Union** trägt zur Verfolgung der nachstehenden Ziele bei (Vertrag über die Arbeitsweise der Europäischen Union, § 191, Absatz 1):

- Erhaltung und Schutz der Umwelt sowie Verbesserung ihrer Qualität;
- Schutz der menschlichen Gesundheit;
- umsichtige und rationelle Verwendung der natürlichen Ressourcen;
- Förderung von Maßnahmen auf internationaler Ebene zur Bewältigung regionaler oder globaler Umweltprobleme, insbesondere zur Bekämpfung des Klimawandels.

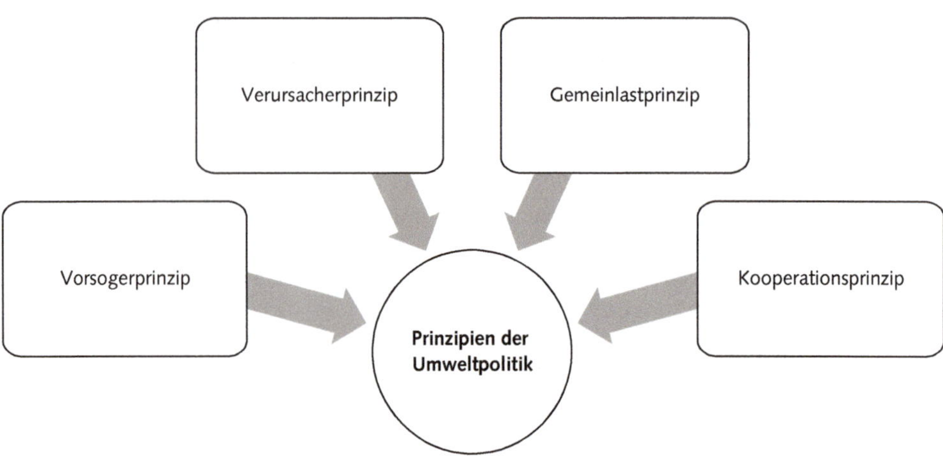

Abbildung 2: Prinzipien der Umweltpolitik [Katschemba].

Bestimmte umweltrelevante Normen des EU-Rechts sind für alle Mitgliedstaaten verbindlich. Das betrifft z.B. die Verbringungsverordnung Abfall (VVA). Weitere derartige Vorgaben (z.B. die Abfallrahmenrichtlinie) sind in den EU-Ländern, an die sie gerichtet sind, national umzusetzen.

Nationale Vorschriften zum Umweltschutz dürfen dem EU-Recht nicht widersprechen und sind – falls erforderlich – anzupassen. In Deutschland sind neben Rechtsvorschriften des Bundes auch Vorschriften der Länder wirksam. Die **Systematik des Umweltschutzrechts** wird aus der nachfolgenden Übersicht (am Beispiel des Abfallrechtes) erkennbar:

ABFALLRECHT (beispielhafte Darstellung)							
Europäisches Recht		**Deutsches Recht**					
		Bundesrecht			**Landesrecht**		
Verordnung	Richtlinie	Gesetz	Verordnung	Verwaltungsvorschrift	Gesetz	Verordnung	Satzung
Abfallverbringungsverordnung	Abfallrahmenrichtlinie	Kreislaufwirtschaftsgesetz	Verpackungs verordnung (bis 2019)	Hinweise zur Anwendung der Abfallverzeichnis-Verordnung	Bayerisches Abfallwirtschaftsgesetz	VO z. Übertragung v. Zuständigkeiten im Bereich der Abfallentsorgung	Kommunale Abfall- und Gebührensatzung

Tabelle 1: Abfallrecht (beispielhafte Darstellung).

Der Bund regelt das **Umweltverwaltungsrecht** mittels verschiedener Gesetze und Verordnungen. Diese sind auf unterschiedliche Bereiche bezogen:

UMWELTVERWALTUNGSRECHT	
Bereich	**Beispiele für Rechtsvorschriften**
Immissionsschutzrecht	▪ Bundes-Immissionsschutzgesetz (BImSchG) ▪ Bundes-Immissionsschutzverordnungen (BImSchV)
Wasserrecht	▪ Wasserhaushaltsgesetz (WHG) ▪ Abwasserverordnung (AbwV)
Abfallrecht	▪ Kreislaufwirtschaftsgesetz (KrWG) ▪ Abfallbestimmungs-Verordnung (AbfBestV)
Bodenschutzrecht	▪ Bundes-Bodenschutzgesetz (BBodSchG) ▪ Bundes-Bodenschutz- und Altlastenverordnung (BBodSchV)
Chemikalienrecht	▪ Chemikaliengesetz (ChemG) ▪ Gefahrstoffverordnung (GefStoffV)
Straßenverkehrsrecht	▪ Straßenverkehrsordnung (StVO) ▪ Gefahrgutverordnung Straße, Eisenbahn und Binnenschifffahrt (GGVSEB)
Gewerberecht	▪ Gewerbeordnung (GewO) ▪ Produktsicherheitsgesetz (ProdSG)
Arbeitsschutzrecht	▪ Arbeitsschutzgesetz (ArbSchG) ▪ Arbeitsstättenverordnung (ArbStättV)

Tabelle 2: Umweltverwaltungsrecht.

Das **Umweltstrafrecht** ist auf die verschiedenen Umweltmedien (z.B. Luft, Wasser, Boden) und auf umweltgefährdende Tätigkeiten (z.B. Lärmverursachung, Abfallbeseitigung) bezogen. Beispiele hierfür sind Tatbestände wie:

- Gewässerverunreinigung (§ 324 StGB),
- Bodenverunreinigung (§ 324a StGB),
- Luftverunreinigung (§ 325 StGB),
- Verursachung von Lärm, Erschütterungen und nichtionisierenden Strahlen (§ 325a StGB),
- unerlaubter Umgang mit Abfällen (§ 326 StGB),
- unerlaubtes Betreiben von Anlagen (§ 327 StGB),
- unerlaubter Umgang mit radioaktiven Stoffen und anderen gefährlichen Stoffen und Gütern (§ 328 StGB),
- Gefährdung schutzbedürftiger Gebiete (§ 329 StGB),
- besonders schwerer Fall einer Umweltstraftat (§ 330 StGB),
- schwere Gefährdung durch Freisetzen von Giften (§ 330a StGB).

Umweltstraftatbestände können sowohl vorsätzlich als auch fahrlässig erfüllt werden (s. Kapitel 4.3.3.9).

8.1.2 Aufgabengebiete des betrieblichen Umweltschutzes

In jedem Unternehmen gibt es Möglichkeiten, zum Umweltschutz beizutragen: Abfälle trennen, Emissionen vermeiden, Ressourcen schonend einsetzen. Soll der **betriebliche Umweltschutz** zielgerichtet die umweltrelevanten Schwachstellen des Unternehmens aufdecken und beseitigen, müssen die Maßnahmen koordiniert werden. Dazu dienen Umweltmanagementsysteme.

Die Bewahrung der Unversehrtheit des Lebens und der Gesundheit von Menschen ist auch im betrieblichen Umweltschutz das oberste Schutzziel. Dies geht u.a. aus § 1 BImSchG hervor.

Insbesondere müssen folgende **Umweltaspekte** im betrieblichen Umweltschutz berücksichtigt werden:

Umweltaspekt	Umweltschutz-Aufgabe
Ressourcen/Rohstoffe	Erhaltung, Schonung, sparsamer Einsatz
Abfälle	Vermeidung, Minderung, Verwertung, Entsorgung
Verkehr	Verringern, umweltschonende Gestaltung
Atmosphäre	Emissionen vermeiden, mindern
Gewässer	Einleitungen/Ableitungen vermeiden, mindern
Böden	Verunreinigungen vermeiden, schonende Nutzung, Bodenstruktur erhalten
Lokale Auswirkungen (z. B. Lärm, Erschütterungen)	Vermeidung, Minderung
Störfälle, Umweltunfälle	Verhinderung, Gefahrenpotenziale verringern, Auswirkungen begrenzen

Tabelle 3: Umweltaspekte im betrieblichen Umweltschutz.

Im Rahmen der o.g. Aufgabe des betrieblichen Umweltschutzes haben Sicherheitskräfte die Pflicht, durch aufmerksames Beobachten sowie mit den in der Dienstanweisung festgelegten Kontrollen zu einer wirksamen Vorsorge gegen Umweltschäden beizutragen. Voraussetzung dafür ist die Kenntnis einschlägiger **Fachbegriffe** aus dem Umweltrecht:

Schädliche Umwelteinwirkungen: Darunter versteht man Immissionen, die nach Art, Ausmaß oder Dauer geeignet sind, Gefahren, erhebliche Nachteile oder erhebliche Belästigungen für die Allgemeinheit oder die Nachbarschaft herbeizuführen (§ 3 Abs. 1 BlmschG).

Immissionen wiederrum sind auf Menschen, Tiere und Pflanzen, den Boden, das Wasser, die Atmosphäre sowie Kultur- und sonstige Sachgüter einwirkende Luftverunreinigungen, Geräusche, Erschütterungen, Licht, Wärme, Strahlen und ähnliche Umwelteinwirkungen (§ 3 Abs. 2 BImSchG).

Emissionen sind die von einer Anlage ausgehenden Luftverunreinigungen, Geräusche, Erschütterungen, Licht, Wärme, Strahlen und ähnlichen Erscheinungen (§ 3 Abs. 3 BImSchG).

Luftverunreinigungen sind Veränderungen der natürlichen Zusammensetzung der Luft, insbesondere durch Rauch, Ruß, Staub, Gase, Aerosole, Dämpfe oder Geruchsstoffe (§ 3 Abs. 4 BImSchG).

Abfälle sind alle Stoffe oder Gegenstände, derer sich ihr Besitzer entledigt, entledigen will oder entledigen muss (§ 3 Abs. 1 Satz 1 KrWG).

Merke

Emissionen sind von einer Anlage ausgehende Verunreinigungen;
Immissionen sind auf die Umwelt einwirkenden Verunreinigungen.

Bereits aus der Abfalldefinition geht hervor („... geordnete Entsorgung ...“), dass ein so genanntes „wildes Entsorgen“ rechtswidrig ist.

Im Rahmen der Abfallwirtschaft werden folgende Begriffe unterschieden:

- **Hausmüll** = alle in privaten Haushalten anfallende Abfälle,
- **hausmüllähnliche Abfälle** = Markt-, Büro- oder Kantinenabfälle oder unproblematische Abfälle aus Gewerbebetrieben, die mit Hausmüll vergleichbar sind,
- **produktionsspezifische Abfälle** = aus industrieller oder gewerblicher Produktion stammend, aber nicht mit Hausmüll vergleichbar,
- **Sonderabfälle** = besonders überwachungspflichtige Abfälle (gesundheits-, luft- oder wassergefährdend, explosibel, brennbar, Krankheitsüberträger oder -auslöser),
- **gefährliche Abfälle** = Abfallarten, die der Verordnung über das Europäische Abfallverzeichnis (Abfallverzeichnis-Verordnung – AVV) unterliegen.

Die **Abfallbeseitigung** kann auf unterschiedliche Art und Weise erfolgen:

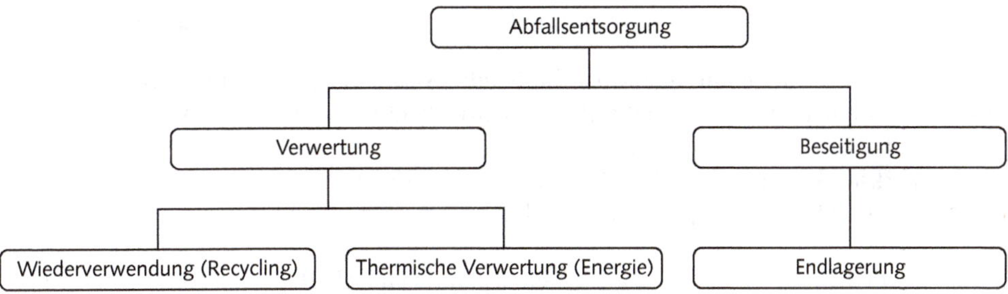

Abbildung 3: Überblick Abfallentsorgung [Katschemba].

Das **Wasserhaushaltsgesetz** (WHG) bezeichnet Stoffe, die die physikalische, chemische oder biologische Beschaffenheit des Wassers nachteilig verändern können (z.B. Säuren, Laugen, Öle, Gifte, Bleizsalze u.v.a.), als **wassergefährdende Stoffe**. Nach der „Verordnung über Anlagen zum Umgang mit wassergefährdenden Stoffen“ (AwSV), Kapitel II, § 3 sind drei **Wassergefährdungsklassen** zu unterscheiden:

- WGK 3 – stark wassergefährdende Stoffe,
- WGK 2 – deutlich wassergefährdende Stoffe,
- WGK 1 – schwach wassergefährdende Stoffe.

Die oben genannten Vorschriften enthalten Bestimmungen darüber, unter welchen Voraussetzungen besonders beauftragte Personen zu bestellen sind. Zu dieser betrieblichen Organisation des Umweltschutzes gehören:

- der **Immissionsschutzbeauftragte**,
- der **Gewässerschutzbeauftragte**,
- der **Abfallbeauftragte**.

In der betrieblichen Praxis werden diese Aufgaben häufig von einer Person in Personalunion wahrgenommen. Dieser Mitarbeiter führt gewöhnlich die (nicht vom Gesetz benannte) Bezeichnung **Umweltschutzbeauftragter**.

8.2 Wahrnehmen von Umweltschutzaufgaben

Im Rahmen der Maßnahmen zur Sicherung eines Unternehmens oder einer Einrichtung gewinnt der Umweltschutz wachsende Bedeutung. Die Umsetzung der erforderlichen Schritte obliegt der obersten Leitung, die bestimmte Teilaufgaben an nachgeordnete Bereiche und/oder Funktionsträger delegiert. Auch die Sicherungsorganisation wird in dieses Aufgabengebiet einbezogen, indem sie z. B. das **Einhalten von Umweltschutzvorschriften** gezielt zu **kontrollieren** hat. Da die Hauptverantwortung bei der Leitung (oder deren Vertretern) verbleibt, sprechen wir bei den Aktivitäten der Schutz- und Sicherheitskraft von **Mitwirkung** beim Umweltschutz.

8.2.1 Überwachungs- und Kontrolltätigkeiten zur Erkennung von Umweltrisiken

Im Rahmen ihrer „allgemeinen Kontrolltätigkeit" während des Dienstes (z. B. im Streifendienst) können die Sicherheitskräfte im Umweltschutz mitwirken. Voraussetzungen dafür sind:

- Aufmerksamkeit und Sensibilität für mögliche Umweltrisiken und
- Wissen über Erscheinungsformen möglicher Umweltschäden.

Dabei ist die Durchführung folgender **Überwachungstätigkeiten** üblich:

Aufgabe	Kontrolle auf
Überwachung von Schornsteinen	Farbveränderungen des Rauches (z. B. bei Ausfall von Filtern)
Überwachung von Abluftaustritten	Verfärbung der unmittelbaren Umgebung, ortsfremde Gerüche
Überwachung von Kanaleinlässen in Wasserläufe	Verfärbung des Wassers, Schaumbildung, Ölfilm
Überwachung der Einmündungen von Abwassergräben in Bach- und Flussläufe	Schaumbildung, Verfärbungen, Ölfilm, tote Fische
Überwachung von Rohrleitungen, in denen umweltgefährdende Stoffe transportiert werden	Leckagen (evtl. austretende Gase oder Flüssigkeiten)
Überprüfung von Abfalldeponien	Brandgefahr, Rauch- und Geruchsbelästigungen ▶

Aufgabe	Kontrolle auf
Überwachung von Lagerplätzen für gefährliche Materialien	Leckagen an Behältern, Gerüche, ausgetretene Flüssigkeiten/Stoffe
Überwachung von Fahrzeugen (Kfz und Eisenbahn), die gefährliche Güter transportieren	Evtl. austretende Kraftstoffe, Öle o.a. Flüssigkeiten
Überwachung von Entsorgungsmaßnahmen	Nicht genehmigte Verbrennungen von Abfällen
Überwachung des Umgangs mit Abfällen	Willkürliches Wegwerfen von Abfällen
Überwachung der Abfallentsorgung	„Wilde" Entsorgungsplätze im Betrieb
Überwachung des ruhenden Verkehrs	Ölwechsel auf Parkplätzen o.a. unzulässigen Stellen
Überwachung parkender Fahrzeuge	Warmlaufenlassen von Motoren
Überprüfen von Verkehrsflächen	Umweltrelevante Fahrbahnverschmutzungen (z.B. Öllachen)
Beobachtungen der Vegetation	Ungewöhnliche Veränderungen an Pflanzen (Bäume, Sträucher, Gras)

Tabelle 4: Überwachungs- und Kontrolltätigkeiten zur Erkennung von Umweltrisiken.

In Abhängigkeit von den in der jeweiligen Dienstanweisung festgelegten Pflichten und unter Berücksichtigung der konkreten Situation sind bei derartigen Feststellungen zumindest zwei grundsätzliche **Handlungen** erforderlich:

- Abwendung der Gefahr durch Unterbinden der umweltschädigenden Verfahrensweise,
- Meldung des Vorfalls/der Beobachtung, um eine Korrektur zu veranlassen (zur Gestaltung von Meldungen s. Kapitel 5.5).

Hinweis

Diese Beispiele machen deutlich, dass Schutz- und Sicherheitskräfte im Rahmen ihres täglichen Dienstes eine Reihe von Tätigkeiten verrichten können, die der Erhaltung der natürlichen Umwelt nützen.

8.2.2 Maßnahmen zur Abwehr/Begrenzung von Umweltschäden

Je nachdem, welche Anlagen, Materialien, Produkte oder technologischen Prozesse in einem Unternehmen zur Anwendung kommen, ist der Eintritt von Ereignissen möglich, die zur Gefährdung oder Schädigung von Menschen, Sachwerten oder Umwelt führen können. Im Regelfall werden die erforderlichen Schutzmaßnahmen von speziellen Notdiensten bzw. Abwehrkräften durchgeführt, die über die geeigneten Ausrüstungen und Einsatzmittel sowie eine dementsprechende Qualifikation verfügen. Koordiniert werden diese von der zuständigen Gefahrenabwehrbehörde.

Unabhängig davon können Schutz- und Sicherheitskräfte diejenigen sein, die ein solches Ereignis feststellen oder zu den ersten Personen gehören, die am Ereignisort eintreffen. In diesem Fall sind grundsätzlich folgende **Maßnahmen** zu realisieren:

a) **Eigensicherung** bei Schadensereignissen/Umweltgefährdungen
   - Zündquellen fernhalten, nicht rauchen,
   - Vergiftungs-/Erstickungsgefahr berücksichtigen,
   - Gefahrenzone verlassen/nicht unbedacht betreten,
   - Schutzkleidung/Schutzausrüstungen (ggf. Hilfsmittel) benutzen,
   - Inkorporation (Aufnahme) vermeiden (nicht essen, trinken, einatmen),
   - ggf. Notfallmaßnahmen anwenden (z. B. Augendusche).

b) **Alarmierung/Information** (lagebezogen)
   - Notruf intern/ggf. extern betätigen,
   - Leitstelle informieren,
   - Meldung:
     - WER? (Name, Abteilung/Firma des Melders),
     - WAS? (Ereignis, z. B. ausgetretener Stoff – Art, Menge),
     - WO? (genauen Ereignisort nennen),
     - WARTEN! (auf eventuelle Rückfragen).

c) **Rettung** von Menschen
   - Personen warnen (in der Nahzone),
   - ggf. Maschinen/Anlagen abschalten,
   - Verletzte retten/versorgen,
   - ärztliche Behandlung Betroffener (z. B. bei Erbrechen) veranlassen.

d) **Absicherung** des Ereignisortes
   - Unbefugte fernhalten,
   - Personen zum Verlassen des Gefahrenbereiches auffordern,
   - Absperrung des Gefahrenbereiches (möglichst weiträumig).

e) **Fach- und Hilfsdienste** unterstützen
   - Zufahrten und Stellplätze freihalten,
   - Hilfspersonal einweisen,
   - ggf. Beweise sichern.

f) **Schadensbegrenzung** (lagebezogen)
   - Flussrichtung blockieren (z. B. durch Sandaufschüttung),
   - Kanalöffnungen sichern (z. B. durch Sandwall),
   - Auffangbehältnisse (z. B. Wannen) nutzen,
   - Kleinbrände löschen (Stoffart beachten – richtigen Löscher einsetzen).

Hinweis

Die Eigensicherung nimmt nicht ohne Grund die erste Position der Maßnahmen ein. Eigenschutz ist auch und gerade dann wichtig, wenn Art und Ausmaß des Vorfalles nicht sofort erkennbar sind.

8.3 Gefahrklassen und Kennzeichnung gefährlicher Stoffe und Güter

Gefährliche Güter (Gefahrgüter) sind Stoffe und/oder Gegenstände, von denen – wenn sie befördert werden – infolge ihrer Natur, Eigenschaften oder ihres Zustandes Gefahren ausgehen können.

Gefährliche Stoffe (Gefahrstoffe) sind Zubereitungen oder Stoffe, die explosionsgefährlich, brandfördernd, hochentzündlich, leichtentzündlich, entzündlich, sehr giftig, giftig, ätzend, reizend gesundheitsschädlich, krebserzeugend, fortpflanzungsgefährdend, erbgutverändernd oder umweltgefährlich sein können. Sie werden im Chemikaliengesetz benannt und erläutert.

Hinweis

Gefahrstoffe sind nicht immer zugleich Gefahrgüter. Einige von ihnen sind bei kurzfristiger Freisetzung harmlos. Bei längerer Einwirkung (z. B. durch ständiges Einatmen von Asbestpartikeln) können sie aber Gesundheitsschäden hervorrufen.

8.3.1 Gefahrgutklassen

Die „Verordnung über die innerstaatlich und grenzüberschreitende Beförderung gefährlicher Güter auf Straßen, mit Eisenbahnen und Binnengewässern" (GGVSEB) sowie das „Europäische Übereinkommen über die internationale Beförderung gefährlicher Güter auf der Straße" (ADR) ordnen Gefahrgüter bestimmten Klassen zu. Damit erfolgt eine Einstufung der Gefährlichkeit. Verschiedene **Gefahrklassen** (z. B. 1, 4, 5 und 6) sind nochmals unterteilt. Die Klasse 2 wird auf unterschiedliche Arten von Gasen angewendet.

Welche Stoffe und Gegenstände sowie Eigenschaften welcher Gefahrklasse zugehören, ist aus der nachfolgenden Tabelle ersichtlich:

Gefahrgutklasse	Stoffe/Gegenstände	Eigenschaften
1	Explosive Stoffe und Gegenstände mit Explosivstoff	Explosions- und Brandgefahr! Reagiert auf Hitze, Stoß und Schlag. Unterklassen 1.4, 1.5, 1.6 keine besonderen Gefahren
2.1	Entzündbare Gase	Explosions- und Brandgefahr! Reagiert auf Hitze, Stoß und Schlag.
2.2	Nicht brennbare und nicht giftige Gase	Explosionsgefahr! Reagiert auf Hitze, Stoß und Schlag.
2.3	Giftige Gase	Explosions- und Vergiftungsgefahr! Reagiert auf Hitze, Stoß und Schlag.
3	Entzündbare f Flüssigkeiten	Explosions- und Brandgefahr! Entzündbar durch Hitzeeinwirkung, Flug- und Schlagfunken. Gefahr für Gewässer und Kanalisation!
4.1	Entzündbare feste Stoffe, selbstzersetzliche, polymerisierende Stoffe und desensibilisierte explosive feste Stoffe	Brandgefahr! Entzündbar durch Hitzeeinwirkung.
4.2	Selbstentzündliche Stoffe	Selbstentzündungsgefahr bei beschädigten Packstücken und verschüttetem Inhalt. Reagieren teilweise heftig in Verbindung mit Wasser.
4.3	Stoffe, die in Berührung mit Wasser entzündbare Gase entwickeln	Explosions- und Entzündungsgefahr bei beschädigten Packstücken oder verschüttetem Inhalt. Reagieren zum Teil sehr heftig in Verbindung mit Wasser.

Gefahrgutklasse	Stoffe/Gegenstände	Eigenschaften
5.1	Entzündbare (oxidierend wirkende) Stoffe	Explosions-, Entzündungs- und Gesundheitsgefahr bei beschädigten Packstücken und verschüttetem Inhalt. Reagieren teilweise sehr heftig, in Verbindung mit anderen brennbaren Stoffen.
5.2	Organische Peroxide	Explosions- und Selbstentzündungsgefahr bei beschädigten Packstücken oder verschüttetem Inhalt durch Wärmeeinwirkung. Stoffe teilweise sehr giftig! Möglichkeit gefährlicher Augenverätzungen. Gefahr für Gewässer und Kanalisation!
6.1	Giftige Stoffe	Vergiftungs- und zum Teil Brandgefahr! Einatmen, Schlucken oder Hautkontakt vermeiden. Gefahr für Gewässer und Kanalisation!
6.2	Ansteckungsgefährliche Stoffe	Ansteckungsgefahr! Einatmen, Schlucken oder Hautkontakt vermeiden. Verseuchungsgefahr für Gewässer!
7	Radioaktive Stoffe	Strahlungsgefahr! Zusatzgefahr: Kritikalität! (Möglichkeit des Kritischwerdens bis zur Kettenreaktion)
8	Ätzende Stoffe	Verätzungs-, Brand- und Explosionsgefahr bei beschädigten oder kontaminierten Packstücken und verschüttetem Inhalt. Reagieren z. T. sehr heftig untereinander und mit anderen gefährlichen Stoffen. Gefahr für Gewässer und Kanalisation!
9	Verschiedene gefährliche Stoffe und Gegenstände	Die Gefahrgutklasse 9 ist eine „Auffangklasse" und kann vielfältige Gefahren beinhalten. Grundsätzlich sind hier alle Gefahren enthalten, die den anderen Gefahrgutklassen nicht zugeordnet werden können.

Tabelle 5: Eigenschaften von Gefahrklassen.

Die Gefahrklassen sind jeweils auf den Gefahrzetteln (s. Kapitel 8.3.2) sowie in den „schriftlichen Weisungen" (früher Unfallmerkblätter – s. Kapitel 8.4) vermerkt.

8.3.2 Kennzeichnung gefährlicher Stoffe und Güter

Gefährliche Stoffe und **Güter** müssen **gekennzeichnet** sein. Nach dem Verkehrsrecht werden hierfür weltweit geltende **Gefahrzettel** verwendet. Vorrangig sind diese viereckig, stehen auf der Spitze, können sich farblich unterscheiden und sind mit Symbolen und/oder Zahlen versehen.

An Gefahrguttransporten (Straße, Eisenbahn) sowie Versandstücken können Gefahrzettel (Muster siehe **Anhang**) angebracht sein. Bei Versandstücken, die eine Außen- und Innenverpackung haben, sind die Gefahrzettel auf der Außenverpackung anzubringen. Die Innenverpackung ist mit einem weiteren Gefahrensymbol (gemäß GefStoffV) zu kennzeichnen (Kennzeichnungsmöglichkeiten siehe **Anhang**).

Für die Beförderung von gefährlichen Gütern (Straße und Eisenbahn) ist eine **zusätzliche Kennzeichnung** der Beförderungseinheiten (Lkw, Anhänger, Waggons) mit rückstrahlenden orangefarbenen, rechteckigen **Warntafeln** vorgeschrieben. Diese hat vorn und hinten zu erfolgen. Bei Mehrkammertransporten mit unterschiedlicher Ladung sind die Warntafeln (mit Kennzeichnungsnummern) seitlich anzubringen. Vorn und hinten hingegen sind neutrale Warntafeln (ohne Kennzeichnungsnummer) zu verwenden.

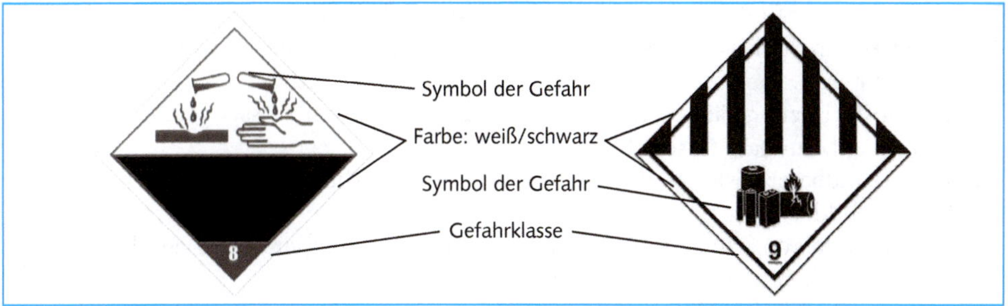

Abbildung 4: Gefahrzettel für ätzende Stoffe (links) und Gefahrzettel Nr. 9A für Lithium-Batterien (rechts) [ADR].

Die **nummerierten Warntafeln** sind zweigeteilt. Aus der oberen Zahlengruppe ist die Gefahr ersichtlich. Die untere Nummer gibt Auskunft über die beförderten Gefahrstoffe.

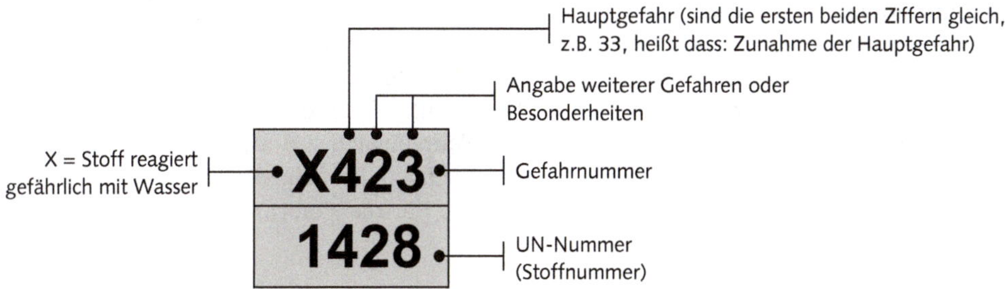

Abbildung 5: Warntafel für Natrium (Farbmuster siehe Anhang) [ADR].

Die **Gefahrnummer** besteht aus zwei oder drei Ziffern. Im Allgemeinen weisen diese auf folgende Gefahren hin:

2 = Entweichen von Gas durch Druck oder chemische Reaktion
3 = Entzündbarkeit von flüssigen Stoffen (Dämpfen) und Gasen oder selbsterhitzungsfähiger flüssiger Stoffe
4 = Entzündbarkeit von festen Stoffen oder selbsterhitzungsfähiger fester Stoffe
5 = Oxydierende (brandfördernde) Wirkung
6 = Giftigkeit oder Ansteckungsgefahr
7 = Radioaktivität
8 = Ätzwirkung
9 = Gefahr einer spontanen heftigen Reaktion

Die nachfolgenden **Kombinationen** weisen eine besondere Bedeutung auf:

22 = tiefgekühlt verflüssigtes Gas, erstickend
X323 = entzündbarer flüssiger Stoff, der mit Wasser gefährlich reagiert und entzündbare Gase bildet

X333 = pyrophorer flüssiger Stoff, der mit Wasser gefährlich reagiert
362 = entzündbarer flüssiger Stoff, giftig, der mit Wasser reagiert und entzündbare Gase bildet
X382 = selbsterhitzungsfähiger flüssiger Stoff, ätzend, der mit Wasser gefährlich reagiert und entzündbare Gase bildet
X423 = entzündbarer fester Stoff, der mit Wasser gefährlich reagiert und entzündbare Gase bildet
44 = entzündbarer fester Stoff, der sich bei erhöhter Temperatur in geschmolzenem Zustand befindet
462 = fester Stoff, giftig, der mit Wasser reagiert und entzündbare Gase bildet
482 = fester Stoff, ätzend, der mit Wasser reagiert und entzündbare Gase bildet
539 = entzündbares organisches Peroxid 606 – ansteckungsgefährlicher Stoff
90 = umweltgefährdender Stoff, verschiedene gefährliche Stoffe
99 = verschiedene gefährliche Stoffe in erwärmtem Zustand.

Fahrzeuge, die **Abfälle** transportieren, sind gem. § 55 KrWG sowie § 10 AbfVerbrG zu kennzeichnen. Diese Fahrzeuge müssen mit zwei rechteckigen rückstrahlenden weißen Warntafeln von 40 Zentimeter Grundlinie und mind. 30 Zentimeter Höhe versehen sein; die Warntafeln müssen in schwarzer Farbe die **Aufschrift „A"** (Buchstabenhöhe 20 Zentimeter, Schriftstärke 2 Zentimeter) tragen. Die Warntafeln sind während der Beförderung vorn und hinten am Fahrzeug senkrecht zur Fahrzeugachse und nicht höher als 1,50 Meter über der Fahrbahn deutlich sichtbar anzubringen. Bei Zügen muss die zweite Tafel an der Rückseite des Anhängers angebracht sein. Für das Anbringen der Warntafel hat der Fahrzeugführer zu sorgen.

Hinweis

Handelt es sich bei den Abfällen um gefährliche Güter, muss unabhängig von der Abfallgesetzgebung die zusätzliche Kennzeichnung nach GGVSEB und ADR vorgenommen werden.

Für die Durchführung von Sicherungsaufgaben in Industrieanlagen (z. B. Objektschutzdienst) ist es wichtig, Wissen über das jeweilige Durchflussmedium in **Rohrleitungen** zu besitzen. Ohne derartige Kenntnisse können Handlungsfehler oder gar Gefährdungen von Menschen (auch Eigengefährdung) entstehen.

Die **Kennzeichnung der Rohrleitungen** erfolgt entweder mit Schildern oder durch einen direkten farbigen Anstrich. Folgende Varianten sind möglich:
- Schilder oder Aufkleber in der Gruppenfarbe,
- Farbringe in den Gruppenfarben,
- Anstreichen der Rohrleitungen in der gesamten Länge in der entsprechenden Gruppenfarbe.

Die Farbschilder und Farbringe sind an **betriebswichtigen Stellen** einer Rohrleitung anzubringen wie:
- Anfang/Ende,
- Wanddurchführungen,
- Abzweigungen,
- Armaturen.

Außerdem ist jeweils die **Flussrichtung** des Stoffes (Durchflussmedium) durch die in die jeweilige Richtung zeigende Spitze des Schildes oder durch einen **Pfeil** auf der Rohrleitung zu kennzeichnen. Ist ein wechselseitiger Durchfluss gegeben, dann ist dies durch Pfeile in beiden Richtungen anzuzeigen. Den verschiedenen Durchflussmedien sind nach **DIN 2403:2014-06** folgende **Farben** zugeordnet:

Durchflussmedium	Gruppe	Gruppenfarbe	Zusatzfarbe	Schriftfarbe
Wasser	1	Grün (RAL 6032)		Weiß (RAL 9003)
Wasserdampf	2	Rot (RAL 3001)		Weiß (RAL 9003)
Luft	3	Grau (RAL 7004)		Schwarz (RAL 9004)
brennbare Gase	4	Gelb (RAL 1003)	Rot (RAL 3001)	Schwarz (RAL 9004)
nichtbrennbare Gase	5	Gelb (RAL 1003)	Schwarz (RAL 9004)	Schwarz (RAL 9004)
Säuren	6	Orange (RAL 2010)		Schwarz (RAL 9004)
Lauge	7	Violett (RAL 4008)		Weiß (RAL 9003)
brennbare Flüssigkeiten	8	Braun (RAL 8002)	Rot (RAL 3001)	Weiß (RAL 9003)
nichtbrennbare Flüssigkeiten	9	Braun (RAL 8002)	Schwarz (RAL 9004)	Weiß (RAL 9003)
Sauerstoff	0	Blau (RAL 5005)		Weiß (RAL 9003)

Tabelle 6: Farbzuordnung Durchflussmedien.

Gase werden für ihre industrielle Nutzung verdichtet und in speziellen Behältern aufbewahrt (z. B. in Druckgasflaschen). Diese Behälter werden entsprechend gekennzeichnet, um den Inhalt sofort zu erkennen und Verwechslungen mit schwerwiegenden Folgen auszuschließen. **Beispiele** für die Kennzeichnung von **Druckgasflaschen** nach der DIN EN 1089-3:2011-10 sind der folgenden Tabelle zu entnehmen:

Druckgas	Farbanstrich
für entzündliche Gase (z. B. Wasserstoff, Propan)	Rot (RAL 3000)
für Kohlendioxid	Grau (RAL 7037)
für Acetylen	Kastanienbraun (RAL 3009)
für Argon	Dunkelgrün (RAL 6001)
für Sauerstoff	Weiß (RAL 9010)
für Stickstoff	Schwarz (RAL 9005)

Tabelle 7: Kennzeichnung von Druckgasflaschen.

Die farbliche Kennzeichnung muss nur noch auf der **Flaschenschulter** erfolgen. Ein „N" zeigt an, dass die aktuellen Farben verwendet wurden. Das Kennzeichen „N" wurde während der Übergangszeit zur Umstellung der Farbkennzeichnung für Flaschen auf der neu gekennzeichneten Flaschenschulter aufgebracht. Das „N" wird u. U. bis zur nächsten wiederkehrenden Prüfung der Druckgasflaschen (Prüffristen bis zu 10 Jahre) noch auf der Schulter zu finden sein.

Hinweis

- **Stehende Gasflaschen** müssen durch spezielle Halterungen oder Flaschenpaletten gegen Umfallen gesichert sein.
- **Liegende Gasflaschen** müssen so verkeilt oder befestigt sein, dass sie nicht verrollen können.

8.4 Kontrollaufgaben im Umgang mit Gefahrstoffen

Im Rahmen ihrer Mitwirkungstätigkeiten haben Schutz- und Sicherheitskräfte – abhängig von ihrer Dienstanweisung – **Kontrollen** durchzuführen, die der Vorsorge gegen Umwelt- und andere Schäden dienen.

Beispiele

Gegenstände dieser Kontrollen können sein:

a) **Verhalten der Menschen:**
   - Ein „AZUBI" des Betriebes, mit glimmender Zigarette im Mund, füllt eine brennbare Flüssigkeit in einen Kanister.
   - Ein Mitarbeiter, ohne Schutzbrille und -handschuhe, füllt Batteriesäure aus einem Ballon in ein kleineres Gefäß.

   Maßnahmen der Sicherheitskraft:
   - fehlerhafte Handlungen unterbinden,
   - Mitarbeiter auf den Verhaltensfehler hinweisen und über die richtige Handlungsweise belehren,
   - falls erforderlich: Meldung erstatten.

b) **Zustand von Sachen:**
   - Von der Verbindungsmuffe einer violett gekennzeichneten Rohrleitung fallen regelmäßig kleine Tropfen des Durchflussmediums auf den Boden.
   - Aus der Unterbefüllungseinrichtung eines Tankfahrzeugs tropft eine ölige Flüssigkeit auf die Wiese, die an den Lkw-Parkplatz grenzt.

   Maßnahmen der Sicherheitskraft:
   - Auffangbehälter unter der Leckage platzieren,
   - Feststellungen und Maßnahmen melden,
   - ggf. (z. B. bei Gefahr) Bereich absperren.

c) **Lagerung von gefährlichen Gütern:**
   - Im Baustellenbereich liegen Acetylen-Flaschen am Boden. Durch die Erschütterungen, die ein Bagger verursacht, rollen sie ständig hin und her.
   - Im Lager für Gasflaschen wurden einige Wasserstoffflaschen abgestellt, ohne diese zu sichern. Bei der Vorbeifahrt eines Lkw schwanken einige dieser Druckgasflaschen und drohen umzukippen.

   Maßnahmen der Sicherheitskraft:
     - Sicherung (wenn möglich) der Druckgasflaschen oder Sicherung veranlassen,
     - Meldung der Feststellungen und Maßnahmen.

Schutz- und Sicherheitskräfte, die im Torkontrolldienst eingesetzt werden (z. B. in Chemieunternehmen), erhalten zunehmend den Auftrag, **Gefahrguttransporter** zu kontrollieren. Die nachfolgend abgedruckte **Checkliste** kann hierfür als Hilfsmittel eingesetzt werden.

Checkliste – Kontrolle Gefahrguttransporter (Straße)			
		JA	**NEIN**
1.	**Fahrzeugführer**		
1.1	Führerschein vorhanden?	☐	☐
1.2	Lichtbildausweis (z. B. Reisepass) vorhanden?	☐	☐
1.3	ADR-Schulungsbescheinigung vorhanden?	☐	☐
1.4	ADR-Schulungsbescheinigung noch gültig (5 Jahre)?	☐	☐
1.5	Gefahren des Stoffes bekannt?	☐	☐
1.6	Maßnahmen bei Notfällen bekannt?	☐	☐
1.7	Brandbekämpfungsmaßnahmen bekannt?	☐	☐
1.8	Brandklassen-Zuordnung der Feuerlöscher bekannt?	☐	☐
1.9	Bedienung der Feuerlöscher bekannt?	☐	☐
1.10	Schriftliche Weisungen (Unfallmerkblätter) verstanden?	☐	☐
2.	**Kraftfahrzeug**		
2.1	Allgemeinzustand (z. B. abgefahrene Reifen, beschädigte Fahrerhausrückwand)?	☐	☐
2.2	Elektrische Ausrüstung o.K. (z. B. Scheinwerfer, Rückleuchten, Blinker, Bremslicht)?	☐	☐
2.3	Prüfungsfristen noch nicht abgelaufen (z. B. Hauptuntersuchung, Abgasuntersuchung sowie Prüffristen für besondere elektrische Ausrüstungen = 1 Jahr)?	☐	☐
2.4	Zulassungsbescheinigung Teil I/Fahrzeugschein vorhanden?	☐	☐
2.5	ADR-Zulassungsbescheinigung (für Gefahrgüter) vorhanden?	☐	☐
2.6	ADR-Zulassungsbescheinigung noch gültig?	☐	☐
2.7	Gefahrgut in der Zulassungsbescheinigung ausgewiesen?	☐	☐
2.8	(Ggf.) Bescheinigung über zusätzliche Füllgüter vorhanden?	☐	☐
3.	**Kennzeichnung**		
3.1	Warntafeln vorhanden?	☐	☐
3.2	Gefahrzettel (Großzettel) vorhanden?	☐	☐
3.3	Kennzeichnungsnummern vorhanden?	☐	☐
3.4	(Ggf.) neutrale Warntafeln vorhanden?	☐	☐
3.5	Einrichtungen (z. B. Überzüge) zum Verdecken der Warntafeln und Großzettel vorhanden?	☐	☐
4.	**Ausrüstung**		
4.1	**Fahrzeugausrüstung**		
4.1.1	Zwei Feuerlöscher vorhanden (Prüffristen nicht überschritten)?	☐	☐
4.1.2	Erste-Hilfe-Ausrüstung vorhanden (Prüffrist nicht überschritten)?	☐	☐

Checkliste – Kontrolle Gefahrguttransporter (Straße)			
		JA	**NEIN**
4.1.3	Zwei selbststehende Warneinrichtungen (z. B. Warndreieck, Warnleuchte, Verkehrsleitkegel) vorhanden?	☐	☐
4.1.4	Unterlegkeile für jedes Fahrzeug vorhanden (z. B. Gliederzug mind. zwei)?	☐	☐
4.1.5	Ausrüstungen zum Schutz der Umwelt (z. B. Kanalisations-Abdeckplane 90x90 cm, Schaufel, Besen, Bindemittel, Auffangbehälter) vorhanden?	☐	☐
4.2	**Ausrüstung je Besatzungsmitglied**		
4.2.1	Warnwesten oder Warnkleidung?	☐	☐
4.2.3	Tragbare Beleuchtungsgeräte vorhanden und funktionstüchtig?	☐	☐
4.2.4	Persönliche Schutzausrüstung (z. B. je ein Paar Schutzhandschuhe, Augenschutz-ausrüstungen) vorhanden?	☐	☐
4.2.5	Bei Bedarf – besondere Erste-Hilfe-Ausrüstung (z. B. Augenspülflasche) vorhanden?	☐	☐
5.	**Papiere**		
5.1	Beförderungspapiere vorhanden?	☐	☐
5.2	Absender, Versand, Bestimmungsort, Empfänger eingetragen?	☐	☐
5.3	Ladung richtig benannt (auch UN-Nummer)?	☐	☐
5.4	Gefahrzettel-Nr. eingetragen?	☐	☐
5.5	Gesamtmenge eingetragen?	☐	☐
5.6	(Ggf.) Ausnahmezulassung vorhanden und vermerkt?	☐	☐
5.7	Frachtbrief (soweit zusätzlich erforderlich) vorhanden?	☐	☐
5.8	Sonstige Papiere vorhanden (z. B. nach KrWG, Atomgesetz, Sprengstoffgesetz)?	☐	☐
5.9	(Ggf.) Fahrwegbestimmungen vorhanden?	☐	☐
5.10	Schriftliche Weisungen (Unfallmerkblätter) vorhanden?	☐	☐
5.11	Schriftliche Weisungen im Führerhaus?	☐	☐
5.12	Ungültige schriftliche Weisungen in einem Umschlag mit Aufschrift: „Ungültige Merkblätter"?	☐	☐

Tabelle 8: Checkliste – Kontrolle Gefahrguttransporter.

Entsprechend der jeweiligen Dienstanweisung ist die o. g. Checkliste komplett oder auszugsweise anzuwenden. Ebenso muss definiert sein, ob sämtliche Transporte zu überprüfen sind oder nur Stichproben-Kontrollen erfolgen sollen.

Schriftliche Weisungen nach ADR für Gefahrgutbeförderungen per Lkw (früher Unfallmerkblätter) enthalten Angaben über Eigenschaften des Gefahrgutes, Art der Gefahren, persönliche Schutzausrüstungen und Maßnahmen der Gefahrenabwehr. Sie bestehen aus exakt vier Seiten und sind in der Muttersprache des Fahrers als Farbausdruck mitzuführen.

9. Technische Einsatzmittel sowie Schutz- und Sicherungseinrichtungen

Technische Einsatzmittel sind Waffen, Fahrzeuge, Geräte usw., durch deren Einsatz Maßnahmen der Sicherheitskräfte ermöglicht und erleichtert werden, z. B. Faustfeuerwaffen, Funkstreifenwagen, Handfunksprechgeräte, persönliche Schutzausrüstungen, Schlagstöcke, Taschenlampen, Unfallaufnahmekoffer.

Unter **Schutz- und Sicherungseinrichtungen** werden bauliche/technische Maßnahmen (die den Angriff auf Objekte erschweren) sowie elektronische Anlagen (die eine schnelle Alarmierung ermöglichen) verstanden. Dazu gehören Tore, Türen, Gitter u. a. (technisch) sowie Gefahrenmeldeanlagen, Videoüberwachung u. a. (elektronisch).

9.1 Bauliche und mechanische Schutz- und Sicherungseinrichtungen

Bei der Absicherung von schutzbedürftigen Einrichtungen werden die Sicherungseinrichtungen grundsätzlich erst dann entwickelt, wenn eine Sicherheitsanalyse die Grundlage für die Maßnahmen darstellt. Nur so kann ein schlüssiges und ausgewogenes Konzept hergestellt werden.

Mechanische Sicherungstechnik muss der Überwindung mit und ohne Hilfsmittel einen definierten Widerstand entgegensetzen. Dabei unterscheidet man zwischen **Widerstandswert** und **Widerstandszeitwert.**

Hinweis

Die Begriffe Widerstandswert und Widerstandszeitwert werden nicht einheitlich gebraucht und verstanden. Zeitweise gab es Versuche, den Widerstandswert als Eigenschaft einer Sicherheitseinrichtung zu definieren, während Widerstandszeitwert als Forderung an eine Sicherheitseinrichtung verstanden werden sollte. Diese Definitionen haben sich jedoch so nicht durchgesetzt.

Allgemein wird darunter verstanden:

- **Widerstandswert** ist die Zeit in Minuten, die eine mechanische Schutzeinrichtung einem definierten, gewaltsamen Angriff Widerstand entgegensetzt. Der Widerstandswert wird grundsätzlich durch praktische Versuche ermittelt. Bei Schutzeinrichtungen, die hintereinander angeordnet sind, kann er durch Addition der Widerstandswerte der einzelnen Einrichtungen errechnet werden. Der Widerstandswert beschreibt, wie lange ein Material (z. B. Ziegelmauer) einem bestimmten Angriff (mutmaßliche Arbeitsweise des Täters, Werkzeugklassen und Werkzeugsätze) widersteht. Der Widerstandswert kann somit auch als ein möglicher „Vergleichswert" verschiedener mechanischer Sicherungen gegen bestimmte Angriffsarten genutzt werden.
- Der **Widerstandszeitwert** gibt die Zeit an, die vom ersten tätigen Angriff gegen die mechanische Sicherung bis zum Eintreffen der Hilfe leistenden Stelle am Tatort verstreicht. Idealerweise sollte der Widerstandszeitwert so kalkuliert sein, dass die Einsatzkräfte vor Ort eintreffen, bevor es dem Rechtsbrecher gelingt, die mechanische Sicherung zu überwinden.

Für die Sicherheitskräfte ist es für die Beurteilung von Schutzmaßnahmen von Bedeutung, ob diese für **gewerbliche** (Geschäfte, Verwaltungen, Unternehmen) oder für **private Risiken** (Wohnhäuser, private Grundstücke usw.) vorgesehen sind. Hierzu gibt es in vielen Fällen Vorgaben durch den Versicherer bzw. der VdS Schadenverhütung GmbH.

9.1.1 Schutz des Geländes (Perimeterschutz)

Im **Perimeterschutz** müssen insbesondere die folgenden **Grundsätze** beachtet werden:
- alle Perimeterschutzelemente müssen sorgfältig aufeinander abgestimmt werden,
- Lücken im System sind zu vermeiden,
- Schutzmaßnahmen müssen sich gegenseitig ergänzen bzw. unterstützen,
- Schutzmaßnahmen müssen gleichwertig sein,
- notwendige Reparaturmaßnahmen müssen unmittelbar durchgeführt werden.

Begrenzungsanlagen zur Absicherung eines Geländes (**mechanischer Perimeterschutz**) sind entsprechend des Sicherheitskonzeptes und der Schutzziele zu errichten. Das Bedrohungsszenario bestimmt die Auswahl der Systeme. Ein tiefgreifendes Verständnis der Bedrohung, der äußeren Bedingungen und der Erwartungen des Nutzers ist der Schlüssel zur Erstellung eines wirkungsvollen Sicherheitskonzepts.

9.1.1.1 Zaunanlagen

Standardzäune, egal in welcher Ausführung, bieten keinen nachhaltigen Schutz gegenüber Eindringlingen, sondern dokumentieren häufig nur die juristische Grundstücksgrenze. Die Ausführung und Höhe richten sich oftmals nach den Vorschriften des Nachbarschaftsrechts bzw. der Ortssatzungen.

Bei **Sicherheitszaunanlagen** werden im Allgemeinen Zäune aus **Streckmetall** oder **Stahlgitter** verwendet. Diese sind als Gesamtsystem zu sehen und sollten die folgenden Anforderungen erfüllen:

1. **Steifigkeit der Stahlgitter**
   Durchmesser der horizontalen Stäbe/des Drahtes mind. 5 mm, Größe der Maschen < 50 × 200 mm, Breite der Gittermatten ca. 2,50 m, Seitenabschluss der Gittermatte mit senkrechtem Stab/Draht auf der Innenseite.
2. **Steifigkeit der Pfosten**
   ergibt sich aus der maximalen Kraft, die auf diesen Pfosten wirken kann, ohne diesen zu deformieren z. B. durch Windlast oder Staudruck, der etwa durch Zuschauer in einem Stadion auf den Zaun gebracht wird, sowie die Höhe des Ansatzpunktes (Hebelwirkung), die sich aus der Sicherheitsanforderung ergeben kann.
3. **Steifigkeit der Befestigung**
   ergibt sich aus den verwendeten Halterungen und Befestigungsmaterialien, mit denen die Zaunelemente an den Pfosten angebracht wurden.
4. **Stabilität des installierten Pfostens**
   entscheidende Elemente sind u. a. die Ausführung der Grundplatte, Fundamentabmessungen, Bolzenabmessungen.

5. **Übersteigschutz, z. B. durch folgende Maßnahmen:**
   - Höhe von etwa 2,20 m bis 2,50 m,
   - angespitzter Überstand über die letzte Verstrebung,
   - Aufsetzen eines Rohraufbaus mit zusätzlicher Drahtbespannung (2 oder 3 Reihen),
   - Abwinklung des oberen Bereiches,
   - ein- oder zweiseitiger Ausleger und Bespannung mit Zug- bzw. Stacheldraht oder Gittermatten.
6. **Unterkriechschutz**
   z. B. Einlassen der Zaunfelder in den Boden bis zu 30 cm, Verbindung Erdreich/Zaun durch Erdanker, Eingraben einer Stachelbandrolle in die Erde.
7. **Untergrabschutz**
   z. B. durch Einlassen von Betonfundamenten oder sog. L-Steinen bis ca. 80 cm Tiefe.

Hinweis

Sicherheitszaunanlagen werden oftmals auch in Verbindung mit technischen Systemen zur Detektion und Überwachung errichtet. Eine wesentliche Rolle spielt auch das Beleuchtungskonzept.

Da es für die Perimetersicherung in der Gesamtheit keine normativen Vorgaben gibt, könnte eine **Standardisierung von Sicherungsklassen** wie folgt aussehen:

- **Grundsicherung**
  - geringer Schutz gegen Übersteigen,
  - Höhe etwa 1,80 Meter,
  - keine Übersteighilfen an der Barriere,
  - kein besonderer Schutz gegen Unterkriechen,
  - Behinderung des Durchstiegs,
  - Überwindungszeit zwischen 10 und 30 Sekunden.
- **Standardsicherung**
  - Schutz gegen Übersteigen durch zusätzliche Ausleger,
  - Höhe der Barriere mindestens 2,20 m bis 2,50 m,
  - zusätzliche Maßnahmen, um das Besteigen der Barriere zu verhindern (eventuell doppelte Barrieren durch Doppelzaun oder Bepflanzung),
  - Schutz gegen Unterkriechen,
  - Verhinderung des Durchstiegs durch erhöhte Steifigkeit des Systems,
  - Überwindungszeit zwischen 30 und 120 Sekunden.
- **Erhöhte Sicherung**
  - Sicherungsmaßnahmen, die einen Eindringversuch so lange behindern, bis Abwehrmaßnahmen getroffen werden können,
  - Berücksichtigung von Sicherheitsanforderungen, die sich aus gesetzlichen Anforderungen (Atomgesetz, Störfall-Verordnung u. a.) ergeben,
  - mechanische Barrieren im High-Security-Bereich,
  - Überwindungszeit mindestens 180 Sekunden, optimal 180 bis 600 Sekunden.

Abbildung 1:
Zaunsicherungsanlage im High-Security-Bereich [Pfeiffer].

Als **mobile Systeme** für kurzzeitige Absicherungsmaßnahmen (z. B. bei Bau- und Reparaturarbeiten) stehen sog. Zaunelemente zur Verfügung, die durch ein **Stecksystem** zu einer Gesamtanlage zusammengefügt werden können. Hier kommt es im Wesentlichen darauf an, diese durch Erdanker und Verbindungselemente gegen Ausheben und Verschieben zu sichern. Mit derartigen Lösungen werden Maßnahmen gegen unbefugtes Betreten von Grundstücken oder Anlagen getroffen, aber kein wirklicher Schutz gewährleistet.

Im Veranstaltungsschutz werden ebenfalls Zaunelemente, jedoch oftmals mit geringer Höhe, zur Verkehrslenkung eingesetzt.

9.1.1.2 Durchfahrschutz

Wände: Wände spielen als Begrenzungsanlage unter Sicherheitsaspekten eine untergeordnete Rolle, bilden jedoch einen guten Schutz gegen Fahrzeugangriffe. Werden Wände eingesetzt, sollten diese in massiver Bauweise bewehrt ausgeführt und mit dem Fundament ausreichend verankert werden.

Steighilfen (z. B. Sockel im Mauerwerk) sind zu vermeiden, Übersteigschutz wird entsprechend der Zaunsicherung realisiert, Unterkriechschutz ist i. d. R. durch das Fundament gegeben. Das Sicherungsziel wird durch verschiedene Ausgestaltungsformen erreicht (Betonmauer, Elementmauer, Wände oder Mauerelemente mit aufgesetzten Sicherheitsglaselementen, Mauer mit aufgesetztem Zaun, Fassade).

Natürliche Begrenzungen: Bei der Absicherung von Arealen kann auch die natürliche Begrenzung einbezogen werden, allerdings lassen sich aus den verschiedensten Gründen Schutzobjekte nicht wie mittelalterliche Burgen auf den nächsthohen Berg verlagern. Bepflanzungen durch dornenreiche Gewächse (Feuerdorn) oder die Nutzung von Gewässern bieten gelegentlich eine Verstärkung der vorgenommenen Absicherung.

Stationäre Sperrmittel: Verschiedene Schutzobjekte erfordern einen Durchfahrschutz (z. B. vor Gebäudefronten, -eingängen oder besonderen Einrichtungen). Hierzu lassen sich stationäre Sperrmittel in Form von Hubbalken, Betonklötzen oder Steinen (Findlinge) und flexible Lösungen (z. B. mit versenkbaren Pollern) verwenden.

Diese Durchfahrsperren müssen so ausgelegt sein, dass auch Fahrzeuge, die sich mit hoher Geschwindigkeit auf das Objekt bewegen, wirkungsvoll abgehalten werden können. Ähnlich wie versenkbare Poller können auch sog. Reifenkiller in die Fahrbahn eingebaut werden (bei drohender Gefahr werden die sonst in der Fahrbahn verborgenen **Sperrdorne** aufgestellt und zerstechen die Reifen des durchbrechenden Fahrzeuges).

Abbildung 2: Durchfahrsperre mit aufgestellten Sperrdornen [Feldhaus & Uhlenbrock].

9.1.2 Einrichtungen zum Schutz von Gebäuden

9.1.2.1 Fassadenhärtung

Die **Fassade** eines Gebäudes soll möglichst wenig Angriffspunkte bieten, d.h.
- Vermeidung von Aufstiegsmöglichkeiten durch Kletterhilfen,
- Vermeidung von gedeckten Annäherungsmöglichkeiten bzw. Versteckmöglichkeiten,
- Vermeidung von Ablagemöglichkeiten für USBV (Sprengfallen),
- Herstellung der Gleichwertigkeit von Außenhaut und Öffnungen.

Gebäudeaußenhaut

Die sichere **Gebäudewand** soll möglichst in massiver Bauweise ausgeführt sein und den Bauteilen (etwa Fenstern und Türen) den notwendigen Halt verschaffen. Für die Überwachung der Gebäudeaußenhaut werden Sensoren (z.B. Glasbruchmelder, Reedkontakte, Körperschallmelder) in Verbindung mit Einbruchmeldeanlagen eingesetzt, mit denen insbesondere die vorhandenen Öffnungen bzw. Verschlüsse überwacht werden.

Videoanlagen mit entsprechenden Sensoren sind ebenfalls für die Fassadenüberwachung geeignet, haben jedoch dann ihre Grenzen, wenn das Blickfeld den Hausrechtsbereich überschreitet (s. hierzu Kapitel 9.2).

Türen, Fenster und sonstige Öffnungen in Wänden, Fußböden, Decken beziehungsweise Dächern, die die Gebäude begrenzen, bedürfen einer mechanischen Sicherung und gegebenenfalls Überwachung durch eine Einbruchmeldeanlage, wenn sie ohne Hilfsmittel von außen (z.B. über Anbauten, Vordächer, Balkone, Feuerleitern) erreichbar sind.

Verglasung

Optimal sind einbruchhemmende Fenster- und Türelemente, bei denen alle sicherungsrelevanten Teile – also auch die **Verglasung** – aufeinander abgestimmt sind. Beim **Sicherheitsglas** wird unterschieden zwischen
- **ESG** (Einscheibensicherheitsglas) und
- **VSG** (Verbundsicherheitsglas).

Hinweis

„Sicherheit" bedeutet in diesem Zusammenhang zunächst die Sicherheit vor schweren Verletzungen durch die beim Versagen von Einfachglas entstehenden spitzen, scharfkantigen und dolchartigen Bruchstücke, nicht Einbruchsicherheit.

Verbundsicherheitsglas (VSG) besteht aus mindestens zwei Scheiben, die über die gesamte Fläche mit einer hochelastischen transparenten Folie verbunden werden. Die Folie ist unsichtbar mit den Scheiben laminiert und alterungs- sowie UV-beständig. Da sie sich geschützt zwischen den Scheiben befindet, besteht bei fachgerechter Montage keine Gefahr des Verkratzens oder der Blasenbildung. Im Bruchfall haften die Glassplitter an der Folie und es können sich keine größeren Stücke lösen. Die Scheibe bleibt in der Regel auch im Bruchfall im Rahmen stehen.

Einfaches VSG bietet keinerlei Angriffshemmung oder Stabilitätsvorteile gegenüber Einfachglas, kann aber wirkungsvoll das Risiko schwerer Verletzungen durch Glasbruch mindern helfen. Daher wird es in sensiblen Bereichen privater und öffentlicher Gebäude eingesetzt (z.B. Schulen, Kindergärten und Krankenhäuser). Vorschriften der Berufsgenossenschaften und Versicherungen sowie Arbeitsstätten-Richtlinien können ebenfalls die Anwendung von Sicherheitsglas vorsehen.

Angriffshemmung wird erst durch die Kombination von Scheibendicke, Folienstärke und Anzahl und Beschaffenheit der Scheiben gewährleistet.

Durch **Sicherheits- oder Splitterschutzfolien** lassen sich bei ungeschützten Verglasungen nachträglich Schutzwirkungen gegen Durchwurf oder aber gegen umherfliegende Splitter erzielen.

Widerstandsklassen/Verglasung

Die früheren **Widerstandsklassen** A1, A2 und A3 für Verglasungen gemäß DIN 52290 (Teil 4) sind mit den aktuellen Widerstandsklassen P2A, P3A und P4A vergleichbar. Die bisherigen Normen wurden ersetzt durch die

- DIN EN 356 Sicherheitssonderverglasung (Widerstand gegen manuellen Angriff):
  - Durchwurfhemmung,
  - Durchbruchhemmung,
- DIN EN 1063 Sicherheitssonderverglasung (Widerstand gegen Beschuss):
  - Durchschusshemmung,
- DIN EN 13541:
  - Sprengwirkungshemmung.

9.1.2.2 Öffnungs- und Verschlussüberwachung

9.1.2.2.1 Türen

Türen werden bei Einbrüchen häufig aufgehebelt – eine bei schwachen Schließblechen gängige Tätervorgehensweise. Aber es kommt auch zu Angriffen auf Schloss, Zylinder und Beschlag. Und nicht zuletzt wird eine große Anzahl von Türen durch Einwirkung einfacher körperlicher Gewalt aufgebrochen.

Einbruchhemmende Türen

Einbruchhemmende Türen können auch anderen Anforderungsprofilen (z.B. Feuerhemmung oder Schalldämmung) genügen. **VdS-anerkannte** einbruchhemmende Türen werden gem. VDS 2534 in die Klassen N, A, B und C eingestuft. Zu den wesentlichen Merkmalen einer geprüften und anerkannten, einbruchhemmenden Tür gehören:

- stabiler Türblattaufbau,
- hochwertige Bänder, ggf. unterstützt durch zusätzliche Bandseitensicherung (besonders erforderlich bei außenliegenden Bändern),
- hochwertige Verschlusseinrichtung (i.d.R. Mehrpunktverriegelung),
- einbruchhemmendes Türschild,
- Schließzylinder geschützt gegen Nachschließen, Bohren und Ziehen,
- eventuell vorhandene Ausführungen (z.B. Verglasungen) sind ebenso stabil wie das gesamte Türelement.

Hinweis

An Tore werden ähnliche Anforderungen wie an Türen gerichtet, wobei **Garagentore** häufig schwer zu sichern sind. Bei einer nachträglichen Sicherung des Garagentors bleibt häufig die Beplankung des Tores eine Schwachstelle.

Widerstandsklassen/Türen

Die Sicherheit einer Tür wird in **Widerstandsklassen** ausgedrückt.

Einbruchhemmende Türen werden in sechs Widerstandsklassen (RC 1 – RC 6) eingeteilt, wobei RC 6 für die höchste Widerstandsklasse steht (**RC = resistance class**). Empfehlenswert sind Türen ab der Widerstandsklasse RC 2. Gleichwertig sind Türen, die nach der bisherigen, bis September 2011 gültigen Vornorm, der DIN V ENV 1627, geprüft wurden.

Die Nachfolgenorm **DIN EN 1627** beschreibt die Forderungen an die Eigenschaften einbruchhemmender Fenster, Fenstertüren und ihre Klassifizierung. Die Forderungen berücksichtigen nicht nur das reine Fensterelement, sondern auch die Montage des Elements in die umgebende Wand. In jeder Widerstandsklasse wird von unterschiedlichen Tätertypen und unterschiedlichen Tatverhalten, der mutmaßlichen Arbeitsweise des Täters, ausgegangen. Die Widerstandsklassen nach der DIN EN 1627 und das Tatverhalten sind ihn der nachfolgenden Tabelle dargestellt. Die Abschätzung des Risikos sollte unter Berücksichtigung des Gebäudes, der Nutzung und des Sachwertinhalts erfolgen.

Widerstandsklasse		Tatverhalten
DIN V ENV 1627	**DIN EN 1627**	
–	**RC1N**	Einbruchsversuch mit körperlicher Gewalt wie Gegentreten, Gegenspringen, Hochschieben o. Ä. Fenster der Widerstandsklasse 1 weisen einen nur sehr geringen Einbruchschutz auf.
WK 2	**RC2**	Der Gelegenheitstäter versucht, zusätzlich mit einfachen Werkzeugen wie Schraubendreher, Zange und Keile, das Fenster aufzubrechen. Fenster der Widerstandsklasse 2 haben einen geringen durchschnittlichen Einbruchschutz.
WK 3	**RC3**	Der Täter versucht, zusätzlich mit einem zweiten Schraubendreher und einem Kuhfuß, Zutritt zu erlangen. RC3 Fenster weisen einen hohen Einbruchschutz auf.
WK 4	**RC4**	Der erfahrene Täter setzt zusätzlich Säge- und Schlagwerkzeuge, z. B. Schlagaxt, Stemmeisen, Hammer und Meißel, sowie eine Akku-Bohrmaschine ein. Fenster der Widerstandsklasse 4 haben einen sehr hohen Einbruchschutz.
WK 5	**RC5**	Der sehr erfahrene Täter setzt zusätzlich Elektrowerkzeuge, z. B. eine Bohrmaschine, Stichsäge oder Säbelsäge und Winkelschleifer mit einem max. Scheibendurchmesser von 125 mm, ein. Fenster der Widerstandsklasse 5 haben einen sehr, sehr hohen Einbruchschutz.
WK 6	**RC6**	Der sehr erfahrene Täter setzt zusätzlich Elektrowerkzeuge, wie z. B. Bohrmaschine, Stichsäge oder Säbelsäge und Winkelschleifer mit einem max. Scheibendurchmesser von 230 mm, ein. Fenster der Widerstandsklasse 6 haben einen extrem hohen Einbruchschutz.

Tabelle 1: Widerstandsklassen und Tatverhalten nach DIN EN 1627.

Türzarge

Türzargen (umgangssprachlich Türrahmen) aus Holz müssen insbesondere im Bereich des Schließblechs und der Bänder stabil in der Wand befestigt sein (Maueranker sind empfehlenswert). Zur sicheren Befestigung reicht das alleinige Ausschäumen der Hohlräume mit Montageschaum nicht aus.

Metallzargen müssen ausreichend fest mit dem Mauerwerk verbunden werden. Die Bausubstanz ist dabei unbedingt zu berücksichtigen. Um eine höhere Stabilität zu erreichen, sind vorzugsweise mauerumfassende Stahlzargen einzusetzen.

Türband

Türbänder (fälschlicherweise auch Scharniere genannt) sind oftmals nur mit je einem Tragbolzen im Türblatt und in der Zarge befestigt. Solche Bänder können sehr leicht ausgebrochen oder ausgerissen werden.

Türen mit schwachen Bändern müssen durch **Bandseitensicherungen** zusätzlich gesichert werden. Bandseitensicherungen werden entweder auf dem Türblatt oder zwischen Türblatt und Türzarge montiert. Bänder, die an der Außenseite der Tür angebracht sind, können besonders leicht angegriffen werden. Für eine Überwachung durch eine Einbruchmeldeanlage verfügen VdS-anerkannte einbruchhemmende Türen oft bereits über die Anschaltungen an eine Einbruchmeldeanlage (siehe Kapitel 9.2.2).

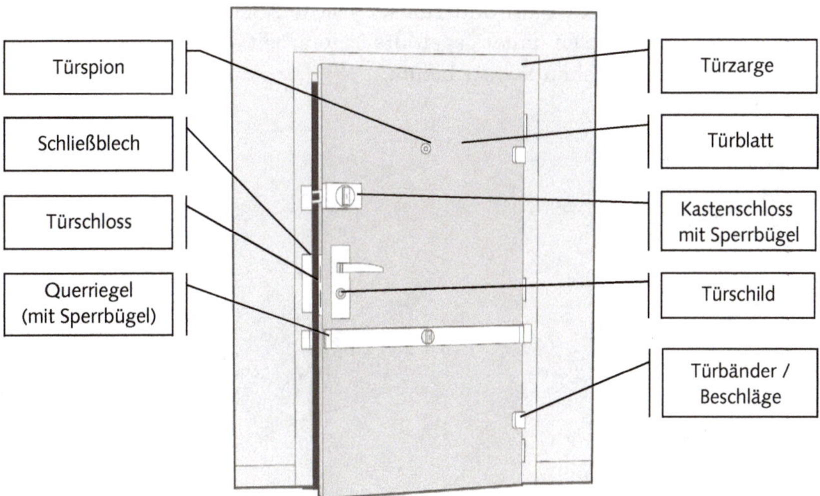

Abbildung 3: Beispiel einer gesicherten Wohnungseingangstür [Pfeiffer].

9.1.2.2.2 Schlösser und Schließzylinder

Einsteckschloss

Türen werden meistens mit **Einsteckschlössern** (Abbildung 4) verriegelt. Mit hochwertigen Einsteckschlössern kann dabei eine Grundsicherung erreicht werden. Allerdings entsprechen viele Produkte nicht den heutigen Anforderungen und sind leicht zu überwinden. Ein geeignetes Einsteckschloss verfügt über folgende Merkmale:

- ausreichender Riegelausschluss (mindestens 20 mm),
- Falle oder Riegel aus ausreichend festem Material (Kunststoff oder Druckguss sind nicht ausreichend),
- Verwendung eines hochwertigen Schließzylinders.

Einsteckschlösser mit Mehrpunktverriegelung haben den Vorteil, dass mit einem Schließvorgang alle Riegel der Tür gleichzeitig bedient werden – die Schlossseite ist somit auf der gesamten Länge abgesichert.

Schließzylinder

Schließzylinder (Abbildung 5) sind komplex aufgebaut und wichtiger Bestandteil der Türabsicherung. Sie können jedoch nur in der Systemeinheit (Schloss, Schließzylinder, Türschild) Sicherheit bieten. Neben Profilzylindern können in Einzelfällen auch Rund- und Ovalzylinder zur Anwendung kommen.

Bei Einbrüchen in Wohnungen und Häuser werden Schließzylinder in vielfältiger Weise angegriffen. Sie müssen daher gegen die Täterarbeitsweisen Abbrechen, Aufbohren, Nachschließen und Ziehen Schutz bieten.

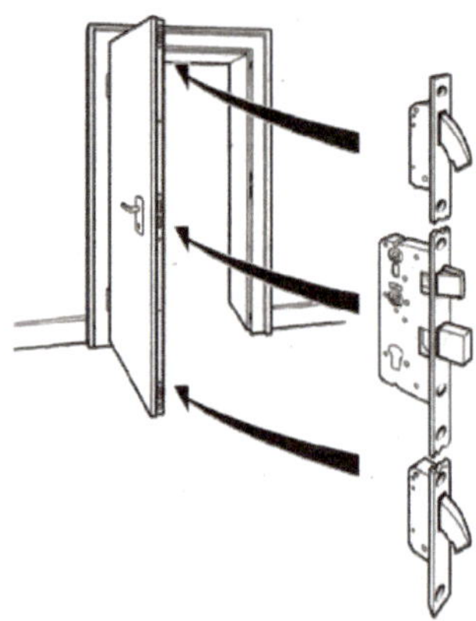

Abbildung 4:
Einsteckschloss mit
Mehrpunktverriegelung [VdS].

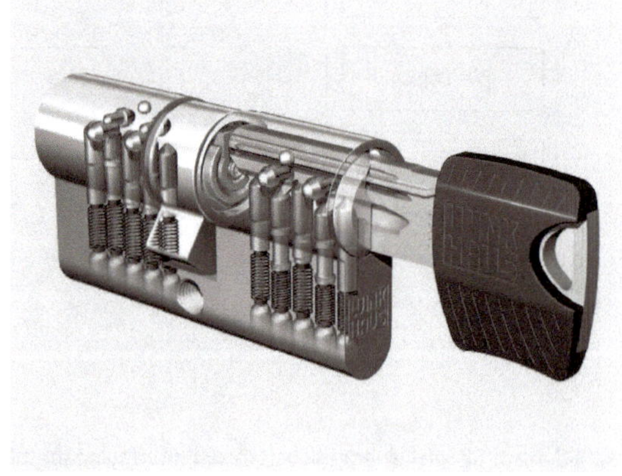

Abbildung 5:
Schließzylinder [Winkhaus].

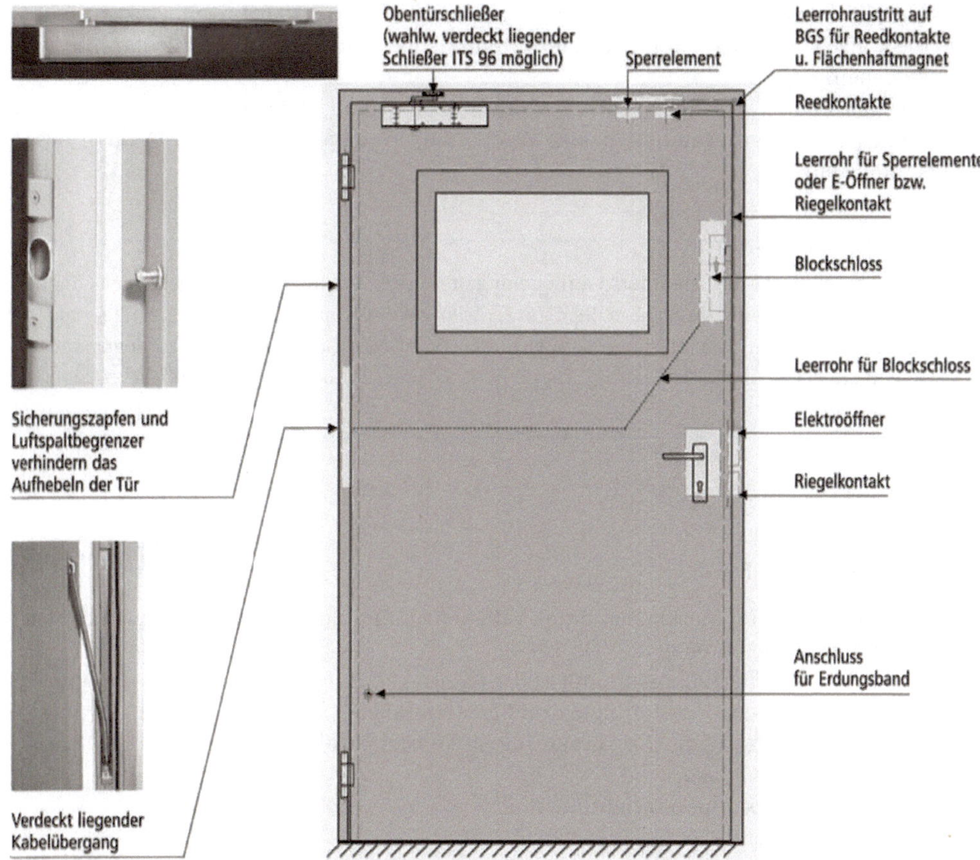

Abbildung 6: Einbinden einer Sicherheitstür an eine Schließ- und Überwachungsanlage [Bosch Sicherheitssysteme].

Türschild

Ein geprüftes und anerkanntes einbruchhemmendes **Türschild** erschwert das Abdrehen/Abbrechen, Ziehen sowie Durchschlagen des Schließzylinders und verstärkt zusätzlich das Türblatt im Bereich der Schlosstasche. Das Türschild muss den Schließzylinder umschließen, den Zugriff auf den Schließzylinder durch eine Schutzkappe behindern, durch die Form den Einsatz von Werkzeugen erschweren, von innen stabil verschraubt sein und aus massivem gehärteten Stahl gefertigt sein.

Schließblech

Stabile Verriegelungen von Hausabschlusstüren erfordern neben den Einsteckschlössern mit Profilzylinder auch hochwertige **Schließbleche**. Typische Schwachpunkte von Schließblechen sind zu schwaches Material, unzureichende Befestigung sowie unzureichende Länge. Schließbleche sollten über eine VdS-Anerkennung verfügen oder den folgenden Mindestanforderungen entsprechen:

- die Dicke des Schließbleches (Stahl) muss mindestens 3 mm betragen,
- die Länge sollte 300 mm nicht unterschreiten; 500 mm lange Schließbleche sind vorzuziehen,
- die Befestigung des Schließbleches muss ausreichend stabil erfolgen und auf die unterschiedlichen Materialien von Wand und Türzarge sowie deren Aufbau abgestimmt sein.

Hinweis

Auch **Schließbleche für Mehrpunktverriegelungen** müssen stabil und in ausreichender Länge ausgeführt sein. Damit sie nicht einfach ausgerissen werden können, muss die Montage auch hier speziell auf die Türzarge abgestimmt werden. Schließbleche für Mehrfachverriegelungen werden „in einem Stück“ angefertigt. Dies erhöht die Stabilität und erschwert mögliche Hebelangriffe.

9.1.2.2.3 Fenster

Einbruchhemmende Fenster

Zu den wesentlichen Merkmalen eines **VDS-geprüften** und anerkannten **einbruchhemmenden Fensters** gehören gem. VDS 2534:
- Einteilung der Einbruchhemmung in die Klassen N, A, B und C,
- stabiler Aufbau von Fensterflügel und Fensterrahmen,
- hochwertige Befestigung der Verglasung im Fensterflügel,
- hochwertige Beschläge,
- hochwertige Verschlusseinrichtung und
- einbruchhemmende Verglasung.

Für die **Sicherung von Fenstern** sind folgende Überlegungen wesentlich:
- **Abschließbare Fenstergriffe** bieten bei Standardbeschlägen keinen Schutz gegen die Hauptarbeitsweise von Einbrechern: das Aufhebeln des Fensterflügels mit Werkzeugen.
- Der Durchstieg durch **eingeschlagene Fensterscheiben** wird von Einbrechern **selten** praktiziert. Die Lärmentwicklung, das Verletzungsrisiko und auch das Entdeckungsrisiko sind hoch.
- **Offene und gekippte Fenster** und Balkon- oder Terrassentüren ziehen Einbrecher geradezu an. Vielfach suchen und nutzen die Täter Gelegenheiten, durch offene oder gekippte Fenster einzusteigen.
- Täter, die an Sicherungen an der Griffseite der Fenster scheitern, versuchen oft, sich an den **Bandseiten** Zugang zu verschaffen. Daher müssen auch diese gesichert werden.
- **Mehrfachverglasungen**, die zur Wärmedämmung dienen, haben **keine Auswirkung auf die mechanische Sicherheit** des Fensters. Für einen Täter ist es unerheblich, ob er ein einfach oder ein mehrfach verglastes Fenster aufbricht. Auch eine erhöhte Geräuschentwicklung darf beim Einschlagen eines mehrfach verglasten Fensters nicht erwartet werden.

- **Keine Auswirkungen auf den Einbruchschutz** haben auch Verglasungen mit Drahteinlage oder sog. **Sicherheitsglas** (bei diesem handelt es sich ausschließlich um eine Verglasung für den „Personenschutz", die lediglich verhindert, dass das Glas bei der Zerstörung in Bruchstücke mit verletzungsträchtigen Kanten zerfällt).

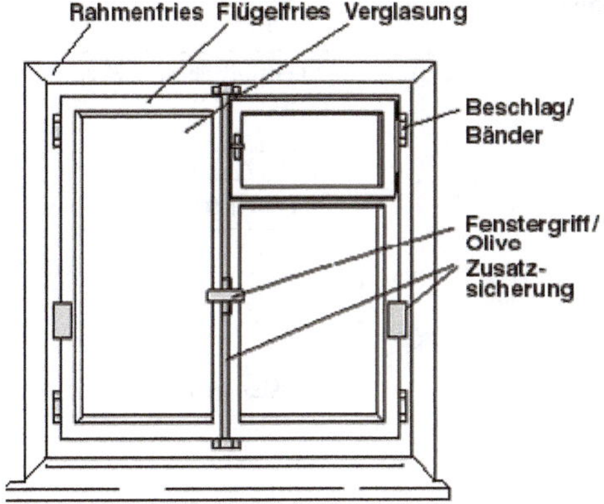

Abbildung 7:
Übersicht Fenster, allgemeine Begriffe [BHE].

Widerstandsklassen/Fenster

Einbruchhemmende Fenster werden gem. der **DIN EN 1627** in die Widerstandsklassen RC1 – RC6 eingestuft. Fenster der niedrigsten Klasse RC1 weisen einen nur geringen Einbruchschutz auf. Die Stabilität nimmt in den Klassen RC2 bis RC6 weiter zu (vgl. vorstehende Tabelle 1). Einbruchhemmende Fenster werden in allen gängigen Materialien wie Holz, Kunststoff oder Metall angeboten und sind äußerlich von üblichen Fenstern nicht zu unterscheiden.

Zudem sind geprüfte und VdS-anerkannte einbruchhemmende Fenster oft bereits für die Anschaltung an eine Einbruchmeldeanlage vorgerüstet.

Einbruchhemmende Verglasungen erschweren das Einschlagen von Fenstern oder Glaseinsätzen in Türen. Verglasungen mit einbruchhemmenden Eigenschaften sind in verschiedenen Schichten aufgebaut. Bei der Konstruktion wechseln sich Glasabschnitte mit speziellen Folien bzw. Kunststoffschichten ab. Einbruchhemmende Verglasungen sind auch in wärme- oder schalldämmender Ausführung erhältlich.

Hinweis

Geprüfte und anerkannte einbruchhemmende **Rollläden** können andere Sicherungseinrichtungen sinnvoll ergänzen. Als alleinige Sicherung sind einbruchhemmende Rollläden nicht ausreichend, da sie ausschließlich im geschlossenen Zustand mechanischen Schutz bieten.

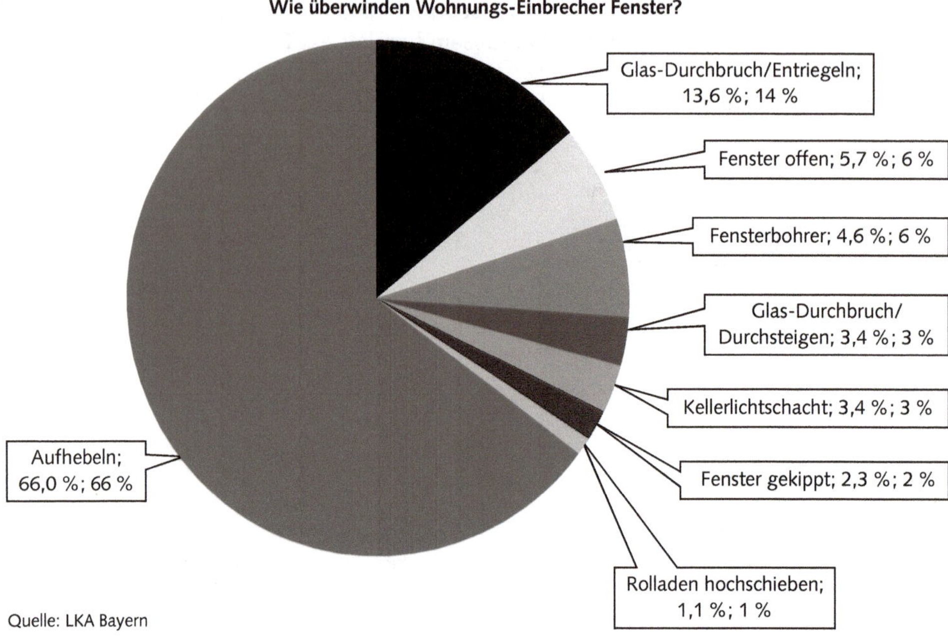

Abbildung 8: Typische Vorgehensweise bei Wohnungseinbrüchen über das Fenster [LKA Bayern].

9.1.2.2.4 Schächte/Kanäle

Wenn Öffnungen mit herkömmlichen **Gitterrosten** abgedeckt sind, müssen die Gitterroste

- stabil und engmaschig sowie
- gegen Abheben gesichert sein.

Die Verankerung der Abhebesicherung muss immer im Beton bzw. im Mauerwerk erfolgen. In der Wandung eines Kunststofflichtschachtes ist keine stabile Befestigung möglich; sie muss in diesem Fall im Mauerwerk der Hauswand vorgenommen werden.

Insbesondere bei geteilten Gitterrosten oder Verschlüssen ist bei der Anbringung der Abhebesicherung darauf zu achten, dass die leicht angreifbaren Eckbereiche der Roste geschützt werden. Versorgungskanäle sollten von innen mit geeigneten Schlössern zusätzlich gesichert sein.

9.1.2.2.5 Mechanische Schließanlagen

Schließanlagen werden nach ihrer funktionalen **Organisationsstruktur** bezeichnet. Das sind bei mechanischen Anlagen:

- Zentralschlossanlagen,
- Hauptschlüsselanlagen,
- Kombinierte Hauptschlüssel-Zentralschlossanlagen,
- Zentralschlossanlage mit übergeordnetem Schlüssel,
- Generalhauptschlüsselanlage.

Schließanlagen können mehrere **Funktionsvarianten** aufweisen:

- Türen oder Einrichtungen können mit **gleichschließenden** Zylindern versehen werden. Grundsätzlich kann jede Schließung in einer Schließanlage beliebig oft und in verschiedenen Zylindertypen wiederholt werden.
- In jede Schließanlage können **Mitschließungen** integriert werden. Der Einzelschlüssel eines Zylinders schließt einen weiteren Schließzylinder mit, jedoch nicht umgekehrt.
- Zur Grundausstattung gehören je nach Zylindertyp zwei oder drei Schlüssel; es können jedoch beliebig viele Schlüssel zusätzlich bestellt werden. Diese werden dann als **Mehrschlüssel** bezeichnet.
- Ist ein Profilzylinder mit einer **Gefahreneinrichtung** vorgerüstet, kann ein sog. **Gefahrschlüssel** Profildoppelzylinder auch dann betätigen, wenn von innen ein Schlüssel in gedrehter Lage steckt. Je nach Art der Schließanlage gibt es den Gefahrschlüssel als Gefahr-Hauptschlüssel oder Gefahr-Generalhauptschlüssel.
- Wo der Wunsch oder die Notwendigkeit besteht, können Schließzylinder und Schlüssel einer Schließanlage mit einer **Sonderbezeichnung** (Sondernummerierung) versehen werden.

Zentralschlossanlage

Die Zentralschlossanlage besteht aus beliebig vielen verschieden schließenden Zylindern. Die Schlüssel dieser Zylinder schließen einen oder mehrere Schließzylinder (Zentralzylinder) mit.

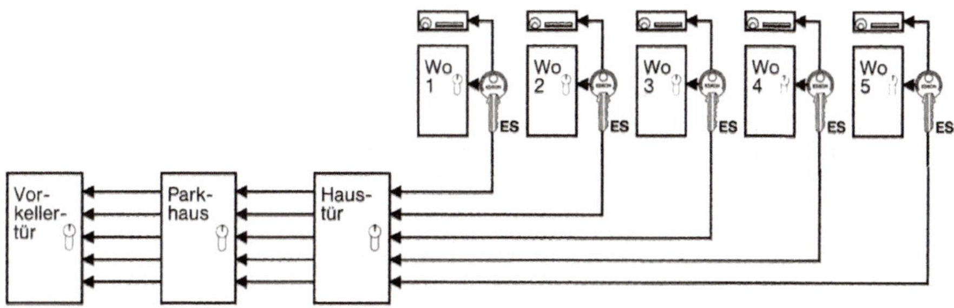

Abbildung 9: Zentralschlossanlage (ZA) [IKON AG].

Hauptschlüsselanlage

Die Hauptschlüsselanlage (HS) besteht aus beliebig vielen verschieden schließenden Zylindern, denen ein Hauptschlüssel übergeordnet ist.

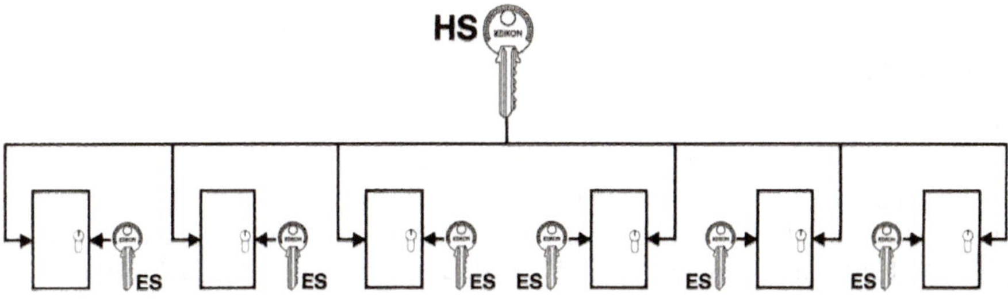

Abbildung 10: Hauptschlüsselanlage (HS) [IKON AG].

Kombinierte Hauptschlüssel-Zentralschloss-Anlage

Kombinierte Hauptschlüssel-Zentralschloss-Anlagen (KHZ) bestehen aus beliebig vielen verschieden schließenden Zylindern. Der Hauptschlüssel (HS) ist allen Schließzylindern übergeordnet. Die Schlüssel der verschieden schließenden Zylinder schließen einen oder mehrere Schließzylinder (Zentralzylinder) mit.

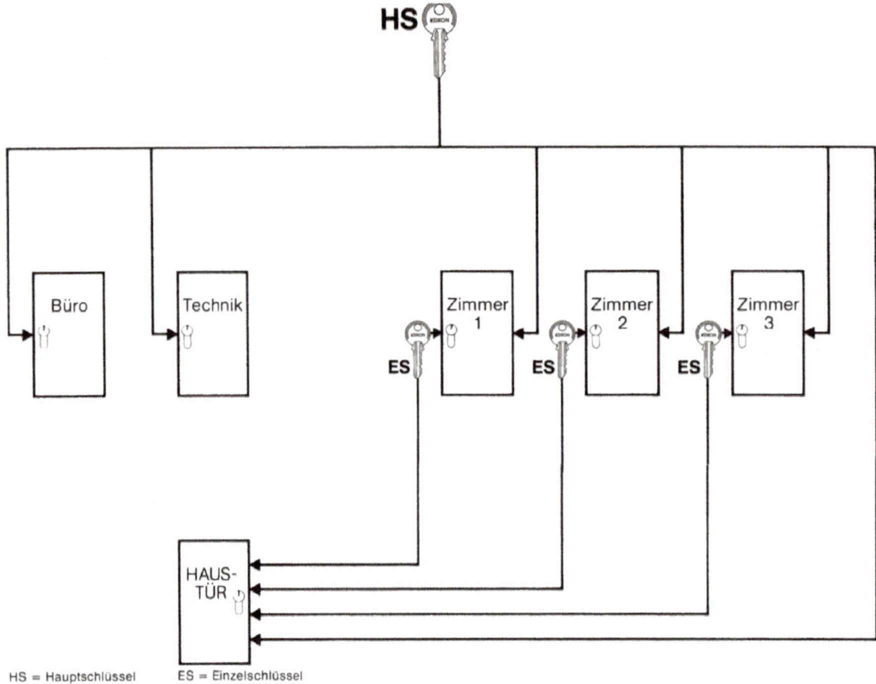

Abbildung 11: Kombinierte Hauptschlüssel-Zentralschloss-Anlage (KHZ) [IKON AG].

Zentralschlossanlage mit übergeordnetem Schlüssel

Die kombinierte Hauptschlüssel-Zentralschloss-Anlage bzw. Zentralschlossanlage mit übergeordnetem Schlüssel (ZÜ) besteht aus beliebig vielen verschieden schließenden Zylindern, deren Schlüssel einen oder mehrere Schließzylinder (Zentralzylinder) mitschließen. Der Hauptschlüssel ist nur einigen Schließzylindern, bevorzugt den Zentralzylindern, übergeordnet.

Generalhauptschlüssel-Anlage

Die Generalhauptschlüssel-Anlage (GH) besteht aus beliebig vielen verschieden schließenden Zylindern mit einem hierarchischen Aufbau von Schließkompetenzen für übergeordnete Schlüssel. Der Generalhauptschlüssel (GHS) steht an höchster Stelle in der Schlüsselhierarchie und kann alle Zylinder betätigen. Darunter gliedern sich Hauptgruppenschlüssel (HGS), Obergruppenschlüssel (OGS), Gruppenschlüssel (GS), Einzelschlüssel (ES) und Sonderschließungen (Z).

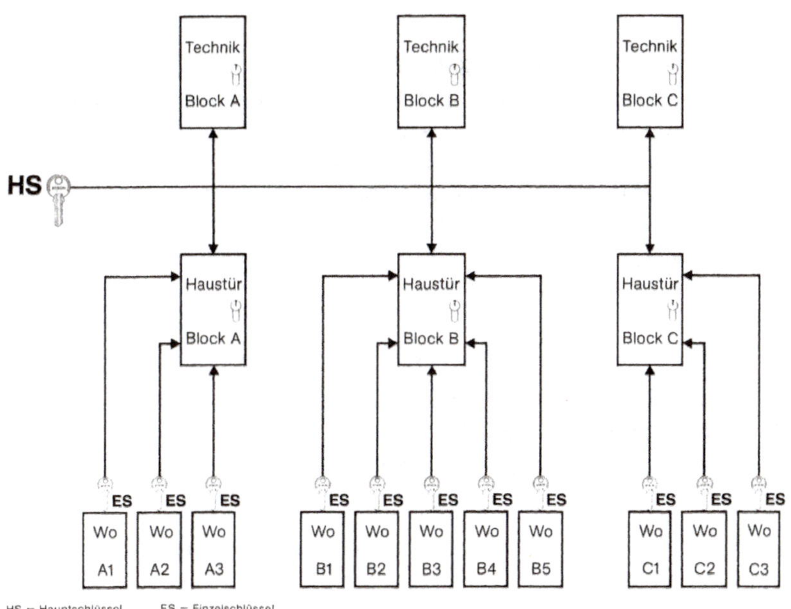

Abbildung 12: Zentralschlossanlage mit übergeordnetem Schlüssel (ZÜ) [IKON AG].

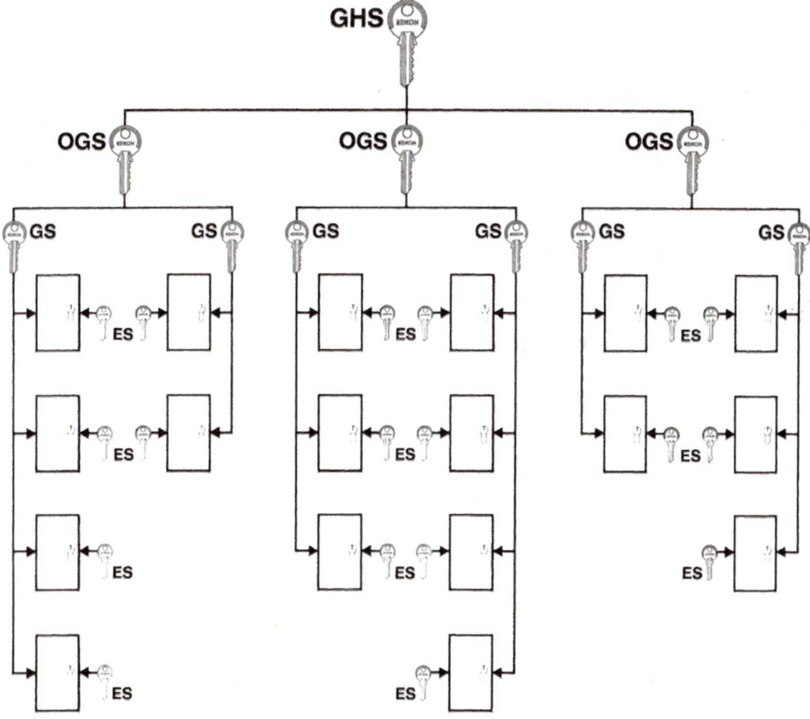

Abbildung 13: Generalhauptschlüssel (GHS) [IKON AG].

Schließplan

Für jede Schließanlage wird ein detaillierter **Schließplan** erstellt, der die Schließkompetenzen und den organisatorischen Aufbau enthält. Der Schließplan beinhaltet weiterhin Angaben wie Bezeichnungen, Schließzylindertypen, -längen, -färbungen, Stückzahlen für Zylinder und Schlüssel, Schließungsnummern, Sonderausstattungen usw.

Als Grundlage für die Planung wird ein **Schließplanentwurf** erarbeitet. Auf der Basis des Schließplanentwurfes wird bei dem Hersteller die Schließanlage mit speziellen EDV-Programmen berechnet und der eigentliche Schließplan erstellt. Der Schließplan erleichtert Einbau und Verwaltung der Schließanlage.

Hinweis

Für jede Schließanlage wird dem Kunden als Legitimationsnachweis für die Nachbestellung von Schlüsseln und Schließplänen eine **Sicherungskarte** (früher Sicherungsschein) ausgehändigt. Die Karte muss bei Nachbestellungen dem Fachhandel vorgelegt werden.

Durch die Ausstattung von Türen mit **elektronischen Schließzylindern** können alle Belange der Anlagenverwaltung mittels Software spezifiziert werden. Dies sind insbesondere

- das kurzfristige Sperren verlorener Schlüssel,
- die Zutrittserfassung,
- die Vergabe von Zeitzonen,
- die bedarfs- oder nutzergerechte Veränderung.

Der elektronische Schließzylinder passt in alle DIN-Schlüsselschalter und Einsteckschlösser. Die gesamte Elektronik befindet sich, je nach Hersteller, im Zylinder oder im auf dem Zylinder angebrachten Knauf. Alle Schließberechtigungen werden im/am Zylinder verwaltet. Die Schlüsselabfrage erfolgt berührungslos.

Die **Chip-Schlüssel/Transponder** können nur für die jeweiligen Schließanlagen autorisiert werden. Die Datenübertragung erfolgt i. d. R. mittels 128 Bit Krypto-Code kontaktlos. Die Authentifizierung erfolgt einseitig. Schlüssel können zur einfacheren Organisation in mehreren Farben bezogen werden.

Der **vollelektronische Schließzylinder** verbindet den gewohnten Schlüsselnutzen mechanischer Schließsysteme mit der Flexibilität der Elektronik. Daher sind derartige Systeme besonders geeignet in Objekten mit häufig wechselnden Nutzern oder dynamischen Organisationen. Beim Einsatz von vollelektronischen Schließzylindern ohne mechanische Schlüsselfunktion können die oben dargestellten Schließanlagen in ihrer Struktur weitestgehend aufgelöst werden, da die Rechte der Benutzer im Schlüssel und/oder im Schließzylinder abgespeichert werden.

9.1.3 Einrichtungen zum Schutz von Wertstücken

Wertschutzschränke bieten einen Einbruchschutz für Wertstücke. Darüber hinaus können sie durch spezielle Konstruktionen auch vor Flammen und Hitze schützen.

Beachte

Damit Wertschutzschränke nicht als Ganzes gestohlen werden können, müssen sie verankert sein. Um die Versicherungsbedingungen zu erfüllen, müssen Wertbehältnisse für den Einsatz im Hausrat über ein Mindestgewicht von 200 kg und im gewerblichen Einsatz über ein Gewicht von mindestens 300 kg verfügen. Der Aufstellort sollte auch so gewählt werden, dass er nicht im unmittelbaren Einsichtsbereich von Publikum liegt.

Entsprechend ihrer Widerstandsfähigkeit gegen Einbruch werden Wertschutzschränke den VdS-**Widerstandsgraden** N und dem Zusatz I bis X zugeordnet. Für Anwendungsfälle im Privatbereich werden im Regelfall Wertschutzschränke mit den Widerstandsgraden N, I oder II ausreichend sein. Grundsätzlich ist zu beachten:

- Zusätzlich zur mechanischen Absicherung ist eine Überwachung durch geprüfte und anerkannte **Einbruchmeldetechnik** sinnvoll.
- Deutlich sichtbar aufgestellte Wertschutzschränke können den Anreiz zum Einbruch erhöhen. Sie sollten daher möglichst **verdeckt** untergebracht werden. Über den Erwerb eines Wertschutzschrankes sollte der Besitzer zudem Stillschweigen bewahren.
- Einbrecher, die einen Wertschutzschrank vorfinden, suchen erfahrungsgemäß intensiv und rücksichtslos nach dem zugehörigen Schlüssel. Daher ist ein Wertschutzschrank mit einem **Zahlenkombinationsschloss** zu bevorzugen.
- Der Umgang mit **Schlüsseln** oder Zahlenkombinationen für Wertschutzschränke erfordert äußerste Sorgfalt. Wertschutzschrank-Schlüssel dürfen bei Abwesenheit niemals in der Wohnung aufbewahrt werden. Dasselbe gilt für „Merkzettel“ mit Zahlenkombinationen.
- Grundsätzlich sollte beim Kauf eines Wertschutzschrankes bedacht werden, dass es sich bei diesem um ein sehr langlebiges Produkt handelt. Daher sollte ein Wertschutzschrank gewählt werden, dessen Innenraum **ausreichend dimensioniert** ist, sodass er auch noch in einigen Jahren den gestiegenen Bedürfnissen gerecht wird.

Abbildung 14:
HTIV 415-23 Wertschutzschrank; einbruchsicherer Tresor [Hartmanntresore].

Derzeit werden zwei verschiedene Arten von **Hochsicherheitsschlössern** für **Wertschutzschränke** verwendet:
- **Schlüsselschlösser** werden mit einem Schlüssel bedient. Der Nachteil bei Schlüsselschlössern ist, dass jeder, der in den Besitz des Schlüssels gelangt, das Schloss öffnen kann.
- **Kombinationsschlösser** bieten den Vorteil, dass kein materieller Schlüssel benötigt wird. Die Information, mit der das Schloss bedient werden kann, wird in Form einer Zahlen- oder Buchstabenreihe eingegeben. Bei mechanischen Schlössern dieser Art erfolgt die Eingabe der Kombination z. B. über eine drehbare Zahlenscheibe. Bei elektronischen Schließanlagen muss der Code z. B. über eine Tastatur eingegeben werden.

Die Prüfung und Anerkennung der Schlösser erfolgt parallel zu den Geldschränken. Die Schutzwirkung kann daran erkannt werden, dass alle VdS-anerkannten Wertschutzschränke werkseitig mit einer **Prüf- und Anerkennungsplakette** gekennzeichnet werden. Auf dieser Plakette, die an der Innenseite des Schrankes befestigt ist, sind wichtige Produktdaten vermerkt.

9.2 Elektronische Schutz- und Sicherungseinrichtungen

9.2.1 Einrichtungen zur Sicherung äußerer Umschließungen und des Freigeländes

Zur Überwachung des **Außengeländes**, also der äußeren Umschließung und des Areals, können verschiedene Technologien zum Einsatz kommen. Bei der technischen Außenabsicherung spielen neben den örtlichen Gegebenheiten auch und nicht unerheblich die Einflüsse durch Witterung und sonstige Umweltbedingungen eine entscheidende Rolle. Die richtige Wahl der Technologie hängt von verschiedenen Faktoren ab:
- vermeintliche Bedrohung und gefordertes Schutzniveau,
- Wirksamkeit des Sensortyps bei der erwarteten Bedrohung,
- Umgebungsbedingungen und Gelände,
- Kosten des Sensors im Vergleich zu Alternativen und
- Gesamtkosten über die Lebensdauer des Sensors (z. B. Wartungskosten).

Im Gegensatz zu mechanischen Maßnahmen können **elektronische Maßnahmen im Perimeterschutz** Übergriffe nicht verhindern, aber frühzeitig erkennen, melden und dokumentieren. Die Überwindungssicherheit ist dennoch ein wichtiger Faktor, den es zu beachten gilt. Verdeckt installierte Sensoren sind schwerer zu überwinden und seltener Ziel von Vandalismus. Täter erkennen häufig nicht einmal, dass sie überwachtes Gelände betreten. Andererseits stellen sichtbare, auffällige Sensorsysteme gleichzeitig eine Abschreckung für potenzielle Täter dar.

Detektionssysteme bestehen aus den Sensoren und der Auswerteeinheit. Bei einigen Sensoren sind diese beiden Funktionen in einem Gerät kombiniert, häufig ist jedoch eine zentrale Auswerteeinrichtung mit Aufschaltung auf eine Sicherheitsleitstelle eingesetzt.

Sensoren nutzen bestimmte physikalische Effekte, um elektrische Informationen zu erzeugen, die dann über einen Signalweg an die Auswerteeinheit übertragen werden. Mittels der Auswerteeinheit werden natürliche oder tolerierbare Schwankungen, Täuschungsalarme oder witterungsbedingte Abweichungen vom Soll-Zustand erkannt und ausgewertet.

Für den Benutzer ist es insbesondere von Bedeutung, dass diese Meldekriterien durch geeignete Filter von einem echten Eindringversuch unterschieden und erkannt werden.

Alle Freilandsysteme sind so ausgelegt, dass eine ständige Eigenüberwachung auf Sabotage (Sabotageschutz) erfolgt.

Merke

Grundsätzlich lassen sich die eingesetzten Systeme in **Oberflursysteme** und **Unterflursysteme** unterscheiden.

9.2.1.1 Oberflursysteme

Im Bereich der **Oberflursysteme** finden die nachfolgend genannten **Technologien** häufigen Einsatz.

a) Infrarot-Lichtschranke/Infrarot-Lichtvorhang

Prinzipiell richtet bei einer Lichtschranke ein Sender (Lichtquelle) einen Lichtstrahl auf einen Empfänger (Sensor z.B. Fotodiode). Wird der Lichtstrahl unterbrochen, so erkennt dies die Auswerteeinheit und löst Alarm aus (Abbildung 15). Um zu vermeiden, dass dieser Lichtstrahl sichtbar ist, verwendet man bei der IR- Lichtschranke den unsichtbaren infraroten Lichtanteil. Man unterscheidet:

- **Einstrahlige Infrarot-Lichtschranken** zur Fallenüberwachung in Gebäuden (Korridore, Zwischengänge, Hallen usw.) oder im Außenbereich (Zufahrtswege, Durchgänge zwischen Gebäuden usw.).
- **Mehrstrahlige Infrarot-Lichtschranken (z.B. Infrarot-Lichtvorhang)** zur Außenhautüberwachung in Gebäuden. Hierbei können z.B. Tore, Türen, Wände, Fensterfronten, Lichtkuppeln usw. auf Durchstieg oder Durchgriff überwacht werden. Zudem eignet sich der Infrarot-Lichtvorhang auch für die Überwachung von Einzelobjekten (z.B. Kunstgegenstände, Vitrinen usw.). Im Außenbereich eignen sich mehrstrahlige Infrarot-Lichtschranken zur kompletten Umfangsüberwachung (Perimeterüberwachung) von Objekten und als Ergänzung von Zaunsystemen zur Überstiegsdetektion.

Das Sicherstellen einer **freien Sichtverbindung** zwischen Sender und Empfänger sowie eine optimale Justage ist bei optischen Sensoren Voraussetzung für eine einwandfreie Funktion. Bei Außenanwendung sind Witterungseinflüsse (Maßnahmen z.B. Installation von Heizungen, um ein Betauen der Lichtschrankenoptik zu verhindern) zu beachten.

b) Laserscanner

Laserscanner dienen der Fassaden-, Flächen- und Objektüberwachung, von Bildern, Skulpturen oder Vitrinen (Abbildung 16). Sie arbeiten nach dem Funktionsprinzip der Lichtlaufzeitmessung und messen Distanzen sicher und zuverlässig. Bei der Lichtlaufzeitmessung sendet der Sensor einen Pulsstrahl aus, den das zu detektierende Objekt (z.B. eine sich nähernde Person) reflektiert. Die Laufzeit, die der Strahl für die Strecke benötigt wird ausgewertet und so die Distanz zum Objekt berechnet. Befindet sich eine Person im Gefahrbereich sendet der Sicherheits-Laserscanner ein Signal an die Alarmzentrale. Es können so die Objektgröße, die Geschwindigkeit und der Abstand erfasst werden.

c) **Mikrowellenschranke**

Mikrowellenschranken dienen der **Raumüberwachung** sowie der Freilandüberwachung (Abbildung 17). Sie bestehen aus Sender und Empfänger, zwischen denen ein räumlich wirkendes Mikrowellenfeld aufgebaut wird. Beim Eintritt einer Person (Tier) in das aufgebaute Feld wird eine Änderung erzeugt und der Alarm ausgelöst. Bei Mikrowellen-Lichtschranken strahlt ein Sender mit geringer Leistung (ca. 50 mW) auf einer hierfür zugelassenen Frequenz ein elektromagnetisches Feld aus, das entsprechend mit Antennen in eine Richtung definiert werden kann. Mikrowellen-Lichtschranken **sind unempfindlicher gegen Täuschungsalarm** als Infrarot-Lichtschranken. Die Einsatzreichweite beträgt je nach Hersteller bis zu 250 m.

d) **Videosensorik**

Beim Einsatz von Videoüberwachung können prinzipiell zwei Systeme unterschieden werden:

- **Videobewegungsmelder**: Videobewegungsmelder erkennen, dass sich bestimmte Teile eines aufgenommenen Bildes verändern, und geben eine entsprechende Meldung ab. Videosensorik ermöglicht es, über im System hinterlegte Algorithmen im Bild Objekte oder ganze Szenen zu erkennen und ggf. zu verfolgen. Dadurch kann eine flächen- und/oder objektspezifische Überwachung, z.B. Parkhausbelegung, erfolgen.
- **Videobewegungsanalyse**: eine Videobewegungsanalyse kann auch durch die Verwendung von Analyse-Algorithmen auf dem Netzwerk-Server erfolgen. Die Verfolgung eines beweglichen Objektes mittels Schwenk-/Neigekamera (Dome) ist hierdurch möglich.

Hinweis

Infrarot-Lichtschranken, Laserscanner, Mikrowellen-Lichtschranken und Videosensorik sind sogenannte **freistehende Systeme**. Davon unterschieden werden **zaungebundene Systeme** (vgl. nachfolgende Aufzählung). Zaungebundene Systeme arbeiten normalerweise als eigenständige Einrichtungen, die jedoch in Verbindung mit einer Zaunanlage installiert werden. Bei einigen Zaunsystemen ist jedoch die Technik in den Zaun direkt integriert (z.B. bei Drähten, die bei Stahlmattenzäunen durch den aus Rundmaterial bestehenden Metallkörper geführt werden). Diese Drähte werden dann auf Durchtrennen oder Zerstören überwacht. Häufig finden Sensoren Anwendung, die entweder als Sensorkabel oder als Mikrofonsensor ausgeführt werden.

e) **Lichtwellenleiter-(LWL-)Sensorkabel**

Lichtwellenleiterkabel werden entlang des Zaunes offen oder verdeckt montiert und auf eine Überwachungseinheit geschaltet. Am Ende des Kabels werden dann die angelegten Lichtsignale ausgewertet, wobei durch mechanische Einflüsse auf das Kabel eine Veränderung in der Lichtleitfähigkeit hervorgerufen wird, die gemessen werden kann. Derartige analoge Systeme können auf einer Länge von wenigen Kilometern verlegt werden, was allerdings dazu führt, dass bei Alarm die gesamte Strecke als Alarmort in Frage kommt. Digitale Systeme können demgegenüber Strecken bis zu 80 Kilometern überwachen und punktgenaue Informationen liefern. Im Gegensatz zu Metallkabel ist die Einwirkung durch andere elektromagnetische Strahlungen oder Blitzschlag sehr gering bzw. nicht vorhanden.

f) Mikrofon-Sensorkabel

Das Sensorkabel kann entlang des Zaunes angebracht werden und reagiert auf Geräusche (die z.B. durch Zerstören oder Zerschneiden des Zaundrahtes hervorgerufen werden). Windgeräusche führen zu keiner Alarmauslösung. Elektronische Elemente (zwei freischwingende Drähte) wirken als Mikrofon, erfassen Vibrationen, die durch Übersteig- oder Durchdringungsversuche erzeugt werden, und wandeln diese in elektrische Signale um.

g) E-Feld-Systeme

Ein E-Feld-Sensor besteht im Prinzip aus zwei gegenüberliegenden Kondensatorplatten, an denen der Verschiebungsstrom gemessen wird. Der Sendedraht entlang des Zaunes erzeugt ein elektrisches Wechselfeld. Im Empfangsdraht werden die Veränderungen registriert und die Signale ausgewertet. Bei entsprechender Wetterlage (Eis, Schnee usw.) kann das Detektionsergebnis beeinflusst werden. Eine praktikable Messlösung bietet aber nur ein Sensor, der dreidimensional aufgebaut ist. Moderne Messgeräte benutzen Sensoren mit drei aufeinander senkrecht stehenden Plattenkondensatoren und berechnen die Ersatzfeldstärke automatisch.

h) Energiedraht-System

Durch den Einsatz des Energiedraht-Systems besteht die Möglichkeit einer aktiven Absicherung (Abbildung 18). Mögliche Eindringlinge werden durch Abgabe von Energieimpulsen zuverlässig abgeschreckt. Regulierte, mit hoher Spannung abgegebene Energieimpulse werden ca. 1 x/sec durch die Drähte geleitet. Die Spannung von ca. 8.000 Volt

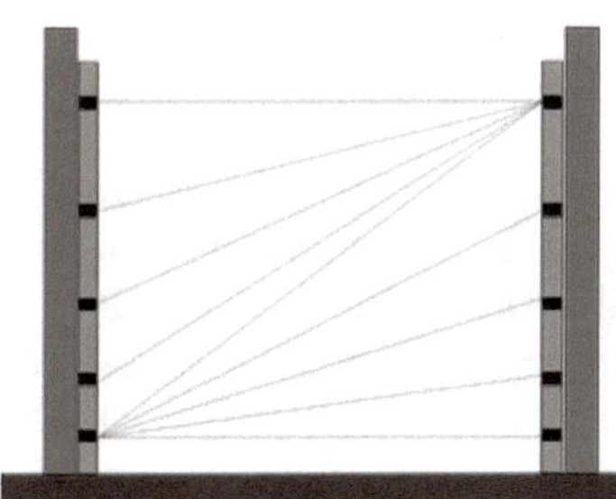

Abbildung 15: Sytembild Infrarot-L Lichtschranke [Pfeiffer].

Abbildung 16: Laserdetektion im Kunsthistorischen Museum in Wien [Sick].

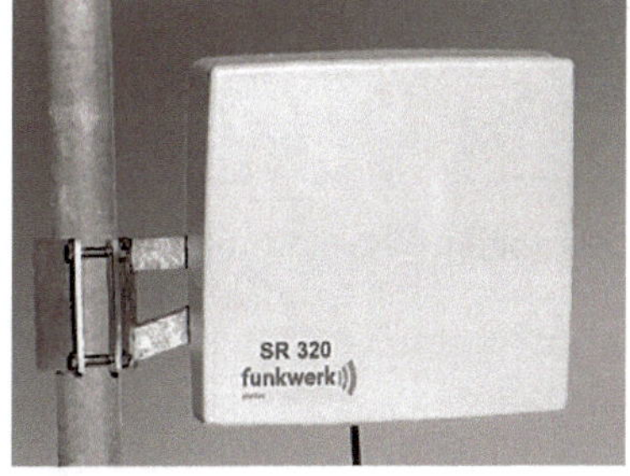

Abbildung 17: Mikrowellenschranke [Funkwerk plettac].

Abbildung 18: Energiedraht-System [WEGO].

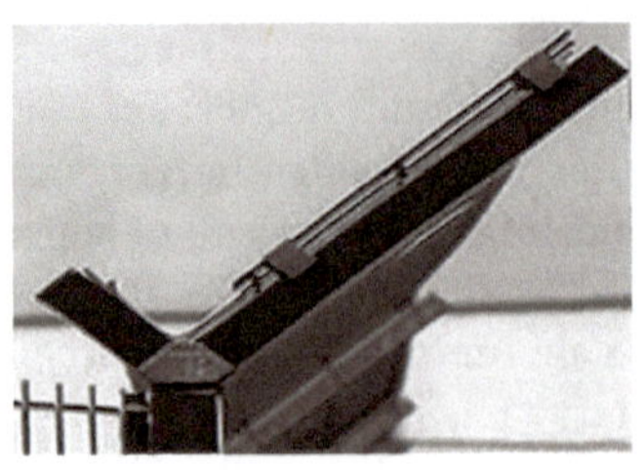

Abbildung 19: Zaunauslegersensor [Feldhaus-Uhlenbrock].

Abbildung 20: Outdoor-Robot SUMMIT XL [Robotnik].

ist zwar schmerzhaft, jedoch ungefährlich. Eine zonenabhängige Konfiguration ist ebenso möglich wie die Weiterleitung der Alarme an ein übergeordnetes Alarmsystem. Sogenannte Hochspannungszäune sind aus rechtlichen Gründen nicht gestattet.

i) **Elektronik-Ausleger**
Der Elektronik-Ausleger ist **in die Zaunpfosten integriert** und überwacht, sabotagesicher installiert, den Zaunabschnitt und sogar seine Nachbarn (Abbildung 19). Jeder Alarm wird punktgenau der Zentrale gemeldet. Praktisch unzugänglich ist die Elektronik in den Auslegern integriert. Sie erkennt Be- und Entlastung, wie sie beim Überklettern des Zauns unvermeidlich ist und auf den jeweiligen Ausleger einwirkt.

j) **Sicherheitsroboter**
Erste **mobile Systeme** für die Freilandsicherung wurden entwickelt und mit den verschiedensten Sensoren ausgestattet. Die Robot-Systeme haben sich jedoch in der privaten Sicherheit, im Gegensatz zur militärischen Nutzung im Feldeinsatz, nicht durchgesetzt.
Einsatzgebiete können sein: Flughäfen, Justizvollzugsanstalten, Nuklearanlagen, Regierungsgebäude, Privatvillen, militärische Liegenschaften, Industrieanlagen und Versorgungsunternehmen. Die Kommunikation aller Daten erfolgt über GPS, GSM und/oder WLAN an die Einsatzzentrale. Permanente Videoüberwachung und Datenarchivierung sind gewährleistet. Gefahrenfrüherkennung erfolgt durch verschiedene, objektspezifische Sensoren wie etwa IR- oder Mikrowellenbewegungssensoren, Videokameras oder Gasfühler. Der im Bild dargestellte Roboter (Abbildung 20) verfügt beispielsweise über einen automatisch 360°-drehbaren Sensorkopf mit integrierter Wärmebildkamera, Laserscanner, Ultraschall-Distanzsensoren, GSM-Modul und WLAN sowie DGPS-Empfänger mit Korrekturdatenempfänger (EPS). Einsatzkräfte der Sicherheitsbehörden verfügen weiterhin über Gerätetechniken, die z. B. noch mit Greifarmen ausgestattet sind.

9.2.1.2 Unterflursysteme

Für den **Unterflurbereich** können verschiedene Technologien Verwendung finden, wie:

- LWL-Sensorkabel,
- HF-Sensorkabel,
- Pneumatische Differenzialdrucksysteme.

a) **Lichtwellenleiter-(LWL-)Sensorkabel**
Lichtwellenleiter–Sensorkabel registrieren **Geräusche** (Körperschall) an einem Zaun oder im Boden. Das Sensorkabel wird bei diesen Systemen einfach mit Kabelbinder am Zaun befestigt oder in die Erde eingegraben. Die vom Zaun übertragenen **Schwingungen**, die bei schneiden oder überklettern des Zaunes entstehen oder die Schwingungen, die durch Graben erzeugt werden, beeinflussen das optische Verhalten des Kabels. Das Licht, das durch den Lichtwellenleiter geführt wird, erfährt durch die äußeren Schwingungen verschiedene Reflexionen. Diese Veränderung des Lichtdurchflusses wird ausgewertet und führt ggf. zu einer **Alarmmeldung**. Faseroptische Sensoren sind immun gegenüber elektromagnetischen Störungen und Blitzschlag. Außerdem zeichnen sich faseroptische Sensoren durch ihre langen Übertragungsstrecken und hohen Dauerlastfestigkeit aus und sind äußerst zuverlässig.

b) **Hochfrequenz-(HF-)Sensorkabel**
Wie ein Antennenkabel werden ein oder zwei HF-Sensorkabel im Bodenbereich in einer Tiefe von etwa 25 cm verlegt. Durch die Erzeugung eines elektromagnetischen Feldes wird der Überwachungsbereich aufgebaut und kann ein Detektionsfeld von etwa einer Höhe von 1 Meter und einer Breite von bis zu 3 Metern entwickeln. Bei Eindringen in dieses Feld wird das Feldstärkesignal an der Auswerteeinrichtung verändert und es kommt zur Alarmierung. Die überwachten Strecken können bis zu 200 Meter lang sein.

c) **Pneumatische Differenzialdrucksysteme**
Pneumatische Drucksysteme reagieren auf Veränderung des Innendrucks. Hierzu werden die in der Erde installierten Schlauchsysteme oder Trittmatten mit **Luft** befüllt. Bei Druckschwankungen, die etwa durch Betreten entstehen, kommt es zu einer Alarmmeldung. Die Überwachungsstrecke kann bis zu 200 Metern und die Breite etwa 2 bis 3 Meter betragen.

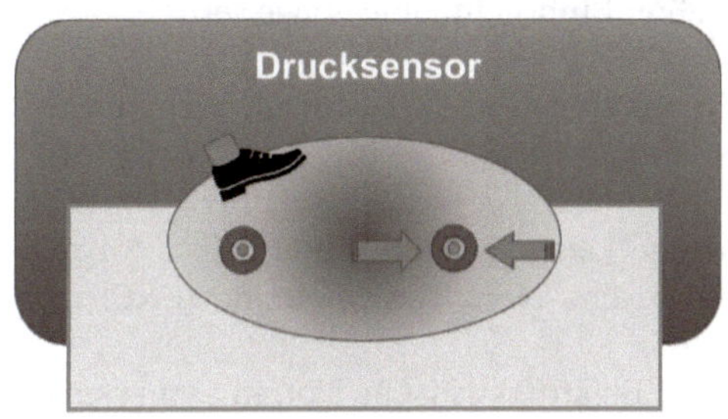

Abbildung 21:
Systembild eines Drucksensors [Pfeiffer].

9.2.2 Elektronische Sicherung von Gebäuden

Für die elektronische Sicherung von Gebäuden werden vor allem **Gefahrenmeldeanlagen (GMA)** eingesetzt. Bei GMA nach DIN VDE 0833 handelt es sich um Fernmeldeanlagen, die bei **Brand**, **Einbruch** und **Überfall** zuverlässig melden.

GMA dienen dem zuverlässigen Erkennen und Melden von Gefahren für Personen und Sachen. Sie veranlassen selbsttätig oder manuell ausgelöst die Verarbeitung, Übertragung und Ausgabe von Gefahrenmeldungen. Dabei sind die Übertragungswege in Ringtechnik oder Gleichstromtechnik permanent überwacht.

Für das Funktionieren einer solchen Anlage wird die Überwachung der Übertragungswege zur hilfeleistenden Stelle, die Erfassung von Störungen und Sabotage vorausgesetzt. Durch die Qualität des Produktes, der ordnungsgemäßen Errichtung und der regelmäßigen Wartung durch die Errichterfirma kann dem Ausfall derartiger Anlagen vorgebeugt werden.

Grundsätzlich werden **drei Arten** von Gefahrenmeldeanlagen eingesetzt.

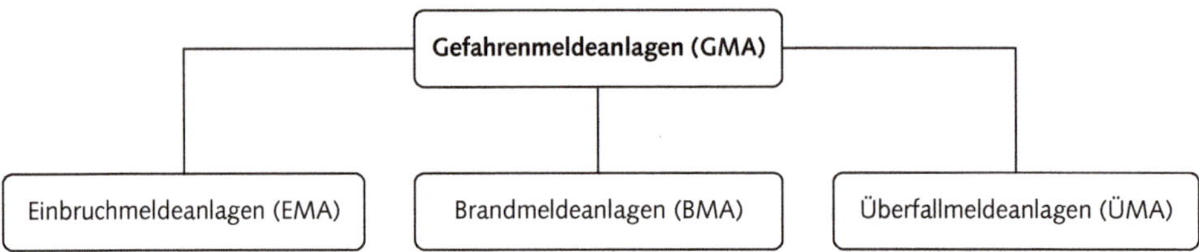

Abbildung 22: Systematik der Gefahrenmeldeanlagen [Pfeiffer].

Sie unterscheiden sich nach ihrem Verwendungszweck:

- **Einbruchmeldeanlagen (EMA)** sind GMA, die dem automatischen Überwachen von Gegenständen auf unbefugte Wegnahme sowie von Flächen und Räumen auf unbefugtes Eindringen dienen. Ein Alarm kann von einer hilfeleistenden Stelle wie z. B. NSL bzw. AES entgegengenommen werden. Es erfolgt eine sofortige Einleitung von Hilfsmaßnahmen inklusive Intervention.
- **Brandmeldeanlagen (BMA)** sind GMA, die Personen zum direkten Hilferuf bei Brandgefahren dienen und/oder die Brände zu einem frühen Zeitpunkt erkennen und melden.
- **Überfallmeldeanlagen (ÜMA)** sind GMA, die Personen zum direkten Hilferuf bei Überfällen dienen. Er kann bei der Polizei oder einer NSL entgegengenommen werden. ÜMA können autark oder Bestandteil einer Einbruchmeldeanlage sein.

Einige Hersteller bieten sog. **universelle Gefahrenmeldeanlagen (UGM)** an, bei denen die unterschiedlichen Leistungsmerkmale der genannten EMA- und BMA-Anlagen zusammengefasst sind.

Bei der **Alarmierung** finden Elektroakustische Lautsprecheranlagen (ELA) Anwendung, die sich einteilen lassen in Elektroakustische Notfallwarnsysteme (ENS) und Sprachalarmierungsanlagen (SAA).

Elektroakustische Notfallwarnsysteme (ENS): Elektroakustische Notfallwarnsysteme werden häufig bei allgemeinen Gefahrendurchsagen verwendet. Ein typisches Beispiel ist eine Räumungsaufforderung bei einer Bombendrohung. Sie müssen durch Notstromversorgung ausfallsicher sein und unterliegen der EN-50849. Im Gegensatz zu Sprachalarmierungsanlagen werden sie nicht von einer Brandmeldeanlage angesteuert.

Sprachalarmierungsanlagen (SAA): Diese „Anlagen zur Alarmierung und Erteilung von Anweisungen an Beschäftigte und Besucher“ werden im Falle einer Gefahrenalarmierung automatisch von Brandmeldeanlagen in Betrieb gesetzt. Sie sind gesetzlich vorgeschrieben und unterliegen der DIN VDE 0833-4. Planer und Errichter müssen ebenfalls DIN-zertifiziert sein.

9.2.2.1 Bestandteile einer Gefahrenmeldeanlage

Grundsätzlich verfügt eine Gefahrenmeldeanlage (GMA) über folgenden Aufbau:

1. **Zentrale** zur Überwachung der Meldelinien bzw. der Melder und Koppler, zur Auswertung der Meldekriterien und des Melderzustandes, zur Überwachung der Stromversorgung.
2. **Scharfschalteinrichtung** (nur bei EMA) dient der Aktivierung der EMA über Blockschloss, geistigem Verschluss oder sonstige Schalteinrichtungen. Das **Blockschloss** versetzt die Meldeanlage beim Verlassen des gesicherten Bereichs in alarmbereiten Zustand („scharfschalten"). Dies kann nur geschehen, wenn bestimmte Bedingungen erfüllt sind („Zwangsläufigkeit") wie z. B. Ruhezustand aller Meldungsgeber. Das Blockschloss verhindert außerdem, dass der Betreiber versehentlich einen scharfgeschalteten Meldebereich betreten kann. Blockschlösser verfügen über eine spezielle Riegelmechanik, die ein Unscharfschalten der Einbruchmeldeanlage durch Manipulation am Riegel unmöglich macht. Das Bauteil verfügt über zwei optische Anzeigen (LED) für die Funktionsdarstellung „scharfschaltbereit" und „scharfgeschaltet".
3. **Stromversorgung**. GMA verfügen neben einer Netzstromversorgung über eine netzunabhängige Stromversorgung (z. B. über Batterie), die grundsätzlich über 60 Stunden mit Energie versorgen muss.
4. **Meldelinien** dienen der Verbindung zwischen den Meldern und der Meldezentrale. Bei modernen Systemen (LSN-Technik = Lokales Sicherheits-Netzwerk) werden nicht mehr Linienströme gemessen, sondern Informationen zwischen Zentrale und Melder/Koppler übertragen.
5. **Melder/Sensoren** werden zur Detektion von Abweichungen aus dem Soll-Zustand eingesetzt, die entsprechend ihrer technischen Ausführung für die Erfassung bestimmter Zustände geeignet sind; neben den automatischen Meldern sind auch manuelle Melder (z. B. Druckknopfmelder) im Einsatz.
6. **Signalgeber** zur optischen und/oder akustischen Alarmierung.
7. **Zusatzgeräte** zur Übertragung der Alarmmeldung über Telefonverbindungen können als Übertragungseinrichtungen (automatische Wähl- und Ansagegeräte bzw. digitale Wählgeräte) eingesetzt werden.
8. **Registriereinrichtungen** (z. B. Ereignisspeicher oder Protokolldrucker) zur Aufzeichnung von Meldungen mit Datum und Uhrzeit werden bei GMA mit mehr als 50 Meldergruppen gefordert (sichergestellt muss sein, dass Meldungen der angeschlossenen Sensoren [Melder] nicht verloren gehen können).
9. **Übertragungseinrichtung** (ÜE) stellt eine Verbindung zwischen der GMA und der Alarmempfangseinrichtung einer hilfeleistenden Stelle her. Die ÜE ist in der Regel ein Hauptmelder, über den sich eine GMA auf einen Sicherheitsdienst (EMA/ÜMA) bzw. die Feuerwehr (BMA), per Standleitung, aufschalten darf.
10. **Übertragungsanlagen** für Gefahrenmeldeanlagen (ÜAG) müssen zur Weiterleitung von Alarmen über Primärleitungen (Standleitung) die Bestimmungen der DIN-VDE 0833 erfüllen.

Die **Weiterleitung der Gefahrenmeldung** muss die nachfolgend genannten **Vorgaben** erfüllen:

- Die Anzeige- und Bedienelemente (Bedienfeld oder Zentraleinrichtung) befinden sich in einem durch eingewiesenes Personal ständig besetzten Raum.
- Die Weiterleitung eines Sammelalarms erfolgt über eine **Primärleitung** zu einer ständig besetzten Stelle (z. B. Alarmempfangseinrichtung [**AEE**]), die über eine Empfangseinrichtung verfügt und die auch die Primärleitung ständig überwacht.
- Die Weiterleitung (über das öffentliche Fernsprechnetz) eines Sammel- oder Selektivalarms erfolgt über ein automatisches Wähl- und Übertragungsgerät (**AWUG**) zu einer ständig besetzten Stelle. Wird die Alarmabgabe selbstständig überprüft (Routineübertragung), darf auf eine örtliche Alarmabgabe verzichtet werden. Ist die Übertragung gestört oder die Empfangsstation belegt, muss die Alarmierung durch örtliche, über Primärleitung angesteuerte Signalgeber erfolgen.
- Die Empfangszentrale für **Automatische Wähl- und Übertragungsgeräte** (AWUG-Empfangszentrale) empfängt Meldungen von Automatischen Wähl- und Übertragungsgeräten über das öffentliche Fernsprechnetz. Wählgeräte (AWUG/AWAG) werden über Externalarm angesteuert. Bei Nichtabsetzen der Meldung (erfolglose Anrufversuche) bzw. bei Ausfall der Telefonleitung erfolgt eine Alarmweiterleitung zum Signalgeber (örtliche Alarmierung). Wählgeräte werden auch über Störung angesteuert. Ansteuerungskriterien sind z. B. Ausfall Netz, Batterieausfall, Zentrale außer Betrieb.

Die Weiterleitung von **Störungsmeldungen** erfolgt analog der Verfahren bei Alarmen.

Gefahrenmeldeanlage	Übertragungs-einrichtung (ÜE)	Übertragungsstrecke	Alarmempfangseinrichtung (AEE)
Brandmeldeanlage	▪ Hauptmelder	▪ Festnetz (analog/ISDN/VoIP)	▪ Polizei
Einbruchmeldeanlage	▪ AWAG	▪ GSM-Funknetz	▪ Feuerwehr
Überfallmeldeanlage	▪ AWUG ▪ Modem	▪ Internet	▪ Notruf- u. Service-Leitstelle (NSL); Sicherheitsdienst bzw. Alarmempfangsstelle (AES) ▪ Hilfeleistende Stelle

Tabelle 2: Übertragungseinrichtungen der Gefahrenmeldetechnik.

Neue Entwicklungen führen zu der Integration von verschiedenen Gefahrenmeldesystemen für Brände, Einbruch und Haustechnik durch **BUS-Systeme** in einem Gesamtnetzwerk. Die Einbindung von Videotechnik kann zur Alarmvorklärung eingesetzt werden. Diese Netzwerke ermöglichen die Zusammenführung der unterschiedlichen Sensorik über eine direkte Adressierung der Melder.

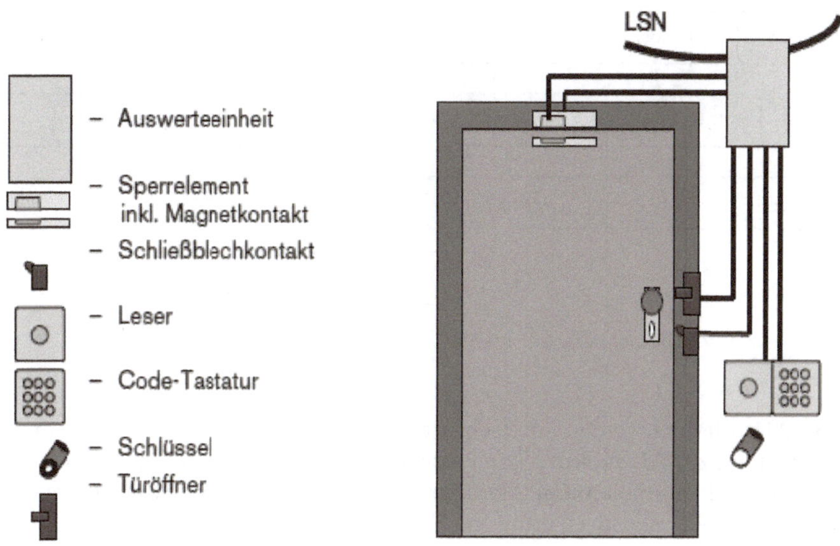

Abbildung 23: Scharfschalteinrichtung mit Türöffner [Bosch-Sicherheitssysteme].

9.2.2.2 Einbruchmeldeanlagen (EMA)

Eine **Einbruchmeldeanlage** überwacht automatisch Gegenstände (auf Diebstahl) oder Flächen und Räume (auf unbefugtes Eindringen). Sie hat zudem die Aufgabe, über Sensoren Störungen und Gefahren auszuwerten, zu signalisieren und weiterzuleiten. Die Sensoren sind entweder ständig aktiv oder werden über eine Scharfschalteinrichtung ein- und ausgeschaltet. Ausgelöst werden kann eine Meldung z. B. durch den Bruch einer Fensterscheibe, das unberechtigte Öffnen einer Tür oder eines Fensters oder das unberechtigte Betreten überwachter Räume.

EMA werden entsprechend ihrer **Leistungsfähigkeit** in die **VdS-Klassen A, B und C** eingestuft. Höher klassifizierte EMA unterscheiden sich von denen mit einer niedrigeren Klassifizierung unter anderem durch eine erhöhte Sabotagesicherheit, einen erhöhten Überwachungsumfang sowie in der Art der Alarmierung. Damit können Anforderungen an die jeweiligen VdS-Sicherungsklassen/Risiken abgedeckt werden.

Zugängliche Türen und Deckel der Anlage müssen im scharfgeschalteten Zustand der Anlage auf Öffnen (Sabotage) überwacht werden. Je nach VdS-Richtlinien ist das auch während des unscharfen Zustands der Anlage nötig. Ab der VdS-Klasse B muss bei Aktivierung der Meldezentrale über eine Übertragungseinrichtung auf die Polizei aufgeschaltet und bei einer Störung ein speziell beauftragter Störungsdienst automatisch informiert werden.

Die Leistungsfähigkeit von EMA richtet sich des Weiteren nach den Definitionen der DIN VDE 0833–3.

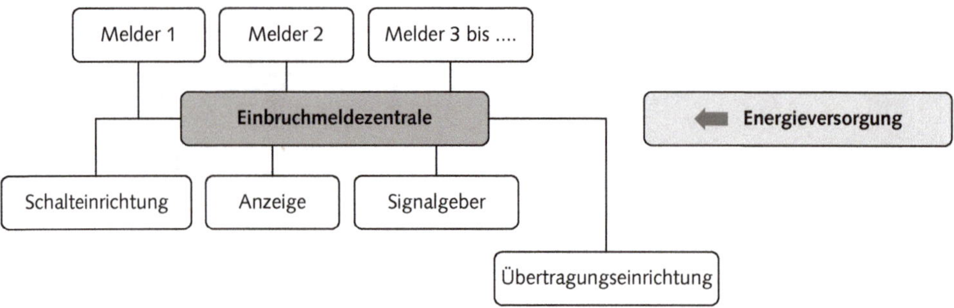

Abbildung 24: Struktur einer Einbruchmeldeanlage [Pfeiffer].

Nach **Art der Alarmierung** werden unterschieden:

- **Internalarm** dient zur Alarmierung von Personen, die sich in einem durch eine EMA überwachten Objekt aufhalten. Der Alarm ist nur für die Anwesenden wahrnehmbar und kann optisch oder akustisch erfolgen.
- **Externalarm** beinhaltet die Alarmierung durch akustische und optische Signalgeber (laute Sirene und/oder Blitzleuchte). Durch den Externalarm werden Passanten und Nachbarn auf den Einbruch bzw. Einbruchversuch aufmerksam gemacht und veranlasst, eine hilfeleistende Stelle (Polizei) anzurufen. Auch der Täter erfährt durch den Externalarm von seiner Entdeckung. Ein Extern-Signalgeber kann auch ausschließlich im Objekt angebracht werden; dann dient dieser primär zur Abschreckung des Täters.
- **Fernalarm** wird automatisch (z. B. über die Telefonleitung) übertragen. Er kann vom Einbrecher nicht bemerkt werden. Über Fernalarm kann z. B. ein Wach- und Sicherheitsunternehmen gezielt und unverzüglich vom Einbruch oder Überfall informiert werden.

Hinweise

- Die ordnungsgemäße **Installation** einer VdS-anerkannten EMA muss von einem VdS-anerkannten Errichter in einem Attest **bestätigt** werden. Das Attest enthält neben einer Geräteübersicht auch einen Lageplan, aus dem hervorgeht, welche Geräte an welcher Stelle des überwachten Objektes eingesetzt werden.
- Wenn die EMA auf ein Wach- und Sicherheitsunternehmen aufgeschaltet ist, ist es sinnvoll, mit dem Unternehmen eine **Interventionsvereinbarung** zu treffen. In einer solchen Vereinbarung wird geregelt, wie sich das Wachunternehmen zu verhalten hat – insbesondere werden hier objektspezifische Einzelheiten beschrieben.
- Eine **direkte Übertragung** an die **Polizei** ist nur unter besonderen Bedingungen möglich. Im Normalfall werden die polizeilichen Interventionskräfte durch das beauftragte Wach- und Sicherheitsunternehmen informiert.

Nach dem physikalischen Funktionsprinzip werden folgende Einbruchmelder unterschieden:

- **Elektro-mechanische Melder** (z.B. Riegelkontakt, Magnetkontakt, Alarmdrahtglas, Spanndrahtmelder),
- **Elektro-akustische Melder** (z.B. Glasbruchmelder, Ultraschallbewegungsmelder, Körperschallmelder),
- **Elektro-optische Melder** (z.B. Infrarotbewegungsmelder, Infrarotschranke),
- **Elektronische Melder** (z.B. Mikrowellenbewegungsmelder, Mikrowellenrichtstrecke, Kapazitiv-Melder).

Die prinzipielle **Wirkungsweise** soll an folgenden Beispielen erörtert werden:

a) Glasbruchmelder

- Der **Glasbruchmelder** (Abbildung 25) ist ein elektro-akustischer Melder, der auf Schallwellen reagiert. Unterschieden wird in aktive, passive und akustische Glasbruchmelder. Der **passive Glasbruchmelder** wird unmittelbar auf die Glasfläche aufgeklebt und erfasst hochfrequente Schallwellen, die beim Bruch von Glas auftreten und den Alarm auslösen. Löst sich der Melder im Laufe der Zeit von der Scheibe ab, ist die Überwachungsfunktion nicht mehr gegeben.
- Der **aktive Glasbruchmelder** besteht aus einem Sender und einem Empfänger mit je einem piezoelektrischen Wandler die auf die Glasscheibe aufgebracht werden. Der Sender gibt über den Wandler Schwingungen an die Scheibe ab, die sich im Glas ausbreiten und zum Empfänger gelangen. Bei Bruch der Glasscheibe oder Ablösen des Senders oder Empfängers von der Scheibe wird die Strecke unterbrochen und Alarm erzeugt. Diese Glasbruchmelder werden eingesetzt zur Flächenüberwachung (Flach-, Isolier-, Draht- und Einscheibensicherheitsglas).
- Der **akustische Glasbruchmelder** ist für die Erfassung von typischen Signalmustern von brechendem Glas konzipiert. Der Melder verfügt durch sein Mikrofon über einen 360^0 Überwachungsbereich. Akustische Glasbruchmelder sind für die Montage an der Decke, an der dem Fenster gegenüberliegenden oder der an das Fenster angrenzenden Wand bestimmt. Der Überwachungsbereich hängt von der Raumakustik und der Fenstergröße ab.

b) Ultraschallbewegungsmelder

- Ultraschallbewegungsmelder (Abbildung 26) werden eingesetzt zur **Raumüberwachung**, z.B. in Fluren. Sie arbeiten nach dem gleichen Prinzip wie Mikrowellenmelder, dem Dopplereffekt. Sie bestehen jedoch aus je einem Sender und Empfänger für den Ultraschallbereich.
- Der Sender strahlt unhörbare Schallwellen (Ultraschall) ab, die an den Gegenständen des Raumes reflektiert und durch den Empfänger wieder empfangen werden. Hieraus ergibt sich ein „Schallbild". Dringt nun ein sich bewegendes Objekt in den überwachten Raum ein, erfolgt eine Frequenzverschiebung (Dopplereffekt), sofern sich das Objekt in Richtung bzw. Gegenrichtung der abgestrahlten Schallwellen bewegt. Bei Überschreitung des eingestellten Schwellwertes erfolgt die Alarmauslösung.
- Da Schallwellen durch die Luft übertragen werden, kann dieser Typ von Bewegungsmelder nicht hinter Abdeckungen wie Vorhängen oder über Heizkörpern sowie in der Nähe von Lüftungen angebracht werden. Auch eine Montage in unmit-

telbarer Umgebung von starken Schallquellen oder von beweglich aufgehängten Objekten wie beispielsweise Hängelampen beeinträchtigt die Funktionsweise eines Ultraschall-Bewegungsmelders.

c) **Körperschallmelder**

- Der Körperschallmelder (Abbildung 27) eignet sich für das Überwachen von Tresorräumen, Kassenschränken, Geldautomaten, Ticketautomaten aber auch Boden- bzw. Deckenflächen aus massivem Mauerwerk auf Angriffe mit Einbruchwerkzeugen wie Diamantkronenbohrern, hydraulischen Presswerkzeugen, Sauerstofflanzen und Sprengstoffen. Beim Bearbeiten von harten Werkstoffen wie Beton, Stahl, Kunststoffpanzerung entstehen Massenbeschleunigungen. Dadurch werden mechanische Schwingungen erzeugt, die sich als Körperschall im Material fortpflanzen. Der starr mit dem Schutzobjekt verbundene Sensor des Körperschallmelders nimmt diese Schwingungen auf und wandelt sie in elektrische Signale um.
- Die Melderelektronik analysiert diese Signale in einem ausgewählten, für Einbruchwerkzeug typischen Frequenzbereich und löst Alarm aus. Der Begriff Körperschallmelder bezieht sich jedoch nicht auf Schallwellen, die ein menschlicher Körper aussendet.

d) **Infrarotbewegungsmelder**

- Der Infrarotbewegungsmelder (Abbildung 28) wird in **Innenräumen** zur Raumüberwachung als Fallen-, Durchstiegs-, und Schwerpunktüberwachung eingesetzt. Erfassungszonen werden „vorhangartig“ mit Reichweiten bis zu 60 m ausgebildet. Sich bewegende Wärmequellen werden delektiert und als Alarm (auch mit Richtungserkennung) ausgelöst. Statische, sich nicht bewegende Wärmequellen ergeben keine Alarmauslösung.
- Je nach Konstruktion des Spiegels ergibt sich ein engmaschiger, schachbrettartiger bzw. ein lückenloser, wandähnlicher Überwachungsbereich. Die Temperatur der „Referenzfläche“ (Boden, Wand etc.) wird vom Melder als Ruhewert herangezogen.
- Mögliche **Falschalarme** ergeben sich durch Wärmequellen mit schnellen Temperatur-Änderungen (z. B. Gebläseheizungen) und stark wechselnde Lichteinwirkung direkt auf den Melder. Diese dürfen nicht auf Außenfenster und Außentüren/-tore mit lichtdurchlässigen Einsätzen gerichtet werden. Es erfolgt keine aktive Abstrahlung von IR-Signalen.
- Durch **Kombi-Melder** (Kombination von Infrarot- und Ultraschall- bzw. Mikrowellenbewegungsmelder) kann eine vollständige Abdeckung des Detektionsbereichs erzielt werden. Gleichzeitig wird die Falschalarmrate deutlich reduziert, weil eine Zwangsläufigkeitsüberprüfung mit beiden Meldekriterien erfolgt.

e) **Mikrowellen-, (Radar-,) Bewegungsmelder**

- Mikrowellenbewegungsmelder (Abbildung 29) werden zur **Raumüberwachung** eingesetzt. Der HF-Sensor (Hochfrequenz-Sensor) sendet elektromagnetische Wellen mit einer Frequenz im Bereich der Radarmessung aus. Trifft das Signal auf einen unbeweglichen Körper – etwa auf ein Möbelstück, wird es mit derselben Frequenz reflektier und vom Empfänger als unverändert erkannt.
- Bewegt sich aber ein Mensch im Raum auf den Sensor zu oder von ihm weg, erhöht bzw. verringert sich die Frequenz des reflektierten Signals mit der Geschwindigkeit der Körperbewegung. Diese Veränderung erkennt der Sensor als Bewegung (Dopplereffekt).

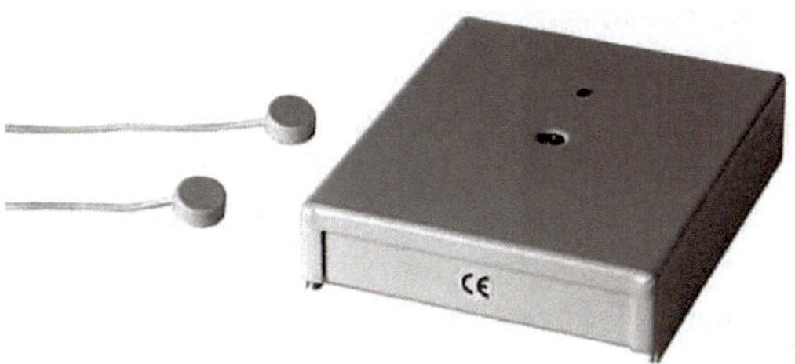

Abbildung 25: Aktiver Glasbruchmelder MAGS-S [Bosch].

Abbildung 26: Ultraschallbewegungsmelder [STEINEL].

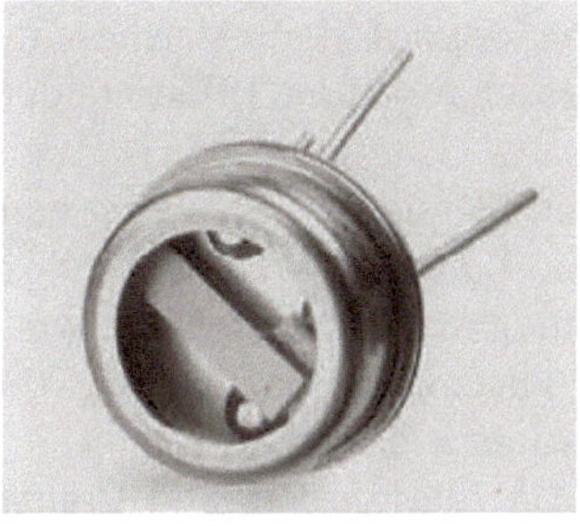

Abbildung 27: Schnittbild eines Körperschallmelders [Siemens].

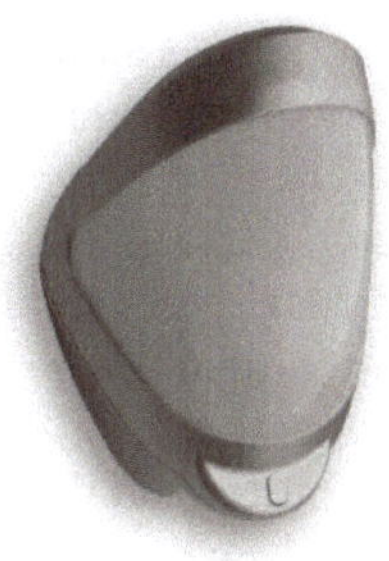

Abbildung 28: PIR-Bewegungsmelder [UTC Fire & Security].

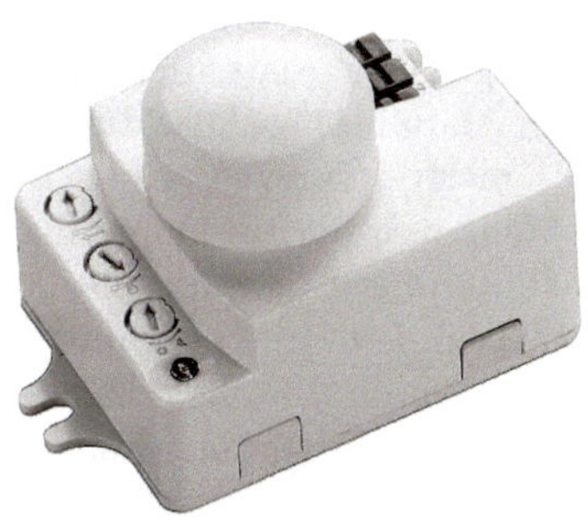

Abbildung 29: Mikrowellenbewegungsmelder [ZEYUN].

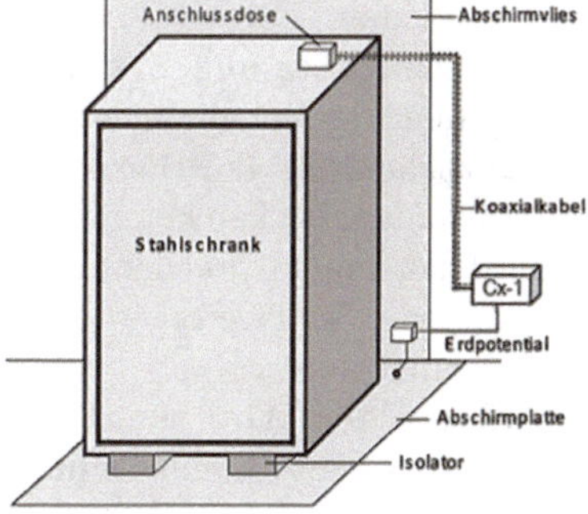

Abbildung 30: Kapazitiver Feldänderungsmelder [RSI-Sensor].

f) Kapazitivmelder

- Zur Überwachung von Räumen oder Panzerschränken, Behältnissen, Vitrinen oder Bildern können **Kapazitiv-Melder** verwendet werden (Abbildung 30), die auf kapazitive Feldveränderungen reagieren. Hierbei handelt es sich um das Prinzip eines elektronischen Bauelementes, den Kondensator: Zwischen zwei metallischen Platten (metallisierte Folien) bzw. dem zu sichernden metallischen Gegenstand (z. B. Stahlschrank) und einem Gegenpol entsteht bei anliegender elektrischer Spannung ein elektrostatisches Feld, das durch die Auswertelogik eingemessen werden kann. Bei Feldveränderung (etwa durch das Eindringen von einer Person in den Feldbereich) wird dies durch die Auswerteeinheit als Alarm gemeldet.

- Kapazitiver Melder werden ebenfalls zur **Durchstiegsüberwachung** in schwer zu sichernden Bereichen wie etwa Lüftungsschächten, Lichtkuppeln, Oberlichter, nicht benutzte Fenster, Türen, etc. eingesetzt. Metallflächen bzw. -folien, Drahtgitter (Zaungeflecht) bilden kapazitive Systeme (elektrische Felder), die wie oben beschrieben, auf Annäherung reagieren.
- Für die Überwachung von Wertschutzschränken bietet sich die Lösung einer kapazitiven Feldüberwachung mit Aufschaltung auf die EMA an. Wichtig ist jedoch, dass auch das Umfeld bzw. der Raum auf Annäherung überwacht wird.

Weitere Arten von Meldern können sein: Alarmdrahttapeten, Alarmfolien, Alarmdrahtgläser und -spinnen, Fadenzugkontakte, Überfallmelder, Infraschallmelder, Bildermelder oder Meldekontakte.

- **Alarmdrahttapeten** (Abbildung 31) werden zur optimalen Flächenüberwachung von Wänden und Decken, Türen und Behältnissen eingesetzt. Eine Tapete besteht aus 2 Schichten Papier, in dem 6 parallellaufende Kupferdrähte eingelegt sind. Diese werden über alle verlegten Bahnen zu einem Stromkreis zusammengeschlossen. Das Unterbrechen/Durchtrennen des Stromkreises führt zu einem Alarm.
- **Alarmfolien** (durchwurfhemmende Kunststofffolie): In die Alarmfolien sind Drähte eingearbeitet, die bei Zerstörung eine Alarmauslösung veranlassen. Sie werden zur Flächenüberwachung eingesetzt und können durch Fachunternehmen auf bestehenden Fensterscheiben nachgerüstet werden. Die Alarmfolie ist eine Kombination aus mechanischem Schutz und den Eigenschaften eines vollflächigen Glasbruchmelders – VdS anerkannt.
- **Alarmdrahtgläser und -spinnen:** Das Zerreißen des eingelegten Alarmdrahtes bzw. bei Spinnen das Zerstören der äußeren Scheibe führt zur Alarmierung (Abbildung 32).
- **Fadenzugkontakt:** Zur Durchbruchüberwachung von Fenstern, Türen, Vitrinen, evtl. auch Wänden, Decken können Fadenzugkontakte eingesetzt werden, die auf mechanische Belastung ansprechen. Alarmiert wird bei Erschütterungen (gewaltsames Eindringen oder Schläge gegen ein Fenster). Dieser Kontakt wird auf die zu schützende Fläche aufgeklebt.
- **Überfallmelder:** Wird zum Personenschutz in Bereichen mit Bedrohungspotential, z.B. Kassen, Pforten und Empfangsbereichen, Schutzpersonen etc. eingesetzt (Abbildung 33). Durch manuelles Betätigen wird ein Überfallalarm ausgelöst. Melder mit unterschiedlichen Betätigungsarten sind möglich: Ziehen, Drücken, Codeeingabe, Auslösung per Hand, Fuß, usw.
- **Infraschallmelder:** Die Infraschall-Technik detektiert Luftdruckveränderungen. Dabei verhält sich jede zu überwachende Einheit wie eine Druckkammer, bei der durch Öffnen eines Fensters oder einer Tür sich der Luftdruck ändert. Diese Luftdruckänderung wird vom Spezialsensor als Störung erkannt und führt zum Auslösen des Alarms. Die Melderart ist laut Beschreibung im BHE-Infopapier „Druckalarm, Infraschall, Volumenüberwachung, etc." nicht zu empfehlen, da die **Falschalarmquote** als **sehr hoch** eingestuft wird.

- **Bildermelder:** Insbesondere in Ausstellungen, Museen werden zur Sicherung von Wertgegenständen (Ausstellungsstücken) die nachfolgend genannten Techniken eingesetzt, die als „Bildermelder“ bekannt sind:
  - **Schienensysteme** (Piezo- und Widerstandssensoren), die auf Gewichtsveränderung reagieren,
  - **optische Systeme**, die auf Abstandsänderung oder Durchgriff/Durchstieg reagieren,
  - **kapazitive Systeme** (elektrische Felder), die auf Annäherung reagieren (Abbildung 34),
  - **RFID-Transponder**, die (ähnlich wie Warensicherungsetiketten) reagieren, wenn der gesicherte Gegenstand innerhalb einer Sicherungszone bewegt oder daraus entnommen wird,
  - **mechanische Systeme** (mit Spezialschrauben).
- **Meldekontakte:** Melden das Öffnen von Türen und Fenstern, ggf. auch manipulationssicher gegen Fremdmagnetfelder. Meldekontakte werden vorwiegend bei der Überwachung von beweglichen Teilen, wie etwa Fenster und Türen, Rolltore oder Verschlüsse, eingesetzt. Hier kommen zur Anwendung:
  - **Magnetkontakte** (MK) zur Überwachung von Fenstern und Türen (Abbildung 35),
  - **Schließblechkontakte**, auch Riegelkontakte (RK) zur Überwachung der richtigen Verriegelung bzw. des Verschlusses bereits geschlossener Türen und Fenster ebenso wie zur Verschlussüberwachung von Toren mit horizontalen Riegeln (z. B. Rolltore); wird zum Erreichen der Zwangsläufigkeit verwendet,
  - **Elektronische Kontakte** (EK) zur Abhebeüberwachung von Gegenständen, jedoch nicht in der Außenhautsicherung,
  - **Übergangskontakte**, auch Stößelkontakte genannt, zur Herstellung einer Verbindung des Leitungsnetzes mit dem Melder bei beweglichen Teilen wie etwa Schiebetüren.
  - **Abreißmelder**; mechatronischer, meldet gewaltsame Lösungsversuche von Schraubverbindungen (Abbildung 36). Platziert wird der Melder zwischen Tresorboden und Tresorbefestigungsschraube. Beim Abreißversuch bricht die Platine und die darauf befindliche Alarmdrahtschleife wird zerstört, es wird ein Alarm ausgelöst.

Hinweis

Ein System, bei dem zwei verschiedene Melder-Kriterien verknüpft und ausgewertet werden, nennt man **Dual-Bewegungsmelder.** Folgende Kombinationen bieten sich aufgrund der Detektionseigenschaft (Bewegungsrichtung) an:
- Passiv-Infrarot mit Ultraschallmelder;
- Passiv-Infrarot mit Mikrowellenmelder,
- Passiv-Infrarot mit optischem Bildsensor.

Ein Alarm wird ausgelöst, wenn beide Kriterien vorhanden sind und ausgelöst werden.

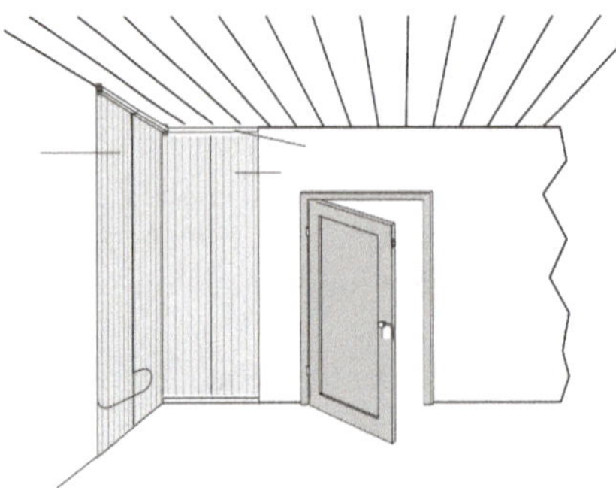

Abbildung 31: Alarmtapete [Honeywell].

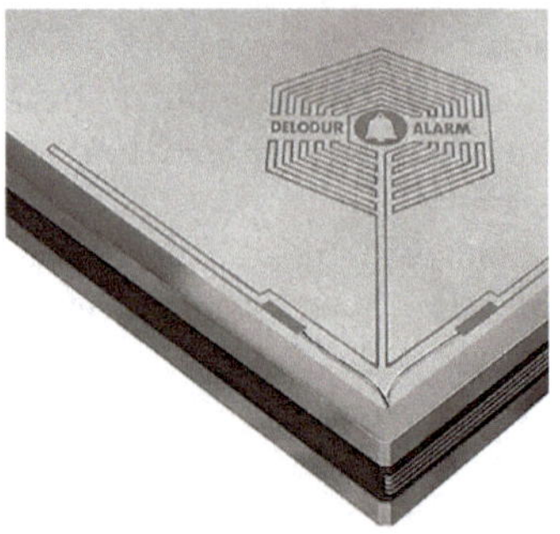

Abbildung 32: Alarmglasspinne [DELODUR].

Abbildung 33: Überfalltaster Panikmelder [BOSCH].

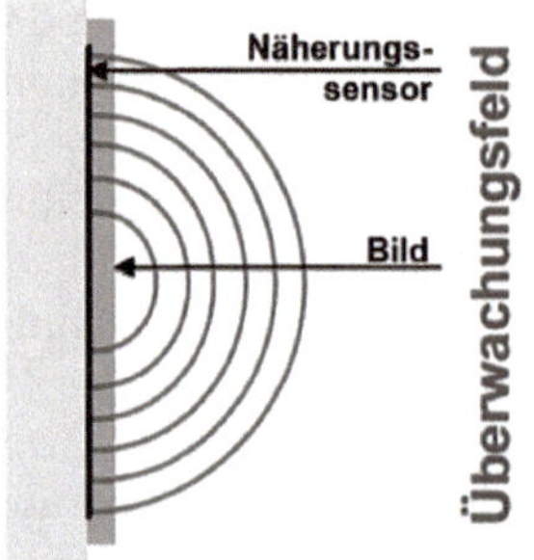

Abbildung 34: Bildersicherung mit kapazitivem Melder [RSI-Sensor].

Abbildung 35: Magnetkontakte [ARITECH].

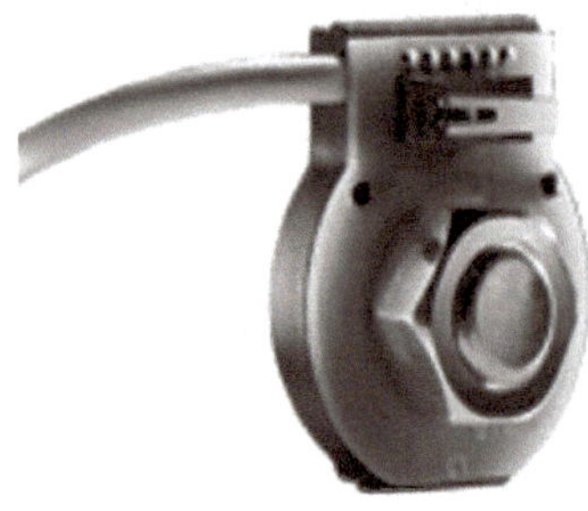

Abbildung 36: Abreißmelder AM 115 [Bosch].

9.2.2.3 Brandmeldeanlagen (BMA)

Eine **Brandmeldeanlage** (BMA) besteht aus einer Brandmeldezentrale mit Energieversorgung. Sie nimmt die Meldungen von den aufgeschalteten Meldern auf, bewertet und verarbeitet sie, zeigt Meldungen optisch bzw. akustisch an, registriert den auslösenden Melder und leitet die Meldung an den Hauptfeuermelder weiter. Gleichzeitig überwacht die Brandmeldezentrale die BMA und zeigt Fehler auf.

Die Steuereinrichtungen der BMA regulieren Rauch- und Wärmeabzüge, schließen Brandschutztüren und lösen Löschanlagen aus.

Für BMA steht eine Vielzahl von Brandmeldesensoren zur Verfügung, die zum Teil über deutlich unterschiedliche Eigenschaften verfügen und daher für verschiedene Einsatzbereiche Anwendung finden.

Grundsätzlich werden vier gebräuchliche **Melderaten** unterschieden:

- **Rauchmelder** (Ionisationsrauchmelder und optischer Rauchmelder),
- **Wärmemelder** (Thermomaximalmelder oder Thermodifferentialmelder) sowie
- **Rauchgasmelder** (chemische Melder) und
- **Flammenmelder** (Infrarotflammenmelder und Ultraviolettflammenmelder).

Welche Melder eingesetzt werden, hängt letztlich von der erwarteten Art der Verbrennung und den Umgebungsbedingungen ab, also ob voraussichtlich mit Rauchentwicklung, Brandgasen, Wärmestrahlung oder Temperaturanstieg zu rechnen ist (Abbildung 37).

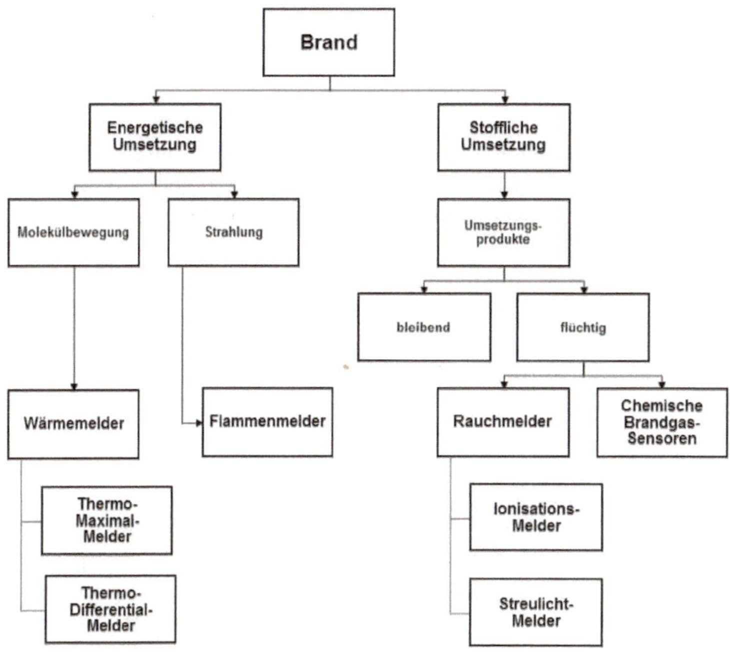

Abbildung 37: Brandkenngrößen und deren Detektion [Pfeiffer].

9.2.2.3.1 Rauchmelder

Rauchmelder sind die am häufigsten eingesetzten Brandmelder. Sie werden unterschieden in **Ionisationsmelder, Streulichtmelder** und **Durchlichtmelder**. Streulichtmelder (optischen Rauchmelder) eignen sich für die Erkennung von Bränden, in denen überwiegend große Rauchpartikel erzeugt werden wie z. B. bei Schwelbränden. Dagegen eignen sich Ionisationsmelder (I-Melder) für die Erkennung von Rauchpartikeln kleiner Größe, die bei offenen Bränden entstehen.

a) Streulichtmelder

- Bei dem **optischen Rauchmelder** (Streulichtmelder) arbeitet der Sensor nach dem Streulichtverfahren, d. h. eine Leuchtdiode sendet Licht in die Messkammer, das von der Labyrintstruktur des Melderaufbaus jedoch absorbiert wird. Im Brandfall tritt Rauch in die Messkammer ein. Das Licht wird an den Rauchpartikeln gestreut und trifft auf die Photodiode, die die Lichtmenge in ein elektrisches Signal umwandelt und von der Auswerteeinheit erkannt wird.
- Ein Problem für den Anwender sind die **Falschalarme**, die verursacht werden durch Dampf, Staub, Insekten, Zigarettenrauch u. a.

b) Ionisations-Rauchmelder

- Ein **Ionisations-Rauchmelder,** der auf Verbrennungsprodukte anspricht, die den Ionisationsstrom im Melder beeinflussen können (Definition lt. Norm DIN EN 54–1), wertet Rauch als Kenngröße aus. Hierbei spricht er auf die kleinsten Konzentrationen sichtbaren und unsichtbaren Rauchs an. In einer Messkammer werden durch einen radioaktiven Strahler Ionen erzeugt und in einem elektrischen Feld ausgerichtet und beschleunigt. Dadurch fließt ein messbarer Strom. Dringen nun Rauchaerosole/-partikel in die Messkammer ein, lagern sich die Ionen an diese an. Der Strom, der durch die Ionisationskammer fließt, nimmt ab und die Veränderung kann gemessen werden.
- Zur Verringerung von **Falschauslösungen** verfügen I-Melder über eine zweite Messkammer, die Referenzkammer. In diese kann kein Rauch eindringen, wodurch bei den Messergebnissen zwangsläufig ein Unterschied entsteht und ausgewertet wird.

c) Durchlicht-Rauchmelder

- Der **Durchlicht-Rauchmelder** ist eine der neueren Entwicklungen auf dem Brandmeldesektor, und es ist zu erwarten, dass aufgrund seiner Eigenschaften der Einsatz radioaktiver Ionisations-Rauchmelder reduziert werden kann. Die Durchlichtmelder arbeiten nach zwei Detektionsmethoden; der Messung von Streulicht und der Extinktion (Schwächung von Strahlung durch Absorption und Streuung in einem Medium).
- Die **Arbeitsweise** stellt sich wie folgt dar: Der von einer Lichtquelle ausgehende Lichtstrahl wird gebündelt und über eine Mess-Strecke auf den Photoempfänger gelenkt. Bei rauchfreier Messzone liegt daher am Ausgang des Fotoempfängers ein Signal an. Dringt nun Rauch in den Raum zwischen Sender und Empfänger ein, dann wird die Intensität des Lichtstrahles geschwächt und das Signal verringert sich proportional zur Rauchdichte. Die Durchlicht-Messkammer verfügt über einen mit der Umgebung in Verbindung stehenden Rauchmesskanal und einen abgeschotteten Referenzmesskanal. Hierdurch ist es möglich, Veränderungen der Optik, der Lichtleistung und Verschmutzung zu kompensieren, sodass der Melder über seinen ganzen Einsatzzeitraum über eine gleichbleibende Empfindlichkeit verfügt.

- Durch eine nachgeschaltete **Auswertelogik** wird die Täuschungsalarmrate erheblich reduziert.

d) Rauchgassensoren

- **Rauchgassensoren** werden auch **chemische Gassensoren** genannt und in der Messtechnik (z.B. im Kraftfahrzeug) bereits seit einiger Zeit eingesetzt. Der Gassensor detektiert definierte, im Verbrennungsvorgang entstehende Gase, hauptsächlich das entstehende Kohlenmonoxyd (CO), aber auch Wasserstoff (H) und Stickstoffmonoxyd (NO). In einigen Meldern kommen auch mehrere Sensoren zur Anwendung.

Hinweis

Für den Umgang mit Ionisationsmeldern müssen wegen der verwendeten radioaktiven Präparate strenge **Strahlungsschutzvorschriften** eingehalten werden. Deshalb bringt der Einsatz dieser Melder gewisse Schwierigkeiten in der Akzeptanz und in der Handhabung mit sich. Aus diesem Grund wird der Einsatz von Streulichtmeldern für die Brandfrüherkennung bevorzugt. Rauchmelder nach dem Streulichtprinzip sprechen schon auf geringste Mengen Rauch an. Rauchmelder nach dem Ionisationsprinzip erfassen schon im frühesten Stadium eines Brandes Aerosole, von denen der größere Teil unsichtbar ist. Rauch- und Aerosolentwicklung hängen stark vom brennbaren Stoff ab.

9.2.2.3.2 Flammenmelder

Flammenmelder reagieren auf den Infrarot- oder Ultraviolettanteil einer Flamme und sind deshalb für Schwelbrände wenig geeignet. Sie können nur offene Feuer, bei denen der Schwelvorgang beendet ist, erkennen. Flammenmelder beruhen auf dem Prinzip, dass jedes offene Feuer mit einer typischen Flackerfrequenz brennt und dabei Strahlungen im infraroten (IR) Bereich sendet. Daraus resultiert die Bezeichnung **Infrarotflammenmelder**.

- **Aktive** Infrarotflammenmelder arbeiten wie eine IR-Lichtschranke: Flammen (wie auch Rauch) verändern den Infrarotstrahl, der am Empfänger ankommt, und lösen somit den Alarm aus.
- **Passive** Infrarotflammenmelder reagieren auf die infrarote Strahlung der Flammen, die von einer Fotodiode aufgenommen werden. Damit es keine Verwechslung mit einer Wärmequelle gibt, ist der Melder für eine bestimmte Frequenz („Flackersignal") ausgelegt.
- Der **Ultraviolett-Flammenmelder** ähnelt in der Funktionsweise dem passiven Infrarotflammenmelder, reagiert jedoch auf das ultraviolette Licht der Flammen.

9.2.2.3.3 Wärmemelder (Thermische Melder)

Wärmemelder lösen Alarm aus, wenn sie eine bestimmte Temperaturerhöhung registrieren. Zu ihnen gehören zwei Gruppen: Wärmemaximal- und Wärmedifferentialmelder.

- Die Melder nach dem **Wärmemaximalprinzip** lösen bei Erreichen einer bestimmten – vorher eingestellten – Temperatur Alarm aus (z.B. 75 °C).
- Melder nach dem **Differentialprinzip** reagieren auf einen vorher eingestellten Temperaturanstieg pro Zeiteinheit (z.B. 2 °C/Min.).

Aufgrund ihrer unterschiedlichen bzw. teilweise sich überlappenden Einsatzgebiete werden Wärmemelder mit Rauchmeldern kombiniert. In **Mehrsensor-Meldern** sind verschiedene Detektionsprinzipien in einem Meldergehäuse integriert, z. B.

- optisch für Rauch,
- thermisch für Wärme und
- chemisch für Gas.

Durch die Verknüpfung der Sensoren kann dieser Melder auch dort eingesetzt werden, wo durch Umfeldeinflüsse (Staub, Dampf, leichter Rauch usw.) sonst mit einer erhöhten Fehlalarmrate zu rechnen ist.

9.2.2.2.4 Feuerwehr-Bedienfeld und Feuerwehrschlüsseldepot

Ein **Feuerwehr-Bedienfeld (FBF)** ist eine genormte **Zusatzeinrichtung für Brandmeldeanlagen** mit einer Übertragungseinrichtung zur Feuerwehr (Abbildung 38). Die zuständige Feuerwehr besitzt einen Schlüssel zum Bedienfeld. Die genormte Gestaltung der Anzeige- und Bedienelemente ermöglicht dem Einsatzpersonal, wesentliche Anlagenzustände rasch zu erkennen und bestimmte Bedienschritte unverzüglich einzuleiten. Wichtig ist:

- Das FBF muss nach **Absprache** mit der zuständigen **Feuerwehr** angebracht werden.
- Das FBF muss im selben Raum und in **unmittelbarer Nähe** der **BMZ** montiert werden.
- Das FBF muss jederzeit **frei zugänglich** und, falls erforderlich, durch ein Hinweisschild **gekennzeichnet** sein.
- Das FBF muss so **beleuchtet** sein, dass es einwandfrei lesbar ist (eine im Raum vorhandene Notbeleuchtung muss auch das Bedienfeld des FBF ausleuchten.)
- Der Einbau in die BMZ oder in einen geeigneten Schrank ist nur zulässig, wenn der Zugang zu den Bedienelementen und eine **freie Sicht auf die Anzeigeelemente** jederzeit gewährleistet sind.
- Ein Pulteinbau (z. B. im Schreibtisch, Leitstand o. Ä.) ist **nicht zulässig**.

Ein **Feuerwehrschlüsseldepot (SD)** wird von den Feuerwehren gefordert, wenn sich in einem Objekt, das nicht ständig personell besetzt ist, eine BMA befindet und diese auf die Feuerwehr aufgeschaltet ist.

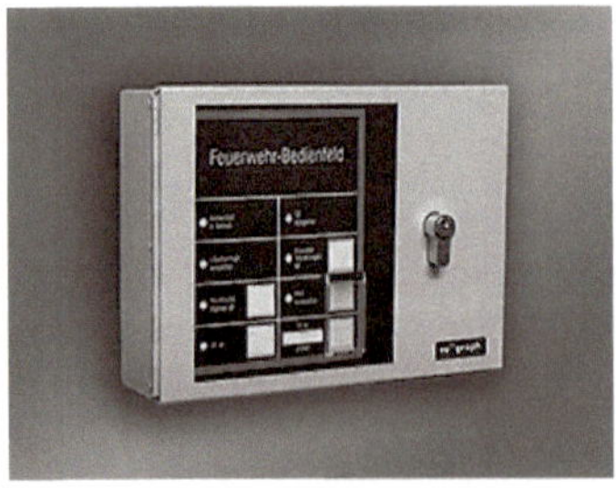

Abbildung 38: Feuerwehr-Bedienfeld (FBF) nach DIN 14661 [Regraph].

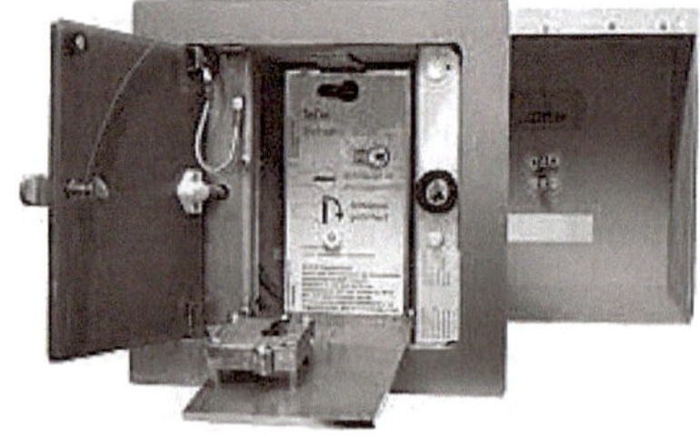

Abbildung 39: Feuerwehrschlüsseldepot/ Feuerwehrnotschlüsselkasten [Setec].

Ein elektrisches Verriegelungselement hält die Außentür verschlossen. Der Objektschlüssel befindet sich im SD hinter der Innentür, die nur mit einem Feuerwehr-Hauptschlüssel geöffnet werden kann. Bei Alarmmeldung durch die BMZ wird die Außentür entriegelt und kann von der alarmierten Feuerwehr geöffnet werden. Der Einsatzleiter öffnet mit dem Feuerwehr-Hauptschlüssel die Innentür, gelangt an den Objektschlüssel und erhält so Zutritt zu den Gebäuden. Ohne Entriegelung durch die BMZ ist auch mit dem Feuerwehr-Hauptschlüssel kein Zugang zum Objektschlüssel möglich (Abbildung 39).

An BMZ können **Signalgeber** für eine örtliche Alarmierung über Steuerkoppler angeschaltet werden. Bei allen akustischen Signalgebern muss ein Tongenerator integriert sein. Die Signalgeber können abgeschaltet, manuell ausgelöst oder nach Auslösung zurückgesetzt werden. Es können akustische und optische Signalgeber (Blitzleuchte/Rundumkennleuchte) angeschaltet werden.

9.2.2.4 Überfallmeldeanlage

Eine Überfallmeldeanlage (**ÜMA**) dient dem **direkten Hilferuf** von Personen bei einem Überfall. Sie hat die Aufgabe, durch Alarmauslöser und Überfallmelder ausgelöste Meldungen auszuwerten und weiterzuleiten. ÜMA können eigenständig existieren oder in eine Einbruchmeldeanlage eingebunden sein. In jedem Fall darf die ÜMA vom Betreiber nicht abschaltbar sein. Eine ausgelöste Meldung darf vom Betreiber nicht rückstellbar sein. Der Einsatz von externen Signalgebern zur Alarmierung ist nicht zulässig. Stattdessen wird eine Alarmweiterleitung zur Polizei empfohlen (stiller Alarm). Eine örtliche Alarmierung darf nicht erfolgen, damit z.B. die Angestellten und Kunden einer Bank nicht durch eine Kurzschlusshandlung des Täters gefährdet werden.

Überfallmelder müssen mehrfach auslösbar sein. Dauerbetätigung, Leitungskurzschluss und -bruch dürfen nicht zur selbsttätigen Alarmwiederholung führen.

In Kassenbereichen werden **Geldscheinkontakte** eingesetzt. Diese lösen dann aus, wenn ein zwischen den federbelasteten Kontakten eingeklemmter Geldschein herausgezogen wird.

Kontaktflächen und **Tretleisten** dienen ebenfalls der unauffälligen Alarmauslösung. In einem fest installierten sowie einem beweglichen Bauteil der „Leiste“ sind Magnetkontakte enthalten. Wird die Leiste betätigt, löst die Veränderung des Magnetfeldes den Alarm aus.

In Kassen werden auch **Notrufcodierungen** eingesetzt. Wird der einprogrammierte Zahlencode gedrückt, erfolgt die Alarmauslösung.

9.2.3 Einrichtungen für die Ein- und Ausgangskontrolle

9.2.3.1 Pforte

Pforten werden für die **Ein- und Ausgangskontrolle** von Personen, Gütern und Fahrzeugen in den Übergangsbereichen vom Betriebsgelände zum öffentlichen Bereich eingerichtet. Entsprechend der betrieblichen Erfordernisse ist die Ausgestaltung, personelle Besetzung und technische Ausstattung einer Pforte zu wählen. Pfortenbereiche sollten, nicht nur aus Gründen der Verkehrssicherheit, unterteilt werden in **Durchfahrtsbereiche** und **Durchgangsbereiche**.

Durchfahrtsbereich

Fahrzeugeinfahrten befinden sich häufig unmittelbar auf der Grundstücksgrenze zwischen öffentlichem und nichtöffentlichem Verkehrsbereich. Für die Durchführung von Fahrzeugkontrollen bei der Ein- bzw. Ausfahrt sind Stauräume außerhalb der eigentlichen Verkehrsflächen zweckmäßig. Kontrollbereiche sollten gegen Witterungseinflüsse geschützt und ausreichend beleuchtet sein.

Eine **Beschilderung** mit den Hinweisen auf die im Betriebsgelände geltenden Verkehrsvorschriften und Geschwindigkeitsregelungen ist bei größerem Verkehrsaufkommen erforderlich, da im **nichtöffentlichen** Verkehrsraum die Vorschriften der Straßenverkehrsordnung nicht gelten. Aufgrund der berufsgenossenschaftlichen Vorschriften müssen **Anweisungen** (DGUV-V 70, bisher BGV D29, Fahrzeuge) für den Fahrzeugverkehr getroffen werden. Der Hinweis an der Werkseinfahrt *„Im Betriebsgelände gilt die Straßenverkehrsordnung!“* ist falsch, da es sich um „nichtöffentlichen“ Verkehrsraum handelt.

Durchgangsbereich

Für den Durchgangsbereich von Personen ist es zweckmäßig, diesen nochmals für den Durchgang von **Betriebsangehörigen** und **Betriebsfremden** zu trennen, wenn die Betriebsangehörigen über Mitarbeiterausweise verfügen. Häufig befinden sich im Pfortenbereich Wartezonen für Besucher und Betriebsfremde.

Zur Vereinfachung von Kontrollmaßnahmen und Erleichterung bei der Kontrolldurchführung können Pforten durch technische Einrichtungen, wie automatische Zugangsberechtigungskontrollen, ergänzt werden.

Im Pfortenbereich sollten Räume für die Sicherheitstechnik und die Durchführung von Taschenkontrollen ebenso vorhanden sein wie Behältnisse zur Aufbewahrung von mitgebrachten Gegenständen (Fotoapparate/Geschäftsunterlagen/Gepäck).

Empfangsbereiche haben oftmals die gleichen funktionalen Anforderungen wie Pforten abzudecken und sollten daher entsprechend ausgestattet sein.

Werden Personeneingänge automatisiert freigegeben, so ist es erforderlich, entsprechende Maßnahmen zur **Personenvereinzelung** zu treffen. Neben der Freigabe elektrisch verschlossener Türen können dies auch Drehtüren, Drehkreuze oder Vereinzelungsschleusen sein.

Hinweis

In Abhängigkeit zu den Schutzzielen, dem jeweiligen Einsatzort (bauliche Gegebenheiten) sowie der Funktion muss die richtige Auswahl der **Personenvereinzelung** getroffen werden. Im Außenbereich werden andere Vereinzelungsanlagen zum Einsatz kommen als beim Zugang zu „Hochsicherheitszonen“ im Innenbereich.

a) Vereinzelungsschleuse

Vereinzelungsschleusen (Abbildung 40) werden in besonders **sicherheitssensible Bereiche** eingebaut (z. B. Kassenraum, EDV-Raum). Zusammen mit einem frei wählbaren Zutrittskontrollsystem bietet die Personenschleuse eine hohe Sicherheit bei einer Durchgangskapazität von ca. 300 Personen pro Stunde.

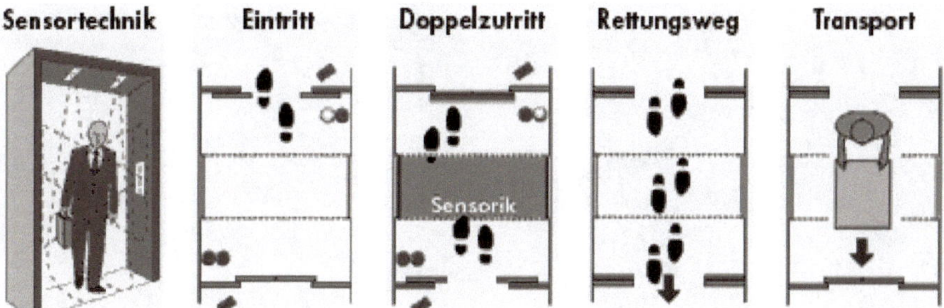

Abbildung 40: Vereinzelungsschleuse Sensor Save Hammer [Gunnebo].

Neben der Personenvereinzelung werden an diese Schleusen noch drei weitere wichtige Anforderungen gerichtet: **Transportdurchgang**, **Brandschutz** und **Fluchtwegeignung**.
In der Grundstellung ist die Schleuse innen und außen geschlossen. Durch Impuls des Zutrittskontrollsystems öffnet sich die äußere Tür und gibt den Zutritt frei. Sobald eine Person in die Schleuse eingetreten ist, wird die Außentüre geschlossen und die Innentür geöffnet; der Zugang zum Innenraum ist frei. Wenn die Person die Schleuse verlassen hat, wird die Innentür wieder geschlossen. Der Ausgang geschieht analog. Bei Stromausfall oder einer anderen Störung kann sich die eingeschlossene Person selbstständig mit einem Handgriff nach außen befreien. Durch den Einsatz von verschiedenen **Sensoren** wird gewährleistet, dass eine tatsächliche Personenvereinzelung stattfindet.

b) Sensorschleuse

Bei einem hohen Personenaufkommen sind Sensorschleusen (Abbildung 41) eine wirkungsvolle Lösung, da diese den Durchgang so lange frei geben, bis eine durchgehende Person sich nicht legitimieren kann. Die ausgeklügelten Sensorsysteme erkennen Bewegungen und verhindern ein nicht autorisiertes Passieren.

c) Sicherheits-Drehtür

Sicherheits-Drehtüren werden eingebaut, um den Zutritt zu regeln. Zusammen mit einem frei wählbaren Zutrittkontrollsystem gibt diese Türart die Gewähr, dass keine unerwünschten Besucher eintreten können. Trotzdem ermöglicht die Sicherheits-Drehtür eine relativ hohe Durchgangskapazität von 600–1.200 Personen pro Stunde je nach Ausführung.

d) Drehkreuz

Drehkreuze (Abbildung 42) sind rotierende Eingangs- bzw. Ausgangssperren, die so steuerbar sind, dass sie nur temporär in einer Durchgangsrichtung begehbar sind. Durch den Einsatz von Drehkreuzen kann die Zutrittsberechtigungsprüfung automatisiert erfolgen und somit zu einer Verringerung des Personalaufwandes an der jeweiligen Position führen.

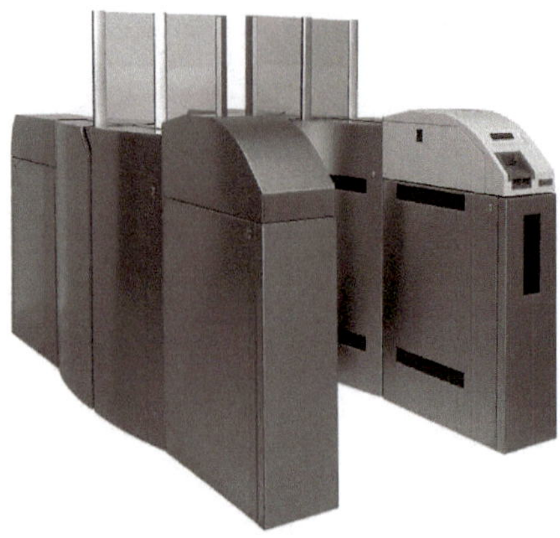

Abbildung 41: Sensorschleuse und Drehsperre [Automatic systems].

Abbildung 42: Drehkreuzanlage [HammerGunnebo].

9.2.3.2 Tore

Toranlagen dienen dem Verschluss des Betriebsgeländes gegenüber dem öffentlichen Bereich und werden normalerweise in Verbindung und Gleichwertigkeit mit der Zaunanlage eingerichtet. Es ist nicht zweckmäßig, Toranlagen unmittelbar auf der juristischen Grundstücksgrenze zu errichten, weil dadurch kein Vorfeld für weitere Sicherungsmaßnahmen mehr besteht. Toranlagen können aus **Fahrbahntoren** und **Durchgangstüren** bestehen. Hinsichtlich der Zugangsmöglichkeiten im Brandfall können Anforderungen durch die Feuerwehr bestehen, eine Feuerwehrschließung einzusetzen.

a) Flügeltor

Flügeltore werden in ein- oder zweiflügeliger Ausführung eingesetzt. Es ist dabei zu berücksichtigen, dass die Feststell- und Schließeinrichtungen von außen nicht angegriffen werden können. Flügeltore sollten nach außen öffnen, um sie im Bedrohungsfall (durch den Druck von außen) leichter schließen zu können.

Flügeltore werden sowohl mit manuellem als auch elektrischem Antrieb, mit Schubstangenantrieb oder Kniegelenkantrieb hergestellt. Neben den erforderlichen elektrischen Bedienelementen werden vorgeschriebene Sicherheits- und Steuerungseinrichtungen eingebaut. Steuerungsmöglichkeiten sind u. a.: Funkbedienung, automatisches Öffnen und Schließen, Codekarten-Steuerung, Gegensprechanlage, Videoüberwachung, Zeitschaltuhren, Induktionsschleifen, Lichtschranken.

b) Schiebetor

Zur Überbrückung großer Fahrbahnbreiten können Schiebetore (Teleskoptore oder Rollenschiebetore) eingesetzt werden (Abbildung 43). Je nach Ausführung können nur noch geringe Sicherheitsanforderungen realisiert werden. Das Teleskoptor stellt eine Alternative zum freitragenden Schiebetor dar, wenn es um Lösungen mit beengten Platzverhältnissen geht.

c) Versenktor

Das Versenktor (Abbildung 44) bietet sich als Lösung an, wenn die Platzverhältnisse oder die architektonischen Ansprüche keine andere, weniger aufwendige Lösung zulassen.

d) Schrankenanlage

Schrankenanlagen sind breit einsetzbar. Sie eignen sich für Zugangskontrolle an Werks- und Behördeneinfahrten, Parkplätze, Verkehrsmanagement, Zugangskontrolle an Flughäfen, Zugangskontrolle an Sport- und Freizeiteinrichtungen, Stadien, Großveranstaltungen.

Die Schranken sind elektrisch angetrieben und können manuell oder durch automatische Ausweisleser gesteuert werden. Eine verstärkte Schranke bietet Schutz gegen Vandalismus und unerlaubte Durchfahrt.

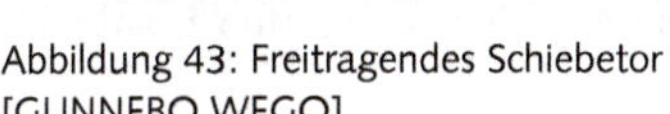

Abbildung 43: Freitragendes Schiebetor [GUNNEBO WEGO].

Abbildung 44: Versenktor [Kauffmann Toranlagen].

9.2.3.3 Zutrittsberechtigungskontrollsysteme

Die **Zutrittsberechtigungskontrolle** schützt vor unerlaubten Zutritten und ermöglicht, schnell und flexibel auf sich ändernde Situationen einzugehen.

Ausgehend vom Sicherheitskonzept des Objekts erfolgt die Einteilung danach, **WER**, **WANN**, **WO** und **WIE** Zutritt zu den kontrollierten Bereichen hat. Die definierten Sicherheitsbereiche werden im Zutrittskontrollsystem (**ZKS**) abgebildet und mit den darin enthaltenen Durchgängen ergänzt. Für jede Personengruppe wird ein Profil (Raum- und Zeitzonen) definiert, das den Zutritt zu verschiedenen Bereichen zeitlich limitiert.

Optionale **Anforderungen** an ZKS können u. a. sein: Ausweisverwaltung, Besucherverwaltung, Alarmerweiterungen (z. B. Türoffenalarm), Ausweiserstellung, Online-Schlüsselausgabesysteme, Parkplatzverwaltung, SAP-Integration, aber auch Mandantenfähigkeit, einfache Verwaltung und Auswertung aller zutrittsbezogenen Daten, zentraler Personenstamm mit Bild, individuelle Vergabe persönlicher Zutrittsrechte, Liftsteuerung, zeitprofilgesteuerte Freischaltung von Durchgängen durch Ersteintritt aktivierbar/deaktivierbar.

Gelegentlich werden ZKS in Verbindung mit Zeiterfassungs- oder Betriebsdatenerfassungssysteme eingerichtet oder jedoch über einen einheitlichen Ausweis (Werkausweis) benutzt.

Hinweis:

Neben den beschriebenen ZKS (Online-Anlagen) können zur Steuerung einzelner Türen ZK-Terminals auch stand-alone betrieben werden. In einer solchen Anwendung sind die relevanten Daten nicht in einem Zentralrechner, sondern direkt im Lesegerät am jeweiligen Zugang hinterlegt. Der Vorteil liegt darin, dass wegen der fehlenden Netzwerkinfrastruktur die Kosten geringer sind. Nachteil ist, dass kein zentrales Datenmanagement erfolgen kann, d. h. Berechtigungen müssen am jeweiligen Terminal eingegeben werden.

Ein Zutrittskontrollsystem besteht im Prinzip aus

- der ZK-Zentrale mit entsprechender Verwaltungssoftware,
- den ZK-Terminals (z. B. Ausweislesern, biometrische Leseeinrichtungen),
- den Türsteuerungseinrichtungen/Freigabeeinrichtungen für Drehsperren/Schranken,
- dem Datenpflegeterminal,
- den Ausweisen und Transpondern sowie
- der Stromversorgung und der Systemverkabelung.

Die **Datenübermittlung** zwischen der ZK-Zentrale und den ZK-Terminals erfolgt grundsätzlich auf dafür geschalteten Leitungswegen. Bei großen Unternehmen oder Unternehmen mit Filialbetrieben gelangen zunehmend auch Netzwerklösungen zum Einsatz. Hierbei erhalten die angeschlossenen Terminals eine eigene IP-Adresse und sind damit innerhalb eines Netzwerkes erreichbar. Browserbasierte Datenpflegeplätze lassen sich so abhängig von lokalen Anforderungen einrichten und können gleichzeitig von verschiedenen Standorten (z. B. Pforte, Sicherheitszentrale) auf die Zentrale zugreifen.

9.2.3.3.1 Ausweiskarten

Das Angebot an **Ausweiskarten** ist mittlerweile recht weit gestreut und deckt die sicherheitsrelevanten Belange gut ab. Durch die rapide Entwicklung der berührungslosen Chipausweise sind die früher oft verwendeten Ausweistypen, wie Magnetkarte oder Induktivausweis, stark rückläufig in der Anwendung. Neben den nachfolgend genannten Ausweistypen gelangen zunehmend auch Badge-Systeme auf den Markt, die sich im Bereich der Kfz-Technik bereits als Ersatz für den Fahrzeugschlüssel bewährt haben und auch im Logistiksektor als RFID-Tags einem Massenmarkt entgegensehen. Diese Ausweise, auch Transponder genannt, werden oftmals in Verbindung mit elektronischen Schließsystemen, autark oder in Verbindung mit einem Schlüssel angeboten.

Kriterien für die **Auswahl** von **Ausweisen** können sein:

- es wird eine „Hauptanwendung“ benötigt: Zutrittsberechtigung/-Zeiterfassung,
- es sind weitere Anwendungen wie Tankkarte, Parkhausabrechnung, Gästerestaurant, Automatensysteme, usw. vorgesehen,
- die Herstellungskosten (Grundkarte, Personalisierung/Beschriftung, Codierung),
- die Herstellung und Codierung (in Eigenverantwortung oder Dienstleistung),
- die Anforderungen des jeweiligen Systemherstellers (weil dieser ggf. nur bestimmte Ausweistypen, z. B. LEGIC verarbeiten kann),
- die Kombinationsmöglichkeiten mit Fremdsystemen bzw. Biometrielesern,
- die Verwendung für Mehrfachcodierungen, für erhöhte Sicherheitsanforderungen.

Berührungslose Ausweise werden vorwiegend für Zutrittskontrollen und Zeiterfassung verwendet. Eine entsprechende Datenstruktur ermöglicht eine erweiterte Nutzung, z. B. für die Kantinendatenerfassung oder für den öffentlichen Nahverkehr. Die nachfolgenden Ausweisgruppen werden nach der Art und Weise der Codierung unterschieden.

a) **Chip-Karte**

Die Chip-Karte (kontaktbehaftet) hat den Vorteil, große Datenmengen sicher zu speichern (z. B. als Krankenkarte). Daher ist sie vielseitig einsetzbar. Ein Einsatz für Zutritt und Zeiterfassung ist jedoch nicht sinnvoll, da durch häufiges Benutzen schnell Verschleißerscheinungen an den Kontaktflächen entstehen. Daneben gibt es kontaktlos arbeitende Chipkarten.

b) **Kombiausweise**

Kombiausweise sind eine „Karte für alles“ – unabhängig von der Lesetechnologie. Kombiausweise werden höchsten Ansprüchen an Fälschungssicherheit und Wirtschaftlichkeit gerecht. So kann mit einem Ausweis Zeit und Zutritt gewährt und gleichzeitig über Chip in der Kantine bezahlt werden. Auch bei einem Parallelbetrieb unterschiedlicher Leseverfahren, z. B. bei einer Umstellung von einem Ausweissystem auf ein anderes, ermöglicht ein Kombiausweis Buchungen an allen Terminals.

Es lassen sich für umfangreiche Anwendungen bzw. verschiedene Parteien in einem gemeinsamen Objekt kontaktlose und kontaktbehaftete Speichermedien kombinieren und einsetzen. Weiterhin besteht auch die Möglichkeit, diese Hybrid-Chipkarte zusätzlich mit einem Magnetfeld oder Unterschriftenfeld auszustatten.

c) **Magnetstreifen-Karte**

Die Magnetstreifen-Karte ist universell einsetzbar und wird weltweit genutzt. Gelesen wird die Magnetstreifen-Karte im Durchzug-, Einzug- oder Einsteckleser. Damit erhöht sich der Verschleiß durch mechanischen Abrieb. Außerdem kann sie leicht kopiert werden. Für den Zutritt ist sie nur bedingt einsetzbar und sollte für Sicherheitsanwendungen nicht eingesetzt werden.

d) **Transponder**

Ein Transponder (Abbildung 46) ist ein – meist drahtloses – Kommunikations-, Anzeige- oder Kontrollgerät, das eingehende Signale aufnimmt und automatisch darauf antwortet. Der Begriff Transponder ist zusammengesetzt aus den Begriffen Transmitter und Responder. Transponder können passiv oder aktiv sein.

- Unter **passiven** Transpondern versteht man Systeme, die zur Kommunikation und zur Abarbeitung interner Prozesse benötigte Energie ausschließlich aus dem Feld der Schreib-/Leseeinheit beziehen. Sie arbeiten also eigenenergielos.
- **Aktive** Systeme verfügen dagegen über eine eigene Energieversorgung oft in Form einer Batterie. Dadurch sind mit aktiven Transpondern nicht nur größere Kommunikationsreichweiten möglich, auch die Verwaltung größerer Datenspeicher bzw. der Betrieb integrierter Sensorik wird realisierbar.

Der Transponder besteht aus einem Mikrochip als Datenträger, der mit einer Antenne verbunden ist. Die Daten können **per Funk** ausgelesen und geschrieben werden, wobei kein Sichtkontakt zwischen dem Transponder und dem Lesegerät bestehen muss. Die Technologie entspricht etwa der Technik von berührungslosen Ausweissystemen. Hier befinden sich die Chips jedoch nicht innerhalb einer Ausweiskarte, sondern in einem Badge.

Hinweis

RFID steht für „Radio Frequency IDentification". Bei der RFID-Technik geht es um die automatische Identifikation per Funkübertragung. Ein RFID-System besteht immer aus einem Transponder (Datenträger), mit einem Lesegerät und einer Antenne, wobei die Antenne auch im Lesegerät integriert sein kann. Die Spannungsversorgung kann durch eine integrierte Spannungsquelle oder durch die Spannungsversorgung im Funkfeld erfolgen.

e) **Induktivausweis**

Der Induktivausweis zeichnet sich durch seine Robustheit und einfache Handhabung aus. Verschmutzung und Feuchtigkeit schaden ihm nicht. Durch seine sehr hohe Fälschungssicherheit eignet er sich auch für Zutrittskontrollen im Hochsicherheitsbereich. Preislich ist dieser Ausweis jedoch eher im oberen Bereich anzusiedeln, da aufwendig in der Herstellung.

f) **Infrarot-Ausweis**

Der Infrarot-Ausweis zeichnet sich ebenfalls durch eine hohe Robustheit und einfache Handhabung aus. Verschmutzung und Feuchtigkeit hält er aus. Im Ausweiskern ist eine infrarotdurchlässige Folie mit der Ausweiskodierung eingeschweißt. Durch seine sehr hohe Fälschungssicherheit eignet er sich auch für Zutrittskontrollen im Hochsicherheitsbereich. Preislich ist dieser Ausweis jedoch eher im oberen Bereich anzusiedeln, da aufwendig in der Herstellung. Beide Ausweise finden jedoch in der Praxis keine Anwendung mehr und werden nur noch begrenzt angeboten.

g) **Ausweisleser**

Ein Ausweisleser (Abbildung 47) bestimmt die Geschwindigkeit des Lesevorganges (Durchzugsleser für Magnetkarten schneller als ein Einzugsleser an einem Bankautomaten). Es werden für ZK-Anwendungen grundsätzlich folgende Leserarten verwendet:

- **Einsteckleser**: Der Ausweis wird in den Leser gesteckt.
- **Durchzugsleser**: Die Karte (z. B. der Magnetstreifen) wird manuell in einer Führung am Lesekopf vorbeigezogen.
- **Einzugsleser**: Ein Motor zieht den Ausweis zum Lesen ein und gibt diesen nach Ende des Lesevorganges wieder aus.
- **Vorhalteleser**: Der Ausweis bzw. Transponder wird in einer entsprechenden Entfernung in den Antennenbereich des Lesers gehalten. Die Entfernung richtet sich nach dem Ausweissystem und der Leseantennen und kann von 2 cm bis zu 1,8 m reichen.

Abbildung 45: Muster von kontaktlosen Chipkarten [ID Ausweissysteme].

Abbildung 46: Transponder, kontaktloser Schlüssel mit RFID-Chip [Plasticard Dresden].

Abbildung 47: LEGIC-Ausweisleser mit PIN (UP-Ausführung) [Kaba].

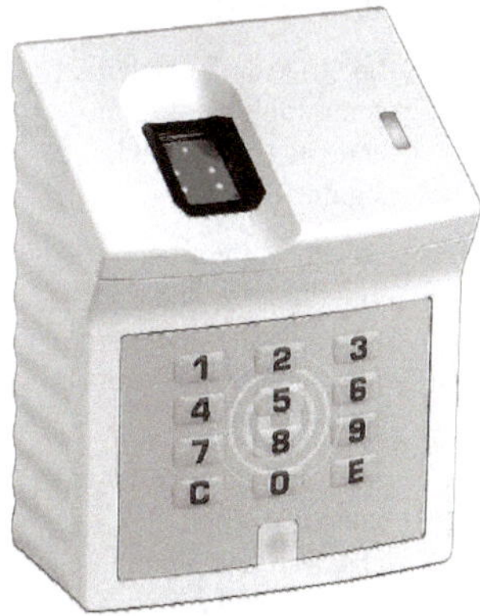

Abbildung 48: Fingerprintleser mit berührungslosem Ausweisleser [phg Peter Hengstler].

9.2.3.3.2 Biometrische Systeme

Zur Erhöhung der Sicherheit finden zunehmend **biometrische Systeme** Verwendung. Als biometrische Erkennungszeichen kommen eine Reihe von Körper- und Verhaltensmerkmalen in Frage. Am weitesten verbreitet ist die „Kontrolle" per **Fingerabdruck**. Unverwechselbar sind auch die Netzhaut des **Auges** sowie verschiedene Aspekte des Körperbaus wie z. B. die Geometrie der **Hand**. Alle biometrischen Messverfahren funktionieren nach demselben Grundprinzip:

- Personalisierung: Das „System" lernt den Benutzer kennen, indem es seine Merkmalstruktur analysiert.
- Biometrische Muster werden von dem zu identifizierenden Merkmal erzeugt. Dazu vermessen Scanner und Computer Gesicht, Augenhintergrund, Iris, Stimme, Finger oder die ganze Hand bzw. Handvenen.
- Reduzierte Messergebnisse („Templates"): Das „System" speichert nicht komplette Bilder, sondern nur ausgewählte Merkmale. Als sog. Templates gespeichert, dienen diese künftig als Vergleichsmuster, wann immer der Mensch sich (per Fingerabdruck oder Stimme) ausweisen soll.

Ein **Fingerprintleser** (Abbildung 48) erfasst die biometrischen Merkmale des aufgelegten Fingers und wird häufig in Verbindung mit einem berührungslosen Ausweis oder PIN eingesetzt. Da Möglichkeiten der Manipulation erkannt wurden, werden zusätzliche Kriterien, wie z. B. Lebenderkennung geprüft.

Anforderungen an biometrische Eigenschaften sind Unveränderbarkeit, Einzigartigkeit, Erfassbarkeit, Reduzierbarkeit, Zuverlässigkeit, Akzeptanz und Datenschutz.

Eine Übersicht der biometrischen Identifizierungsmerkmale mit den zugehörigen Vor- und Nachteilen ist in der nachfolgenden Tabelle dargestellt.

Verfahren	Erläuterung	Vor- und Nachteile
Hand	Geräte erfassen die Abmessungen der Finger und die Dicke der Hand oder liefern ein Venenbild.	**Vorteil**: Schon seit mehr als zehn Jahren erfolgreich im Einsatz. **Nachteil**: Die geometrischen Abmessungen von menschlichen Händen unterscheiden sich nicht genügend.
Netzhaut	Die Struktur der Netzhaut wird mittels eines ungefährlichen Laserstrahls abgetastet.	**Vorteil**: Sehr fälschungssicher und niedrige Falscherkennungsraten von bis zu 1 zu 1.000.000. **Nachteil**: Ängste der Benutzer, die Augen mittels Laser abtasten zu lassen.
Iris	Die Iris liegt vor dem Augenhintergrund und kann mit einer Standardvideokamera aufgenommen werden.	**Vorteil**: Sehr fälschungssicher und im Masseneinsatz erprobt (Flughafen Frankfurt). **Nachteil**: Akzeptanzprobleme, da häufig mit Netzhautscan verwechselt.
Fingerabdruck	Fingerabdrücke sind von Mensch zu Mensch unterschiedlich und eignen sich hervorragend zur physiologischen Erkennung.	**Vorteil**: Sehr fälschungssicher und niedrige Falscherkennungsraten von bis zu 1 zu 1.000.000; im Bankenbereich beruhen schon heute 68 % der Biometrie-Anwendungen auf dem Fingerabdruckverfahren. **Nachteil**: Durch den allgemein bekannten polizeilichen Einsatz bei der Verbrecherjagd gibt es eine hohe Hemmschwelle der Benutzer hinsichtlich der Persönlichkeitsrechte.
Gesicht	Die Erkennung von persönlichen Gesichtsmerkmalen.	**Vorteil**: Völlig berührungsfrei. **Nachteil**: Umfangreiche Datensätze erfordern schnelle und teure Systeme. Da das System auch zur Erkennung und Identifikation von Personen in der Öffentlichkeit angewandt werden kann, gibt es auch datenschutzrechtliche Probleme.
Unterschrift	Erkennung von charakteristischen Unterschriftenmerkmalen wie Dynamik des Schreibstiftes.	**Vorteil**: Wird vom Benutzer akzeptiert. **Nachteil**: Problem der Trennung variabler und invarianter (unveränderlicher) Teile bei der Erkennung, hoher Zeitbedarf.
Stimme	Es erfolgt eine Spektralanalyse eines (meist vorbestimmten) gesprochenen Wortes.	**Vorteil**: Wird vom Benutzer akzeptiert. **Nachteil**: Problem der Trennung variabler und invarianter Teile bei der Erkennung sowie hoher Zeitbedarf.

Tabelle 3: Beispiele für biometrische Identifizierungsmerkmale.

9.2.4 Videoüberwachung

Bedingt durch die schnelle technische Entwicklung den letzten Jahrzehnten sind für die **Videoüberwachung** sowohl noch herkömmliche analoge Videosysteme als auch moderne IP-Systeme im Einsatz. Die damit verbundene günstige Entwicklung der Kosten führt zu einer stetigen Zunahme von Videoanwendungen im kommerziellen wie auch im privaten Bereich.

9.2.4.1 Videosysteme

Neben der technischen Überwachung mit Sensorsystemen kommt zusätzlich oder kombiniert der Videoüberwachung mit Kamerasystemen eine bedeutende Rolle zu, lassen sich doch durch die visuellen Darstellungen Situationen besser erkennen und Entscheidungen schneller treffen. Zudem können mittels Videosensoren ebenfalls Detektionen im Blickfeld der Kamera durchgeführt werden.

Videokameras werden grundsätzlich für den Einsatz in Innenbereichen hergestellt und i. d. R. durch den Einsatz in Wetterschutzgehäusen für den Betrieb im Freien ausgerüstet. Es steht dem Anwender heute für jeden Zweck eine Vielzahl von Kameralösungen (Analog- und IP-Kameras) für unterschiedlichste Anforderungen und Anwendungen zur Verfügung:

- Standardfarbkameras,
- Kameras für den Tag-/Nachtbetrieb (IR-tauglich durch schwenkbaren IR-Cutfilter),
- Kameras für starkes Gegenlicht oder Pyrotechnik (z. B. in Stadien),
- Kameras von VGA bis HD-Auflösung,
- Schwenk-Systeme mit Kameras und Scheinwerfer,
- AutoDomes,
- Kameras mit hohem Widerstandsgrad gegen Vandalismus,
- Wärmebildkameras,
- Kameras für hohe oder niedrige Temperaturumgebungen,
- Kameras mit Mikrofon- und Lautsprecheranschlüssen,
- Kameras mit eingebauten Mikrofonen.

a) Kamera mit Schwenk-/Neigekopf
Eine Kamera mit Schwenk-/Neigekopf kann über eine Steuerungseinrichtung in verschiedenen Positionen gefahren werden. Zweckmäßigerweise werden hierbei Kameras mit Zoom-Objektiv verwendet, um das Bild den geänderten Bedingungen wie Entfernung, Bildausschnitt oder Bildschärfe anpassen zu können.

b) High-Speed-Dome-Kamera
High-Speed-Dome-Kameras verbinden die Möglichkeiten des Schwenk-/Neigekopfes, des Zoomobjektives und die Unterbringung in einem kompakten Deckengehäuse bzw. einer Ampel. Durch die eingefärbte Abdeckkuppel ist für den Beobachter die Positionierung der Kamera nicht sofort erkennbar. Durch den Einsatz von Sensoren (z. B. Bewegungsmelder) ist es möglich, die Kamera sofort auf die Position des Auslöseortes zu fahren und die notwendige Einstellung hinsichtlich Bildausschnitt, Bildschärfe und Belichtung vornehmen zu lassen. Einige Hersteller bieten Systeme an, bei denen die Kamera erkannten Zielen mittels Sensor folgen kann.

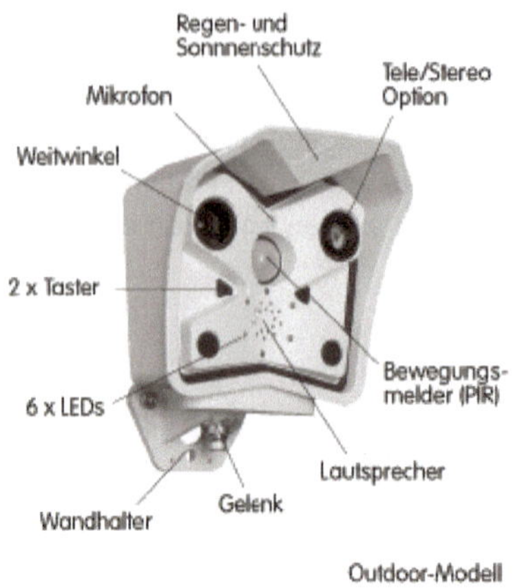

Abbildung 49: Netzwerkkamera mit Außengehäuse [Mobotix].

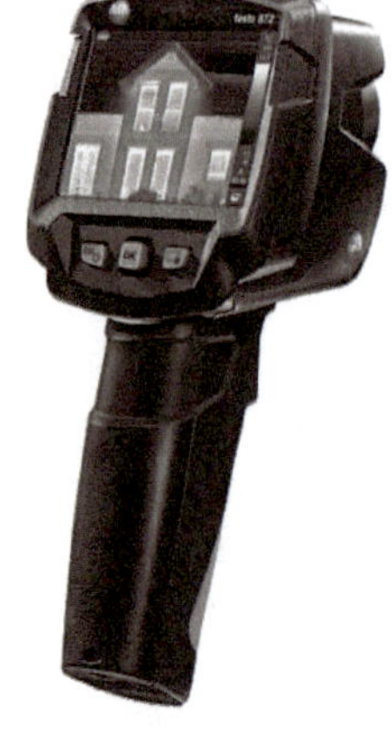

Abbildung 50: Wärmebildkamera [testo].

Kameras sind normalerweise für brillante Farben im Tageslicht optimiert. Aus diesem Grund bieten viele Hersteller Kameras auch in **Day & Night-Versionen** an, die über zwei CMOS-Bildwandler (einen in Farbe und einen in Schwarz-Weiß) verfügen. Die Night-Seite der Kamera besitzt im Gegensatz zur Farbseite keinen IR-Sperrfilter im Objektivgehäuse und einen nochmals empfindlicheren Schwarz-Weiß-Sensor.

c) **Infrarotkamera/Wärmebildkamera**
Passiv-Infrarotkameras/Wärmebildkameras (Abbildung 50) erzeugen Bilder aus der unsichtbaren Infrarot- bzw. Wärmestrahlung und kommen daher grundsätzlich ohne zusätzliche Beleuchtung mit sichtbarem Licht aus. Mit dieser Technik können Bilder auch bei vollständiger Dunkelheit erzeugt werden. Die Infrarotenergie (Wärme) eines Objekts wird berührungslos detektiert und in elektronische Signale umgewandelt. Diese können anschließend zu Videobildern aufbereitet, aber auch zu Temperaturberechnungen verwendet werden.

9.2.4.2 Videobildanalyse

Ein **Videosensorsystem** verwandelt eine herkömmliche Kameraanlage in ein leistungsfähiges Überwachungssystem, indem es das Kamerabild auf unbefugtes Eindringen überwacht. Gleichzeitig erlaubt es die sofortige Meldungsverifikation und damit eine schnelle Entscheidung, ob es sich um einen echten Alarm oder einen Täuschungsalarm handelt.

Ein **Videosensor** (Videobewegungsmelder) dient zur automatischen Kontrolle des Bildes einer stationären Kamera. Das Videosignal wird innerhalb einer sensiblen Fläche, die frei in Lage, Größe und Aufteilung einstellbar ist, auf Bildsignaländerungen überwacht. Bei Eintritt eines zu detektierenden Objektes, das sich gerichtet durch die Szene bewegt, wird Alarm ausgelöst. Änderungen in der Szene, wie sie durch Büsche, Bäume, Blätter, bewegtes Gras und Witterungseinflüsse erzeugt werden, lösen keine Meldungen aus. Gespeichert werden Voralarm-, Alarm- und Nachalarmbilder, so dass komplette Videosequenzen ausgewertet werden können.

Abbildung 51: Videosensor save modular [Bosch].

Einige Kamera- bzw. Videosystemhersteller bieten eigene Videobildanalyse-**Software** mit an. Dafür ist keine zusätzliche Hardware erforderlich.

Hinweis

Die Technik der einfachen Bewegungserkennung („Motion Detection") wurde abgelöst durch die Videobildanalyse (VCA). Der Einsatz dieser Software entlastet das Sicherheitspersonal und hilft Kosten zu senken.

Die **Analysesoftware** ist bereits auf vielen professionellen IP-Kameras und Video-Encodern vorinstalliert und arbeitet nach Freischaltung in der Nähe des Objekts. Hierdurch wird das IT-Netzwerk geschont und die Zentraltechnik nicht unnötig belastet, weil nur die für den Alarm relevanten Daten übertragen werden.

Leistungsmerkmale können sein:

- Objekt im Feld,
- Herumlungern,
- Virtuelle Sperrlinien/Stolperdrähte,
- Richtungserkennung,
- Farbunterscheidung,
- Geschwindigkeit,
- Routenverfolgung,
- Entfernen von Gegenständen (Museumsmode),
- Hinzufügen von Objekten (Koffermode),
- Zählen von Objekten.

Es besteht die Möglichkeit, dass mehrere dieser „Aufgaben" kombiniert werden, um damit die Video-Analyse effektiver zu gestalten. So können eine höhere Auslösesicherheit und eine deutliche Reduzierung unerwünschter Alarme erreicht werden.

Da man im Vorfeld nicht wissen kann, welche Ereignisse eintreffen und für die spätere Recherche wichtig sind, können Auswertefunktionen für eine forensische Suche genutzt werden. Dabei ist eine Definition der Parameter vor der Aufzeichnung nicht erforderlich!

Sobald bei einer Kamera oder einem Video-Encoder die entsprechenden Funktionen aktiviert sind, werden Metadaten der Videoszene zusammen mit dem Videobild auf dem Speicher abgelegt.

Mit dem Auswerte-Werkzeug „forensische Suche“ können im Nachhinein die Videoaufzeichnungen nach allen o.g. Aufgaben sekundenschnell durchsucht werden lassen. Dies kann beliebig oft mit geänderten Parametern wiederholt werden.

Videomonitore müssen beobachtet werden, was eine ständige Aufmerksamkeit des Betrachters erfordert. Daher ist es zweckmäßig, die gelieferten Bilder auch noch aufzuzeichnen. Während früher hierfür Videorecorder mit Magnetbandkassetten (Time-Laps-Recorder) benutzt wurden, erfolgt die Aufzeichnung heute digital auf Festplattenspeichern.

Die bislang gebräuchlichste Art, analoge Videosignale zwischen Kamera und Monitor zu übertragen, ist die Koaxialverbindung (**asymmetrische Übertragung** über Koaxialkabel):

- **Vorteile:** geringer Aufwand und preiswert, da nahezu alle videotechnischen Geräte mit entsprechenden Buchsen/Steckern bzw. Adaptern ausgeliefert werden.
- **Nachteile:** relativ geringe Reichweite (ca. 500 m), bei größeren Reichweiten müssen Entzerrer/Verstärker zwischengeschaltet werden, Beeinträchtigungen durch Dämpfung und Amplitudenverluste, individueller, der Kabellänge angepasster Abgleich erforderlich.

Hinweis

Eine grundlegende Veränderung fand bei Videosystemen auf der **Übertragungsseite** statt. Während früher, wie dargestellt, die Übertragung nur auf eigens dafür verlegten Verkabelungen, Koaxial-Kabeln bzw. bei kürzeren Entfernungen auf Zweidraht-Leitungen erfolgte und die Verteilung des Videosignals eine Kreuzschiene erforderte, werden heute Anwendungen auf Computernetzwerken (LAN-Verbindungen) installiert. Dadurch können die Signale einfacher transportiert und einem größeren Anwenderkreis verfügbar gemacht werden.

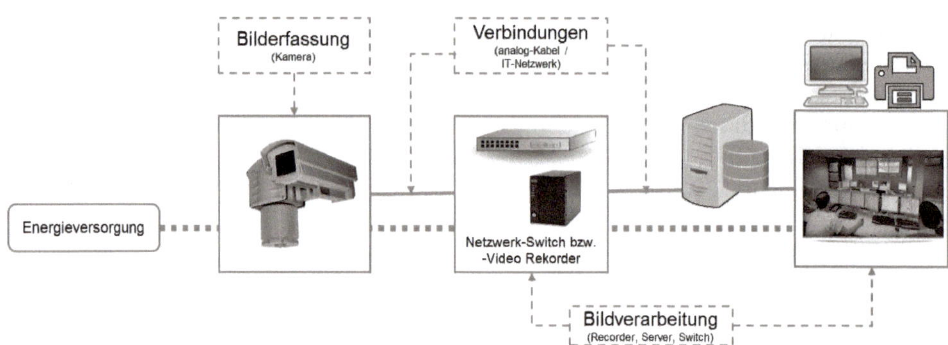

Abbildung 52: Videoüberwachungssystem [Pfeiffer].

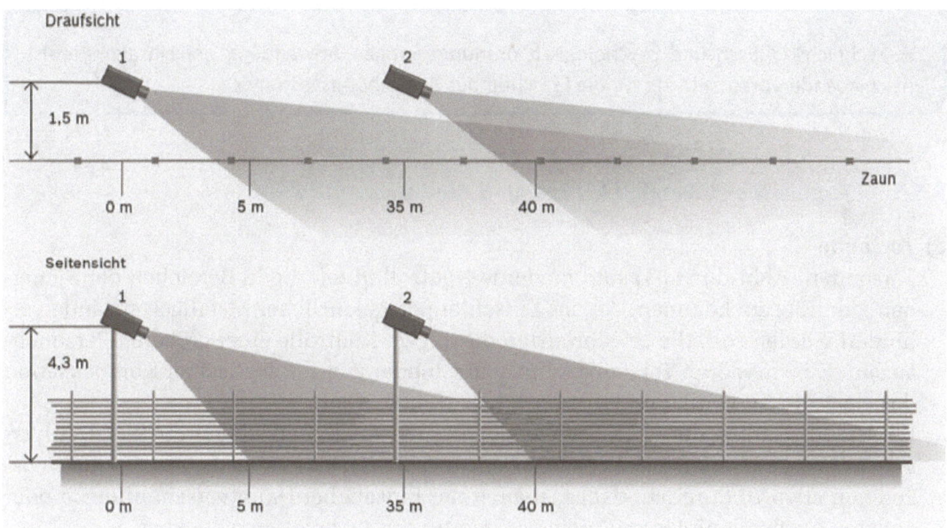

Abbildung 53: Kamera 1 und 2 in der Zaunüberwachung [Bosch].

Netzwerkkameras (auch IP-Kamera = **I**nternet **P**rotocol Camera) nutzen zur Bildübertragung statt des analogen Videokabels den TCP/IP-Standard, wie er in der IT-Netzwerktechnik weit verbreitet ist. Die **Bilder** werden nicht im alten PAL-Fernsehstandard, sondern **digital komprimiert** übertragen. Die Kameras verfügen über einen integrierten Rechner, der die gesamte Bildaufbereitung, Bild-/Ton-Kompression, Ereignisspeicherung und Alarmmeldung übernimmt. Hierbei erhält jede Kamera per Menüeintrag die IP-Adresse des Aufzeichnungs-PCs mit der zu beschreibenden maximalen Verzeichnisgröße. Dieses Verfahren hat den Vorteil, dass es keinerlei Beschränkung bezüglich der Anzahl der Aufzeichnungs-PCs und Kameras beinhaltet.

Die **Zaunüberwachung** erfolgt meistens mit fest positionierten Kameras, wobei der Abstand zwischen den Kameras vom gewählten Objektiv, von der Höhe sowie den Überdeckungsbereichen abhängig ist. Der Abstand der Kameras kann bis zu ca. 50 m betragen, was jedoch im Hinblick auf mögliche Sichtbeeinträchtigungen durch schlechte Witterungsverhältnisse nicht immer sinnvoll ist. Bei der Zaunüberwachung müssen Belange des **Datenschutzes** berücksichtigt werden, siehe Kapitel 4.4.4.2.

9.3 Technische Einsatzmittel

Einsatzmittel sind Waffen, Fahrzeuge, Geräte, Tiere usw., durch deren Einsatz Maßnahmen der Sicherheitskräfte ermöglicht und erleichtert werden (z.B. Dienstanweisungen, Diensthunde, Faustfeuerwaffen, Funkstreifenwagen, Gassprühgeräte, Handfunksprechgeräte, Lagepläne, Elektroschocker/Distanz-Elektroimpulswaffe (Taser), persönliche Schutzausrüstung, Schlagstock, Taschenlampe, Unfallaufnahmekoffer).

Wichtig

Die rechtlich, taktisch und psychologisch ordnungsgemäße Anwendung der Einsatzmittel ist entscheidende Voraussetzung für die Erfüllung des Bewachungsauftrages.

9.3.1 Technische Hilfsmittel für Ein- und Ausgangskontrollen

a) Torsonde

Torsonden (Abbildung 54) sind moderne Kontrollmittel, die in Bereichen der Sicherheit zum Einsatz kommen, wo das Einschleppen gefährlicher Metallgegenstände verhindert werden soll. Sie gewährleisten die zügige Kontrolle einer größeren Personenanzahl. Eine moderne Torsonde kann statisch oder zur automatischen Kompensation des elektrischen Umfeldes dynamisch betrieben werden.

Bei Unterbrechung der Netzstromversorgung wird automatisch auf die Notstromversorgung umgeschaltet. Die Kapazität des eingebauten Akkus reicht für eine Betriebszeit von etwa 10 Stunden, daher ist auch der Einsatz bei Hauptversammlungen oder anderen Großereignissen mit nicht gesicherter Stromversorgung denkbar.

b) Handsonde

Die Handsonde (Abbildung 55) soll eine leichte Handhabung und einfache Bedienung ermöglichen. Ein lautstarkes Signal und eine optische/akustische Kontrollfunktion sind zweckmäßig. Die Handsonde besteht aus dem Zylindertaster und dem Handrohr. Das Suchgerät kann zusätzlich mit einer Ringsonde ausgestattet sein. Die Metallanzeige erfolgt optisch und akustisch.

c) Kontrollspiegel

Kontrollspiegel (Abbildung 56) werden u.a. im Luftverkehr zur Kontrolle von Fahrwerksschächten an Flugzeugen genutzt. Polizei, Zoll, Strafvollzug und Sicherheitskräfte sind typische Anwender.

Kontrollspiegel müssen robust aufgebaut sein. Die Spiegelbeleuchtung erlaubt die Inspektion nicht einsehbarer Stellen bei schlechten Lichtverhältnissen. Schwer einsehbare und entsprechend unzugängliche Bereiche wie Fahrzeugunterböden, Gepäcknetze, Hohlräume oder Zwischenräume unter/über Möbelstücken können somit besser kontrolliert werden.

d) Briefbombendetektor

Der Briefbombendetektor (Abbildung 57) dient zur Überprüfung **sprengstoffverdächtiger Postsendungen.** Diese werden über die Prüframpe geführt und können entsprechend der Signalanzeige als verdächtig oder nicht verdächtig aussortiert werden. Das Suchgerät erfasst alle Metalle, auch sehr kleine Metallkomponenten von Brand- oder Sprengsätzen. Die Anzeige erfolgt über ein optisches und akustisches Signal.

In gewissen Grenzen ist es möglich, kleine, unerwünschte Metallteile auszublenden. Die als verdächtig aussortierten Postsendungen mit Metallgehalt sollten einer **Röntgenkontrolle** zugeführt werden. Durch Einsatz beider Verfahren können auch größere Mengen Postsendungen rationell überprüft werden. Der Einsatz von Röntgenprüfgeräten darf nur unter Beachtung der besonderen Sicherheitsbestimmungen, z.B. der **Strahlenschutzverordnung** (StrlSchV), erfolgen.

Abbildung 54: Torsonde SC 900 TS [Ebinger].

Abbildung 55: Handsonde [Ebinger].

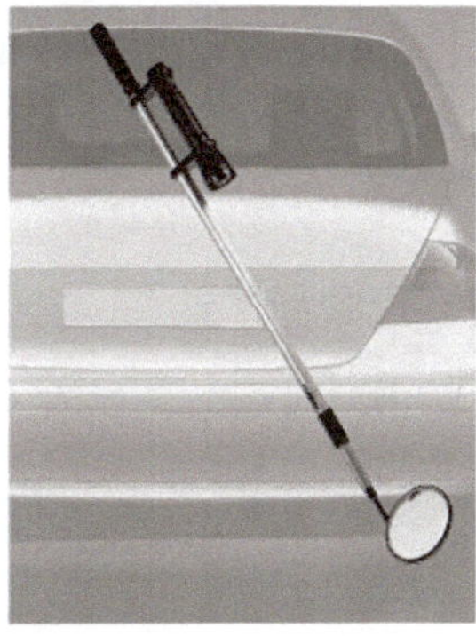

Abbildung 56: Kontrollspiegel [Ebinger].

Abbildung 57: Röntgenprüfsystem in der Gepäckkontrolle [Smiths Detection].

9.3.2 Technische Hilfsmittel zur Überwachung und Beweissicherung

a) Kamera

Zur Dokumentation und Beweissicherung, z.B. zur Erstellung eines Berichtes bei einer Unfallaufnahme, werden durch Sicherheitsmitarbeiter Kameras eingesetzt. In zunehmendem Maße ist durch die Entwicklung von hochleistungsfähigen Kameras, integriert in Smartphones, die Verwendung von Fotoapparaten hinfällig geworden. Mit diesen Geräten können Fotos sofort bearbeitet und in Dokumenten verarbeitet oder verschickt werden.

b) Nachtsichtgerät

Nachtsichtgeräte (Abbildung 58) finden nach wie vor Verwendung. Sie sammeln das aus Photonen bestehende Restlicht (Mondlicht, Licht von den Sternen oder Infrarot-Licht). Dieses wird in einer Photokathodenröhre in Elektronen verwandelt. Die verstärkten Elektronen werden in sichtbares Licht umgewandelt. Das Bild ist jetzt eine grün getönte Abbildung von dem beobachteten Objekt.

Alle Geräte haben einen **Infrarot-Illuminator** (IRI), der einen Strahl infraroten Lichts wirft, das unsichtbar für die menschlichen Augen bleibt, aber mit dem Nachtsichtgerät sichtbar ist. Das ermöglicht die Anwendung eines Nachtsichtgerätes in voller Dunkelheit. IRI funktioniert wie eine Taschenlampe – damit wird die Reichweite begrenzt.

c) **Radargerät**

Geschwindigkeitskontrollen werden meist mit **Radargeräten** bzw. **-pistolen** durchgeführt (Abbildung 59). Für die Verkehrsberuhigung ist es vorteilhaft, die gemessenen Geschwindigkeiten dem Fahrzeugführer sofort anzuzeigen. Geräte aus dem Sportbereich sind hier relativ kostengünstig (im Gegensatz zu den bei Behörden verwendeten Geräten). Der messbare Geschwindigkeitsbereich liegt bei Geräten, die für Motorsport oder Hobbysport verwendet werden, bei 10 bis 320 km/h. Über eingebaute Akkus kann ein Betrieb von 3–4 Stunden gewährleistet werden.

Abbildung 58: Nachtsichtgerät [Swarowski].

Abbildung 59: Radarpistole [Bushnell].

Für die **Aufnahme von Unfällen** durch betriebliche Sicherheitsmitarbeiter sollten technische Geräte zur Unfallaufnahme bereitgestellt sein. Das sind:

- Mittel zur Absicherung von Unfallstellen,
- Hilfsmittel zur Unfallaufnahme,
- Fotoausrüstung bzw. Smartphone und
- Zeichengerät.

Absicherungsmittel (besonders geeignet für den Einsatz bei Dunkelheit) sind Warnblinklichter, Warndreiecke, rückstrahlende Warntafeln, Warnleuchten oder Lampen und Scheinwerfer.

Unfallaufnahmekoffer sollten mit folgendem Inhalt ausgestattet sein: Reifenprofilmesser, Handlupe, Bezeichnungseinrichtung, Ölkreide/Markierungsspray, Meterstab (2 m), Stahlmaßband (2 m), Maßband (20 m) oder Messroller im Fahrzeug, Schreib- und Zeichenmappe (Klemmbrett, Unfallskizzenblock, Vordruck Unfallmeldung, Schreibgerät), Werkzeug (wie Schraubendrehersatz, Kombizange, Taschenmesser) und Spurenstreugerät.

Hinweis

Für die Unfallaufnahme bei Verkehrsunfällen mit Bagatellschäden bietet es sich an, den von den Versicherungen akzeptierten **Europäischen Unfallbericht** zu verwenden, um den Aufwand für die Unfallbeteiligten zu minimieren und nachträgliche Ermittlungen zu ersparen.

9.3.3 Einrichtungen und Geräte zum Schutz von Personen

Sogenannte **„Notwehrgeräte"** sind nach Beschaffenheit und Zweck dazu bestimmt, unmittelbare Angriffe auf den Sicherheitsmitarbeiter abzuwehren. Für den Sicherheitsbereich geeignet sind u. a.:

- chemische Abwehrmittel,
- elektrische Waffen,
- Hiebwaffen und
- Schusswaffen.

Schusswaffen

Die Verwendung von **Schusswaffen** im Sicherheitsgewerbe richtet sich nach den Vorschriften des Waffenrechts (WaffG), der Verordnung über das Bewachungsgewerbe (BewachV) sowie der DGUV-V 23. Hier werden insbesondere die Anforderungen hinsichtlich des **Bedürfnisses**, der **Anzeigepflichten**, der **Eignung** und **Zuverlässigkeit** für den Erwerb von Waffen und Munition sowie des Führens von Waffen gestellt. Darüber hinaus bestehen Anforderungen zum Nachweis einer regelmäßigen Teilnahme an **Schießübungen** (regelmäßig bedeutet mindestens viermal jährlich in einem Zeitabstand von drei Monaten) sowie der ausreichenden Sachkunde. Der ausreichende Sachkundestand wird angenommen, wenn der Nachweis einmal jährlich erbracht worden ist.

Für den Einsatz im Sicherheitsbereich sind grundsätzlich Revolver und Selbstladepistole geeignet. Welche Waffe Verwendung findet, hängt von unterschiedlichen Anforderungen ab:

- Bei einem **Revolver** (Abbildung 60) befindet sich die Munition, 5–6 Patronen, in einer Trommel, die sich bei jedem Schuss dreht und dadurch eine neue Patrone vor den Lauf bringt. Das Drehen der Trommel wird durch Spannen des Hahns oder beim Durchziehen des Abzuges bewirkt. Der Revolver ist eine sehr zuverlässige Verteidigungswaffe, allerdings ist die Ladekapazität gegenüber der modernen Selbstladepistole deutlich geringer.

Abbildung 60: Revolver S&W, Kaliber .357 Magnum (9 mm) mit ausgeschwenkter Trommel [H. Kalbfleisch].

Abbildung 61: Pistole SIG Sauer 226: Lauf, Verschluss und Griffstück [H. Kalbfleisch].

- Bei einer **Selbstladepistole** (Abbildung 61) befindet sich die Munition grundsätzlich im Magazin und wird beim Ladevorgang in das Patronenlager geführt. Bei Betätigung des Abzuges wird die Kraft des Schlaghebels auf einen Schlagbolzen übertragen. Dieser löst durch Einwirken auf Patronenboden den Schuss aus. Die (nach hinten) auf den Verschluss wirkenden Pulvergase bewirken den Auswurf der verschossenen Patrone aus dem Patronenlager, das Nachladen und das erneute Spannen der Waffe. Der wesentliche Vorteil einer Pistole liegt in der größeren Magazinkapazität und der schnelleren Ladezeit.

Chemische Abwehrmittel

Chemische Abwehrmittel sind erlaubt, wenn die zur Anwendung gebrachten Reiz- oder andere Wirkstoffe (als gesundheitlich unbedenklich) amtlich zugelassen sind und Sprühgeräte in Reichweite und Sprühdauer begrenzt sind. Der Eignungsnachweis wird dadurch erbracht, dass diese Geräte mit einem amtlichen Prüfzeichen versehen sind.

Hinweis

Revolver und Pistolen für Tränengas sowie Schreckschusswaffen können in jedem Waffengeschäft gekauft werden und **dürfen** jedoch gemäß der DGUV-V 23, § 19 Abs. 4 bei der Durchführung von Wach- und Sicherungsaufgaben **nicht geführt werden**. Jeder, der sog. Schreckschuss-, Reizstoff-(Gas-) oder Signalwaffen außerhalb seiner Wohnung, seiner Geschäftsräume oder seines befriedeten Besitztums bei sich tragen (führen) will, benötigt seit dem Jahr 2003 einen „Kleinen Waffenschein".

Die Auswahl reicht von CS-Gas bis Pfefferspray. Bei **Pfefferspray** handelt es sich um einen Reizstoff, der gegen Menschen und Säugetiere wirkt. Mit dem Begriff ist meist ein Sprühgerät mitsamt dem enthaltenen Wirkstoff Oleoresin capsicum (OC) gemeint. Da Pfefferspray bislang nicht dem deutschen WaffG und dessen Prüfvorschriften unterliegt, ist es grundsätzlich zur Tierabwehr zugelassen.

Polizeibeamte sind teilweise mit Pfefferspray ausgerüstet, da nicht alle Menschen auf das normalerweise eingesetzte CS-Gas reagieren. Die Bezeichnung des polizeilichen Einsatzmittels ist **Reizstoffsprühgerät** (RSG-3, bzw. RSG-4).

Die verwendbaren Gase (CS und CN) wirken über die Schleimhäute in Nase, Mund, Rachen und Augen. Die massive Einwirkung kann bis hin zum Erbrechen führen. Chemische Sprays werden vorwiegend in Sprühgasdosen, jedoch auch in Kombination mit Taschenlampe oder Stock im Handel vertrieben.

Elektrowaffen

Elektrowaffen, wie „Elektroschocker" bzw. Elektroschock-Stab, mit denen dem Angreifer Hochspannungsschläge versetzt werden können, sind ebenfalls als Abwehrmittel einsetzbar. Die Wirkung wird über eine im Gerät erzeugte Hochspannung von bis zu **200.000 Volt** (teils auch mehr) erzielt, die über zwei am Ende des Gerätes befindliche Elektroden bzw. Drähte mit dem Angreifer in Kontakt gebracht wird. Dieser kann selbst durch Bekleidungsstücke hindurch einen elektrischen Schlag erhalten, der jedoch wegen der relativ geringen Stromstärke nicht lebensgefährlich wirkt.

Hinweis

Nach den Vorschriften des Waffenrechts zählen Elektroschockgeräte zu den verbotenen Waffen, sofern sie nicht mit einem amtlichen Prüfzeichen versehen sind.

Hiebwaffen

Hiebwaffen (z. B. Schlagstock) sind – richtig angewandt – auch wirkungsvolle Verteidigungsmittel. Der Schlagstock eignet sich gut zur Abwehr von Schlägen und ist als „verlängerter Arm“ geeignet, den Angreifer auf Distanz zu halten. Als wirksames Notwehrgerät haben sich die **„Tonfa-Schlagstöcke“** bewährt.

Abbildung 62: Tonfa-Schlagstock [Replix].

Wichtig

Beim Einsatz von Notwehrgeräten und -mitteln ist stets der Grundsatz der Verhältnismäßigkeit zu beachten, um sich nicht selbst der Strafverfolgung auszusetzen.

9.3.4 Mittel zur Verkehrslenkung, -regelung und -sicherung

Mittel zur **Verkehrslenkung, -regelung und -sicherung** sind in der Regel entsprechend den Vorschriften der Straßenverkehrsordnung in Gebrauch. Einen Überblick gibt die nachfolgende Tabelle.

Gefahrenzeichen sind dreieckig (Spitze nach oben) und stehen im Allgemeinen kurz vor einer Gefahrenstelle.	Gefahrstelle
Vorschriftzeichen oder weiße Markierungen auf der Fahrbahnoberfläche enthalten sowohl Gebote als auch Verbote.	Halt! Vorfahrt gewähren ▶

Richtzeichen geben Hinweise zur Erleichterung des Verkehrsablaufs.	 Rechts abbiegen und Sackgasse
Zusatzschilder sind ebenfalls Verkehrszeichen, die oft zur Ergänzung der vorgenannten Beschilderung dienen.	 Hinweis auf den Verlauf der Vorfahrtstraße
Andere Anordnungen werden auch durch **Licht- oder Signalzeichen** ausgedrückt. Als Hilfsmittel können Lichtstäbe oder Warnleuchten dienen.	

Verkehrseinrichtungen werden zur Absicherung von Arbeitsstellen im betrieblichen Verkehrsbereich und zur vorübergehenden Sperrung von Verkehrsflächen verwendet. Dauert eine Absperrmaßnahme länger als etwa 48 Stunden, so sollten Absperrschranken, Absperrbalken oder fahrbare Absperrtafeln verwendet werden. Leitkegel sind für den länger dauernden Einsatz nicht zweckmäßig. Warnleuchten an Absperrgeräten zeigen rotes Licht, wenn die ganze Fahrbahn gesperrt ist. Bei einer Vollsperrung sollten neben der Absperrschranke noch mindestens fünf rote Warnleuchten angebracht werden. Teilsperrungen von Verkehrsflächen/einzelnen Fahrbahnen können mit mindestens drei gelben Warnleuchten, ggf. in Verbindung mit Absperrschranken, gekennzeichnet werden. Die Markierungen sollten dabei sowohl längs als auch quer zum Fahrstreifen vorgenommen werden. Zur schnellen und vorübergehenden Absperrung/Sicherung können Verkehrsflächen auch mit rotweißem Trassierband abtrassiert werden.	

Tabelle 4: Verkehrslenkung, -regelung und -sicherung durch Mittel der StVO.

9.3.5 Personen-Sicherungsanlagen

Personen-Sicherungsanlagen sind eine unverzichtbare Voraussetzung für viele Arbeitsplätze, an denen für die Sicherheit und Gesundheit allein arbeitender Personen ein erhöhtes Risiko besteht. Sie haben die Aufgabe,

- Personen automatisch zu sichern,
- die automatische Sicherung der Anlagenfunktionen zu gewährleisten,
- die automatische Sicherung des Hilfeleistenden zu veranlassen.

Daher sind sie sinnvoll für Personen

- an Einzelarbeitsplätzen,
- mit Sicherheitsaufgaben (Bewachungspersonal),
- mit Kontrolldienstaufgaben im ÖPV,
- in explosionsgefährdeten Bereichen,
- in überfallgefährdeten Bereichen (z. B. Forensik).

Ein effektives Hilfsmittel für die Sicherheit von Alleinarbeitern ist eine **Personen-Notsignal-Anlage (PNA)**, die am Körper getragen wird. Meist handelt es sich dabei um Funkgeräte oder spezielle Handys. Je nach Anzahl der benötigten Mobilteile und der Entfernung des Alleinarbeiters zum Alarmempfangszentrum ist eine **Anlage mit Mobilfunktechnologie oder einer DECT-Infrastruktur** (Digital Enhanced Cordless Telecommunication) geeignet. Auch normale **Smartphones** mit einer Sicherheits-App können genutzt werden. Allerdings haben diese oft keinen Empfang oder ein Notruf kann nicht schnell oder unauffällig genug ausgelöst werden. Mittlerweile besteht auch die technische Möglichkeit im Betrieb eingesetzte **TETRA-Systeme** als eine moderne Kommunikationsplattform mit integrierten und situations-orientierten Sicherheitssystemen einzusetzen. Ein solches System kann flexibel an die konkreten Anforderungen angepasst werden und wächst mit den Ansprüchen. Bestehende Kommunikations-, Sicherheits- und IP-Infrastrukturen können problemlos eingebunden werden.

Beispiele

Die Personensicherung soll ohne menschliches Restrisiko erfolgen (d.h. die Anlage muss über mehrere Selbstüberwachungsmechanismen verfügen). Alarmgeber, die von der zu schützenden Person getragen werden, müssen unterschiedliche Alarme ermöglichen. Beispiele:
Druckalarm: Willensabhängige Alarmauslösung der gesicherten Person durch Drücken einer Alarmtaste (rote Taste) am tragbaren Signalgeber.
Lagealarm: Willensunabhängige Alarmauslösung durch die Körperstellung („Totmann-Schaltung“) der abgesicherten Person (Überschreiten des eingestellten Neigungswinkels, kritische Lage über eine bestimmte eingestellte Zeit).
Ruhealarm: Willensunabhängige Alarmauslösung, wenn über eine eingestellte Zeit keine Bewegung des Personen-Notsignalgerätes erfolgt.
Fluchtalarm: Willensunabhängige Alarmauslösung durch hektische Körperbewegung, z.B. Laufen oder Befreiungsversuche aus kritischen Situationen der abgesicherten Person.
Zeitalarm: Willensunabhängige Alarmauslösung durch Nichtquittierung der in regelmäßigen Zeitabständen erfolgenden Voralarms durch die abgesicherte Person am Signalgeber.
Verlustalarm: Alarmauslösung, wenn dem Träger das Personen-Notsignalgerät entwendet wird.
Gasalarm (optional): Alarmauslösung, wenn über einen Sensor (häufig externer S.) das Erreichen einer bestimmten Gaskonzentration gemessen wird.
Voralarm: Vor dem Auslösen eines willensunabhängigen Personenalarms wird bei einigen Alarmen ein Voralarm ausgegeben. Diesen dient der Vermeidung von Fehlalarmmeldungen und kann innerhalb einer Zeitspanne von der abgesicherten Person zurückgesetzt werden ohne dass es zu einer Alarmweitergabe an die Zentrale kommt. Somit kann auch eine mitbestimmungspflichtige Leistungsüberwachung vermieden werden.
Technischer Alarm: Eine Alarmauslösung erfolgt, wenn im Überwachungskreislauf zwischen Zentrale und Signalgeber Unregelmäßigkeiten auftreten (z.B. wenn sich die zu sichernde Person aus dem funkversorgten Bereich entfernt und damit nicht mehr gesichert ist oder wenn aufgrund technischer Probleme (Beschädigung usw.) Signalgeber oder Empfangseinrichtung ausfallen).

Funk-Personen-Notsignalanlagen bestehen u. a. aus folgenden Systemkomponenten:

- **Personen-Notsignalzentrale** als Überwachungs- und Informationszentrum. Die Notsignale des Handfunkgerätes zur Personensicherung werden hier verarbeitet, gespeichert und in Form von optischen und akustischen Signalen (Alarme) angezeigt. Notwendige Alarmverfolgung wird eingeleitet.
- **Personen-Notsignalempfänger** (systembedingt erforderlich, nicht bei GSM-Netz), der in diesem zu sichernden Bereich installiert wird, um ausreichende Funkfeldbedingungen zu gewährleisten, die Funksignale der Personen-Notsignale aufzunehmen und an die Zentrale weiterzuleiten.
- **Personen-Notsignalgerät**, das von der abzusichernden Person am Körper getragen wird (z. B. ein TETRA-Funkgerät oder ein Mobiltelefon). Vom Gerät können per Tastendruck willensabhängige Alarme ausgelöst werden. Willensunabhängige Alarmsituationen werden von einer eingebauten Sensorik automatisch erkannt.
- **Notsignalquittungsstecker**, um den ausgelösten Alarm am Personen-Notsignalgerät zurücksetzen zu können.
- **Netzteile und Ladestationen** dienen zur Nachladung und Bereitschaftskontrolle sowie der Synchronisation des Zeitschlitzverfahrens.

Zur Übertragung der aktuellen Situation sendet das von der zu sichernden Person getragene Personen-Notsignalgerät an den stationären Empfänger zyklisch ein HF-Datentelegramm aus. Dieses Datentelegramm beinhaltet die Gerätenummer, die Ortsinformation, den Gerätestatus und eine technische Routinemeldung. Die Routinemeldung dient der Überwachung von Signalgeberfunktion, Funkstrecke und Meldung an die Zentrale. Zusätzlich werden bei erkannten Alarmen Telegramme ausgetauscht.

10. Mittel der Kommunikation, Information und Dokumentation

Kommunikation ist der Austausch von Informationen zwischen einem Sender und einem Empfänger. Hieran sind folgende „Elemente“ beteiligt:
- Sender = Kommunikator,
- Empfänger = Rezipient,
- Nachrichtenträger = Medium.

Wenn der Sender gleichzeitig auch Empfänger von Nachrichten ist, findet ein **Dialog** statt. Es kommt hierbei darauf an, dass die vom Sender abgegebenen Signale (Botschaften) auch vom Empfänger, z. B. durch die gleiche Sprache verstanden werden.

Für die Übermittlung von Nachrichten (Sprache) werden verschiedene Kommunikationstechniken angewendet:
- **Primärtechnik**: Ist nur für den unmittelbaren Dialog auf engstem Raum geeignet und verwendet Sprache, Zeichen, Gestik, Mimik.
- **Sekundärtechnik**: Ist geeignet, Kommunikation über größere Entfernungen zu übertragen und verwendet Schriften, optische und akustische Signale.
- **Tertiärtechnik**: Beinhaltet die elektrischen und elektronischen Kommunikationstechniken wie z. B. Telefon, Fax, Funk, Fernsehen, E-Mail, Internet.

Eine gravierende Veränderung der Kommunikationswege ist durch die allgemeine Nutzung des **Internets**, der Versendung von E-Mails sowie der elektronischen Kommunikation in Echtzeit (Chat) in den letzten Jahren eingetreten.

10.1 Drahtgebundene (leitungsgebundene) Kommunikationsmittel

Für die Nachrichtenübermittlung über größere Entfernungen werden alle verfügbaren Nachrichtenträger wie etwa Telefonleitungen, Funk, Richtfunk oder Satellitenverbindungen genutzt. Auf der lokalen Ebene werden bisher leitungsgebundene Kommunikationsnetze bevorzugt. Hier ist jedoch eine deutliche Verschiebung zu **drahtlosen Kommunikationsschnittstellen** wie Bluetooth, NFC (Near Field Communication) oder W-LAN feststellbar.

Bei leitungsgebundenen Kommunikationswegen ist eine direkte Verbindung der Kommunikationsteilnehmer über ein Medium erforderlich. Leitungsgebundene Kommunikationswege sind:
- Kabel, die aus miteinander verdrallten und isolierten Kupferaderpaaren bestehen und in Kabelsträngen zusammengefasst werden. Wegen der Symmetrie der Drähtepaare nennt man diese Kabel **symmetrische Kabel**. Diese sind gut geeignet für die Übertragung der im Kommunikationsbereich verwendeten Informationen (Sprache) in einem Frequenzbereich von 300–3.400 Hz (Niederfrequenzbereich – NF).
- **Koaxialkabel** (Koaxkabel) bestehen aus einem dicken Draht als Innenleiter, der von einer Isolierschicht umgeben ist, sowie einem als Abschirmung dienenden Metallgeflecht. Diese Kabel eignen sich besonders gut zur Übertragung von hochfrequenten Signalen (Hochfrequenzbereich – HF), wie sie bei Rundfunk, Fernsehen und Videotechnik auch als Antennenkabel Verwendung finden.

- **Lichtwellenleiter** (LWL) bestehen aus optischen Fasern, hergestellt aus chemisch reinem Glas, von denen jede dünner als 1/20 eines menschlichen Haares ist. LWL werden zunehmend in der Datenkommunikation verwendet; ebenso können moderne Telefonnetze oder Videonetzwerke hiermit errichtet werden. Die Transportkapazität einer Glasfaser liegt bei mehreren Megabit (Millionen Signale pro Sekunde). Über eine Faser können gleichzeitig mehr als 32.000 Telefongespräche übertragen werden.

10.1.1 Telekommunikationsanlagen

Telekommunikationsanlagen werden durch den technischen Fortschritt bedingt, derzeit mit verschiedenen Technologien betrieben. So sind neben herkömmlichen analogen Anlagen oder ISDN-Systemen derzeit starke Bestrebungen der Telekomprovider im Gange, die Übertragung von Telefongesprächen in **digitale Netze** zu überführen. Damit können über die bekannte Telefonverbindung neben der Sprache auch Datenverkehre stattfinden und gleichzeitig deutlich mehr Daten übertragen werden. Es ist absehbar, dass zukünftig schnurgebundene Telefone ihre Bedeutung verlieren, weil die Kommunikation über Smartphones mit einem deutlich verbesserten Leistungsangebot stattfindet.

In Telekommunikationsanlagen wird nicht mehr ausschließlich Sprache übertragen, sondern **Daten** in nicht unerheblichem Umfang. Unter **Datenübertragung** ist die zweckgerichtete, ein- oder zweiseitige Übertragung von Zeichen oder Daten zwischen einer Person und einer Endeinrichtung oder zwischen zwei Endeinrichtungen untereinander zu verstehen.

Die Betreiber von Telekommunikationsnetzen sind derzeit bemüht, die Übertragungsleistung der Netzte gegenüber den bisherigen, analogen Systemen zu verbessern. Hierfür werden flächendeckend neue Leitungen verlegt und digitale Verstärker- bzw. Verteilsysteme eingesetzt. Für den Benutzer ergeben sich Veränderungen insofern, dass die Leitung des Providers nicht mehr direkt am Telefon endet, sondern auf einen **Router** aufgelegt werden muss. Dieser kann dann als Verteiler für verschiedene weitere (Schnurlos-)Telefone oder W-LAN-Anschlüsse verwendet werden. Im Gegensatz zum analogen Telefon benötigt der Router für den Betrieb eine Spannungsversorgung, während das analoge Telefon über die Telefonleitung versorgt wurde.

10.1.2 Lautsprecheranlagen

Zum Informationsaustausch in Gebäuden eignen sich besonders **elektroakustische Lautsprecheranlagen** (ELA-Anlage). Neben festgelegten akustischen Alarmtönen wie Räumungsalarm (Evakuierungsalarm), Feueralarm, BKO-Alarm lassen sich auch Durchsagen live oder vorbereitet Texte, als WAV-Datei bzw. MP3-Datei von einem digitalen Sprachspeicher übertragen, aber auch Pausensignale oder Aufmerksamkeitssignale (Gong).

Wenn ELA-Anlagen in Verbindung mit Alarmanlagen (BMA) genutzt werden, sind erhöhte Sicherheitsanforderungen zu stellen wie:

- ständige Bereitschaft,
- selektive Rufkreisaufteilung,
- Sicherstellung der erforderlichen Nutzschallpegel und Sprachverständlichkeit,
- definierte Alarmsignale,

- zwei Lautsprecher je Raum (von getrennten Verstärkern versorgt über getrennte Anschlussleitungen),
- Überwachung von Verstärker, Linien, Modulation, Lautsprecher usw.,
- Notstromversorgung.

In diesem Zusammenhang sind die Anforderungen für Alarmierungseinrichtungen im Rahmen einer Gefahrenmeldeanlage (GMA) nach VDE 0833-3:2017-10 zu beachten.

10.1.3 Sprechanlagen

Mit relativ einfachem Installationsaufwand lassen sich **Wechselsprechanlagen** realisieren. Diese ermöglichen:

- Zusammenfassung mehrerer Teilnehmer in Konferenzschaltungen,
- Erleichterung der Tätigkeiten am Arbeitsplatz,
- Zeitersparnis.

Die **Wechselsprechanlage** gestattet auch die Unterhaltung mit einer Person vor der Eingangstür durch Umschalten der Sprechrichtung mittels Taster. Da die Person vor der Eingangstür keine Information erhält, ob sie jetzt sprechen kann oder nicht, sind Informationsverluste wahrscheinlich und eine Unterhaltung kaum möglich.

Zunehmend werden zur Verbesserung der Sicherheit Tür-Sprechanlagen in Verbindung mit einer Kamera zur Videosprechstelle ausgebaut. Damit ist feststellbar, um wen es sich bei der sprechenden Person handelt.

10.2 Drahtlose (nicht leitungsgebundene) Kommunikationsmittel

Drahtlose Kommunikation nimmt (auch bei Sicherheitsdienstleistungen) einen immer größeren Raum ein. Neben den bisher gebräuchlichen Funkanlagen werden zunehmend Mobiltelefone, funkgestützte Computernetzwerke (W-LAN) bzw. Videoübertragungssysteme und Funkalarmanlagen mit entsprechenden Funkmeldern eingesetzt.

Bei Funkübertragungen werden hochfrequente **elektromagnetische Wellen** (HF) als Übertragungsmedium genutzt (Abbildung 1). Diese HF wird mit einem Signal (Informa-

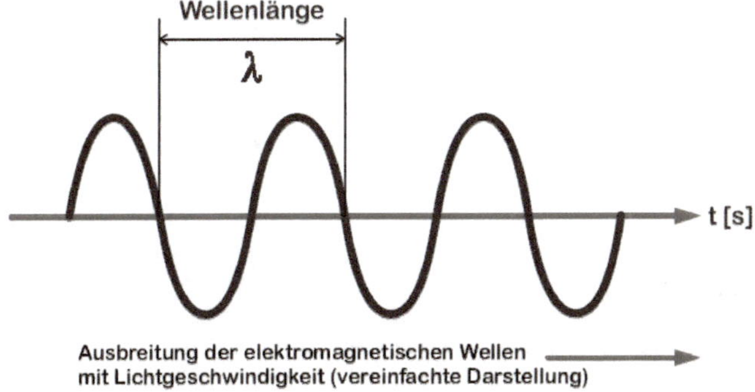

Abbildung 1:
Vereinfachte Darstellung einer elektromagnetischen Welle [Telenot].

tion) versehen, vom Sender über die Antenne abgestrahlt und durch einen Empfänger aufgenommen. Die **Häufigkeit der Schwingungen pro Sekunde** wird als **Frequenz** bezeichnet. Die Maßeinheit dafür ist Hertz (Hz).

Die genutzten, unterschiedlichen Frequenzbereiche zwischen etwa 10 Kilohertz (KHz) bis über 100 Gigahertz (GHz) besitzen eine sehr unterschiedliche Ausbreitungscharakteristik. Die elektromagnetischen Wellen können auf unterschiedliche Weise mit **Nachrichtensignalen** (Sprache, Musik, Daten) moduliert werden und dienen somit als Träger dieser Daten (**Trägerfrequenz**). Die benutzten Frequenzen werden durch die Genehmigungsbehörde aufgrund von internationalen Vereinbarungen in **Frequenzbänder** unterteilt und dem jeweiligen Benutzer zugewiesen.

Hinweis

Aufgrund der begrenzten Anzahl der verfügbaren Funkfrequenzen ist eine behördliche Regulierung erforderlich. Von der **Bundesnetzagentur** wird hierzu ein Frequenzplan herausgegeben. Da Funkanlagen eine begrenzte Reichweite haben, ist es möglich, dass **Frequenzen** im Betriebsfunkbereich **mehrfach** und zur gemeinsamen Nutzung **vergeben** werden.

Um eine optimale Reichweitenwirkung zu erzielen, ist die Abmessung einer **Antenne** von ausschlaggebender Bedeutung. Die mechanische Abmessung einer Antenne, sowohl Sende- als auch Empfangsantenne, ist unmittelbar von der benutzten Frequenz abhängig.

Sendesignale gelangen nicht immer auf direktem Weg zur Empfangsantenne (**Funkschatten**). Ursachen dafür können sowohl die Beschaffenheit des Geländes als auch dessen Bebauung sowie Abschirmungen sein (z. B. durch starke elektrische Felder), die eine Ausbreitung der Funkwellen behindern. In diesen Fällen schafft ein Standortwechsel Abhilfe. Mitunter führt eine Funktionsstörung im Gerät (**Empfängerrauschen**) zu einer minderen Funkqualität.

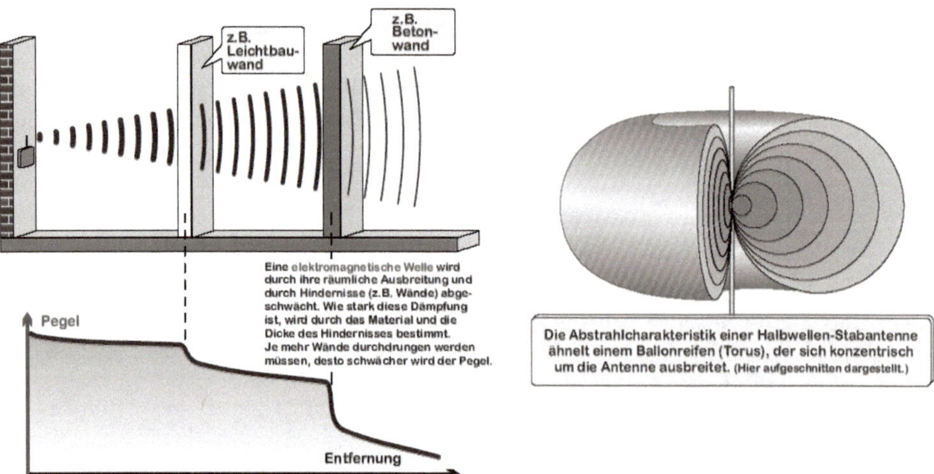

Abbildung 2: Dämpfung der elektromagnetischen Ausbreitung (links) und Abstrahlcharakteristik einer Stabantenne (rechts) [Telenot].

Durch die Mehrfachzuteilung der Funkfrequenzen kann es gelegentlich zur **Fremdbeeinflussung von Funkübertragungswegen kommen.** Sollten diese Beeinträchtigungen eine ordentliche Funkabwicklung nicht zulassen, kann geprüft werden, ob die fremde Stelle möglicherweise die Auflagen nicht einhält.

Findet eine Funkkommunikation (abwechselnd) nur in einer Richtung, also vom Sender zum Empfänger, statt, wird diese Übertragung als unidirektional oder **Simplex-Verfahren** bezeichnet. Verfügen beide Stellen über Sende- und Empfangseinrichtungen (Informationsaustausch in beiden Richtungen) wird dies als bidirektional oder **Duplex-Verfahren** bezeichnet.

Während bei **analogen Funksystemen** Sprachsignale auf eine Trägerfrequenz aufmoduliert übertragen werden, wenden moderne **digitale Systeme** die Übertragung von Daten oder Datenblöcken an. Informationselemente (Bits) werden zusammengefasst zu Bytes und im Datenstrom übermittelt. Mit digitalen Systemen ist es relativ leicht möglich, neben der herkömmlichen Sprach- oder Datenübertragung auch Bilder oder sonstige aufwändige Informationen zu übermitteln.

Hinweis

In den letzten Jahren wurden im Bereich der Behörden und Organisationen mit Sicherheitsaufgaben (BOS) verstärkt die Funksysteme flächendeckend auf Digitalfunk umgerüstet. Für den Sicherheitsbereich (z. B. Werkschutz) in Versorgungsbetrieben, Dienstleistungs- und Wirtschaftsunternehmen erfolgten diese Umstellungen ebenfalls. Moderne Funksysteme wie z. B. **TETRA** wenden digitale Übertragungsverfahren an und sind damit deutlich leistungsfähiger gegenüber bisherigen analogen Funkanwendungen (Kapitel 10.2.3).

Die verwendeten **Funkgeräte** müssen eine **Genehmigung** besitzen, ihr Betrieb muss angemeldet sein und ist in der Regel gebührenpflichtig. Bei Funkalarmanlagen mit einer Sendeleistung von weniger als 10 mW auf den genehmigten Frequenzen ist der Betrieb jedoch anmelde- und gebührenfrei, da es sich hierbei um eine Low-Power-Devices-(LPD-) Anwendung handelt.

Bei allen Funkgeräten und Mobiltelefonen gilt die Regel, dass nur eine gesicherte **Stromversorgung** den ordnungsgemäßen Funkbetrieb gewährleistet. Zur Versorgung von Funkgeräten werden in der Regel Batterien verwendet. Auch fest eingebaute Geräte (Feststationen oder Kfz-Funkgeräte) arbeiten mit den üblichen Batteriespannungen (auch wenn sie über ein Netzteil betrieben werden).

Hinweis

Bei installierten Funkkomponenten wie Funkmelder in der Brand- bzw. Einbruchmeldetechnik müssen die Batterien mindestens nach einem Jahr ausgetauscht werden, auch wenn diese noch nicht entleert sind.

Batterien (**Akkus**) bedürfen einer gewissen Pflege, die jedoch nicht darin besteht, dass sie ständig geladen werden. Gerade das ständige Nachladen nach kurzer Benutzung (z. B. nach einem Kontrollgang) führt zu einem gewissen Gewöhnungseffekt (Memory-Effekt). Die Folge ist, dass die Batterie (obwohl gerade voll geladen) bereits nach kurzer Benutzung die

Funktion des Gerätes nicht mehr sicherstellt. Daher sollen die Funkgeräte so lange genutzt werden, bis die Batterie leer ist (Achtung: Ersatzbatterie mitführen!). **Lithium-Ionen Akkus** haben diesen Memory-Effekt nicht. Das Mobiltelefon/Smartphone verlangt eine wesentlich höhere Leistung, als es bei einem herkömmlichen Funkgerät der Fall ist. Abhilfe kann hier bei längerer Betriebszeit mit einer Powerbank erreicht werden. Allerdings gibt es große Unterschiede zwischen den Geräten hinsichtlich Kapazität und Funktionalität.

10.2.1 Betriebsfunk (analog)

Betriebsfunk war in der Vergangenheit das Kernstück des nichtöffentlichen Mobilfunks. Er diente der Übertragung innerbetrieblicher Nachrichten in Form von Sprache und Daten innerhalb eines mit der Frequenzzuteilung festgelegten Einsatzgebietes. Betriebsfunkanlagen bestehen grundsätzlich aus einer oder mehreren **ortsfesten** und/oder **mobilen** Landfunkstellen.

Komponenten der **ortsfesten** Funkstation sind z. B.:

- Sende-/Empfangsanlage,
- Bediengerät, ggf. auch Bedienplatzrechner,
- Antenne,
- Stromversorgungseinrichtung,
- ggf. Überleiteinrichtung zur Telefonanlage,
- Platz für Texteingabe.

Mobile Fahrzeugfunkgeräte bestehen aus:

- Sende-/Empfangsteil,
- Antenne,
- Stromversorgung/Akku oder Kfz-Batterie,
- abgesetztes Bedienteil bei Fahrzeugfunkanlage.

Der typische Betriebsfunk findet auf den Frequenzen im 2-, 4- und 8-m-Band statt.

Durch **selektive Rufverfahren**, häufig als 5-Ton-Selektivrufe, ist es möglich, die Kriterien wie Einzel-, Gruppen- oder Sammelruf zu erfüllen und dadurch den Komfort für die Funkteilnehmer zu erhöhen. Es werden nicht mehr alle Funkkreisteilnehmer den gesamten Funkverkehr mithören, sondern nur noch gezielt angerufen.

10.2.2 Bündelfunk

Der „nichtöffentliche **Bündelfunk**" ist eine technische Weiterentwicklung des Betriebsfunks, bei dem sich mehrere Nutzer einen Funkkanal teilen (ökonomischere Frequenznutzung). Ein wesentliches Merkmal ist die Bereitstellung von individuell zugeschnittenen Kommunikationsdienstleistungen für spezielle **Nutzergruppen**. Daher werden Bündelfunkdienste vorwiegend für Unternehmen im Dienstleistungsgewerbe, Gütertransport, Baugewerbe usw. eingesetzt. Für den Bündelfunk stehen die Frequenzen aus dem Bereich 410–470 MHz zur Verfügung. Im konventionellen Betriebsfunk wurden die Kanäle den Teilnehmern fest zugeordnet. Dadurch konnte es vorkommen, dass ein Kanal völlig überlastet war, während andere in dieser Zeit ungenutzt blieben. Wenn im herkömmlichen Betriebsfunk, vor allem in kleinen Netzen, der Anwender meist auch der Betreiber des Funknetzes war, so ist dies im Bündelfunk nicht mehr der Fall.

Es gibt einen **Betreiber**, der die Infrastruktur errichtet und unterhält. Dem **Anwender** wird lediglich die Dienstleistung „Mobilkommunikation" zur Verfügung gestellt. Eine aufwendige Technik (Trunking) bei der Betreibergesellschaft steuert den Verbindungsaufbau innerhalb der Netzstruktur. Netzaufbau, Vorhaltung der Infrastruktur und Genehmigungsverfahren erfolgen durch den Lizenzinhaber (Betreibergesellschaft).

Hinweis

Zwischenzeitlich haben sich zum Teil private Netzbetreiber zusammengeschlossen, um durch gegenseitige Vermittlung auch regionalübergreifende Bündelfunkdienste anbieten zu können, was mit einer Reichweitenerhöhung verbunden ist.

Eine noch bessere Ausnutzung der begrenzt vorhandenen Ressourcen erhält man durch die zellulare Struktur, analog dem bekannten Mobilfunknetz. In bestimmten Abständen können die Funkfrequenzen erneut verwendet werden. Mittels Standleitungen oder Richtfunkstrecken sind diese Zellen zusammengeschaltet und erlauben dadurch eine theoretisch beliebig erweiterbare flächendeckende Nutzbarkeit eines Funknetzes.

Vorteile von Bündelfunksystemen sind:

- geringer Installationsaufwand verglichen mit getrennten Funkzentralen,
- Funkversorgungsgebiete entsprechend den wirtschaftlichen Aktionsräumen,
- höhere Reichweite,
- kein unerwünschtes Mithören durch andere,
- Erhöhung der Verfügbarkeit durch bedarfsgerechte Kanalzuteilung,
- optionaler Zugang zu Telefon- und Datennetzen,
- erweitertes Diensteangebot durch Selektivruf, variablen Gruppenruf und Prioritätsgespräche,
- Verbesserung der Verkehrsgüte bei Sprach- und Datenübertragung,
- Gesprächszeitbegrenzung und geordneter Warteschlangenbetrieb,
- Netzaufbau von Bündelfunksystemen ähnelt dem der öffentlichen Mobilfunksysteme wie z. B. GSM.

Mit dem für BOS-Anwendungen mittlerweile eingeführten TETRA sind digitale, zellulare Bündelfunknetze für geschlossene Benutzergruppen verfügbar, die sich hervorragend für regionale Netze eignen, in denen mehrere Funkgeräte zur gleichen Zeit kommunizieren können. Der Funkverkehr ist im Gegensatz zu analogen Systemen abhörsicher.

Beachte

Der größte Vorteil des digitalen Bündelfunks für die Unternehmen beziehungsweise Organisationen liegt darin, dass durch Kanalbündelung sich Unternehmen oder Organisationen zu **geschlossenen Benutzergruppen** formieren können. Diesen Gruppen müssen nicht länger feste Frequenzen, also Kanäle, zugewiesen werden, deren Potenzial im Betrieb nur unzureichend genutzt wird. Stattdessen können sich mehrere Benutzergruppen ein Bündel an Frequenzen teilen. Durch dieses Prinzip werden die Frequenzen sehr effizient genutzt.

10.2.3 TETRA

Der aktuelle Mobilfunkstandard in Europa ist **TETRA** („Terrestrial Trunked Radio"). TETRA ist der vom ETSI (European Telecommunications Standards Institute) verabschiedete Standard für professionelle Mobilkommunikation.

TETRA verwendet ein äußerst robustes und weniger störanfälliges Modulationsverfahren und zeichnet sich auch in großen Netzen durch kürzeste Rufaufbauzeiten aus (deutlich unter den in GSM-Netzen üblichen Zeiten von mindestens 5 Sekunden). Weitere **Vorteile**:

- Neben der Sprachkommunikation existieren verschiedene Möglichkeiten, **Daten** zu übertragen.
- Das Endgerät bleibt über den Organisationskanal auch während eines Gespräches mit dem Netz verbunden. Dadurch ist **permanenter Austausch** einsatzrelevanter Daten (z. B. Kfz-Ortung) möglich.
- Die Bildung von **Einsatzgruppen** aus verschiedenen Netzteilnehmern ist möglich.
- Es gibt eine erhöhte **Abhörsicherheit**, da nicht nur Sprach- und Nutzdaten, sondern auch die Signalisierungsdaten und Teilnehmeridentitäten verschlüsselt übertragen werden (verhindert so die Analyse von Bewegungsprofilen).
- Hinzu kommen Einzelruf, Gruppenkommunikation, Gruppenwechsel, Notruf, Prioritäten, Rückruf, Statusübertragung, Kurzwahl, Rufumleitung und Identifikation der Teilnehmer.

10.2.4 Handfunksprechgeräte

Handfunksprechgeräte werden in verschiedensten Ausführungen angeboten, die von einfacher Ausstattung mit einem belegten Kanal (Betriebsfunk) und Sende-/Empfangsumschalter bis hin zu Geräten mit mehr als 16 Kanälen, Displayanzeige und Sprachsteuerung ausgestattet (bei Bedarf auch Ex-geschützt oder verdeckte Trageweise) sind. Die Bedienelemente sind in Abbildung 3 dargestellt. Im Anschluss folgen Leistungsmerkmale, Zahlen und technische Daten sowie die Betriebsarten im Digitalfunk.

Leistungsmerkmale digitaler Handfunkgeräte:

- Digitale Modulation – störungsfrei und abhörsicher,
- Gesprächsaufbau innerhalb von 0,3 Sekunden,
- Gruppenkommunikation – ein Teilnehmer sendet, die anderen empfangen,
- Mithörfunktion im Gruppenruf,
- Einzelruf über Tastatur,
- Telefonfunktionen Vollduplex – sprechen und hören gleichzeitig (Telefonmodus),
- Kurzdatenübertragung SDS (Short-Data-Service) innerhalb von 0,5 Sekunden,
- Vorprogrammierte Text-Übertragung (Status),
- Unterschiedliche Gesprächsprioritäten,
- Notruf mit höchster Priorität,
- Paketdaten-Übertragung (größere Dateien, z. B. Fahndungsfoto),
- Durchsage-Funktionen (Evakuierung),
- Prioritätsalarmierung,
- Suchlauf Groupscan-Funktion,

Bedienelemente

1 Antenne
2 Anschlussfeld Audiozubehör
3 Anschluss für PEI, Ladegerät oder Fahrzeughalterung
4 PTT-Taste
5 Sidekey-Taste („Clear All")
6 Navi™-Drehknopf
7 Notruf-Taste
8 3-farbige LED
9 Duplex-Lautsprecher/Halbduplex-Mikrofon
10 Blaue LED
11 Ein-/Aus-/Modus-Taste
12 Softkey-Taste/ Verpasste SDS oder Rufe
13 Display
14 Kontext-Taste links
15 Kontext-Taste rechts
16 Navigationstasten
17 Grüne Telefon-Taste
18 RoteTelefon-Taste
19 Alpha-numerische Tastatur mit dahinter liegendem Halbduplex-Lautsprecher

Abbildung 3: Handfunkgerät STP 8000 [Sepura].

- Abfrage-Funktion bei Überfall,
- GPS-Ortung (bei Notfallmeldung oder Flottensteuerung),
- Totmannfunktion (EAS – Einzel-Arbeitsplatz-Sicherung),
- EX-Schutz.

Zahlen und technische Daten:

- Typischer Frequenzbereich 410–430 MHz (BOS 380–400 MHz),
- Sendeleistung Handgeräte 1,0 Watt, Fahrzeuggeräte 3,0 Watt,
- Maximale Teilnehmeranzahl pro Funksystem (Adressbereich 10.000.000),
- Anzahl der Gesprächsgruppen pro Gerät über 3000,
- Anzahl der Einträge im Telefonbuch 1024,
- SDS-Übertragungs-Länge 128 Zeichen,
- VGA-Farbdisplays – hochauflösend.

Betriebsarten im Digitalfunk	
Betriebsmodus	**Betriebsfunktion**
Netzbetrieb (TMO)	▪ Gruppenruf
	▪ Einzelruf im Halbduplex
	▪ Einzelruf im Duplex
	▪ Notruf
	▪ Gateway
Direktbetrieb (DMO)	▪ Gruppenruf
	▪ Einzelruf im Wechselsprechen (Halbduplex)
	▪ Notruf
	▪ Repeater
Datenbetrieb	▪ Kurznachrichten
	▪ Status

Tabelle 1: Betriebsarten im Digitalfunk.

GPS-Anwendungen haben in der letzten Zeit nicht nur in der Fahrzeugnavigation, der Landwirtschaft, beim Straßenbau oder wie ursprünglich vorgesehen, beim amerikanischen Militär Einzug gehalten, sondern finden auch immer mehr im **Sicherheitsbereich** ihre Nutzer. Hauptsächlich werden derzeit GPS-Systeme für die Ortung eingesetzt, z. B. Überwachung von beweglichen Objekten oder auch von Personen mittels Smartphone oder Handfunkgerät. Neuere Kraftfahrzeuge verfügen alle über eine GPS-Navigation.

GPS besteht aus einer größeren Anzahl geostationärer Satelliten, die ihrerseits am Boden einen Referentempfänger benötigen, um die genaue Position durch entsprechende Laufzeitberechnung zu ermitteln. **Mindestens** zu **drei Satelliten** muss eine Verbindung bestehen. Genauer wird die Ermittlung der Position, wenn auf mehrere Satelliten zugegriffen wird. Damit wird deutlich, dass GPS nur in einem freien Funkfeld funktioniert, schlecht, bzw. nicht in Gebäuden oder Kellerräumen.

10.2.5 Handlautsprecher und Signalmittel

Ein **Handlautsprecher** wird oft **Megafon** (bzw. Megaphon), umgangssprachlich auch „Flüstertüte“ genannt. Handlautsprecher werden heute mit oder ohne Sirenensignal angeboten. Die Verstärker-Leistung beträgt teilweise 30 bis 40 Watt, was für eine **Reichweite** im Freien **bis zu 1500 m** ausreichend ist. Entweder werden die Geräte über ein eingebautes oder über ein Handmikrofon besprochen. Die Stromversorgung erfolgt über Batterien.

Zu den **Signalmitteln** gehören Trillerpfeifen, Hupen, aber auch Handzeichen und Lichtsignale, die vor Gefahren warnen oder Hinweise geben (vgl. ASR A1.3 Anhang 2).

Abbildung 4:
Auna 80W Megaphon [Chal-Tec GmbH].

10.3 Funkverkehr

10.3.1 Sprechfunkbetrieb

Im Genehmigungsverfahren für den **Sprechfunkbetrieb** im Betriebsfunk werden durch die Bundesnetzagentur **Auflagen** erteilt. Diese ergeben sich im Wesentlichen aus den „Verwaltungsvorschriften für Frequenzzuteilungen im nichtöffentlichen mobilen Landfunk" (VVnömL).

Beispiele

Auflagen können beispielsweise sein:

- Nur die Frequenz benutzen, die mit der Genehmigung zugeteilt wurde.
- Den mit der Genehmigung zugeteilten Funkrufnamen während des Senders wiederholt übermitteln.
- Den Betrieb der Funkanlage durch geeignete Maßnahmen (z. B. Sprechdisziplin, Beschränkung der Gesprächsdauer) so gestalten, dass anderen Funkanlagen, denen die gleiche Frequenz zugeteilt ist, ebenfalls eine reibungslose Betriebsabwicklung ermöglicht wird. Das Bedienungspersonal auf die Verschwiegenheitspflicht und die strafbewehrte Verletzung des Fernmeldegeheimnisses hinweisen.

Für den analogen Sprechfunkbetrieb im Werkschutz haben sich die folgenden Grundsätze, die in der Vergangenheit auch im Funkbetrieb der Sicherheitsbehörden (Polizei, Feuerwehr) angewendet wurden, bewährt. Für Behörden in TETRA-Netzen gelten nunmehr eigene Regeln, wie z. B. für Hessen die Dienstvorschrift „Betrieblich-taktische Regelungen (npol) im Digitalfunk der BOS in Hessen, KatS-DV/FwDV 820 HE".

Der Funkverkehr der Benutzer eines Betriebsfunk-Funknetzes wird i. d. R. zwischen einer ortsfesten und einer oder mehreren beweglichen Funkstationen abgewickelt. Die Art und Weise, in der die Informationen ausgetauscht werden, nennt man **Verkehrsarten.** Zu unterscheiden sind:

- Richtungsverkehr,
- Wechselverkehr,
- Gegenverkehr,
- Relaisverkehr.

Im beweglichen Betriebsfunk kommen normalerweise die Verkehrsarten „Richtungsverkehr“ und bei Feuerwehren ggf. „Wechselverkehr“ zum Einsatz.

Beim **Richtungsverkehr** erfolgt die Informationsübermittlung immer nur in einer Richtung (z.B. Personenrufanlagen, Funkalarmierung, Durchsagefunkanlagen). Der Verkehr wird in Form von Anweisungen, Signalen und Daten abgewickelt.

Im **Wechselverkehr** wird auf **einer** Frequenz abwechselnd gesendet und empfangen. Dazu benötigen beide Stellen je einen Sender/Empfänger. Die sendende Stelle kann nicht durch die Gegenstelle unterbrochen werden.

Im öffentlich beweglichen Landfunk, bei Sicherheitsbehörden und teilweise von Energieversorgungsunternehmen wird **Gegenverkehr** angewendet. Es kann, wie beim Telefonieren, gleichzeitig gesendet und empfangen werden. Dazu sind jedoch zwei Frequenzen in entsprechendem Abstand (1 Kanalpaar) erforderlich. Ortsfeste Stationen senden meist im Oberband und empfangen im Unterband, bei mobilen Stationen ist es zwangsläufig umgekehrt. Aus diesem Grund sind nur Funkverbindungen zwischen ortsfester und mobiler Funkstelle, nicht jedoch zwischen Mobilteilnehmern möglich.

Im **Relaisverkehr** erfolgt die Nachrichtenübertragung auf zwei Frequenzen (1 Kanalpaar) über eine zwischengeschaltete Relaisfunkstelle. Relaisverkehr dient i.d.R. der Verbesserung der Reichweite und ist mit Geräten des beweglichen Betriebsfunks nicht möglich.

Die Organisation des betrieblichen Zusammenwirkens von Sprechfunkstellen wird als **Verkehrsform** bezeichnet:

- Im **Linienverkehr** sind am Nachrichtenaustausch nur zwei Sprechfunkbetriebsstellen beteiligt.
- Beim **Sternverkehr** tauschen mehrere Sprechfunkbetriebsstellen **über** eine gemeinsame Leitstelle (Sternkopf) oder **mit** dieser Nachrichten aus. Diese Verkehrsform kommt z.B. bei Funknetzen mit Selektivrufverfahren zum Tragen.
- Im **Kreisverkehr** können mehrere Sprechfunkbetriebsstellen gleichberechtigt innerhalb eines Funknetzes Nachrichten austauschen. Eine Sprechfunkbetriebsstelle ist mit der Leitung des Sprechfunkverkehrs beauftragt (Kreisleitstelle).
- Beim **Querverkehr** findet ein Nachrichtenaustausch zwischen mindestens zwei verschiedenen Sprechfunkverkehrskreisen statt. Diese Verkehrsform ist im beweglichen Betriebsfunk nicht gestattet.

Wenn Funkverbindungen als Sicherheitsfunkkreise betrieben werden, ist es umso wichtiger, die Frequenzen durch strenge Funkdisziplin möglichst wenig zu belegen. Daher geht die Entwicklung in größeren Funknetzen weg vom Sprechfunk und hin zum Datenfunk. Trotzdem ist der Sprechfunkverkehr so kurz wie möglich und so umfassend wie nötig abzuwickeln.

Hinweis

Mit dem Übergang zu digitalen Funkanwendungen (**TETRA**) werden die bisher angewendeten Verkehrsformen und Verkehrsarten für den Anwender weitestgehend hinfällig, da die Benutzung des Funkgerätes ähnlich wie die eines Mobiltelefons erfolgt. Es ist Gegensprechen, vergleichbar mit einem normalen Telefonbetrieb, möglich. Die Kenntnisse über Netzaufbau und Infrastruktur treten in den Hintergrund.

10.3.2 Funkzelle/Basisstationen

Bei Bündelfunk- oder Tetrafunknetzen finden die genannten Verkehrsformen keine Anwendung, da für die Organisation der Funkversorgung der jeweilige Netzbetreiber verantwortlich ist und hierzu Funkzellen eingerichtet werden.

Wichtige Elemente des digitalen Funknetzes sind die **Basisstationen**. Mehrere Tausend dieser Funkanlagen wurden flächendeckend in der Bundesrepublik aufgebaut. Hierfür sind Sendemasten oder höhere Gebäude erforderlich. Der Versorgungsbereich einer einzelnen Basisstation wird als **Funkzelle** bezeichnet und hat in der Regel einen Durchmesser von mehreren Kilometern. Die Basisstationen selbst sind per Richtfunk oder über Kabel mit sogenannten Netzknoten verbunden. Ganz grob ist das digitale Funknetz der Behörden mit den Mobiltelefonnetzen vergleichbar, die ebenfalls aus einer Vielzahl von Basisstationen und Netzknoten bestehen.

Die Größe der Funkzelle hängt von der Sendeleistung der Basisstation, den geografischen Gegebenheiten und dem Aufstellort der Basisstation ab. Da die Vermittlungskapazität innerhalb einer Funkzelle technisch begrenzt ist, hängt ihre Größe jedoch auch von der Anzahl der gleichzeitig zu bedienenden Kommunikationskanäle ab. In Großstädten mit hoher Besiedelungsdichte sind die Funkzellen daher viel kleiner (einige 100 m) als auf dem flachen, dünn besiedelten Land (bis 30 km).

Hinweis

Der Aufenthalt innerhalb einer Funkzelle ermöglicht relativ leicht die Ortung des Funkgerätes.

10.3.3 Regeln des analogen Funkverkehrs

Da Funkanlagen im Sicherheitsbereich immer auch für plötzlich eintretende Ereignisse benutzbar sein müssen, ist es zweckmäßig, dass die zugewiesene Funkfrequenz nur so gering wie möglich belegt wird. Für den analogen Sprechfunkbetrieb haben sich die folgenden **Grundsätze der Verkehrsabwicklung** bewährt:

- strenge Funkdisziplin halten (blockierte Frequenzen gefährden die Sicherheit),
- Höflichkeitsfloskeln unterlassen (Floskeln sind ohne Nachrichteninhalt),
- deutlich und nicht zu schnell sprechen (Rückfragen kosten Zeit),
- nicht vereinbarte Abkürzungen vermeiden (Missverständnisse können gefährlich sein),
- Zahlen unverwechselbar aussprechen (z. B. „ZWO“ statt „ZWEI“),
- Personennamen nur in begründeten Fällen nennen (Funkübertragungen sind nicht sicher und können mitgehört werden),
- Eigennamen und schwer verständliche Worte buchstabieren,
- Funkteilnehmer mit „Sie“ ansprechen (auch das verbessert die Funkdisziplin).

Im analogen Sprechfunkverkehr sind bestimmte **Grundregeln** zu beachten. Diese sind in der nachfolgenden Tabelle im Überblick dargestellt.

Situation	Struktur	Erläuterungen
Anruf an eine Gegenstelle	▪ Rufname der Gegenstelle ▪ von ▪ eigener Rufname ▪ kommen.	Das Wort „kommen" ist die Aufforderung zum Antworten.
Anruf an alle oder mehrere Gegenstellen	▪ Hier ▪ eigener Rufname. ▪ An alle … ▪ an alle außer … ▪ an alle im Bereich …	Die angerufenen Gegenstellen werden einzeln zur Anrufantwort aufgefordert.
Blinder Anruf	▪ Rufname der Gegenstelle	Meldet sich die Gegenstelle auch beim 2. Anruf nicht, kann die Nachricht „blind" abgesetzt werden. Beim blinden Absetzen der Nachricht ist der Anruf ohne die Aufforderung „kommen" anzuwenden und die Nachricht zweimal durchzugeben. Stammt die zu übermittelnde Nachricht nicht vom Funker selbst, ist der Auftraggeber der Nachricht darüber zu informieren, dass die Nachricht „blind" abgesetzt wurde.
Anrufantwort	▪ Von ▪ eigener Rufname. ▪ Hier ▪ eigener Rufname ▪ kommen.	Das Wort „kommen" ist die Aufforderung zum Übermitteln der Nachricht.
	▪ Warten.	Das Wort „kommen" ist durch „warten" zu ersetzen, wenn die angerufene Stelle die Nachricht nicht sofort aufnehmen kann.
	▪ Ich rufe zurück.	Das Wort „kommen" ist durch „ich rufe zurück" zu ersetzen, wenn die angerufene Stelle nicht in der Lage ist, die Nachricht aufzunehmen.
Nachricht	▪ Inhalt der Nachricht. ▪ Ich buchstabiere	Muss bei der Durchgabe einer Nachricht buchstabiert werden, ist dies mit den Worten „ich buchstabiere" einzuleiten.
	▪ Ich berichtige	Sprech- und Durchgabefehler sind sofort mit der Ankündigung „ich berichtige" zu berichtigen. Anschließend ist mit dem letzten richtigen Wort zu beginnen.
	▪ Frage. ▪ Ich wiederhole	Fragen sind mit dem Wort „Frage" einzuleiten. Fordert eine Gegenstelle die Wiederholung einer Nachricht, ist der Beginn der Wiederholung mit den Worten „ich wiederhole" anzukündigen.
Bestätigung	▪ Hier ▪ eigener Rufname ▪ verstanden. ▪ Wiederholen Sie … ▪ … alles nach … ▪ … alles zwischen … und … ▪ … alles vor … ▪ Ende.	Das Wort „verstanden" quittiert die eingegangene Nachricht Bei Unklarheiten bezüglich der übermittelten Nachricht ist das Wort „verstanden" durch „wiederholen Sie" zu ersetzen. Das Wort „Ende" schließt den Verkehr, wenn keine weiteren Nachrichten vorliegen.

Tabelle 2: Grundregeln des analogen Funkverkehrs.

10.3.4 Abhörsicherheit

Die mangelnde **Abhörsicherheit** des analogen Funknetzes war und ist eines der wesentlichen Argumente für die Einführung der Digitalfunktechnik. Da alle Gespräche im Digitalfunknetz Ende-zu-Ende-verschlüsselt übertragen werden, ist diese Sicherheitslücke geschlossen. In allen Fragen der Kryptierierung arbeiten die BOS-Anwender eng mit dem Bundesamt für Sicherheit in der Informationstechnik (BSI) zusammen. Der Schlüssel für das Endgerät ist auf der **BSI-Sicherheitskarte** gespeichert, wobei immer nur der jeweils aktive Schlüssel abgelegt ist. Mit Hilfe abhanden gekommener oder gestohlener Karten ist keine Rekonstruktion früherer Schlüssel o. Ä. möglich.

Abbildung 5: BOS-Sicherheitskarte, Vorder- und Rückseite (uncodierte Musterkarte) [BSI].

Jedes TETRA-Endgerät besitzt eine TETRA Subscriber Identity (TSI), ähnlich einer MAC-Adresse bei einer Netzwerkkarte. Durch die „TSI“ ist eine eindeutige **Identifikation** jedes Endgerätes möglich. Ein Ändern oder Löschen der TSI des Tetra-Funkgeräts ist nicht möglich, da diese fest im Gerät gespeichert ist. Gestohlene oder abhanden gekommene Geräte sind daher für unbefugte Benutzer wertlos. Mit einer ungültigen oder gesperrten TSI ist kein Zugriff auf das Tetra-Netz möglich; damit ist auch das Beeinträchtigen des Funkverkehrs durch Absetzen falscher Meldungen o. Ä. nicht möglich.

10.4 Informations- und Dokumentationsmittel

10.4.1 Computernetzwerke

Ein Rechnernetz ist ein Zusammenschluss verschiedener technischer, primär selbständiger technischer Systeme. Für die Vernetzung von Computern (zu Datennetzen) werden Kommunikationswege mit hohen Übertragungsraten benötigt. Diese lassen sich vorzugsweise mit lokalen Netzen realisieren. **Datennetze** sind Einrichtungen, mit denen ausschließlich Datenverbindungen zwischen Datenendeinrichtungen hergestellt werden. Nach der generellen Organisationsform unterscheidet man zwischen öffentlichen und privaten Datennetzen. Nach der physikalischen Ausdehnung unterscheidet man z. B. lokale Netze (LAN, W-LAN), Weitverkehrsnetze (WAN) und globale Netze (GAN). Besondere Bedeutung hat heute auch die direkte Kommunikation zwischen den Netzwerkbenutzern (Chat, VoIP-Telefonie, Videoübertragung, etc.).

10.4.1.1 Lokale Netze

Local Area Network (LAN)

Ein Local Area Network (lokales oder örtliches Netzwerk), kurz **LAN**, ist ein Rechnernetz, das üblicherweise die Ausdehnung über ein ganzes Firmengelände bzw. einen Gebäudekomplex hat. Ein lokales Netzwerk mit Internet-Zugang besteht in der Regel aus einem Switch und einem Router. Der Switch (auch Netzwerkweiche oder Verteiler genannt) dient auch hier als Kopplungselement und kann ggf. auch für die Spannungsversorgung der IP-Kamera genutzt werden. Der Internet-Zugang erfolgt über einen Router, der auch am Switch angeschlossen ist. Über den Router bekommen alle Stationen im Netzwerk gleichzeitig Zugriff auf das Internet. In kleinen LANs befinden sich Switch und Router in einem Gerät.

Über einen Print-Server kann die Anbindung eines Druckers erfolgen, auf dem alle Stationen drucken und sich somit einen Drucker teilen bzw. unter verschiedenen Druckern auswählen können.

Wireless LAN (W-LAN)

Wireless LAN **(W-LAN)** bezeichnet ein lokales Funknetz, d.h. es sind lokale Netzwerke, die ohne Kabelanbindung arbeiten, jedoch mittels eines sog. Access-Points, als Schaltstelle, an ein kabelgestütztes LAN angebunden sein können. Sie sind standardisiert unter dem IEEE-Standard 802.11. Hierbei stehen verschiedene Übertragungsverfahren zur Verfügung, woraus unterschiedliche Übertragungsgeschwindigkeiten resultieren.

Wie bei allen drahtlosen Systemen wird die Gesamtleistung maßgeblich von ihrer physikalischen Umgebung bestimmt. Die erzielbare **Reichweite** hängt also sowohl von den verwendeten Komponenten als auch von der vorhandenen Infrastruktur ab. Wände, Metallverkleidungen oder Standort und Art der Antenne können die Ausbreitung der elektromagnetischen Wellen begünstigen oder behindern. Typische Reichweiten außerhalb von Gebäuden können zwischen 150 und 200 Metern liegen. Da es einen Zusammenhang von erreichbarem Datendurchsatz zu der maximalen Entfernung gibt (je größer die Entfernung, desto kleiner der Durchsatz), werden drahtlose Netze häufig in Funkzellen (analog Mobilfunknetzen) eingeteilt und können damit fast beliebig vergrößert werden.

Je größer die Reichweite, desto mehr Teilnehmer können, beabsichtigt oder unbeabsichtigt, den Funkverkehr aufnehmen. Werden hierbei einfache Sicherheitsstandards außer Acht gelassen, so kann es Unbefugten (Hackern) relativ leicht und ohne professionelle Ausrüstung gelingen, in ein Datennetz einzudringen und ggf. großen Schaden, wie das Ausspähen von Daten, verursachen (**Sicherheitsrisiko**).

Beim **Zugang mit Authentisierung** (= Zugangsschutz) sendet der Access-Point einen Text, der vom Client verschlüsselt wieder zurückgesendet wird. Stimmt das Ergebnis, wird der Netzzugang erlaubt, andernfalls wird er abgewiesen.

10.4.1.2 Internet und Intranet

Internet

Das Internet ist ein **weltweites Kommunikations-Netzwerk**. Grundsätzlich kann man sich das Internet ähnlich wie ein Telefonnetz vorstellen: jeder kann jeden erreichen, der auch einen Anschluss hat.

Im Internet wird nicht nur Text übermittelt, sondern auch Bilder, Videos, Spiele oder ganze Computer-Programme werden ausgetauscht. Man kann in Datenbanken nach Informationen suchen, sich mit anderen Leuten schriftlich austauschen (chatten) oder in Newsgroups Fragen zu bestimmten Themen stellen. Gibt man eine **Internet-Adresse** in die Befehlszeile des Browsers ein, baut der Server die Verbindung zu der eingetippten Adresse auf. Lesbar sind alle Seiten, die unter der Adresse abgespeichert wurden.

Beachte

Das WWW ist nur ein Dienst – also ein Teilbereich – des Internets. Hinzu kommen noch andere Dienste, zum Beispiel E-Mail, Chat und Newsgroups.

Domain

Eine **Domain** besteht aus mehreren Bestandteilen (z. B. boorberg.de). Sie werden durch einen Punkt voneinander getrennt. Außen rechts steht die **Top-Level-Domain** (= oberste Ebene). Sie gibt an, in welchem Land die entsprechende Seite registriert ist oder aus welchem Bereich (z. B. Universität, Regierung, Organisation) sie kommt.

Für jede Top-Level-Domain gibt es eine Art Behörde, die alle Adressen mit der jeweiligen Endung verwaltet. Für Deutschland (.de) macht das die DENIC eG (kurz für **De**utsches **N**etwork **I**nformation **C**enter). Dort kann ein entsprechender Antrag gestellt werden. Unter dieser Adresse können dann eigene Seiten ins Netz gestellt werden.

Die Abkürzung **URL** steht für **U**niform **R**esource **L**ocator und heißt so viel wie „Einheitlicher Quellen-Ortsbestimmer". Damit ist eine komplette Internetadresse gemeint, über die man zu einer ganz bestimmten Internet-Seite gelangt.

Intranet

Das **Intranet** ist, analog dem Internet, ein **firmeninternes**, jedoch räumlich nicht begrenztes **Computernetz**. Wenn es über eine Schnittstelle zum Internet verfügt, wird es durch eine Firewall zum Internet hin geschützt. Selbst wenn ein Unternehmen mehrere Standorte hat, z. B. in anderen Städten oder Ländern, können alle Mitarbeiter auf dasselbe Intranet zugreifen. Zweck eines Intranets ist in erster Linie die Optimierung der unternehmensinternen Kommunikation und Arbeitsabläufe.

10.4.2 Alarmierungssysteme

Für die verzugsfreie Information des betroffenen Personenkreises und der Einsatzkräfte nach dem Eintritt eines Ereignisses stehen **Elektroakustische Übertragungsanlagen (ELA)** zur Verfügung. Die übermittelten **Informationen** können sein:

- Alarmierung,
- Durchgabe von Verhaltensanweisungen,
- Steuerung der Einsatzkräfte,
- Steuerung von Evakuierungsmaßnahmen.

Häufig werden diese Anlagen auch in Verbindung mit weiteren, ggf. **drahtlosen** Systemen wie Personenruf- oder Sprechanlagen genutzt. Für die sicherheitsrelevanten Funktionen einer ELA-Anlage gelten folgende **Anforderungen**:

- ständige Bereitschaft,
- höchste Priorität der Alarmierung und aller damit verbundenen Anlagenfunktionen,
- Sicherstellung des erforderlichen Nutzschallpegels und Sprachverständlichkeit,
- akustische Erreichbarkeit aller begehbaren Räume eines Gebäudes,
- Beschallung von Freiflächen (z. B. Sammelplätze bei Räumung, Bereitstellung von Einsatzkräften).

Telefon-Alarm-Server sind Alarmierungssysteme, die elektronisch gespeicherte **Sprachdurchsagen** (oder auch akustische Signale) zur Alarmierung in Notfallsituationen über das Telefon oder Lautsprecher übertragen. Durch situationsgerechte Verhaltensanweisungen werden die Betroffenen z. B. aufgefordert, den gefährdeten Gebäudebereich zu verlassen oder aber in einem bestimmten Gebäudeteil zu verweilen und die Fenster zu schließen. Durch diese situationsspezifische Informationsweitergabe wird eine Selbstrettung gefördert und die strukturelle Evakuierung begünstigt.

Üblicherweise wird ein Telefon-Alarm-Server durch den **Feueralarm eines Brandmeldesystems** automatisch aktiviert und der vorprogrammierte Evakuierungsablauf eingeleitet. Das System überträgt eine der gespeicherten Sprachdurchsagen z. B. in der Etage, aus der das Feuer gemeldet wird, und in den direkt darüber und darunter liegenden Etagen. In vielen Gebäuden ist es, bedingt durch die hohe Anzahl von Personen und die begrenzte Kapazität der Treppenhäuser, nicht möglich, das gesamte Gebäude in einem Zug zu evakuieren. Durch die Anwendung von gezielten Sprachdurchsagen kann eine stufenweise Evakuierung erfolgen, bei der die Gebäudebereiche mit der höchsten Gefahr zuerst geräumt werden.

Hinweis

Ein Telefon-Alarm-Server kann auch externe Hilfeleister alarmieren und zur Abgabe einer Quittung mittels PIN auffordern. Das Anwendungsgebiet der Telefon-Alarm-Server umfasst nicht nur öffentliche Gebäude mit einer hohen Anzahl von Besuchern, sondern auch solche Gebäude, in denen Personen mit dem Gebäudegrundriss und den Fluchtwegen nicht vertraut sind.

Während die ELA-Anlage als Teil des Sicherheitssystems in Gebäuden und Versammlungsstätten für Hintergrundbeschallung, Information und Gefahrenmeldung sorgt, verwendet der Alarmserver die vorhandene Telefonanlage für:

- Ansagedienste für Hilfsdienste, Technikereinsatz oder Krisenstäbe,
- Informationsdurchsagen und Benachrichtigung bei Störfällen und Schadensereignissen,
- Mitarbeiterinformation bei Großschadensereignissen, Störungen oder z. B. bei Umwelt- oder Verkehrsinformationen.

Der **Ansageserver** ermöglicht die Nutzung einer PC-Datenbank zur Speicherung von Ansagetexten, die telefonisch abgerufen werden können. Hierzu wird der Ansageserver an die vorhandene Telefonanlage oder eine/mehrere Amtsleitungen angeschlossen. Die Texte sind unter festgelegten Rufnummern von mehreren Anrufern gleichzeitig abrufbar.

In umgekehrter Weise kann der **Notrufserver** durch vorhandene (Gefahren-)Meldesysteme angesteuert, eine Vielzahl von Personen annähernd zeitgleich über Schadensereignisse/Störungen informieren. Der Notrufserver:

- ermöglicht ein automatisches Suchen und Informieren von Mitarbeitern,
- nimmt Anrufe, Steuerungsinformationen und Notrufe entgegen,
- wählt selbstständig Teilnehmer an und informiert in Text und Sprache,
- trägt alle Informationen in eine Logdatei ein,
- versendet E-Mails/Fax- und SMS-Nachrichten,
- kann eine unbeschränkte Anzahl Alarme verwalten,
- erlaubt eine freie Alarmgruppenbildung.

10.5 Mechanische und elektronische Kontrollsysteme

Wächterkontrollen gab es früher in den verschiedensten Ausführungen mit mechanischen Uhren, die immer, wenn ein bestimmter Schlüssel eingesteckt und gedreht wurde, die Zeit und die Nummer des Schlüssels registrierten. Der Registrierstreifen bzw. die -scheibe konnte später aus der Uhr entnommen und in das Streifenbuch geklebt werden.

Die **elektronische Wächteruhr** bietet einen aktuellen, lückenlosen Nachweis korrekt durchgeführter Wach- und Kontrollgänge. An allen zu kontrollierenden Punkten wird eine Kontrollstation (Stechstelle, Kontakt oder Chip) angebracht. Das **Datensammelgerät** ermöglicht eine absolut sichere Datenübernahme aus der Station. Die heutigen Datensammler sind in der Lage, mehrere tausend Kontrollstellen zu erfassen und sicher nachzuweisen.

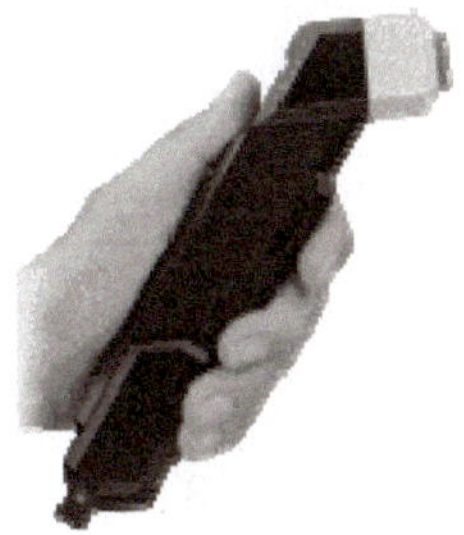

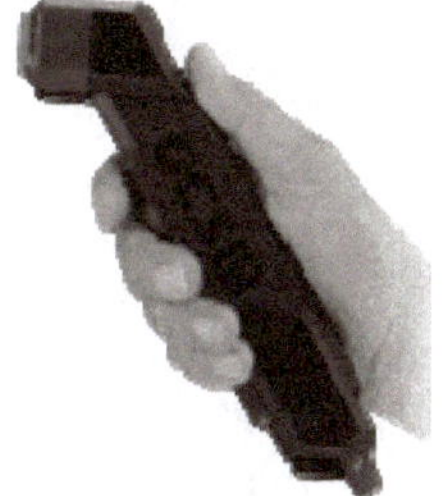

Abbildung 6:
Datensammler [GCS Escorte].

In ihrer Grundfunktion arbeiten klassische **Datensammler** als Erfassungsgerät von digital hinterlegten Informationen. Diese können sowohl als Barcode, als Zahlen- oder Magnetcode und auch als Daten in einem RFID-Chip hinterlegt sein. Bei jeder korrekten Lesung eines Datenträgers wird dessen einmalige Codenummer vom Datenerfassungsgerät erkannt und mit Lesedatum sowie Lesezeit im Speicher abgelegt. Die gespeicherten Daten können dann entweder über ein Auslesegerät von einem Computer übernommen und weiterverarbeitet oder aber im Datenerfassungsgerät selbst ausgewertet und auf einem Drucker in Form eines Berichtes ausgegeben werden.

Eine neuere Generation sind Datenerfassungsgeräte zum Lesen von Hochfrequenz-Tags (RFID), die auch den Ansprüchen im industriellen Einsatz gerecht wird, da es RFID-Tags und andere Transponder automatisch und ohne Bedienungselemente am Lesestift erkennt.

Eine Datenerfassung mit Funk- oder GSM-Verbindung – die mobile Datenübertragung bietet der Sicherheitsindustrie eine Reihe von Vorteilen:

- die eingelesenen Daten können sofort nach Abschluss der Bewachungsrunde gesendet werden;
- der Sicherheitsmitarbeiter kann per Funk (Handy) alarmiert werden, falls Kontrollpunkte vergessen wurden;
- im Kontrollraum können Ereignisse analysiert und mit dem Sicherheitsmitarbeiter via Mobiltelefon abgeklärt werden;
- visuelle und akustische Bestätigung nach erfolgreicher Datenübertragung zum entfernten PC; beim Datendownload wird eine Nachricht am Bildschirm ausgegeben;
- bestimmte definierte Ereignisse können den jeweiligen Standorten zugeordnet werden.

Eine andere Möglichkeit der „Wächterkontrolle" ergibt sich durch die vermehrte Nutzung von **Smartphones** via App und NFC-Funktion. Zu Dienstbeginn meldet sich die Sicherheitskraft über die installierte App an und erhält ihre zu kontrollierenden Reviere und Kontrollpunkte angezeigt. Am zu kontrollierenden Punkt angekommen, wird das Smartphone vor ein dort angebrachtes Etikett mit integriertem NFC-Tag gehalten. Die App liest die hinterlegten Daten aus und sendet diese an die Wächterzentrale. Bereichsleiter und der Kunde können live mitverfolgen, wo der Wächter gerade unterwegs ist.

10.6 Optische Hilfsmittel

Zur Beobachtung und Dokumentation werden der Sicherheitswirtschaft (Streifendienst, Vorfeldüberwachung, Observation) Beobachtungs- und Dokumentationsgeräte wie Ferngläser oder Kameras eingesetzt.

Ferngläser

Ferngläser sind meist binokular (d.h. Beobachtung mit beiden Augen). Sie enthalten Prismen, die durch Totalreflexion oder Spiegelschichten das betrachtete Bild seitenrichtig und aufrecht erscheinen lassen. Die **Leistung** des Fernglases wird durch zwei Zahlen angegeben, z.B. **7** × **50**, d.h. 7-fache Vergrößerung und 50 mm Objektiv-Durchmesser. Der Quotient aus Objektivdurchmesser und Vergrößerung bestimmt die **Helligkeit** des Bildes (je größer, desto heller). Meist ist auch das **Sehfeld** angegeben, entweder in Grad oder als Abschnitt auf 1.000 m Entfernung. Das Sehfeld hängt neben der Vergrößerung auch von der Bauweise der Okulare ab. Die geeignete Objektivgröße und Vergrößerung hängt vom vorgesehenen Verwendungszweck ab.

Die **Größe** des **Sehfelds** hängt vom Zusammenspiel von Vergrößerung und Objektivdurchmesser und von der Bauweise des Fernglases ab. Bei gleicher Konstruktionsweise nimmt mit zunehmender Vergrößerung die Größe des Sehfelds ab, größere Objektive hingegen führen zu einer Vergrößerung des Sehfelds. Je größer das Sehfeld ist, desto besser lässt sich ein großes Gebiet überblicken oder ein sich bewegendes Objekt verfolgen.

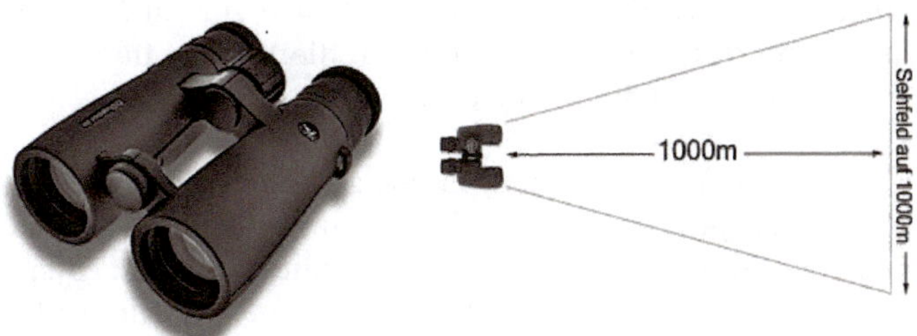

Abbildung 7: Prismenfernglas 7x42 [Doptics] links und Sehfeld [Intercon Spacetec] rechts.

Die **Dämmerungszahl** dient als standardisierter Wert zum Vergleich bezüglich der **Detailerkennbarkeit** insbesondere unter schlechten Lichtbedingungen. Sie errechnet sich aus der Quadratwurzel des Produkts von Vergrößerung und Objektivdurchmesser. Bei einem 10×42 Fernglas also $\sqrt{10 \times 42} = 20{,}5$.

Fotografie

Bei der **Fotografie** wird prinzipiell mit Hilfe eines optischen Systems (des Objektivs) das von einem Objekt ausgesendete oder reflektierte Licht auf ein lichtempfindliches Medium, z. B. die lichtempfindliche Schicht eines Films, projiziert und als (latentes) Abbild darauf fixiert bzw. auf einem elektronischen Chip in elektrische Signale umgewandelt.

Die **Fotodokumentation** kann zum Sichern von Tatbeständen, Spuren und anderen Beweismitteln angewendet werden und ist ggf. bei der Klärung der Schuldfrage hilfreich. Der Einsatz von Fotodokumentation empfiehlt sich ebenso bei Arbeitsunfallaufnahme, Unfällen im betrieblichen Straßenverkehr, Observationen, Schadensfällen aller Art und im Rahmen von betrieblichen Ermittlungstätigkeiten.

Für die Fotodokumentation eignen sich vor allem moderne **Digitalkameras**. Erfolgreich werden mittlerweile aber auch die leistungsstarken Kameras in **Mobiltelefonen** bzw. Funkgeräten eingesetzt. Die Spiegelreflexkamera (digital) ist bisher die höchste Entwicklung der Kamera. Spiegelreflexkameras (SLR) bieten neben dem unmittelbar besseren Bildeindruck den Vorteil, dass durch Austausch des Objektivs eine andere, besser geeignete Brennweite gewählt werden kann.

Bei der **Digitalfotografie** besteht die lichtempfindliche Schicht aus Chips wie CCD- oder CMOS-Sensoren. Sie ermöglichen eine sofortige Bildbearbeitung in der Kamera bzw. auf einem angeschlossenen Computer.

Abbildung 8:
Digitale Spiegelreflexkamera [Canon].

Für Aufnahmen bei schlechten Lichtverhältnissen empfiehlt sich zur Ausleuchtung des Aufnahmeortes ein zusätzlicher Computerblitz, da die in die Kamera integrierten Blitzlichtgeräte nicht über die oftmals benötigte Lichtstärke bzw. Ausleuchtungsreichweite verfügen.

Camcorder werden z. B. für temporäre Anwendungen wie z. B. Diebesfallen verwendet, insbesondere wenn es gleichzeitig auf die Aufzeichnung von Audiosignalen ankommt. Allerdings kommen fast ausschließlich nur noch Digitalrecorder mit entsprechenden elektronischen Speichermedien zum Einsatz. Diese Funktion ist mittlerweile in jedem Smartphone vorhanden. So können Videoaufnahmen direkt an den vorgesehenen Empfänger übertragen werden.

10.7 Aufzeichnungsmöglichkeiten

Videoaufzeichnung

Videosignale werden in der Praxis nur noch digital aufgezeichnet. Die **digitale Aufzeichnung** wurde erst möglich mit der Verarbeitung digitaler Videosignale durch geeignete Massenspeicher und Kompressionsverfahren. Neben der Möglichkeit, die Bildsignale bei einem Rechner (PC) direkt auf der Festplatte zu speichern, sind auch Speicherkarten in Anwendung die direkt in die Kamera eingesetzt werden.

Beachte

Die Videoüberwachung ist nur zulässig, soweit sie zur Wahrnehmung des Hausrechts oder zur Wahrnehmung berechtigter Interessen für konkret festgelegte Zwecke erforderlich ist (§ 4 Abs. 1 Satz 1 BDSG), s. Kapitel 4.4.4.2.

Sprachaufzeichnung

Aufzeichnungsgeräte werden in Sicherheitszentralen vorwiegend zur Aufnahme von **Drohanrufen** verwendet. Sie kommen aber auch zur Dokumentation des Sprechverkehrs am Leitstellenplatz als Einzelplatzgerät für eine Telefonverbindung oder auch als Systemanlage für eine Vielzahl von gleichzeitigen Verbindungen zum Einsatz. Daher wird unterschieden zwischen Mehrkanaldokumentationsanlagen bzw. Sprachaufzeichnungsrecorder. Sprachaufzeichnungssysteme können mit den gängigen Telefonanlagen verbunden werden und auf Knopfdruck verdächtige Gespräche aufzeichnen. So bleibt die Privatsphäre der Mitarbeiter gewahrt.

Die Sprachaufzeichnung erfolgt heute entweder in digitalen Kurzzeit- oder Langzeitspeichern. Im Falle einer Drohung können die Daten aus dem Kurzzeitspeicher direkt in einem Langzeitspeicher gesichert werden und sind damit vor Überschreiben geschützt.

Kurzzeitspeicher nehmen Gespräche in einem Ringspeicher auf, der nach einer bestimmten Zeit wieder gelöscht oder überspielt wird. **Langzeitspeicher** dienen der Archivierung von Audiodaten.

Handlungsbereich 3

Sicherheits- und serviceorientiertes Verhalten und Handeln

11. Verhalten und Situationsbewältigung

11.1 Grundlagen des Verhaltens

Sicherungstätigkeiten erfordern in erster Linie den **menschlichen Kontakt**. Die Gestaltung einer zwischenmenschlichen Beziehung hängt ab sowohl vom Wesen der Menschen als auch von der Situation, in der sie handeln. Menschen können sehr verschieden sein: durchsetzungsfähig – zurückhaltend, ausgeglichen – nervös, zuverlässig – gleichgültig, aufgeschlossen – unbeweglich, hilfsbereit – egozentrisch.

Aber auch die äußeren Bedingungen (Situationen) beeinflussen die Menschen und wirken sich somit auf deren Verhaltensweisen aus. Das betrifft z. B. die Tageszeit, Licht- und Lärmverhältnisse, Status und Anzahl der in der Umgebung befindlichen Personen, vorgegebene Werte und Normen, aber auch die Wirkungsstätte von Personen (privat – öffentlich) sowie den Anlass einer Begegnung.

So gestaltet sich ein Gespräch zwischen zwei Menschen oft einfacher als im Beisein einer Gruppe. Das Erteilen einer Auskunft ist spannungsfreier als die Ermahnung einer Person.

11.1.1 Menschenkenntnis

Menschenkenntnis ist für den täglichen Umgang mit Menschen grundsätzlich notwendig. Sie dient der Beurteilung von Personen, hilft bei der Orientierung in neuen Situationen, ermöglicht schnelles Reagieren, trägt zur eigenen Sicherheit bei und rechtfertigt Handlungen.

Jede Sicherheitskraft verfügt über ein mehr oder weniger ausgeprägtes Maß an Menschenkenntnis. Diese beruht auf:

- Beobachtung,
- Lebenserfahrung,
- Intuition (Erkennen/Beurteilen eines Vorgangs, ohne überlegen zu müssen).

Menschenkenntnis ist häufig zugleich eine Ansammlung von Alltagsweisheiten, eine unzulässige Verallgemeinerung, mit Erklärungen versehen, die einleuchtend und stichhaltig sind sowie stabil gegenüber Änderungen. Typische Merkmale der Menschenkenntnis machen „Probleme“ deutlich, denn sie ist:

- subjektiv,
- lückenhaft,
- nicht klar begründet,
- nicht begrifflich,
- nicht geordnet,
- nicht überprüft,
- nicht ergänzt.

11.1.2 Psychologie

Psychologie (griech.: Lehre/Wissenschaft von der Seele) wird definiert als die Wissenschaft vom Erleben[1] und Verhalten[2] der Menschen sowie deren Ursachen, Bedingungen und Folgen.

Die Psychologie verfolgt u. a. folgende **Ziele**:

- menschliches Erleben und Verhalten in bestimmten Situationen zu beobachten und zu beschreiben,
- menschliches Erleben und Verhalten zu erklären, z. B. die Frage zu beantworten, warum eine bestimmte Person in einer bestimmten Situation ein bestimmtes Verhalten gezeigt hat und welche inneren Vorgänge dabei abgelaufen sind,
- menschliches Verhalten zu fördern (zu belohnen) oder zu verhindern; hierfür ist allerdings die Klärung der Beweggründe des zu verändernden Verhaltens Voraussetzung.

Somit können Forschungsergebnisse der Psychologie unsere **Menschenkenntnis** auf ihre **Richtigkeit** überprüfen, ergänzen und korrigieren, indem sie z. B.

- psychische Abläufe im Menschen (das Erleben) aufklärt,
- aufzeigt, welche Prozesse bei der erstmaligen Begegnung zweier Menschen vor sich gehen,
- den Einfluss von Bedingungen einer Situation auf Verhalten verdeutlicht.

Hinweis

Psychologisches Wissen kann der **Sicherheitskraft** helfen,

- sich selbst besser zu erkennen,
- sich situativ angemessener zu verhalten,
- ihre Tätigkeiten weniger konfliktträchtig zu gestalten und somit sich selbst zu entlasten.

11.1.3 Verhaltenssteuerung

Um menschliches Verhalten verstehen zu können, muss beachtet werden:

- die **Person**(en), die sich verhält (verhalten),
- die **Situation**, in der Verhalten gezeigt wird.

Wie kann man sich den „Aufbau" der Person vorstellen?

---

1 **Erleben** bezeichnet nicht unmittelbar beobachtbare Vorgänge, die hauptsächlich im Gehirn und im Zentralnervensystem (ZNS) stattfinden, wie z. B. Wahrnehmen, Denken, Gefühle, Triebe. Erleben kann nur aus dem Verhalten erschlossen werden.

2 **Verhalten** bezeichnet die Gesamtheit aller beobachtbaren und messbaren Muskel- und Drüsenaktivitäten wie Gestik (Hand-, Kopf-, Fußbewegungen), Mimik (Lächeln, Stirnrunzeln), Sprechen, Weinen und Schwitzen. Das Verhalten ist die Folge von Reaktion des Organismus, ausgelöst durch Einflüsse aus der Umwelt, aber auch eigener Beweggründe.

Ein Modell über den Aufbau der Person stammt von den griechischen Philosophen Plato (427–347 v. Chr.) und Aristoteles (384–322 v. Chr.) und wurde hier sehr stark vereinfacht[3].

Danach wird der Mensch von **drei „Schichten"** gesteuert:

- **Verstand**: z. B. denken, planen, überprüfen, Folgen bedenken, begründen, beweisen,
- **Gefühl**: z. B. Liebe, Freude, Hass, Ekel, Trauer, Wut, Angst, Verzweiflung, Überraschung, aber auch „Bewertung" des Wahrgenommenen nach Zuneigung (Sympathie) und Abneigung (Antipathie),
- **Trieb**: Selbsterhaltung (Hunger, Durst), Arterhaltung (Sexualtrieb).

Beachte

Alle drei „Schichten" beeinflussen sich gegenseitig, nur in Extremsituationen resultiert Verhalten aus einer „Schicht". Der Verstand ist eher verhaltensverzögernd, das Gefühl ist eher verhaltensbeschleunigend.

Die Forderung an **Sicherheitskräfte**, ihre Tätigkeit **objektiv** und **selbstbeherrscht** auszuführen, bedeutet ein tägliches „Ringen mit den Schichten". Dabei ist zu bedenken:

- Verstand ohne Gefühl ist unmenschlich.
- Gefühl ohne Verstand ist Dummheit.
- Jeder Mensch muss als Ganzes betrachtet werden.

11.1.4 Motive

Menschen waren schon immer bestrebt, ihr eigenes Verhalten wie auch das Verhalten anderer Menschen zu erklären. Bei der **Erklärung von Verhalten** (z. B. „Warum missachtet Herr Müller das Rauchverbot?" „Warum verweigert Herr Maier die Angaben zur Person?" „Warum hat Herr Schulze keinen gültigen Fahrausweis?") wird der Begriff „Motiv" verwendet.

Als **Motiv** (lat.: Beweggrund) bezeichnet man allgemein eine relativ stabile, individuell unterschiedliche „Antriebskraft".

In jeder der drei „Schichten" eines Menschen können Impulse (Bedürfnisse) entstehen. Diese können entweder von der „Schicht" selbst produziert oder von außen (z. B. durch Wahrnehmungen) angeregt werden.

Beispiel

Sind die Impulse stark genug (z. B. Trieb: Hunger), sprechen andere innere Impulse nicht dagegen (z. B. lt. Dienstanweisung ist das Essen nur in Pausen gestattet) und ist die Situation für dieses Verhalten geeignet (Pausenraum), dann ist die Wahrscheinlichkeit sehr groß, dass die Impulse konkretes Verhalten (Essen) anregen.

---

3 Dies soll dazu beitragen, in diesem Kapitel behandelte Erlebens- und Verhaltensweisen zu erklären, und beansprucht nicht, eine Persönlichkeitstheorie zu sein.

Wenn jemand beim Essen beobachtet wird, schließt in der Regel der Beobachter häufig auf das Motiv Hunger. Menschliches Verhalten wird nur in seltenen Fällen von einem einzigen Motiv gesteuert. Häufig beeinflussen verschiedene Motive das Verhalten.

Es können zwei Motivgruppen unterschieden werden:

Primäre (angeborene) Motive. Zu ihnen gehören:

- biologisch-physiologische Motive – Selbsterhaltung (Hunger, Durst, Atemreflex) und Arterhaltung (Geschlechtstrieb) – sowie
- nicht physiologische Motive – Streben nach Anerkennung, Information, Geltung, Bedürfnis nach Zuneigung.

Sekundäre (erworbene) Motive werden im Laufe des Lebens erlernt. Hierzu gehören:

- Bedürfnis nach Geldbesitz,
- Bedürfnis nach einem bestimmten Getränk.

Jeder **Verhaltensmöglichkeit** können unterschiedliche **Motive** zugrunde liegen.

Mögliche Motive	Verhalten
▪ Über mehr Geld verfügen wollen ▪ Freunden imponieren wollen ▪ Einen anderen schädigen wollen	▪ Diebstahl begehen

Jedes **Motiv** kann sich in verschiedenen **Verhaltensmöglichkeiten** zeigen.

Motiv	Verhaltensmöglichkeit
▪ Über mehr Geld verfügen wollen	▪ Überstunden machen ▪ Diebstahl begehen ▪ Lotto spielen

Die Vielzahl der Motive (nach Anzahl und Art) hat der Amerikaner Maslow zusammengestellt und geordnet. Nach seinem Modell gibt es **fünf Stufen** von **Grundbedürfnissen**, die hierarchisch (nach einer pyramidenförmigen Rangordnung) gegliedert sind.

Nach Maslow drängt eine neue Stufe der **Bedürfnispyramide** (vgl. Abb. 1) dann auf Erfüllung, wenn die darunter liegende(n) befriedigt ist (sind). So wird ein Mensch der in Gefahr ist zu verhungern, weniger nach Anerkennung streben, sondern zunächst bemüht sein, sein Bedürfnis nach Selbsterhaltung zu befriedigen.

11.1.5 Motivation

Motivation entsteht aus dem Zusammenspiel einer Person, die durch spezifische Motive gekennzeichnet ist, mit einer Situation, in der bestimmte Bestandteile so wahrgenommen werden, dass sie zu Anreizen werden, die die Motive in der Person aktivieren und dadurch das Verhalten bestimmen (vgl. v. Rosenstiel).

Die Stärke der Motivation hat großen Einfluss auf bewusstes und unbewusstes menschliches Verhalten.

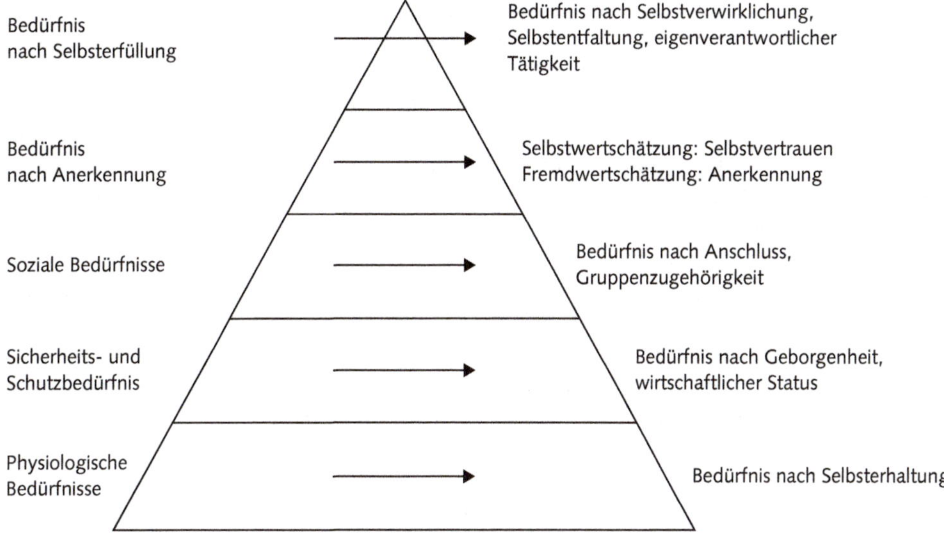

Abbildung 1: Bedürfnispyramide von Maslow [Pfeiffer].

Ein Bereich, in dem die Motivation über eine psychische Funktion verhaltenssteuernd wirkt, ist die **Wahrnehmung** (s. Kapitel 11.3.3). Die Motivation kann die Wahrnehmung/Aufmerksamkeit derart beeinflussen, dass nur bestimmte Informationen aus der Umwelt aufgenommen werden (selektive Wahrnehmung). Dadurch können mit der Motivationslage nicht übereinstimmende Informationen mehr oder weniger ausgeblendet werden.

Sind Motivation, Bedürfnisse und Interessen besonders stark, kann sogar die Wahrnehmung verzerrt werden (Wahrnehmungsverzerrung). Hierbei werden Informationen derart umgedeutet, dass sie zur Bedürfnislage passen.

Ein anderer Bereich, der maßgeblich von der Motivation beeinflusst wird, ist die **Leistung**. In Abhängigkeit von der Schwierigkeit der Aufgabe erbringen hoch motivierte Mitarbeiter in gleicher Zeit mehr (bessere) Leistungen als schwach motivierte Mitarbeiter.

Merke

Die Frage nach den **Motiven** ist die Frage nach dem Warum des Verhaltens.
Motivation bedeutet die Verknüpfung von Person und Situation.

11.2 Wirkungsfaktoren der Person

Bei jedem sozialen Kontakt und in jedem Gespräch beeinflussen sich immer – beabsichtigt und unbeabsichtigt – wechselseitig die an der Situation beteiligten Personen durch sprachliche und nicht-sprachliche Informationen. Dieser **Prozess wechselseitiger Beeinflussung** ist äußerst vielschichtig.

Einesteils geschieht diese Beeinflussung durch die äußere Erscheinung der Person(en). Hierzu zählen u. a. Körpergröße, Körperform, Kopfform, Gesicht mit Nasenform, Augenbrauen u.v.m. Als Wirkungsfaktoren einer Person können ebenfalls Bekleidung (z.B. Dienstkleidung), Schmuck (z.B. Ohrringe) und mitgeführte Gegenstände (z.B. Aktenkoffer, Dienstwaffe) angeführt werden.

Neben den eher unveränderlichen (strukturellen) Merkmalen wirken auch Gesamteindruck (z.B. gepflegt), Haltung (z.B. aufrecht), Auftreten (z.B. sicher), Stimme (z.B. tief), Sprache (z.B. gewählt), Gang (z.B. forsch). Diese mehr dynamischen Merkmale, wozu auch Mimik und Gestik gehören, werden häufig auch als Ausdruck der **Persönlichkeit** eines **Menschen** gedeutet.

Zu den Bedingungen, die die Art der Beziehung mitbestimmen, zählen außerdem das (geschätzte) Alter, das Geschlecht und der Status. Darüber hinaus wirkt sich die **Situation**, in der eine Person beobachtet wird (z.B. aufgeräumter oder unordentlicher Empfangsbereich) auf den Gesamteindruck aus, den ein Beobachter gewinnt. Nicht zuletzt wird dieser komplexe Interaktionsprozess neben den Beziehungen (o.g. Bedingungen) auch durch die (Sprach-)Inhalte, die übermittelt werden, bestimmt.

Da für einen Besucher eines Unternehmens nicht selten die **Sicherheitskraft** erster Ansprechpartner (am Empfang oder am Telefon) ist, gewinnt der Besucher durch Wahrnehmung o.g. Merkmale sowohl ein erstes Bild vom Sicherheitspersonal als auch vom Unternehmen. In diesem Zusammenhang darf nicht unberücksichtigt bleiben, dass natürlich auch der Besucher bei der Kontaktaufnahme, dem Verlauf und der Beendigung eines Gespräches (z.B. an der Anmeldung) „seine eigene Geschichte" einbringt (Näheres hierzu Kapitel 11.2.1).

11.2.1 Selbst- und Fremdbild

Die Begriffe erklären sich von selbst:

- Das **Selbstbild** entsteht aus der eigenen Betrachtung: **Wie sehe ich mich selbst?** Die Entstehung eines Selbstbildes ist sehr eng an die persönliche Entwicklung geknüpft.
- Ein **Fremdbild** entsteht aus der Betrachtung eines Menschen durch eine andere Person: **Wie sieht ein anderer (Besucher) mich tatsächlich?**

Dieses Fremdbild setzt sich zum einen aus den unter 11.2 genannten Bedingungen (Wirkungsfaktoren der Person), zum anderen aus der Informationsaufnahme und der Informationsverarbeitung des Beobachters zusammen. Das beobachtete Fremdbild ist wiederum für das Verhalten des Besuchers mitbestimmend.

Hinweis

Selbst- und Fremdbild sind nicht deckungsgleich. Fremderkenntnis setzt Selbsterkenntnis voraus.

Bei der „Begegnung" von Menschen findet eine sog. **Interaktion** statt. Darunter versteht man das wechselweise Vorgehen (wechselweise Handeln) der jeweiligen Personen. Eine weiterführende Analyse des Interaktionsgeschehens lässt sich mit Hilfe des „**Johari-Fensters**" (Johari-Window) durchführen. Die Bezeichnung „Johari-Window" geht auf die amerikanischen Autoren Joe Luft und Harry Ingham zurück. Dahinter verbirgt sich ein grafisches Modell, mit dem die Selbst- und Fremdwahrnehmung dargestellt werden kann.

A „öffentliche“ Person	**C** blinder Fleck
B „private“ Person	**D** nicht Bekanntes

Tabelle 1: Johari-Fenster.

Alle Sachverhalte aus dem Bereich **A** sind mir selbst bekannt und für andere wahrnehmbar. Der Bereich **B** ist nur mir selbst bekannt (bewusst), aber für andere verborgen (weil ich ihn nicht bekannt machen will). Der Bereich **C** ist für andere wahrnehmbar, aber mir selbst ist er nicht bewusst. Der Bereich **D** enthält Vorgänge, die weder mir noch anderen bekannt sind.

Hinweis

Bei Zusammenwirken „neuer“ Gruppen ist der Bereich **A** relativ wenig ausgeprägt, während **B** und **C** überwiegen. Mittels gezielter Feed-Back-Trainings kann der Bereich **A** erweitert werden, wodurch sich die „Felder“ **B** und **C** zwangsläufig verringern. Dadurch kann die Qualität der Zusammenarbeit verbessert werden.

11.2.2 Selbstwertgefühl und Selbstbewusstsein

Das **Selbstwertgefühl** ist die Einstellung zu sich selbst, und zwar im Hinblick auf den vermeintlichen (häufig positiven) Wert der eigenen Person. Das Selbstwertgefühl ist das Ergebnis einer Selbstbewertung, das in der Auseinandersetzung mit sich selbst und der Umwelt erfolgt.

Das Selbstwertgefühl umfasst üblicherweise auch die **eigenen Stärken** und **Schwächen**. Ein Mensch mit einem gesunden Selbstwertgefühl ist bestrebt, seine Stärken auszubauen und seine Schwächen zu verringern. Ein gesundes Selbstwertgefühl entsteht im Laufe eines Lebens, u. a. durch Erfolgserlebnisse im Berufs- und Privatleben. Dazu gehören Anerkennung, Geld, Besitz, gesellschaftliche Position und Zufriedenheit.

Aus einem starken Selbstwertgefühl entwickelt sich ein selbstbewusstes Verhalten. Menschen, die wenig selbstsicher sind, fühlen sich schneller beleidigt, angegriffen oder provoziert und reagieren oftmals schneller mit Aggressionen.

Aus (zu) wenig Erfolgserlebnissen/Anerkennung im Laufe des Lebens (wegen tatsächlicher oder vermeintlicher geringer Leistung, körperlicher Mängel o. Ä.) kann ein **Minderwertigkeitsgefühl** entstehen. Ein Minderwertigkeitsgefühl stört die Menschenkenntnis, da sich „Minderwertige“ immer unterschätzen und andere überschätzen. Wer so reagiert, hat verlernt, seine Stärken zu erkennen und zu vergrößern. Er konzentriert sich (unbewusst) einzig auf seine Schwächen. Diese negative Grundstimmung führt häufig auch dazu, dass selbst anerkennende Worte als Tadel interpretiert werden.

Ein Minderwertigkeitsgefühl kann der Mensch durch sehr starke Anstrengungen auf einem neuen Gebiet ausgleichen. Häufig übersteigt dieser Ausgleich (**Kompensation**) jedoch das normale Maß; es entsteht ein Überausgleich (**Überkompensation**). Man kann hier von **Überwertigkeitsgefühl** oder **Geltungssucht** sprechen. Der vorher vermeintlich

Schwache, Hässliche, Dumme, Faule baut die Überzeugung auf, nun stärker, schöner, gescheiter und tüchtiger zu sein als alle anderen.

Auch dies schadet seiner Menschenkenntnis. Denn nun tritt das Gegenteil vom Minderwertigkeitsgefühl auf. Alle anderen sind nichts, er selbst ist alles. Er fühlt sich allen überlegen, behandelt sie von oben herab. Er glaubt, mehr Rechte zu haben, und kontrolliert aus Machtansprüchen, aber nicht um der Sache willen. Er achtet andere Personen nicht und reagiert selbst auf Nichtachtung mit Aggressionen.

Beachte

Wer andere erniedrigt, hat oftmals Angst vor ihnen. Mangelndes Selbstwertgefühl ist die Ursache vieler psychischer und sozialer Probleme.

11.2.3 Persönliche Ausstrahlung

Eine gesunde **persönliche Ausstrahlung** erleichtert der Sicherheitskraft den Umgang mit dem Gegenüber. Als **Merkmale** persönlicher Ausstrahlung werden häufig genannt:

- Kenntnis der eigenen Stärken und Umsetzung der Stärken in Handlung,
- Leben in der Gegenwart und kein Nachtrauern der Vergangenheit,
- Beachtung des eigenen körperlichen Ausdrucks wie z. B. Körper- und Schulterhaltung, Augenkontakt, Gesichtsausdruck, Körpersprache (sicheres Auftreten und selbstbewusste Körperhaltung können sich auf die eigene Stimmung übertragen und umgekehrt),
- souveränes Auftreten,
- Treffen überlegter Entscheidungen/Mut zum kalkulierten Risiko,
- Setzen realistischer Ziele,
- Annahme von Schwierigkeiten als Herausforderung,
- Erkennen von Problemen und Suchen nach Lösungen,
- Steigerung der Leistung durch Motivation, Engagement und Initiative,
- begründete Darlegung eines – auch u. U. der Allgemeinheit widersprechenden – Standpunktes,
- Formulierung von Gefühlen,
- Tragen einer auftragsgemäßen Bekleidung.

11.3 Verhalten beeinflussen

Die Wahrscheinlichkeit einer möglichst zielgerichteten **Beeinflussung** von **menschlichem Verhalten** ist umso größer,

- je realistischer die Einschätzung der eigenen Fähigkeiten, Fertigkeiten, Kenntnisse und Erfahrungen ist und
- je berechenbarer die situativen Bedingungen sind.

Deshalb ist es vor dem Erfassen der Einwirkungsmöglichkeiten auf das Verhalten anderer erforderlich, eine möglichst genaue **(eigene) Personen- und Situationsanalyse** durchzuführen.

11.3.1 Personenanalyse

Die richtige Einschätzung der Situation setzt eine richtige **Einschätzung der eigenen Person** voraus.

Zur realistischen Einschätzung der Kenntnisse, Fertigkeiten und Erfahrungen der eigenen Person gehört die Überprüfung der eigenen

- **Fachkompetenz** (z. B. Rechtskenntnisse),
- **Methodenkompetenz** (z. B. Fertigkeiten auf den Gebieten der Dienstkunde, der Gefahrenabwehr, der Schutz- und Sicherheitstechnik),
- **sozialen Kompetenz** (z. B. Umgang mit anderen Personen, Bewältigung von Konflikten).

Sicherheitskräfte benötigen grundsätzlich sicherheits- und objektbezogene Kenntnisse und Fertigkeiten über die Art der Schutzziele und über die Tätigkeit laut Dienstanweisung und anderer Vorschriften (z. B.: DGUV-V 23 „auftrags-, tätigkeits- und objektbezogene Einweisung und Unterweisung") usw.

Eine Begründung der Ziele und Aufgaben (z. B. besonderer Schutz einer Abteilung eines Unternehmens) hilft dem Sicherheitspersonal, Zusammenhänge zu erkennen und trägt damit zur Steigerung seiner Leistung und Motivation bei.

Auftrags-, tätigkeits- und objektbezogen sollten Sicherheitskräfte u. a. folgende Möglichkeiten kennen:

- **personeller Art** (z. B. Möglichkeiten der personellen Unterstützung),
- **organisatorischer Art** (z. B. Zusammenarbeit mit anderen Kräften oder Übernahme weiterer Maßnahmen aufgrund anderer sachlicher Zuständigkeiten),
- **technischer Art** (z. B. Bedienung eines selten benutzten Gerätes),
- **baulicher/örtlicher Art** (z. B. genaue Kenntnisse des von ihm bestreiften Gebietes).

Sicherheitskräfte müssen außerdem Informationen über die **allgemeine Sicherheitslage** (aus verschiedenen Medien) und über die spezielle Sicherheitslage „ihres" Objektes besitzen.

Informationen zur **speziellen Sicherheitslage** erhält das Sicherheitspersonal laufend von seinem Objektleiter/Schichtleiter/dem Führungsverantwortlichen bei Schichtwechsel und im Rahmen der Übergabe.

Hier kommt dem Verhalten des Vorgesetzten auch im Rahmen seiner Verantwortung für den Mitarbeiter und für das Objekt besondere Bedeutung zu. Vergangene, gegenwärtige und evtl. zukünftige (potenzielle) Vorkommnisse/Gefahren/Gefährdungen/Probleme und die entsprechenden Handlungsalternativen müssen ohne Über- oder Untertreibung deutlich angesprochen werden.

Hinweis

Eine Umsetzung der Mitteilungen des Objektleiters in eigenverantwortliches, situationsabhängiges Handeln der Mitarbeiter ist dann möglich, wenn jeder Mitarbeiter am Objekt für „normale" und für „besondere" Situationen (z. B. Notfallsituationen) Handlungsanweisungen und Notfallmaßnahmen kennt und anwenden kann.

Die Durchführung von regelmäßigen Übungen hilft dem Sicherheitspersonal, höhere Handlungssicherheit zu erhalten, eigene Leistungsfähigkeit treffend einzuschätzen und in Stress-Situationen angemessen zu reagieren.

11.3.2 Situationsanalyse

Sind die oben genannten personalen Bedingungen gegeben, fällt es Sicherheitskräften leichter, **Situationen** treffend zu **analysieren** und anschließend effektiv und effizient zu handeln.

Grundsätzlich sollte jeder Vorfall nach folgendem **Schema** abgearbeitet werden:

- **Lagefeststellung** (Beobachten),
- **Lagebeurteilung** (Überlegen),
- **Entschluss** (Handeln).

Zur **Lagefeststellung** ist es empfehlenswert, nach dem Schema der „**7 goldenen W**“ (in vorgegebener oder abgewandelter Reihenfolge) vorzugehen.

- Wer (Person/Personen: Kriterien, z. B. Wirkungsfaktoren der Person),
- wo (Ort: Kriterien, z. B. öffentlicher/privater Bereich, Bebauung, Hindernisse),
- wann (Zeitpunkt: Kriterien, z. B. Tageszeit, Wochentag),
- was (Ereignis: Kriterien, z. B. Verdacht: Sachbeschädigung, Hausfriedensbruch, Diebstahl, Urkundenstraftat),
- warum (Motivation: Kriterien, z. B. für sich selbst, für eine andere Person, aus Angst vor ...),
- womit (Hilfsmittel: Kriterien, z. B. Einbruchswerkzeug, gefälschter Fahrausweis, Messer, Flasche),
- wie (Tatablauf: Kriterien, z. B. durch Aufbruch einer Tür, durch Werfen eines Brandsatzes, durch Einschlagen eines Fensters) hat etwas begangen (oder unterlassen)?

Im Rahmen der **Lagebeurteilung** kommt es u. a. auf die (**fortlaufende**) Prüfung an, ob ggf.

- Schutz, Sicherung, Sicherheit und Ordnung bedroht oder gestört sind,
- Schäden und Gefahren drohen oder eingetreten sind und
- Maßnahmen möglicherweise geeignet sind, den Normalzustand wiederherzustellen und die Schutzziele zu erreichen.

Gerade hier wird die Notwendigkeit einer gut ausgebildeten Sicherheitskraft deutlich.

Der **Entschluss** ist das Ergebnis von Lagefeststellung und Lagebeurteilung. Mit dem Entschluss entscheidet man sich für eine Handlungsalternative. Entschlüsse müssen – situationsabhängig – auch in sehr kurzer Zeit getroffen werden können.

11.3.3 Verhaltensfehler

Die Ursachen von **Verhaltensfehlern** sind sehr vielfältig. Eine der **Hauptursachen** von Verhaltensfehlern und damit auch von Treffen falscher Entscheidungen kann in einer **subjektiv gefärbten Wahrnehmung** liegen.

Beim Vorgang der **Wahrnehmung** muss u.a. zwischen Beobachten und Beurteilen unterschieden werden:

- **Beobachten** bedeutet, wichtige Merkmale (Verhaltensweisen) von Personen und Situationen zu erfassen.
- **Beurteilen** meint, die Beobachtungen zu verarbeiten und zu interpretieren, möglichst ohne subjektive Fehler in den Prozess der **Urteilsbildung** einfließen zu lassen.

Beobachten und Beurteilen können als wichtige Teile des Prozesses der **menschlichen Informationsverarbeitung** angesehen werden. Zur menschlichen Informationsverarbeitung zählen die **Informationsaufnahme**, die **Informationsverarbeitung** und die **Informationswiedergabe**.

Informationen werden von den Sinnesorganen aufgenommen (Informationsaufnahme), von den Nerven zum Gehirn weitergeleitet (Informationsweiterleitung) und anschließend im Gehirn verarbeitet (Informationsverarbeitung). Über Muskeln und Drüsen kann das Ergebnis der Verarbeitung der Umwelt mitgeteilt werden (Informationsabgabe).

Der Vorgang der Informationsaufnahme, -weiterleitung und -verarbeitung ist ein individuell geprägter, aktiver und vielschichtiger Prozess. Dies zeigt sich u.a. darin, dass – individuell nach Art und Menge – nur ein kleiner Teil der aufgenommenen Informationen im Gehirn auch bewusst verarbeitet wird. Der größere Teil der Informationen wird „ausgeblendet" und zu „Automatismus-Zentren" geleitet, d.h. auf einen bestimmten Auslöser-Reiz erfolgt eine gleichsam „automatische" Reaktion.

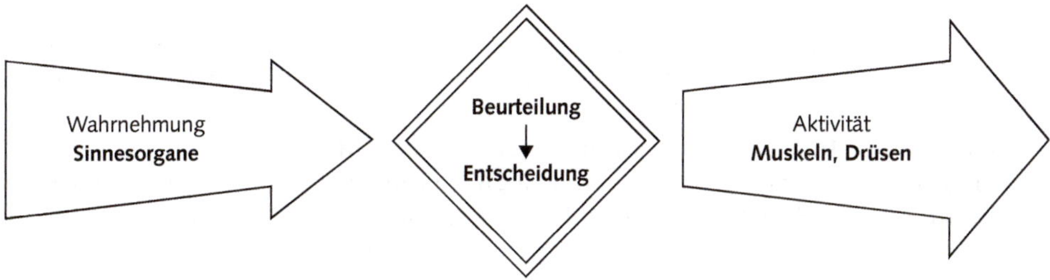

Abbildung 2: Informationsverarbeitung [Foerster].

Zum Vorgang der Urteilsbildung gehört, dass die neuen Informationen mit den alten (vorhandenen) Informationen verglichen werden. Ob und gegebenenfalls welche neuen Informationen zur Verarbeitung herangezogen werden, ist u.a. abhängig von:

a) der wahrnehmenden Person:

- **Wachheit des Gehirns** – nur dann, wenn eine Person aufmerksam ist, kann sie auch bewusst wahrnehmen.
- **Interesse** – was für eine Person wichtig ist (sie interessiert), nimmt sie eher wahr.
- **Verständnis** – was eine Person versteht (z.B. Sprachen), nimmt sie eher wahr.
- **Motivation** – was eine Person bewegt (z.B. starke Bedürfnisse, Gefühlslagen), nimmt sie eher wahr; ein starkes Bedürfnis lenkt die Wahrnehmung auf Reize, die zur Bedürfnisbefriedigung beitragen können.

b) der Art der Situation: Veränderung, Kontrast, Neuheit:

- Veränderungen (z. B. Bewegungen, Geräusch-, Geruchs- oder Licht-Intensitätsunterschiede) werden eher wahrgenommen als gleich bleibende Reize über längere Zeit. Die Anpassung des Sehvermögens an die Dunkelheit ist erst nach ungefähr einer Stunde vollkommen, während die Hellanpassung des Auges sehr viel schneller erfolgt. Je weniger sich ein Reiz verändert, desto mehr adaptiert das entsprechende Sinnesorgan, wodurch er immer schwächer wahrgenommen wird (Gewöhnung an (Maschinen-)Lärm, an Gasgeruch, an hohe Temperaturen, an ein Dauerlicht). Zur Vermeidung des **Gewöhnungseffektes** werden häufig Blinkleuchten mit einer/mehreren einfarbigen/verschiedenfarbigen Lichtquellen als Warnleuchten eingesetzt. Die Wahrnehmungswahrscheinlichkeit für neue Reize ist umso größer, je kontrastreicher sie sind. So fällt beispielsweise eine weitere schadhafte Stelle an einem an vielen Stellen notdürftig reparierten Zaun weniger auf als an einem unbeschädigten Zaun.

Merke

Da Qualität und Quantität der Beobachtungs- und Beurteilungsleistung von der Art der Situation und der wahrnehmenden Person abhängen, sind Beobachtungen immer subjektiv gefärbt. Es ist eher die Ausnahme, dass sich die Aussagen zweier Personen über ein Ereignis, das beide Personen wahrgenommen haben, vollkommen decken. Die Unterschiedlichkeit der Aussagen wird insbesondere dann deutlich, wenn die Aussagen unabhängig voneinander gemacht werden.

In allen drei o. g. Informationsbereichen (Aufnahme, Verarbeitung, Abgabe) können **Fehler** entstehen, die sich auf die Beurteilung einer Situation und die Entscheidung der zu treffenden Maßnahmen auswirken:

- **Fehler in der Informationsaufnahme:** Fehler in der Informationsaufnahme können hervorgerufen werden durch Beeinträchtigungen des körperlichen Zustandes (z. B. schlechte Seh-, Hörfähigkeit) oder des psychischen Zustandes (z. B. Aufmerksamkeitsverteilung i. S. von selektiver Wahrnehmung, Müdigkeit, Gefühlszustand, Motivationslage).
- **Fehler in der Informationsverarbeitung:** Kann das Gehörte/Gesehene nicht bis zum Verarbeitungszentrum vordringen und/oder wurden diese (Teil-)Informationen nicht richtig verstanden, entstehen Fehler in der Informationsverarbeitung. Weitere, nicht zur „reinen" Information gehörende Einflüsse wie z. B. solche Gefühle wie Angst vor der Entscheidung, Erinnerungen an ähnliche Vorkommnisse, Ekel, Gesundheitszustand, Krankheit können die Urteilsbildung beeinflussen; ferner auch Verblassungstendenz, Anreicherungstendenz oder Verschmelzung.
- **Fehler in der Informationswiedergabe:** Zu den Fehlern in der Informationswiedergabe zählen z. B. Schwierigkeiten in der sprachlichen Umsetzung.

Zu einer fehlerhaften Urteilsbildung kann auch der **erste Eindruck** führen.

Als **erster Eindruck** wird das Gesamtbild bezeichnet, das ein Beobachter von einem ihm unbekannten Menschen, einer neuen Situation oder einem unbekannten Objekt (z. B. Unternehmen) erhält.

Der erste Eindruck entsteht eher unbewusst innerhalb von 10 bis 30 Sekunden durch Beobachtung und Vergleich.

- Durch **Beobachtung** werden ein Merkmal oder mehrere Merkmale erfasst. Die unbekannte Person wird zunächst taxiert. Als **Taxierungsfelder** dienen häufig Körperbau, Geschlecht, Typus (Nationaltyp), Gesichtsausdruck oder äußere Erscheinung wie Kleidung, Schmuck.
- Der **Vergleich** dieser Merkmale mit vorhandenen Erfahrungen ermöglicht auch eine Eindrucksbildung. In diesem Prozess werden im Gehirn gespeicherte Merkmale von Personen und Situationen mit der unbekannten Person/Situation verglichen. Dieser Vergleich weckt Erinnerungen an den positiven oder negativen Verlauf und Ausgang vergangener Begegnungen. Ein solcher Vergleichsprozess kann auch entstehen, bevor die unbekannte Person sich über das Merkmal Sprache ausdrückt.

Beachte

Sicherheitspersonal muss häufig mit den wenigen Impressionen operieren, die aus dem ersten Eindruck hervorgehen. Deshalb ist es besonders wichtig, die Vorgänge und Fehlerquellen der Eindrucksbildung zu kennen, zu berücksichtigen und konstruktiv zu beeinflussen. Für den ersten Eindruck gibt es keine zweite Chance.

Mit der Bildung des ersten Eindrucks und den dadurch hervorgerufenen Erinnerungen/Gefühlen werden häufig Weichen für den weiteren Gesprächsverlauf gestellt **(Folgen des ersten Eindrucks):**

- Ist mir die unbekannte Person sympathisch (erster Eindruck), spreche ich sie eher freundlich an (erster Ausdruck), ist sie mir unsympathisch, spreche ich sie eher unfreundlich an.
- Reagiert die unbekannte Person auf den ersten Ausdruck ebenfalls freundlich/unfreundlich, finde ich meinen ersten Eindruck bestätigt (erster Eindruck ruft ersten Ausdruck hervor). Nach vielen Untersuchungen beeinflusst der nicht sprachliche Ausdruck stärker als die Sprache.

Neben dem ersten Eindruck beeinflusst auch das **Vorurteil** das Verhalten. Allgemein wird Vorurteil definiert als die Übernahme von Meinungen über Personen oder Sachen ohne ausreichende eigene Erfahrungsbasis. Speziell ist das Vorurteil die nicht sachlich begründete, meist negative Einstellung gegenüber anderen Personen und Objekten; häufig sind Vorurteile mit Feindseligkeit (Diskriminierung) verbunden; Vorurteile sind relativ und dauerhaft schwer korrigierbar.

Vorurteile können entstehen durch:

- Erziehungseinflüsse,
- Überlieferung,
- Hass/Neid,
- Propaganda,
- Verallgemeinerung.

Vorurteile werden häufig angewandt zur Orientierung („Wer ist wie?") und zur Erlangung sozialer Anerkennung („Wer die gleiche Meinung vertritt, wird von den anderen gelobt."). Das ist oft nachteilig und führt zu ungerechtfertigten „Schubladeneinteilungen", z. B. „die vom Werk III", „die von der Verwaltung", „die vom Sicherheitsdienst".

Vorurteile sind ein gesamtgesellschaftliches Problem und können sich richten gegen religiöse Gruppen, ethnische Gruppen, politische Gruppen, Institutionen, Berufsgruppen, Geschlechter.

Vorurteile führen häufig zu **Fehlurteilen**, die sich zeigen können in:
- der Benutzung eines falschen Tons,
- der Verfolgung einer falschen Spur,
- der Fehleinschätzung des Gegenübers,
- unzutreffenden Beschuldigungen.

Wie kann man versuchen, Übernahme und Weitergabe von Vorurteilen zu vermeiden?

Versuchen Sie,
- sachlich (objektiv) zu bleiben durch Trennung von Tatsachen (Beobachtungen) und eigenen Schlussfolgerungen (Beurteilung),
- vor der Bildung einer eigenen Meinung möglichst viele Informationen zu dem betreffenden Fragenkomplex zu sammeln,
- auch positive Meinungen über für Sie unsympathische Personen und Situationen zu speichern.

Bedenken Sie, dass
- sich der Bedarf an zu erfragender Information mit zunehmender Stärke der Erwartung (im Sinn von Vorurteil) verringert,
- Vorurteile nicht nur dauerhaft, sondern auch gegenüber neuen, den Vorurteilen widersprechenden, Informationen sehr widerstandsfähig sind,
- Aussagen wie „ich wusste gleich, dass …“ oder, „mir war von vornherein klar, dass …“ das eigene Vorurteil eher bestätigen, als dass Sie es infrage stellen.

11.3.4 Verhaltensempfehlungen für ausgewählte Tätigkeiten

11.3.4.1 Verhalten bei Menschenansammlungen

Menschenansammlungen können aufgrund der **Art der Beziehungen,** die zwischen den Menschen einer Ansammlung bestehen, unterschieden werden in:
- **Menschengruppen,**
- **Menschenmengen,**
- **Menschenmassen.**

Unter einer **Menschengruppe** versteht man eine begrenzte Anzahl von Personen, die
- gemeinsame Ziele haben,
- räumlich und zeitlich zusammenarbeiten,
- unterschiedliche Aufgaben (Funktionen) auf gleicher oder verschiedener Ebene wahrnehmen,
- ein größeres Gemeinschaftsgefühl untereinander als zu anderen Abteilungen aufweisen und
- hinsichtlich bestimmter Gruppennormen (Verhaltensregeln) übereinstimmen.

In besonderen Fällen ist eine Einflussnahme auf die Gruppe über den Gruppenleiter (zum Gruppenleiter) möglich.

Hinweise

Hier ist nur die **formelle Gruppe** beschrieben, eine aus technischen, wirtschaftlichen oder ähnlichen Erfordernissen von der Unternehmensleitung bewusst geschaffene Organisationsform, in der für jedes Betriebsmitglied sowohl die Rechte und Pflichten als auch die Art der Zusammenarbeit mit anderen Betriebsangehörigen (z. B. Mitarbeitern, Vorgesetzten) festgelegt sind. Eine andere Art des Zusammenschlusses zwischen Personen liegt dann vor, wenn sich die Gruppenmitglieder aufgrund freiwilliger, persönlicher und emotional gefärbter Beziehung treffen (**informelle Gruppe**). Beide Arten schließen sich nicht aus, sondern ergänzen sich.

Eine andere Art der Beziehung zwischen Menschen kann bei einer **Menschenmenge** vorliegen. Bei einer sehr lockeren Art der Zusammengehörigkeit von Personen, die einen solchen räumlichen Zusammenhang haben, dass bei Beobachtern die Vorstellung eines räumlich verbundenen Ganzen entsteht, spricht man von einer Menge.

Hinweise

Ähnlich interpretiert das AG Berlin-Tiergarten, NJW 1988, 3218, den Begriff Menschenmenge: Von einer Menschenmenge im Sinne von § 125 StGB kann nur dann gesprochen werden, wenn eine räumlich vereinigte und der Zahl nach nicht sofort überschaubare Personenvielfalt vorliegt. Der Aufenthalt einer bloßen Vielzahl von nicht zusammengehörenden Personen auf öffentlicher Straße erfüllt noch nicht den Tatbestand der Menschenmenge, weil andernfalls in jeder belebten Straße mit vielfältigem Fußgängerverkehr von einer Menschenmenge ausgegangen werden müsste.

Bei einer Menschenmenge kommt es für den äußeren Eindruck auf das Hinzukommen oder Hinweggehen einer Einzelperson nicht mehr an. Die Untergrenze liegt bei 15 bis 20 Personen. Als zusätzliche Kriterien zur Begriffsbestimmung der Menschenmenge werden u. a. auch das Fehlen einer unmittelbaren Kommunikationsmöglichkeit aller Mengen-Mitglieder untereinander genannt oder das Entstehen von massenpsychologischen Phänomenen, die in ihren Auswirkungen weder kontrolliert noch kontrollierbar sind (vgl. OLG Düsseldorf NStZ 1990, 339, und BGH NStZ 1993, 538). Nach neuerer Rechtsprechung kann auch eine Gruppe von zehn Personen unter besonderen Umständen zur Annahme einer Menschenmenge ausreichend sein.

Schwieriger zu beeinflussen und für die Tätigkeit von Sicherheitskräften bedeutsamer ist der Umgang mit einer **Menschenmasse**. Wird die Aufmerksamkeit dieser Personen durch ein Ereignis (z. B. Störung im Lichtnetz) in gleicher Richtung gelenkt, spricht man von einer „Masse“. Eine Masse kann sich ruhig verhalten, sich gruppieren (in informelle Gruppen) oder durch gemeinsame Gefühle wie Angst oder Hass in Bewegung geraten (sog. **„akute Vermassung“**).

Die **Gefahr** einer **akuten Vermassung** kann bei Menschenansammlungen entstehen, insbesondere bei:

- Stauungen am Ausgang eines Unternehmens,
- innerbetrieblichen Verkehrsunfällen,
- persönlichen Auseinandersetzungen,
- technisch bedingten Schadensfällen,
- Betriebsversammlungen,
- Demonstrationen,
- (Sonder-)Verkäufen,
- Sport- und anderen Großveranstaltungen.

Auslöser für die Vermassung kann z. B. ein unüberlegtes Wort oder ein überraschender Knall sein. Unterliegt die Menschenansammlung der Vermassung, sind folgende **Auswirkungen** möglich:

- herabgesetzte Beobachtungs- und Urteilsfähigkeit,
- vermindertes individuelles Verantwortungsbewusstsein,
- starke Gefühlserregbarkeit,
- unkontrollierte Reaktionen.

Wichtig

Das Sicherheitspersonal muss in solchen Situationen durch sein Verhalten Spannungen abbauen, u. a. durch beherrschtes und konsequentes Handeln. In keinem Fall dürfen sich Sicherheitskräfte von den Gefühlsreaktionen der Umstehenden anstecken lassen oder gar Umstehende provozieren.

11.3.4.2 Verhaltensgrundsätze bei körperlichen Auseinandersetzungen

Grundsätzlich sind Sicherheitskräfte angehalten, mittels geschickter Kommunikation und Deeskalation **körperliche Auseinandersetzungen** zu vermeiden. Sind derartige Auseinandersetzungen unvermeidbar, gelten nachfolgende **Grundsätze**:

- erst beobachten (Lagefeststellung), dann überlegen (Lagebeurteilung) und schließlich handeln (Entschluss), s. Kapitel 11.3.2;
- nur mit überlegtem Kraft- und überlegenem Kräfteeinsatz einschreiten;
- eher den Einsatz überlegt beginnen und Verstärkung anfordern als Alleingänge – unter Vernachlässigung der Eigensicherung – durchführen;
- während des Einsatzes nicht nur die Streitenden, sondern auch die Umstehenden im Auge behalten;
- sofortige Trennung der Beteiligten, die nach Möglichkeit außer Blick- und Hörweite zu bringen sind;
- keine Stellungnahme zu den Gründen, dem Ablauf und den möglichen Folgen der Auseinandersetzung abgeben;
- nach Einleitung von Erste-Hilfe-Maßnahmen und Zeugensuche möglichst schnell für Normalität am Ort der Auseinandersetzung sorgen.

11.3.4.3 Verhalten in Paniksituationen

Bei einer Menschenansammlung besteht auch unter bestimmten Bedingungen die Gefahr, dass die betroffenen Menschen in **Panik** geraten. Vom Begriff der Panik muss der Begriff der **Katastrophe** unterschieden werden.

Nach § 24 HBKG (Hessisches Brand-und Katastrophenschutzgesetz) ist eine **Katastrophe** „ein Ereignis, das Leben, Gesundheit oder die lebensnotwendige Versorgung der Bevölkerung, Tiere oder erhebliche Sachwerte in so ungewöhnlichem Maße gefährdet, dass zur Beseitigung die einheitliche Lenkung aller Katastrophenschutzmaßnahmen sowie der Einsatz von Einheiten und Einrichtungen des Katastrophenschutzes erforderlich sind."

Merke

Eine **Katastrophe** ist – stark verkürzt dargestellt – häufig ein plötzlich hereinbrechendes Ereignis mit schweren Folgen für Menschen und/oder Sachen.

Es gibt Schätzungen, dass es jeden zweiten Tag irgendwo auf der Welt zu einem Schadensereignis kommt, dessen Ausmaß die Bezeichnung „Katastrophe" verdient. Als Gründe für die sowohl der Zahl als auch dem Schadenspotenzial nach zunehmenden Groß- und Größtschäden werden Wachstum der Erdbevölkerung, zunehmende Konzentration hochwertiger Industrieanlagen und hohe Versicherungsdichte angeführt.

Folgen nach dem katastrophalen Ereignis können sein:
- eine hohe Anzahl von Verletzten/Toten,
- ein hoher Verlust von Sachwerten,
- besondere Verhaltensweisen der Betroffenen,
- magische Anziehungskraft auf Nichtbeteiligte.

Merke

Panik bedeutet, dass sich eine Personengruppe in einer lebensbedrohlichen Situation befindet oder zu befinden glaubt, in der nur durch sofortige Flucht die Rettung des eigenen Lebens möglich sei.

Der Begriff **Panik** stammt vom griechischen Hirtengott Pan, einem halb wie ein Tier, halb wie ein Mensch aussehenden Wesen, das durch unerwartetes, plötzliches Erscheinen und Ausstoßen furchterregender Laute Menschen in Angst und Schrecken versetzte.

Nach dem plötzlichen und überraschenden Sinnesreiz laufen im Menschen unter dem Signal „**Lebensgefahr**" ganz bestimmte **Reaktionen** ab. Dazu gehören:
- reflektorisches Zusammenzucken („Schrecksekunde"),
- Energetisierung des Körpers, um Höchstleistungen zu erbringen,
- Drang zu „kopfloser" Flucht (auch Verhaltensmöglichkeit des Angriffs oder Schreckstarre gegeben),
- Fluchtverhalten (Panikverhalten) bei beeinträchtigten Großhirnfunktionen (Verstandesschicht) oder – seltener – Schrecklähmung,
- Übertragung des Fluchtverhaltens weniger Menschen auf viele Menschen (ansteckend wie gefühlsmäßiges Verhalten),

- durch Versuche Einzelner, die panisch flüchtenden Menschen aufzuhalten (z.B. durch Kanalisierungsversuche), wird der Bewegungssturm von Neuem entfacht, so dass die Fluchtreaktionen länger anhalten. Weniger die Katastrophe als vielmehr das darauf folgende Verhalten ist demnach katastrophal.

Nach **Ablauf** des Panikverhaltens ist Folgendes zu beobachten:
- Entstehung von Gemeinschaftsbewusstsein und Hilfsbereitschaft bis zur Selbstaufopferung,
- Entstehung gegenseitiger Aggressionen ist möglich,
- Wiederherstellung der Urteilskraft und Einsichtsfähigkeit.

Eine **typische Situation**, in der **Panik** entstehen kann, ist ein enger **Raum** (Halle, Saal), in dem sich Menschen drängen und sich nicht/kaum bewegen können. Unter diesen Bedingungen zeigen Personen – die Enge als unmittelbare Bedrohung des eigenen Lebens empfinden – starke Tendenzen zu individualistischem und ichbezogenem Verhalten, bei dem die Folgen nicht bedacht werden. Das Panikverhalten i.e.S., eine wellenartig sich ausbreitende Ketten-Fluchtreaktion, dauert nicht länger als ungefähr drei Minuten.

Beispiel

Im Foyer einer überfüllten Sporthalle war es zu einem Ansturm von mehreren tausend jungen Leuten gekommen, die keine Eintrittskarten hatten und versuchten, in die voll besetzte Halle zu drängen. Hierbei wurden zahlreiche Menschen gegen Wände und Türen gedrückt, drei Menschen starben.
Über die Lautsprecheranlage der Halle wurde mitgeteilt, dass die Veranstaltung abgesagt sei, weil bei dem Gedränge im Foyer drei Menschen ums Leben gekommen seien. Daraufhin begannen Zuschauer aus dem Inneren der Halle nach draußen zu drängen, was die Lage noch verschlimmerte. Nach Zeugenaussagen sei das Foyer zu einem „Flaschenhals" geworden, aus dem es kein Entrinnen gegeben habe. Viele Besucher hätten in ihrer Panik nicht einmal bemerkt, dass sie über am Boden liegende Menschen geflohen seien.

Die erhöhte Unfallgefahr während des Panikverhaltens, in dem die Menschen häufig auch ihr Zeitschätzungsvermögen verlieren, besteht u.a. bei **Staudruck** (z.B. vor Türen, an Hindernissen wie „Staudruckbremsen"), **Stolperrisiko** (z.B. auch bei zu kurzen und zu hohen Stufen, bei zu steilen Treppen) und beim **Strömungsstau**. Besonders bei wenigen und schmalen (Not-)Ausgängen (**Flaschenhals-Effekt**) ist dieses Risiko sehr groß.

Beispiel

Am 24. Juli 2010 sollte auf dem Gelände eines alten Güterbahnhofs in Duisburg eine Großveranstaltung (LoveParade) stattfinden. In einem Tunnel zu dem Veranstaltungsgelände kam es zwischen Veranstaltungsteilnehmern zu einem großen Gedränge (hohe Menschendichte bei geringer Fließgeschwindigkeit der Menschen), in dessen Verlauf panikartiges Verhalten entstand. 21 Menschen wurden getötet, mehrere hundert wurden verletzt.

Nach Beobachtungen von Panikabläufen kommt neben den äußeren Bedingungen, die **Auslöser von Panikreaktionen** sind, der **psychischen Befindlichkeit** der Personen ebenfalls große Bedeutung zu. Personen, die dauerndem Lärm oder einem erzwungenen Beschäftigungsmangel ausgesetzt sind, scheinen aufgrund ihrer verminderten psychischen Widerstandskraft für Panikverhalten ebenso anfällig zu sein wie Personen, die unter psychischer und/oder physischer Erschöpfung leiden.

Unwissenheit über Verhaltensmöglichkeiten in **lebensbedrohlichen Situationen** fördert im Vorfeld der Entscheidungsphase der Panik wie auch in der konkreten Situation Angst- und Hilflosigkeitsgefühle und trägt damit zur schnelleren Steigerung des Erregungszustandes bei.

Grundsätzlich können alle vom Menschen als lebensbedrohlich empfundenen Bedingungen zu Panikverhalten führen. Zu den eher äußeren Bedingungen, die zu Panikverhalten führen können, zählen:

- in der **Realität** vorhandene Bedrohungen (z.B. Explosion, greller Blitz, starke Druckwelle, Ausbruch eines Feuers, Einsturz(-gefahr) einer Decke (Deckenverkleidung), Schmerz-/Angst-Schreie aus verschiedensten Gründen) sowie
- in der **Vorstellung** der Menschen existierende Bedrohungen (z.B. Gerüchte über ..., Angst vor ...).

Vorbeugende Maßnahmen (organisatorisch, technisch und personell) zur Verhinderung des Ausbruchs einer Panik in einem geschlossenen Raum sind u.a.:

- Information des Sicherheitspersonals über Verhalten bei Notfällen,
- Zustandskontrollen der Notausgänge, Notbeleuchtung, Fluchtwege, Staudruckbremsen („Wellenbrecher"), Beschilderung, Feuerlöscheinrichtungen, Sitze, Geländer, Sammelplätze,
- Einlasskontrollen mit Suche nach Feuerwerkskörpern, Wurf- und Schlaggegenständen („Bewaffnungsrisiko"),
- Kontrolle, dass Gänge zwischen Blocks freigehalten werden.

Weitere Aspekte im Zusammenhang mit Panik:

- Warnungen dürfen keinesfalls Panikverhalten auslösen oder verstärken, sondern müssen **Angst** (Enge) abbauen; deshalb muss jede Warnung mit einer „Handlungsanweisung" verbunden sein, die nur in Form eines Gebots, aber nicht in Form eines Verbots formuliert sein soll.
- Menschen, die einer **Gefahr** entronnen sind, drängen häufig auf Rückkehr zum Gefahrenherd, wodurch sie sich selbst wieder in Gefahr begeben und die Arbeit der Rettungsdienste behindern.
- Anfahrtswege für Rettungsdienst freihalten.
- Routinemäßiges Verhalten senkt die Aufmerksamkeit.
- Vom Sicherheitspersonal wird Hilfe erwartet. Es soll daher
  - Ruhe ausstrahlen (gerade in hektischen Situationen),
  - seine ihm zugewiesenen Aufgaben korrekt erfüllen,
  - seine Leistungsgrenzen respektieren,
  - nicht zur **Gerüchtebildung** beitragen,
  - Betroffenen Hoffnung machen und Trost spenden.

Hinweis

Verschiedene **Untersuchungen** jüngeren Datums zeigen, dass ein Drittel aller Erwachsenen Panikattacken hat oder jemanden kennt, den manchmal „die Panik packt". Als beunruhigendste Situationen werden genannt: Aufenthalt in der Menge (34 %), Zeit vor öffentlichen Auftritten (20 %), Aufenthalt im Flugzeug (11 %).

11.3.4.4 Verhalten bei demonstrativen Aktionen

Immer wieder wird der Versuch unternommen, betriebliche Abläufe oder Veranstaltungen durch **demonstrative Aktionen** zu stören. Ein derartiger Störungsversuch kann von einer Einzelperson, vereinzelten Personen oder einer Gruppe ausgehen. Im Folgenden sind die **Taktiken** einer Störer-Gruppe dargestellt, die bereit ist, vorsätzlich strafbare Handlungen zu begehen.

Taktik „Provokation – Eskalation"

a) Ausgangslage
Um die Gruppe der (aktiven) Störer stehen kreisförmig Sympathisierende. Die Sympathisierenden wiederum werden von neutralen, zunächst unbeteiligten Personen kreisförmig umschlossen.
b) Ablauf
Die Störer-Gruppe wird aktiv, indem sie etwa
- Dritte beleidigt,
- mit Sprechchören stört,
- rhythmisch klatscht,
- Transparente ausrollt,
- Gegenstände auf Umstehende schleudert.

Die Störer steigern im Laufe der Zeit ihre Aktivitäten und sorgen damit für eine Zunahme an Spannung und Erregung bei den Umstehenden. Dies gelingt ihnen umso besser, je deutlicher sie ein **Freund-Feind-Schema** aufbauen und verdeutlichen können, wobei „Freund" für „gute Menschen"/„gute Sache" und „Feind" für „schlechte Menschen"/ „schlechte Sache" steht.

Durch ihr aufsehenerregendes Verhalten provozieren die Störer den Einsatz von Ordnungskräften, die, um zu den Störern vordringen zu können, zunächst den Ring der umstehenden, nun neugierigen Personen und dann den Ring der Sympathisierenden aufbrechen müssen.

Hinweis

Von der Art des Vorgehens der Ordnungskräfte und dem Erregungszustand der Umstehenden hängt der weitere Verlauf der Auseinandersetzung ab.

Gehen die Sicherheitskräfte mit unverhältnismäßigen Mitteln vor, kann sich die Stimmung der zunächst neutralen und neugierigen Personen plötzlich gegen die Ordnungskräfte richten. Damit vergrößert sich der Kreis der Sympathisierenden um einen Teil der

Neugierigen, wodurch die Arbeit der Einsatzkräfte zusätzlich erschwert wird. Anhaltende körperliche Auseinandersetzungen können den **Solidarisierungseffekt** verstärken und die Eskalation vorantreiben.

Währenddessen beobachtet die „geschützte" Gruppe der Störer die ablaufenden Maßnahmen und trägt durch immer neue Aktionen zur Steigerung der **Konfrontation** bei. Dabei versuchen die Störer den Zuschauern das Verhalten der Ordnungskräfte als Bestätigung ihrer Thesen (**Freund-Feind-Schema**) lautstark zu verdeutlichen.

c) Abschluss

Auch wenn die Ordnungskräfte am Ende ihren Auftrag erfüllt haben, bleibt die Kette: **Demonstration – Provokation – Eskalation** und eine mediale Verbreitung der Vorkommnisse – je nach Öffentlichkeitsgrad.

Taktik „Trojanisches Pferd"

Neben der oben erwähnten Art von gewalttätigen demonstrativen Aktionen gewinnt seit einiger Zeit die Taktik „Trojanisches Pferd[4]" an Bedeutung. Nach dieser Methode gelangen die Demonstrationsteilnehmer **verdeckt** z. B. auf ein Firmengelände, wobei sie zur Tarnung ihrer Anfahrt Pkw, Lkw, Kraftomnibusse, selbstfahrende Arbeitsmaschinen, schienengebundene Fahrzeuge oder Wasserfahrzeuge benutzen. Auf dem Firmengelände besetzen sie innerhalb weniger Minuten die für ihre Demonstrationsziele bedeutsamen Objekte wie z. B. Ladekräne, Lagerhallen, Schornsteine, Strommasten, Produktionsanlagen oder Waggons, an denen sie anschließend vorbereitete Transparente befestigen.

Nach medienwirksamer Darstellung ihrer Forderungen verlassen die Demonstrationsteilnehmer in der Regel das Firmengelände.

Für den Einsatz lassen sich folgende zehn **Grundsätze für das Verhalten** bei demonstrativen Aktionen anführen:

- Lassen Sie sich nicht provozieren!
- Zeigen Sie keine hektischen Reaktionen!
- Differenzieren Sie!
- Unterlassen Sie ungehörige Bemerkungen!
- Wahren Sie Funkdisziplin!
- Denken Sie an den Grundsatz der Verhältnismäßigkeit der Mittel!
- Erfassen Sie Sachverhalte (z. B. Spuren, Gegenstände), die später möglicherweise zum Beweis erhoben werden!
- Beachten Sie die Grundsätze der Eigensicherung!
- Üben Sie Kameradschaft, aber keine Kameraderie!
- Vertrauen Sie sich Ihrem Vorgesetzten an!

---

4 Diese Art der Taktik ist auf eine griechische Sage zurückzuführen, nach der die tapfersten Helden der Griechen (und Gegner Trojas) im Bauch eines hölzernen Pferdes („Trojanisches Pferd") von den (unwissenden) Trojanern selbst in ihre von den Griechen belagerte Stadt Troja gezogen wurden. Durch diese List wurde Troja erobert.

11.4 Handhabung von Konflikten

11.4.1 Auftreten von Konflikten

Von einem **Konflikt** wird gesprochen, wenn mindestens zwei gegensätzliche, sich ausschließende Interessen, Wünsche, Ziele, Gedanken, Motive, Verhaltenstendenzen von gleicher Wertigkeit gleichzeitig vorhanden sind und diese Situation als belastend erlebt wird (Spannungssituation).

Wenn ein Konflikt das Aufeinandertreffen gegensätzlicher, sich ausschließender Interessen ist, dann sind im Rahmen der Tätigkeit einer Sicherheitskraft folgende **Konfliktsituationen** zu unterscheiden:

- **Konflikte, zu denen die Sicherheitskraft gerufen wird**. Beispiel: Auseinandersetzungen zweier oder mehrerer Werksangehöriger.
- **Konflikte, die durch die Tätigkeit der Sicherheitskraft entstehen**. Beispiel: Situation während einer Ausweiskontrolle, wenn der Sicherheitsmitarbeiter kontrollieren will und die andere Person sich dieser Maßnahme zu widersetzen versucht.
- **Konflikte im Innenverhältnis des Sicherheitspersonals**. Beispiel: Auseinandersetzung zwischen einer Fachkraft für Schutz und Sicherheit und einem Meister für Schutz und Sicherheit.

Konfliktgegenstände (Streitsachen) können u. a. sein:

- Personen,
- Sachen (bewegliche oder unbewegliche, z. B. Grenzen, Räume, Plätze) und
- Normen (Recht, Brauch, Sitte).

Konflikte können gleichfalls über einen Sachverhalt, aber auch über dessen Bewertung entstehen.

Konfliktursachen können sehr vielfältig und von unterschiedlichem Gewicht, offenkundig oder verdeckt sein. Konfliktursachen können z. B. begründet sein in unterschiedlichen Interessen, Motiven (s. Kapitel 11.1.4), sozialem Status, Wissensstand, Zielen, Wünschen.

Eine wichtige Konfliktursache ist das angegriffene Selbstwertgefühl (s. Kapitel 11.2.2), die Nichtachtung oder Missachtung einer Person.

11.4.2 Kreislauf-Modell der Konflikteskalation

In Konfliktsituationen ist häufig zu beobachten, dass sich die Konfliktparteien im Verlauf des Gesprächs **gegenseitig „hochschaukeln"** (Abbildung 3).

Die Beurteilung der Verhaltensweisen (z. B. einer Äußerung) des Gegenübers ist von eigenen Persönlichkeitsmerkmalen, Erwartungen und Berufserfahrungen sowie von situativen Merkmalen (z. B. Anzahl der umstehenden Personen) abhängig. In derartigen Situationen, die willentlich steuerbar sind, hat eine Sicherheitskraft die Handlungsalternative, Gefühlsreaktionen eines anderen persönlich zu nehmen und sich dann anstecken zu lassen oder die Rollendistanz anzuerkennen und ruhig zu bleiben.

Die Sicherheitskraft soll aufschaukelnde Verhaltensweisen (Eskalatoren) des Gegenübers erkennen und selbst deeskalierend reagieren.

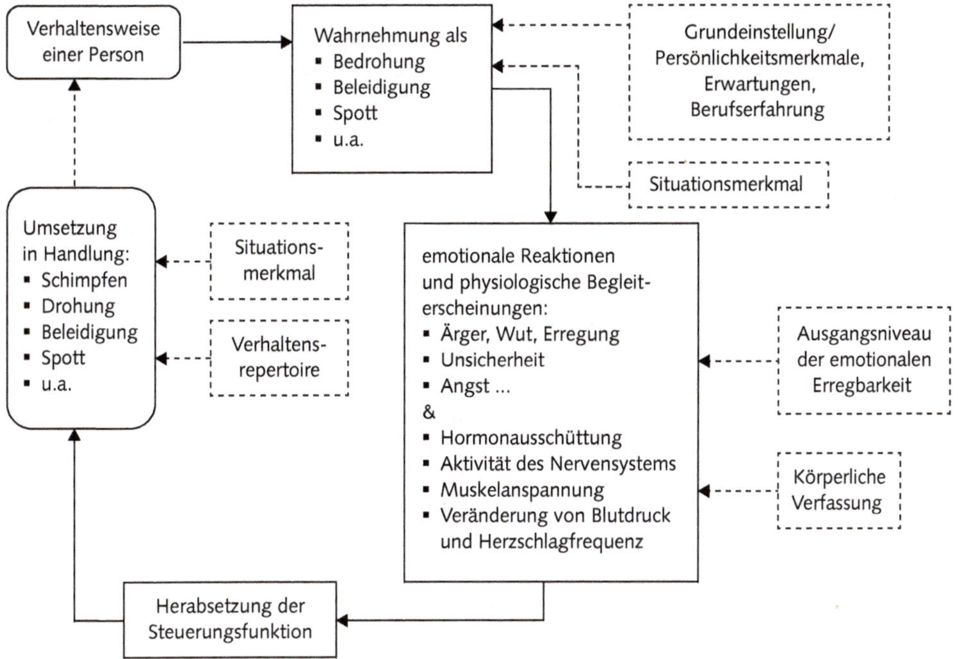

Abbildung 3: Kreislauf-Modell der Konflikteskalation [Eggers].

Wichtig

Oberster Grundsatz für eine Sicherheitskraft muss es sein, eine Verschärfung der Intensität und eine Ausweitung des Konflikts zu verhindern (Deeskalation s. Kapitel 11.4.5). Dies kann von gezielter Beeinflussung durch Sprache bis zum Einsatz von körperlicher Gewalt reichen.

Verschiedene **situative** und **personale Bedingungen** erschweren häufig die Konflikthandhabung durch uniformiertes Sicherheitspersonal:

- Die Tätigkeit der Sicherheitskräfte ist oft an sich schon konfliktträchtig.
- Während die Konfliktparteien erregt sind, überwiegend auf der Gefühlsebene (s. Kapitel 11.1.3) handeln und verstandesmäßig kaum ansprechbar sind, ist die Sicherheitskraft geneigt, sofort die Situation zu klären, indem sie mit Vernunftargumenten eine Lösung herbeizuführen versucht.
- Mindestens ein Konfliktbeteiligter
  - fordert, dass sich die Sicherheitskraft aus dem Streit heraushält und entfernt,
  - befürchtet, dass die Sicherheitskraft gegen ihn entscheidet und Maßnahmen durchsetzt,
  - befürchtet Nachteile, Einbußen seines Ansehens („Gesichtsverlust"),
  - wird aus Angst oder Furcht gefühlsmäßig gegen die Sicherheitskraft reagieren.
- Oft verbünden sich – im Verlauf der Auseinandersetzung – die streitenden Parteien gegen die Sicherheitskräfte.

11.4.3 Konstruktiver Umgang mit Konflikten

Um konstruktiv **mit Konflikten umgehen** zu können, ist eine Sensibilisierung für den Umgang mit Personen und Situationen erforderlich. Auf die **eigene Person** bezogen kann dies durch die Bearbeitung u. a. folgender Aufgaben geschehen:

- Analysieren Sie Ihre letzten Konfliktsituationen nach eigenen Gefühlen, Konfliktverlauf, Konfliktpartner und Konfliktlösung.
- Prüfen Sie Ihre persönlichen und beruflichen Ziele und Ihr Wissen über den Umgang mit Konflikten.
- Verhalten Sie sich in Konfliktsituationen konstruktiv, bewusst und deutlich und unterlassen Sie Schuldzuweisungen.
- Versuchen Sie aufkommende Konflikte aufgrund sprachlicher und nichtsprachlicher Anzeichen Ihres Gesprächspartners zu erkennen.
- Bleiben Sie auf der rationalen Ebene und überlegen Sie Konfliktlösungsmöglichkeiten, die für beide Konfliktbeteiligten akzeptabel sind.
- Zeigen Sie durch eigenes konsequentes (zielgerichtetes) Verhalten, dass Sie mögliche (unnötige) Konflikte im Anfangsstadium ansprechen und klären wollen.
- Führen und beenden Sie unvermeidbare Konflikte in einem strukturierten Konfliktgespräch, in dem der Konfliktgegenstand benannt und Lösungsalternativen gesammelt und bewertet werden. Kommen Sie zu einer verbindlichen Lösung.
- Ziehen Sie u. U. einen Dritten (Kollegen) hinzu.
- Durch Verhaltensweisen, wie z. B. „nachgeben“, „vermeiden“ und „durchsetzen“, werden Konflikte häufig nur verdeckt; vermeiden Sie daher diese „Fehlerquellen“.
- Versuchen Sie in jedem Fall einen Kompromiss zu finden, in dem beide Parteien ihr „Gesicht wahren“ können.

Hinweis

Sollte eine rasche Konfliktlösung herbeigeführt werden müssen (z. B. Diskussion über mitgebrachte Gegenstände im Gedränge eines Hallen-Eingangsbereiches), so empfiehlt es sich, die Problemlösung außerhalb der Menschenmenge zielführend zu suchen und zu finden.

11.4.4 Frustration und Aggression

Setzt in einer (Konflikt-)Situation einer der Beteiligten alle seine eigenen Ziele durch, kann der Gesprächspartner seine Ziele nicht erreichen. Wenn der Gesprächspartner daran gehindert wird, sein angestrebtes Ziel zu erreichen, kann bei ihm **Frustration** (lat.: Vereiteln, Nichterfüllen) entstehen. Aus Sicht des Gesprächspartners stellt die Sicherheitskraft häufig ein solches Hindernis dar. Bei Behinderung, Enttäuschung (Misserfolg), Ungerechtigkeit und/oder dem Gefühl des Zu-kurz-Kommens kann Frustration ebenfalls entstehen.

Das angestrebte **Ziel** kann sein: Liebe, Anerkennung, Geltung, Berufserfolg, Geld. Wesentlich dabei ist, dass die Behinderung (Barriere) in der Realität oder in der Einbildung vorhanden sein muss und auch subjektiv als Barriere empfunden wird.

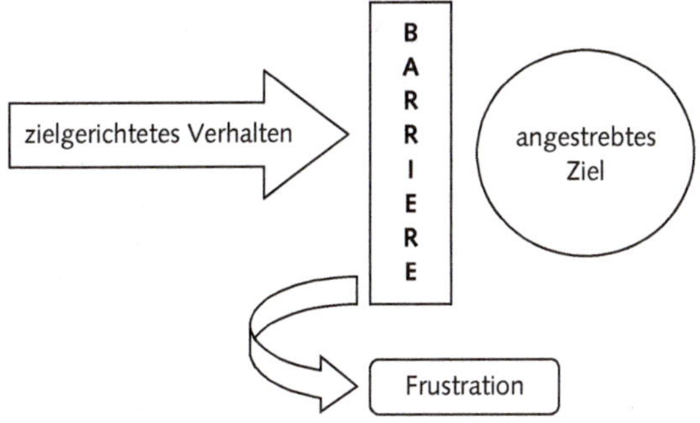

Abbildung 4: Entstehung einer Frustration [Foerster].

Die Frustration und eine darauf folgende mögliche Reaktion sind umso stärker:

- je bedeutender/wichtiger das angestrebte Ziel ist,
- je näher/greifbarer das Ziel ist,
- je mehr Energie bisher zur Zielerreichung schon eingesetzt wurde,
- je unvorbereiteter das Hindernis auftaucht,
- je weniger eine Ausweichmöglichkeit besteht,
- je länger das Hindernis besteht und damit das Ziel blockiert wird,
- je häufiger (innerhalb kurzer Zeit) eine Frustration entsteht.

Schwache Frustrationen werden üblicherweise geduldet (**Frustrationstoleranz**).

Frustrierende Erlebnisse können auch angesammelt werden. Dann entsteht allmählich ein **Frustrationsstau**. Ab einer bestimmten Stärke wird sich dieser Stau entladen. Je stärker die Frustration ist, desto eher zwingt sie zur **Reaktion**. Solche Reaktionen können sich (je nach Persönlichkeit) in sehr unterschiedlichem Verhalten ausdrücken. Dennoch ist es möglich, die Vielzahl der Reaktionen, zu denen Menschen fähig sind, auf drei typische Verhaltensmuster zurückzuführen.

Ungeachtet individueller Nuancierungen gibt es Menschen, die

- **zornig** und **voller Wut** Frustrationsverursacher angreifen. Solche Menschen lassen ihrem Ärger freien Lauf, wenn sie einen tatsächlichen oder auch nur vermeintlichen Grund dafür sehen. Sie stürmen los wie ein Stier, der das rote Tuch sieht.
- **resigniert nachgeben**, weil sie Enttäuschung und Trauer empfinden. Auch solche Menschen ärgern sich sehr. Der Ärger richtet sich jedoch gegen die eigene Person und ist daher mit Selbstvorwürfen verbunden, zu ungeschickt zu sein, nicht genügend getan zu haben, sich zu dumm angestellt zu haben o. Ä.
- **nüchtern** und **sachlich nachdenken**, sich also bewusst rational verhalten. Solche Menschen sind seltener als die Angehörigen der beiden zuvor genannten Gruppen. Sie besitzen ein hohes Abstraktionsvermögen und bedienen sich bei der Lösung von Problemen ihres Verstandes.

Grundsätzlich ist die Art und Weise, **wie Menschen auf Frustrationen reagieren**, von ihrer individuellen Entwicklung und von ihren bisherigen Lebenserfahrungen sowie von ihrem personalen und situativem Umfeld abhängig.

Menschen, die in ihrem Leben viele Erfolgserlebnisse gehabt haben und aus ihrem privaten und beruflichen Umfeld viel Bestätigung bekommen, sich also „gut aufgehoben" fühlen, sind durch ein Hindernis, z. B. Frustration, kaum aus der Fassung zu bringen. Sie zeichnen sich dadurch aus, dass sie intensiv über Möglichkeiten der Problem- und Konfliktbewältigung nachdenken und gefundene Lösungen konstruktiv umzusetzen versuchen.

Der unsichere Menschentypus, der immer und sogleich sein Selbstwertgefühl bedroht sieht, hat auf Grund massiver Selbstzweifel große Schwierigkeiten, mit Frustrationen umzugehen. Wird dann (eben wegen vorhandener Unsicherheiten) ein Problem nicht bewältigt, verstärken sich die negativen Gefühle, was wiederum zu Ärger und Wut führt. Menschen, denen während ihrer Kindheit im Rahmen des Erziehungsprozesses das Äußern von Ärger und Wut immer wieder verboten wurde, neigen dazu, solche Gefühle gegen sich selbst zu wenden. Dies äußert sich sehr häufig in Depressionen.

Merke

Die hier beschriebenen Zusammenhänge machen deutlich, warum es Menschen gibt, die Konflikte gleichsam anzuziehen scheinen, während andere Menschen Konfliktsituationen eher zu vermeiden suchen, sich schüchtern verhalten und zum Resignieren neigen und wieder andere mit frustrierenden Konfliktsituationen konstruktiv umgehen.

Aggression (lat.: Angriff) bedeutet das bewusste, absichtsvolle Schädigen, Beschädigen, Verletzen, Zerstören, Vernichten, Beleidigen einer Person oder Sache.

Aggressionen können „ausgelebt" werden:

- offen (körperlich, z. B. schlagen, treten, würgen; verbal, z. B. schreien, drohen, schimpfen),
- direkt (gegen den Verursacher – Person oder Sache),
- aktiv (etwas tun, um andere(s) zu schädigen)

oder

- verdeckt (in der Phantasie vorgestellt),
- indirekt (z. B. gegen das Auto eines Gehassten treten),
- passiv (etwas nicht tun, um andere(s) zu schädigen)

Aggressionen entstehen häufig erst dann, wenn den Frustrationen Ärger und Wut folgen.

Merke

Im Gegensatz zur Aggression, die immer ein zielgerichtetes Verhalten ist, werden Ärger und Wut zu dem Bereich der Gefühle gezählt. Häufig steigert sich Frustration in Ärger/Wut und schlägt dann in Aggressionen um. **Frustration + Ärger/Wut → „Entladung" als Aggression.**

Zwar richten sich die Aggressionen häufig gegen Personen, die die Frustration bewirkt haben, wenn aber die frustrierenden Personen zu stark sind (mit starken Vergeltungsmaßnahmen reagieren können), richtet sich die Aggression eher gegen Schwache („Sündenböcke") oder Sachen. Man spricht dann von **Aggressionsverschiebung**.

Im Gegensatz zur Aggression, die ein nicht gerechtfertigtes, schädigendes Verhalten ist, kann man den Begriff der legitimierten **Gewalt(anwendung)** als eine gerechtfertigte Einwirkung auf Menschen betrachten. Die Anwendung von Gewalt – als äußerstes Mittel der Machtausübung – ist grundsätzlich den **staatlichen Organen** vorbehalten (zum Ganzen s. Kap. 4.1.3). Private Gewaltanwendung ist nur ausnahmsweise zulässig und regelmäßig auf Notsituationen beschränkt, in denen obrigkeitliche Hilfe (wie die Polizei) nicht oder nicht rechtzeitig zu erlangen ist (z. B. im Rahmen des Notwehrrechts und des Festnahmerechts).

Merke

Jede Aggression ist auch immer Gewalt (Missachtung der Unversehrtheit). Nicht jede Gewaltanwendung ist auch eine Aggression (Gewaltanwendung als Hilfe). Art und Intensität der Gewaltanwendung werden auf dem Gebiet des Rechts über den „Grundsatz der Verhältnismäßigkeit" geprüft.

11.4.5 Deeskalation

Der Begriff **Deeskalation** umfasst ein Gesamtkonzept mit diversen Handlungszielen, die eine Entstehung und Ausbreitung von Aggressionen verhindern und die Verminderung von Aggressionen fördern sollen.

Hinweise

Im Gegensatz zum Begriff Eskalation („Übergang eines Konfliktes in einen höheren Intensitätszustand durch sich wechselseitig verschärfende Aktionen und Reaktionen", Brockhaus Enzyklopädie, 2006) ist der Begriff Deeskalation („Verfahren zur Begrenzung und Verminderung von Spannungen, Krisen und Konflikten") erstmals im Jahr 2006 als eigenständiges Stichwort (mit o. g. Definition) in die Brockhaus Enzyklopädie aufgenommen worden.
Seit Ende der 60er-Jahre wurde der Begriff mehr im politischen Raum diskutiert. Mit der Entscheidung des BVerfG im „Brokdorf-Urteil" (BVerfGE 69, 315 ff.) Ende der 80er-Jahre entbrannte über den Begriff und die Folgen für polizeiliches Handeln eine breite Diskussion. Heute wird der Begriff vielfach falsch mit „nachgeben", „zurückweichen" u. Ä. gleichgesetzt.

Die Umsetzung von Deeskalationszielen in praktisches Handeln setzt umfangreiche Fähigkeiten und Fertigkeiten voraus, die hier nicht vollzählig aufgeführt werden können.

Einige **Ansatzpunkte** zur Erreichung der o. g. Ziele sind nachfolgend genannt:

- Zunächst ist die Situation, in der gehandelt werden soll, zu analysieren (**Gefährdungsanalyse**: Gefährdung ermitteln, Risiko bewerten, geeignete Maßnahmen festlegen usw.). Hier werden Personen, Raum, Zeit, Ort – auch unter Berücksichtigung von möglichen situativen Veränderungen – genau betrachtet.
  Bei der Analyse der Situation kommt der Einschätzung der Verhaltensweisen der handelnden Personen besondere Bedeutung zu, weil die Frage beantwortet werden muss, ob und in welchem Maße die Personenkreise zum Dialog bereit sind.
- Anschließend ist der **rechtliche Rahmen**, innerhalb dessen gehandelt wird, zu beurteilen. Dabei sind alle allgemeinen und besonderen Vorschriften (Gesetze, Verordnungen, Dienstanweisungen etc.) zu beachten.

Hierbei muss deutlich werden, dass deeskalierendes Verhalten nur und ausschließlich unter Beachtung der gesetzlich vorgegebenen Handlungspflichten zur Konfliktbegrenzung und -verminderung Teil des Gesamthandelns sein kann. Daraus wird deutlich, dass der Einsatz von deeskalierenden Maßnahmen kein Selbstzweck oder Patentrezept sein kann und damit zwangsläufig Grenzen haben muss.

- Ferner ist zu berücksichtigen, dass beim Einsatz von deeskalierenden Maßnahmen **Intension** und **Funktion** auseinandergehen können, wie auch z. B. eine Warnung vor Feuer zu einem geordneten Verlassen eines Raumes (Intension) oder zu einer Panik (Funktion) führen kann.
- Erschwert wird das Bemühen um Deeskalation auch durch die **Dynamik**, die für angespannte Situationen typisch ist. So können situative Veränderungen durch neue (aggressionssteigernde) Verhaltensweisen oder auch durch hinzukommende Personen, die eine Maßnahme unterstützen oder ablehnen, hervorgerufen werden.

Deeskalierende **Maßnahmen**/Methoden können sein:

- Vor dem Dienst mit den Sicherheitsmitarbeitern über Deeskalation (Ziel, Sinn, Zweck) sprechen,
- Kenntnisse und Erklärungsansätze des Begriffs Aggression erläutern (Entstehung von Eskalation, Eskalationstreppe usw.),
- Möglichkeiten des kommunikativen Umgangs in Konfliktsituationen üben (s. Kapitel 12.5.2),
- Umgang mit Stresssituationen erlernen und Stressresistenz entwickeln,
- Umgang mit Konfliktsituationen üben,
- Einschätzen von Gefährdungslagen üben,
- örtliche Gegebenheiten kennen und technische Möglichkeiten nutzen,
- Grundregeln zur Kontrolle eigenen Verhaltens kennen (z. B. die Anwendung körpersprachlicher Mittel zur Durchsetzung von Zielen),
- Möglichkeiten körperlicher Abwehrtechniken kennen und anwenden (s. auch DGUV Vorschrift 23, § 3).

Wichtig

Wichtige Verhaltensempfehlungen zur Deeskalation:

- Denken Sie an alle Möglichkeiten der Eigensicherung. Sie kennen Ihre Tätigkeiten und die rechtlichen, organisatorischen und technischen Voraussetzungen.
- Bemühen Sie sich, dass es nicht zur Entstehung und Ausbreitung von Aggressionen und nicht zur Eskalation kommt. Dies kann u. U. auch durch Zeigen von Stärke erreicht werden.
- Denken Sie an das Kreislauf-Modell der Konflikteskalation und daran, dass Aggressionen häufig Folgen von Frustration, Stress und Konflikten sind. Lassen Sie sich von Gefühlen und Provokationen nicht anstecken und provozieren Sie nicht.
- Konzentrieren Sie sich auf die Situation, Ihr Gegenüber und die Umstehenden.
- Kontrollieren Sie sich selbst, Ihre Gefühle, Ihren Körper und Ihre Sprache.
- Kommunizieren Sie (verbal wie nonverbal) vernunftgesteuert.
- Der Einsatz von körperlicher Gewalt und der Einsatz von Verteidigungswaffen sollten die „letzten Mittel" sein.

12. Kommunikation

Unter **Kommunikation** versteht man die „Verständigung" von Menschen bzw. den Austausch von Nachrichten. Das Leben ist ohne Kommunikation undenkbar.

12.1 Grundlagen des Kommunikationsprozesses

Wenn Menschen miteinander kommunizieren, werden „**Botschaften**" übermittelt. Dies geschieht keineswegs allein durch Worte. Die Redewendung „Keine Antwort ist auch eine Antwort" beschreibt diesen Sachverhalt. Der Kommunikationsspezialist Friedemann Schulz von Thun hat die Zusammenhänge untersucht und anschaulich gegliedert. Jede Nachricht, die ein **Sender** übermittelt (sendet), hat „**vier Seiten**":

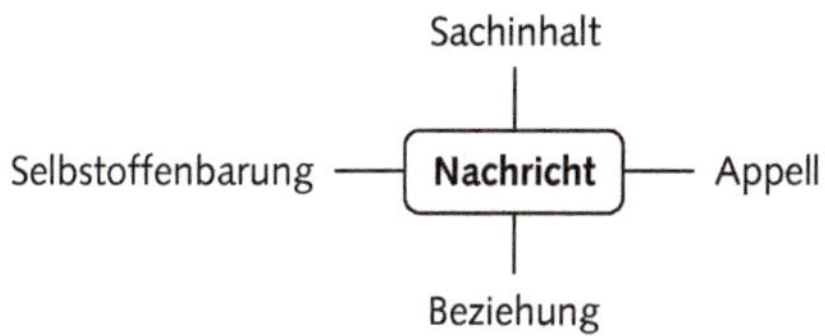

Abbildung 1: Nachricht vom Sender [Jochmann].

a) **Sachinhalt**
Die Seite „Sachinhalt" bringt zum Ausdruck, dass der Sender einer Nachricht dem Empfänger Informationen übermittelt (so ist die Sache/Angelegenheit).

Beispiel

Sicherheitskraft Lochner meldet seinem Schichtführer: „Der Lagerist Säumig ist in dieser Woche schon zum dritten Mal zu spät gekommen."

b) **Appell**
Mit einer Nachricht informiert der Sender den Empfänger nicht nur. Die Appell-Seite unterstützt die Weitergabe von Informationen, indem sie den Empfänger auffordert, etwas zu veranlassen oder zu unternehmen. Dieser Appell kann offen oder versteckt erfolgen. Im genannten Beispiel ist er eher versteckt. Mit den Worten „... schon zum dritten Mal zu spät ..." könnte Lochner an seinen Schichtführer appellieren: „Tu endlich etwas, sprich mit Säumig!" o. Ä.

c) **Beziehung**
Mit der Beziehungsseite bekundet der Sender einer Nachricht, welches Bild er vom Empfänger hat bzw. wie er ihn beurteilt. In der Art und Weise, wie der Sender mit dem Empfänger spricht, lässt er erkennen: „Das halte ich von dir" oder „So stehen wir zueinander". Im Beispiel will Lochner dem Schichtführer vielleicht zu verstehen geben: „Dir traue ich zu, dass du die zweckmäßigste Maßnahme einleitest."

d) Selbstoffenbarung
Der Sender übermittelt mit seiner Nachricht zugleich eine „ICH-Botschaft“. Mit dieser drückt er – gewollt oder ungewollt – seine Meinung zum jeweiligen Sachverhalt aus, d. h. er offenbart, was er von der Sache versteht bzw. hält. Im genannten Beispiel will Lochner möglicherweise zum Ausdruck bringen: „Ich verurteile das Verhalten von Säumig.“

Der **Empfänger** einer Nachricht kann prinzipiell frei wählen, auf welche Seite der Nachricht er reagieren möchte. Die Redewendung „Dafür hat er keine Antenne“ zeigt, dass nicht jede Botschaft auch empfangen wird. Wie die Nachricht „vier Seiten“ hat, so besitzt der Empfänger **„vier Ohren“**:

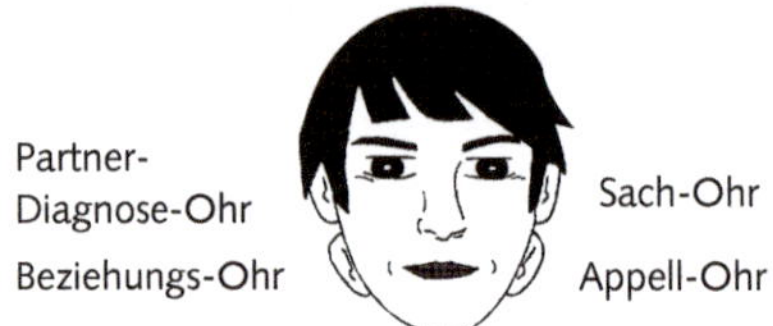

Abbildung 2: Ohren des Empfängers [Jochmann].

a) Sach-Ohr
Mit ihm kann der Kommunikationspartner die sachliche Information des Senders empfangen (Worum geht es? Wie ist der Sachverhalt zu verstehen?) Im Beispiel: Lagerist Säumig kam diese Woche dreimal zu spät.

b) Appell-Ohr
Damit ist es möglich, den Appell des Senders zu empfangen. Er sagt mir, was ich denken, fühlen oder tun soll. Der Schichtführer könnte verstehen: „Ich soll mit Säumig reden.“

c) Beziehungs-Ohr
Mit ihm wird die Botschaft über das Verhältnis beider Gesprächspartner empfangen. Dieses bestimmt vor allem die Art und Weise, wie der Sender mit dem Empfänger redet. Der Empfänger registriert über sein Beziehungs-Ohr, was der Sender ihm zutraut oder wie er ihn einschätzt. Der Schichtführer versteht möglicherweise: „Lochner glaubt, dass ich den Fall umsichtig klären werde.“

d) Partner-Diagnose-Ohr
Damit wird der Gesprächspartner „durchleuchtet“, d. h. der Empfänger beurteilt anhand der Worte/Ausführungen den Sender (Was ist das für einer, was ist mit ihm?). Der Schichtführer könnte eventuell „heraushören“: Lochner ärgert sich über das Verhalten von Säumig.

Die Erläuterungen wurden bewusst so konstruiert, dass alle Seiten der gesendeten Nachricht vom jeweiligen Ohr des Empfängers richtig aufgenommen wurden. Das ist jedoch ein Idealzustand, der in der täglichen Kommunikation nicht immer gegeben sein dürfte. Oftmals entstehen **Missverständnisse**, die darauf zurückzuführen sind, dass der Empfänger akustisch nicht hört, etwas Gesagtes anders auffasst, als falsch deutet oder nicht auf „Empfang“ eingestellt ist, weil ihn ein Problem bewegt.

Beispiel

Schichtführer Hinz fragt die Sicherheitsmitarbeiterin Kunz: „Wissen Sie, wie spät es ist?" Frau Kunz antwortet: „Ich musste zwei Besuchergruppen abfertigen. Deshalb konnte ich die Leitstelle noch nicht anrufen."
Was ist hier geschehen? Der Schichtführer hat nach der Uhrzeit gefragt und eine dementsprechende Antwort erwartet. Frau Kunz aber hat den **Sachinhalt** der Frage **nicht empfangen**. Für sie war die Nachricht eine **Kritik**. Ihr Appell-Ohr hat verstanden: „Weißt du nicht, wie spät es ist, du müsstest längst bei der Leitstelle angerufen haben." Deshalb rechtfertigte sich Frau Kunz mit den Besuchergruppen, anstatt einfach die Uhrzeit zu nennen. Möglicherweise ist das Verhältnis zwischen dem Schichtführer und seiner Kollegin gestört, so dass Frau Kunz die Frage als Kritik auffassen musste.

Daraus wird ersichtlich, dass ein Gedankenaustausch eine Reihe von Gefahren in sich birgt. Dazu gehören: Formulierungsfehler, Hörfehler, Fehlauslegungen bzw. Missverständnisse.

Solche Fehler können vermieden werden, wenn in der Kommunikation Folgendes beachtet wird:

- Der Sender einer Nachricht muss den Sachinhalt klar formulieren.
- Formulierungen, die Missverständnisse auslösen könnten, sollten nicht verwendet werden.
- Wer nicht missverstanden werden will, muss darauf achten, dass die verschiedenen Botschaften einander nicht widersprechen (z.B. Sachinhalt und Appell in Übereinstimmung bringen).
- Der Empfänger einer Nachricht muss darauf bedacht sein, Fehler in der Aufnahme zu vermeiden.
- Er sollte möglichst mit allen „vier Ohren" empfangen.
- Überbewertungen einer Seite der Nachricht können ihre Ursache im Empfänger haben (Sprichwort: „Er hört das Gras wachsen").

Kommunikation ist damit verbunden, dass sich die Gesprächspartner „**ihre Meinung**" bilden. **Dieser Prozess der Meinungsbildung läuft etwa folgendermaßen ab:**

- Entstehen eines „Bildes" (im Kopf des Gesprächspartners),
- Ziehen von Rückschlüssen (durch den Gesprächspartner),
- Zusammenfügen von Informationen (Kombinieren),
- Zuordnen von Eigenschaften (in Bezug auf Personen/Sachen/Zustände),
- Erregen von Gefühlen/Erwartungen (beim Gesprächspartner),
- Bilden eines Urteils (Meinungsbildung).

In diesem Prozess ist es außerordentlich wichtig, **wie** die Gesprächspartner **zueinander stehen**. Der Psychologe Paul Watzlawik hat – gestützt auf Erkenntnisse von Gregory Bateson – dargelegt, dass der Kommunikationsprozess maßgeblich von zwei „Ebenen" beeinflusst wird: der **Sachebene** und der **Beziehungsebene** (auch Gefühlsebene).

Auf der **Sachebene** werden die sachlich-inhaltlichen Probleme angesprochen. Es geht um Worte, Daten, Fakten, Informationen u.ä. Inhalte, die in unserem „Denk-Hirn" verarbeitet werden.

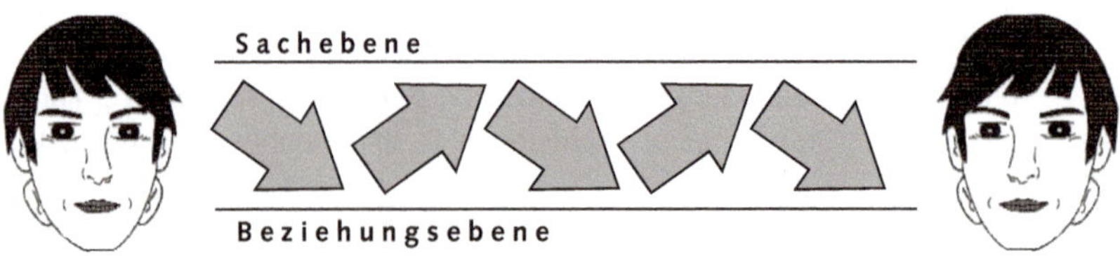

Abbildung 3: Sach- und Beziehungsebene [Jochmann].

Beispiel

Sicherheitsmitarbeiter Lange sagt zu Sicherheitsmitarbeiter Kurze: „Ich möchte mit dir in der kommenden Woche die Schicht tauschen. Der Schichtführer wäre einverstanden."
Diese Worte enthalten folgenden Sachinhalt:

- Tausch der Schicht,
- kommende Woche,
- Einverständnis des Schichtführers.

Die **Beziehungsebene** ist emotional bestimmt, d.h., sie wird von der „Gefühlswelt" der Gesprächspartner beherrscht. Demnach fließen auf dieser Ebene Gefühle, Empfindungen, Beziehungen und Stimmungen zusammen. Sie wird vom „Reptilienhirn" (ältester Teil des menschlichen Gehirns, der die überlebenswichtigen Vorgänge steuert) beeinflusst. Auch die Hormonausschüttung des Körpers wirkt auf sie ein. Körpersprache (Gestik, Mimik, Haltung, Gang) und Tonfall beeinflussen den Beziehungsbereich wesentlich. Ist die **Beziehungsebene gestört**, weil im gegenseitigen Verhältnis „etwas nicht stimmt", so wird diese **Störung** oft **auf die Sachebene „verlagert"**.

Beispiel

Kurze lehnt die Bitte von Lange mit der Begründung ab: „In der kommenden Woche will ich mal wieder meine Großtante besuchen. Deshalb kann ich nicht tauschen."
Das Vorhaben, die Großtante zu besuchen, wirkt als Argument recht fadenscheinig. Deshalb kann hier angenommen werden, das Kurze nicht mit Lange tauschen möchte und den Besuch nur „vorschiebt". Vermutlich ist die Beziehung beider Mitarbeiter gestört. Diese Störung wird aber auf der Sachebene ausgetragen (Tausch ist unmöglich, weil ...).

Ist hingegen die Beziehungsebene ungetrübt, funktioniert die Sachebene gewöhnlich ohne Komplikationen. Bezogen auf das obige Beispiel hätte Kurze in diesem Fall vielleicht geantwortet: „Selbstverständlich können wir tauschen, du hast mir ja auch schon geholfen."

Merke

- Zwischenmenschliche Kontakte laufen gleichzeitig auf zwei Ebenen ab, der Sach- und der Beziehungsebene.
- Beide Ebenen beeinflussen sich gegenseitig.
- Die Beziehungsebene wirkt stärker auf die Sachebene als umgekehrt.
- Störungen auf der Beziehungsebene werden häufig als Sachproblem „verschlüsselt".

Im Hinblick auf die Handhabung von **Konflikten** (s. Kapitel 11.4) muss beachtet werden, dass die Sachebene häufig ausgeschaltet wird, weil die vernunftmäßige Beurteilung des Geschehens stark in den Hintergrund tritt. Sind Konfliktparteien vorrangig emotional gesteuert, eskaliert der Konflikt und Lösungsmöglichkeiten rücken in weite Ferne. Daher ist gutes **Beziehungsmanagement** zugleich Bestandteil professionellen Konfliktmanagements.

Wichtig

- Sachprobleme sind nur auf der Sachebene lösbar und
- Beziehungsprobleme können nur auf der Beziehungsebene geklärt werden.

Das Wechselspiel von Sach- und Beziehungsebene findet selbst in kurzen Kommunikationsphasen statt. Immer wenn **wenig Zeit** verfügbar ist, gute Beziehungen herzustellen, sind die Anforderungen an Sicherheitsmitarbeiter besonders hoch. Sie müssen fremden Personen „gewinnend" gegenübertreten. Das ist möglich durch:

- aufgeschlossenes Verhalten,
- freundliche Begrüßung,
- höfliche Umgangsformen,
- das Respektieren des Gegenüber,
- das Ansprechen des Gegenüber mit dessen Namen (wenn möglich) u. a. m.

Die Art und Weise, in der man andere Menschen **anspricht**, besitzt in der Kommunikation großes Gewicht.

Beispiel

Der Sicherheitsmitarbeiter Steiner sagt in forschem Ton zum Laboranten Horn: „Ich möchte wissen, was in Ihrem Kopf vorgeht. Sie befinden sich im Rauchverbot und qualmen wie ein Scheiterhaufen. Sie wollen wohl, dass uns die Fetzen um die Ohren fliegen." Obwohl Steiner im Recht ist, hält Horn dagegen: „Blasen Sie sich bloß nicht so auf. Wir sind hier nicht im Kindergarten. Ich bin alt genug, um zu wissen, was ich zu tun und zu lassen habe." Während Horn seine Zigarette ausmacht und geht, denkt Steiner verärgert: Hier macht jeder, was er will, und wir vom Sicherheitsdienst sind die Prügelknaben.
Genauer betrachtet ist Steiner jedoch nicht ganz schuldlos. Er war zum Eingreifen berechtigt, ja sogar verpflichtet, aber verhielt sich recht ungeschickt.

In wissenschaftlichen Arbeiten zum Thema „**Transaktionsanalyse**“ ist dargelegt worden, dass beim Umgang mit Menschen bestimmte Zusammenhänge wirken, die in der Tiefe der menschlichen Persönlichkeit wurzeln. Vertreter dieser Lehre gehen – in Anlehnung an Freud – davon aus, dass der Mensch nicht nur sein „**erwachsenes Ich**“ verkörpert, sondern zugleich auch ein „**Kind-Ich**“ und ein „**Eltern-Ich**“ besitzt. Die verschiedenen ICH sind nicht aus einem Guss. Das Kind in uns kann natürlich oder angepasst sein, aber auch rebellisch werden. Das „Eltern-Ich“ hat eine fürsorgliche sowie eine autoritäre Seite.

Es kommt nun darauf an, aus welchem ICH heraus eine andere Person angesprochen wird (vgl. Abbildung 4).

Wird B von A aus der autoritären Seite des „Eltern-Ich“ angesprochen, so reagiert er unter Umständen nicht wie ein Erwachsener, sondern vielleicht aus dem rebellischen Teil seines „Kind-Ich“. (Auch andere Varianten sind möglich – je nachdem, welche Personen in welcher Art und Weise oder Situation „aufeinander treffen“.)

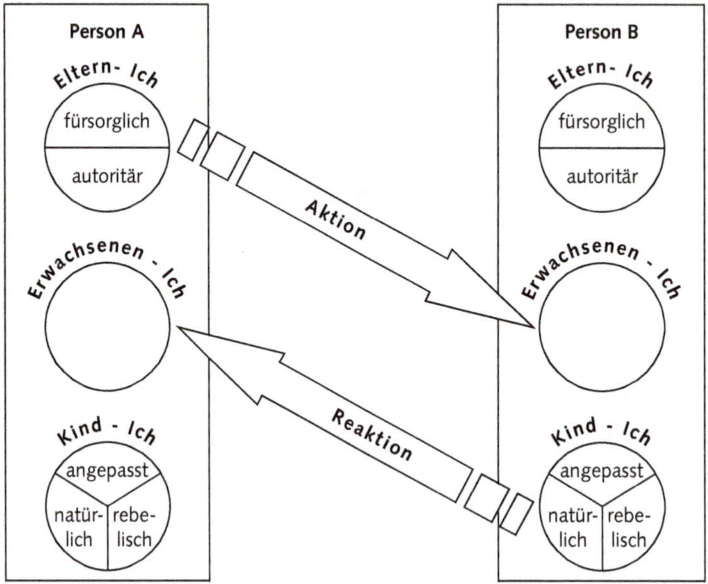

Abbildung 4: Transaktionsmodell [Jochmann].

Der praktische Nutzen aus diesem „Transaktionsmodell“ besteht in der Konsequenz, andere Menschen grundsätzlich aus dem **„Erwachsenen-Ich“** heraus anzusprechen.

Beachte

Wenn jemand aus seinem „Erwachsenen-Ich“ eine Person anspricht, ist die Wahrscheinlichkeit am größten, dass der andere auch aus seinem „Erwachsenen-Ich“ reagiert.

Neben der Schlussfolgerung, andere nicht aus dem „falschen“ ICH heraus anzusprechen, ist es sinnvoll, sich jener Verhaltensweisen und Mittel zu bedienen, die beim Gegenüber meist positive Eindrücke prägen helfen:

- Ein **gepflegtes Äußeres**, das das Verhalten anderer wesentlich beeinflusst,
- die **Signalwirkung der Körpersprache**; vorzugsweise eine Haltung, Mimik und Gestik, die Offenheit und Wärme ausstrahlen,
- Gesprächsbeginn mit einem **Gruß**, um die Situation zu entspannen,
- eigenen **Namen** und **Aufgabe** nennen, um durch das Aufheben der Anonymität eine „Brücke" zu schlagen und mehr Verbindlichkeit zu erreichen,
- **Hilfsbereitschaft** zeigen; den Eindruck der „Amtshandlung" vermeiden.

Beispiel

Ungünstig: „Hey, Sie parken falsch! Wenn Sie Ihren Wagen nicht wegfahren, bekommen Sie Ärger!"
Vorteilhafter: „Guten Tag. Ich heiße Wachter und bin für die Sicherheit dieses Bereiches zuständig. Kann ich Ihnen helfen, einen geeigneten Parkplatz zu finden?"

12.2 Mittel der Kommunikation

Kommunikation beruht auf der Interaktion (Wechselwirkung) der „Gegenüber". Dabei sind die Erscheinung, die Stimme und weitere Merkmale der Personen/des Verhaltens bedeutsam.

Mit der **Erscheinung** nehmen wir Folgendes wahr: Alter, Geschlecht, Status, Attraktivität. Alle vier „Elemente" beeinflussen das eigene Verhalten.

Wer sich selbst beobachtet, weiß, dass das **Alter** z. B. Respekt oder auch Mitleid hervorrufen (bzw. das Gegenteil) kann. Ist der Unbekannte älter, so begegnen wir ihm gewöhnlich respektvoller als einem jüngeren Menschen. Ist er schon sehr alt und gebrechlich, empfinden wir normalerweise ein bestimmtes Maß an Fürsorgepflicht.

Die Wirkung der **Geschlechter** aufeinander darf nicht unterschätzt werden. Gute Umgangsformen helfen insbesondere in der täglichen Begegnung der unterschiedlichen Geschlechter.

Der **Status** ist die Stellung eines Menschen in der Gesellschaft. Er wird geprägt durch Merkmale wie berufliche Position (z. B. Geschäftsführer), Besitzgrad, Titel, fachliche Kompetenz u. a.

Die **Attraktivität** drückt jene Anziehungskraft aus, die ein Mensch ausübt. Sie widerspiegelt sich im Aussehen (Figur oder/und Antlitz), aber auch in Kleidung bzw. Körperpflege.

Hinweis

Alter, Geschlecht, Status und Attraktivität des Gegenübers wirken **sofort** auf das eigene Verhalten.

Die **Stimme** kann nicht losgelöst von der Sprache betrachtet werden. Anhand von Sinngehalt, Satzbau und Wortwahl lässt sich ermessen, ob ein Gegenüber gebildet ist, wie seine Reife und Intelligenz beschaffen sind. Das Sprichwort „Der Ton macht die Musik" weist jedoch darauf hin, dass Eindrücke nicht allein aus der Sprache gewonnen werden.

Die Stimme des Gegenübers sowie die Art und Weise, in der sich der andere Mensch äußert, sagen uns oft mehr als die Rede selbst. Wir nehmen wahr, ob einer in guter Stimmung oder „ansprechbar“ ist usw. Höhe, Stärke, Fülle, Klangfarbe, „Melodie“ und Artikulation der Stimme, ihr Rhythmus sowie das Sprechtempo sind ebenfalls bedeutsam für die Wirkung der Kommunikation:

- Der **Ton** gibt z. B. Auskunft, ob eine Person freundlich oder unwirsch usw. ist.
- Die **Lautstärke** zeigt u. a. Gefühle an, z. B. Wut.
- Die **Tonhöhe** gibt Hinweise auf Alter und Geschlecht, aber auch auf Selbstsicherheit und Erregung – tiefe Töne = Würde, Ruhe, Gelassenheit; schrille Töne = Angst, Erregung.
- Die **Beschaffenheit** ist interessant, um die Stimme in besonderen Situationen – etwa bei einer Bombendrohung – möglichst genau beschreiben zu können, z. B. Heiserkeit, Rauheit, Härte usw.

Merke

Die Stimme gibt Hinweise auf Alter, Geschlecht, momentane Gefühlslage, aber auch auf das Selbstvertrauen der betreffenden Person.

Haltung und **Bewegung** lassen Schlüsse auf die jeweilige Befindlichkeit einer Person zu (z. B. Eile, Niedergeschlagenheit usw.).

Der Psychologe William James hat **vier Grundtypen** der Haltung charakterisiert:

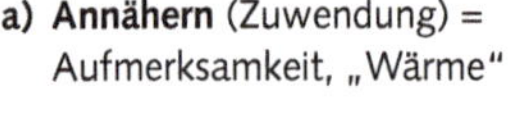 **a) Annähern** (Zuwendung) = Aufmerksamkeit, „Wärme“ 	**c) Ausdehnen** (aufrechte Haltung) = Selbstvertrauen, Dominanz 
b) Zurückziehen (Abwenden) = Schüchternheit, Langeweile, „Kälte“ 	**d) Zusammenziehen** (Zusammensacken) = zurückgezogene Person, Unterwerfung, Mutlosigkeit, auch Enttäuschung, Depression 

Abbildung 5: Grundtypen der Haltung [Jochmann].

Diese Haltungstypen sind „Grundformen“. Sie variieren von Person zu Person. Der aufmerksame Beobachter kann sein „Bild“ vervollständigen, indem er das Charakteristische der jeweiligen Haltung herausfindet.

Gesten signalisieren Zustimmung, Ablehnung, Zurückhaltung, Respekt, Vertraulichkeit u. v. a. Dazu gehören das freundliche Zuwinken und Nicken ebenso wie die beleidigenden „Grüße" mancher Kraftfahrer.

Der **Gesichtsausdruck** beruht ebenfalls auf der Bewegung von Muskeln. Das Lächeln, Stirnrunzeln, Rümpfen der Nase, Herabziehen der Mundwinkel und vieles mehr lassen erkennen, wie der andere empfindet. Innere Reaktionen oder Stimmungen spiegeln sich in der Mimik wider.

Für eine gute Kommunikation ist ein angemessener **Blickkontakt** unverzichtbar. Ohne diesen wird jedes Gespräch „absterben". Ist der Blickkontakt aber ein dauerndes „Anstarren", stört er die Kommunikation ebenfalls. (Die „Wirkungspalette" des Anstarrens ist breit: vom Verunsichern bis zum Auslösen von Aggressivität.)

Signale empfangen wir auch aus **Berührungen**. So fördert ein fester Händedruck das Vertrauen in eine Person, während ein schlaffer Händedruck halbherzig wirkt, ja sogar abschreckend sein kann. Allerdings ist zu beachten, dass gesundheitliche Gründe auch Ursache eines schlaffen Händedrucks sein können.

Hinweis

Forscher haben herausgefunden, dass die Wirkung des Inhaltes unserer Worte weitaus geringer ist, als wir gemeinhin annehmen. Vielmehr wird die Kommunikation wie folgt geprägt:

- Zu 55 % durch nonverbale (nicht sprachliche) Signale,
- zu 38 % durch pseudoverbale/vokale (z. B. Tonfall, Betonung, Lautstärke) Signale und
- zu 7 % durch verbale (sprachliche) Signale.

Eine Sicherheitskraft sollte diese Erkenntnis unbedingt im eigenen Verhalten berücksichtigen:

a) Auf **Attraktivität** achten. Dazu gehören:
   - Gepflegte Frisur (Rasur),
   - Sauberkeit (des Körpers, der Kleidung),
   - ordentliches Schuhwerk (geputzt, keine schiefen Absätze),
   - exakte Bügelfalten u. a.,
   - gepflegte Hände (Sauberkeit, Fingernägel nicht abbeißen usw.),
   - vorschriftsmäßige Dienstkleidung (z. B. keine weißen Socken) u. a. m.

b) Den richtigen **Ton** wählen. Dazu gehören:
   - das Bemühen um einen freundlichen und verbindlichen Ton,
   - das Vermeiden von Beleidigungen,
   - der Verzicht auf das Schreien (auf die Stimmgewalt nur dort zurückgreifen, wo es unumgänglich ist),
   - das Bemühen um eine „saubere" und deutliche Sprache.

c) Selbstsicherheit durch die **Körpersprache** ausstrahlen (nicht mit Überheblichkeit verwechseln). Dazu gehören:
   - aufrechte Körperhaltung,
   - freundlicher Blick,
   - gerade Kopfhaltung,
   - keine „zweideutige" Mimik oder Gestik.

Kommunikation ist häufig damit verbunden, dass man einem Menschen räumlich relativ nahe kommt. Da die Gesprächspartner auf diese Weise in persönliche Sphären des anderen „eindringen“, bleibt das Gesprächsverhalten davon nicht unbeeinflusst. Unter Umständen entstehen sogar Störungen im Kommunikationsprozess.

Das **persönliche Hoheitsgebiet** des Menschen wurde von verschiedenen Forschern analysiert. Sie fanden vier Raumkategorien heraus, die als allgemein gültig angesehen werden können:

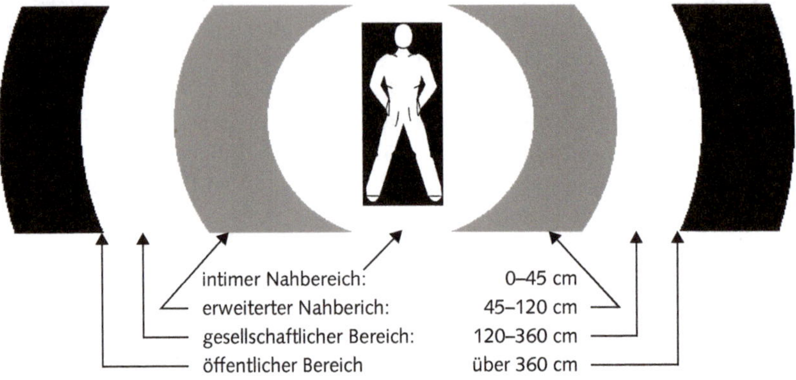

Abbildung 6: Nahbereich [Jochmann].

Begibt sich das Gegenüber in den **intimen Nahbereich** eines Menschen, schlägt das Herz schneller, der Adrenalinspiegel steigt, in Gehirn und Muskeln wird verstärkt Blut gepumpt. Das bedeutet, der Körper bereitet sich zum Handeln vor: eventuell zum Kampf mit dem Eindringling, zur Flucht vor ihm oder aber zu einer Umarmung, weil die sich nähernde Person ein Mensch ist, der einem sehr nahesteht. Sehr unangenehm ist es, wenn eine Person, mit der man kaum vertraut ist, in den intimen Nahbereich eindringt, ohne dass ein Entfernen möglich ist. Solche Situationen werden als sehr „stressig“ empfunden. Für eine Sicherheitskraft versteht es sich von selbst, dass sie anderen Personen grundsätzlich nicht zu nahe kommt (es sei denn, die konkrete Situation zwingt zu solchem Handeln).

Im **erweiterten Nahbereich** kann man sich mit anderen zwanglos unterhalten, ohne eine Bedrohung zu empfinden. Trotzdem gehört diese Zone noch zur Privatsphäre. Wer sich in diesen Bereich begibt, muss damit rechnen, dass der andere verwirrt oder ablehnend reagiert. Geflügelte Worte wie „Bleib mir vom Leib!“ oder „Halten Sie Abstand!“ sind Ausdruck dieser Situation. Wer sich einem unbekannten Menschen im Rahmen der Tätigkeit nähern muss, sollte sich bewusst sein, dass er eine dominante Handlung vollzieht. Deshalb sind Feingefühl und schrittweises Vorgehen geboten, damit keine Spannungen entstehen.

Die Kommunikation der Sicherheitskräfte findet in der Regel im **gesellschaftlichen Bereich** statt. In dieser Sphäre wird die Handlung gewöhnlich nicht als Eindringen empfunden.

Im öffentlichen Bereich sollten die Sicherheitskräfte nur kommunizieren, wenn es die Lage unbedingt erfordert – etwa, um ein Problem „auf Zuruf“ zu klären. Ansonsten ist dieser Abstand kaum geeignet, einen eindrucksvollen Dialog mit dem Gesprächspartner zu führen.

Durch aufmerksames Beobachten der Körpersprache kann festgestellt werden, ob man zu tief in die persönlichen Bereiche des anderen eingedrungen, d.h. „zu weit gegangen" ist. Deutliche Zeichen dafür sind: **Verteidigungsgesten** (z.B. Verschränken der Arme in Verbindung mit Anspannung oder ablehnender Mimik, Kreuzen des Körpers mit einem Arm, Vorstrecken der Arme mit „aufgestellten" Handflächen); **Haltungsänderungen** (z.B.: Hochziehen der Schultern, Senken der Kinnspitze auf die Brust, häufige Wechsel der Beinstellung, Zurückweichen); **„Augensprache"** (z.B.: direktes Ansehen – der andere blickt einem fest in die Augen, Schließen der Augen, häufiges Wegschauen); **Ersatzhandlungen** (z.B.: plötzliche Unruhe des anderen, Spielen mit der Armbanduhr, Klopfen mit dem Fuß u.Ä.).

12.3 Formen der Kommunikation

12.3.1 Gesprächsführung

Innerhalb der Kommunikation zweier Menschen nimmt das **Gespräch** einen wichtigen Platz ein. Dessen **Ziele** können sein: Informationsaustausch/Informationsgewinn, Entspannung/Abreaktion, Argumentation zur Sache, Sympathiegewinn/Verhinderung von Aggressionen, Öffnen der „Vernunftebene" (Sachebene).

Der Verhaltensforscher Konrad Lorenz hat einprägsam skizziert, dass dabei nicht immer der nötige Verständigungserfolg/das gewünschte Verhalten erreicht wird:

„Gesagt ist noch nicht gehört, gehört ist noch nicht verstanden, verstanden ist noch nicht einverstanden, einverstanden ist noch nicht angewendet und angewendet ist noch nicht beibehalten."

Damit ein Gespräch erfolgreich verläuft, sollten folgende **Regeln** berücksichtigt werden:

1. **Ausdrucksvoll sein.** Ausdrucksvoll kann man durch Mimik, Gestik oder Körperhaltung wirken. Es ist wichtig, die eigenen Gefühle im Gesicht oder in der Körpersprache widerzuspiegeln. Wer ohne „die Miene zu verziehen" oder ohne „eine Regung zu zeigen" einem anderen zuhört, ist ein schlechter Gesprächspartner.
2. **Blickkontakt halten.** Blickkontakt fördert das Gespräch und vermittelt den Eindruck, dass man sich auf den Gesprächspartner konzentriert. Wer während einer Unterhaltung nur immer seine Fußspitzen „mustert", zum Fenster hinausschaut oder in der Schreibtischschublade „kramt", stört durch sein Verhalten das Gespräch. Blickkontakt darf jedoch nicht mit „anstarren" verwechselt werden, da dies – wie bereits erläutert – aggressiv oder belästigend wirkt.
3. **Interesse zeigen.** Ein interessierter Gesprächspartner zeichnet sich dadurch aus, dass er aufmerksam **zuhört**, sich dem anderen **zuwendet**, seine **Zustimmung** äußert (durch Nicken oder Bejahen) und **Rückfragen** stellt. Die besten Partner im Gespräch sind die Menschen, die mit dem anderen einen **Dialog** führen.
4. **Wärme vermitteln.** Wärme kann man sowohl mit der eigenen Stimme (z.B. durch Verändern der Tonlage) als auch durch die Körperhaltung (z.B. durch Zuwenden, Zuneigen) ausstrahlen. Wärme sollte besonders dann vermittelt werden, wenn der Gesprächspartner verängstigt, eingeschüchtert oder betroffen ist.

5. **Mit lebendiger Stimme sprechen.** Wer sich am Telefon häufig mit Anrufbeantwortern „unterhalten“ muss, kann nachvollziehen, wie wichtig eine lebendige Stimme ist. Ein Mensch, der mit der monotonen Stimme eines Roboters spricht, ist kein akzeptabler Gesprächspartner.
6. **Gesprächspartner aussprechen lassen.** Manche Menschen glauben, sie helfen dem Gesprächspartner, wenn sie ihm ständig sagen: „Ich weiß schon, was Sie meinen“ oder „Ich weiß schon, woran Sie denken“ usw. In Wirklichkeit wird das Gespräch jedoch erheblich gestört, wenn man dem Gegenüber ständig ins Wort fällt. Es gibt aber Ausnahmesituationen, in denen von dieser Regel abgewichen werden kann. Dies gilt unter Umständen dann, wenn dem anderen ein Wort nicht einfällt oder ihm ein Name nicht mehr geläufig ist.

Beispiel

„Ich habe einen Termin bei Herrn Käufer“, sagt der Besucher und setzt eine Frage an. Bevor er aussprechen kann, entgegnet der Mitarbeiter am Empfang: „Sie meinen sicher Herrn Kauffer.“ „Natürlich“, antwortet der Besucher, „wie konnte ich das nur verwechseln.“ Anschließend stellt er seine Frage.

7. **Fragen stellen.** Ist es nötig, ein längeres Gespräch zu gestalten, oder kommt es darauf an, den anderen besonders spüren zu lassen, dass man an ihm interessiert ist, so sind Fragen ein wichtiges Hilfsmittel. Indem man fragt, zeigt man Anteilnahme. Außerdem trägt das Fragen dazu bei, Klarheit über Sachverhalte zu erlangen, die ungenau beschrieben wurden. Allerdings ist Vorsicht geboten: Wer zu viel fragt oder gar indiskrete Fragen stellt, verärgert den Gesprächspartner.

Für das Gelingen eines ausführlichen **Einzelgesprächs** sind folgende Schritte/Punkte von Gewicht:

- **Vorbereitung** (möglichst nicht unvorbereitet in das Gespräch gehen, damit das Gesprächsziel erreicht werden kann),
- **Zeitansatz** (es sollte ausreichend Zeit geplant werden, aber unnötige „Längen“ sind zu vermeiden),
- **Gesprächsort** (muss vor allem „störungsfrei“ sein – keine Telefonate, keine Besucher),
- **Gesprächsablauf** (siehe Regeln 1 bis 7),
- **Gesprächsatmosphäre** (möglichst offen und entspannt gestalten),
- **Gesprächsinhalte** (sollten vorher feststehen; wichtige Details schriftlich festhalten/protokollieren),
- **Gesprächsabschluss** (wesentliche Punkte/Ziele/Aufgaben usw. nochmals zusammenfassen; freundliche Beendigung),
- **Rückblick** (das Gespräch „nachbereiten“ – wurde das Ziel erreicht, was ist zu tun?).

Hinweis

Gruppengespräche bedürfen einer geschickten Moderation (Diskussionsleitung). Der Moderator muss dafür sorgen, dass nicht alle „durcheinander reden“, Sprechzeiten eingehalten werden und nicht „abgeschweift“ wird (Gesprächsziel beachten).

12.3.2 Begrüßung

Das **Begrüßen** von Besuchern, Führungskräften, aber auch Mitarbeitern gehört oft zu den Tätigkeiten der Sicherheitskräfte (z. B. im Pforten- oder Empfangsdienst). Damit wird der erste Kontakt hergestellt, der nicht nur für eine gute Beziehung wichtig ist, sondern auch einen ersten Eindruck vermittelt von dem Sicherheitsmitarbeiter, seinem Sicherheitsunternehmen, aber auch von der Firma, in deren Auftrag er tätig ist. Daher sollte er folgende Regeln beachten:

a) **Lächeln.** Das bedeutet, freundlich zu blicken, ohne jedoch zu übertreiben. Auffälliges Lachen oder hintergründiges „Grinsen“ könnten missverstanden werden.
b) **Gegenüber ansehen.** Dabei wird nicht nur in die Augen geblickt, sondern das gesamte Gesicht erfasst. Man „tastet“ das Antlitz des anderen gewissermaßen mit dem eigenen Blick ab. Dies muss unaufdringlich geschehen, damit es nicht störend wirkt.
c) **Freude zeigen.** Freude drückt man sowohl mit freundlicher Mimik als auch mit Worten aus, z. B.: „Ich freue mich, Sie bei uns begrüßen zu dürfen.“
d) **Anliegen erfragen.** Hierbei sind bestimmte Standardwendungen hilfreich, z. B.: „Was kann ich für Sie tun?“ oder „Darf ich Ihnen behilflich sein?“

Unsicherheiten bei einer Begrüßung bestehen häufig im Hinblick auf den **Händedruck**. Grundsätzlich sollte eine **Sicherheitskraft** ihre Hand **nicht** als erste zum Gruß bieten (Ausnahme: Personen, zu denen ein sehr vertrautes Verhältnis besteht).

Bietet ein Gegenüber (z. B. Besucher oder die höhergestellte Persönlichkeit) die Hand zum Gruß an, wäre es unhöflich, dies nicht zu erwidern. In diesem Fall ist Folgendes zu beachten:

- Der Händedruck soll etwa drei Sekunden andauern, d. h. nicht zu flüchtig, aber auch nicht lang anhaltend,
- die Hände müssen trocken sein, schwitzige Hände hinterlassen ein unangenehmes Gefühl,
- der Griff soll fest sein, aber nicht wie im „Schraubstock“ wirken, ein übermäßig fester Griff verursacht Schmerzen oder wirkt sogar bedrohlich.

In jedem Fall gehört ein bestimmtes Maß an Fingerspitzengefühl dazu, um herauszufinden, ob ein Händedruck angemessen ist oder nicht. Aufmerksames Beobachten der Körpersprache des Gegenübers ist dafür sehr wichtig.

Hinweis

Falls es Gründe gibt, den Händedruck nicht zu erwidern, sollte versucht werden, die Situation diplomatisch zu umschiffen. Ggf. hilft hierbei eine Notlüge, z. B.: „Tut mir leid, ich habe gerade Müll aufgesammelt und möchte Sie nicht schmutzig machen.“

12.3.3 Ansprechen von Persönlichkeiten mit Titel und Ämtern

Manche Menschen sind etwas verunsichert, wenn sie Personen gegenüberstehen, die ein herausragendes Amt begleiten oder einen Titel führen. Eine Ursache dafür liegt in der Erfahrung, dass es peinlich sein kann, wenn beim Ansprechen Fehler gemacht werden.

Akademiker werden in aller Regel mit ihrem höchsten Titel bzw. mit Titel und Name angesprochen: „Frau Doktor" oder „Frau Doktor Goethe", „Herr Professor" oder „Herr Professor Schiller". Dagegen wäre es falsch, sämtliche Titel in der Anrede zu verwenden, etwa: „Herr Professor, Doktor, Doktor ..."

Diplomierte Akademiker werden in Deutschland nur mit ihrem Namen angesprochen, also **nicht** „Herr Diplom-Verwaltungswirt Lessing", sondern einfach „Herr Lessing".

Kirchliche Würdenträger werden – je nach Konfession – unterschiedlich angeredet. Die Wendungen „Herr Pfarrer" bzw. „Herr Pfarrer Kleist" sind im deutschsprachigen Raum „übergreifend" gebräuchlich. Seltener wird es nötig sein, die Worte „Herr Bischof" oder „Herr Kardinal" zu benutzen.

Bei **Politikern** wird – entsprechend ihrer jeweiligen Stellung – die Amtsbezeichnung in die Anrede übertragen. Beispiele dafür können sein: Herr oder Frau „Bürgermeister/-in", „Landrat/-rätin", „Minister/-in", „Ministerpräsident/-in", „Landtagspräsident/-in", „Bundeskanzler/-in", „Bundestagspräsident/-in", „Bundespräsident/-in".

Führungskräfte werden mit dem Namen oder, wenn sie einen Titel führen, mit dem Titel bzw. mit Name und Titel angesprochen. Betriebsbedingt kann es auch üblich sein, gegenüber dem „Chef" die Worte „Herr Direktor" o. Ä. zu gebrauchen. Dazu muss man herausfinden, welche Gepflogenheiten im jeweiligen Unternehmen herrschen.

Unklug wäre es aber, einen unbekannten Besucher mit „Herr Direktor" anzusprechen. Diese Anrede kann – selbst wenn sie gut gemeint ist – provozierend wirken und den Betroffenen verärgern.

Hinweis

Für das Ansprechen von Persönlichkeiten gelten im Übrigen all jene Hinweise, die im Zusammenhang mit der Begrüßung dargelegt wurden.

12.3.4 Befragen von Personen

Unter einer **Befragung** versteht man ein Gespräch, das dem Zweck dient, Sachverhalte zu klären. Dazu gehören Aussagen von Zeugen, Tätern, Tatbeteiligten, Geschädigten usw. Eine erfolgreiche Befragung setzt das **Einhalten folgender Regeln** voraus:

- Befragung möglichst **sofort** nach dem Ereignis durchführen, um Erinnerungen nicht verblassen zu lassen, aber auch Beeinflussungen auszuschließen.
- Befragung gründlich **vorbereiten**, nicht voreingenommen sein, keine Vorurteile hegen.
- Befragung in entsprechender „**Atmosphäre**" durchführen. Dazu gehören u. a. Lärmfreiheit (z. B. durch Maschinen), keine Störungen (z. B. durch Telefon oder Publikumsverkehr), zweckmäßiger Raum (z. B. kein Durchgangszimmer), mit entsprechender Einrichtung, gute Lichtverhältnisse und abgeschirmt von „unnötigen" Zuhörern.
- Befragte Person stets im **Blickfeld** haben, um vor allem nonverbale Signale wahrzunehmen.
- Befragung einer Frau durch eine weibliche Person vornehmen oder eine Frau als Zeugin bei dem Gespräch zugegen sein lassen.

- Der Fragende soll sich **sachlich** und **neutral** verhalten, keine voreiligen Schlussfolgerungen ziehen, keine Schuldvorwürfe äußern und keine unbedachten Handlungen vornehmen.

Hinweis

Ganz wichtig: Niemanden unschuldig verdächtigen oder vorverurteilen!

Bei einer Befragung sind das psychische Befinden und die Motivation (**Aussageehrlichkeit**) des Befragten bedeutsam. So ist es z. B. für einen Täter nicht einfach, ein Geständnis abzulegen. Ursachen dafür können sein: Angst vor Strafe, Schamgefühl, Eingeständnis einer Niederlage oder eines Fehlverhaltens.

Zeugen können u. U. bewusst falsch aussagen, weil sie eigene Verfehlungen verdecken wollen, Rache üben möchten, jemandem schaden wollen, sich interessant machen möchten (eitel, wichtigtuerisch), eifersüchtig oder neidisch sind u. a.

Auch bestimmte Fähigkeiten des Zeugen (**Aussagefähigkeit**) sind bedeutsam. Er muss in der Lage sein, genau wahrzunehmen, im Gedächtnis alles unverfälscht aufzubewahren, es aus der Erinnerung vollständig hervorzuholen, alles richtig und verständlich wiederzugeben.

Für die **Befragungstaktik** gilt grundsätzlich Folgendes:

a) Personen (Zeugen, Geschädigte, Verdächtigte) stets einzeln befragen,
b) Fragen so aufbauen, dass sie dem geistigen Niveau des Befragten entsprechen und auch verstanden werden können,
c) menschliche Kontakte zum „Gegenüber“ herstellen (Gruß, Fragen nach dem persönlichen Befinden, freundliche Mimik und Gestik, Blickkontakt usw.),
d) Ermittlungsrichtung vom Verhalten der befragten Person abhängig machen (dazu ist genaue Beobachtung, aufmerksames Erfassen aller „Regungen“ nötig).

Der Erfolg einer Befragung hängt nicht zuletzt von der **Befragungstechnik** ab:

a) **Offene Fragen** sind gut geeignet, den Befragten anzuregen, etwas zusammenhängend darzustellen. Hierfür bieten sich die so genannten „**W-Fragen**“ an: z. B.: Wer hat ...?, Warum wurde ...?, Was ist ...? usw. (z. B.: „Was fiel Ihnen auf, als Sie am Tatort eintrafen?“).
b) **Geschlossene Fragen** eignen sich weniger für die Ermittlung von Sachverhalten, da sie nur mit „**ja**“ oder „**nein**“ beantwortet werden können. (Bsp.: „Waren Sie der Einzige am Tatort?“)
c) **Suggestivfragen** sind zu vermeiden, da sie dem Befragten gleich die Antwort „in den Mund legen“ (z. B.: „Sie waren doch als Erster am Tatort, nicht wahr?“)

Darüber hinaus sollte beachtet werden, dass

- vorwurfsvolle Fragestellungen vermieden werden,
- keine Überlegenheit über den Befragten demonstriert wird und
- die befragte Person ermuntert wird, exakt auszusagen.

Hinweis

Je besser es der Fragende versteht, zum Befragten einen „Zugang“ auf der Beziehungsebene zu erreichen, desto aussagekräftiger und wahrheitsgetreuer wird die Aussage sein.

12.3.5 Unterweisen von Personen

Sicherheitskräfte werden zunehmend beauftragt, **andere Personen** (z. B. Besucher) **zu unterweisen** (z. B. über sicherheitsgerechtes Verhalten, Inhalte der Besucherordnung/ Hausordnung, Örtlichkeiten). Dabei sollten bestimmte didaktische Regeln eingehalten werden (Didaktik = Lehre vom Unterrichten). Dies wird umso bedeutsamer, je größer die Zuhörergruppe ist. Folgende Empfehlungen sollte der Unterweisende beachten:

1. **Sehen und gesehen werden**
   - Gesamtüberblick über die Gruppe behalten,
   - nicht unruhig umhergehen,
   - nicht starr an einem Platz verharren,
   - jeder Teilnehmer muss sehen und hören (!) können
2. **Aufnahmevermögen beachten**
   - Ohr **und** Auge nehmen mehr auf als nur ein Sinnesorgan,
   - kurz erklärt: WIE wird's gemacht? WORAUF kommt's an? WANN/WOZU wird's gebraucht?
3. **Falsches (möglichst) nicht vorführen**
   - auftretende Fehler klar aufzeigen,
   - Folgen des Fehlers bewusst machen,
   - erklären, wie der Fehler zu verhindern ist.
4. **Langsam nachmachen/wiederholen** (nur wenn erforderlich)
   - Demonstration – Erkennen – Erfassen – Üben – Beherrschen,
   - Verständnisprüfung: einzelne Teilnehmer zur Erklärung des Vorganges auffordern,
   - erst bei späteren Wiederholungen Tempo erhöhen.
5. **Üben bis zur Gewöhnung** (nur wenn erforderlich)
   - ggf. bis zur vollendeten Fertigkeit (z. B. Fahrschule),
   - ggf. Leistungskontrolle unter physischer/psychischer Anstrengung (Ausführen unter Druck).
6. **Verständnis prüfen**
   - in kurzen Abständen,
   - feststellen, ob die Teilnehmer den Stoff **richtig** aufgenommen haben.
7. **Wettbewerbsmäßiges Üben** (nur wenn sinnvoll)
   - verhindert Stumpfsinn,
   - Sicherheitsvorschriften/Unfallgefahr beachten.
8. **Zeit der Unterweisung auslasten**
   - alle sollen aktiv sein (z. B. alle lesen den Text einer UVV, anschließend selbst formulierte Wiedergabe fordern und
   - Einzelne korrigieren, aber **alle** üben lassen (bei „praktischen Übungen“).

9. Lob und Tadel einsetzen

- gute Leistungen sind **nicht** selbstverständlich(!), deshalb: gute Leistungen loben/herausheben,
- Gerechtigkeit sichern (**keine** Bevorzugung/Benachteiligung; trotzdem sinnvoll: Vergünstigungen für besonders gute Tätigkeiten),
- Kritik sachlich, geduldig, wohlwollend üben (Schärfe bringt keinen Nutzen).

Hinweis

Wichtig sind Vorbildwirkung und Überzeugungskraft des Unterweisenden. Was er sagt, muss mit seinem Tun übereinstimmen. Nicht nur Logik und kritische Stärke zählen, sondern die persönliche Glaubwürdigkeit!

12.3.6 Kommunikation am Telefon

Das Telefon ist ein verbreitetes Arbeitsmittel. Obwohl viele Menschen heute bereits von Kindesbeinen an telefonieren, treten immer wieder Mängel auf, die den Verständigungsprozess erschweren.

Beispiel

Sicherheitskraft Kurz nimmt nach dem zweiten Läuten den Hörer ab und sagt: „Ja bitte?" Die Stimme am anderen Ende der Leitung antwortet: „Informieren Sie Dr. Starke, dass ich im Stau stecke und heute nicht mehr kommen kann. Er soll bitte zurückrufen, um einen neuen Termin zu vereinbaren." „Wird erledigt", antwortet Kurz und legt auf.

Kann Herr Kurz seinen Auftrag überhaupt erfüllen? Zweifellos hat er mehrere Fehler begangen, die eine Reihe von Schwierigkeiten nach sich ziehen.

Beim Telefonieren ist die **Stimme** – abgesehen vom Videotelefon – das einzige Kontaktmittel. Während bei der unmittelbaren Begegnung viele nonverbale Signale wie Körperhaltung, Gestik, Mimik empfangen werden können, steht während eines Telefonats nur **ein** „Kanal" für das Übermitteln von Informationen, aber auch von Gefühlen zur Verfügung.

Letzteres ist jedoch durch die Besonderheiten der Technik nur begrenzt möglich. Das Telefon überträgt einen Frequenzbereich, der speziell auf die Sprache zugeschnitten ist (Telefon-Frequenzspanne: 300 bis 3.400 Hz; Bandbreite der Sprache: 200 bis 3.600 Hz). Dagegen reicht der Schwingungsbereich menschlicher Stimmen von 45 bis 15.000 Hz. Dem Gesprächspartner gehen also große Bereiche des Stimmklangs und der Stimmlage verloren. Aber gerade in jenen Frequenzfeldern können vielfältige Gefühlsäußerungen „versteckt" sein. Das bedeutet, am anderen Ende der Leitung sind Hinweise auf Gefühle nur begrenzt zu empfangen.

Beachte

Notwendige Gefühlsäußerungen müssen mit Hilfe des gesprochenen Wortes erfolgen.

Darüber hinaus wird der Telefonkontakt durch eine gewisse **Anonymität** erschwert. Wenn man sein „Gegenüber" nicht sehen kann, ist es komplizierter, eine positive und stabile Beziehung herzustellen. Um diesem Defizit zu begegnen, sollte ein möglichst hohes Maß an **Verbindlichkeit** erreicht werden. Hilfsmittel dafür können sein:

- Den Gesprächspartner mit seinem **Namen** ansprechen (ist dieser nicht bekannt oder wurde nicht verstanden, sollte nachgefragt werden, z. B. „Mit wem spreche ich bitte?"),
- das eigene **Sprachniveau** an den Gesprächspartner anpassen (der Fahrer eines Lastzuges, der seine verzögerte Ankunft melden will, sollte nicht wie der Geschäftsführer angesprochen werden und umgekehrt; im Zweifelsfall **leicht** über dem Sprachniveau des anderen bleiben),
- die Formen der Höflichkeit beachten (Worte wie bitte, danke, gern geschehen usw. sollten selbstverständlich sein),
- **Selbstbewusstsein** zeigen (alles vermeiden, was unsicher wirkt, aber nicht überheblich auftreten),
- **nicht** mit **lässigen** Redewendungen operieren (Redensarten wie, „alles paletti", „klaro", „alles im Griff" usw. können als Ausdruck mangelnder Sorgfalt missverstanden werden),
- aufmerksam zuzuhören und **Interesse** bekunden (z. B. an den **passenden** Stellen Worte einflechten wie, „ja", „interessant", „sehr richtig"),
- **Anteilnahme** zeigen (dazu bieten sich Wendungen an wie: „Das finde ich gut", „Mir geht es ebenso" u. Ä.; falsch wäre: „Da bin ich nicht zuständig" – richtig: „Ich werde Sie mit dem verantwortlichen Abteilungsleiter verbinden").

Angesichts der Bedeutung, die der Stimme als „Kontaktbrücke" zukommt, muss Folgendes beachtet werden:

a) Am Telefon ist **Freundlichkeit** erforderlich (der Gesprächspartner spürt, ob jemand freundlich oder weniger gut „aufgelegt" ist).
b) Beim Sprechen ist **Lächeln** empfehlenswert (dadurch erhält die Stimme einen angenehmen Klang).
c) Eine gute **Körperhaltung** sollte selbstverständlich sein (sie beeinflusst den Klang der Stimme).
d) Dem Gesprächspartner ist **Interesse** entgegenzubringen; spürt er Gleichgültigkeit oder Desinteresse, fühlt er sich dadurch unangenehm „berührt".
e) „Allgemeine" **Verärgerung** (die nichts mit dem Telefonat gemein hat) darf **nicht** auf das Gespräch übertragen werden.

Die Art und Weise des Sprechens hat besonderes Gewicht. Daher sind zu berücksichtigen:

- das **Sprechtempo** (zu schnelles Sprechen kann Missverständnisse und Misstrauen hervorrufen – also normal bzw. etwas langsamer als normal sprechen),
- die **Deutlichkeit** (nicht verwechseln mit übertriebener Lautstärke – also deutlich sprechen, keine Silben verschlucken, „sauberes" Deutsch verwenden, nicht zu leise und nicht zu laut reden, „an der Muschel vorbei" sprechen, um Atemgeräusche nicht übermäßig zu übertragen),
- die **Modulation** (bedeutet, die Stimme verändern), eintönig-monotones Sprechen „ermüdet" den Zuhörer – also mit deutlicher Änderung der Stimmhöhe bzw. -tiefe für ein interessantes Gespräch sorgen),

- die **Sicherheit** (wer mit gepresster oder zittriger Stimme spricht oder sich laufend „Versprecher leistet“, wirkt unsicher – also mit ruhiger Stimme und ohne Hast sprechen),
- die **Anschaulichkeit** (mittels „bildhafter“ Erläuterungen helfen, den Inhalt der telefonischen Informationen besser zu verarbeiten, z. B.: „Unsere Verwaltung finden Sie unmittelbar neben dem historischen Wasserturm aus rotem Backstein“),
- die **Beherrschung** (nicht auf Provokationen „einsteigen“; auch wenn der Gesprächspartner ungehalten reagiert – nicht herausfordern lassen),
- die **Anstandsregeln** (während des Gesprächs nicht kauen, gähnen, schniefen, Bleistift, Zigarette o. a. im Mund halten – sollte bei vollem Mund das Telefon klingeln, **schnell** hinunterschlucken und erst dann abheben),
- die **Nebengeräusche** (der Gesprächspartner soll möglichst nichts vom Raumhintergrund mithören; sind „Nebenabsprachen“ nötig, dann ist die Muschel abzudecken oder abzuschalten).

Mit dem richtigen Gebrauch der Stimme kann viel getan werden, um die Kommunikation am Telefon zu verbessern. Diese Bemühungen scheitern allerdings nicht selten an **Fehlern im Umgang** mit dem Gesprächspartner. Um solche Mängel von Beginn an auszuklammern, ist es sinnvoll, sich das nachfolgende **Ablaufmuster** fest einzuprägen:

a) Wenn es klingelt
- Vermeiden, dass der Anrufer ungeduldig wird oder auflegt,
- so früh wie möglich abnehmen,
- nie mehr als dreimal klingeln lassen.

b) Gesprächseröffnung
- Freundlicher Gruß,
- Firmenname nennen,
- eigenen Namen nennen, wenn nötig, Abteilung, Zuständigkeit u. Ä.

c) Gesprächsnotizen erstellen
- Name, ggf. Position/Amt des Anrufers notieren (falls erforderlich, auch Telefonnummer, Faxnummer, E-Mail-Daten, Adresse),
- Zeitpunkt des Anrufes vermerken,
- Fakten festhalten, z. B. Wünsche, Aufträge, Meldungen usw.,
- Termine und Festlegungen erfassen (wann ist was, durch wen und wo zu erledigen?),
- Fehler vermeiden (notfalls wiederholen oder buchstabieren lassen, abschließend selbst nochmals alles in Kurzform zusammenfassen).

d) Weitervermittlung
- Gewünschte Verbindung schnell herstellen (nicht länger als zehn Sekunden),
- kommt die Verbindung nicht umgehend zustande, zwischenzeitlich nochmals mit dem Anrufer sprechen, z. B.: „Bitte haben Sie noch etwas Geduld“,
- kann die gewünschte Verbindung in einer **angemessenen** Zeit **nicht** hergestellt werden, ist ein Rückruf anzubieten (dabei nicht vergessen, die erforderlichen Daten – Telefonnummer, Name usw. – festzuhalten).

e) Rückrufangebot
- Termin genau vereinbaren (z. B.: „... heute Nachmittag, gegen 15.30 Uhr ...“),
- Alternativen anbieten (z. B.: „Wir würden Sie heute gegen 15.30 Uhr oder morgen gegen 9.30 Uhr anrufen – welcher Termin wäre Ihnen angenehm?“),
- verabredeten Rückruftermin **unbedingt** einhalten.

f) Gesprächsabschluss

- Dem Anrufer danken, z. B.: „Vielen Dank für Ihren Anruf" oder „Ich danke für Ihr Entgegenkommen" o. Ä.,
- gute Wünsche übermitteln, z. B.: „Ich wünsche Ihnen einen erfolgreichen Tag" o. Ä.,
- freundlich verabschieden (passende Grußworte verwenden, z. B.: „Auf Wiederhören" o. Ä.).

Hinweise

Neben den genannten Kommunikationsformen gibt es (je nach betrieblicher Organisation und Ausstattung) weitere Möglichkeiten, z. B. Schriftverkehr, Austausch von E-Mails, Übermittlung von Fax-Nachrichten. Hierbei sind folgende Elemente wichtig:

1. Beachtung der jeweiligen betrieblichen Vorgaben,
2. Einhaltung der Anstands-, Rechtschreib- und Grammatikregeln,
3. verständliche inhaltliche Darstellung (siehe hierzu Kapitel 5.5).

12.4 Kommunikation mit Angehörigen unterschiedlicher sozialer Gruppen

Aus der Sicht der Soziologie ist es möglich, die einzelnen Menschen **verschiedenen Personengruppen** zuzuordnen. Bei einer solchen Zuordnung kommt es auf den jeweiligen „Gradmesser" an, auf das Merkmal, das alle Angehörigen dieser Gruppe gemeinsam haben (z. B. eine Gruppierung nach dem Lebensalter). Vom Grundsatz her sollte auf **jeden** Menschen freundlich, respektvoll, hilfsbereit, kontaktfreudig und mit einer positiven Haltung zugegangen werden.

12.4.1 Kommunikation mit Jugendlichen

Junge Menschen, die dem Kindesalter entwachsen sind, haben mit allerlei Problemen zu ringen:

- Sie befinden sich unter Umständen in der **Pubertätsphase** (geschlechtlicher Reifeprozess, der im seelischen Bereich durch häufigen Stimmungswechsel, Trotzreaktionen mit teilweise aggressivem Verhalten gekennzeichnet ist).
- Sie haben sich selbst „noch nicht gefunden" (sie leiden unter dem **Mangel an Eigenidentifikation**, suchen sich ein Idol, möchten sein wie ihr Lieblingssänger usw.).
- Ihre **Persönlichkeitsbildung** ist **noch nicht abgeschlossen** (daraus entstehen unter Umständen Unsicherheit, Orientierungslosigkeit, Aufsässigkeit u. a. m.).
- Zugleich besitzen sie ein ausgeprägtes **Bedürfnis nach Vollwertigkeit** (sie verspüren die eigene Unvollkommenheit und streben deshalb besonders danach, als „gleichwertige Partner" der Erwachsenen anerkannt zu werden).

Beispiel

Der Sicherheitsmitarbeiter Altmann sieht, wie sich „Azubi" Jung mit einem Hubwagen abmüht. Auf diesem Flurförderzeug will er einen Container mit Eisenteilen transportieren. Altmann tritt hinzu und sagt: „Na Kleiner, für solche Lasten bist du sicher noch etwas zu schwach um die Brust. Soll ich dir ein bisschen helfen?" Anstatt sich über dieses Angebot zu freuen, bekommt Jung einen roten Kopf und brüllt zurück: „Ich brauche keine Hilfe, und schon gar nicht von einem alten Knacker!"

Warum hat der junge Mitarbeiter so ablehnend reagiert? Gewiss hat ihn die Art und Weise empört, in der er von Altmann angesprochen wurde. Die Sicherheitskraft sah Jung nicht als vollwertig an. Sein Hilfsangebot wirkte wie eine Provokation, weil es die Unvollkommenheit des jungen Mannes unterstrich und in dessen Ohren arrogant und herablassend klang.

Derartige „**Zwischenfälle**" können weitgehend **ausgeschlossen** werden, wenn:

a) Jugendliche als Erwachsene behandelt werden – das beginnt bereits bei der Anrede „Sie",
b) ältere Menschen jüngeren nicht überheblich, geringschätzig oder herablassend gegenüber treten,
c) jegliche Schulmeisterei vermieden wird und der Erwachsene als (älterer) **Partner** auftritt,
d) die Bereitschaft entwickelt wird, kleinere Provokationen oder „schnodderige" Bemerkungen zu überhören,
e) vermieden wird, sich mit Stimmgewalt durchzusetzen (wenn es notwendig ist, Hinweise zu geben oder zu ermahnen, sollte dies klar und deutlich, aber vor allem sachlich erfolgen).

Jugendliche sind keineswegs „über einen Kamm zu scheren". Sie müssen differenziert betrachtet werden. Verschiedene **Merkmale** scheinen jedoch relativ verbreitet zuzutreffen:

- Sie neigen zur Gruppenbildung. In der Gruppe verspüren sie Rückhalt (fühlen sich stark) und spornen sich gegenseitig an (auch zu negativen Handlungen).
- Ihre Einsicht in die Notwendigkeit von Anordnungen ist relativ gering. Im Bestreben, anders zu sein als „die Alten", entwickeln sie wenig Bereitschaft, nach deren „Regeln" zu handeln. (Bestehende Normen werden nur ungern oder kaum akzeptiert.) Dies gipfelt zeitweilig in der „Kettenreaktion": etwas ablehnen – dagegen auflehnen – aufsässig sein.
- Die Frustrationsschwelle ist gewöhnlich niedriger als bei Erwachsenen. Ihre Frustration entlädt sich zuweilen in aggressiven Aktionen und Reaktionen.

Hinweis

Eine Sicherheitskraft sollte diese Eigenarten Jugendlicher stets berücksichtigen und so mit ihnen kommunizieren, dass keine unnötigen Reibungen entstehen.

12.4.2 Kommunikation mit älteren Menschen

Die Gruppe der **älteren Menschen** ist – ähnlich wie die der Jugendlichen – keineswegs „aus einem Guss". Aber auch hier gibt es **Merkmale**, die für ältere Menschen besonders charakteristisch sind:

a) Mit zunehmenden Alter sinkt das physische und psychische Leistungsvermögen,
b) die Fähigkeit, schnell zu reagieren, schwindet mehr und mehr,
c) es fällt immer schwerer, sich auf veränderte Situationen einzustellen, und
d) das Vermögen, Neues aufzunehmen, wird geringer.

Diese Probleme sind vielen Menschen bewusst. Mancher will sie nicht wahrhaben, spürt aber dennoch, dass er „nicht mehr so kann" wie früher. Diese Erkenntnis bzw. dieses Gespür führt teilweise zu einer gewissen **Unsicherheit**. Sie schlägt sich aber auch in problematischen Verhaltensweisen nieder oder führt zur Herausbildung charakterlicher Schwächen. Beispiele dafür können sein: Starrköpfigkeit, Unverträglichkeit, Rechthaberei/Besserwisserei, Engstirnigkeit sowie Nörgelei.

Durch diese „Wandlungen" entstehen zwangsläufig **Konfliktfelder**. Die Betroffenen „ecken an", kommen mit anderen nicht mehr zurecht. In dieser Situation begehen jüngere Menschen relativ oft den Fehler, die Älteren zu verurteilen, zu meiden, ja sogar sie auszugrenzen. Auf diese Weise können vorhandene Schwierigkeiten im Umgang mit älteren Menschen nicht beseitigt werden.

Beachte

Ein Sicherheitsmitarbeiter darf selbstverständlich keinen Ordnungsverstoß dulden – auch nicht mit der Begründung: „Das habe ich schon 40 Jahre so gemacht." Ebenso wenig kann er die Angelegenheit unter dem Motto „Ach, lass doch den Alten" auf sich beruhen lassen.

Wie also ist das Problem lösbar, ohne eine Auseinandersetzung heraufzubeschwören?

a) Im Umgang mit älteren Menschen ist besonders **respektvoll** zu verfahren. Wer auf eine große Zahl von Jahren zurückblicken kann, hat es in der Regel verdient, dass man ihm achtungsvoll und zuvorkommend begegnet.
b) Wie bei anderen Personengruppen darf auch gegenüber älteren Menschen **Kritik nicht verletzend** sein. Dabei ist zu beachten, auf welche „Bezugspunkte" besonders empfindsam reagiert wird. Wenn ein Pensionär seinen Pkw im Parkverbot abstellen will, wäre es daher äußerst unklug, so zu reagieren: „Na Opa, die Augen sind wohl schon zu schwach, um das Parkverbotsschild zu erkennen?" Diese Bemerkung träfe – selbst wenn sie liebevoll gemeint wäre – einen empfindlichen „Nerv" des Betroffenen, weil sie eine altersbedingte Unzulänglichkeit herausstreicht.
c) Gespräche sind **taktvoll** und **höflich** zu führen. Dies gilt für die Kommunikation mit Älteren im besonderen Maße, da anderenfalls leicht die Gefahr besteht, dass „Mauern" zwischen den „Gesprächspartnern" aufgetürmt werden.
d) Im Umgang mit älteren Menschen sollte stets an den **wertvollen Eigenschaften** dieser Personengruppe (wie Zuverlässigkeit, Pflichtbewusstsein, Verantwortungsgefühl, Gewissenhaftigkeit u. a.) angeknüpft werden.

Beispiel

Der Pensionär, der seinen Pkw im Parkverbot abstellen will, könnte vom Sicherheitsmitarbeiter folgendermaßen angesprochen werden: „Es wäre gut, wenn Sie mir helfen würden, den Falschparkern das Handwerk zu legen, indem Sie als erfahrener Mensch mit gutem Beispiel vorangehen."

12.4.3 Kommunikation der Geschlechter

Im Laufe der Geschichte haben sich die Auffassungen zum Verhältnis der **Geschlechter** verändert. So sind z. B. in Arbeitsgebieten, die früher klare Domänen der Männer waren, heute Frauen erfolgreich tätig.

Ungeachtet gesellschaftlicher Einflüsse bleiben Elemente der ursprünglichen **geschlechtsspezifischen Anlage** bedeutsam. Im Ergebnis dieser „Funktionsteilung" haben bei der Frau die Gefühle einen besonderen Stellenwert. Oft begegnen wir bei „ihr" einer größeren Sensibilität und Feinfühligkeit als bei „ihm". Der Mann dagegen strebt eher nach einer logisch-begrifflichen Durchdringung der Welt. Ihn interessieren Sachverhalte. Er ist sich seiner Gefühle nicht so sicher wie die Frau und versucht sogar, seine Gefühlswelt zu begreifen, zu erklären und zu begründen.

Hinweis

Frau und Mann können aus ihrer ursprünglichen Anlage heraus eine unterschiedliche Problemsicht und Problemwertung vornehmen.

Trotz gravierender Veränderungen im Verhältnis der Geschlechter leben wir mit bestimmten **Wunschbildern**. Überhaupt spielen wir häufig jene **Rolle, die** uns **von der Gesellschaft zugedacht** wurde. Von Kindesbeinen an werden wir dementsprechend geprägt. Der kleine Kerl, der sich verletzt hat, wird vom Vater aufgefordert, die Tränen zu unterdrücken, weil „ein Junge nicht weint". Das Mädchen, das mit Burschen ihres Alters Bäume erklimmt, wird belehrt, dass sich dies für sie nicht „schickt" usw. Auf diese Weise werden bestimmte Erwartungshaltungen zum Rollenverhalten der Geschlechter geprägt. Tritt das Erwartete nicht ein, wird der Kommunikationsprozess belastet.

Aus der „Konstellation" der Geschlechter können für die Sicherheitspraxis folgende **Empfehlungen** abgeleitet werden:

a) **höflich** und **korrekt** sein, ohne zu übertreiben (Übertreibungen könnten als Provokation missverstanden werden),
b) **taktvoll verhalten**; sollte Kritik erforderlich sein, diese besonders feinfühlig ausüben (einem Mann ist es meist äußerst unangenehm, wenn er von einer Frau kritisiert wird, aber auch umgekehrt ist das Kritisieren nicht einfach),
c) **freundlich** und **offen** sein, aber gewissen Abstand halten (dies gilt auch räumlich, da das Unterschreiten einer gewissen Distanz als Annäherungsversuch missdeutet werden könnte).

Hinweis

Diese „Grundregeln" müssen allerdings auf den jeweiligen Kommunikationspartner zugeschnitten werden, da es weder „**die** Frau" noch „**den** Mann" gibt. Auch innerhalb der Geschlechter sind die Verhaltensweisen sehr differenziert.

12.4.4 Kommunikation mit ausländischen Mitbürgern

Eine wichtige Voraussetzung für erfolgreiche Kommunikation mit **ausländischen Mitbürgern** besteht darin, sich das Sprichwort „andere Länder, andere Sitten" **bewusst** zu machen. Es unterstreicht, dass in den verschiedenen Teilen der Erde auch unterschiedliche „Normen" gelten. Der europäische Blickwinkel wäre für einen Inder sicher ebenso schwer zu begreifen wie umgekehrt. Dies zieht aber nur dann Störungen für den Kommunikationsprozess nach sich, wenn eine „Seite" der Meinung ist, nur die eigene Position sei richtig.

Aus der Vielzahl ethnischer Besonderheiten leiten sich eine Reihe differenzierter Vorstellungen und Ansichten über Weltbild, Lebensweise, Kultur, Werte, Normen u.a. ab. Ausgewählte Beispiele sollen das verdeutlichen:

- ausländische Mitbürger verfügen oft über ein großes Maß an **Freiheitsliebe**; die Übernahme unseres Verständnisses von Disziplin fällt ihnen nicht leicht,
- unter vielen Völkern des Südens und des Ostens ist zugleich eine starke **Autoritätsgläubigkeit** anzutreffen (was das jeweilige „Oberhaupt" sagt, ist Gesetz),
- teilweise scheint ihr **Stolz** so stark ausgeprägt zu sein, dass bereits Ungeschicklichkeiten im Verhalten als Ehrverletzungen verstanden werden können; Derartiges kann von ihnen (im Gegensatz zu uns) nur schwer hingenommen werden und führt unter Umständen zu spontanen Reaktionen,
- ausländischen Mitbürgern ist vielfach ein starker **Familiensinn** eigen; häufig leben sie in der „Großfamilie",
- in manchen Ländern herrscht das **Patriarchat**, der Mann ist die dominierende Persönlichkeit; unsere Auffassung von der Gleichberechtigung der Geschlechter ist diesen Menschen fremd,
- unter vielen Völkern ist die Gastfreundschaft weitaus stärker „verankert" als in europäischen Breiten; die Bereitschaft, auch das Wenige zu teilen, das Bemühen, selbst unter primitiven Bedingungen das Beste zu bieten, herrschen vor u.a.m.

Kulturelle und nationale Eigenheiten **erschweren** mitunter ausländischen Mitbürgern die **Integration**. Hinzu kommen u.a. Anpassungsschwierigkeiten an die klimatischen Bedingungen, Sprachprobleme, unterschiedliche Werte und Normen, religiöse Besonderheiten sowie die ethnisch bedingte Lebensauffassung und Lebensweise.

Im Umgang mit ausländischen Mitbürgern wird häufig vom eigentlich üblichen Verhalten abgewichen.

Beispiel

Am Haupteingang eines Betriebes wendet sich ein dunkelhäutiger Mann an einen Sicherheitsmitarbeiter. Der Fremde ist nicht europäisch gekleidet, spricht aber „gebrochenes" Deutsch. Er sagt: „Gutten Morrgen. Ich bitte wollen zu Chef von Firma. Bitte ich mussen Chef sprechen." Der Empfangsdienst-Mitarbeiter entgegnet: „Ah, du wollen zu Chef. Aber zu welche Chef du wollen? Wir haben viele Chef."

Was ist hier geschehen? Zweifellos hat der Mitarbeiter an der Pforte seine Sprechweise an die des ausländischen Mitbürgers angepasst. Aber das ist nicht richtig. Für die Kommunikation mit Angehörigen ausländischer Kulturen ist vielmehr empfehlenswert:

a) **keine „Babysprache"** verwenden (auch dann nicht, wenn der Gesprächspartner gebrochenes Deutsch spricht),
b) **„Hochdeutsch" sprechen** und einen schwer verständlichen Dialekt möglichst vermeiden,
c) **kurze** und überschaubare **Sätze bilden**; nur gebräuchliche Begriffe verwenden,
d) Geringschätzung vermeiden (gebrochenes Deutsch ist kein Beleg für mangelhafte Intelligenz),
e) **nicht voreingenommen sein**, da dies die Verständigung erschwert (Voreingenommenheit kann anhand der nicht-sprachlichen Signale erkannt werden),
f) **sachlich** und **höflich auftreten**; ausländische Kulturen sind nicht von einem „fremden Stern",
g) um ein **angemessenes Verhalten** bemüht sein (wenn sich z. B. eine „Großfamilie" nähert, an deren Spitze das Familienoberhaupt schreitet, wäre es unangemessen, dies zu übersehen und zuerst die verschleierte Ehefrau zu begrüßen).

Hinweis

Kommunikation mit ausländischen Mitbürgern ist stets auch situationsabhängig. Mimik und Gestik können die Verständigung erleichtern. Der Gebrauch internationaler gebräuchlicher Begriffe (z. B. Centrum, Airport) und, wenn erforderlich, Wiederholung der bereits geäußerten Worte unterstützen diesen Prozess.

12.5 Situative Aspekte der Kommunikation

12.5.1 Durchsetzen von Ordnungsregeln

Innerhalb ihrer Tätigkeit müssen Sicherheitskräfte häufig bestimmte **Ordnungsregeln durchsetzen**. Die Fähigkeit, sich durchzusetzen, hängt selbstverständlich nicht allein von der Wahl der richtigen Worte ab (s. Kapitel 11.2). Wesentlich ist auch, welche **nonverbalen Signale** gesendet werden. Wer sich mit möglichen „Widerständen" auseinanderzusetzen hat, sollte:

a) mit der Körpersprache Selbstbewusstsein demonstrieren (gerade Haltung, aufrechter Gang, Kopf hoch),
b) einen gewissen Raum einnehmen (sich körperlich „ausbreiten", für Abstand sorgen),

c) mit tiefer und kraftvoller Stimme sprechen (aber nicht lautstark werden oder gar schreien),
d) der Stimme einen selbstbewussten Klang verleihen (z. B. durch das Dehnen bestimmter Laute),
e) einen festen Blickkontakt halten (direkt in die Augen sehen, nicht wegschauen).

Während die Sicherheitskraft versucht, bestimmte Ordnungsregeln durchzusetzen, kann es geschehen, dass ihr die betreffende Person **„ins Wort fällt"**. Dieser ärgerliche Vorgang darf jedoch keine Wut auslösen. Zugleich sollte die Sicherheitskraft so etwas nicht hinnehmen. Folgende Verfahrensweise ist empfehlenswert:

- Möglichst unauffällig **tief durchatmen** (führt dem Körper Sauerstoff zu und hilft, den Adrenalinspiegel zu senken; gibt Gelegenheit, sich die richtigen Worte zu überlegen),
- dem Gegenüber fest ins Gesicht schauen (der Blick muss vom anderen als „forderndes Signal" wahrgenommen werden),
- entgegnen: „Lassen Sie mich bitte ausreden!" (nötigenfalls das „BITTE" besonders betonen).

Weitaus problematischer ist es, wenn der Sicherheitskraft gegenüber **herabsetzende Bemerkungen** gemacht werden. Zum einen trifft dies das Selbstwertgefühl, zum anderen besteht die Gefahr einer ernsthaften Auseinandersetzung. Dem sollte entgegengewirkt werden:

- derartige Bemerkungen nicht ignorieren, sondern reagieren,
- überlegt antworten (vor der Entgegnung einen kurzen Momente verstreichen lassen),
- Grenzen ziehen (deutlich machen, dass Herabsetzungen inakzeptabel sind),
- vermeiden von Antworten, die die Worte „ich" oder „mich" beinhalten (z. B. falsch: „Sie haben **mich** beleidigt!"; besser: **„Sie** haben sich im Ton vergriffen!"),
- keine Erklärung einfordern, was man falsch gemacht haben könnten (der andere wird viele „Begründungen" finden),
- fest eingeprägte „Standardwendungen" verwenden (z. B. „Was hat Sie so verärgert?"; „Weswegen sind Sie so schlecht aufgelegt?" u. Ä.).

Hinweis

Dulden Sie keinerlei persönliche Zurücksetzungen. Bleiben Sie zugleich „äußerlich" ruhig und verhindern Sie, dass innere Erregung konfliktfördernd wirkt. Legen Sie aber auch nicht jede Bemerkung des Gegenübers auf die „Goldwaage".

12.5.2 Kritik konstruktiv gestalten

Derjenige, der Ordnungsregeln durchsetzen muss, steht nicht selten vor der Notwendigkeit, das Verhalten anderer zu kritisieren. **Kritik** wird jedoch kaum als angenehm empfunden und kann Konflikte auslösen. Um Letzteres zu vermeiden, ist es empfehlenswert, folgende **Regeln** zu beachten:
a) Kritik soll **direkt** sein, darf aber **nicht verletzen**,
b) Kritik ist **sachlich** zu üben; „gefühlsgeladene" Äußerungen haben zu unterbleiben,

c) Kritik muss mit **Respekt** einhergehen; sie darf **nicht beleidigend** sein,
d) Kritik soll **nicht rechthaberisch** geübt werden, sondern **Lösungen** für ein besseres Verhalten **anbieten**,
e) Kritik darf **nicht „schulmeisterlich"** wirken, sie soll ein **Gefühl der Unterstützung** vermitteln,
f) Kritik muss dem anderen die Möglichkeit bieten, sein **„Gesicht zu wahren"**,
g) Kritik soll **positiv formuliert** werden; Wörter und Sätze, die der andere als Zurechtweisung empfindet, sind untauglich.

Wer einen Menschen kritisiert, muss sich darüber im Klaren sein, dass derjenige, der in eine „Abwehrstellung" gedrängt wird, kaum bereit ist, sein Verhalten zu ändern. Der Wirtschaftspsychologe Heinz Dirks hat diesen Sachverhalt auf eine einprägsame Formel gebracht: **„Niemand ist belehrbar, der sich gleichzeitig angegriffen fühlt."**

Hinweise

- Sehr sensible Reaktionen sind gewissermaßen „vorprogrammiert", wenn Menschen in Gegenwart anderer oder gar „Untergebener" kritisiert werden.
  Kritik sollte daher möglichst unter „Ausschluss der Öffentlichkeit" stattfinden.
- Außerdem ist zu berücksichtigen, **worauf** die Kritik zielt. Gewöhnlich geht es ja darum, Sachverhalte (z.B. falsches Parken) abzuändern. Wer dagegen darauf bedacht ist, den betreffenden Menschen „ins Visier" zu nehmen, muss mit unliebsamen Auseinandersetzungen rechnen.
  Kritik soll vor allem sachbezogen und weniger personenbezogen geübt werden.
- Schließlich muss dem Betroffenen mitgeteilt werden, **was** er falsch macht und **weshalb** er sein Verhalten ändern soll.
  Kritik muss sich auf Argumente stützen, die dem anderen „einleuchtend" erscheinen.

Die Sicherheitskraft, die eine Person kritisiert, gerät leicht in die Gefahr, als feindselig missverstanden zu werden. Diesem Problem kann man durch den Gebrauch bestimmter „entschärfender" Formulierungen begegnen. Solche **Schlüsselwörter** können sein:
- „Vielleicht wäre es besser, wenn ..."
- „Darf ich Ihnen einen Vorschlag machen?"
- „Es wäre sicher in Ihrem Interesse, wenn ..."
- „Bitte fühlen Sie sich nicht verletzt, aber ich muss Sie darauf hinweisen, dass ..."
- „Ich möchte Ihre Gefühle nicht verletzen, aber Sie sollten überlegen, ob ..."

Grundsätzlich sollte der Sicherheitsmitarbeiter bei jeder kritischen Einflussnahme darauf bedacht sein, das **Selbstwertgefühl** der betroffenen Person **nicht** zu **verletzen** (s. Kapitel 11.4).

12.5.3 Kommunikation mit Verletzten

Ein **Unfallbetroffener** befindet sich in einer komplizierten Situation. Diese ist abhängig von der Schwere der Verletzung, der psychischen Verfassung sowie den äußeren Umständen. Ihn bedrücken Probleme wie Schmerzen, die Angst um das eigene Leben, die Furcht, nicht sachgemäß versorgt zu werden, die Sorge um Angehörige, Zukunftsängste u. Ä.

Ein einfühlsames Gespräch kann dem Verletzten helfen, seinen Zustand „zu verarbeiten".

Hinweis

Der Helfer soll durch richtiges Verhalten beruhigend wirken und durch emotionale (gefühlsmäßige) Zuwendung dazu beitragen, Ängste abzubauen sowie Vertrauen und Erleichterung zu schaffen.

Im **Umgang mit Verletzten** sind folgende **Verhaltensweisen** sinnvoll:

a) ruhig und besonnen auftreten, eigene Unruhe unterdrücken,
b) Betroffene möglichst nicht allein lassen (sollte dies unumgänglich sein, muss dem Verletzten erklärt werden, warum, und ihm baldige Rückkehr zugesichert werden; z. B.: „Ich rufe den Notarzt und komme sofort zurück"),
c) den Verletzten so gut es geht von der Schädigung ablenken (ohne aber den Zustand zu verniedlichen = Vertrauensverlust),
d) Fragen nach Schwere und Folgen der Verletzung nicht eindeutig beantworten (auf fachliche ärztliche Hilfe verweisen),
e) dem Betroffenen gut zureden,
f) den Verletzten davon überzeugen, dass alles unternommen wird, um ihm zu helfen,
g) nicht den Eindruck erwecken, als wolle man den Betroffenen ausfragen,
h) den Verletzten nicht zum Gespräch „nötigen" (falls er das Gesprächsangebot ablehnt, muss dies respektiert werden).

Beachte

Bewusstlose sollen so behandelt werden, als würden sie alles wahrnehmen, was um sie herum geschieht.

Kinder können das Geschehene verstandesmäßig meist schwerer verarbeiten. Ihnen erscheint daher alles oft noch dramatischer als Erwachsenen. Aus diesem Grund ist es besonders wichtig, das **Kind von der Gesamtsituation abzulenken**:

- wenn möglich soll eine Bezugsperson (z. B. Verwandter) beim verletzten Kind weilen (aber dafür sorgen, dass sich die Aufregung der Bezugsperson nicht auf das Kind überträgt),
- wenn vorhanden soll das Kind sein „Kuscheltier" (Lieblingsspielzeug) behalten dürfen,
- Verletzungen, besonders Blut, sind abzudecken, damit sie vom Kind nicht wahrgenommen werden können,
- besondere Zuwendung (z. B. Streicheln) wirkt häufig beruhigend.

Für betroffene **Senioren** sind die bereits genannten Regeln ebenfalls gültig. Altersbedingte Veränderungen müssen jedoch berücksichtigt werden. Deshalb gilt außerdem:

- Eventuelle Leistungsminderung der Sinnesorgane beachten (z.B. deutlich sprechen bei verringerter Hörkraft),
- Anrede mit „Oma" oder „Opa" (selbst wenn es gut gemeint ist) unterlassen.

Der Umgang mit verletzten **ausländischen Mitbürgern** wird unter Umständen durch Verständigungsschwierigkeiten behindert:

- Möglichst einen Dolmetscher heranziehen,
- deutlich sprechen,
- sich notfalls mit Hilfe von Zeichensprache verständigen.

Beachte

Die Abstammung aus einem anderen Kulturkreis kann eine erhöhte Schamhaftigkeit zur Folge haben. Derartige Besonderheiten sind zu respektieren.

Bei verletzten **körperlich oder geistig beeinträchtigten Personen** ist besonderes Fingerspitzengefühl nötig. Diese Menschen fühlen sich in solch einer Situation stärker ausgeliefert. Der Helfer sollte:

- kein falsches Mitleid zeigen,
- nicht krampfhaft versuchen, über die Beeinträchtigung hinwegzusehen,
- die jeweilige Beeinträchtigung berücksichtigen (z.B. Erblindete erst ansprechen und dann berühren).

12.5.4 Umgang mit Zuschauern

Unfälle oder ähnliche Ereignisse wirken gewöhnlich „anziehend" auf **Unbeteiligte**. Der Reiz des Sensationellen lockt andere Menschen zum Ort des Geschehens. Diese Betrachter sind einerseits selbst gefährdet, andererseits stören sie die Hilfsmaßnahmen, indem sie Zugänge blockieren und durch ihre „geballte Anwesenheit" beunruhigend auf Betroffene wirken.

Polizeipsychologen haben dieses Verhalten untersucht und entsprechende Handlungshinweise abgeleitet. Für Ordnungskräfte ergeben sich daraus folgende Empfehlungen:

a) Die Menge **nicht** auf ihr **Neugiermotiv ansprechen** (z.B.: „Haben Sie noch nie einen Verletzten gesehen?").

b) Mit **konkreten** und **begründeten Anweisungen** auf die Zuschauer einwirken (z.B.: „Machen Sie die Einfahrt frei, damit der Notarztwagen ungehindert durchfahren kann!").

c) **Sachliche Informationen** geben, um die Menge zu zerstreuen, das Neugiermotiv zu befriedigen, aber auch, um Erwartungen abzubauen (z.B.: „Bitte gehen Sie weiter, hier wird nur ein umgestürzter Baum zur Seite geräumt" oder „Bitte bleiben Sie hier nicht stehen, Sie könnten durch herabfallende Dachteile verletzt werden").

d) Verteilen **sinnvoller** Aufgaben, um die **Menge aufzugliedern** (z. B.: „Holen Sie bitte Decken und Kissen, damit die Verletzten gebettet werden können" oder „Bilden Sie eine Gasse für die Rettungsfahrzeuge" u. Ä.).
e) Falls möglich **Abschirmen der Unfallstelle**, um nicht weitere Schaulustige anzulocken.

Beachte

Unkonkrete Informationen (z. B.: „Hier gibt es nichts zu sehen") verstärken die Neugier und regen die Menge an, zu verharren, anstatt sie zu zerstreuen. Vgl. hierzu auch die Kapitel 11.3.3 und 11.4.

13. Serviceorientierung und Zusammenarbeit

Die Organisationseinheiten der Sicherheitswirtschaft haben sich in den letzten Jahren vom Anbieter für die klassischen Tätigkeiten im Werkschutz zum Anbieter für umfassende **Dienstleistungen** im Bereich der Schutz- und Sicherheitstätigkeiten gewandelt. Damit ein Dienstleistungsunternehmen sich mit seinem Angebot auf dem Markt etablieren und halten kann, muss das Unternehmen entsprechende Leistungen anbieten.

Die angebotene Leistung wird vom Markt über die gelieferte Qualität beschrieben. Auch betriebliche Sicherheitsorganisationen stehen im Wettbewerb. Intern geschieht dies im Vergleich der Abteilungen eines Unternehmens, extern im Vergleich zu den Angeboten einschlägiger Dienstleister.

Qualität ist zunächst ein weit gespannter Ausdruck für die Beschaffenheit der Dienstleistung nach ihren Unterscheidungsmerkmalen (Vorzüge, Mängel) gegenüber anderen Dienstleistungen. Durch Voranstellen eines Adjektivs (z. B. gut, mäßig oder schlecht) wird Qualität bewertet. Im täglichen Sprachgebrauch hat sich allerdings allgemein durchgesetzt, dass Qualität grundsätzlich positiv ohne größere Mängel gesehen wird.

- Die **objektive Qualität** kann durch messbare, stofflich-technische Eigenschaften einer Sache beschrieben werden. Die objektive Qualität einer Schraube ist über die Materialtoleranzen und die Materialzusammensetzung eindeutig bestimmbar.
- Die **subjektive Qualität** wird über den Eignungswert der Dienstleistung für die Befriedigung bestimmter Bedürfnisse ermittelt. Die subjektive Qualität einer Dienstleistung ist gut, wenn die Bedürfnisse des Kunden gemäß seinen Vorstellungen erfüllt werden; sie hat Mängel, wenn die Bedürfnisse nicht erfüllt werden.
- Die **relative Qualität** bestimmt den Marktwert und wird durch Vergleich ermittelt.

Hilfsmittel zur Qualitätsbeurteilung sind (auch im Sinne des Preis-Leistungs-Verhältnisses) Gütezeichen (z. B. QM-Zertifikat), Verbandszeichen (z. B. BDWS, VSW) u. Ä.

Die Qualität einer Dienstleistung wird vornehmlich durch das eingesetzte **Personal** und das verwendete **Material** beeinflusst. Personal und Material bilden Kenngrößen für den Maßstab, an dem der Kunde (d. h. der Auftraggeber für die Dienstleistung) seine Bewertung der Auftragserfüllung festmachen kann. Einen Überblick hierzu gibt die DIN 77200-3:2017-11 „Sicherheitsdienstleistungen – Teil 3: Zertifizierungsverfahren zur Konformitätsbewertung von Sicherheitsdienstleistungen nach DIN 77200-1".

Hinweis

Eine Schutz- und Sicherheitskraft, als Kenngröße der Qualität, muss aus diesem Grund die Fähigkeit besitzen, orientiert an den Interessen, Rollen und Funktionen aller Beteiligten zu handeln, d. h., sie muss qualitäts- und serviceorientiert die übertragenen Tätigkeiten ausführen.

13.1 Qualitätsorientierter Sicherheitsservice

Im Dienstleistungsbereich ist Qualität technisch nur bedingt messbar, denn die Ware „Dienstleistung“ ist keine körperliche Sache, sondern ein darstellbarer Vorgang. Eine objektive Qualität ist somit nur mittelbar beschreibbar. Jedoch kann die subjektive Qualität mit konkreten Verfahren erfassbar gemacht werden.

13.1.1 Kundenerwartungen und -profile

Allgemein ist ein **Kunde** eine Person, die einmalig oder regelmäßig eine Ware kauft oder eine Dienstleistung in Anspruch nimmt. Für Bewachungsunternehmen, deren Angebotspalette nicht aus körperlichen Sachen (Waren), sondern aus Dienstleistungen für Schutz- und Sicherheit besteht, gibt es **zwei verschiedene Kundenarten**. Die Kundenarten unterscheiden sich durch ihre rechtliche Beziehung zur Schutz- und Sicherheitskraft (z.B. Garantenstellung).

Hinweis

Die nachfolgend angewendeten Vereinfachungen zur Charakterisierung von Personen sollen zum besseren Grundverständnis der möglichen Strukturen beitragen. In der Realität liegen keine derart eindeutigen und einfachen Strukturen bei einer Person vor. Die Strukturen sind deutlich unschärfer und können im betrachteten Einzelfall in Abhängigkeit von den jeweiligen Randbedingungen der vorherrschenden Situation auch stark variieren oder verknüpft sein.

13.1.1.1 Auftragsbezogene Kunden

Sucht jemand einen Buchladen auf, um ein Buch zu erwerben, ist er ein Käufer und steht in unmittelbarer rechtlicher Beziehung zu dem Verkäufer. Durch diese unmittelbare rechtliche Beziehung wird der Kauf des Buches möglich gemacht; das Verhältnis zwischen beiden Geschäftspartnern wird durch den Kaufvertrag (§ 433 BGB) bestimmt.

Im Bewachungsgewerbe ist der **auftragsbezogene Kunde** der Auftraggeber für die Bewachungsaufgabe. Das rechtliche Verhältnis zwischen dem Kunden und dem Bewachungsunternehmen wird durch einen **Dienstleistungs- oder Werkvertrag** geregelt.

Da die Schutz- und Sicherheitskraft im Regelfall nicht in der Akquisition oder in der geschäftsführenden Verantwortung tätig ist, ist dieser Kundentyp für die tägliche Arbeit nicht von vorrangiger Bedeutung. Doch ist die generelle Kenntnis über den auftragsbezogenen Kunden für das allgemeine Verständnis der Arbeit wichtig, da die Interessen und Erwartungen dieser Kundengruppen für die tägliche Arbeit bedeutsam sind.

Der **auftragsbezogene Kunde** hat Tätigkeitsfelder in seinem Verantwortungsbereich festgestellt, die er als nicht zum Kerngeschäft seines Unternehmens gehörend bezeichnet oder für die ihm die Fachkompetenz fehlt. Da diese Tätigkeitsfelder nicht ersatzlos gestrichen werden können, möchte er sie an ein Bewachungsunternehmen übertragen.

Der auftragsbezogene Kunde kann nach Haeske (2004) vereinfacht in **vier Kundengruppen** eingeteilt werden (in der nachfolgenden Abbildung 1 ist horizontal die Bindung zwischen dem auftragsbezogenen Kunden und dem Bewachungsunternehmen von ungebunden bis verbindlich, vertikal die Erwartung des auftragsbezogenen Kunden von genügsam bis anspruchsvoll aufgetragen).

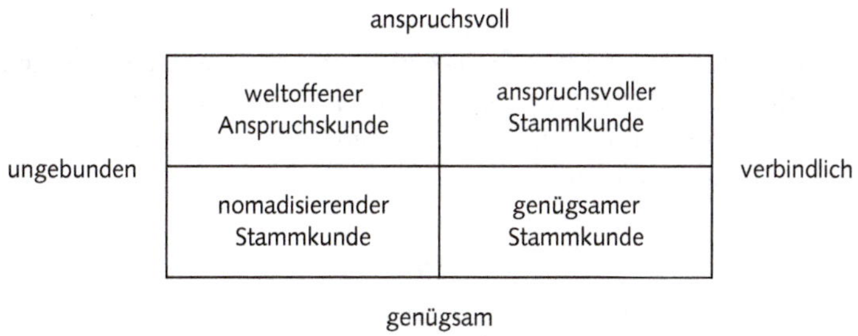

	anspruchsvoll		
ungebunden	weltoffener Anspruchskunde	anspruchsvoller Stammkunde	verbindlich
	nomadisierender Stammkunde	genügsamer Stammkunde	
	genügsam		

Abbildung 1: Übersicht Kundengruppen [Haeske 2004].

Die einzelnen Kundengruppen können wie folgt beschrieben werden:

- Der **anspruchsvolle Stammkunde** verfügt über ein Bedürfnis für die Erfüllung einer Dienstleistung und stellt präzise Anforderungen an das beauftragte Bewachungsunternehmen. Werden seine präzisen Wünsche erfüllt, geht auch der nächste Auftrag ohne weitere Überlegung oder Begründung an das gleiche Bewachungsunternehmen.
- Der **weltoffene Anspruchskunde** besitzt das Bedürfnis für die Erfüllung einer Dienstleistung und stellt präzise und hohe Anforderungen an das beauftragte Bewachungsunternehmen. Nur wenn seine präzisen und hohen Wünsche erfüllt werden, kann auch der nächste Auftrag an das gleiche Bewachungsunternehmen gehen.
- Der **nomadisierende Kunde** besitzt ein Bedürfnis für die Erfüllung einer Dienstleistung, aber er hat keine dauerhafte Bindung an das beauftragte Bewachungsunternehmen. Der nächste Auftrag kann ohne weitere Überlegung oder Begründung an ein Konkurrenzunternehmen gehen.
- Der **genügsame Stammkunde** hat ein Bedürfnis für die Erfüllung einer Dienstleistung und es gibt für ihn keine unabdingbaren Forderungen an die Dienstleistung. Es fällt ihm leicht, sich an das erfolgte Angebot anzupassen. Da er mögliche Risiken scheut, geht auch der nächste Auftrag ohne weitere Überlegung oder Begründung wieder an das gleiche Bewachungsunternehmen.

Die Entscheidung, Schutz- und Sicherheitsaufgaben nicht von irgendwelchen Personen, sondern von qualifizierten Schutz- und Sicherheitskräften ausführen zu lassen, erfolgte beim auftragsbezogenen Kunden mit Interessen, Erwartungen und Zielen.

Das **Interesse** des auftragsbezogenen Kunden richtet sich z. B. darauf, den Schutz von Personen, Immobilien, materiellen und immateriellen Vermögenswerten oder den Schutz vor materiellen und immateriellen Vermögensschäden, unberechtigtem Zutritt sowie vor Elementarschäden bestmöglich zu realisieren.

Die **Erwartungen** des auftragsbezogenen Kunden richten sich dabei darauf, dass vom Personal des beauftragten Bewachungsunternehmens die übertragenen Tätigkeiten im Sinne des auftragsbezogenen Kunden optimal ausgeführt werden.

Die **Ziele** des auftragsbezogenen Kunden sind z. B.:

- Personaleinsparungen beim Stammpersonal des Betriebes,
- Kosteneinsparungen,
- qualitätsorientierte Ausführung,
- Fixierung auf das Kerngeschäft des Betriebes.

13.1.1.2 Aufgabenbezogene Kunden

In der täglichen Arbeit der Schutz- und Sicherheitskraft spielt der **aufgabenbezogene Kunde** die wesentliche Rolle. Der aufgabenbezogene Kunde ist der unmittelbare Kunde des Auftraggebers für Dienstleistungen und steht damit in erster Linie in keiner rechtlichen Beziehung zum Sicherheitsdienstleister.

Beispiel

Ist die Schutz- und Sicherheitskraft über ein Bewachungsunternehmen im Einlassbereich einer Veranstaltung eingesetzt, dann ist der verantwortliche Veranstalter ein auftragsbezogener Kunde und der Veranstaltungsbesucher ein aufgabenbezogener Kunde.

Der **aufgabenbezogene Kunde** ist entweder eine Person aus dem unmittelbaren Bereich des auftragsbezogenen Kunden, also der Auftraggeber oder ein Mitarbeiter, oder er ist eine Person, die in geschäftlicher Verbindung zum auftragsbezogenen Kunden steht, also ein Besucher oder Angehöriger einer beauftragten Fremdfirma.

Der aufgabenbezogene Kunde kann nach Haeske (2004) vereinfacht in vier **Kundentypen** eingeteilt werden (in der nachfolgenden Abbildung 2 ist horizontal das Umgangsverhalten des aufgabenbezogenen Kunden von indirekt bis direkt und vertikal die Emotionalität des auftragsbezogenen Kunden von reserviert bis offen aufgetragen).

Die einzelnen Kundentypen können wie folgt beschrieben werden:

- Der **Beziehungstyp** besitzt einen offenen emotionalen Ausdruck und ausgeprägte Indirektheit. Er meidet Konflikte und direkte Konfrontation, wodurch er liebenswert und schüchtern wirkt. Veränderungen sind nicht seine Sache, da er Stabilität sucht und Risiken meidet. Beziehungen mit Harmonie sind ihm wichtig.
- Der **Unterhalter** besitzt einen offenen emotionalen Ausdruck und ausgeprägte Direktheit. Er ist an Kontakten interessiert, redet gern und möchte am liebsten im Mittelpunkt stehen. Er will begeistern und begeistert werden, wobei ihn impulsives, spontanes Verhalten kennzeichnet.
- Der **Buchhalter** besitzt einen reservierten emotionalen Ausdruck und ausgeprägte Indirektheit. Er ist selbstbeherrscht und vorsichtig, wobei er auch teilweise steif wirkt. Statt Emotionen gelten für ihn Analysen und Fakten. Klarheit, Ordnung und Ruhe für Entscheidungen sind ihm besonders wichtig.

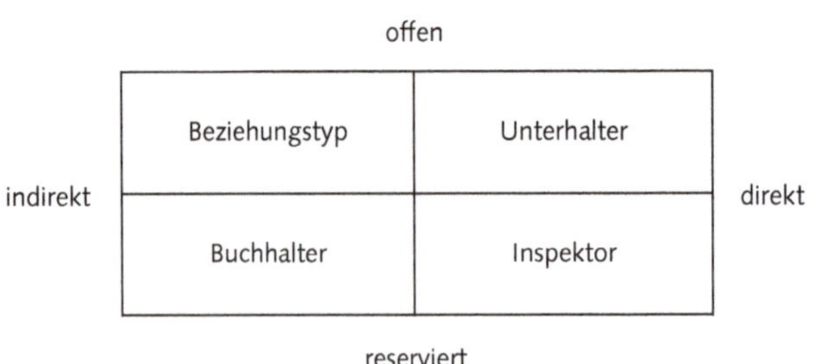

Abbildung 2: Übersicht Kundentypen [Haeske 2004].

- Der **Inspektor** besitzt einen reservierten emotionalen Ausdruck und ausgeprägte Direktheit. Er ist selbstbewusst, entscheidungsfreudig und risikobereit, wobei er auch teilweise ungeduldig und in Eile wirkt. Für ihn gelten klare, harte Fakten und keine Gefühlsduselei.

Das **Interesse** des aufgabenbezogenen Kunden richtet sich darauf, dass er möglichst schnell und unkompliziert an sein Ziel gelangt; dieses Ziel ist z. B. bei einem Besucher einer Veranstaltung sein Sitzplatz, beim Besucher einer Firma der Besucherempfänger, beim Angehörigen einer beauftragten Fremdfirma die Baustelle.

Der Umgang mit dem Kunden, und hier ist es unabhängig, ob es der auftragsbezogene oder der aufgabenbezogene Kunde ist, wird ganz überwiegend geprägt durch die **Kommunikation**, die zwischen dem Kunden und der Schutz- und Sicherheitskraft stattfindet.

Beachte

Die allgemeinen Kommunikationsregeln (s. Kapitel 11 und 12) sind dabei sowohl in der Alltagsroutine als auch in den davon abweichenden besonderen Situationen (Konflikt, Beschwerde) anzuwenden. Höflichkeit und Sachlichkeit sind die Leitlinien der Kommunikation.

Zu Beginn der Kommunikation ist der Kunde durch die Schutz- und Sicherheitskraft zu **begrüßen**. Ist die Funktion der Schutz- und Sicherheitskraft nicht unmittelbar zu erkennen, sollte sie sich mit ihrer Funktion und eventuell auch mit ihrem Namen vorstellen. Ob der Name des Kunden zum persönlichen Ansprechen erfragt wird, hängt von der jeweiligen Situation ab.

Nun folgt der **Gesprächsanlass**. Auch hier hängt es von der Situation ab, ob Begründungen für das Handeln der Schutz- und Sicherheitskraft gegeben werden oder nicht. Je transparenter und einsichtiger der ablaufende Kommunikationsprozess für die beteiligten Personen ist, desto effektiver und harmonischer verläuft er. Das Ende dieses Kommunikationsabschnittes sollte eine **Zusammenfassung** mit dem Hinweis auf weitere Folgen sein, eventuell gekoppelt mit einer Verständnisnachfrage.

Den Abschluss des Gespräches sollte ein **Dank** an den Gesprächspartner für das harmonische Gespräch mit einer Verabschiedung bilden.

Während der gesamten Kommunikation ist die Persönlichkeit des Gesprächspartners zu beachten und zu achten. Dies heißt allerdings nicht, dass unendliche Redeschleifen akzeptiert werden müssen. Ein verbindlicher, korrekter Hinweis auf schon mehrmals wiederholte Textpassagen, deren weitere Wiederholung unnötig ist, kann vorgebracht werden.

Hinweis

Ergibt sich die Kommunikation aus einem **Konflikt** heraus, gelten die bereits genannten Gesprächsregeln. Zu beachten ist hierbei jedoch, dass eine harmonische Lösung nicht unbedingt erzielt werden kann (s. Kapitel 11.4). Wenn die vorgegebenen Randbedingungen, die zu diesem Konflikt geführt haben, keinerlei Spielraum für akzeptablere Entscheidungen zulassen, muss die Schutz- und Sicherheitskraft in der Sache eindeutig und verbindlich bleiben.

Ist der Anlass für die Kommunikation eine **Beschwerde** des Kunden, gelten wieder die genannten Gesprächsregeln. Zu beachten ist hierbei jedoch, dass unbedingt auf den Beweggrund der vorgebrachten Beschwerden einzugehen ist. Eine Beschwerde kann durchaus einen für weitere Betrachtungen notwendigen Hintergrund besitzen, der von nicht unwesentlicher Bedeutung ist. Die Schutz- und Sicherheitskraft sollte bei einer Beschwerde dem Kunden Verständnis signalisieren und auf **mögliche Lösungs- oder Abhilfemöglichkeiten** hinweisen.

13.1.2 Qualitätsmaßstäbe der Sicherungstätigkeit

13.1.2.1 Sicherheitsservice

Der **Sicherheitsservice** ist integraler Bestandteil der Sicherheitsdienstleistungen. Er ist eine Größe, die jeweils auf die Betrachtung im Einzelfall anzuwenden ist. Da ein Dienstleitungsunternehmen in seiner Angebotspalette in der Regel ein Dienstleistungsspektrum hat, das mehr Servicebausteine beinhaltet, als im betrachteten Einzelfall beauftragt wurden.

Aus der Sicht des auftragsbezogenen Kunden muss dieser Sicherheitsservice die Kenngröße **Wertschöpfung** positiv beeinflussen. Die Wertschöpfung für seinen Betrieb ergibt sich aus dem erzielten Umsatz minus den insgesamt zu tragenden Kosten. In diesem Zusammenhang entstehen gewöhnlich **drei Faktoren** für die Beeinflussung des Wertschöpfungsprozesses:

1. Sobald also der Sicherheitsservice zur **Entlastung** der insgesamt zu tragenden Kosten beiträgt, wird Sicherheitsservice zu einem Faktor, der zum erhöhten Gewinn beiträgt.
2. Jeder Sicherheitsservice, der den **Prämienbeitrag** der notwendigen Versicherungen reduzieren hilft, trägt so zur positiven Wertschöpfung bei.
3. Kann ein Sicherheitsservice neben den Schutz- und Sicherheitsaufgaben noch gleichzeitig **Nebenaufgaben** erledigen, die hoch bezahltes eigenes Personal entlasten, beginnt sich die Vergabe an ein Bewachungsunternehmen für ein Unternehmen zu rechnen.

Funktionieren kann dies natürlich nur, wenn die eingesetzte Schutz- und Sicherheitskraft sich in ihrem beruflichen Selbstverständnis dieser Rolle und ihrer dahinterstehenden Funktion bewusst ist. Nicht der engstirnige „Dienst nach Vorschrift“ ist hier gefragt, sondern eine eigenverantwortliche, umsichtige und kreative Ausführung der Aufgaben. Bei einer solchen Dienstauffassung werden auch die vom auftragsbezogenen Kunden gestellten Erwartungen erfüllt. Damit wird zugleich ein Beitrag zur Corporate Identity des auftraggebenden Unternehmens geleistet. Personal und Ausführung des beauftragten Bewachungsunternehmens fügen sich so harmonisch und stufenlos in das Gesamtbild des auftraggebenden Unternehmens ein.

13.1.2.2 Arbeitsgrundlagen

Damit der Dienstleistungsauftrag optimal erfüllt werden kann, müssen die **Arbeitsgrundlagen** für die Schutz- und Sicherheitskraft den Erfordernissen der Dienstausführung entsprechen. Der Schutz- und Sicherheitskraft müssen durch **Dienst- oder Arbeitsanweisungen** die auszuführenden Tätigkeiten eindeutig vorgegeben und beschrieben werden (siehe hierzu auch die Kapitel 5.2.1.3 und 5.2.1.4). Dabei ist auch zu beachten, dass für die (eigenverantwortlichen) Tätigkeiten der notwendige Rahmen zur Ausführung aufgezeigt wird. Dazu fordert die DGUV-Vorschrift 23 in § 9 eine umfangreiche **Objekteinweisung**.

Sollen z.B. die in einem Gebäude liegenden Räumlichkeiten nach dem regulären Dienstschluss des Unternehmens kontrolliert werden, so ist diese Aufgabe eindeutig zu formulieren. Es ist festzuschreiben,

- was zu kontrollieren ist (eine Kontrolle kann die Überprüfung von Personen, Zuständen oder Materialien umfassen),
- worin das Ziel der Kontrolle besteht,
- was zu tun ist, wenn es zu sicherheitsrelevanten Feststellungen kommt (sicherheitsrelevante Ereignisse sind Ereignisse, die dem Ziel der Kontrolle unterliegen; für die zu erstellende Meldung sind der Übermittlungsweg und der Empfänger zu definieren).

Sind bei den durchzuführenden Kontrollen betriebsinterne Anweisungen oder bestehende Betriebsvereinbarungen zu beachten, müssen in der **Dienstanweisung** diesbezügliche Hinweise gegeben werden, durch Zitat der Quellenangabe und auszugsweise notwendige Quellentexte.

Gleiches gilt für gesetzliche Regelungen, die in den zu kontrollierenden Bereichen gültig sind. Dies können einerseits Unfallverhütungsvorschriften oder Gefahrstoffverordnungen sein, aber auch gesetzliche Richtlinien, wie sie in der Flugsicherung oder in der Sicherung kerntechnischer Anlagen existieren.

Hinweis

Die erste Version einer Dienstanweisung sollte im engen Informationsaustausch zwischen dem auftragsbezogenen Kunden und dem zuständigen Verantwortlichen des Bewachungsunternehmens erfolgen. Den an der Herstellung dieser Dienstanweisung Beteiligten muss dabei klar sein, dass diese erste Version eine Arbeitsgrundlage darstellt, die möglichst exakt und umfassend die erforderlichen Tätigkeiten beschreibt und festlegt.

In der täglichen Praxis muss sich diese Dienstanweisung dann bewähren, wobei erkannte Mängel von der Schutz- und Sicherheitskraft unverzüglich zu dokumentieren sind und den Herausgebern für eine notwendige Revision zu Kenntnis gelangen müssen. Auf diesem Weg wird eine Dienstanweisung zu einer praktikablen und erfüllbaren Vorgabe für die auszuführenden Tätigkeiten.

13.1.2.3 Qualitätsmanagement (QM)

Zur **Sicherung der Qualität** sind in den letzten Jahren die Qualitätssicherungsnormen **EN ISO 9000 ff.** festgelegt worden. Hierbei wird das QM als Organisationssystem verwendet, damit sichergestellt werden kann, dass unter anderem auch Dienstleistungen mit Hilfe der Normvorgaben Qualität sichern. Darüber hinaus ermöglicht das System auch den Aufbau einer Vertrauensbasis zwischen dem auftragsbezogenen Kunden und dem beauftragten Bewachungsunternehmen.

Federführend für die Erstellung und Pflege eines QM ist die Geschäftsführung des Bewachungsunternehmens. Der **Nutzen**, der aus der Einführung eines QM für ein Bewachungsunternehmen gezogen werden kann, ist nach Glavic (1995):

- Sicherstellung einer marktgerechten Qualität,
- Senken der Kosten durch Vermeidung von Fehlern,

- Verbesserung der Nachweisführung bei Regressforderungen oder Regressansprüchen,
- Beseitigung von organisatorischen Schwachstellen,
- Erhalt und Verbesserung der Wettbewerbsfähigkeit,
- verbesserte Zusammenarbeit mit Kunden.

Das **Ziel** eines QM für ein Bewachungsunternehmen ist dabei unter anderem:

- Reduzierung der Fehlerkosten (z. B. Bearbeitung von Reklamationen),
- präventive Fehlerverhütung (z. B. frühzeitige Erkennung und Vermeidung von Fehlern durch Schulung der Mitarbeiter),
- geeignete und terminoptimierte Bereitstellung von Personal und Material für Aufträge.

Eine zentrale Funktion besitzt das **QM-Handbuch** (QMH), in dem die gesamten Prozessabläufe mit ihren Regeln und Zuständigkeiten dokumentiert sind. Das QM-System beschreibt die Prozessabläufe für die Gestaltung der Dienstleistungen und sichert somit die Qualität.

Überwacht wird das QM durch interne und externe **Audits**. Bei der Durchführung eines Audits werden die Prozesse auf ihre Schlüssigkeit bezüglich der vorgegebenen und im QMH beschriebenen Standards und Verfahren begutachtet. Das Ergebnis eines Audits wird durch eine Zertifizierung belegt.

Da das QMH durch den Zertifizierungsinhaber öffentlich zugänglich gemacht werden muss, kann ein auftragsbezogener Kunde jederzeit die qualitätsfördernden und qualitätsdefinierenden Maßnahmen einsehen und selbstständig bewerten. Durch das formale Verfahren der Beschreibung der durchzuführenden Arbeitsprozesse kann eine optimale Steuerung derselben erfolgen. Diese Steuerung wird als **kontinuierlicher Verbesserungsprozess** (KVP) bezeichnet. Beim KVP werden aufgetretene Fehler oder Mängel beschrieben, analysiert, bewertet und im Ergebnis prozessoptimierend umgesetzt.

Merke

Zum allgemeinen Sicherheitsservice sollten zumutbare Behebungen von Schäden oder Absicherungen von Schadenstellen gehören.
In der gültigen Dienstanweisung sollten diese zumutbaren Tätigkeiten neben den allgemeinen Kontroll- und Meldeaufgaben beschrieben sein.
Im QMH ist festzulegen, dass erkannte Defizite über den KVP behoben werden.

Qualitätssicherung muss vor allem aber im **täglichen Dienst** durch das **Sicherheitspersonal** verantwortungsvoll in die Praxis umgesetzt werden.

Beispiel

Die Schutz- und Sicherheitskraft hat den Auftrag, Zustandskontrollen in vorgegebenen Geschäftsräumen durchzuführen. Schutzziel des Kontrollauftrages ist die Sicherstellung, dass die Geschäftsräume ordnungsgemäß verschlossen und die Energie- und Wasserversorgung bedarfsgerecht eingestellt ist (z. B. die Raumbeleuchtung ist aus, kein Wasser läuft, Heizkörper sind entsprechend der Jahreszeit temperiert).

Beispiel (Fortsetzung)

Beim Kontrollgang findet die Schutz- und Sicherheitskraft die Geschäftsräume ordnungsgemäß unbeleuchtet vor. In der Toilettenanlage ist jedoch in einer Toilettenkabine die laufende Spülung zu hören (Schutzzielverletzung und damit ein sicherheitsrelevantes Ereignis).
Nun sollte die Schutz- und Sicherheitskraft zuerst prüfen, ob ein technischer Defekt oder ein manipulierter Vorgang (Sabotage) vorliegt. Nach dieser optischen Überprüfung ist die nächste Maßnahme, den unkontrollierten Wasserlauf zu stoppen.
Ist dies mit einfachen, der Schutz- und Sicherheitskraft zumutbaren Methoden nicht möglich, da ein größerer technischer Defekt vorliegt, ist unverzüglich eine Meldung zur weiteren Hilfeleistung abzusetzen.
Konnte der Schaden jedoch mit einer einfachen Methode behoben werden, genügt die notwendige Meldung zum Abschluss der Kontrolle oder bei Rückkehr in die Zentrale.

13.2 Spannungsfelder der Sicherheits- und Servicetätigkeit

Im **Verhältnis** zwischen **Sicherheits- und Servicetätigkeit** kann es zu unterschiedlichen Betrachtungsweisen mit mehreren Lösungsmöglichkeiten kommen. Dieser Unterschied wird, in Anlehnung an die Elektrotechnik, als **Spannungsfeld** bezeichnet. In der Elektrotechnik ist ein Spannungsfeld ein Bereich mit unterschiedlichen, gegensätzlichen Kräften, die aufeinander einwirken, sich gegenseitig beeinflussen und auf diese Weise einen Zustand hervorrufen, der „mit Spannung geladen" zu sein scheint.

Spannungsfelder gehören zum regulären Alltag des Menschen. Spannungsfelder entstehen, wenn in der vorliegenden Situation unterschiedliche, gegensätzliche Interessen, Motive oder Verhaltenstendenzen vorliegen. Der Mensch muss sich dann mit diesen Differenzen auseinandersetzen. Er muss das vorliegende Spannungsfeld analysieren, bewerten und abschließend eine Entscheidung treffen. Kommt es dabei zusätzlich noch dazu, dass sich die vorliegenden Interessen, Motive oder Verhaltenstendenzen gegenseitig ausschließen, liegt ein Konflikt vor (s. Kapitel 11.4).

Hinweis

Ein Spannungsfeld kann die Vorstufe zu einem Konflikt sein; das Spannungsfeld muss aber nicht zwangsläufig in einem solchen enden. Vermieden werden können Spannungsfelder nicht, sie können aber durchaus für alle beteiligten Interessen möglichst zufriedenstellend ausgeglichen werden.

Ist das Spannungsfeld aus dem Vorliegen eines breit gefächerten Angebotes möglicher Lösungen entstanden, die alle in die gleiche Richtung streben, sind zur Entspannung nur die „Wogen zu glätten". Ziehen die Lösungen aber alle am gleichen Strang, jedoch in unterschiedliche Richtungen, ist ein Konflikt zu lösen.

13.2.1 Persönlichkeitsorientierte Spannungsfelder

Persönlichkeitsorientierte Spannungsfelder sind Spannungsfelder, die aufgrund unterschiedlicher aktueller Eigenschaften bei einer Person entstehen. Bei der Person treffen dabei gegensätzliche Interessen, Motive oder Verhaltenstendenzen aufeinander. So ist jeder Disput, Dissens oder Streit, den eine Person mit einem Gegenüber führt, Ausdruck eines persönlichkeitsorientierten Spannungsfeldes. Im Ergebnis eines solchen Spannungsfeldes kommt es u.U. zu Fehlverhalten oder Fehlreaktionen. Im sprachlichen Umgang wird dazu der Ausdruck „die Person hat sich **unter Druck** gesetzt" verwendet.

Beispiele

1. Die weibliche Schutz- und Sicherheitskraft hat den Auftrag, die Sicherung von Kunstgegenständen in einem Museumsraum zu gewährleisten und den Besuchern für auftauchende Fragen zur Verfügung zu stehen. Als sie den Raumzugang beobachtet, erkennt sie, dass ihr ehemaliger Lebensgefährte, von dem sie sich vor sechs Monaten getrennt hat, den Raum betritt. Hier kommt es **bei der Schutz- und Sicherheitskraft** zu einem persönlichkeitsorientierten Spannungsfeld.
2. Die Schutz- und Sicherheitskraft ist an der Besucheranmeldung eines Betriebes tätig. Ein Vertreter erscheint, um beim Einkauf vorstellig zu werden. Der Vertreter ist unter Zeitverzug, da es bei der Anreise zu massiven Verkehrsbehinderungen kam. Als er der Schutz- und Sicherheitskraft seinen Personalausweis zur Identifikation vorlegen will, stellt er fest, dass dieses Dokument anscheinend noch im Auto liegt. Hier kommt es **beim Vertreter** zu einem persönlichkeitsorientierten Spannungsfeld.
3. Wie im vorherigen Beispiel ist die Schutz- und Sicherheitskraft an der Besucheranmeldung eines Betriebes tätig. Schon mehrmals wurde sie an diesem Tag von Personen angesprochen, die ihr durch aggressives und ungeduldiges Verhalten Probleme bereitet haben. Nun erscheint wieder ein Vertreter, der unter Zeitzwang steht, um beim Einkauf vorstellig zu werden. Als er der Schutz- und Sicherheitskraft seinen Personalausweis zur Identifikation vorlegen will, stellt er fest, dass er dieses Dokument nicht vor Ort hat. Hier kommt **bei beiden Beteiligten** jeweils ein eigenes persönlichkeitsorientiertes Spannungsfeld vor. Die Sicherheitskraft ist nunmehr selbst „betroffen", da sie vorher schon mehrfach negative Erlebnisse hatte.

Die Schutz- und Sicherheitskraft muss sich bei ihrer Tätigkeit stets gegenwärtig sein, dass persönlichkeitsorientierte Spannungsfelder vorliegen können. Dass diese auch seitens der Schutz- und Sicherheitskraft erkannt werden, ist für den weiteren Verlauf des Kundenkontaktes von Bedeutung.

Die Beobachtung der Reaktionen des Kunden als auch die Bewertung eigener Handlungen erleichtern die Analyse und somit die mögliche Auflösung der existierenden Spannungsfelder.

Für die Schutz- und Sicherheitskraft ist es wichtig, möglichst **frühzeitig** den Ansatz zu Spannungsfeldern zu erkennen und konstruktiv zu deren Abbau beizutragen. Auch hier ist eine offene, freundliche Kommunikation in Verbindung mit den bekannten Deeskalationstechniken für die **Entschärfung von Konflikten** ein angebrachtes Mittel zum Abbau der Spannungsfelder (s. Kapitel 11 und 12).

Hinweis

Jede Zusammenarbeit mit Auftraggebern, Vorgesetzten, Mitarbeitern oder Besuchern hat grundsätzlich mehr oder weniger starke Spannungsfelder.
Spannungsfelder treten immer auf, wenn es zu Zielkonflikten bei der Durchführung der Tätigkeiten kommt, wobei die Ursachen des Konfliktfeldes nicht ursächlich in den Randbedingungen der Tätigkeit liegen, sondern in den Persönlichkeitsstrukturen der Beteiligten. Problem ist dabei, dass die oft kleinen Ursachen zu „heißen" Diskussionen und echten, „unendlichen" Konflikten ausufern können.

Die Schutz- und Sicherheitskraft sollte allen Personen nach dem **Gleichbehandlungsgrundsatz** gegenübertreten. Egal ob die Person dem anderen Geschlecht angehört, jünger oder älter, sympathisch oder unangenehm ist, jedem sollte die gleiche Aufmerksamkeit und Hilfsbereitschaft sowie gleiches Wohlwollen entgegengebracht werden.

Bei der Lösung eines Spannungsfeldes sollte eine **Interessenabwägung** vorgenommen werden. Ebenfalls sollte die Lösung, die sich für das Spannungsfeld ergibt, auch unter dem Blickwinkel des Präzedenzfalles betrachtet werden (d.h. gibt es Auswirkungen, die in der Zukunft unliebsame Einschränkungen bei weiteren ähnlich gelagerten Entscheidungen vorgeben). Jeweils einzelfallbezogen ist auch zu prüfen, ob eine kulante Lösung möglich ist oder ob wirtschaftliche Erwägungen Zwangsbedingungen vorgeben.

Beispiel

Die Schutz- und Sicherheitskraft hat den Auftrag, die Fahrberechtigungen in der Straßenbahn zu kontrollieren. Als eine Frau, die sich angeregt mit einer weiteren Dame unterhält, um den Fahrschein gebeten wird, legt sie eine Mehrfach-Fahrtenkarte vor, die in einem Abschnitt doppelt entwertet wurde, wobei die Entwertungen von verschiedenen Tagen sind. Auf Nachfrage kommt seitens der Frau die Antwort: „Das kann nicht sein, ich habe doch ordentlich entwertet, meine Nachbarin kann dies bestätigen."
Für die Schutz- und Sicherheitskraft ergibt sich das Spannungsfeld „Aussage der Frau wahr oder unwahr". Unter Abwägung der Interessen auf der einen Seite („Erheben eines zusätzlichen Beförderungsentgelts aufgrund unkorrekter Entwertung des Fahrscheines") sowie auf der anderen Seite („fahrlässiges und unkorrektes, aber erfolgtes Entwerten eines Fahrscheines") mit den weiteren Faktoren Kundenverärgerung oder Kundenzufriedenheit, ist eine den vorliegenden Interessen angepasste Lösung zu wählen.
Vor Gericht heißt es in solchen Fällen „In dubio pro reo iudicandum est" (Im Zweifel ist zu Gunsten des Angeklagten zu entscheiden), im Handel können solche Problemfälle durch kulante Maßnahmen entschieden werden.
Im geschilderten Fall kann nun eine mögliche ansprechende Lösung darin bestehen, dass die Schutz- und Sicherheitskraft, unter dem Hinweis der versehentlichen falschen Entwertung seitens der Frau, ein nachträgliche korrekte Entwertung anbietet.
Abschließend sollte dieser Vorfall, einschließlich der getroffenen Maßnahmen, bei einem Teamgespräch behandelt werden. Einerseits als Erweiterung des Erfahrungsschatzes für die Kollegen, anderseits zur Erörterung möglicher einengender, aber nicht erkannter Randbedingungen, bedingt durch Vorgaben seitens des Auftraggebers.

13.2.2 Aufgabenorientierte Spannungsfelder

Bei **aufgabenorientierten Spannungsfeldern** handelt es sich um Differenzen aus gegensätzlichen Vorgaben, die sich aus den unterschiedlichsten Bereichen für die zu bearbeitende Aufgabe ergeben. Am bekanntesten ist das aufgabenorientierte Spannungsfeld, das zwischen den Sicherheitsmaßnahmen des Brandschutzes und den Sicherungsmaßnahmen des Diebstahlschutzes entsteht.

Während die Sicherheitsmaßnahmen des **Brandschutzes** freie Flucht- und Rettungswege erforderlich machen, verlangen die Sicherungsmaßnahmen des **Diebstahlschutzes** geschlossene und beschränkt zugängliche Zu- und Abgänge. Jeweils für den vorliegenden Einzelfall ist hier abzuwägen, welche Maßnahme unter welchen Randbedingungen sinnvoll, vertretbar und machbar ist. Dabei sieht eine Lösung für einen stark begangenen Bereich, wie es ein Museumssaal ist, ganz anders aus als im Falle einer Lagerhalle mit geringer Personenbewegung. Auf jeden Fall muss die Lösung den Forderungen der gesetzlichen Regelwerke als auch akzeptierbaren und durchführbaren Handlungs- oder Arbeitsabläufen entsprechen.

In Bezug auf den **Personenkontakt** entstehen aufgabenorientierte Spannungsfelder durch die Vorgabe von Sicherheitsbestimmungen. Diese Sicherheitsbestimmungen basieren auf gesetzlichen Grundlagen (z. B. Arbeitsstättenverordnung, Arbeitszeitgesetz und Mutterschutzgesetz) oder sie sind ergänzende Regelwerke (z. B. Unfallverhütungsvorschriften).

Die Sicherheitskraft trifft auf das aufgabenorientierte Spannungsfeld im täglichen Dienst, wenn sie bei Kontrollen **Verstöße** gegen bestehende Sicherheitsbestimmungen **durch Dritte** feststellt. Die Lösung eines solchen aufgabenorientierten Spannungsfeldes besteht dann darin, über eine Belehrung den Dritten auf sein fehlerhaftes und unfallträchtiges Verhalten hinzuweisen. Bei dieser Belehrung ist zu beachten, dass sie auch zu einem einsichtigen Verhalten bei der belehrten Person führt.

Beispiel

Die Schutz- und Sicherheitskraft hat den Auftrag, im Rahmen der allgemeinen Streifentätigkeit in einem petrochemischen Betrieb auch die **Einhaltung** der **Unfallverhütungsvorschriften** zu kontrollieren. Auf dem Streifengang wird eine Person angetroffen, die den Schutzhelm nicht auf dem Kopf trägt, sondern am Hosengürtel befestigt hat. Auf Ansprache durch die Schutz- und Sicherheitskraft erklärt der Betroffene: „Bedingt durch die heißen Sommertemperaturen schwitze ich extrem am Kopf und bekomme einen Hautausschlag. Außerdem fällt hier sowieso nichts vom Himmel, die nächsten höheren Bauwerke sind ja weit weg." Die Schutz- und Sicherheitskraft sollte, in der Reaktion auf diese Antwort, Verständnis für das vorliegende Problem – den unangenehmen Hautausschlag bei starker Schweißaussonderung – zeigen, jedoch auch, unter Hinweis auf eine Lösungssuche in Zusammenarbeit mit der zuständigen Fachkraft für Arbeitssicherheit, sehr deutlich die möglichen Gefahren aufzeigen, die durch die Missachtung der Tragpflicht des Schutzhelmes vorhanden sind.

Die Einhaltung der **allgemeinen Gesprächsregeln** ist unbedingt zu beachten, wobei gleichzeitig Wert darauf gelegt werden muss, dass die Belehrung **nicht** zu einer schulmeisterlichen Rüge auswächst (s. Kapitel 11 und 12). Die Verwendung einer verständlichen Sprache mit kurzen klaren Hauptsätzen ohne unverbindliche Verschachtelung, bei gleichzeitiger Darstellung möglicher Folgen unbedachter Handlungen, fördert die Akzeptanz und das Verständnis für die erfolgte Belehrung.

Im Einzelfall kann gestritten werden, ob ein persönlichkeitsorientiertes oder ein aufgabenorientiertes Spannungsfeld für die Schutz- und Sicherheitskraft vorliegt, da zwischen den beiden Spannungsfeldern fließende Übergänge bestehen, die eine eindeutige Klassifizierung nicht immer ermöglichen. Für die Lösung von persönlichkeitsorientierten oder aufgabenorientierten Spannungsfeldern ist dies aber nicht von großer Bedeutung, da die zu führende Kommunikation in beiden Fällen unter den gleichen Bedingungen erfolgen sollte. Ruhig und sachlich, jedoch auch Verständnis zeigend ist eine Behebung problemlos im Bereich des Möglichen.

13.3 Kooperation in Teams und mit anderen Kräften

„Die Klagen über meine Methoden häufen sich", lautet die Überschrift einer Kurzgeschichte von Martin Walser aus dem Jahr 1955. Hierin beschreibt Walser einen Pförtner und seine Tätigkeiten. Dabei fällt auch der Satz: „Der Pförtner hat keine Kollegen, er hat nur Vorgesetzte."

Die Schilderung der Gegebenheiten in der Kurzgeschichte ist zutreffend, aber aus heutiger Sicht nicht mehr zeitgemäß. Die Tätigkeiten im Bewachungsgewerbe werden nicht mehr von Einzelkämpfern auf einsamen Posten ausgeführt, sondern von **Teamplayern**, die mittelbar oder unmittelbar vernetzt zusammenarbeiten. Auch im Kontakt mit Kunden sollten seitens der Schutz- und Sicherheitskraft die Strukturen eines Teams beachtet werden.

13.3.1 Grundlagen der Teamarbeit und Lösen von Teamaufgaben

In der heutigen Arbeitswelt ist es der Sicherheitskraft nur sehr eingeschränkt möglich, ihre Aufgaben als Einzelperson (singulär) zu erledigen. Die Vernetzung im lokalen Bereich vor Ort und im Verbund mit dem weiteren Umfeld erfordert die Zusammenarbeit in Gruppen (Teams). Die Kompetenz der unterschiedlichsten Richtungen kann kooperativ genutzt werden.

Kompetenzen in einem Team

Ein Team arbeitet am effektivsten zusammen, wenn die **Kompetenzen** möglichst homogen in der Gruppe verteilt sind, wobei es bei der Einzelperson durchaus starkes Gefälle in den einzelnen Kompetenzen geben kann. Im Team mussvorhanden sein:

- **Fachkompetenz** entwickelt sich bei einer Person einerseits durch Lernen (theoretische Ausbildung) und andererseits durch Erfahrungen (praktische Ausbildung). Der Theoretiker weiß, warum es funktioniert, der Praktiker, wie es funktioniert.
- **Methodenkompetenz** ermöglicht die beste Umsetzung der erarbeiteten Lösungsmöglichkeiten zur Erreichung des Zieles, d.h., die verschiedenen möglichen Wege, die zum Ziel führen, sind bekannt.
- **Sozialkompetenz** bietet die Grundlage, mit den anderen Mitgliedern des Teams verständlich und umgänglich zu kommunizieren.

- **Selbstkompetenz** ist die Grundlage, sich seiner eigenen Grenzen bewusst zu sein. Die eigenen Stärken und die eigenen Schwächen werden hier ohne Wenn und Aber akzeptiert und ermöglichen es so, gegenüber Dritten Sicherheit und Vertrauen auszustrahlen.

Hinweis

Die aufgezählten Kompetenzen müssen nicht gleichmäßig besetzt sein, um eine Person als Persönlichkeit anzuerkennen. Es kann eine Kompetenz fast vollständig fehlen, ohne dass dies zu einem Imageverlust führt. Ausgeglichen wird dies durch die herausragende Kompetenz in einem anderen Bereich. Z.B. wird mangelhafte Sozialkompetenz bei einem sog. „Fachidioten" u.U. durch überragende Fachkompetenz ausgeglichen.

Zur Kooperation im Team ist es ebenfalls wichtig, die informellen und formellen Beziehungsnetzwerke zwischen den Beteiligten zu beachten. **Formelle Netzwerke** sind gut über Organigramme darstellbar, da hier die Strukturen und Verbindungen, beeinflusst durch die Hierarchien im betrachteten System, vorgegeben werden. **Informelle Netzwerke** ergeben sich aus näheren Betrachtungen der einzelnen Teammitglieder. Diese Netzwerke werden durch die emotionelle Verbindung zwischen den einzelnen Personen geprägt. Die Sympathie oder die Antipathie zum Gegenüber spielt dabei die beherrschende Rolle.

Im Team selbst sollten möglichst folgende vier Rollen besetzt sein, damit das Team auch erfolgreich arbeiten kann (Haeske 2005):

- Der **Sammler** ist der Versorger des Teams. Es bereitet ihm Freude, alles zu erkunden und zu sammeln, damit dem Team eine solide Grundbasis an notwendigem Wissen zur Verfügung steht. Seine Welt besteht aus den gesammelten und aufbereiteten Erfahrungen, aus allgemeinen Informationen, Fakten, Statistiken und Theorien. Er kennt die Quellen dazu oder besorgt die notwendigen weiteren Informationen.
- Der **Kreative** ist der Ideenmotor des Teams. Er nutzt sein träumerisches Talent, um sprühende Ideen zu entwickeln, und gibt dem Team die weiterführenden Impulse. Seine Welt besteht daraus, neue Szenarien oder alternative Vorgehensweisen zu entwickeln. Er kann sich von den alten Zöpfen leicht trennen, um phantasiereich ungewöhnliche Utopien anzubieten.
- Der **Macher** sorgt für das Ergebnis des Teams. Er verwendet seinen Realitätssinn, damit der Erfolg des Teams gewährleistet ist. Seine Welt ist die Wirklichkeit mit der Erstellung und Umsetzung der Pläne und Beschlüsse. Er behält den Überblick, drängt auf Ergebnisse und Vereinbarungen und entscheidet die Reihenfolge, von wem, wann und was zu erledigen ist. Neuerungen oder Veränderungen erzeugen bei ihm ungewünschten Stress, da sie den erforderlichen Fortgang der notwendigen Arbeiten nur verzögern.
- Der **Kontrolleur** ist die kritische Instanz des Teams. Seine persönliche Einstellung scheint vorrangig gegen jeden Vorschlag zu sein. Seine Welt ist das Infragestellen. Erst nach kritischer und gründlicher Durchleuchtung des vorliegenden Sachverhaltes kann er sich eine Zustimmung unter Vorbehalt abringen.

Teamleiter

Ein Team kann aber nur erfolgreich sein, wenn es einen adäquaten Teamleiter hat. Der **Teamleiter** ist das Verbindungsglied zwischen den einzelnen Teammitgliedern. Er muss die Koordination innerhalb und außerhalb des Teams im Auge behalten und dem Team Sicherheit und Vertrauen geben. Er muss den einzelnen Bedürfnissen, den egoistischen Bestrebungen und Tendenzen seiner Teammitglieder Beachtung schenken, jedoch ohne dabei die Zusammengehörigkeit und die notwendige Gemeinsamkeit des Teams über Gebühr zu vernachlässigen. Das durchaus notwendige „Ich" jedes Einzelnen muss zu einem gemeinsamem „Wir" aller entwickelt werden. Damit reifen dann bei allen Beteiligten die Erkenntnisse, dass es zu einem bestmöglichen „Es" kommt. Gleichzeitig hat dies den Effekt, dass in der Außenwirkung das Team geschlossen und effektiv auftritt und positive Resonanz erzeugt.

Der Teamleiter hat bei der Entwicklung vom „Ich" zum „Wir" in seinem Team die möglichen Konflikte stets im Auge zu behalten. Er muss im erkannten Einzelfall ausgleichend auf die Beteiligten einwirken, um den Erfolg der Gruppe nicht abgleiten zu lassen. Entgegen wirken kann der Teamleiter den möglichen Konflikten, indem er offen Konfliktfelder anspricht und emotionslos sowie wertungsfrei Kritik zulässt und kompetent bespricht.

Konflikte in einem Team

Der Grund für einen Konflikt in einem Team kann die unterschiedlichsten Ursachen haben. Mögliche Anlässe für einen Konflikt können sein:

- **Rangfragen** entstehen unabhängig von der einzelnen Arbeitsleistung und begründen sich z. B. in der Dauer der Betriebszugehörigkeit.
- **Leistungsunterschiede** sind persönlichkeitsorientierte Spannungsfelder, deren Ursache z. B. in der höheren Flexibilität oder Verständnisfähigkeit eines Einzelnen liegen.
- **Über- oder Unterforderungen** entstehen, wenn die Teammitglieder nicht ihrer möglichen Arbeitsleistung entsprechend eingesetzt und beansprucht werden.
- **Intoleranz** ist ein persönlichkeitsorientiertes Spannungsfeld, dessen Ursache z. B. in der fehlenden Akzeptanz für Personen, Verfahren oder Zustände eines Einzelnen liegt.
- **Führungsvakuum** ist ein persönlichkeitsorientiertes Spannungsfeld des Teamleiters, dessen Ursache z. B. in der fehlenden oder äußerst mangelhaften Sozialkompetenz und Selbstkompetenz liegen kann.
- **Informationsdefizite** entstehen, wenn die Teammitglieder nicht ihrem notwendigen Bedarf nach umfänglich informiert werden, sondern nur gefilterte und unverständlich gekürzte Informationen erhalten.
- **Externe Beeinflussungen** sind eigentlich regulär und beleben die Teamarbeit, aber gezielt zur Desinformation der Teammitglieder eingesetzt, kann die externe Beeinflussung den Teamerfolg massiv schädigen.

Die Methoden zur Erarbeitung des Teamergebnisses hängen dabei von der Aufgabenstellung und dem Fachwissen der Teammitglieder ab. Es bieten sich u. a. folgende **Methoden** an:

1. **Diskussion**
   Ist das Fachwissen der Teammitglieder vorhanden, aber mit unterschiedlichsten Erfahrungswerten geprägt, führt die Diskussion des Themas zwischen den Beteiligten am fruchtbarsten zu einem Ergebnis.
2. **Brain-Storming**
   Das ist eine gute Methode, kreative Lösungen zu entdecken, zu überdenken und anzuregen. Grundlage dazu ist die Auswahl denkbarer Lösungen aus einem Haufen von willkürlichen, intuitiven und unkonventionellen Vorschlägen, die durch Teammitglieder aus dem Stegreif entwickelt wurden.
3. **Rundgespräch**
   Es bietet sich an, damit die Teammitglieder sich besser kennen lernen. In einem Gespräch am runden Tisch können Erfahrungen und Informationen zur eigenen Person locker ausgetauscht werden. Im Rundgespräch können „emotionale Verkrampfungen“ innerhalb eines Teams besser angesprochen und abgebaut werden.

Zur Informationsvermittlung ist das Ergebnis der Teamarbeit abschließend zusammenzufassen und an die entsprechenden Stellen weiterzuleiten. In der textlichen Darstellung sollte die **Informationsdarstellung knapp, aber präzise** sein. Ausufernde Ausführungen ermüden nur den Informationsempfänger und beeinträchtigen seine Konzentration und Aufnahmebereitschaft negativ.

Die Ergänzung der textlichen Darstellung durch bildliche Darstellungen ist so weit wie möglich einzusetzen. Der Konsument prägt sich visualisierte Erkenntnisse besser ein und kann sie auch besser verarbeiten. Der Lehr- und Lernerfolg wird durch bildhafte Präsentationen stark gefördert. Fotos, Skizzen, Diagramme sind Hilfsmittel, die den schriftlichen Bericht oder die plakative Präsentation entsprechend gut ergänzen.

Zur weiteren Unterstützung von Gesprächen sind schriftliche Vorlagen, kurz und klar, möglichst auf einer Seite dargestellt, ebenfalls geeignet.

Hinweis

Die Zeit, die in eine sorgfältige Aufarbeitung und verständliche Formulierungen der Informationsdarstellung investiert wurde, zahlt sich bei der Wirkung der Information aus.

13.3.2 Grundlagen der Zusammenarbeit/Aufgabenerfüllung mit anderen Kräften

Die Art der **Zusammenarbeit** der Schutz- und Sicherheitskraft **mit anderen Kräften** richtet sich nach der vorherrschen Randbedingung für den Anlass des Zusammenwirkens. Im Regelfall erfolgt die Zusammenarbeit zwischen der Schutz- und Sicherheitskraft und obrigkeitlichen/hoheitlichen Kräften im Zuge der präventiven Gefahrenabwehr. Das Bewachungsunternehmen hat seitens des Auftraggebers die Gewährleistung eines ordnungsgemäßen Ablaufs einer Veranstaltung oder den allgemeinen Schutz eines Objektes übertragen bekommen und im Rahmen dieses Auftrages kommt es dann aus unterschiedlichsten Gründen zum weiteren Einsatz anderer Kräfte (z. B. bei einem Verkehrsunfall oder Brand im Betrieb).

Hinweis

Die Information aller Beteiligten und die genaue Abstimmung über die jeweiligen Felder der Zusammenarbeit sind eine zwingend notwendige Voraussetzung für den reibungslosen Ablauf im möglichen Ereignisfall.

Im Vorfeld des Einsatzes sind alle Beteiligten zusammenzuholen, um einen ersten Kontakt zwischen den Personen herzustellen. Wenn das Gegenüber persönlich bekannt ist, wird auch die Zusammenarbeit mit ihm leichter. Im Ereignisfall kommt es dann auch nicht zu einem nebulösen „Herumstochern" (nach dem Motto: „Wer ist denn dafür zuständig?"), sondern es kann gezielt auf den zuständigen „Bereich" zugesteuert werden. Jede investierte Minute zur Ausbildung und Besprechung von möglichen Ereignissen zahlt sich im Ereignisfall unmittelbar aus.

Beispiele

Ein Bewachungsunternehmen hat den Auftrag, im Rahmen eine **Großveranstaltung** mit seinen Schutz- und Sicherheitskräften die Zugangskontrolle durchzuführen und die Ordnung in einzelnen Abschnitten der Zuschauerbereiche zu gewährleisten. Gleichzeitig sind während der Veranstaltung präventiv Polizei- und Rettungskräfte anwesend.
Dadurch ergeben sich automatisch sog. **Schnittstellenprobleme**, die im Vorfeld durch die zuständigen Verantwortlichen der Veranstaltung gemeinsam geklärt werden müssen.
Offene Fragen können z. B. sein:

- Wann ist die Schutz- und Sicherheitskraft für ein Problem zuständig und ab wann greifen die hoheitlichen Kräfte ein? Hier muss eine verständliche und saubere Definition der möglichen Probleme zur Vermeidung von Zuständigkeitskonflikten erfolgen, d. h. die Aufgabenverteilung zwischen den einzelnen Gruppen muss präzise formuliert sein.
- Wie haben die notwendigen Informationsstränge zwischen den hoheitlichen und den privatrechtlichen Kräften zur Abstimmung überschneidender Einsätze zu laufen? Hier müssen die vorhandenen Kommunikationsmittel und die im entsprechenden Fall benannten Ansprechpartner mit ihren Kompetenzen festgelegt werden.

Die bei der Veranstaltung eingesetzte Schutz- und Sicherheitskraft kann so im Ereignisfall beim Zugang (z. B. Feststellung nicht erlaubter Gegenstände) gezielt unterstützende Personen (Einsatzleiter, Kollegen, Polizei) ansprechen, um das Vorkommnis zur Zufriedenheit aller Beteiligten zu lösen.

Eine weitere **Zusammenarbeit** zwischen der Schutz- und Sicherheitskraft und **obrigkeitlichen/hoheitlichen Kräften** ergibt sich im Falle der akuten Gefahrenabwehr.

Die **akute Gefahrenabwehr** hat einen unmittelbaren Handlungsbedarf zum Anlass. Die hoheitlichen Kräfte müssen in diesem Fall unverzüglich den Schadensbereich betreten. Sie besitzen dafür das gesetzlich geregelte Sonderzugangsrecht, durch das das allgemeine Hausrecht eingeschränkt wird (s. Kapitel 4.2.4.10, Tabelle 3). Im Rahmen des Hausrechts kann die Vorlage eines Identifikationspapiers, in der Regel des amtlichen Dienstausweises, verlangt werden. Eine Zutrittsverweigerung ist nicht möglich. Die Schutz- und Sicherheitskraft hat in diesen Fällen unterstützende Hilfsleistungen zu erbringen.

In der entsprechenden **Dienstanweisung** sind die dafür erforderlichen Verhaltensregeln für die Schutz- und Sicherheitskraft klar zu beschreiben. So können Missverständnisse zwischen den hoheitlichen Einsatzkräften, dem bewachten Betrieb und der Schutz- und Sicherheitskraft am besten vermieden werden. Durch die fundierte Kenntnis der objektspezifischen Strukturen kann die Schutz- und Sicherheitskraft den hoheitlichen Einsatzkräften helfen, besondere Gefahrenbereiche aufzuzeigen (die besondere fachliche Kenntnisse erfordern), und eine entsprechend qualifizierte Begleitung empfehlen. Eine der wichtigsten Aufgaben für die **Schutz- und Sicherheitskraft** ist in diesen Fällen, der **Vermittler** zwischen den an der Schadensbehebung beteiligten Kräften zu sein.

Vorkommnisse, die hier bedeutsam sind, können z. B. sein:

- Einfahrt der **Feuerwehr** im Rahmen eines Brandes oder technischen Schadens,
- Einfahrt von **Rettungsfahrzeugen** im Rahmen eines medizinischen Notfalles,
- Verfolgung eines **Straftäters** durch die Polizei, wobei Gefahr im Verzuge vorliegen muss,
- Vorlage eines **Durchsuchungsbeschlusses** im Rahmen eines staatsanwaltschaftlichen Ermittlungsverfahrens,
- Kontrolle durch Beauftragte der für den bewachten Bereich zuständigen **Aufsichtsbehörde** (z. B. Ordnungsamt, Kreisverwaltungsreferat).

Die Art der möglichen **Hilfeleistungen** richtet sich nach den für das jeweilige Schutzobjekt festgelegten Maßnahmen.

Beispiel

Maßnahmen zur Hilfestellung im **Brandfall** bei einem mittleren Betrieb:

- Anfahrten und Zugänge für Feuerwehr/Rettungsfahrzeuge freihalten,
- Einweiser einteilen, Schlüssel bereithalten,
- Einsatzleiter der Feuerwehr bei Eintreffen kurz und sachlich informieren über
  - Lage der Brandstelle,
  - Ausdehnung des Brandes,
  - bauliche Gegebenheiten am Brandort,
  - Lagerorte gefährlicher Stoffe,
  - gefährdete Personen,
  - vorhandene ortsfeste Löscheinrichtungen,
  - Bereitstellungsräume für Personal, Fahrzeuge und Material,
  - Lage des Einsatzraumes für den Krisenstab,
- Gaffer von der Einsatzstelle fernhalten,
- Einsatzort absperren und Verkehrsführung sicherstellen.

Wichtig: Den Anordnungen des Einsatzleiters der Feuerwehr ist Folge zu leisten.

Hinweis

In der Zusammenarbeit mit hoheitlichen Kräften (besonders **Polizei**) ist zu beachten, dass die Verantwortung für die öffentliche Sicherheit stets in der Hand der staatlichen Sicherheitsbehörden liegt. Diese sind – als Teil der Exekutive – an strenge verfassungsrechtliche Grundsätze gebunden und (im Rahmen der Gewaltenteilung) einer wirksamen Kontrolle unterworfen.

Das staatliche Gewaltmonopol bedeutet jedoch kein Sicherheitsmonopol. Vielmehr muss die Verantwortung für die Sicherheit unserer Gesellschaft auf viele Schultern, auch auf die der privaten Sicherheitswirtschaft, verteilt werden. Dies setzt vor allem eine adäquate Qualifikation voraus, denn gerade die Zusammenarbeit erfordert einen entsprechenden Ausbildungsstand. Wesentliche Maßnahmen des Zusammenwirkens sind:

- **Kooperationsgespräche** über Zuständigkeiten, Aufgaben, taktische Handlungen und Informationsabläufe, aber auch Gefährdungsprognosen und Störpotenziale in Vorbereitung auf gemeinsame Einsätze,
- **Abschnittsbildung**, z. B. Umfeldsicherung, Außensicherung, Innensicherung, Absperrungen, Personenschutz,
- **Begehung** des gemeinsamen Einsatzraumes durch Vertreter von Polizei und Sicherheitsunternehmen sowie gemeinsame **Sicherheitskontrollen**,
- **Entsendung** von Polizeibeamten in die Leitstellen von Sicherheitsunternehmen, um Informationswege und Einsatzmaßnahmen zu optimieren,
- **Unterstützung** von gewerblichen Sicherheitskräften durch Polizeikräfte (z. B. bei den Einlasskontrollen zu Großveranstaltungen).

Jeder gemeinsame Einsatz bedarf einer gründlichen **Nachbereitung**, um erkannte Problemfelder zu definieren und Lösungsmuster für das künftige Zusammenwirken zu entwickeln.

14. Empfehlungen für die Prüfung

14.1 Allgemeine Hinweise

Der Abschluss als „Geprüfte Schutz- und Sicherheitskraft“ ist bei einer Vielzahl von Industrie- und Handelskammern, auf Grundlage besonderer Rechtsverordnung und in der Regel als Fortbildungsprüfung, zu erwerben. Grundlage für die Wissensvermittlung sowie die Prüfung stellt u. a. der **Rahmenplan** mit Lernzielen[1] dar, denn darin wird beschrieben, in welcher Intensität die Themengebiete vom Prüfungsteilnehmer zu beherrschen sind. Damit bilden Prüfungsordnung und Rahmenplan eine Einheit.

Handlungsbereich	Prüfungsart	Prüfungszeit		Mindestleistung
1. Rechts- und aufgabenbezogenes Handeln	schriftlich	mind. 120 min.	1. und 2. zusammen max. 300 min.	ausreichend (Note 4)
2. Gefahrenabwehr sowie Einsatz von Schutz- und Sicherheitstechnik	schriftlich	mind. 120 min.		ausreichend (Note 4)
3. Sicherheits- und serviceorientiertes Handeln	mündlich	mind. 30 und max. 40 min.		ausreichend (Note 4)

Tabelle 1: Prüfungsanforderungen der GSSK.

Sowohl bei den schriftlichen Prüfungen als auch im mündlichen Teil bildet der betroffene Handlungsbereich[2] zwar den Schwerpunkt, aber die anderen Bereiche müssen in die Prüfungsaufgaben einbezogen werden.

Wer in nur einer schriftlichen Prüfung eine mangelhafte Leistung (Note 5) erbracht hat, darf in einer maximal 20-minütigen **Ergänzungsprüfung** versuchen, das Ergebnis zu verbessern. Bei der Bewertung zählt allerdings die schriftliche Leistung doppelt und das mündliche Ergebnis nur einfach (Beispiel: 47 Punkte [schriftlich] +47 Punkte [denn schriftlich zählt doppelt] = 94 Punkte plus 56 Punkte [mündlich] = 150 Punkte dividiert durch 3 = 50 Punkte, ergibt Note 4).

Falls in zwei Handlungsbereichen lediglich „mangelhaft“ erzielt wird oder in einem Handlungsbereich ein „ungenügend“ (Note 6) festgestellt wird, besteht **keine** Möglichkeit, das Gesamtergebnis mit Hilfe einer Ergänzungsprüfung aufzubessern.

Bestanden ist die Prüfung, wenn **in jedem** der drei geprüften Handlungsbereiche **mindestens** ein „ausreichend“ (Note 4) erreicht worden ist.

Eine Prüfung, die nicht bestanden wurde, kann **zweimal** wiederholt werden. Dabei wird der Prüfungsteilnehmer von der Prüfung in jenen Handlungsbereichen (HB) befreit, die in der vorangegangenen Prüfung mit mindestens der Note 4 abgeschlossen wurden (Beispiel: Vorangegangene Prüfung HB 1 = 6, HB 2 = 3, HB 3 = 5 → Prüfung nur in den HB 1 und 3).

1 DIHK (Hrsg.): Geprüfte Schutz und Sicherheitskraft, Rahmenplan mit Lernzielen, Berlin, 2005.

2 Detaillierte Gliederung der Handlungsbereiche siehe Kapitel 2.

Dies gilt aber nur dann, wenn die Anmeldung zur **Wiederholungsprüfung** vor Ablauf von **zwei** Jahren (gerechnet vom Beendigungstag der nicht bestandenen Prüfung) erfolgt.

In welcher **Wissenstiefe** die Abfrage erfolgt, ergibt sich aus der **Taxonomie**. Die Anwendungstaxonomien beschreiben handlungsorientiert, wie und in welchem Umfang die Qualifikationen in die Tätigkeiten der „Geprüften Schutz- und Sicherheitskraft" eingehen. Sie sind auf das Ziel hin formuliert (also den Abschluss) und beschreiben nicht den Weg dahin (also Lehrgang und Prüfung). Unter Taxonomie (auch Ordnung) versteht man hier ein Klassifizierungsmodell, bei denen man bestimmte „Wissenstiefen" abbildet.

Wissen (Kenntnisse)	Verstehen (Zusammenhänge)	Anwenden (Handlungen)
Beschreibt den Erwerb von Kenntnissen, die notwendig sind, um Zusammenhänge zu verstehen.	Beschreibt das Erkennen und Verinnerlichen von Zusammenhängen, um komplexe Aufgabenstellungen und Problemfälle einer Lösung zuführen zu können.	Beschreibt die aus dem Verstehen der Zusammenhänge resultierende Fähigkeit zum sach- und fachgerechten Handeln.
Zum Beispiel: ▪ überblicken ▪ kennen	Zum Beispiel: ▪ unterscheiden ▪ zuordnen	Zum Beispiel: ▪ erstellen ▪ umsetzen

Tabelle 2: Zuordnung der Anwendungstaxonomie nach Rahmenplan GSSK.

Durch die Prüfung soll festgestellt werden, ob der Prüfungsteilnehmer in der Lage ist, folgende **Aufgaben** in der Sicherheitswirtschaft wahrzunehmen:

1. Abwenden von Schäden und Gefahren,
2. Aufrechterhalten von Ordnung und Sicherheit,
3. Nutzen der zur Verfügung stehenden Schutz- und Sicherheitstechnik,
4. Kundenorientiert handeln und kommunizieren sowie deeskalierend wirken,
5. Beurteilen der eigenen rechtlichen Stellung sowie Berücksichtigen von Gesetzen und Vorschriften.

Hinweis

Unkenntnis der Prüfungsregeln, des Rahmenplanes sowie der Anwendungstaxonomie sind grundlegende Vorbereitungsfehler, die es zu vermeiden gilt!

14.2 Schriftliche Prüfung

Die **schriftliche Prüfung** erfordert die Fähigkeit, Situationsaufgaben zu bewältigen. Die schriftlichen Prüfungsaufgaben beginnen in der Regel mit einer **Ausgangssituation** zu allen folgenden Aufgaben. Darin wird eine **Situation** aus dem **Arbeitsalltag** einer „Geprüften Schutz- und Sicherheitskraft" dargestellt. Damit der Prüfungsteilnehmer sich auf die weiteren Fragen einstimmen kann, wird ihm eine Tätigkeit in einem hier beschriebenen Unternehmen bzw. einer Institution zugeordnet (z.B. „Sie sind in einem Chemieunternehmen in der Unternehmenssicherheit als „Geprüfte Schutz- und Sicherheitskraft" tätig. Zu Ihren Aufgaben gehören sowohl der Torkontroll- und Einlassdienst, als auch der Streifendienst ..."). Die nachfolgenden Fragestellungen haben jeweils einen konkreten, dem jeweiligen Handlungsbereich zugeordneten Kurzsachverhalt vorgeschaltet (z. B. „Sie wollen eine Ausfahrtkontrolle eines firmeneigenen LKW durchführen. Der Fahrer weigert sich ...).

Je nach Handlungsbereich ergeben sich nun **spezifische Fragestellungen.** Dabei geben uns sogenannte „**Operatoren**“ eine große Hilfestellung. Operatoren sind **Signalwörter**, die uns in jeder Aufgabenstellung bzw. Frage begegnen können und uns darüber Auskunft geben, was bei der jeweiligen Aufgabe überhaupt zu tun ist. Operatoren werden oft in drei Anforderungsbereiche eingeteilt, die den Schwierigkeitsgrad der entsprechenden Aufgabe widerspiegeln. Mithilfe dieser Wörter kann man auf die Intensität und Quantität seiner Antwort schlussfolgern.

Anforderungsbereiche	Operatoren (Beispiele)	Erwartung
1. Reproduktion Umfasst die Wiedergabe von Sachverhalten aus einem begrenzten Gebiet und im gelernten Zusammenhang sowie die Verwendung gelernter und geübter Arbeitstechniken und Methoden.	„Definieren Sie ...“	Gelernte Fachbegriffe und Rechtsnormen reproduzieren.
	„Nennen Sie ... / Zählen Sie auf ...“	Eine reine Auflistung wird verlangt.
2. Reorganisation Umfasst das selbstständige Bearbeiten, Ordnen und Erklären bekannter Sachverhalte sowie das angemessene Anwenden gelernter Inhalte und Methoden auf andere Sachverhalte.	„Erklären Sie .../ Beschreiben Sie ...“	Geht über das Nennen hinaus; erfordert fachlich geschlossenen Text.
	„Begründen Sie .../ Erläutern Sie ...“	Zusammenhang zwischen Ursache und Wirkung herstellen, d. h. das „Warum“ erklären.
3. Transfer/Bewertung Umfasst den reflexiven Umgang mit neuen Problemstellungen sowie das selbstständige Anwenden von Methoden mit dem Ziel, zu Begründungen, Wertungen und Beurteilungen zu gelangen.	„Beurteilen Sie .../ Erörtern Sie .../ Bewerten Sie ...“	Vor- und Nachteile, Chancen und Risiken, positive und negative Aspekte, Für und Wider eines Inhalts gegenüberstellen, Fazit bzw. eigenes Werturteil erforderlich.
	„Prüfen Sie ... / Untersuchen Sie .../ Subsumieren Sie ...“	Einzelne Rechtsnormen und Aspekte eines Falles müssen über Normenanalyse und Subsumtion für die Lösung in Zusammenhang gebracht werden. Das Ergebnis muss formuliert werden.

Tabelle 3: Operatoren (Fragewörter) und ihre Bedeutung[3].

Beim Absolvieren der schriftlichen Prüfung gelten folgende **Empfehlungen**:

1. Erscheinen Sie **vorbereitet** zur Prüfung. Das bedeutet, im Vorfeld der Prüfung muss das Wissen gründlich erworben und gefestigt werden. Wer glaubt, „Fakten aus dem Ärmel schütteln“ oder beim Nachbarn „erfragen“ zu können, wird scheitern.
2. Denken Sie an die richtige „**technische**“ Vorbereitung. Das bedeutet,
   - Mitführen eines „dokumentenechten“ Schreibgerätes (kein Bleistift) in blau oder schwarz,
     - Bereithalten eines Ersatzschreibgerätes (falls z. B. die Mine versagt),
     - ggf. Verfügbarkeit von weiteren Hilfsmitteln (z. B. Lineal, Farbstifte, Textmarker).

3 Ciolek/Vonderau: Recht- Strategien und Hinweise zum Lösen von Prüfungsaufgaben, Hallbergmoos 2016, S. 4 ff.

3. Verlassen Sie sich nicht auf „technische Merkhilfen“. Elektronische Datenspeicher (etwa Handys, Notebooks o. Ä.) sind als Prüfungshilfsmittel in der Regel **nicht** zugelassen.
4. Beachten Sie die **Fragestellung**. Wer die Frage nicht versteht, wird in der Regel falsch antworten. Besonders länger formulierte Fragen sollten Sie möglichst mehrmals durchlesen. Ein Hilfsmittel für besseres Verstehen kann hierbei das optische Hervorheben sein (z. B. „Markern“ oder unterstreichen der wesentlichen Begriffe).
5. Bemühen Sie sich, die jeweilige Frage mit der **erforderlichen Ausführlichkeit** zu beantworten, ohne weitschweifig zu werden. Das bedeutet,
   - Nennen der notwendigen Fakten,
   - Darstellen der Zusammenhänge,
   - Begründen/Erläutern der eigenen Überlegungen,
   - Weglassen aller überflüssigen „Füllwörter“.
6. Nennen Sie §§-Nummern nur dann, wenn Sie sicher sind, dass diese auch zutreffen. Wer bei Diebstahl § 241 StGB zitiert, produziert einen Fehler, denn es müsste heißen § 242 StGB.
7. Schreiben Sie mit **lesbarer Schrift**. Manche Schriftbilder sind zwar elegant und schwungvoll, aber dennoch schwer zu entziffern. Was ein Korrektor nicht lesen kann, dass kann er auch nicht bewerten – ein Nachteil für den Prüfungsteilnehmer. Gleiches gilt für die Verwendung „eigener“ oder kaum gebräuchlicher Abkürzungen. Wer „SBS“ statt Sachbeschädigung schreibt, kann nicht darauf bauen, dass dies von jedem Prüfer verstanden wird.
8. Wenn Sie einen „**Blackout**“ haben sollten, verfallen Sie nicht in Panik. Stattdessen beginnen Sie mit einem Element aus der Aufgabenstellung, zu dem Ihnen eine Antwort geläufig ist. Inzwischen hilft Ihnen das eigene Unterbewusstsein vielleicht, auf den richtigen Weg zu kommen.
9. Prüfen Sie vor Abgabe Ihrer Arbeit, ob Sie **alle Details der Aufgabe** berücksichtigt/beantwortet haben. Das ist besonders dann wichtig, wenn Sie zuvor einzelne Teilschritte „überspringen“ mussten.
10. **Schauen Sie** ab und zu **auf die Uhr**, damit Sie sich nicht an einem Problem „festbeißen“ und am Ende in Zeitnot geraten. Lassen Sie sich auch nicht von Prüfungsteilnehmern nervös machen, die bereits nach relativ kurzer Frist ihre Arbeit abgeben. Schöpfen Sie Ihre Zeit voll aus und überprüfen Sie ggf. das Geschriebene nochmals.
11. Hüten Sie sich vor Betrugsversuchen. Wer unerlaubte Hilfsmittel verwendet, riskiert den **Ausschluss** von der Prüfung und damit das Urteil „nicht bestanden“.

14.3 Mündliche Prüfung

Die **mündliche Prüfung**, das **Fachgespräch**, wird ähnlich gestaltet wie die schriftlichen Situationsaufgaben. Das bedeutet, es gibt eine „Kernaufgabe“, die sich auf den Handlungsbereich 3 (Sicherheits- und serviceorientiertes Verhalten und Handeln) bezieht. Ergänzend dazu werden (integrativ) Themen aus den Handlungsbereichen 1 und 2 hinterfragt. Somit ist es erforderlich, das gesamte Wissen auch im mündlichen Teil der Prüfung parat zu haben.

Für die mündliche Prüfung ist das Beachten folgender **Hinweise** empfehlenswert:

1. Sorgen Sie dafür, dass Sie beim Prüfungsausschuss möglichst einen **positiven ersten Eindruck** hinterlassen, indem Sie sich in einem angemessenen Erscheinungsbild präsentieren.
2. Versuchen Sie, Ihren negativen **Stress** zu **beherrschen.**
3. Konzentrieren Sie sich auf die **gestellte Frage.** Bei Unklarheiten bitten Sie den Prüfer um eine Ergänzung oder Wiederholung usw.
4. Beantworten Sie die Fragen möglichst **kurz und treffend**, aber so umfassend wie nötig.
5. Vermeiden Sie ausschweifende, nichtssagende Sätze. Schildern Sie stattdessen **sachbezogene Fakten**.
6. Stellen Sie **Zusammenhänge** verständlich, d.h. nachvollziehbar dar. Arbeiten Sie mit Beispielen, aber vergessen Sie nicht, auf das damit verbundene theoretische „Rüstzeug“ einzugehen.

Hinweis

Die mündliche Prüfung ist kein geeigneter Ort für kontroverse Dispute mit den Ausschussmitgliedern.

14.4 Rechtliche Hinweise

Überlegen Sie **vor** jeder verbindlichen Prüfungsanmeldung, ob Sie sich vom Wissenstand, gesundheitlich, zeitlich in der Lage fühlen, die angestrebte Prüfung zu absolvieren. Beachten Sie dabei auch die bei den jeweiligen Kammern zu erfragenden Anmeldeschlüsse, denn danach ist eine Anmeldung in der Regel nicht mehr bzw. erst zur folgenden Prüfung möglich. Nach verbindlicher Anmeldung und vor der Prüfung ist ein folgenfreier **Rücktritt** nur bei einem **wichtigen Grund** möglich. Dies setzt allerdings eine unverzügliche **schriftliche Erklärung** gegenüber der Prüfungsstelle, unter Angabe des Grundes und in der Regel mit Nachweisen (z.B. ein ärztliches Attest), voraus.

Bei ärztlichen **Attesten** ist zu beachten, dass sowohl die Beeinträchtigung selbst als auch die Auswirkung auf die Prüfungsfähigkeit beschrieben wird. Die Entscheidung über die Prüfungsunfähigkeit trifft immer die prüfende Stelle, nicht der Arzt. In der Prüfung ist ein Rücktritt nur unter sehr engen Voraussetzungen möglich.

Merke

Informieren Sie Ihre/n Prüfungskoordinator/in unverzüglich schriftlich. Treten Sie rechtzeitig vor Beginn der Prüfung zurück, gilt die Prüfung als nicht abgelegt. Wer ohne wichtigen Grund nicht zur Prüfung erscheint, dessen Prüfung wird mit „nicht bestanden“ bewertet!
Die Prüfung zur „Geprüften Schutz und Sicherheitskraft“ kann nur zweimalig wiederholt werden! Verschenken Sie daher keine Möglichkeit!

Treten **in der Prüfung** Störungen (z.B. unzumutbarer Lärm oder Hitze) und/oder Besonderheiten (z.B. Befangenheit, plötzliche Prüfungsunfähigkeit) auf, so besteht die sogenannte **Rügepflicht des Prüfungsteilnehmers**, das heißt er muss dies der Prüfungskommission bzw. Aufsicht mitteilen. Die ist notwendig, um zum Beispiel die Gleichbehandlung aller Teilnehmer zu gewährleisten oder um Abhilfe zu schaffen. Die Rügepflicht betrifft auch etwaige Befangenheiten von Mitgliedern der Prüfungskommission oder gar die Zusammensetzung derselben (eine Rügepflicht für Rechtsmängel gibt es allerdings generell nicht). Doch auch hier ist Vorsicht geboten, denn in jedem Fall ist neben der Störung bzw. der fehlerhaften Ausschussbesetzung auch dessen Kausalität zur Prüfungsentscheidung zu begründen.

Sind Sie mit dem **Prüfungsergebnis** nicht einverstanden, überlegen Sie zuerst, ob Ihre Vorbereitung und Ihr Kenntnisstand tatsächlich optimal waren. Sollten Sie dies bejahen, dann wenden Sie sich an den Prüfungskoordinator der IHK und ersuchen um Auskunft bzw. **Akteneinsicht**. Im Regelfall erhalten Sie hier die notwendigen Informationen für Ihre weiteren Entscheidungen.

Hinweis

Ein prüfungsrechtliches Verschlechterungsverbot besteht nur bei tatsächlichen Bewertungsfehlern. Bei Verfahrensfehlern wird der fehlerhafte Prüfungsabschnitt wiederholt und neu bewertet. Beachten Sie bei Ihrer weiteren Vorgehensweise die Fristen!

Die reine Beeinträchtigung der prüfungsspezifischen **Leistungsfähigkeit** (z. B. Beeinträchtigung des Denkvermögens) oder der konstitutionellen Prüfungsfähigkeit (z. B. pathologische Prüfungsangst) führen zu keiner Kompensation. Kann aber die prüfungsspezifische Leistungsfähigkeit nicht umgesetzt werden (z. B. durch eine Lese-Rechtschreib-Schwäche), sollte **vor der Prüfung** über einen Nachteilsausgleich nachgedacht werden. Zu beachten ist, dass dies einer Einzelfallregelung bedarf. Gruppennachteilsausgleiche (z. B. für Senioren und fremdsprachige Teilnehmer) gibt es nicht. Bereiten Sie sich daher gründlich auf die bevorstehende Prüfung vor. Es ist weitaus schwieriger und langwieriger eine Prüfung mithilfe verwaltungsrechtlicher Mittel im Nachhinein wieder ins Lot zu bringen, als vorher das Notwendige zu tun.

Literatur

Beisel/Ebert/Foerster/Otto/: Lehrbuch für den Werkschutz und private Sicherheitsdienste, 6. Auflage, Stuttgart 2004.

Bell/Bell/Jilg/Kaiser/Limburg/Oberling/Reinmuth: Fachkraft/Servicekraft für Schutz und Sicherheit Band 1: In Lernfeldern für den Berufsschulunterricht (Lernfeldbuch), 5. Auflage, Stuttgart 2017.

Bell/Jilg/Kaiser/Limburg/Oberling/Reinmuth/Weger: Fachkraft/Servicekraft für Schutz und Sicherheit Band 2: Wissensbasis für Ausbildung und Beruf (Fachkompetenzbuch), 6. Auflage, Stuttgart 2017.

Ciolek/Vonderau: Recht – Strategien und Hinweise zum Lösen von Prüfungsaufgaben, Hallbergmoos 2016.

Deutscher Industrie- und Handelskammertag: Geprüfte Schutz- und Sicherheitskraft, Rahmenplan mit Lernzielen, Berlin, August 2005.

Ebert: Grundlagen des Selbstverteidigungsrechts, Köln 2017.

Foerster/Römer: Fallbezogenes Sicherheitshandeln in der privaten Sicherheitswirtschaft, Stuttgart 2011.

Foerster: Lehrbuch für den Werkschutz und andere private Sicherheitseinrichtungen – Psychologie, 6. Auflage, Stuttgart 2006.

Friedl/Friedl: Der Brandschutzbeauftragte, Grundwissen für Ausbildung und Praxis, 3. Auflage, Stuttgart 2016.

Friedl: Effektiver Einbruchsschutz, 3. Auflage, Stuttgart 2016.

Fritsch/Sailer/Schmalzl: Geprüfte Schutz- und Sicherheitskraft, Band 2: Dienstkunde – Gefahrenabwehr – Verhalten und Handeln, Fragen, Antworten und Fallbeispiele, 3. Auflage, Stuttgart 2015.

Füllgrabe: Psychologie der Eigensicherung – Überleben ist kein Zufall, 7. Auflage, Stuttgart 2017.

Glavic (Hrsg.): Handbuch des privaten Sicherheitsgewerbes, Stuttgart 1995.

Göhler et al.: Gesetz über Ordnungswidrigkeiten, Beckscher Kurzkommentar, 17. Auflage, München 2017.

Gundel (Hrsg.): Sicherheit für Versammlungsstätten und Veranstaltungen, Stuttgart 2017.

Haeske: Kommunikation mit Kunden: Kundengespräch, After Sales und Reklamation, Berlin 2008.

Haeske: Team- und Konfliktmanagement: Teams erfolgreich leiten, Konflikte konstruktiv lösen, 4. Auflage, Berlin 2013.

Hücker: Rhetorische Deeskalation – Deeskalatives Einsatzmanagement, Stress- und Konfliktmanagement im Polizeieinsatz, 4. Auflage, Stuttgart 2017.

Jochmann/Zitzmann: Sachkundeprüfung im Bewachungsgewerbe, 11. Auflage, Stuttgart 2017.

Jochmann/Zitzmann: Sachkundeprüfung im Bewachungsgewerbe in Frage und Antwort, 9. Auflage, Stuttgart 2018.

Jochmann/Köhler/Zeranski: Sicherheitsservice für den öffentlichen Personenverkehr, 2. Auflage, Stuttgart 2002.

Jochmann: Verhaltenstipps für den Empfangsdienst, Psychologischer Leitfaden, 2. Auflage, Stuttgart 2003.

Kaiser: Fachkraft Schutz und Sicherheit, Betriebswirtschaftliche Grundlagen, 3. Auflage, Stuttgart 2017.

Kalbfleisch: Interventionsdienst – Lerninhalte für die Qualifizierung der Interventionskräfte von Wach- und Sicherheitsunternehmen, 2. Auflage, Stuttgart 2019.

Kalbfleisch: Die Waffensachkundeprüfung – Rechtliche, technische und praktische Grundlagen gemäß § 7 WaffG, Stuttgart 2018.

Karl/Polthier: Handbuch Werkschutz, Berlin 2002.

Katschemba: Kurzinformationen Sicherheit, 7. Auflage, Stuttgart 2018.

Katschemba: Prüfungswissen Fachkraft für Schutz und Sicherheit, Stuttgart 2017.

Krauthan: Psychologisches Grundwissen für die Polizei: Ein Lehrbuch. Mit Online-Materialien, Weinheim 2013.

Marburger: SGB VII – Gesetzliche Unfallversicherung, 6. Auflage, Regensburg 2017.

Nolting: Lernfall Aggression Wie sie entsteht – wie sie zu vermeiden ist – Eine Einführung, Berlin 2005.

Oppermann: Geprüfte Schutz- und Sicherheitskraft, Band 1: Rechtsgrundlagen, Fragen, Antworten und Fallbeispiele, 3. Auflage, Stuttgart 2015.

Ostgathe: Waffenrecht kompakt, 7. Auflage, Stuttgart 2018.

Schieke/Braunsteffer: Kurzinformation über Arbeitsunfälle, Wegeunfälle, Berufskrankheiten, 19. Auflage, Berlin 2016.

Scholze/Siemon: Ausschreibung von Sicherheitsdienstleistungen, Praxisleitfaden für Ausschreibungen und Teilnahme an Ausschreibungen durch Sicherheitsdienste, Stuttgart 2008.

Sicherheits-Berater: Informationsdienst für Sicherheit in der Wirtschaft und Verwaltung Nr. 14/15 2005 S. 276.

Sicherheitsmelder.de: Wissensupdate in Fachbeiträgen (Onlinedienst).

Siegesmund: Schnittstelle Arbeitssicherheit. In: Ohder (Hrsg.), Unternehmensschutz – Praxishandbuch, 14. Ergänzung, Stuttgart 2013.

Siemens Communications Lexikon (Onlinedienst).

Skiba/Lehder: Taschenbuch Arbeitssicherheit, 12. Auflage, Bielefeld 2011.

Spielvogel/Reissig-Hochweller (Hrsg.): Taschenbuch Stabsarbeit, 2. Auflage, Stuttgart 2018.

Telenot: Grundlagen Funkalarmanlagen, 5. Auflage 2006.

von Rosenstiel: Grundlagen der Organisationspsychologie, 5. Auflage, Stuttgart 2003.

Vorschriftensammlung für die Sicherheitswirtschaft – Textausgabe mit ausführlichem Sachregister, 13. Auflage, Stuttgart 2018.

Anlagen

Kennzeichnung gefährlicher Stoffe und Güter (s. Kapitel 8.1.1)

Kennzeichnungsystem (Auswahl)

Kürzel	Bezeichnung	Inhalt
GHS	**G**lobally **H**armonised **S**ystem	System zur Einstufung und Kennzeichnung von Chemikalien. Insgesamt umfasst das GHS 16 Klassen für physikalisch-chemische Gefahren, zehn Klassen für Gesundheitsgefahren und eine Gefahrenklasse für die aquatische Umwelt.
ADR	Europäisches Übereinkommen über die internationale Beförderung gefährlicher Güter auf der Straße (**A**ccord européen relatif au transport international des marchandises **D**angereuses par **R**oute)	Das ADR ist ein umfassendes Basisregelwerk über die internationale Beförderung gefährlicher Güter auf der Straße. Es enthält Vorschriften insbesondere für die Klassifizierung, Verpackung, Kennzeichnung und Dokumentation gefährlicher Güter, für den Umgang während der Beförderung und für die verwendeten Fahrzeuge.
DIN EN 1089-3	Farbkennzeichnungs von Gasflaschen	Die Norm stellt ein System der Farbkennzeichnung von Gasflaschen dar, das zusätzliche Informationen über die Eigenschaften des Gaseinhaltes (giftig, brennbar, oxidierend, inert) liefert.
RID	Regelwerk für den internationalen Schienentransport von Gefahrgut (**R**egulations Concerning the **I**nternational Carriage of **D**angerous Goods by Rail)	Das RID enthält die Liste von gefährlichen Gütern, die nur unter Befolgung bestimmter Regeln vom Verladungs- zum Auslieferungsort transportiert werden dürfen. Es gibt 13 Klassen von gefährlichen Gütern. Für jede einzelne gelten spezifische Regeln.
IMDG-Code	Gefahrgutkennzeichnung **für gefährliche Güter im** Seeschiffsverkehr (**I**nternational **M**aritime Code for **D**angerous **G**oods)	Der IMDG-Code ist weitgehend identisch mit der Kennzeichnung nach ADR/RID **für Straße und Schiene**: Er verwendet die Gefahrgutklassen, und die UN-Nummern.
ICAO- TI	Technische Anweisungen für die Zivilluftfahrt (International Civil Aviation Organization – **T**echnical **I**nstructions)	Technische Anweisungen für die sichere Beförderung gefährlicher Güter im Luftverkehr, Ergänzung zu Anhang 18 zum Chicagoer Übereinkommen für den internationalen Zivilluftverkehr (Chicago, 1944), herausgegeben von der Internationalen Zivilluftfahrt-Organisation (ICAO), Montreal.

Kennzeichnung mit Gefahrensymbolen [ADR]

Klasse/Bezeichnung	Transport (Beispiele)	Gefahrstoffzettel
		ab 2010
Klasse 1 Explosive Stoffe und Gegenstände, Explosionsgefahr		
Klasse 2 Gase		
Klasse 3 Entzündbare flüssige Stoffe		
Klasse 4 Entzündbare feste Stoffe		
Klasse 5 Entzündend wirkende Stoffe, brandfördernd		
Klasse 6 Giftige Stoffe, giftig, sehr giftig		
Klasse 7 Radioaktive Stoffe	 RADIOACTIVE	
Klasse 8 Ätzende Stoffe, ätzend		
Klasse 9 Verschiedene gefährliche Stoffe, umweltgefährlich		
Klasse 9A Lithium-Batterien (ab 01.01.2019 verpflichtend)		
Warnhinweise (nur GHS) Systemische Gefährdungen Gesundheitsgefährlich		

Beförderung von gefährlichen Gütern

GHS = Globally Harmonised System (s. o.)

Signalworte
Achtung: für geringe, weniger schwerwiegende Gefahrenkategorien
Gefahr: für ernsthafte, schwerwiegende Gefahrenkategorien

Gefahrenhinweise (H-Hinweis):

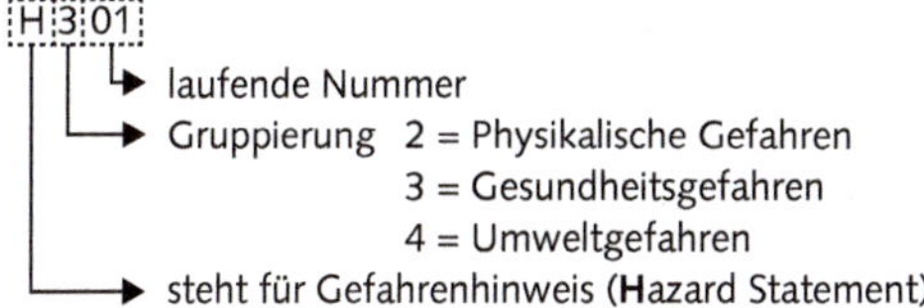

Sicherheitshinweis (P-Hinweis):

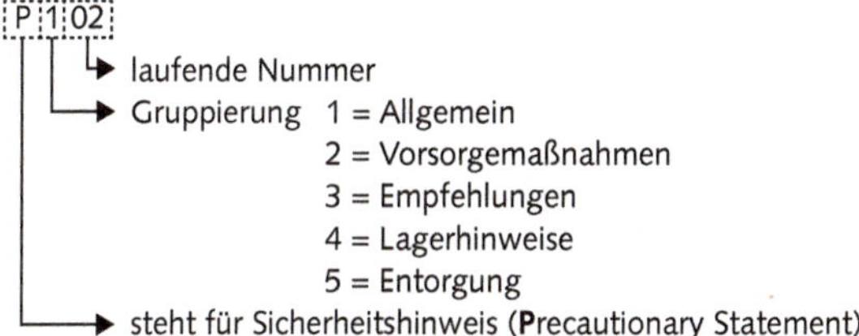

Gefahrenkategorie/Gefahrklasse:

Transportgut auf der Straße

Kennzeichnung	Bedeutung	Hinweise
	Allgemeiner Hinweis auf gefährliche Güter	Vorn und hinten am Fahrzeug angebracht
33 1203	**Obere Hälfte:** Gefahrnummer **Untere Hälfte:** Stoffnummer	**Erste Ziffer = Hauptgefahr** 2 = Entweichen von Gas 3 = Entzündbarkeit flüssiger Stoffe 4 = Entzündbarkeit fester Stoffe 5 = oxidierend und brandfördernd 6 = Giftigkeit 7 = Radioaktivität 8 = Ätzwirkung 9 = Gefahr spontaner Reaktion
A	Abfalltransport	A-Schild-Pflicht besteht seit 2012 aufgrund Kreislaufwirtschaftsgesetz (KrWG)

Warntafel für Natrium

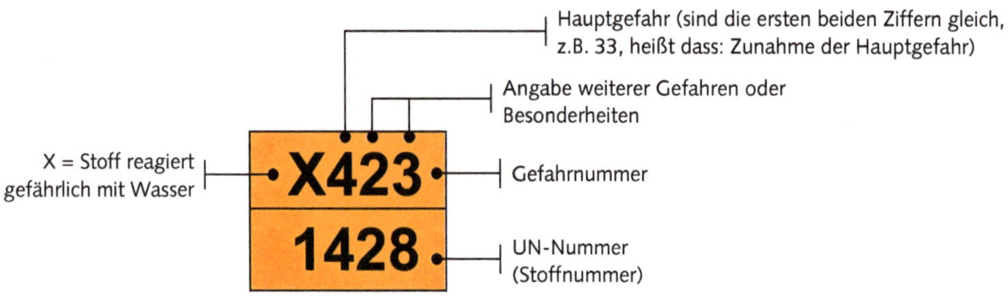

Stichwortverzeichnis

N

O

P

Q

R

S

T

U

V

W